W0255770

Band 2: Betrieb von Rechenzentren. Workshop der Gesellschaft für Informatik 1975. Herausgegeben von A. Schreiner. (vergriffen)

Band 3: Rechnernetze und Datenfernverarbeitung. Fachtagung der GI und NTG 1976. Herausgegeben von D. Haupt und H. Petersen. VI, 309 Seiten. 1976.

Band 4: Computer Architecture. Workshop of the Gesellschaft für Informatik 1975. Edited by W. Händler. VIII, 382 pages. 1976.

Band 5: GI – 6. Jahrestagung. Proceedings 1976. Herausgegeben von E. J. Neuhold. (vergriffen)

Band 6: B. Schmidt, GPSS-FORTRAN, Version II. Einführung in die Simulation diskreter Systeme mit Hilfe eines FORTRAN-Programmpaketes, 2. Auflage. XIII, 535 Seiten. 1978.

Band 7: GMR–GI–GfK. Fachtagung Prozessrechner 1977. Herausgegeben von G. Schmidt. (vergriffen)

Band 8: Digitale Bildverarbeitung/Digital Image Processing. GI/NTG Fachtagung, München, März 1977. Herausgegeben von H.-H. Nagel. (vergriffen)

Band 9: Modelle für Rechensysteme. Workshop 1977. Herausgegeben von P. P. Spies. VI, 297 Seiten. 1977.

Band 10: GI – 7. Jahrestagung. Proceedings 1977. Herausgegeben von H. J. Schneider. IX, 214 Seiten. 1977.

Band 11: Methoden der Informatik für Rechnerunterstütztes Entwerfen und Konstruieren, GI-Fachtagung, München, 1977. Herausgegeben von R. Gnatz und K. Samelson. VIII, 327 Seiten. 1977.

Band 12: Programmiersprachen. 5. Fachtagung der GI, Braunschweig, 1978. Herausgegeben von K. Alber. VI, 179 Seiten. 1978.

Band 13: W. Steinmüller, L. Ermer, W. Schimmel: Datenschutz bei riskanten Systemen. Eine Konzeption entwickelt am Beispiel eines medizinischen Informationssystems. X, 244 Seiten. 1978.

Band 14: Datenbanken in Rechnernetzen mit Kleinrechnern. Fachtagung der GI, Karlsruhe, 1978. Herausgegeben von W. Stucky und E. Holler. (vergriffen)

Band 15: Organisation von Rechenzentren. Workshop der Gesellschaft für Informatik, Göttingen, 1977. Herausgegeben von D. Wall. X, 310 Seiten. 1978.

Band 16: GI – 8. Jahrestagung, Proceedings 1978. Herausgegeben von S. Schindler und W. K. Giloi. VI, 394 Seiten. 1978.

Band 17: Bildverarbeitung und Mustererkennung. DAGM Symposium, Oberpfaffenhofen, 1978. Herausgegeben von E. Triendl. XIII, 385 Seiten. 1978.

Band 18: Virtuelle Maschinen. Nachbildung und Vervielfachung maschinenorientierter Schnittstellen. GI-Arbeitsseminar. München 1979. Herausgegeben von H. J. Siegert. X, 230 Seiten. 1979.

Band 19: GI – 9. Jahrestagung. Herausgegeben von K. H. Böhling und P. P. Spies. (vergriffen)

Band 20: Angewandte Szenenanalyse. DAGM Symposium, Karlsruhe 1979. Herausgegeben von J. P. Foith. XIII, 362 Seiten. 1979.

Band 21: Formale Modelle für Informationssysteme. Fachtagung der GI, Tutzing 1979. Herausgegeben von H. C. Mayr und B. E. Meyer. VI, 265 Seiten. 1979.

Band 22: Kommunikation in verteilten Systemen. Workshop der Gesellschaft für Informatik e.V.. Herausgegeben von S. Schindler und J. C. W. Schröder. VIII, 338 Seiten. 1979.

Band 23: K.-H. Hauer, Portable Methodenmonitoren. Dialogsysteme zur Steuerung von Methodenbanken: Softwaretechnischer Aufbau und Effizienzanalyse. XI, 209 Seiten. 1980.

Band 24: N. Ryska, S. Herda, Kryptographische Verfahren in der Datenverarbeitung. V, 401 Seiten. 1980.

Band 25: Programmiersprachen und Programmierentwicklung. 6. Fachtagung, Darmstadt, 1980. Herausgegeben von H.-J. Hoffmann. VI, 236 Seiten. 1980.

Band 26: F. Gaffal, Datenverarbeitung im Hochschulbereich der USA. Stand und Entwicklungstendenzen. IX, 199 Seiten. 1980.

Band 27: GI-NTG Fachtagung, Struktur und Betrieb von Rechensystemen. Kiel, März 1980. Herausgegeben von G. Zimmermann. IX, 286 Seiten. 1980.

Band 28: Online-Systeme im Finanz- und Rechnungswesen. Anwendergespräch, Berlin, April 1980. Herausgegeben von P. Stahlknecht. X, 547 Seiten, 1980.

Band 29: Erzeugung und Analyse von Bildern und Strukturen. DGaO – DAGM Tagung, Essen, Mai 1980. Herausgegeben von S. J. Pöppl und H. Platzer. VII, 215 Seiten. 1980.

Band 30: Textverarbeitung und Informatik. Fachtagung der GI, Bayreuth, Mai 1980. Herausgegeben von P. R. Wossidlo. VIII, 362 Seiten. 1980.

Band 31: Firmware Engineering. Seminar veranstaltet von der gemeinsamen Fachgruppe „Mikroprogrammierung" des GI Fachausschusses 3/4 und des NTG-Fachausschusses 6 vom 12. – 14. März 1980 in Berlin. Herausgegeben von W. K. Giloi. VII, 289 Seiten. 1980.

Band 32: M. Kühn, CAD Arbeitssituation. Untersuchungen zu den Auswirkungen von CAD sowie zur menschengerechten Gestaltung von CAD-Systemen. VII, 215 Seiten. 1980.

Band 33: GI – 10. Jahrestagung. Herausgegeben von R. Wilhelm. XV, 563 Seiten. 1980.

Band 34: CAD-Fachgespräch. GI - 10. Jahrestagung. Herausgegeben von R. Wilhelm. VI, 184 Seiten. 1980.

Band 35: B. Buchberger, F. Lichtenberger: Mathematik für Informatiker I. Die Methode der Mathematik. XI, 315 Seiten. 1980.

Band 36: The Use of Formal Specification of Software. Berlin, Juni 1979. Edited by H. K. Berg and W. K. Giloi. V, 388 pages. 1980.

Band 37: Entwicklungstendenzen wissenschaftlicher Rechenzentren. Kolloquium, Göttingen, Juni 1980. Herausgegeben von D. Wall. VII, 163 Seiten. 1980.

Band 38: Datenverarbeitung im Marketing. Herausgegeben von R. Thome. VIII, 377 pages. 1981.

Band 39: Fachtagung Prozeßrechner 1981. München, März 1981. Herausgegeben von R. Baumann. XVI, 476 Seiten. 1981.

Band 40: Kommunikation in verteilten Systemen. Herausgegeben von S. Schindler und J.C.W. Schröder. IX, 459 Seiten. 1981.

Band 41: Messung, Modellierung und Bewertung von Rechensystemen. GI-NTG Fachtagung. Jülich, Februar 1981. Herausgegeben von B. Mertens. VIII, 368 Seiten. 1981.

Band 42: W. Kilian, Personalinformationssysteme in deutschen Großunternehmen. XV, 352 Seiten. 1981.

Band 43: G. Goos, Werkzeuge der Programmiertechnik. GI-Arbeitstagung. Proceedings, Karlsruhe, März 1981. VI, 262 Seiten. 1981.

Band 44: Organisation informationstechnik-geschützter öffentlicher Verwaltungen. Fachtagung, Speyer, Oktober 1980. Herausgegeben von H. Reinermann, H. Fiedler, K. Grimmer und K. Lenk. 1981.

Informatik-Fachberichte

Herausgegeben von W. Brauer
im Auftrag der Gesellschaft für Informatik (GI)

88

GI - 14. Jahrestagung

Braunschweig, 2.-4. Oktober 1984
Proceedings

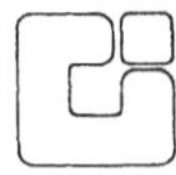

Herausgegeben von H.-D. Ehrich

Springer-Verlag Berlin Heidelberg GmbH 1984

Herausgeber

Hans-Dieter Ehrich
Institut für Theoretische und Praktische Informatik
Technische Universität Braunschweig
Postfach 3329, 3300 Braunschweig

ISBN 978-3-540-13861-7   ISBN 978-3-662-07491-6 (eBook)
DOI 10.1007/978-3-662-07491-6

CIP-Kurztitelaufnahme der Deutschen Bibliothek. Gesellschaft für Informatik:
GI-Jahrestagung: proceedings. – Berlin; Heidelberg; New York: Tokyo: Springer
ISSN 0343-3110
Bis 12 (1982) mit d. Erscheinungsorten Berlin, Heidelberg, New York Bis 5 (1975) u.
d. T.: Gesellschaft für Informatik: Jahrestagung
14. Braunschweig, 2. – 4. Oktober 1984. – 1984.
(Informatik-Fachberichte; 88)

NE: GT

<u>VORWORT</u>

Die 14. Jahrestagung der Gesellschaft für Informatik in Braunschweig, für die der Ministerpräsident des Landes Niedersachsen, Dr. Ernst Albrecht, die Schirmherrschaft übernommen hat, steht unter dem Leitthema

"Informatik und Ingenieurwissenschaften"

Mit dieser Thematik soll die Informatik in ihrer Wechselbeziehung zu den Anwendungen in den verschiedenen ingenieurwissenschaftlichen Disziplinen dargestellt werden, und es sollen aktuelle Entwicklungen und Ergebnisse sowohl über neue technische Anwendungen als auch über Methoden, Konzepte und Grundlagen der Informatik mit besonderer Bedeutung für technische Anwendungen aufgezeigt werden.

Der vorliegende Tagungsband enthält die Beiträge im Hauptprogramm der 14. Jahrestagung, bestehend aus eingeladenen Hauptvorträgen zu zentralen Themenschwerpunkten sowie Fachbeiträgen zu ausgewählten spezielleren Fragestellungen im Rahmen des Leitthemas.

Den Mitgliedern des Programmausschusses sei für die gute und hilfreiche Zusammenarbeit an dieser Stelle herzlich gedankt. Außer ihnen haben bei der Auswahl von Fachbeiträgen als Referenten mitgewirkt: H.-J. Appelrath (Zürich), A. Blaser (Heidelberg), A.B. Cremers (Dortmund), R. Durchholz (St. Augustin), M. Feilmeier (Braunschweig), J. Freitag (Dortmund), H. Fricke (Braunschweig), H. Geist (Paderborn), R. Hampel (Paderborn), U. Kelter (Dortmund), W. Knödel (Stuttgart), U. Lipeck (Braunschweig), J. Mäter (Dortmund), R. Obermeier (München), P. Pistor (Heidelberg), H.-J. Schek (Darmstadt), G. Schleich (Paderborn), B. Schwärmer (Paderborn), R. Vollmar (Braunschweig), H. Wedekind (Erlangen-Nürnberg), M. Wirsing (Passau). Darüber hinaus hat E. Paulus (Braunschweig) wesentliche Hilfe bei der Gestaltung des Fachprogramms geleistet.

Bei den technischen und organisatorischen Arbeiten haben mich Frau R. Dohrin-Mahl, Frau J. Bleiß, Frau I. Ramm-Wehrstedt sowie die Herren H.-J. Brede, K. Drosten, M. Gogolla, P. Herr, U. Lipeck, K. Neumann und G. Saake tatkräftig unterstützt. Ihnen allen gilt ebenfalls mein herzlicher Dank.

An dieser Stelle sei auch die Arbeit des örtlichen Organisationsausschusses unter Vorsitz von G. Stiege sowie die reibungslose Zusammenarbeit mit dem Springer-Verlag bei der Herausgabe dieses Bandes dankbar gewürdigt.

Die Beiträge zu den während der Jahrestagung GI'84 veranstalteten Fachgesprächen werden in einem gleichzeitig in derselben Reihe erscheinenden separaten Tagungsband veröffentlicht.

Braunschweig, im Juli 1984   Hans-Dieter Ehrich

<u>Programmausschuß</u>

Vorsitz: H.-D. Ehrich (Braunschweig)

K. Alber (Braunschweig)
R. Bordewisch (Paderborn)
J. Encarnacao (Darmstadt)
R. Gnatz (München)
R. Gunzenhäuser (Stuttgart)
K. Kaiser (Hamburg)
H.O. Leilich (Braunschweig)
P. Mertens (Erlangen-Nürnberg)
F. Nake (Bremen)
W.E. Proebster (Böblingen)
B. Radig (Hamburg)
E. Schlechtendahl (Karlsruhe)
E.J. Schmitter (München)
U. Seiffert (Wolfsburg)

INHALTSVERZEICHNIS

DIENSTEINTEGRATION UND OFFENE KOMMUNIKATION

ENTWICKLUNGSLINIEN DER KOMMUNIKATIONSTECHNIK

P. Bocker

Siemens AG, München
Bereich Nachrichten- und Sicherungstechnik
Zentrallaboratorium

1. Die Entwicklung der Kommunikationsarten

Der Blick in ein modernes Büro zeigt eine Vielfalt von Einrichtungen der Kommunikations- und Informationstechnik. Sie sollen dem Bearbeiter die Tätigkeiten am Schreibtisch erleichtern, d. h. die beiden Grundfunktionen unterstützen, nämlich Informationen sowohl mündlich als auch schriftlich aufzunehmen und abzugeben, sowie Informationen zu verarbeiten und zu speichern.

Die technischen Einrichtungen, die hierzu zur Verfügung stehen, sind sehr unterschiedlich. Am verbreitetsten ist zweifellos das Telefon, die Einrichtung zur mündlichen Kommunikation. Daneben haben in den letzten Jahren aber auch die Einrichtungen für die Textkommunikation eine immer größere Verbreitung erlangt. In vielen Büros steht heute schon ein Faksimilegerät, die Telexmaschine ermöglicht den weltweiten Textverkehr; ihre Nachfolgerin, die Teletexmaschine, bietet neben der Textkommunikation eine Reihe von komfortablen Lokalfunktionen.

Abgespeichert wird die Information im Büro heute noch weitgehend in den berühmten Aktenordnern. Allerdings finden in Verbindung mit Speicherschreibmaschinen und mit Personal-Computern auch mehr und mehr elektronische Speicher Eingang an den Arbeitsplätzen. Daneben gibt es selbstverständlich den Zugang zu Datenbanken über Datensichtstationen.

Wir haben uns diese Entwicklung einmal quantitativ vor Augen geführt (1). Bild 1 zeigt für die Bundesrepublik Deutschland die Anzahl der Arbeitsplätze sowie die Anzahl der Telefone an den Arbeitsplätzen. Außerdem ist dargestellt, daß die Anzahl der Arbeitsplätze mit Nichttelefon-Endgeräten in den letzten fünf Jahren stark gewachsen ist, nämlich von 300.000 auf 800.000; das bedeutet, daß heute bereits an 7 % aller Arbeitsplätze eines der Text- und Datenkommunikationsgeräte steht. Für unser Unternehmen stünde an dieser Stelle sogar der Wert

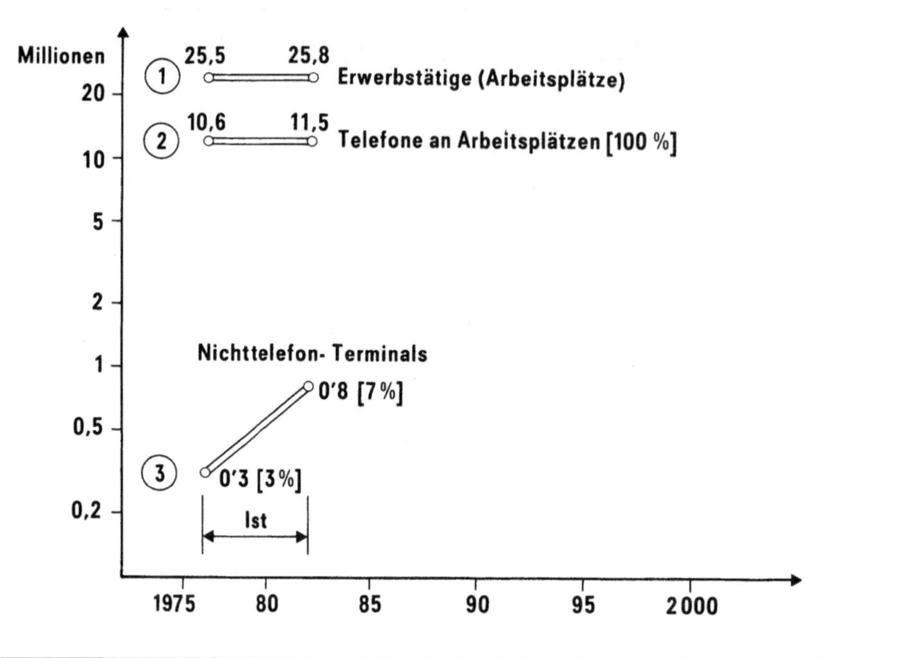

Bild 1 :   Terminals - Entwicklung

20 %.

Wichtiger als diese Absolutzahlen scheint mir jedoch die Zuwachsrate
zu sein. Sie beträgt nach unseren Abschätzungen in der Bundesrepublik
etwa 20 %/Jahr, in unserem Unternehmen etwa 25 %/Jahr. Bei der Annahme
eines solchen Wachstums haben wir in etwa 5 Jahren damit zu rechnen,
daß an 20 % der Arbeitsplätze ein Nichttelefon-Endgerät steht und in
10 Jahren wird ein Wert um die 50 % erreicht werden (Bild 2).

2.   Die Diensteintegration

Die technologische Entwicklung führt also dazu, daß wir es mit einer
Fülle unterschiedlicher Einrichtungen zu tun haben, und es kommt nun
darauf an, nicht mehr allein die einzelnen Geräte und Systeme weiterzuentwickeln, zu optimieren und auf den einzelnen Anwendungsfall
auszurichten, sondern die Geräte so auszugestalten, daß sie bei einfacher Handhabung erlauben, die vielfältigen Aufgaben an den Arbeitsplätzen mit weniger Hürden zwischen den einzelnen Tätigkeitsformen zu

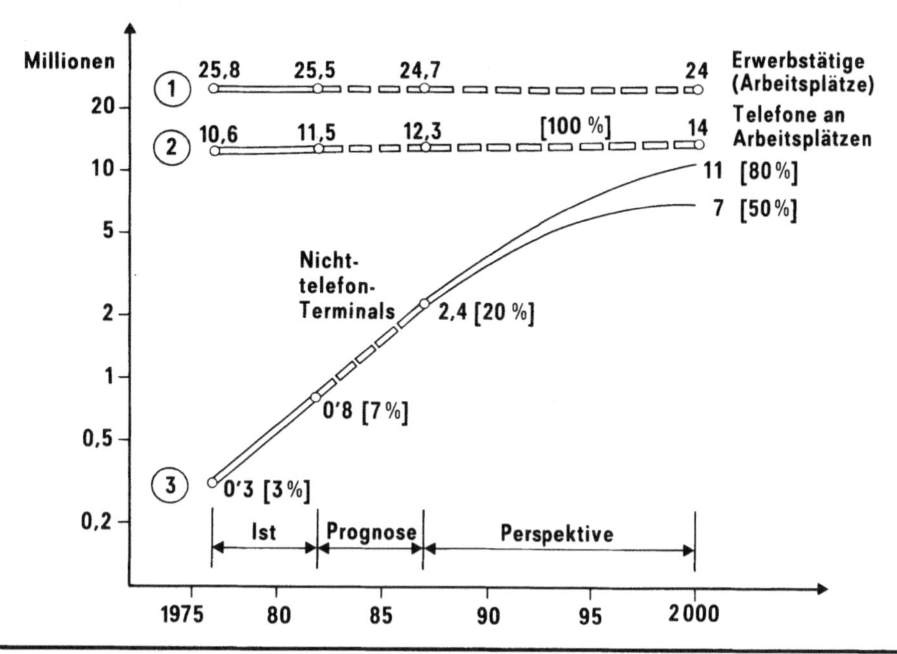

Bild 2:   Terminals - Entwicklung, Prognose, Perspektive

erledigen. Das heißt z. B., daß wir mit einem Gerät die Sprach- und
die Bildkommunikation durchführen wollen, daß wir uns auch für die
Text- und Festbildkommunikation nur ein Gerät wünschen, daß wir schließlich in der Lage sein wollen, Sprach-, Bild-, Text- und Datenkommuni-
kation mit einem Gerät abzuwickeln. Dies ist z. Z. weder mit den
gegenwärtigen Endgeräten, noch mit den gegenwärtigen Netzen möglich.
Telefon, Bildschirmtext und Faksimile werden im Fernsprechnetz abgewickelt, der Teletexdienst im integrierten Digitalnetz, und die Datenverarbeitung erfordert vielfach ein spezielles Datennetz, das paket-
vermittelte Datennetz.

Vor uns liegt also zunächst das Ziel, die verschiedenen Kommunikationsarten mit wenigen Endgeräten, wenigen Netzen und wenigen Bedienproze-
duren abzuwickeln. Die Hersteller von Nebenstellenanlagen waren sich
dieser Aufgabe schon sehr früh bewußt. So wurde beispielsweise die
Fernsprechnebenstellenanlage EMS ausgebaut zu dem Kommunikationssystem
EMS, welches außer der Verbindung von Fernsprechern im Rahmen des
Nebenstellennetzes auch den Anschluß von Text- und Datenendgeräten
erlaubt. Auch der Anschluß von Local Area Networks sowie von Bewegt-

bildeinrichtungen ist möglich (Bild 3; (2)).

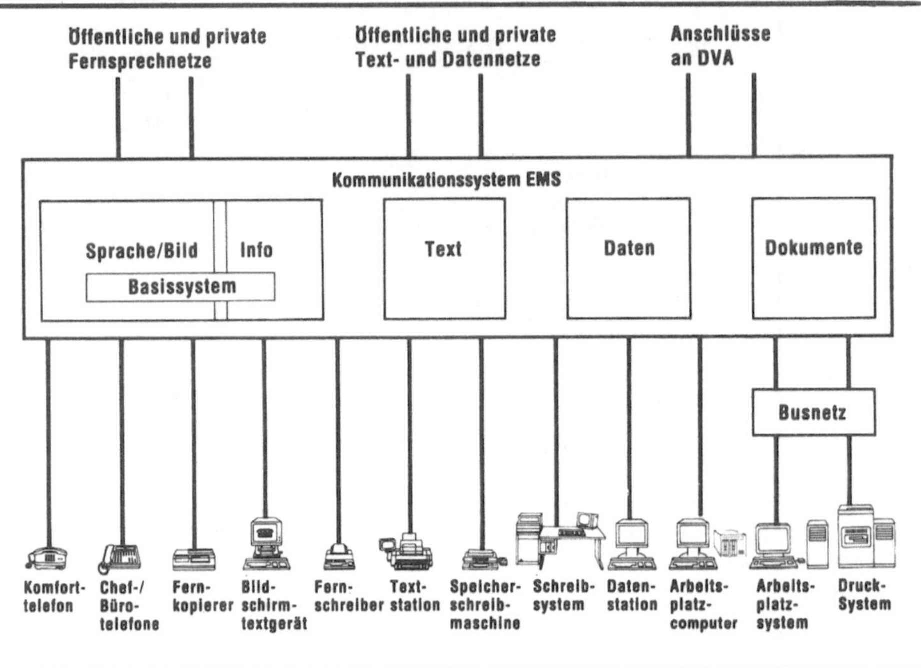

Bild 3: Kommunikationssystem EMS

Dies ist zwar schon ein wesentlicher Schritt in Richtung Zusammenführung der verschiedenen Kommunikationsarten im Nebenstellennetz;
aber unter der Diensteintegration verstehen wir noch mehr: Wir wollen
auf einer Anschlußleitung alternativ alle Kommunikationsarten betreiben können. Das heißt, über eine allgemeine "Kommunikationssteckdose"
möchten wir die verschiedensten Endgeräte anschließen und schließlich
eine auf den Teilnehmer bezogene Rufnummer für alle Dienste und nicht
die vielen verschiedenen dienstbezogenen Rufnummern, die wir heute
benutzen.

Diese Anforderungen erfüllt das ISDN, das diensteintegrierende digitale Nachrichtennetz, wie es jetzt in vielen Einzelheiten von CCITT, der
Standardisierungsorganisation der Netzbetreiber, festgelegt wurde.

3. Das diensteintegrierende digitale Nachrichtennetz ISDN

3.1 ISDN-Konzept

Das ISDN wird auf der Basis des digitalisierten Fernsprechnetzes aufgebaut (3), d. h. eines Netzes, welches intern, d. h. von Ortsvermittlung über Fernvermittlung bis Ortsvermittlung, rein digital arbeitet, bei dem allerdings der Teilnehmerzugang noch über die gewohnten analogen Fernsprechapparate stattfindet. Beim ISDN wird nun auch der Teilnehmerzugang digital ausgeführt, d. h. über die bestehenden Kupferadern werden jetzt nicht mehr die analogen, dem Sprachsignal direkt entsprechenden Ströme, sondern daraus im Endgerät gebildete digitale Informationen übertragen. Ein Hauptanschluß besteht aus zwei digitalen Sprachkanälen, d. h. zwei 64-kbit/s-Kanälen, sowie einem 16-kbit/s-Signalisierungskanal. Hiermit ist also möglich, daß ein Teilnehmer gleichzeitig z. B. eine Sprechverbindung zu einem fernen Teilnehmer unterhält und eine weitere Verbindung z. B. zu einer zentralen Datenbank. Außerdem erlaubt der digitale, leistungsfähige Signalisierungskanal eine komfortable Kommunikation zwischen Teilnehmer und Netz.

Jeder Teilnehmer hat am ISDN nur eine Rufnummer, unabhängig von Anzahl und Art der Dienste, die er in Anspruch nimmt. Daher müssen die Verbindungen auch dienstindividuell behandelt werden, um zu gewährleisten, daß sie ordnungsgemäß, d. h. nicht nur zwischen den gewünschten Teilnehmern, sondern zwischen den zu dem gleichen Dienst gehörenden Endgeräten, zustande kommen.

3.2 ISDN-Netzstruktur

Die ISDN-Netzstruktur (Bild 4) ist im wesentlichen durch die Teilnehmerschnittstelle, die sogenannte S-Schnittstelle, gekennzeichnet. An diese können alternativ Fernsprecher, Textendgeräte, Datenendgeräte oder aber auch multifunktionale Endgeräte angeschlossen werden, und sie bietet Zugang zu den beiden 64-kbit/s-Nutzkanälen sowie dem 16-kbit/s-Signalisierungskanal. Eine Besonderheit ist der lokale ISDN-Teilnehmerbus, der erlaubt, daß die Endgeräte eines Teilnehmers, d. h. die Endgeräte, die unter einer Teilnehmernummer erreichbar sind, auch in einer Buskonfiguration angeordnet sein können. Wichtig ist natürlich, daß nicht nur neu zu entwickelnde Endgeräte an die S-Schnittstelle angeschlossen werden können, sondern daß über Terminaladaptoren auch die herkömmlichen Endgeräte Zugang zu ISDN finden. Da diese ihre bisherigen Partner in den speziellen Netzen auch in Zukunft erreichen

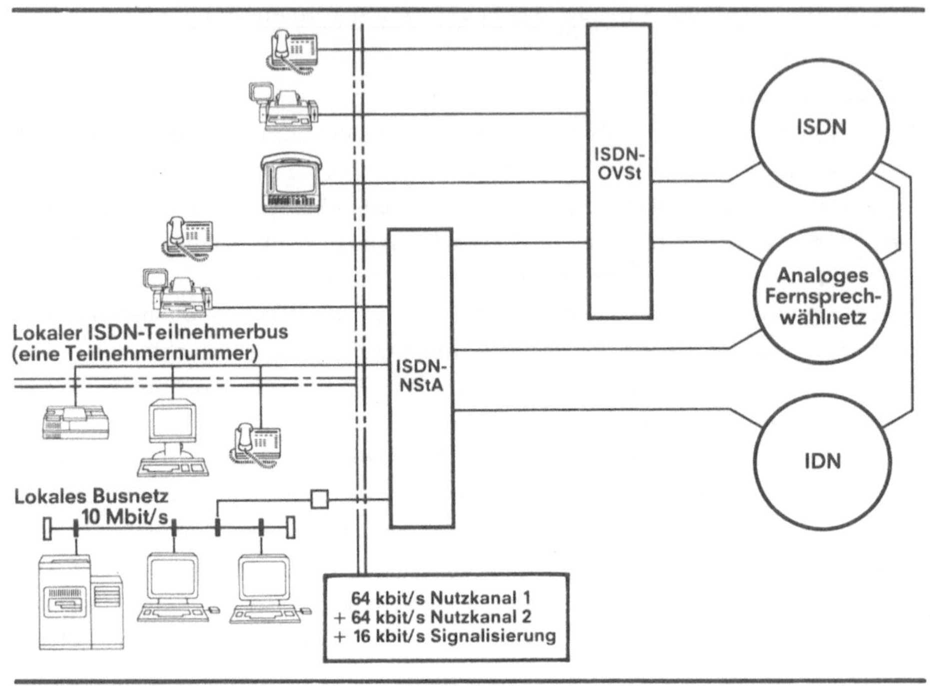

Bild 4:   ISDN-Netzstruktur

wollen, sind entsprechende Netzübergänge zwischen ISDN und den herkömmlichen Netzen erforderlich. Die durch das ISDN gegebenen Voraussetzungen ermöglichen es nun, nicht mehr nur dienstspezifische Endgeräte zu
entwickeln, sondern Endgeräte, die zu mehreren Diensten den Zugang
erlauben, sogenannte "multifunktionale Endgeräte". Ein Beispiel ist
das Bildschirmtelefon, welches außer der Sprachkommunikation auch den
Zugang zum Bildschirmtextsystem erlaubt, d.h. einen Fernsehempfangs-
teil und eine Tastatur aufweist (Bild 5).

3.3 ISDN-Dienste

Die Dienste im ISDN (Bild 6) lassen sich im wesentlichen in vier
Kategorien einteilen:

- Standarddienste
  Diese Dienste sind soweit festgelegt, daß nicht nur jeder Teilnehmer
  jeden anderen erreichen kann, sondern daß auch jedes Endgerät jedes
  andere "verstehen" kann, selbst Geräte, die in anderen Ländern stehen und von anderen Herstellern stammen. Beispiele für diese Art von

Bild 5: Bildschirmtelefon

Diensten sind der Fernsprechdienst, der Teletex- und der Faksimile-
dienst.

- Übermittlungsdienste
Diese Dienste stellen nur Transportkapazität zwischen den miteinander
verbundenen Teilnehmern zur Verfügung. Sie können in einer auf die
entsprechenden Anwendungsfälle optimierten Art und Weise in anwendungsspezifischen Systemen eingesetzt werden.

- Höhere Dienste
Diese Dienste umfassen die Speicherung und Bearbeitung von Information im Netz. Sie werden allgemein unter der Bezeichnung Value Added
Services diskutiert. Hierzu gehören Bildschirmtext und Speicherdien-
ste für Sprache und Text (Voice Mail, Text Mail).

- Sonderdienste

  Diese Dienste dienen besonderen Anwendungen und können an das Netz
  hohe Anforderungen stellen hinsichtlich Verfügbarkeit, Fehlerrate,
  Verzögerungszeiten.

Dienste	Standarddienste	Übermittlungs-dienste	Höhere Dienste	Sonderdienste
Neue ISDN-Dienste mit 64 kbit/s (128 kbit/s)	ISDN-Fernsprechen, -konferenz ISDN-Teletex* ISDN-Faksimile* (Gruppe 4) ISDN-Textfax*	Datenübertragung (leitungsvermittelt, paketvermittelt)	ISDN-Bildschirmtext Voice Mail Text Mail	Sicherheits-dienste Telemetrie
Bestehende Dienste aus dem Fernsprechnetz	Fernsprechen Telefax (Gruppe 2/3)	Datenübertragung mit V.-Schnitt-stellen (parallel, seriell)	Bildschirmtext (1200/75 bit/s, 1200/1200 bit/s)	Sicherheits-dienste
Dienste für Endgeräte des Integrierten Text- und Daten-netzes (IDN)	Ggf. für Faksimile Gruppe 4 (9600 bit/s)	Für Datenüber-tragung mit Schnittstelle X.21	Ggf. für Bildschirmtext (2400 bit/s)	

* Interworking mit Text- und Faksimilediensten im Integrierten Text- und Datennetz (IDN)

Bild 6: Dienste im Schmalband-ISDN

3.4 Nutzen des ISDN

Das ISDN bietet dem Benutzer also eine Reihe von Vorteilen

. vielseitigere Kommunikationsmöglichkeiten zwischen unterschiedlichen
  Endgeräten mit der Möglichkeit der Mischkommunikation bei Sprache,
  Text und Daten,

. besseren und bequemeren Informationsaustausch zwischen Endgeräten
  und mit der Vermittlungsstelle über den leistungsfähigen Signalisierungskanal, insbesondere in Verbindung mit der optischen Anzeige beim
  Teilnehmerendgerät,

. kürzere Übertragungszeiten, die insbesondere bei Faksimile wichtig
  sind (eine DIN-A4-Seite kann in weniger als 10 Sekunden übertragen
  werden),

. einen Anschluß, eine Rufnummer, ein Bedienkonzept, unabhängig von der

Ausstattung des Teilnehmergerätes.

Die Deutsche Bundespost beabsichtigt, ISDN-Dienste ab 1986 im Rahmen eines Feldversuches zu erproben und ab 1988 flächendeckend in der Bundesrepublik zur Verfügung zu stellen (4). Die anderen bedeutenden Fernmeldeverwaltungen in aller Welt haben ähnliche Pläne (Bild 7).

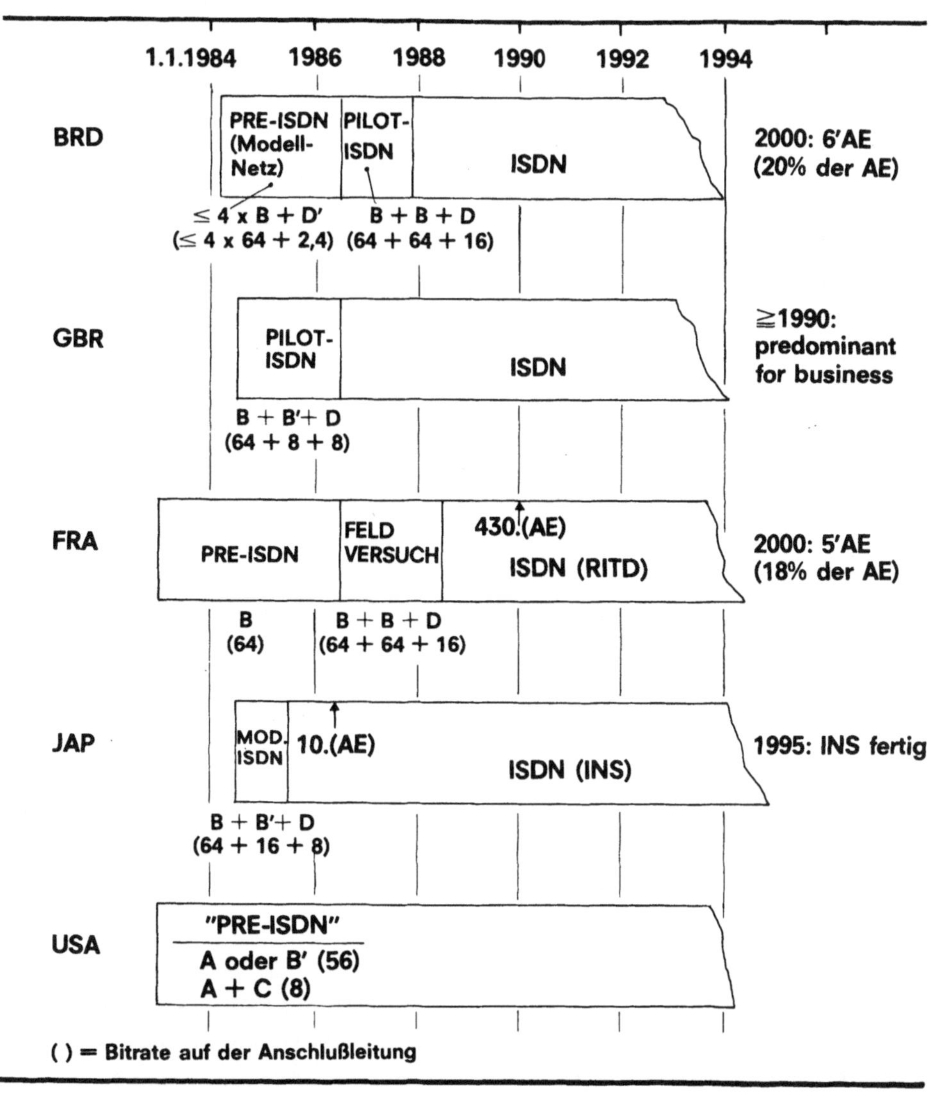

Bild 7:   Einführung des Schmalband-ISDN

3.5 Breitbanddienste im ISDN

Breitbandkommunikation, z. B. die komfortable Bewegtbildkommunikation,
wird im ISDN ebenfalls möglich sein. Sie erfordert aber Lichtwellenleiter für den Teilnehmeranschluß. Auch diese wird bereits in verschiedenen Ländern erprobt, in der Bundesrepublik mit dem Projekt BIGFON
(Breitbandiges Integriertes Glasfaser-Fernmelde-Ortsnetz) der Deutschen Bundespost. Bei CCITT müssen nun dringend die Standardisierungs-
arbeiten für das Breitband-ISDN in Angriff genommen werden, damit sich
unterschiedliche nationale Lösungen soweit möglich verhindern lassen.
Mit Breitband-ISDN ist dann die Möglichkeit für die Einführung von
Bewegtbildkommunikation in Fernsehqualität in die Individualkommunika-
tion gegeben.

3.6 Zur Realisierung des ISDN

Das ISDN für Schmalbanddienste - aufbauend auf dem digitalisierten
Fernsprechnetz - erfordert weder ein neues Verbindungsleitungs-, noch
ein neues Anschlußleitungsnetz. In den Vermittlungsstellen des digitalisierten Fernsprechnetzes müssen lediglich die ISDN-Leistungsmerkmale
nachgerüstet werden. Beim EWSD-System geschieht dies beispielsweise
dadurch, daß alle Funktionen der Ebene 1 und 2 des D-Kanal-Protokolls
des Basisanschlusses in einer digitalen Teilnehmeranschlußbaugruppe
SLMD ohne Belastung des übrigen Systems abgewickelt werden (Bild 8).

Von entscheidender Bedeutung für den Erfolg des ISDN-Konzepts ist
jedoch die wirtschaftliche Realisierung des Teilnehmerbasisanschlusses.
So erfordern beispielsweise die Übertragungsfunktionen im Teilnehmeranschluß einen Aufwand von etwa 25.000 Transistorfunktionen; dieses
ist in wirtschaftlicher Weise selbstverständlich nur mit VLSI-Chips zu
realisieren (5).

4. Offene Systeme für den allgemeinen Verkehr

Die eingangs skizzierte Entwicklung der Technik am Arbeitsplatz, d. h.
das starke Anwachsen der Nichttelefon-Endgeräte, erfordert außer
diensteintegrierenden Geräten und Netzen noch ein weiteres: Kompatibilität der Kommunikationsformen, der Zeichen, Codes usw. sowie einheitliche Protokolle zwischen den Kommunikationspartnern. Eine solche
Kompatibilität ermöglicht erst den freizügigen Verkehr auch zwischen
den verschiedenen Nichttelefon-Endgeräten untereinander oder mit
Zentralen.

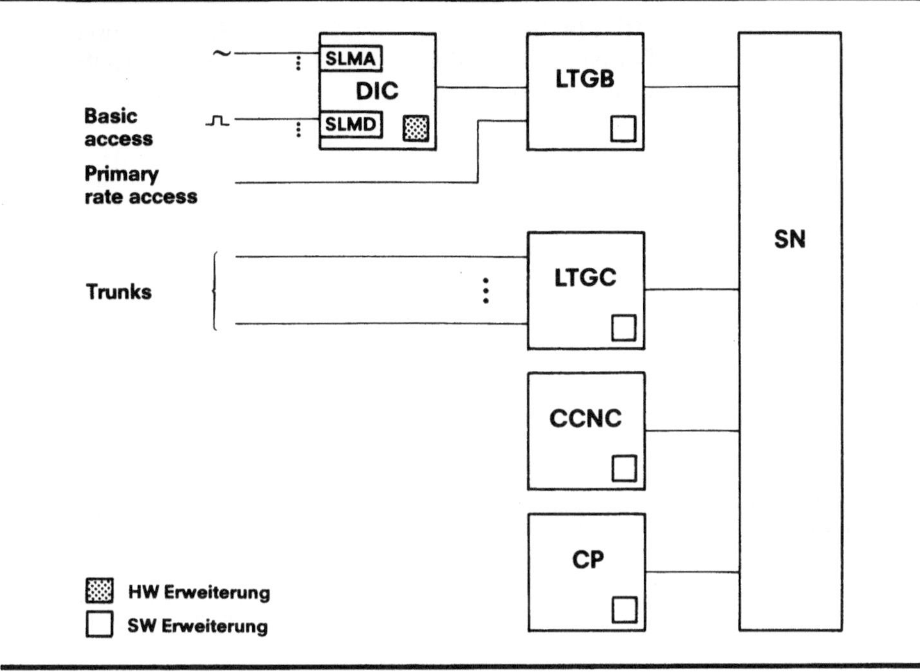

Bild 8:   EWSD - ISDN-Erweiterung

Als Vorläufer solcher Systeme kann z. B. die Protokollanpassung für Terminals in den PADs der Paketvermittlungsnetze betrachtet werden. Außerdem gibt es Übergangseinrichtungen zwischen Standarddiensten, z. B. Telex-Teletex.

Das Bildschirmtextsystem ist ein typisches "offenes" Kommunikationssystem. Hier wird die Kompatibilität bis in Schicht 7 des OSI-Referenzmodells durch internationale und nationale Standardisierung des öffentlichen Bildschirmtextdienstes erreicht: Jeder Bildschirmtextteilnehmer hat mit vereinbarten Prozeduren Zugang zur öffentlichen Bildschirmtextzentrale, an die ihrerseits - ebenso mit vereinbarten Prozeduren - private "externe Rechner" angeschlossen sind. Damit stehen dem Bildschirmtextteilnehmer nicht nur die Inhalte der öffentlichen Bildschirmtextdatenbanken, sondern auch zahlreiche Daten privater Datenbanken sowie Informationsverarbeitungsleistungen von unterschiedlichen Herstellern zur Verfügung (Bild 9).

Ein weiteres Beispiel für diese "Höheren Dienste" oder "Value Added

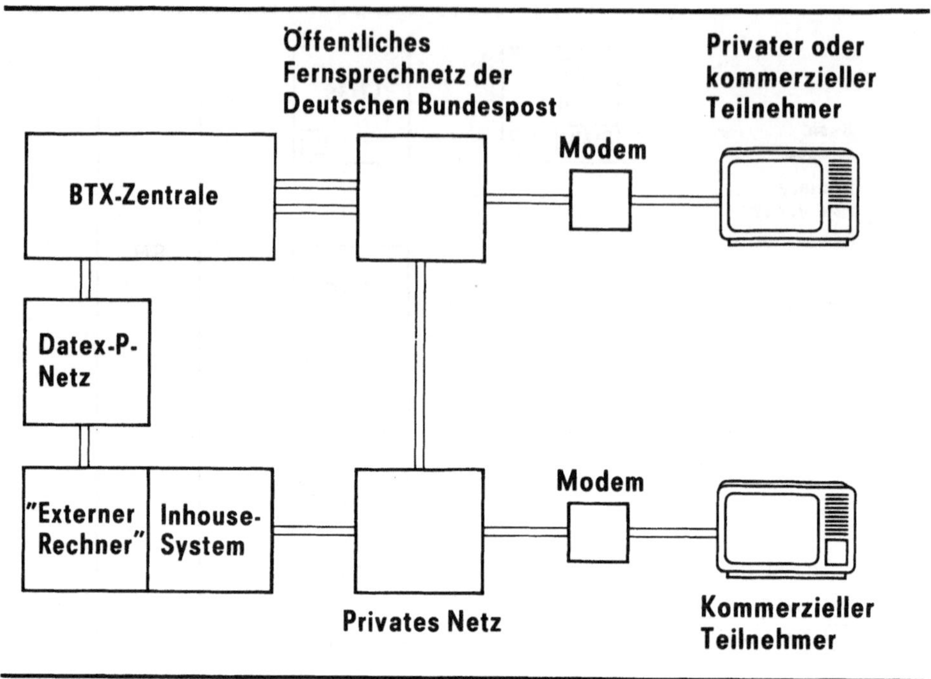

Bild 9: Bildschirmtext

Services" ist die elektronische Post. Hierbei werden Nachrichten elektronisch eingegeben und entweder in elektronischen Briefkästen teilnehmerbezogen abgelegt oder am Empfangsort ausgedruckt und als Brief zugestellt (Bild 10).

Die Deutsche Bundespost hat in Mannheim eine entsprechende Nachrichtenvermittlung mit -speicherung in Betrieb genommen (System TELEBOX). Die elektronischen Briefkästen können von den Berechtigten abgefragt werden (6).

Die Höheren Dienste setzen also Speicher- und Prozessorfunktionen im - öffentlichen oder privaten - Netz voraus. Damit bieten sie

1) personenbezogene (nicht stationsbezogene) Kommunikation: Persönliches Paßwort für den Zugang zum persönlichen Elektronikpostfach,

2) Zeitunabhängigkeit im Kommunikationsvorgang: Absendung und Empfang einer Nachricht brauchen nicht gleichzeitig stattzufinden,

3) Ortsunabhängigkeit bei der Kommunikation: Zugriff zum persönlichen

Elektronikpostfach von jeder Kommunikationsstation (Telefon, Telex, Teletex, Kommunikationsstation am ISDN), damit auch bessere Einbeziehung des mobilen Teilnehmers,

4) Verkehrsmöglichkeit zwischen einer Vielzahl vorhandener, verbreiteter Terminals: die Erfordernis für dienstspezifische Terminals wird abnehmen.

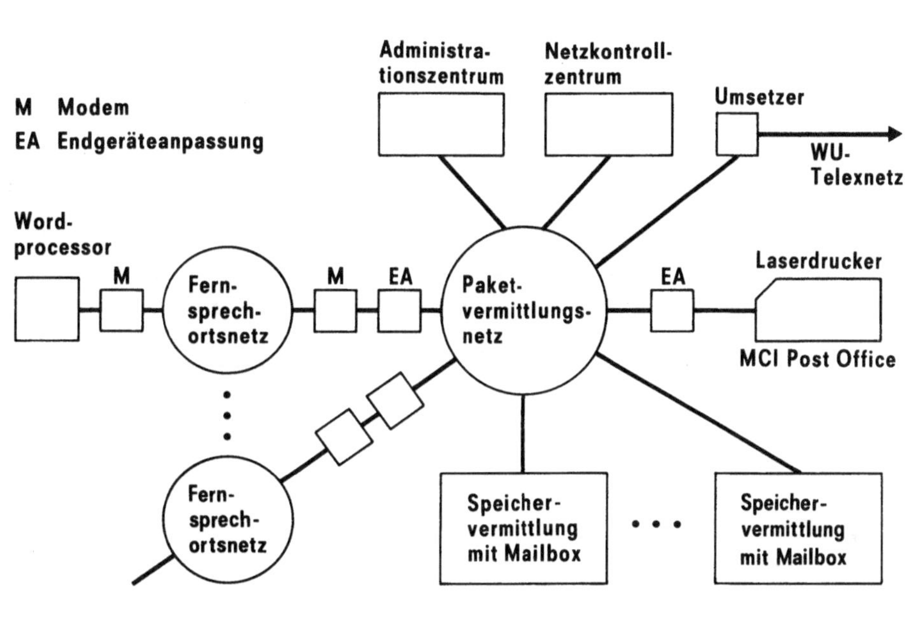

Bild 10:   MCI-Mail

Aus Bild 11 wird deutlich, wie das Netz bei den Höheren Diensten Protokolle in den Schichten 4 bis 7 abwickelt und entsprechende Funktionen bereitstellt. Bei CCITT wurde für solche "Message Handling Systems" bereits eine ganze Reihe von Empfehlungen verabschiedet (7). Sie beschreiben einerseits Terminal-Anpassungsfunktionen in Schicht 6 zum Austausch von Mitteilungen zwischen nichtkompatiblen Endgeräten wie Telex, Teletex, Bildschirmtext usw.; andererseits legen sie bis zu Schicht 7 fest, wie Message Handling Systeme untereinander und Endgeräte (z. B. Teletex-Stationen) mit Message Handling Systemen kommunizieren. Mit den geschilderten speziellen Systemen sowie den grundlegenden Empfehlungen für ein allgemeines Message Handling System liegen sehr gute Ansätze vor, die Kommunikation über den reinen Transport von

Informationen hinauszuführen.

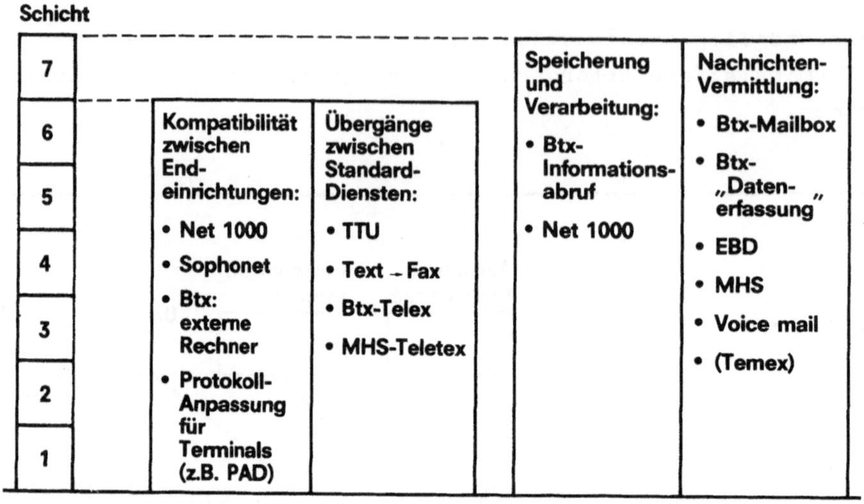

Schicht				
7			**Speicherung und Verarbeitung:**	**Nachrichten-Vermittlung:**
6	**Kompatibilität zwischen End-einrichtungen:**	**Übergänge zwischen Standard-Diensten:**	• **Btx-Informations-abruf**	• **Btx-Mailbox**
5	• **Net 1000**	• **TTU**	• **Net 1000**	• **Btx-„Daten-erfassung"**
4	• **Sophonet**	• **Text – Fax**		• **EBD**
3	• **Btx:** externe Rechner	• **Btx-Telex**		• **MHS**
2	• **Protokoll-Anpassung für**	• **MHS-Teletex**		• **Voice mail**
1	**Terminals (z.B. PAD)**			• **(Temex)**

Kommunikationsdienste und -protokolle in den Schichten 4 bis 7

Bild 11:   OSI-Referenzmodell

5.   Schlußbemerkung

Die Entwicklung der Kommunikationstechnik ist durch zwei Aufgaben gekennzeichnet:

1) die Integration der unterschiedlichen Kommunikationsarten in multi-funktionalen Endgeräten und Netzen,

2) der Austausch von Information zwischen den Kommunikationspartnern bei weitgehend freizügiger Wahl der technischen Mittel und des Zeit-punktes.

In der internationalen Diskussion im Rahmen der Standardisierungs-gremien wurden hierfür bereits wesentliche Grundlagen gelegt mit dem ISDN und den Massage Handling Systems. Je größer die Vielfalt der durch die Fortschritte der Technologie gegebenen Möglichkeiten ist, umso wichtiger ist gerade auf dem Gebiet der Kommunikationstechnik die internationale Absprache von "Grundregeln". Denn nur damit können wir für alle Bereiche der Kommunikationstechnik das Ziel erreichen, welches uns heute für den Bereich "Fernsprechen" bereits selbstverständlich

ist: Weltweite, allgemeine, "offene" Kommunikationsfähigkeit von jedem
mit jedem.

<u>Schrifttum</u>:

(1)   v. Sanden, D.: Kommunikation und Computer, Kompatibilität und
      Konkurrenz - Bilanz und Perspektiven. Referat 25. VDPI-Tagung
      in Hannover, 1984.

(2)   Raab, G.: Der Weg zum ISDN - Nebenstellentechnik für die zukünf-
      tige Bürokommunikation. telcom rep.6(1983) S.183-187.

(3)   Rosenbrock, K.H.: ISDN - eine folgerichtige Weiterentwicklung
      des digitalen Fernsprechnetzes. Jb. Post- und Fernmeldewesen 1984.

(4)   Schön, H.: Die Deutsche Bundespost auf ihrem Weg zum integrierten
      digitalen Netz (ISDN). Telematica 84, Kongreßband Teil 3: Tele-
      matik, S.56-84. Berlin; Offenbach: VDE-Verlag, 1984.

(5)   Bocker, P.; Kleinke, G.; Skaperda, N.; Thomanek, U.F.: ISDN
      Services and their Implementation in EWSD System. 4th World
      Telecommunication Forum Part II, Vol.II, 2.8.3.1 - 2.8.3.8.

(6)   Kunze, H.: Neue Dienste auf bestehenden Netzen im Bereich Sprache,
      Daten, Text. Telematica 84, Kongreßband Teil 3: Telematik, S.234-
      252. Berlin; Offenbach: VDE-Verlag, 1984.

(7)   Tietz, W.: Stand der internationalen Normung im Bereich des
      "Message Handling". Nachr.techn.Z. 37 (1984) S.20-26.

<u>MÖGLICHKEITEN DER VLSI-TECHNOLOGIE</u>
<u>FÜR DIE ENTWICKLUNG ZUKÜNFTIGER</u>
<u>GRAPHISCH-INTERAKTIVER ARBEITSPLATZRECHNER</u>

J.Encarnacao
Fachgebiet Graphisch-Interaktive Systeme
Fachbereich Informatik
Technische Hochschule Darmstadt
Alexanderstr. 24; D-6100 Darmstadt

<u>Kurzfassung</u>

In diesem Aufsatz wird zunächst auf die Marktanforderungen an graphisch-interaktiven
Arbeitsplatzrechnern eingegangen und dann daraus resultierende Architekturfragen behandelt. Anhand von drei Beispielen (Koprozessoren für Text und Graphik, Multiprozessor-Kern "HoMuK" und GKS-Chip) werden diese Fragen detailliert und Lösungsansätze
dafür erläutert. Ein ausführliches Literaturverzeichnis gibt weitergehende Hinweise
zur Vertiefung in die Problematik.

1. Graphisch-interaktive Arbeitsplatzrechner

Arbeitsplatzrechner mit graphisch-interaktiven Fähigkeiten (z.B. Sun Microsystems,
Apollo, PERQ, etc.) sind ein neuer Teil der Rechner-Industrie geworden. Diese Industrie ist noch sehr stark in der Entwicklung begriffen; diese wird jedoch entscheidend von den Technologiemöglichkeiten von Multiprozessoren, Mikroprozessoren
und VLSI geprägt.

Diese Arbeitsplatzrechner haben verschiedene Anforderungen (siehe /1/) des Marktes
zu erfüllen. Die wichtigsten sind aus heutiger Sicht:

Anforderungen des Marktes	Anwendbare Technologie
Schnittstellen für offene Kommunikationssysteme	Systemarchitektur muß auf existierende Industrienormen (Hardware und Software) aufbauen
Schnell und mächtig	32 bit-Mikroprozessoren
Produktive Benutzer-Schnitt-stelle	Multiprozessor-Betriebssystem; Bit-Map-Displays; Window-Managers
Leicht zu programmieren	Höhere Programmsprachen z.B. Pascal

Geräteportabilität; Portabilität der graphischen Modelle und der graphischen Daten	Verwendung von graphischen Normen (GKS, VDM, VDI, etc.)
Große Programme	Forderung nach virtuellen Speichern mit Seitenstrukturen
Programmportabilität	Genormte Betriebssysteme und Sprachen
Genormte Kommunikationsver- bindungen	Local Area Networks (LAN), X25, SNA, etc.
Arithmetische Geschwindigkeit und Genauigkeit	Gleitkommaarithmetik; Sprachoptimierung
Vermeidung von teuren Peripherie- geräten	Bedienung ohne Platten; Bediener (Servers) von Peripheriegeräten
Mitbenutzung von Peripheriegeräten, Standard-Bus, Größe der Platinen	UNIBUS, MULTIBUS, QBUS, VME, etc.

Zur Realisierung dieser Anforderungen müssen die Möglichkeiten der VLSI-Technologie immer stärker herangezogen werden. Im folgenden sollen einige Beispiele dazu näher erläutert werden.

2. Architekturfragen

Heutige graphisch-interaktive Arbeitsplatzrechner haben die Grundarchitektur aus Bild 1. Dabei erkennt man die folgenden Trends /2, 4, 5/:

    (1) Die CPU ist mindestens ein 16-bit, meistens ein
        32-bit-Mikroprozessor.

    (2) Winchester-Platten mit hoher Kapazität werden zum
        festen Bestandteil der meisten Arbeitsplätze.

    (3) Lokale Netze (LAN) mit hoher Übertragungsrate ermöglichen
        eine funktionelle Kopplung von mehreren Arbeitsplätzen
        und ein gemeinsames Nutzen von teurer Peripherie.

    (4) Multi-Mikroprozessoren und "Custom-made" VLSI-Komponenten
        bringen zusätzliche Intelligenz (d.h. lokale Prozessormächtigkeit)
        in den Arbeitsplatzrechner hinein (z.B. Peripherie-Chips für
        Tastaturen, Tablets u.ä.; Chips als lokale Kommandointerpreter;
        Komplexe Bildmanipulationen; etc.)

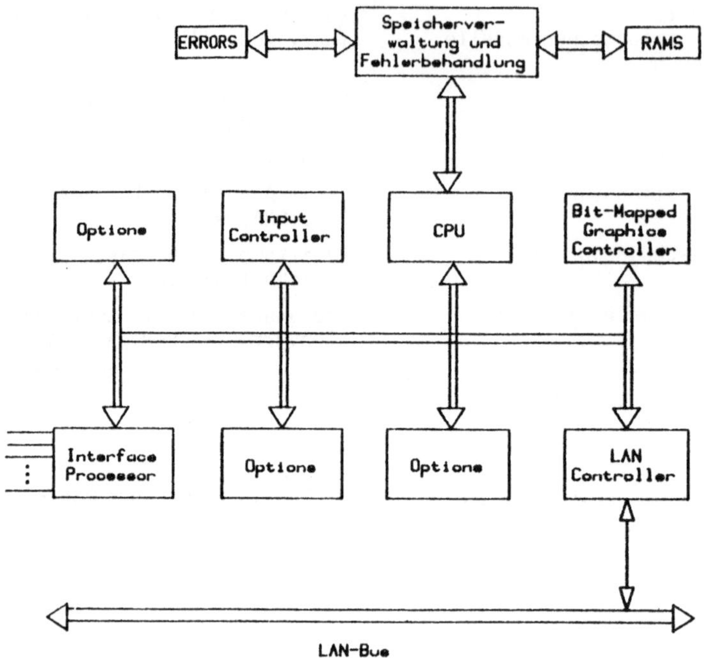

<u>Bild 1:</u> Grundarchitektur eines graphisch-interaktiven Arbeitsplatzrechners

Solche Arbeitsplätze müssen nicht nur die graphische Information manipulieren und editieren, sondern auch sehr schnell Text von hoher Qualität auf dem Bildschirm ausgeben und editieren /3/. Dies hat meistens zur Folge, daß verschiedene Steuereinheiten für Text und für graphische Information verwendet werden; sie werden voneinander unabhängig betrieben und jeder für sich ist für seinen Datentyp (Text oder Graphik) optimiert. Die übliche Funktionalität des Text-Koprozessors ist:

- 200 Zeichen/Zeile;
- 10 MHz Zeichenrate;
- 2048 Scan-Linien;
- Text-Operationen (proportional spacing; subscript; super-
  script; etc.);
- verschiedene Cursors;
- verschiedene interne Textattribute (z.B. 6)

Der graphische Koprozessor

- kann 1÷2×10^6 Pixels/Sek in das Bit-Map hineinschreiben;
- unterstützt 1/2÷2 MByte von Bit-Map-RAMs;
- kann Zeichen die vom Benutzer definiert werden (in Rechtecken von z.B. 8 Pixels) verarbeiten und ausgeben;
- verwaltet und steuert verschiedene Ausschnitte auf dem Bildschirm (multiple Viewports).

Jeder Prozessor kann als Master eingesetzt werden; dies ist eine Entwurfsentscheidung (z.B. interlace oder noninterlace).

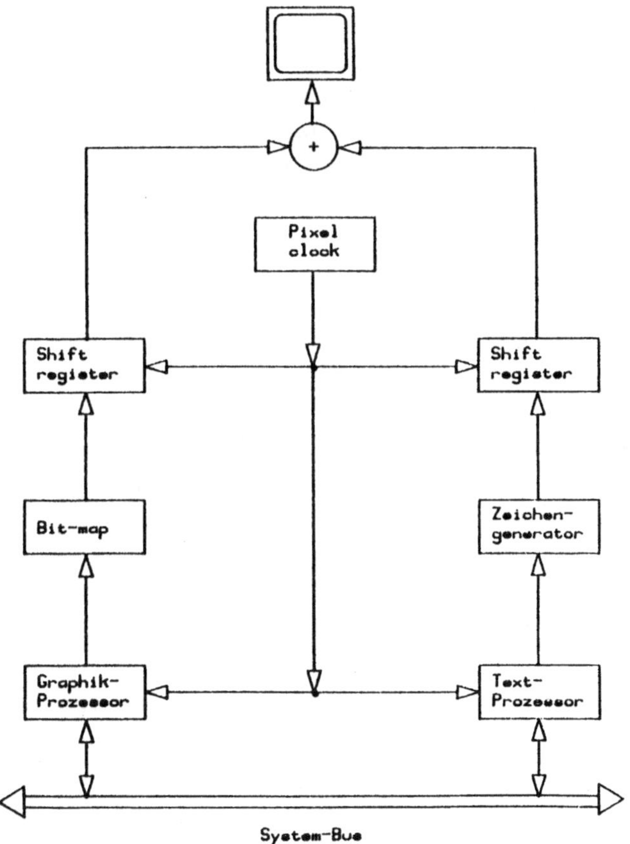

<u>Bild 2:</u>   Koprozessoren für Text- und Graphik-Verarbeitung

3. Homogener Multiprozessor-Kern (HoMuK)

HoMuK steht für "Homogener Multiprozessor-Kern". Dieser Begriff kennzeichnet eine
Basis-Hardware mit rudimentärer Betriebssoftware, die am Fachgebiet Graphisch-Interaktive Systeme (GRIS) des Fachbereichs Informatik der Technischen Hochschule Darmstadt (THD) entwickelt worden ist /6, 8, 9/. Obwohl der HoMuK bereits in der Grund-
ausstattung ein funktionsfähiges Multi-Mikroprozessorsystem ist, wird es für Anwendungen meist sinnvoll sein, das System zu spezialisieren und so für spezielle Anforderungen der Anwendungen einzurichten.

Die Bezeichnung "homogen" leitet sich daraus ab, daß in HoMuK-Systemen kein Prozessormodul aus der Verbindungsstruktur des Systems oder seinen möglichen Rollen im System
heraus gegenüber anderen Prozessoren eine Sonderrolle einnimmt (siehe Bild 3).
Lediglich die unter Umständen unterschiedliche Ausstattung der Prozessormodule mit
Ein/Ausgabe-Peripherie, Speicher oder anderer unterstützender Hardware gibt den entsprechenden Modulen Sonderrollen bezüglich der Anwendungen. In der Basis-Hardware
des HoMuK gibt es eine derartige Unsymmetrie insoweit, als für den Bootstrap des
Systems ein Prozessormodul als Bootstrap-Modul festgelegt ist. Damit dieser Modul
seine Rolle erfüllen kann, ist er (als einziger) mit Ein/Ausgabe-Peripherie und
Massenspeicher ausgestattet.

Die Bezeichnung "Multiprozessor" ist bewußt nicht auf Mikroprozessoren eingeschränkt
worden. Der HoMuK ist vorrangig über sein Systembus-Protokoll definiert, und der
Einsatz von Mikroprozessoren (oder gar eines bestimmten Prozessortyps) stellt eine
Implementierungsentscheidung dar. Alternativ zu Mikroprozessoren können in den Modulen sowohl mächtigere Prozessoren als auch sehr einfache Schaltwerke eingesetzt
werden. Der Einsatz mächtiger Prozessoren erscheint dabei nicht sehr interessant, da
hierbei die geometrische Gesamtgröße des Systems den Bereich eines schnellen Busses
schon bei kleinen Modul-Anzahlen überschreitet und dann wegen der relativ großen
Signallaufzeiten zur Kopplung der Prozessormodule die "Local Area Networks" besser
geeignet sind als ein Bus. Der Einsatz von Spezialschaltwerken mit Komplexitäten
deutlich unter der eines Mikroprozessors ist dagegen sehr vielversprechend, wenn es
um Lösung etwa von Echtzeitproblemen bei zeitkritischen Anwendungen geht. Hier versprechen die Fortschritte in der VLSI-Technik bereits für die nahe Zukunft interessante Lösungen für heute wirtschaftlich noch nicht erschlossene Problembereiche.
In der vorliegenden Implementierung mit dem Motorola MC 68000 als Modul (mikro-)-
prozessor können derartige Systeme emuliert und die Soft- und Hardware für entsprechende Anwendungen entwickelt und getestet werden. Unmittelbar ist das System
eine Alternative zu größeren Rechnern (z.B. Super-Minis). Dabei wird aufwendige
schnelle Spezialhardware durch preiswertere Standardkomponenten ersetzt, die nach
einem "Baukastenverfahren" konfiguriert werden.

Die Bezeichnung "Kern" soll deutlich machen, daß der HoMuK einerseits ein (und sei es auch bereits ein sehr potentes) Funktionsminimum bereitstellt, andererseits dem Systemarchitekten und dem Systemprogrammierer noch den großen Spielraum bietet, den sie zur Realisierung ihrer Zielvorstellungen benötigen benötigen. Die ungeachtet der hohen Flexibilität bereits vorhandene Funktionalität des Kerns stellt einen beträchtlichen Komfort bei der Inbetriebnahme eines HoMuK-Systems dar. Der HoMuK ist nicht nur eine Basis-Hardware, sondern in der bei GRIS vorliegenden Implementierung auch bereits ein "Entwicklungssystem für sich selbst". Ein auf dem Bootstrap-Modul vorhandenes lokales (Single Prozessor-) Betriebssystem erlaubt von Anbeginn ein komfortables Arbeiten mit dem System.

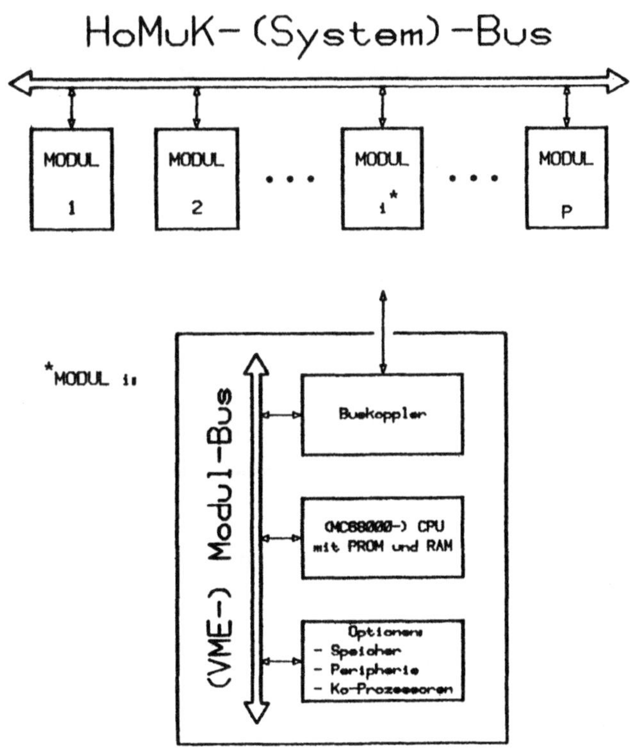

<u>Bild 3:</u>   Das Ho-MuK-System

Der HoMuK ist ein "Common-Bus-System", d.h. ein Systembus stellt die Verbindung
zwischen den "Modulen" des Systems her (Bild 3). Jeder Modul ist ein konventionelles "Single-Prozessor-System" (bereits hier beginnt die Gefahr der begrifflichen
Sprachverwirrung, da heute auch derartige Single-Prozessor-Systeme gern als Multiprozessorsysteme angesprochen werden, wenn sie über DMA-Controller oder Ko-Pro-
zessoren verfügen). Der HoMuK-Systembus hat Eigenschaften, die von denen eines
Single.Prozessor-Systems weit abweichen. Die Anschaltung eines Moduls an den Systembus ist deshalb eine recht komplizierte Funktion, die von einem "Buskoppler" geleistet wird. Ein derartiger Buskoppler verbindet den lokalen Bus des Moduls (Modulbus)
mit dem globalen Bus des Systems (Systembus oder HoMuK-Bus). Vom Modulprozessor aus
gesehen ist der Buskoppler (Bild 4) ein Peripheriegerät, vom System aus gesehen der
Modul selbst. Deshalb ist es für das System irrelevant, wie der Modul intern realisiert ist. Es sind beliebige heterogene Modulzusammenstellungen möglich, solange die
jeweiligen Buskoppler das HoMuK-Systembusprotokoll erfüllen.

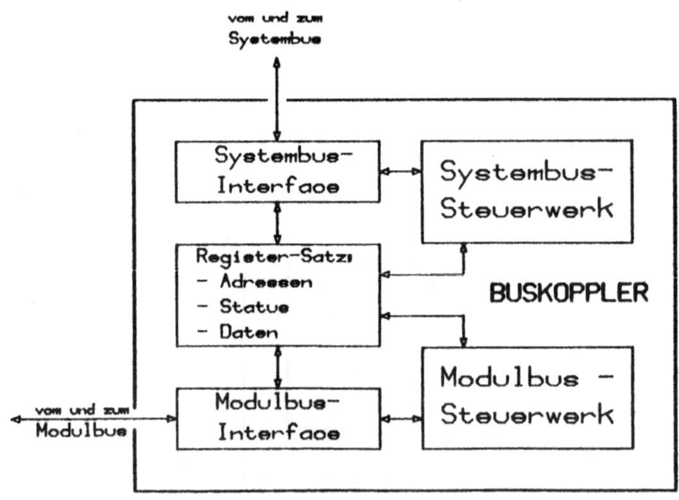

<u>Bild 4:</u>   Der Bus-Koppler als Verbindung zwischen Modulbus und Systembus

Der HoMuK nimmt im Kreis heutiger realisierter Multiprozessorsysteme dadurch eine
Sonderrolle ein, daß er weder für bestimmte Aufgabenbereiche festgelegt ist (etwa
durch angepaßte Architektur wie z.B. bei Array- oder Pipeline-Prozessoren), noch
durch Rücksicht auf verfügbare Hardware (z.B. Komponenten aus herkömmlichen Bus-
Standards) auf Multiprozessor-Möglichkeiten verzichtet, wie dies heute häufig zu
beobachten ist. Der hohe Entwicklungsaufwand für die Kopplung eines neuartigen
Multi-prozessor-Busprotokolls an ein herkömmliches Mikroprozessor-Busprotokoll wurde
in Kauf genommen, um die Möglichkeiten eines Multiprozessors voll zu erschließen.
Der HoMuK unterstützt daraufhin bereits ohne die Notwendigkeit einer Spezialisierung
die wichtigsten Betriebsarten nach Flynn (MIMD und SIMD) und erlaubt eine Synchronisation der Aktivitäten verschiedener Prozessormodule bis hinunter zum Busprotokoll.
Wie später beschrieben wird, kann der Systembus zu einem Baustein eines verteilten
Rechenwerks im Gesamtsystem werden und dann bestimmte Algorithmen unterstützen, für
die der Einsatz von Multiprozessorsystemen bisher ineffizient war.

Das HoMuK-System kann in vielfältiger Form bei graphisch-interaktiven Arbeitsplatzrechnern eingesetzt werden. Einige Beispiele davon sind:

a) Echtzeit-Rasterscankonvertierung /7/

Wesentliche Anforderungen sind hier gute Sortierunterstützung auf dem Systembus und
die Möglichkeit, eine sehr große Zahl von Prozessoren einzusetzen. Zu diesem Zweck
muß die Leitungszahl auf dem Systembus klein gehalten werden: eine wirtschaftliche
Realisierung zielt auf VLSI und wegen der elektrischen Busbelastung durch die vielen
Prozessoren auf eine Mehr-Ebenen-Busstruktur. Die dafür erforderlichen Bus-Expander
erfordern wegen der bidirektionalen Datenflüsse eine Verdopplung der Bus-Leitungs-
zahl; andererseits ist aus technischen Gründen die maximale Pin-Zahl von Chips beschränkt. Der HoMuK-Bus kommt mit weniger als 32 Leitungen aus.

b) Bildplatten-Datenbank /11/

Die typischen Anforderungen der Anwendung, die den Einsatz eines Multiprozessor-
systems nahelegten, sind der Multi-User- und zugleich Multi-Task-Betrieb. Der Multi-
User-Betrieb ergibt sich bei einer Datenbank trivialerweise, der Multi-Task-Betrieb
aus den typischen Modulen einer Datenbank. Weiterhin macht die gleichzeitige Bearbeitung heterogener Daten (u.a. Text, Graphik, Raster) sehr unterschiedliche Verfahren notwendig, die durch spezialisierte Module eines HoMuK-Systems besonders effizient und simultan gelöst werden können.

c) Schnelle Verdeckungsrechnung /10/

Die trotz der algorithmischen Optimierung problembedingt immer noch umfangreichen
Berechnungen für komplexe 3D-Szenen bringen in Verbindung mit den erwünschten Bearbeitungszeiten selbst einen Großrechner schnell an die Grenze seiner Rechengeschwindigkeit. Andererseits haben viele der Berechnungen elementaren Charakter und
können mit Spezial-Hardware billig und wirkungsvoll unterstützt werden. Eine Verteilung dient deshalb sowohl der Vervielfachung der CPUs als auch der Beschleunigung
der einzelnen Recheneinheiten durch Spezialisierung.

Das gravierendste Problem, das bei einer Verteilung des Algorithmus gelöst werden
mußte, war in Verbindung mit der Strukturierung die Organisation des Datenflusses.
Eine befriedigende architektonische Lösung wurde in einer Baumstruktur mit 3 Hie-
rarchie-Ebenen gefunden. In der höchsten Ebene ist (von einer bestimmten Szenenkom-
plexität an) die Verbindung aller Module durch einen Pipeline-Ring erforderlich. In
den Blättern der Struktur, wo auf der Linienebene sehr einfache Berechnungen ablaufen, ist für eine wirtschaftliche Lösung eine Spezialisierung der Module (Vereinfachung unter Geschwindigkeitsgewinn) wesentlich.

Die Anforderungen an das Multiprozessorsystem sind danach die Möglichkeit, eine
Architektur aus mehreren HoMuK-Systemen aufzubauen (d.h. mehr als einen Buskoppler
am Modulbus zu betreiben) und die Spezialisierbarkeit der Module in Hinblick auf
Ein/Ausgabe (die Einrichtung einer Ring-Pipeline zwischen den Modulen ist durch
Standard-Bauelemente leicht zu realisieren) und Rechenleistung (hier wird wie beim
Echtzeitscan VLSI erforderlich, um eine wirtschaftliche Lösung zu erreichen).

4. Der GKS-Chip /15, 16, 17/

Es lassen sich drei Funktionsklassen in GKS /12, 13, 14/ unterscheiden:

      a) Zustandsfunktionen
      b) Eingabefunktionen
      c) Ausgabefunktionen

Die Ausgabefunktionen vollziehen die Darstellung der gesamten visuellen Daten auf
dem Bildschirm. Um hohe Interaktionsraten und schnelle Bildfolgen (für Real-Time-An-
wendungen) zu erreichen, müssen diese Funktionen durch besonders leistungsfähige Prozessoren unterstützt werden. Ein hoher kalkulativer Aufwand macht diese Funktion
außerdem zur Integration besonders geeignet.

Aufgrund dieser Überlegungen ist das GKS-Chip auf die Ausgabefunktionalität von GKS
ausgelegt und konzipiert worden.

Die Struktur der GKS-Chip-Workstation (siehe Bild 5) zeigt, daß alle Prozessoren
einen gemeinsamen Bus benutzen. Der General Purpose Prozessor (GPP) kontrolliert
die GKS-Schnittstelle und verwaltet den Workstation Dependent Segment Store (WDSS).
Sowohl der Workstation Prozessor, als auch der GKS-Chip haben unabhängigen Zugriff
zum WDSS.

Bei der Abbildung der logischen GKS-Funktionen auf die Geräteschnittstelle kann man
die funktionalen Blöcke der graphischen Workstation (Workstation Prozessor, WP) und
der graphischen Gerätetreiber (GGT) identifizieren.

Um den GKS-Chip geräteunabhängig zu halten, muß ein Gerätetreiber existieren, der
die gerätespezifische Ansteuerung übernimmt. Ebenso wird ein Workstation Prozessor
benötigt, der die Funktionalität verschiedener Geräteklassen realisiert und die ge-
rätenahen Aufgaben ausführt, die durch den GKS-Chip (GC) nicht unterstützt werden.

Der GKS-Chip ist mit einer mikroprogrammierten Pipeline-Architektur konzipiert worden. Die Notwendigkeit einer mikroprogrammierten Lösung entstand durch die Komplexität der Funktionen, die auf dem GKS-Chip realisiert werden. Ein weiteres Kriterium
für die Benutzung einer mikroprogrammgesteuerten Hardware ist die Vereinfachung für
das Testen des Chip unter Benutzung eines externen Mikroprogrammspeichers.

Die GKS-Ausgabefunktionen können in der Form logischer Pipelines realisiert werden.
Diese Pipelines setzen sich aus einer kleinen Menge von Unterfunktionen zusammen.
Dies führte zu einem Hardware-Entwurf, bei dem eine Pipeline für die Verarbeitung
der Daten entwickelt wurde, die auch noch eine direkte Analogie zu den funktionalen
Ausgabepipelines bietet.

Diese Pipeline-Struktur wird dadurch unterstützt, daß alle Unterfunktionen auf dem
GKS-Chip in fast der gleichen zeitlichen Komplexität arbeiten, so daß sich der
Steueraufwand reduziert und ein zentraler Mikroprogramm-Sequencer eingesetzt werden
kann.

Die GKS-Chip-Workstation sieht vor, daß weitere Entwicklungen bei der Chip-Integra-
tion die GKS-Chip-Möglichkeiten erweitern werden. Die GKS-Chip Funktionalität kann
dann schrittweise um folgende Aufgaben vergrößert werden:

- Integrierung der Aufgaben des Workstation-Prozessors (Text-, Symbolgenerierung,
  Füllen und Schraffur von Flächen)
- Spezialisierung des GKS-Chip für Rastergeräte (Muster bei Flächen, Scan Konver-
  tierung)
- Übernahme von Gerätetreiberfunktionen (Bildspeicherverwaltung, Pick Identifizierung)

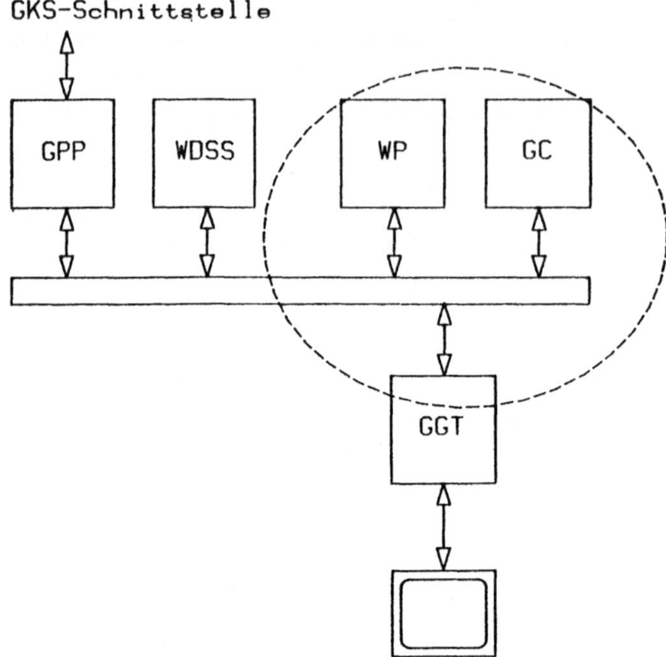

Bild 5: Struktur der GKS-Chip-Workstation

5. Zusammenfassung und Danksagung

Es sind die verschiedenen Anforderungen an graphisch-interaktive Arbeitsplatzrechner
aufgezählt, einige Trends aufgezeigt und daraus einige Architekturüberlegungen entwickelt worden. Dabei ist insbesondere die Wichtigkeit des Einsatzes von Mikroprozessoren und VLSI-Komponenten herausgestellt worden, ohne die die heutigen Preise
bei den hohen Funktionalitätsanforderungen nicht zu erreichen wären. Anhand von drei
Beispielen (Koprozessoren für Text und Graphik, das HoMuK-System und der GKS-Chip)
sind einzelne technische Fragen eingehend erläutert worden.

An der Entwicklung vom HoMuK-System und vom GKS-Chip, über die hier berichtet wurde,
sind viele GRIS-Mitarbeiter beteiligt. Der Verfasser möchte sich für deren Eifer und
Einsatz in diesen Vorhaben sehr bedanken; dies war der Grundstein für die erzielten
vielversprechenden Ergebnisse. Es sind dies:

(1) HoMuK: R. Lindner, H. Bittner, M. Göbel, H. Joseph und D. Krömker

(2) GKS-Chip: M. Mehl, S. Noll und R. Lindner

6. Literatur

/1/   M.R. Martin
       Workstation Market Issues
       IEEE CG & A, April 1984, pp. 77-80

/2/   R. Hubbold
       Computer Graphics and Displays
       Computer-Aided Design
       Vol. 16, No.3, May 1984, pp. 127-133

/3/   B.A. May and A.M. Volk
       VLSI Chips Combine Text and Graphics
       Computer Design, March 1984, pp. 181-191

/4/   J. Richardson
       Bit map brings refined graphics
       to personal work station
       Electronics, November 1982, pp. 133-136

/5/   E.L. Busik
       CAD/CAM Workstation Trends
       Computer Graphics World, April 1984; pp. 59-66

/6/   H. Bittner et.al.
       HoMuK - Ein hochgradig spezialisierbarer Homogener
       Multiprozessor-Kern mit einer neuen Dimension des
       Datenaustausches
       Berichte des German Chapter of the ACM, Band 17, S. 111-125
       B.G. Teubner, Stuttgart, 1983

/7/   R. Lindner
       Introduction to a simple but unconventional multi-
       processorsystem and outline of an application
       Forschungs- und Arbeitsberichte des Fachgebiets
       Graphisch-Interaktive Systeme, GRIS 83-6
       Fachbereich 20, Technische Hochschule Darmstadt, 1983

/8/   M. Göbel
       HoMuK - Systementwurf
       Forschungs- und Arbeitsberichte des Fachgebiets
       Graphisch-Interaktive Systeme, GRIS 83-7
       Fachbereich 20, Technische Hochschule Darmstadt, 1983

/9/   J.Encarnacao, M. Göbel und R. Lindner
       HoMuK - Ein homogener Multiprozessorkern für verteilte
       graphische Systeme
       Forschungs- und Arbeitsberichte des Fachgebiets
       Graphisch-Interaktive Systeme, GRIS 84-5
       Fachbereich 20, Technische Hochschule Darmstadt, 1984

/10/   Ch. Hornung
       Hardwarestruktur eines verallgemeinerten Visibilitäts-
       konzeptes
       Forschungs- und Arbeitsberichte des Fachgebiets
       Graphisch-Interaktive Systeme, GRIS 83-8
       Fachbereich 20, Technische Hochschule Darmstadt, 1983

/11/ H. Bittner et.al.
      Direktzugriff von einem Mikroprozessor-Arbeitsplatz zu
      heterogenen auf Bildplatte gespeicherter Informationen
      Dokumentation CAMP'83, S. 1614 - 1632
      VDE-Verlag GmbH, 1983

/12/ J.Encarnacao and E.G. Schlechtendahl
      Computer-Aided Design
      Fundamentals and System Architectures
      Springer Verlag, 1983

/13/ G. Enderle, K. Kansy and G. Pfaff
      Computer Graphics Programming
      GKS - The graphics standard
      Springer Verlag, 1984

/14/ Draft International Standard ISO/DIS 7942,
      Graphical Kernal System (GKS),
      Functional description, ISO TC97/SC5 WG2

/15/ J. Encarnacao, R. Lindner, M. Mehl, G. Pfaff und W. Straßer
      A VLSI implementation of the graphics standard GKS
      Computer Graphics Forum
      Vol. 2, No. 2/3, 1983, pp. 115-121
      North-Holland

/16/ M. Mehl und S. Noll
      GKS - Chip
      Forschungs- und Arbeitsberichte des Fachgebiets
      Graphisch-Interaktive Systeme, GRIS 83-14
      Fachbereich 20, Technische Hochschule Darmstadt, 1983

/17/ M. Mehl und S. Noll
      A VLSI Support for GKS
      IEEE CG & A, August 1984

WISSENSBASIERTE BILDANALYSE UND INTELLIGENTE ROBOTER

U. Rembold, P. Levi

Universität Karlsruhe, Institut für Informatik III,
Postfach 6380, 7500 Karlsruhe

ZUSAMMENFASSUNG

Die beiden fundamentalen Komponenten von intelligenten Systemen sind
Wissen und die Fähigkeit dieses Wissen zur Problemlösung einzusetzen.
Die wissensbasierte Bildanalyse hat zum Ziel, Objekte und ihre gegenseitige Abhängigkeiten in symbolischer Weise explizit zu beschreiben.
Diese Beschreibungen bilden die Voraussetzung dafür, daß Objekte erkannt und manipuliert werden können. Der Weg zu diesem Ziel beginnt
bei der zuverlässigen und konsistenten Extraktion von objektspezifi-
scher Information, er gipfelt in der generischen Umweltmodellierung
und endet über die Bildung von Instanzen (spezielle Ausprägungen) bei
der Projektion in das ursprüngliche Bild (Verifikation). Intelligente
Montageroboter müssen multisensoriell ausgestattet sein, sie müssen in
der Lage sein, Pläne aufzustellen und zielorientiert auszuführen. In
Fehlerfällen bzw. beim Auftreten von Hindernissen sind Modifikationen
(Alternativen) des Planes bei der Ziel-Verwirklichung durchzuführen.
Montageroboter sollten daher mit einer Wissensbasis ausgestattet sein,
damit sie mit Hilfe von Expertensystemen planen, montieren und überwachen können.

Dieser Beitrag beschreibt den konzeptionellen Ablauf eines Deutungszyklus in der Bildanalyse. Er präzisiert an welcher Stelle dieses Kreis-
laufes problemspezifisches a priori Wissen eingebracht werden muß, wie
Weltmodelle dargestellt und wie sie benutzt werden. Die Durchführung
von Montageaufgaben unter der Anleitung eines Bildanalysesystems werden im zweiten thematischen Schwerpunkt dieses Artikels geschildert.
Hier wird gezeigt, welchen Anforderungen Expertensysteme für Roboter
bei der Planung eines Arbeitsablaufes und bei der Durchführung bzw.
Überwachung einer Montage-Anweisung genügen müssen.

1.   EINLEITUNG

Wissensbasierte Systeme speichern nicht nur, wie konventionelle Programme, die sequentiellen Entscheidungsschritte, sondern sie verfügen
über gewisse eigenständige Fähigkeiten (Inferenz, Planung, Überwachung) Probleme zu lösen. Sie können Information in Form von Tatsachen,

Erfahrungen, Gesetzmäßigkeiten und Heuristiken erwerben (Wissensaquisition), speichern (Wissensbasis) und auf Grund von allgemeinen Verfahrenstechniken und Kontrollmoduln (Wissensmanipulation), Schlußfolgerungen ziehen, Situationen bzw. Sachverhalte interpretieren oder zielgerichtete Aktionsfolgen herbeiführen. Solche Systeme werden gegenwärtig in vielen Bereichen systematisch untersucht und eingesetzt. Diesbezüglich herausragende Vertreter sind Expertensysteme. Ihre wichtigsten Aufgabengebiete sind nach /Raulefs 82/ die Interpretation von physikalisch gegebenen Daten (Sehen, Sprechen), die Planung von Aktionen (Robotik), die Diagnose von Systemzuständen (Fehlerbehandlung), die Konstruktion nach vorgegebenen Spezifikationen (z.B. elektrische Schaltkreise), das Beweisen mathematischer Lehrsätze und das Vermitteln bzw. Einüben von Wissensinhalten (Ausbildung).

Dieser Beitrag beschäftigt sich mit den konzeptionellen Ansätzen der wissensbasierten Bildanalyse, mit Montagerobotern und mit Expertensystemen für diese beiden Bereiche. In der Bildanalyse geht es nicht nur um die Klassifikation einfacher Merkmale, sondern um die automatische Erstellung der symbolischen Beschreibung einer mit Sensoren (Kamera, Laserscanner, Ultraschallsensor etc.) aufgenommenen bzw. überwachten Szene, /Niemann 81/. Sichtsysteme für die Bildanalyse sind somit in der Lage, Szenen zu erkennen, indem sie die individuellen Objekte des aufgenommenen Bildes identifizieren und ihre wechselseitigen Beziehungen beschreiben. Als nicht zur Klasse der wissensbasierten Systeme zugehörig, sind diejenigen zahlreichen Bildverarbeitungssysteme zu bezeichnen, die die aufgenommenen Bilder ohne interne Modellierung der Umwelt (Wissensbasis) verarbeiten. Typischerweise werden hierbei Operationen wie Glätten, Filtern usw. im Sinne einer Bildvorverarbeitung und Klassifikation einfacher Merkmale durchgeführt, /Kazmierczak 80/, /Winkler 83/.

Die Zielsetzung der wissensbasierten Bildanalyse kann durch zwei Arten von Sehen festgeschrieben werden. Die erste Art des Sehens dient der Situations-Aktualisierung (belief maintenance). Hier werden keine individuellen Objekte gesucht, sondern die Aufmerksamkeit des Systems soll sich auf wesentliche Objekte (z.B. bewegte Objekte) fokussieren. Die zweite Art des Sehens dient der Ziel-Verwirklichung (goal achievement). Ein ganz bestimmtes Objekt wird im Bild gesucht, um es zu erkennen und gegebenenfalls mit einem Roboter zu ergreifen oder aber um es anzufahren (z.B Positionierung eines mobilen Roboters). Die Situations-Aktualisierung ist Ereignis (Daten)-orientiert, die aufwärtsgerichtet abläuft. Die Ziel-Verwirklichung wird von einem Plan gesteuert und ist abwärtsgerichtet. Im letzteren Fall spricht man auch von einem modellgesteürten Sehen oder vom Verifikations-Sehen. Robotereinsätze in industrieller Szene bedienen sich in erster Linie der modellgesteuerten Bildanalyse. Robotereinsätze in natürlicher Umgebung z.B. für die Freiraumüberwachung benötigen in vor allen Dingen denjenigen Teil des wissensbasierten Sehens, der der Situations-Aktualisierung entspricht.

Der industrielle Roboter ist ein fester Bestandteil moderner Fertigungseinrichtungen geworden. Er wird dort eingesetzt, wo eine hohe Flexibilität im Fertigungsablauf gefordert wird und wo gefährliche und ermüdende Arbeiten durchzuführen sind. Die meisten der bisher eingesetzten Roboter führen einfache Wiederholarbeiten durch und haben vorwiegend ihren Arbeitsplatz in der Massenfertigung gefunden. Die Fähigkeit des Rechners, Entscheidungen zu treffen, erlaubt die Konzeption von flexiblen Fertigungssystemen, die schnell an unterschiedliche Produkte angepaßt werden können. Eine wesentliche Erweiterung des Einsatzgebietes von Robotern kann aber erst dann erwartet werden, wenn es gelingt, einfache und billige Programmiersysteme zur Erstellung von Ablaufprogrammen zu finden und wenn intelligente Sensoren vorhanden

sind, mit denen der Roboter in der Lage ist, in Wechselwirkung mit
seiner Arbeitswelt, auch komplexe Aufgaben durchzuführen. Weiterhin
wird es notwendig sein, den Roboter mit Hilfe von Expertensystemen eigene Entscheidungen über die Durchführung von Arbeitsfolgen treffen zu
lassen. Es ist abzusehen, daß der Rechner in der Robotertechnologie
eine immer bedeutendere Rolle spielen wird, wobei der mechanische Roboter selbst nur noch ein komplexes Peripheriegerät ist. Aus diesem
Grund wird die zukünftige Entwicklung leistungsfähiger Robotersysteme
überwiegend von der Informatik beeinflußt.

Aus dem breiten Feld des Einsatzes von Industrieroboter wird im vorliegenden Beitrag speziell auf die Montage eingegangen werden. Dies
hat zwei Gründe. Montageroboter sind sehr komplexe Gebilde und sie
müssen in Zukunft wissensbasiert arbeiten, damit sie in breiter Front
einsetzbar werden. Die Teilaspekte, die im Zusammenhang mit Montagerobotern behandelt werden, sind die Nutzung von Sensorkombinationen zur
Anleitung von Handhabungen sowie das Planen und Überwachen des Arbeitsablaufes eines Roboters.

2. BASISAUFGABEN VON EXPERTENSYSTMEN FüR DIE BILDANALYSE UND ROBOTER-
----
    GESTÜTZTE MONTAGE

Bei wissensbasierten Systemen entsteht das Resultat (das Ziel) einer
Problemlösung durch die Ausführung eines Suchverfahrens. Die Richtung
der Suche hängt von den Ergebnissen der vorangegangenen Schritte ab.
Im Zusammenhang mit der Bildanalyse lassen sich diese Ziele wie folgt
angeben:

- Erkennung von Objekten
- Definition und Erkennen der Situation in welcher sich diese Objekte
  befinden
- Kontrolle bei Montagevorgängen
- Inspektion von Objekten bezüglich ihrer Form, ihrer Dimension,
  ihrer Textur, ihrer Farbe und irgendwelcher Defekte (Irregularitä-
  ten)
- Erkennung von Zeichen und Schaltplänen.

Die allgemeinen Verfahrensschritte, die zur Erreichung dieser Ziele
notwendig sind, lassen sich in drei Grundbloecke aufteilen. Der erste
wesentliche Schritt in der Bildanalyse besteht in der Extraktion sze-
nenspezifischer Merkmale, im zweiten Schritt erfolgt darauf aufbauend
die Hypothesenbildung mit Hilfe von generischen Weltmodellen und im
letzten Schritt wird die Verifikation der vorhergesagten Objekte und
ihre gegenseitige Abhängigkeit evaluiert. In allen drei Blöcken ist
es notwendig, über die folgenden vier Grundbausteine zu verfügen.

Eine Wissensbasis muß vorhanden sein, um allgemein gültige Tatsachen,
Regeln, Pläne und generische Modellbeschreibungen (Funktion, Verhalten, Struktur, Kontext) zu speichern. Dieses Wissen bezieht sich auf
einen ganz bestimmten Problemkreis (problem domain). Zum zweiten muß
ein Bündel von Programmpaketen und Sensoren vorhanden sein, damit dieses vorwiegend deklarative Wissen erworben werden kann (Wissenserwerb-
komponente). Eine Inferenzmaschine (Problemlöser, Deduktionssystem)
wird eingesetzt, um das Ziel (die Lösung) zu finden (Verifikation) und
die Kontrolle durchzuführen. Daneben ist eine Problem-Spezifikations-
komponente notwendig, um das spezielle Problem näher einzugrenzen und
den aktuellen Problemstand festzuhalten. Bild 1 zeigt die Struktur ei-

nes allgemeinen Expertensystems für die Bidanalyse und Robotermontage, welches um eine Erklärungskomponente erweitert wurde.

Auf die wissensbasierte Bildanalyse angewendet, kann in den folgenden vier Gebieten an den Einsatz von Expertensystemen gedacht werden.

1. Definition von Merkmalen und Prototypen auf der Basis von Funktions- bzw. Verhaltensbeschreibungen und von physikalischen Mustern, /Levi 84b/. Ein solches Expertensystem ist sowohl für die Lernphase, die Modifikationsphase als auch die on-line Bildanalyse einsetzbar.

2. Extraktion von Szenenbereichs-Hinweisen (vgl. Abschn. 3) mit Hilfe unterschiedlicher Strategien, die auf eine große Palette bereits bestehenden Methoden für die Bildvorverarbeitung /Tamura 83/, zurückgreifen können. Die Auswahl der Strategien zur objektspezifischen Merkmalsklassifikation basiert im wesentlichen auf dem Wissen über das physikalische Zustandekommen von Bildern.

3. Hypothesenbildung bezüglich generischer Modellbildung unter besonderer Berücksichtigung von semantischem Wissen und statischen Deduktionsverfahren.

4. Entwicklung von Kontrollverfahren für die Planung und die Suche von Instanzen in Szenen (Verifikation). Ein solches Expertensystem wäre insbesondere für den Robotereinsatz von Bedeutung.

Die Bildanalyse unterstützt den Montageroboter bei der Informationsverdichtung zur Plangenerierung und bei der Regelung der einzelnen Aktionsschritte (Fertigungszelle, Roboter, Arm, Gelenke).Instanzen sind notwendig, um die Roboterbefehle in Sensorbefehle umzusetzen bzw. um die Rückmeldungen an die Aktionsgeneratoren des Robotersystems durchzuführen, /Albus 83/. Der letzte Fall tritt immer dann auf, wenn es um die Überwachung einer bestimmten Montageanweisung geht. Die Fähigkeit des Sehens macht den Roboter daher zu einem flexibleren und intelligenteren System. Hiermit wird es auch möglich sein, Roboter implizit zu programmieren, /Blume 83/. Im Zusammenhang mit Montagerobotern sind daher Expertensysteme für die folgenden Aufgabengebiete notwendig.

1. Programmierung von Robotern mit Hilfe von allgemeinen und nicht mit zuviel Details behafteten Anweisungen (implizite oder zielgerichtete Programmierung).

2. Aufgabenzerlegung in kleinere Teilaufgaben unter besonderer Berücksichtigung der in jeder Hierarchieebene einzusetzenden Sensorart. Diese Aktivitäten können in einem weiten Rahmen als Planungen bezeichnet werden.

3. Generierung von Aktionsfolgen für Montageabläufe auf Grund der vorangegangenen Planung und Überwachung (Steuerung) der einzelnen Aktionsschritte. Hierzu gehört vor allen Dingen die Angabe von Schätzungen (Hypothesen) über die zu erwartenden Instanzen als auch die Reaktion auf Unbestimmtheiten (z.B.Toleranzen) und auf Fehler. Die besondere Schwierigkeit, die hierbei zu überwinden ist, ist die Mehrdeutigkeit aktüller Montagezustände, die sich durch Unbestimmtheiten ausdrückt.

4. Konstruktion eines Monitors, der die Umwelt dynamisch modelliert und Strategien für die Fehlerbehandlung (error recovery) entwikkelt. Solch ein Expertensystem gehört seiner prinzipiellen Zugehörigkeit nach, zwar zu den Überwachungsopertionen eines Roboters,

doch auf Grund seiner besonderen Bedeutung wurde er hier nochmals
aufgeführt.

5. Ausstattung von Robotern mit Spezialprogrammen für die Hinderniserkennung, Bewegungsplanung und relative Endpositionierung.

3. DEUTUNGSZYKLUS DER BILDANALYSE

Die Aufgabenstellung eines allgemeinen Systems, das in der Lage ist,
Bilder zu verstehen, kann durch vier, zum Teil bereits genannte Ziele
umrissen werden. Das erste Ziel dient der Verbesserung (Glättung, Filterung etc.) eines realen Bildes, das z.B. verrauscht oder durch Objektbewegungen während der Aufnahme verschmiert ist (Bildvorverarbeitung). Das zweite Ziel besteht darin, das Bild in einfache Merkmale
wie Konturen, Bereiche, Texturen, Bewegungen usw. zu zerlegen. Das
dritte Ziel dient der Erkennung von Objekten und ihrer Abhängigkeiten.
Diese Beschreibung erfolgt in symbolischer Form. Das vierte Ziel
letztlich ist das Bildverstehen im Sinne von der Erzeugung von allgemeinen Plänen, der Vollendung bestimmter Zielvorstellungen und der Erzeugung von Schlußfolgerungen. Auf dieser letzten Stufe ist es somit
möglich, das Bild nicht nur zu analysieren, sondern im Sinne von Expertensystemen bzw. Produktionssystemen, /Nilsson 82/, Aktionen wie
bewegen, greifen, anfahren, umgeben etc. auch zu verstehen (interpretieren). Man spricht in diesem Zusamhang auch vom Bildverstehen, vom
maschinellen Sehen oder vom Computer Sehen, /Neumann 82/. Die Planer-
stellung im Zusammenhang mit dem passiven Vorgang Sehen bedeutet, daß
z.B. Aussagen darüber getroffen werden, wie die Umwelt sich verändert,
wenn in ihr ganz bestimmte Objektmanipulationen durchgeführt werden.

Anders als z.B. im medizinischen oder im chemischen Bereich ist der
Einsatz von Expertensystemen für das Bildverstehen bislang nicht erfolgreich. Dieser Sachverhalt kann durch einige Gründe erläutert werden. Es existieren keine gültigen Ansätze, allgemeines visuelles Wissen zu definieren, zu codieren und zu manipulieren. Es gibt desweiteren auch keinen darstellungstechnischen Formalismus der generisches
Weltwissen mit den Verfahren, dieses Wissen zu erwerben, koppelt. Es
ist somit noch nicht bekannt, wie z.B. mittels induktiver Schlußfolgerungen aus einzelnen Merkmalen generische Interpretationen zu gewinnen
sind (Hypothesenbildung) bzw. wie Vorhersagen über bestimmte Instanzen, die sich in der Szene befinden, erzeugt und danach überprüft werden können.

Beschränkt man sich daher vorläufig auf ein System, welches das dritte
Ziel realisieren soll, wir sprechen in diesem Zusammenhang von einem
Bildanalysesystem, so muß auch hier bemerkt werden, daß es ein allgemein einsetzbares System noch nicht gibt. Die Grundprobleme die hierbei zu lösen sind, beziehen sich auf die Art des visüllen Wissens,auf
die Stellen der visuellen Verarbeitungsfolge, wo dieses Wissen vorhanden sein muß und wie dieses Wissen erworben werden kann. Eine erste
Beantwortung dieser drei Problemfälle läßt sich mit Hilfe eines Deutungszyklus für die Bildanalyse wie er ursprünglich von /Kanade 78/
aufgestellt und später von /Nagel 79/ modifiziert wurde, geben. Bild 2
zeigt diesen Zyklus. Die allgemeine Vorstellung, die sich hinter dieser Dichotomie verbirgt, läßt sich wie folgt umreißen. Aus einem digitalisierten Eingabebild (Szene) werden Hinweise extrahiert, um aus
ihnen Hypothesen bezüglich einer generischen Weltmodellierung (Prototypen) zu erzeugen. Spezielle Ausprägungen dieser symbolischen Modellierung werden als Instanzen bezeichnet. Die Szenenprojektionen in

Form von synthetischen Bildern dienen dann letztlich der Bestätigung
bzw. der Verwerfung der zuvor aufgestellten Vorhersagen.

Die linke Hälfte des Bildes entspricht der datenorientierten Phase der
Hypothesengenerierung, während die rechte Hälfte der modellorientier-
ten Phase der Verifikation entspricht. Diese beiden Hälften charakterisieren deutlich die beiden wesentlichen Aufgaben der Bildanalyse.
Der aufwärts gerichtete Ansatz wird durch eine Situations- Aktualisie-
rung verursacht, wohingegen das abwärts gerichtete Vorgehen einer
Ziel-Verwirklichung entspringt.

Es gibt in diesem Kreislauf zwei grundsätzliche Bereiche, die voneinander getrennt werden müssen. Der zweidimensionale Bildbereich und der
dreidimensionale Szenenbereich. Dieser Aufteilung entsprechend, existieren objektunabhängige Bildbereichs-Hinweise (Liniensegemente, homogene Intensitätsbereiche) und Szenenbereichs-Hinweise (z.B. Kanten,
Oberflächenorientierungen, Beleuchtungsverhältnisse, Bildgenerierungs-
funktion). Die Szenenbereichs-Hinweise sind diejenigen objektbezogenen
Merkmale, die ursächlich für die Bildbereichs-Hinweise verantwortlich
sind. Die Vereinigung der generischen Beschreibung der Szene und der
wechselseitigen Abhängigkeiten ihrer Komponenten, der Szenenbeleuch-
tung und des bilderzeugenden Systems definieren ein Weltausschnitt-
Modell (häufig kürzer Weltmodell genannt). Die Darstellungen der linken Hälfte von Bild 2 finden ihre Benutzung auch in der rechten Bildhälfte. Durch eine geeignete Festlegung der Parameter, die die Varia-
tionsmöglichkeit des Prototyps festschreibt, werden 3-D Beschreibungen
einer bestimmten Szene erzeugt (Instanzen). Mit Hilfe einer aus der
Instanz abgeleiteten Intensitätsdarstellung wird ein synthetisches
Bild (Szenenprojektion) erzeugt, damit durch einen Vergleich eine Hy-
pothesenverfifkation durchgeführt werden kann.

Die Transformationen, die die einzelnen Darstellungen des exemplari-
schen Zyklus einer Bildanalyse erzeugen, benötigen zusätzlich Wissen
aus drei Quellen: Signalebene, Physik und Semantik. Dieses Wissen ist
notwendig, um die Mehrdeutigkeiten zu eliminieren, die bei den Über-
gängen zwischen den einzelnen Darstellungen auftreten. In diesem Zusammenhang bedarf es des Wissens aus der Signalebene und der Kenntnis
von physikalischen Gesetzmäßigkeiten, um Szenenbereichshinweise extra-
hieren zu können. Das Erscheinen von Kanten durch Unstetigkeiten im
Intensitätsverlauf auf der Signal-Ebene wird durch die physikalische
Beobachtung gerechtfertigt, daß Intensitätssprünge sowohl durch Orien-
tierungsänderungen, Abstandsänderungen (verdeckte Objekte), Beleuch-
tungseffekte (Schatten) und Reflexionen (Materialänderungen) hervorgerufen werden können. Die Klassifikation eines Kantentyps ist daher nur
mit Hilfe zusätzlicher numerischer Bedingungen, die aus physikalischen
Gesetzen abgeleitet werden, möglich. Beispiele für solche zusätzliche
Bedingungen sind die Versuche aus der Schattierung, aus der Bewegung,
aus der Geometrie und aus der Textur auf die Form eines Objektes zu
schließen, /Ballard 82/. Semantisches Wissen in Form von Umweltbedingungen, wie z.B. a priori Kenntnisse über die Strukturierung von Objekten, ist notwendig, um ein Weltausschnitt-Modell zu erzeugen. Aber
auch die Einbeziehung von funktionalen Eigenschaften und die Berücksichtigung der Umgebung (Kontext) sollten bekannt sein.

Betrachtet man wissensbasierte Bildanalysesysteme, die nach dem Muster
von Bild 2 operieren, so läßt sich die Kontrollstrategie als eine Kombination von aufwärts und abwärts gerichteten Aktivitäten beschreiben.
In der Regel wird jedoch ein iteratives Durchlaufen dieses Zyklus notwendig sein, um eine möglichst vollständige Szenendeutung zu erzielen.
Jeder Durchlauf verfeinert die Analyse. Bei diesen mehrfachen Durch-
läufen des Deutungszyklus sollte allerdings noch eine weitere Modifi-
kation an dem vorgeschlagenen Kontrollfluß angebracht werden. Jede

Seite sollte in sich geschlossen sein und einzelne lokale Regelkreise
zulassen. (vgl. Abschnitt 6). Dies ist notwendig, da Variationen von
Eingabebedingungen und Signalrauschen die einzelnen Bildanalyse-Opera-
tionen häufig nicht zufriedenstellend durchführen lassen. Kann z.B.
die Position eines Werkstückes nicht exakt genug bestimmt werden, so
sollte sie nochmals gegebenenfalls mit einem anderen Verfahren bestimmt werden. Im Zusammenhang mit Montagerobotern ist es auch möglich,
Werkstücke zum Zwecke der verbesserten Identifikationen direkt neu zu
positionieren. Eine direkte Überbrückung zwischen den niedrigsten Dar-
stellungsebenen des Zyklus (Bildbereichs-Hinweise, synthetische Bilder) ist nicht ratsam, da ohne der Benutzung des physikalischen Wissens der Einsatz der semantischen Aspekte sehr schwierig und daher
häufig nicht korrekt ist. Die semantischen Aspekte müssen dann in die
Bildbereichs-Hinweise vorverlagert werden. Dieses Vorgehen ist z.B.
bei der semantischen Bereichszerlegung üblich, /Tenenbaum 76/. Es kann
allerdings nur bei inhärent zweidimensionalen Szenen angewendet werden.

Fortgeschrittene Sichtsysteme wie ACRONYM (Stanford), VISIONS (Massa-
chusetts) oder VPI (Virginia Polytechnic Institute) zeigen deutliche
Korrespondenzen zu dem in diesem Abschnitt vorgestellten Deutungszyklus, /Kanade 83/, /Shapiro 83/. Allerdings sind diese Zuordnungen
nicht immer eindeutig, /Nagel 79/.

4. INHALT, ERWERB UND DARSTELLUNG VON WISSEN IN DER BILDANALYSE

Der im vorangegangenen Abschnitt beschriebene Deutungszyklus der Bildanalyse zeigt eine deutliche Korrespondenz zu biologischen Sichtsystemen auf, /Tsotsos 84/. Besonders auffällig ist hierbei die Unterscheidung zwischen der unbewußten Empfindung bzw. Sinneswahrnehmung
(sensation) und der bewußten Wahrnehmung (perception). Dem Bereich der
Empfindung sind die Bildbereichs- und die Szenenbereichs-Hinweise zuzuordnen. Die entsprechenden Wissensinhalte betreffen Teilbereiche von
Objekten, ohne aber einzelne Objekte zu erkennen. Die individuelle,
vollständige objektspezifische Information, die Erzeugung und die Benutzung von Vorhersagen zum Zwecke der Verifikation sind dem Felde der
Wahrnehmung zuzuschlagen.

Die Wissensinhalte der Empfindung lassen sich durch die vier folgenden
Gruppen definieren: Form, Tiefe, Farbe und Veränderungen. Die Detek-
tion von Veränderungen (Geschwindigkeit, Richtung und Verschiebung)
bildet bei Lebewesen eine lebenserhaltende Beschäftigung. Aber auch
in der Robotik sind Objektbewegungen im Zusammenhang mit der Bewegungsplanung und der Hinderniserkennung von großer Bedeutung. Eine
gute Übersicht über die Problematik von Bildfolgen ist bei /Nagel 83/
zu finden. Die Gruppierungsprinzipien, die den Wissensinhalten der Empfindung zugrunde liegen sind: Nachbarschaft, Ähnlichkeit, Stetigkeit,
Starrkeit, Symmetrie und ähnliche Bewegungen. Die Wissensquellen, die
Verwendung finden, sind die Signalebene und die physikalischen Gesetzmäßigkeiten.

Die Wissensinhalte, die zur Wahrnehmung gehören, sind objektbezogene
Beschreibungen, die sich auf die Tiefenhinweise (relative Größe, Ver-
deckungen, perspektivische Aussagen) und die Bewegungs-Parallaxe beziehen. Hinzu gesellt sich die Aufgabe, aus der Wechselwirkung der
Merkmale Form, Farbe (Grauwertverteilung) und Bewegung, semantische
Aussagen über individülle Objekte bzw. Aggregationen hiervon abzuleiten, die konsistent sind. Die Wechselwirkung dieser einzelnen Merkmale

miteinander ist bislang noch nicht zufriedenstellend geklärt. Im Rahmen des multisensoriellen Ansatzes für die Bildanalyse (vgl. Abschn. 6) beginnt man sich mit dieser Problematik intensiv auseinanderzusetzen. Das Weltausschnitt-Modell beinhaltet neben der soeben erwähnten prototypischen, räumlichen und zeitlichen Objektbeschreibung möglicher Objekte (Situations-Aktualisierung) noch eine Reihe von weiteren Wisseninhalten der Wahrnehmung. Einzureihen in diesen Komplex sind auch Aussagen über Zustände, Ereignisse und Aktionen und über kausale Zusammenhänge. Aber auch die Kenntnis über den Zusammenhang zwischen Situation und Kontext als auch die Objektbeschreibung mittels Ähnlichkeiten bzw. Unterschieden. Desweiteren ist es für die generische Umweltmodellierung notwendig, daß zwischen der Funktion, dem Verhalten und der Struktur eines Modelles genau unterschieden wird. Erwartungen bezüglich bestimmter Objkete bzw. ihrer Abhängigkeiten in einer Szene und Gewichtungen dieser Hypothesen müssen Bestandteil des Weltausschnitt Modelles sein.

Die Wissensinhalte, die bei der Instanzen-Generierung vonnöten sind, sind physikalische Eigenschaften und Attribute von Objekten, Festlegungen der Restriktionen, die ganz bestimmte Instanzen aus der generischen Klasse von Objekten durch bestimmte Erscheinungsformen festlegen und die Definition solcher Parameter, die innerhalb der Modellvariation möglichst konstant bleiben. Für die vorhergesagten Objekte müssen die unbekannten Parameter (Variationen der Objektform, der Abstand und die Orientierung des Objektes) mittels der Restriktionen geschätzt werden. Die Wissensinhalte die zur Erzeugung von synthetischen Bildern notwendig sind, entsprechen denjenigen der Bildbereichshinweisen und enthalten zusätzliche Angabe über Reflexionsfunktionen. Wegen der besonderen Bedeutung des geplanten Sehens in der Verifikationsphase der wissensbasierten Analyse gehen wir auf diesen Punkt im nächsten Abschnitt nochmals gesondert ein.

Handelte es sich bislang um deklaratives Wissen, so gehört zum Erwerb dieses Wissens auch prozedurales Wissen. Dieser Wissenserwerb basiert auf den Methoden der Bildvorverarbeitung (Signalebene), der Einbeziehung von physikalischen Gesetzmäßigkeiten zur Reduktion der Mehrdeutigkeiten beim Übergang vom 2-D in den 3-D Bereich (räumliche und zeitliche Wissensinhalte) als auch letzlich auf den klassischen Verfahren der künstlichen Intelligenz. Zum letzteren Punkt gehören vor allen Dingen Deduktionsverfahren und Relaxationsverfahren /Rosenfeld 82/ zur Erzeugung von Hypothesen. Man kann daher das Verifikations-Sehen als (geplante) Problemlösung bezeichnen. Die Art der Suche nach bestimmten Objekten hängt sehr stark zusammen mit der Konstruktion von Bilddatenbanken und ihrem Management. Eine Übersicht über den Zusammenhang von Bilddatenbanken mit konventionellen Datenbanken ist z.B. bei /Tamura 84/ zu finden. /Radig 84/ beschreibt die Problematik, Isomorphien von relationalen Strukturen im besonderen Hinblick auf Bildfolgen innerhalb solcher Datenbanken zu finden.

Bild 3 zeigt die Darstellungen in einer Wissensbasis für die Bildanalyse. Mit eingezeichnet sind auch die wesentlichen Verfahren zum Erwerb dieses Wissens. Als analoge Modelle werden diejenigen Modelle bezeichnet, bei denen die Struktur der Darstellung, die Struktur dessen, was dargestellt wurde, widerspiegelt. Die Relationen, die bei der analogen Modellierung verwendet wwerden, sind somit eng gekoppelt mit den Relationen, die in der Umwelt existieren. Symbolische Modelle repräsentieren Konzepte und Relationen in abstrakter Weise, ohne die tatsächlichen Verbindungen der Objekte in der realen Welt wiederzugeben.

Das repräsentationstechnische Repertoir für die Organisation der Wissensbasis greift im wesentlichen auf drei Relationen zurück. Es ist dies die "ist-ein" (Verallgemeinerung/Spezialisierung) Relation, die

"Teil-von" (Teil/Ganzes) Relation und die Projektion (höhere Abstraktion/größeres Detail). Die letztere Relation ist uns bereits bei dem Deutungszyklus im Zusammenhang der Verifikation begegnet. Alle drei Relationen dienen der Abstraktion. Im Falle der ersten beiden Relationen muß dies noch näher erläutert werden. Im Rahmen des Deutungszyklus existieren zwei Abstraktionsrichtungen. Die aufwärtsgerichtete Hypothesenbildung (Merkmals Aggregation) und die abwärtsgerichtete Hypothesen-Verifikation (Weltmodell-Spezifikation). Die "Teil-von" Hierarchie kann in beiden Richtungen durchlaufen werden. Die abwärtsgerichtete Suche legt die einzelnen Komponenten fest und beschränkt die in den unteren Ebenen liegenden Prozeduren. Die aufwärtsgerichtete Suche impliziert eine Art von der "versuche und irre "(hypothesize-and-test) Strategie.Das abwärtsgerichtete Durchkämmen der "ist-ein" Hierarchie legt ebenfalls die Verifikation eines Weltausschnitt-Modells fest.

Geometrische 3-D Modelle werden durch Oberflächen-Darstellungen, durch verallgemeinerte Kegel oder durch volumetrische Ansätze beschrieben, /Lee 82/. Das syntaktische Verfahren geometrische Modelle aufzubauen erfolgt mit Hilfe von PLEX-Grammatiken, /Lin 84/.

Die symbolische Modellierung wird vor allen Dingen zur Manipulation von Prototypen benötigt. Die drei wesentliche Arten dieses Wissen darzustellen sind logische Prädikate, Netzwerke und Produktionssysteme. Die Prädikatenlogik wird vorwiegend zum Zwecke des automatischen Beweisens verwendet und findet daher in der Bildanalyse kaum Verwendung. Netzwerke in Form von semantischen Netzen und erweiterten Übergangsnetzwerken (ATN's) sind neben Produktionssystemene in Sichtsystemen am gebräuchlisten, /Niemann 81/. Frames verbinden Ideen von semantischen Netzen und von prozeduralem Wissen zur Darstellung von prototypischen Szenen oder Objekten, /Winston 79/. Typische Relationen, die bei der symbolischen Bildverarbeitung im Zusammenhang mit Netzwerken oder Frames benutzt werden, sind neben den drei bereits zitierten Relationen, geometrische bzw. topologische Relationen (unterstützt, verbindet, oben, unten etc.), Relationen die Restriktionen definieren (untere Schranke, obere Schranke), Relationen die auf Ähnlichkeiten bzw. Unterschiede hinweisen (muß sein, kann sein, ist fast ein, usw.). Die Relationenpalette steht in direktem Zusammenhang mit den bereits erwähnten Wissensinhalten der Weltauschnitt-Modelle.

5. PLANUNG UND VERFIKATION IN DER BILDANALYSE

In den gegenwärtig existierenden Sichtsystemen kann eine Vielzahl von Kontrollstrategien für die Bildanalyse festgestellt werden, /Nagao 84/. Die Benutzung der "ist-ein", der "Teil-von" und von Ähnlichkeitsrelationen läßt eine große Flexibilität zu, in der Kombination von abwärts bzw.aufwärts gerichteten Strategien, in der Auslegung von heterarchischen Ansätzen, bei der Generierung von Hypothesen und bei der Zielverwirklichung. Trotz dieser Vielfalt von möglichen Ansätzen steht die Zielverwirklichung der Bildanalyse in Form von Planung und modellgesteürtem Sehen heute sehr stark im Vordergrund. Diese Art von Sehen ist immer dann angebracht, wenn z.B. in einer industriellen Szene bestimmte Teile für die Montage gesucht werden oder, wenn in natürlichen Szenen z.B. Straßen oder Wohnsiedlungen gesucht werden. Hierbei unterscheidet sich eine industrielle Szene von einer natürlichen Szene primär dadurch, daß in der ersteren Objektmanipulationen zur besseren Erkennung, Positionierung usw. erlaubt sind. Eine ausführliche und gute Übersicht über modellgesteürtes Sehen ist bei /Binford 82/ zu finden. Wir beschränken uns hier auf einige exemplarische Aussagen.

Die wesentlichen Moduln eines Systems für die Bildanalyse zeigt
Bild 4. Eine solche Struktur trennt klar zwischen dem prozeduralen
Wissen, welches sich auch gewisser Methoden bedient, der generischen
Modellbildung (deklaratives Wissen) und der Kontrolle, /Niemann83/.
Dieser Ansatz hat den Vorteil, daß sich mit seiner Hilfe verschiedene
Realisierungen durchführen lassen. Eine spezielle Anwendung eines sol-
chen ist z.B. bei /Bunke 83/ zu finden.

Der Kontrollmodul besteht aus vier wesentlichen Teilen. Die Vorauswahl
(design) dient zur Festlegung der Anwendbarkeit von Transformationen
(Bildoperationen). Die Planung ist bei der Erzeugung von Hypothesen
und für die Definition der Aktionsschritte bei der Hypothesenverifika-
tion notwendig. Die Gewichtung (scoring) legt die erwarteten Erfolgs-
aussichten der einzelnen Alternativschritte eines Planes fest. Die Suche letztlich führt zur Bestätigung bzw. zur Verwerfung der Hypothese.
Die Suche beinhaltet als Teilprozeß den Vorgang des Vergleiches. Dieser Vergleich muß auf der Ebene von symbolischen Modellen als auch auf
den niedrigeren Ebenen der Bildbereichs-Hinweise bzw. pixel-Ebene des
synthetischen Bildes stattfinden. Die gängigen Suchverfahren der Kun-
stlichen Intelligenz (Zustandraum , Graph-Suche) finden auch in der
Bildanalyse ihren Eingang. Manchmal werden für die Suche auch Produktionssysteme benutzt, /Otha 83/.

Die Erzeugung von Hypothesen erfordert Kenntnisse über die strukturellen und physikalischen Eigenschaften von Objekten und über den Problemkreis. Die Hypothesengenerierung bei dem Übergang von den Szenenbereichs-Hinweisen zu dem Weltausschnitt-Modell entspricht einem groben Entwurf was in der Szene zu erwarten ist. Ein System welches bereits an dieser Stelle solche Pläne generiert, ist das bereits erwohn-
te Produkt von Otha. Dieses System untersucht natürliche Szenen. Bild
5a zeigt das Eingabebild und Bild 5b das hieraus erzeugte Planbild.
Der Plan wird mit Hilfe von unären Relationen (Eigenschaften) wie
Form, Größe, Farbe und mittels binären Relationen wie relative Posi-
tionen erzeugt.

Die Verifikation einzelner Hypothesen kann ebenfalls mit Hilfe eines
Planes durchgeführt werden. In dem zuvor genannten System gibt ein
Plan an, in welcher Reihenfolge welche Merkmale wie gesucht und verifiziert werden können. Bild 6 zeigt das verifizierte Endbild. In dem
System von /Tropf 83/ wird diese Plangenerierung und das Suchverfahren
selbst mit Hilfe von erweiterten Übergangsnetzwerken gesteuert. Es
handelt sich hierbei um einen interessanten Versuch, Verfahren, die in
der Sprachanalyse üblich sind, in die Bildanalyse zu übertragen.

Sind auf Grund der Hypothesenbildung bezüglich bestimmter generischer
Modelle erst einmal die Instanzen dieser Modelle generiert werden, so
geht es im wesentlichen darum, die Suche nach ganz bestimmten Bildinhalten mit Hilfe von Vorhersagen zu steuern. Einzelne erfolgreiche
Versuche werden dazu benutzt, weitere Vorhersagen über diejeniegen
Bildstellen zu treffen, wo sich weitere Merkmale befinden können. Diese Vorhersagen beziehen sich auf einzelne Merkmale der Instanzen und
geben etwa Auskunft über die stabilen Lage, die Orientierung eines
Objektes und über mögliche Szenenprojektionen (Bild 7). Die Haupt-
schwierigkeit, die sich hierbei ergibt, ist der Übergang von der Beo-
bachter-unabhängigen Instanzendarstellung in die Beobachter- und Be-
leuchtungs-abhängigen Darstellung eines Bildes. Es wird deutliche, daß
die Vorhersagen während des modellgesteuerten Sehens zum einen der
Merkmalsextraktion und zum anderen dem Objekt/Instanzen Vergleich dienen, um die Ziel-Verwirklichung in Form der Szenenanalyse zu realisieren. Ein sehr fortgeschrittenes Sichtsystem, welches z.B. Flugzeuge
aus Luftaufnahmen identifiziert ist das bereits erwähnte ACRONYM-Sys-
tem, /Binford 82/. Es macht speziell solche Voraussagen, die möglichst

invariant sind. Hierzu gehören Parallelität, Kollinearität, Längenver-
hältnisse usw.

Das System von /Rummel 84/ extrahiert einfache Primitive (Linien,
Kreise, Ecken) und versucht diese Bildbereichs-Hinweise direkt mit
Hilfe von Instanzen zu verifizieren. Erkannt werden hierbei einfache
Werkstücke, die auch verdeckt sein können. Dieses System ist ein Beispiel wie mögliche Abweichungen von den vollen Deutungszyklus von Bild
2 aussehen können, damit sie Realzeit-fähig bleiben. Eine weiteres
Beispiel für die Realisierung von Bildanalyse-Kontrollverfahren in industrieller Umgebung ist das System von /Bolles 82/. Hier dürfen die
Werkstücke auch komplexer sein. Aus Merkmalen wie Löcher und Ecken
werden Ballungen (clusters) gebildet, mit deren Hilfe eine Art von Fo-
kusstellen (Situations-Aktualisierung) hypothetisch aufgestellt werden. Die Verifikationsphase läuft mit Hilfe einer Graphen-Suche ab.
Sie wird jedoch nicht durch einen generellen Plan gesteuert.

Die Kombination eines Roboters mit einem Sichtsystem erfolgt konzep-
tionell durch die Modellbildung der Umwelt. Ein hierarchisches Steu-
erungssystem für den Roboter, welches z.B. bei /Rembold 84/ beschrieben wird, zerlegt globale Montageaufträge in Unteraufträge. Die Umwelt
modellierung übernimmt die Vorhersage über die Erscheinungsform der
einzelnen Objekte. Das Sichtsystem liefert die Überwachungsinformation
für die Regelung durch die Roboterkomponenten. Der Kontrollfluß in einem solchen System, das als Roboterzelle innerhalb eines flexiblen
Fertigungssystems eingesetzt wird, wird von /Dillmann 84/ beschrieben.

6. MULTISENSORIELLE BILDANALYSE

Der simultane Einsatz verschiedenartiger Sensortypen (visuell, akus-
tisch, taktil) trägt innerhalb der Bildanalyse zu einer erweiterten
und verbesserten Informationssammlung bei und reduziert die Menge der
auftretenden Mehrdeutigkeiten deutlich. Durch die erhöhte Redundanz
wird die Zuverlässigkeit gesteigert. Je nach Aufgabenstellung eignen
sich einzelne Sensorarten in unterschiedlicher Weise für ihren Einsatz
im Zusammenhang mit Robotern. Kameras eignen sich z.B. für die Situations-Aktualisierung innerhalb einer flexiblen Fertigungszelle. Neben
der Erzeugung verschiedenartiger, kanalspezifischer (sensortypischer)
Information kann eine kombinierte Sensorik aber auch dazu benutzt werden, identische Objekte zuverlässiger zu erkennen. In diesem Zusammenhang können z.B. Abstands- und Intensitätsdaten vorteilhafterweise dazu benutzt werden, wechselseitige Berechnungen durchzuführen, damit
als Resultat eine integrierte Darstellung eines Objektmerkmales wie
Oberflächennormale oder Kontur erzeugt werden kann. Auf diese Art und
Weise können die objektspezifischen Merkmale (Szenenbereichs-Hinweise)
durch ein kanalübergreifendes Verfahren zuverlässiger geschätzt werden.

Einer der wichtigsten Sensoren für einen Roboter ist ein ausgereiftes
Sichtsystem. Es muss zur Durchführung der Montageaufgaben die Bewegungen des Roboters überwachen, Werkstücke erkennen, alle Änderungen
in Arbeitsraum wahrnehmen und nach Beendigung der Arbeit eine Qualitätskontrolle durchführen. Das Sichtsystem ist aber nur für übergeordnete Aufgaben geeignet. Für die eigentliche Montage, z.B. das Einfügen
eines Stiftes sind noch Näherungskraft-, Rutschsensoren usw. erforderlich. Hierfür wurde an unserem Lehrstuhl eigens eine Hand für experi-
mentelle Montageaufgaben entwickelt. Die Beschreibung dieser Hand ist
bei /Rembold 83/ zu finden.

Die Mensch-Maschine-Schnittstelle erlangt durch die Entwicklung von
Spracherkennungssystemen eine neue Qualitätsstufe. Zur akustischen Ro-
botersteuerung, bei der im Gegensatz zur manuellen Eingabe, die Hände
und Augen des Bedieners für wichtigere Tätigkeiten freibleiben, wurde
ein Spracherkennungssystem realisiert. Es erlaubt das sprecherabhängi-
ge Erkennen von Steuerkommandos. Dazu wird nach einer interaktiven
Trainingsphase das definierte sprecher- und anwendungsspezifische Vo-
kabular auf einen Externenspeicher abgelegt. Zur Erhöhung von Treffsi-
cherheit und Reaktionsgeschwindigkeit wird die Menge der akzeptierba-
ren Worte dynamisch der Sprachdefinition entsprechend eingegrenzt.
Durch ein bedienerfrendliches Dialogsystem läßt sich das Spracherkennungssystem sehr schnell an andere, nicht zu umfangreiche, Kommando-
sprachen anpassen. Die Definition und das Trainieren von Kommandospra-
chen wird interaktiv durchgeführt. Das System wurde zur Steuerung eines Mini-Roboters erprobt. Bild 9 zeigt die Systemstruktur.

Bild 8 zeigt einen auf die Multisensorik erweiterten Deutungszyklus
der Bildanalyse, der auch die im dritten Abschnitt erwähnten, lokalen
Regelkreise (loops) enthält. Der prinzipielle Typ der einzelnen Hinweise bleibt dabei unverändert. Es ändern sich lediglich die Verfahren, um diese Hinweise zu erzeugen bzw. zu projezieren. In der untersten Ebene der linken Bildhälfte werden die kanalspezifische Informationen gesammelt und getrennt dargestellt. Zur Erzeugung dieser kanalspezifischen Hinweise wird vor allen Dingen ein detailliertes Wissen
darüber benötigt, welche Art von Information jeder einzelne Kanal wie
zuverlässig bzw. wie ungenau zu liefern im Stande ist. Die kanalunab-
hängigen Hinweise (Szenenbereichs-Hinweise) bilden eine Integration
der kanalabhängigen Hinweise zu einer allgemein gültigeren Darstellung. Bei der Erzeugung dieser Darstellung müssen insbesondere die gegenseitigen Abhängigkeiten der einzelnen kanalspezifischen Hinweise
beachtet werden. Es muß bekannt sein, welche Kanäle wie gruppiert werden müssen, damit ihre Daten möglichst wenig korreliert sind bzw. möglichst ähnliche Resultate liefern. Dies ist in zweifacher Hinsicht von
Bedeutung. Zum einen erleichtert die parallele Berechnung einzelner
kanalunabhängiger Hinweise den Berechnungsvorgang selbst und zum anderen müssen diese Hinweise widerspruchsfrei sein.

Das Weltausschnitt-Modell muß eine generische Beschreibung der Szene,
der kanalabhängigen Bildgenerierung (Sensormodell) und der physikalischen Umweltbedingungen (Beleuchtung, Temperatur, Geschwindigkeit,
Kraft usw.) in sich vereinigen. Die Instanzenbildung erfolgt kanalun-
abhängig. Die synthetische Kanalprojektion beschreibt eine von den
speziellen Umweltbedingungen (Beobachtungsrichtung, Orientierung, Abstand usw.) und dem einzelnen Kanal abhängige Darstellung, die im Sinne von synthetischen Bildern nicht nur auf Kanalbereichs-Hinweisen
aufbaut.

Ein Sichtsystem, welches in vollem Umfang auf die oben beschriebene
Art operiert, existiert gegenwärtig noch nicht. Allerdings beginnt man
in vielen Laboratorien an dem multisensoriellen Zugang zum Sehen zu
arbeiten. So haben auch wir damit begonnen, einen Laser-Scanner mit
einem Sichtsystem für Graubildverarbeitung, das mit 64 parallel arbeitenden Mikroprozessoren ausgestattet ist, zu koppeln und aus den beiden Datenarten mit einem einheitlichen Algorithmus integrierte kanal-
unabhängige Hinweise zu erzeugen, /Levi 84a/.

7. DURCHFÜHRUNG VON MONTAGEBEWEGUNGEN UNTER ANLEITUNG VON SENSOREN

Zur Durchführung einer Montage sind zwei Funktionen notwendig: die
Planung und die Überwachung. Beide Aufgaben koennen mit Hilfe von Ex-
pertenwissen geleitet werden. Die Planung läßt sich auf einem übergeordneten grossen Rechnersystem bewerkstelligen. Dabei stehen der Planung grosse komfortable Softwarepakete zur Verfügung, die off-line
verwendet werden. Die Eingabe erfolgt in natürlicher Sprache mit Hilfe
eines interaktiven Dialogsystems. Die Überwachung des Montagevorganges
wird dagegen on-line mit Hilfe eines mächtigen Steuerrechners durchgeführt. Der vom Planungsrechner interpretierte Code wird on-line durch
einen Monitor überswacht. Er erhaelt Sensordaten von dem Prozess und
vergleicht diese mit den entsprechenden Daten des Ablaufprogrammes.
Bei Bedarf werden mit Hilfe eines Expertensystems das Ablaufprogramm
korrigiert. Anschliessend werden die Planung und die Überwachung näher erläutert.

7.1 Planung des Arbeitsablaufes des Roboters

Die Gestalt und Funktion des Produktes wird von dem Entwickler und dem
Konstrukteur festgelegt. Sobald der endgültige Prototyp für das Produkt von der Entwicklung freigegeben ist, gibt es eine begrenzte Menge
von praktisch durchführbaren Montagefolgen und -bewegungen, um es zu-
sammenzubauen. In der Massenfertigung wird aus dieser Menge in der Regel nur eine Alternative gewählt, die in einem gegebenen Fertigungssystem ökonomisch durchführbar ist. In den einzelnen Fertigungen wird
dem Monteur ein größerer Spielraum überlassen, um das Produkt nach
seinen Erfahrungen und seinen Fähigkeiten zusammemzubauen. Grundsätzlich brauchen einem Monteur nicht alle elementaren Montageschritte
vorgegeben werden, z.B. weiß er wie er eine Schraube aus einem Behäl-
ter herauszunehmen hat und über welche Trajektorie und in welcher Position sie an ein Schraubenloch heranzuführen ist. Ebenfalls wird er
das Verschrauben ohne besondere Anweisung durchführen können. Es liegt
also nahe, dem Planer von Montageaufgaben und dem Programmierer Werkzeuge der Künstlichen Intelligenz zur Verfügung zu stellen, die Vorgaben für den Arbeitsablauf des Roboters aus zielorientierten Anweisungen automatisch generieren. Bild 10 zeigt das beinahe triviale Problem, eine Schraube aus einem Magazin zu nehmen und sie in ein Schraubenloch einzuführen. Ein Monteur wird das Problem ohne spezielle Anweisungen ausführen können. Für einen konventionellen Roboter muß das
Problem in seinem Grundelement beschrieben werden. Ein explizites Programm zur Lösung der Aufgabe würde z.B. lauten:

a. Bringe die Hand von ihrer Parkposition mit der Geschwindigkeit V1
   zu Punkt B. Die Z-Achse des Handkoordinatorsystem zeigt in die ne-
   gative Z Richtung des Weltkoordinatorsystems. öffne die Backen des
   Greifers.
b. Bewege die Hand mit der Geschwindigkeit V2 nach Punkt A in Richtung
   der negativen Z Richtung des Weltkoordinatorsystems.
c. Schließe die Backen mit der Geschwindigkeit V3, bis die Greifkraft
   F entspricht.
d. Bewege die Hand mit der Geschwindigkeit V4 in Richtung der positi-
   ven Z Richtung des Weltkoordinatorsystems nach Punkt B.
e. Bewege die Hand mit der Geschwindigkeit V5 in Richtung der negativen X-Achse des Weltkoordinatorsystems nach Punkt C.
f. Bewege die Hand mit der Geschwindigkeit V6 in Richtung der negativen Z-Achse des Weltkoordinatorsystems nach Punkt D.
g. Rotiere die Hand mit der Winkelgeschwindigkeit $\omega 1$ im Uhrzeigersinn

und bewege sie mit einem Vorschub V1 in Richtung der negativen X-
Achse des Weltkoordinatorsystems bis zum Punkt E.
h. öffne die Backen mit der Geschwindigkeit V8.
i. Bewege die Hand mit der Geschwindigkeit V9 in Richtung der positi-
ven Z-Achse nach Punkt C.
j. Bewege die Hand mit der Geschwindigkeit V10 zur Parkposition.

Definition der Parameter:
Punkt P = (x0, y0)   V1 = V1 cm/sec   F = f kg
Punkt A = (x1, y1)   V2 = V2 cm/sec
                        V3 = V3 cm/sec
                        V4 = V4 cm/sec
                        V5 = V5 cm/sec
                        V6 = V6 cm/sec
                        V7 = V7 cm/sec
                        V8 = V8 cm/sec
                        V9 = V9 cm/sec
                        V10 = V10 cm/sec
                        ω 1 = ω1 rad/sec

Es liegt nun der Gedanke nahe, das Problem implizit zu lösen. Die Aufgabe würde lauten, nehme diese Schraube und füge sie in den Block ein.
Bild 11 zeigt das Konzept eines Programmiersystems, das zielorientiert
Anweisung verarbeiten kann und dann automatisch das Ablaufprogramm erstellt, /Blume 83/. Zunächst braucht zur Lösung dieser Aufgabe der Roboter ein Sichtsystem, einen Kraftmomentsensor für das Handgelenk, einen Näherungssensor, Berührungssensoren und Rutschsensoren. Weiterhin
muß ein Planer oder Expertensystem vorhanden sein, das Wissen über die
Umwelt des Roboters hat und die Montageaufgabe in seine Grundelemente
zerlegen kann. Mit Hilfe des Sensormodelles wird die Sensorhypothese
erstellt, die zur Lösung der Aufgabe notwendig ist. Zum Beispiel wird
das Sichtsystem Anweisungen über die wichtigen Merkmale der Schraube
und des Montageobjektes bekommen. Diese Information kann z.B. direkt
aus der CAD Datenbank des Konstrukteurs erhalten werden. Damit ist das
Sichtsystem in der Lage, diese Objekte zu identifizieren. Als nächstes
wird die Trajektorie des Greifers bestimmt, die der Arm durchfahren
muß, um das Objekt zu erfassen und in die Montageposition zu bringen.
Die Umwelt des Montagesystems und des Roboter-Sehens ist in dem Weltmodell beschrieben. Für das Erfassen und Verschrauben müssen detaillierte Sensordaten generiert werden, um die Vorgänge zu leiten und
durchzuführen. Diese Aufgabe wird sowohl mit Hilfe des Sichtsystems
als auch mit den anderen Sensoren durchgeführt. Die wichtigsten Aufgaben werden dabei die Näherungs-, Berührungs-,Rutsch- und Gelenksenso-
ren haben. Für die Berechnung der Bewegungstrajektorien der Greiferar-
me muß Information über den Roboter aus dem Weltmodell verwendet werden. Die Bewegungen des Roboters sind so zu planen, daß während der
Durchführung der Aufgabe keine Konflikte und Kollisionen vorkommen.
Z.B. kann der Roboter bedingt durch seine Konfiguration nur begrenzte
Bewegungen durchführen. Ebenfalls wird es notwendig sein, bestimmte
Objekte zu umgehen oder einem anderen Roboterarm auszuweichen,
Bild 12. Ein Expertensystem müßte also die folgende Information ent-
halten oder Zugriff dazu haben.

- Montageobjekt   - Werkzeuge
  Abmessungen   Funktion
  Form   Gewicht
  Gewicht   Form
  Materialparameter   Arbeitsraum
  Greifpunkt   Belastbarkeit
  Passungen   Energiezufuhr

```
- Haltevorrichtungen            - Montageroboter
  Funktion                        Art
  Arbeitsraum                     Konfiguration
  Belastbarkeit                   Bewegungsraum
                                  Trajektorien
- Montagefunktionen               Geschwindigkeiten
  Montagebewegungen               Beschleunigungen
  Motiontime measurement          Belastbarkeit
  Information                      Genauigkeit
  Optimierungsalgorithmen         Toleranzen
  Montagesequenzen
  Fügeoperationen
  Fügeparameter (Kräfte,
  Reibung)


- Arbeitsraum
  Konfiguration des Arbeitsraumes
  Beschreibung der Roboter, Hilfseinrichtungen und des Montageobjektes
  Lager des Objektes und der Werkzeuge
  Hindernisse im Arbeitsraum

- Sensorsystem
  Kenntnis über das Montageobjekt
  Kenntnis von Abnahmeparameter für das montierte Objekt
  Sensorhypothesen für die unterschiedlichen Montagephasen
```

Aus dieser Aufstellung, die nicht vollständig ist, läßt sich erkennen, daß ein Expertensystem für Montageaufgaben sehr umfangreich sein wird und einen mächtigen Rechner benötigt. Laufzeiten im Rechner lassen sich durch gezielten Einsatz von mechanischer und elektronischer Hardware reduzieren. Bild 13 zeigt, wie ein Stift in ein Fügeloch mit Hilfe einer Softwareroutine oder durch ein Compliancewerkzeug geführt wird. In Bild 14 ist der Vorgang des Einfügens illustriert. Es kann hierfür wieder ein Software- oder Hardwarewerkzeug verwendet werden. Die gezeigte Hardwarelösung macht jedoch die Anpassung des Loches notwendig. Bild 15 zeigt, wie ein Fügeloch ohne Anpassung mit einem Compliancewerkzeug lokalisiert wird und wie der Stift dann eingeführt wird. Die Hardware hat bei diesen Beispielen den großen Vorteil, daß sie wesentlich schneller als die Software ist. Die Ausgabe des Expertensystems ist ein Programm mit expliziten Roboteranweisungen. Dieses Pogramm wird über einen Compiler in den Zwischencode IRDATA umgesetzt. IRDATA kann auf einem Roboter ablaufen, der eine genormte Schnittstelle für diesen Code hat. Mit der Verwendung eines solchen Zwischencodes ist es möglich, beliebige Programmiersprachen zu verwenden und auf unterschiedlichen Robotern laufen zu lassen. Die Information, auf die das Expertensystem zugreift, läßt sich vorteilhaft in einer relationalen Datenbank abspeichern. Sie enthält Objekte, Attribute und Werte. Bild 16 zeigt das Prinzip einer solchen Datenbank, die dynamisch je nach Bedarf erweitert werden kann, /Blume 84/.

Das AUTOPASS-System von IBM war die erste Sprache, die versuchte, diese Aufgabe zu realisieren. Weitere Ansätze, eine Aufgabenbeschreibung für Roboter in quasinatürlichen Sprachen vorzunehmen, wurden in den Projekten DONAUS-System und LAMA durchgeführt. Diese Systeme sind sehr komplex. Auch die auf dem APT Konzept basierenden Sprachen RAPT und ROBEX haben Ansätze impliziter Programmierung. Es werden bei ihnen abstrakte geometrische Beziehungen in Roboterbewegungen umgesetzt.

Auf dem Gebiet der Prozessplanung sind umfangreiche Arbeiten zur Zerspanungstechnologie bekannt. Nach der Einführung der NC Sprachen begann man in Europa mit der Entwicklung von automatischen Planungssystemen, z.B. können mit EXAPT nicht nur geometrische Daten erzeugt wer-

den, sondern es lassen sich auch Werkzeuge und Zerspanungsdaten angeben. Bei der Planung kommen das Generier- und Variantenverfahren zur
Anwendung. Beim Generierverfahren wird der Prozessplan mit Hilfe der
ähnlichkeit von Zerspanungsverfahren für Werkstücke erstellt. Beim Variantenverfahren werden Werkstücke in Klassen eingeteilt, die mit
gleichen Fertigungsverfahren und Arbeitsfolgen bearbeitet werden können. Für beide Verfahren wird eine Wissensbasis aufgebaut, mit deren
Hilfe der Fertigungsplan automatisch erstellt werden kann. In der
Praxis zeigte es sich, daß die meisten Verfahren sehr rechenaufwendig
sind und viel Speicherkapazität benötigen. Der Aufwand erhöht sich mit
steigendem Automatisierungsgrad, womit der Einsatz des Systems beschränkt wird.

7.2 Überwachung der Arbeit des Roboters

Die Aufgabe des Monitors (Bild 11) besteht darin, den Code, der gerade
abgearbeitet wird, zu nehmen, ihn mit den Sensordaten zu vergleichen
und daraus Aktionen abzuleiten. Diese Aktionen können sich auf alternative Auftragsausführungen, falls das für die Montage benötigte Werkstück nicht vorhanden ist, oder auf Fehlerfälle beziehen. Bild 17
zeigt für diesen letzteren Fall typische Aufgaben des Monitors. In jedem der vier Problemfälle muß der Monitor eine andere Lösung vorschla-
gen. Im ersten Beispiel muß die Hand in eine horizontale Lage gebracht
werden. Im zweiten Beispiel muß der Arm rotiert werden. Im dritten
Fall muß die Hand nach links verschoben werden. Im vierten Fall letztlich muß der Arm nach unten gefahren werden.

In herkömmlichen Rechensystemen sind die auftretenden Fehler von interner Art. Es handelt sich dabei entweder um fehlerhafte Komponenten
oder um Entwurfsfehler. Bei Industrierobotern gesellen sich noch externe Fehler hinzu. Sie haben ihren Ursprung in der Wechselwirkung
zwischen Roboter und Umwelt. Beispiele für solche Fehlerquellen sind
z.B. bei der Montage:

- inkorrekte oder defekte Teile (Komponenten, Fehler)
- fehlerhafte Teilezuführung (fehlendes Teil oder Orientierungsfehler)
- fehlerhafte Greiferaktionen (Lagefehler)
- inkorrekte Teileplazierung (Kollisions- oder Positionsfehler).

Damit diese Fehler entdeckt und falls nötig behoben werden können, muß
eine dynamische Umweltmodellierung auf der Basis von wissensbasierten
Fehleranalyseverfahren stattfinden. Hierzu gehören vor allen Dingen
die folgenden Informationsklassen.

(a)   aktueller Zustand des physikalischen Systems
(b)   Vorhersagen über Systemzustände
(c)   aktualisierte Sensoreingänge
(d)   Vorhersagen über Sensoreingänge
(e)   Planung der Roboteraktivitäten
(f)   Überprüfung der Planung auf ihre Durchführbarkeit.

Dieser aufgezählte Katalog von notwendigen Informationsarten zeigt bereits, daß die anstehenden Aufgaben noch zu komplex sind, als daß sie
in ihrer Gesamtheit gegenwärtig schon lösbar wären. Einzelne Problemkreise werden jedoch bereits in Angriff genommen. So scheint die Überprüfung von Arbeitsplänen für Roboter auf der Basis von symbolischen
Manipulationen geeigneter und flexibler zu sein als die rein numeri-
sche Behandlung des Problems der inkorrekten Teileplazierung und der
Toleranzen der Werkstücke. Insgesamt sind aber die Fehler, die z.B.
bei der Beschickung einer ganzen Fertigungsstelle auftreten, sehr kom-

plex. Die wesentlichen Schwierigkeiten, die bei dieser Art von Proble-
matik auftreten, sind sowohl die dynamische Umweltmodellierung auf der
Basis von multisensoriellen Dateneingängen als auch die allgemeine
Darstellung und Behandlung von Wissen, z.B. in Form von Regeln. Der
Umfang bereits implementierter Fehleranalysen bewegt sich noch in dem
Gebiet der einzelnen Roboteroperationen, wie Greif- (pickup), Trans-
fer- und Fügungsoperationen Die Fehler, die z.B. bei Greifoperationen
diagnostiziert werden können, sind:

- Lokalisierungsfehler (Zuführung verklemmt, Teil defekt, ...)
- Näherungsfehler (Kollision, fehlendes Teil, ...)
- Greiffehler (kein Teil, Orientierungsfehler, ...).

8 REFERENZEN

/Albus 83/ Albus J.S. et al.: Hierarchical Control for Robots in an
     Automated Factory, Proc. of the 13th ISIR/Robot 7, 13.29-13.43,
     1983

/Ballard 82/ Ballard D., Brown Ch.: Computer Vision, Prentice Hall,
     1982

/Blume 83/ Blume C., Jakob W.: Design of the Structured Robot Langua-
     ge (SRL), Proc. of Advanced Software for Robotics, Lüttich, Bel-
     gien, 4.-6. Mai, 1983

/Blume 84/ Blume C.: Implicit Robot Programming Based on a High Level
     Explicit System and Using the Robot Data Base RODOBAS, Industrial
     Robobotics, Conference-84, Brussels, 1984

/Bolles 82/ Bolles R.C., Cain R.A.: Recognition and Locating Partial-
     ly Visible Objects: The Local-Feature-Focus Method, The Interna-
     tional Journal of Robotics Research Vol. 1, No. 3, 57-82, 1982

/Bunke 83/ Bunke H., Sagerer G.: A System for Diagnostic Evaluation
     of Scintigraphic Image Sequences, Informatik Fachberichte 76
     (GWAI-83), Springer Verlag, 50-59, 1983

/Dillmann 84/ Dillmann R.: Robot Architecture for the Integration of
     Robots into Manufacturing Cells, Industrial Robotics, Conference-
     84, Brussels, 1984

/Epple 84/ Epple W., Dillmann R., Wanhorst H.: Speech Communication
     Enhances Man-Robot Interfaces, wird veröffentlicht bei ISIR 14,
     Göteborg, Oktober 2-4, 1984

/Hayes-R. 83/ Hayes-Roth F., Waterman D., Lenat D.: Building Expert
     Systems, Addisson-Wesley, 1983

/Kanade 78/ Kanade T.: Region Segmentation: Signal vs. Semantics,
     International Joint Conference on Pattern Recognition 78,
     95-105, 1978

/Kanade 83/ Kanade T.: Representation and Control in Vision, in: Pic-
     torial Data Analysis (Hrsg. R. Haralick), 171-197, Springer
     Verlag, 1983

/Kazmierczack 80/   Kazmierczak H. (Hrsg.): Erfassung und maschinelle
     Verarbeitung von Bilddaten, Springer Verlag, 1980

/Lee 82/   Lee H., Requicha A.: Algorithms for Computing the Volume and
     Ohter Integral Properties of Solids, CACM, Vol. 25, No. 9,
     635-641, 1982

/Levi 84a/   Levi P.: GVS: A Gray-Scale Vision System for Iconic Image
     Processing, wird publiziert in den Proc. von ROVISEC 4,
     London, 1984

/Levi 84b/   Levi P.: Entwurf eines Expertensystems für die Merkmalsde-
     finition auf der Basis von funktionalen Beschreibungen und Mus-
     tern, Fachgespräch: "Industrieroboter und Künstliche Intelli-
     genz", 14. GI Jahrestagung, Braunschweig, wird veröffentlich in
     Informatik Fachberichte, Springer Verlag, 1984

/Lin 84/   Lin W., Fu K.S.: A Syntactical Approach to 3-D Object Repre-
     sentation, IEEE Transaction on Pattern Analysis and Machine
     Intelligence, Vol PAMI-6, No. 3, 351-364, 1984

/Nagao 84/   Nagao M.: Control Strategies in Pattern Analysis, Pattern
     Recognition Vol. 17, No. 1, 45-56, 1984

/Nagel 79/   Nagel H.-H.: Über die Repräsentation von Wissen zur Aus-
     wertung von Bildern, Informatik Fachberichte 20, 3-21, Sprin-
     ger Verlag, 1979

/Nagel 83/   Nagel H.-H.: Overview on Image Sequence Analysis, in:
     Image Sequence Processing and Dynamic Scene Analysis (Hrsg. T.
     Huang), 2-39, Springer Verlag, 1983

/Neumann 82/   Neumann B.: Bildverstehen, Informatik Fachberichte 59,
     285-355, Springer Verlag, 1982

/Niemann 81/   Niemann H.: Pattern Analysis, Springer Verlag, 1981

/Niemann 83/   Niemann H.: Control Strategies in Image and Speech Un-
     derstanding, Informatik Fachberichte 76 (GWAI-83), 31-50, Sprin-
     ger Verlag, 1983

/Nilsson 82/   Nilsson N.J.: Principles of Artificial Intelligence,
     Springer Verlag, 1982

/Otha 79/   Otha Y., Kanade Y., Sakai T.: A Production System for Re-
     gion Analysis, Proc. of the 6th International Joint Conference
     on Artificial Intelligence (IJCAI-79), 684-686, 1979

/Radig 84/   Radig B.: Image Sequence Analysis Using Relational Struc-
     tures, Pattern Recognition Vol. 17, 161-167, 1984

/Raulefs 82/   Raulefs P.: Expertensysteme, Informatik Fachberichte 59,
     62-98, Springer Verlag, 1982

/Rembold 83/   Rembold U., Levi P.: Beitrag zur Entwicklung von intel-
     ligenten Handhabungsgeräten, Informatik Fachberichte 73, Sprin-
     ger Verlag, 257-269, 1983

/Rembold 84/   Rembold U., Levi P.: Entwicklungstendenzen bei der Ro-
     botertechnologie, in: Überblicke Informationsverarbeitung 1984
     (Hrsg. H. Maurer), 193-274, BI-Verlag, Mannheim, 1984

/Rosenfeld 82/   Rosenfeld A., Kak A.: Digital Picture Processing,
     Vol. 2, Academic Press, 1982

/Rummel 84/   Rummel P., Beutel W.: Workpiece Recognition and Inspec-
     tion by a Model-Based Scene Analysis System, Pattern Recogni-
     tion Vol 17, No. 1, 141-148,1984

/Shapiro 83/   Shapiro L.: Computer Vision Systems: Past Present and
     Future, in: Pictorial Data Analysis (Hrsg. R. Haralick),
     199-237, Springer Verlag, 1983

/Tamura 83/   Tamura H. et al.: Design and Implementation of SPIDER-
     A Transportable Image Processing Software Package, Computer Vi-
     sion, Graphics, and Image Processing 23, 273-294, 1983

/Tamura 84/   Tamura H., Yokaya N.: Image Database Systems: A Survey,
     Pattern Recognition Vol. 17, No. 1, 29-43, 1984

/Tenenbaum 76/   Tenenbaum J.M., Barrow H.G.: Experiments in Interpre-
     tation-guided segmentation, Artif. Intelligence 8, 241-274, 1976

/Tropf 83/   Tropf H., Walter I.: An ATN Model for 3D Recognition of
     Solids in Single Images, International Joint Conference on Arti-
     ficial Intelligence (IJCAI-83), 1094-1098, 1983

/Tsotsos 84/   Tsotsos J.K.: Knowledge and the Visual Process: Content,
     Form and Use, Pattern Recognition, Vol 17, No. 1, 13-27, 1984

/Winkler 83/   Winkler G.: Bildverarbeitung: Beispiele aus der Arbeit
     des FHG-Instituts für Informations- und Datenverarbeitung, In-
     formatik Fachberichte 73, 223-237, Springer Verlag, 1983

/Winston 79/   Winston P.H.: Artificial Intelligence, Addison-Wesley,
     1979

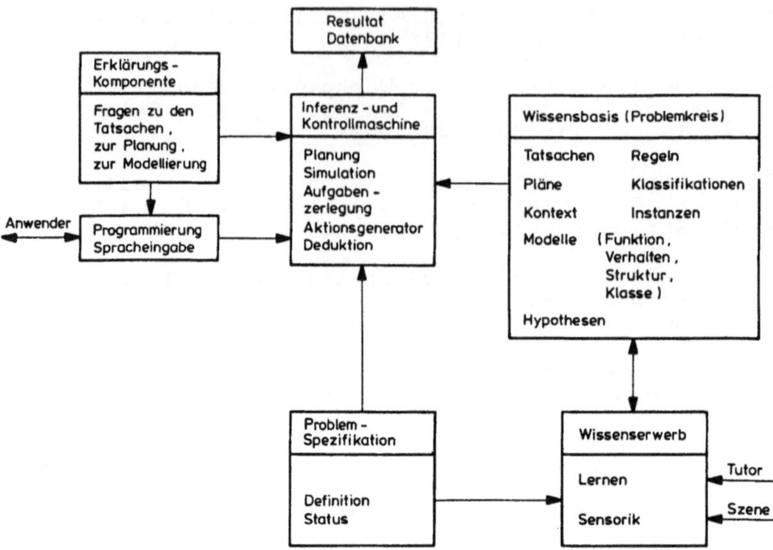

<u>Bild 1</u>. Struktur eines Expertensystems

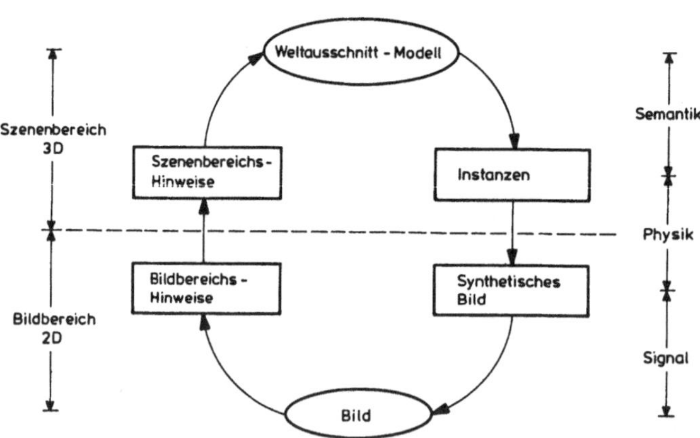

<u>Bild 2</u>. Deutungszyklus der Bildanalyse (Kamerabilder)

49

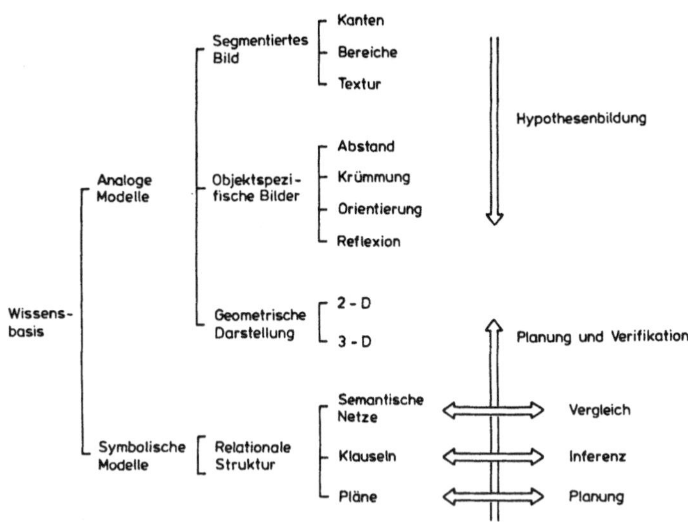

<u>Bild 3</u>. Wissensbasis für die Bildanalyse

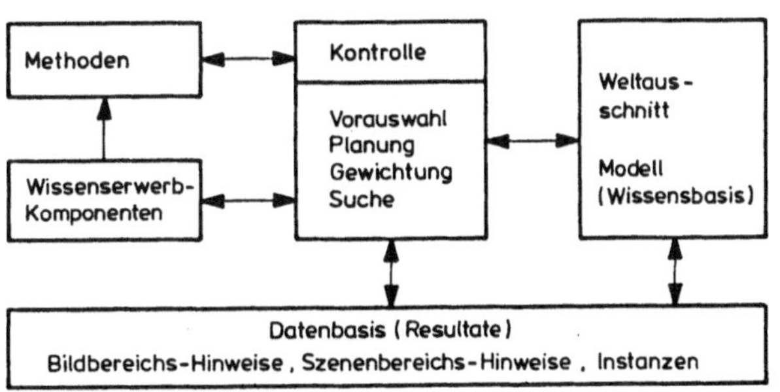

<u>Bild 4</u>. Struktur eines Bildanalysesystems

<u>Bild 5</u>. Hypothesen-Bildung in natürlichen Szenen

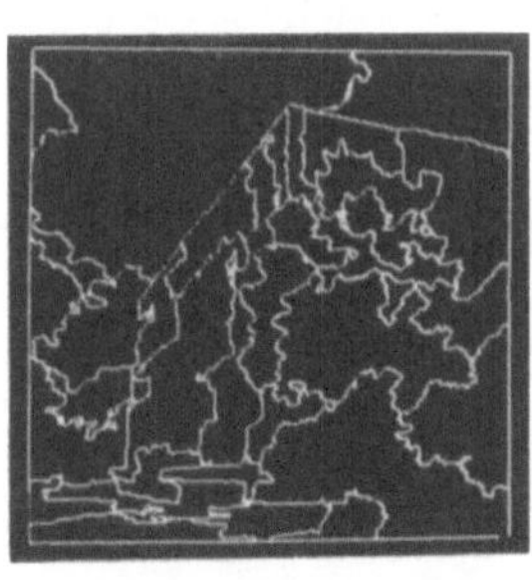

(a) Originalbild   (b) Planbild

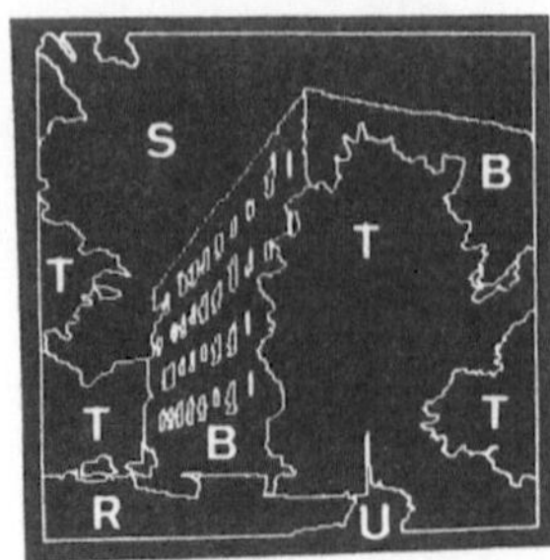

Bild 6. Verifikation in natürlichen Szenen.
S: sky, T: tree, R: road, B: building, U: unknown

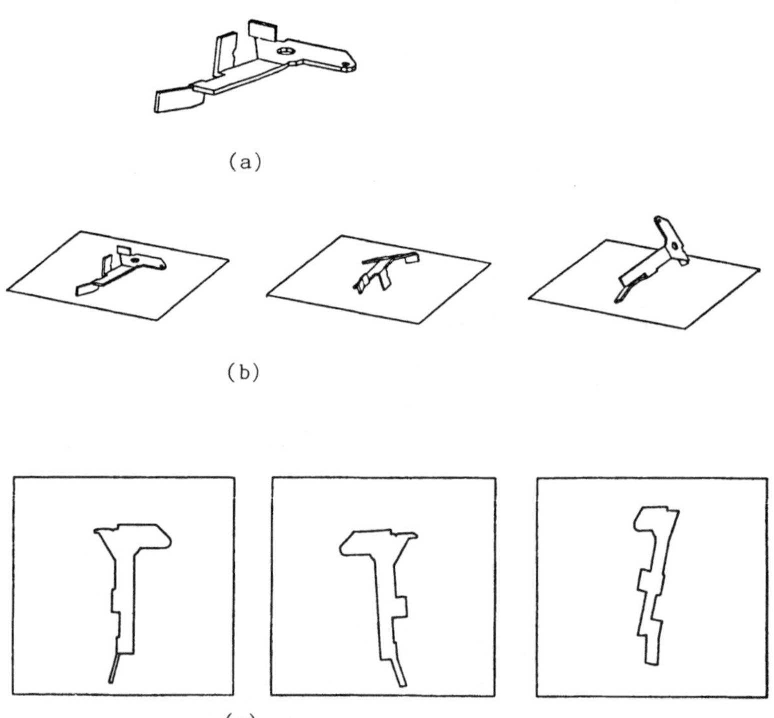

(a)

(b)

(c)

Bild 7. Vorhersagen über stabile Objektlagen und deren Projektionen.
(a) 3-D Modell. (b) berechnete stabile Lagen. (c) Umrisse der stabilen Lagen

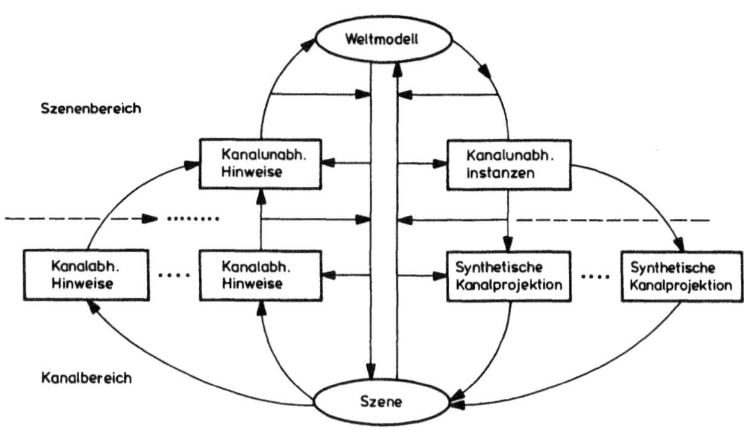

Bild 8. Multisensorieller Deutungszyklus für die Bildanalyse

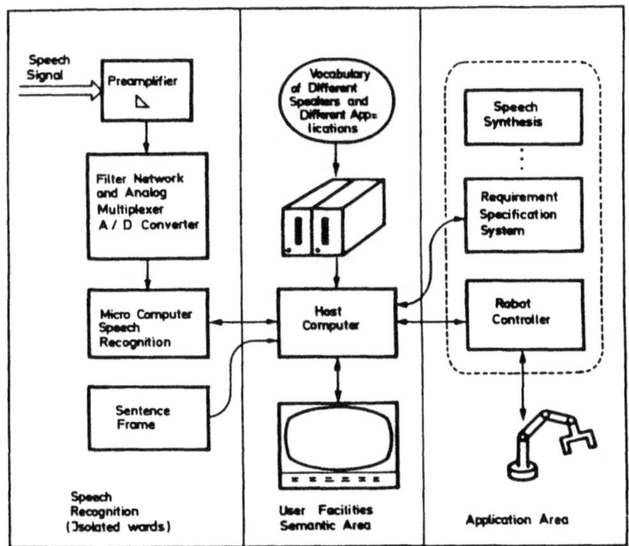

Bild 9. Struktur des Spracheingabesystems

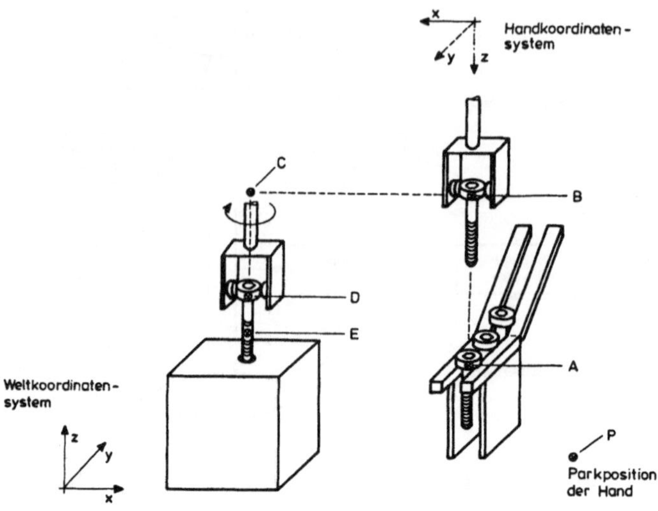

__Bild 10__. Einfügen einer Schraube in ein Gewindeloch

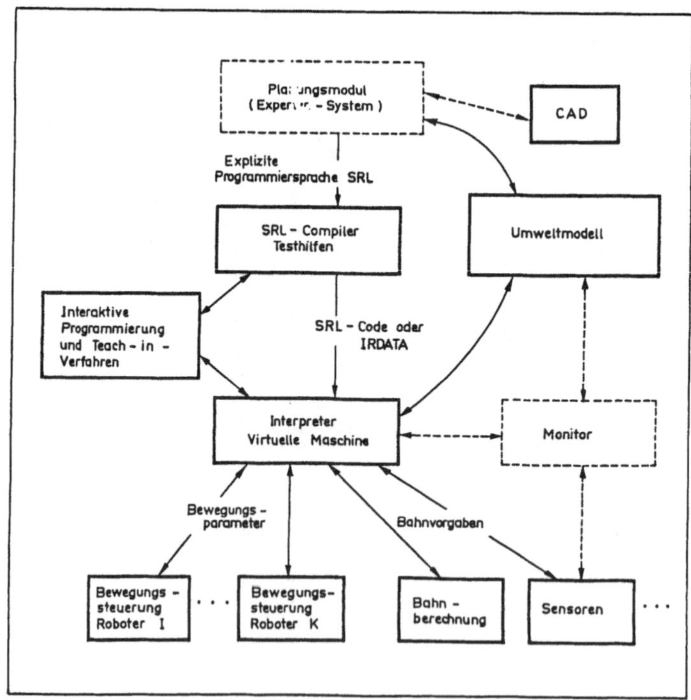

__Bild 11__. Hierarchie eines impliziten Programmiersystems

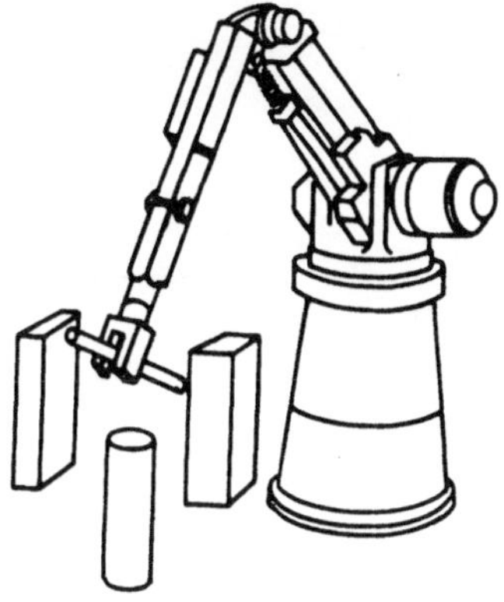

Bild 12. Hindernisumgehung bei einer Montageaufgabe

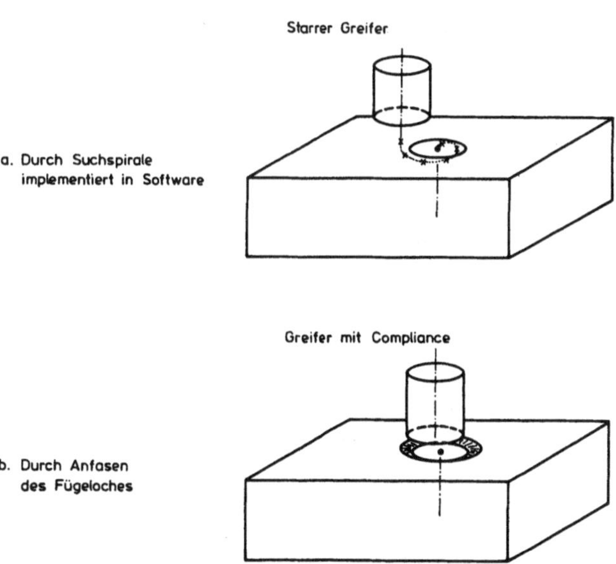

Bild 13. Finden eines Fügeloches

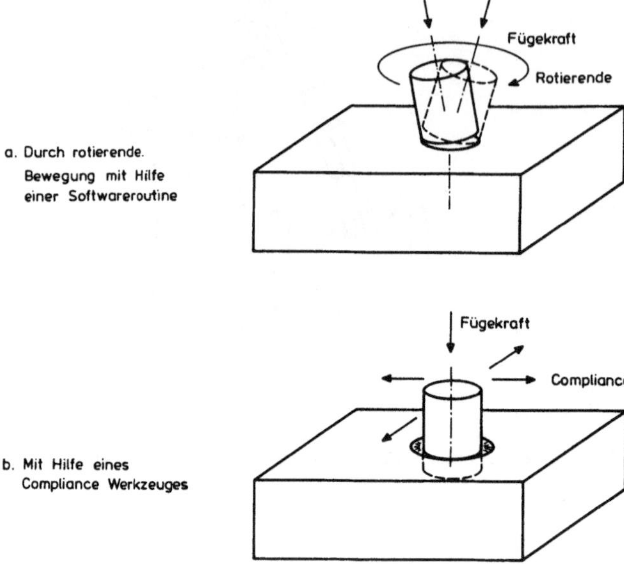

Bild 14. Fügen eines Stiftes

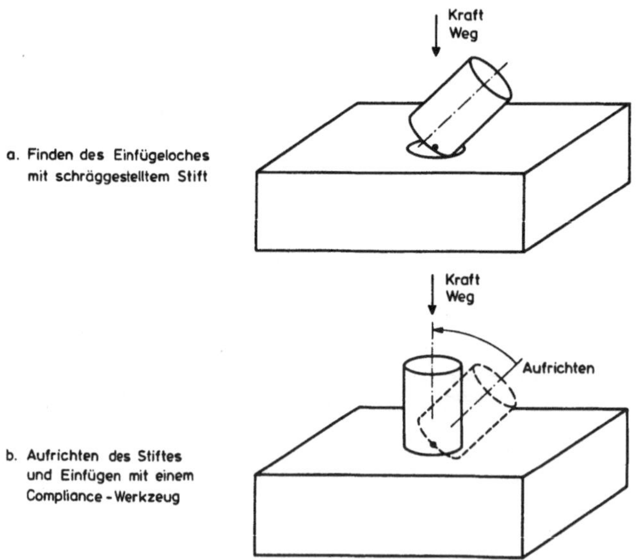

Bild 15. Fügen eines Stiftes mit einem Compliance Werkzeug. Es ist keine Anfasung notwendig

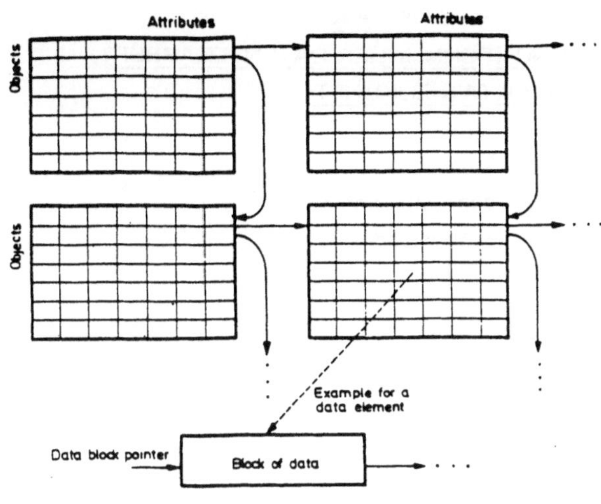

<u>Bild 16</u>. Implementierung einer relationalen Tabelle

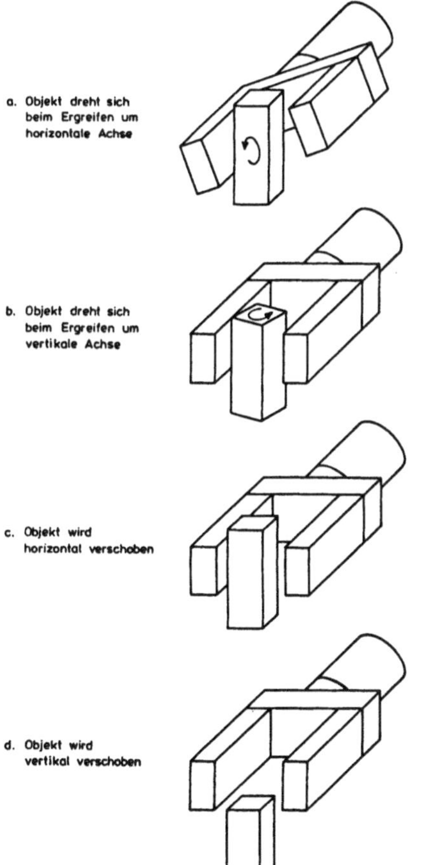

<u>Bild 17</u>. Auftretende Fehler beim Ergreifen eines Objekts

SCHNITTSTELLEN ZWISCHEN
BETRIEBSWIRTSCHAFTLICHER UND TECHNISCHER DATENVERARBEITUNG
IN DER FABRIK DER ZUKUNFT

A.-W. Scheer
Institut für Wirtschaftsinformatik
Universität des Saarlandes
6600 Saarbrücken

Inhaltsverzeichnis

A.   Das CIM-Konzept der Fabrik der Zukunft

Der Begriff "Factory of the Future" beinhaltet ebenso wie der Begriff "Office of the Future" die Forderung nach Integration vielfältiger EDV-Anwendungen. Während beim Office of the Future die Integration verschiedener Repräsentationsformen von Informationen (Daten, Sprache, Bilder, Grafik) und Kommunikationstechniken im Vordergrund steht, werden in der Factory of the Future unterschiedliche technische und betriebswirtschaftliche Datenverarbeitungsaufgaben über gemeinsam genutzte Datenverarbeitungssysteme verknüpft. Aus diesem Grunde wird das Konzept auch als CIM = Computer Integrated Manufacturing bezeichnet. Ein zu fertigendes Produkt wird von seiner Entwicklung, der Planung seiner Fertigung, der Fertigungsausführung bis zum Versand durch ein integriertes EDV-System begleitet.

I.   Komponenten von CIM

Den Produktionsbereich durchziehen zwei computergestützte Informationssysteme (vgl. Abb. 1); das primär betriebswirtschaftlich-planerisch orientierte Produktionsplanungs- und -steuerungssystem (PPS) sowie das primär technisch-geometrisch orientierte Computer aided Design/Computer aided Manufacturing (CAD/CAM)-System.

a)   Produktionsplanung und -steuerung

Die Produktionsplanung und -steuerung ist ein traditionelles Einsatzgebiet der EDV in Industriebetrieben. Grund dafür ist das hohe Mengenvolumen der zu verarbeitenden Informationen über Stücklisten, Arbeitspläne und Aufträge sowie die hohe Planungskomplexität im Rahmen der Material- und Zeitwirtschaft. Zur Verwaltung der Stücklisten, die die Zusammensetzung von Endprodukten aus Bauteilen und Materialien beschreiben, wurden bereits frühzeitig besondere Datenverwaltungssysteme (bill of material processor = BOMP) eingesetzt, die erste Entwicklungsschritte auf dem Weg zu universellen Datenbanksystemen waren. Da eine Stückliste eine m:n-Abbildung innerhalb des Entitytyps "Teile" darstellt, erfordert die redundanzfreie Speicherung dieser Datenstruktur komplizierte Datenverwaltungssysteme. In größeren Industriebetrieben ist die Verwaltung von 100.000 Teilesätzen, mehreren 100.000 Struktursätzen, mehreren 100.000 Arbeitsgangsätzen keine Seltenheit.

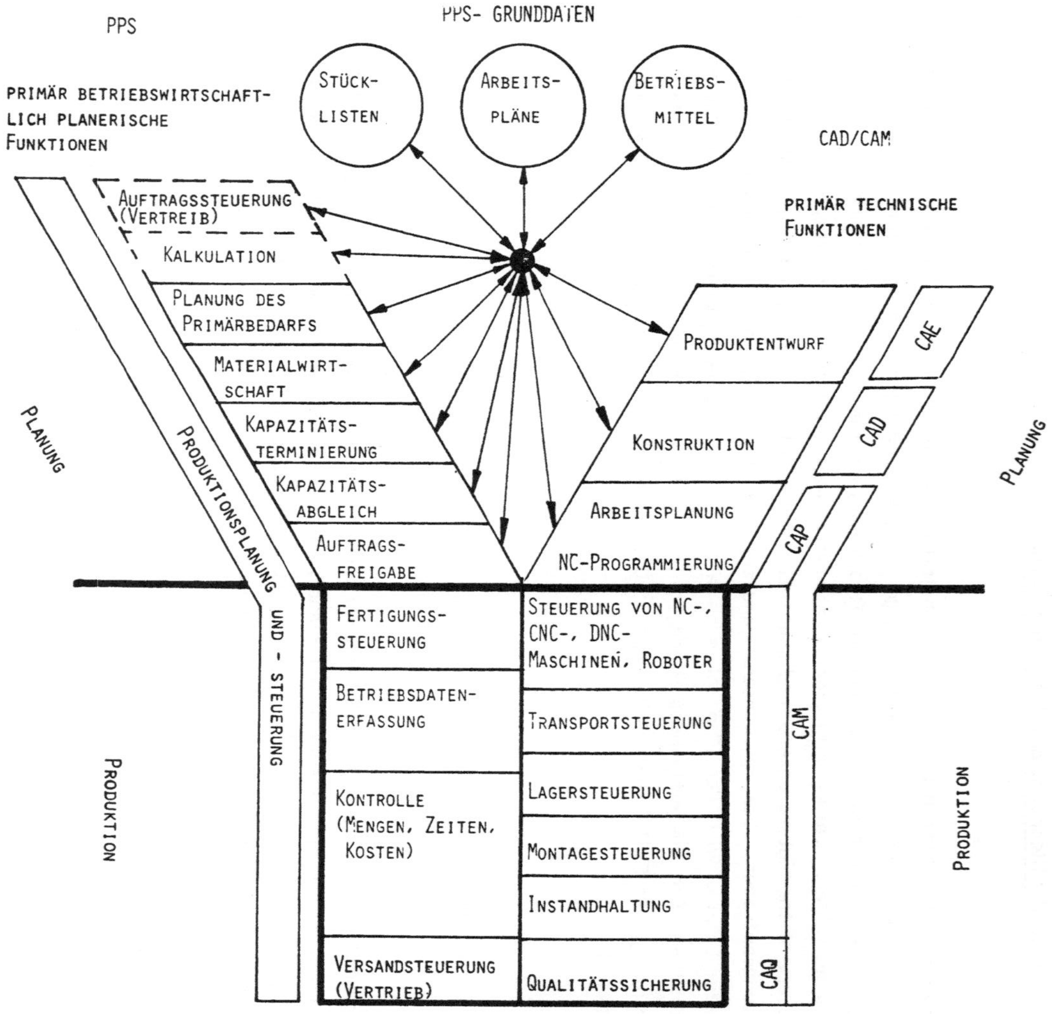

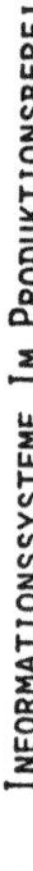

Abb. 1   INFORMATIONSSYSTEME IM PRODUKTIONSBEREICH

Die Planungskonzeption innerhalb der PPS-Systeme folgt einem weitgehend standardisierten Ablauf, wie er in dem linken Teil der Abbildung 1 dargestellt ist.

Die **Auftragsbearbeitung** verwaltet die Kundenaufträge.

Im Rahmen der **Primärbedarfsplanung** wird der zu fertigende Bedarf an Endprodukten festgelegt. Hier ist vor allen Dingen eine Koordination mit den Absatzerwartungen und Auftragsbeständen des Vertriebs erforderlich.

Die **Materialwirtschaft** löst über die Stücklistenbeziehungen die Bedarfe an Endprodukten in Bedarfe an Baugruppen und Materialien unter Beachtung von Losbildungen und Durchlaufzeiten auf. Ergebnis sind grob terminierte Eigenfertigungsaufträge und Beschaffungsaufträge.

Im Rahmen der **Kapazitätsterminierung** werden die Fertigungsaufträge mit den Zeitbedarfen (aus den Arbeitsgangsdaten) verbunden und daraus Kapazitätsbedarfsübersichten für die zur Verfügung stehenden Betriebsmittelgruppen gebildet.

Im Rahmen des **Kapazitätsabgleichs** wird unter Einsatz von Ausweichaggregaten, Überstunden, Sonderschichten oder der zeitlichen Verschiebung von Aufträgen versucht, entstandene Engpässe oder Kapazitätsspitzen auszugleichen.

Im Rahmen der **Auftragsfreigabe** werden die anstehenden Fertigungsaufträge dahingehend überprüft, ob die benötigten Komponenten, Werkzeuge und Kapazitäten zur Verfügung stehen. Wenn dieses der Fall ist, werden die Aufträge freigegeben.

Mit der Auftragsfreigabe ist gleichzeitig der Übergang von der Planungsphase in die Realisierung der Produktion verbunden.

Die unterschiedlichen Anforderungen an die Verfügbarkeit der Hardware sowie an die Eigenschaften des Betriebssystems haben dazu geführt, daß für die Planungsfunktionen und die Realisierungsfunktionen unterschiedliche Rechnertypen eingesetzt werden. Für die Planungsphasen wird im allgemeinen der mehr kommerziell ausgerichtete Host-Rechner eingesetzt, während für die produktionsnahen Funktionen Prozeßrechner eingesetzt werden. Diese müssen wegen der häufig bestehenden Mehrschichten-Fertigung eine höhere Dialogverfügbarkeit aufweisen und wegen der häufig benötigten Echtzeit-Steuerung ein real-time-Betriebssystem. Eine typische Funktionsaufteilung der PPS-Komponenten auf Planungs- und Betriebsrechner ist in Abbildung 2 dargestellt.

In der **Fertigungssteuerung** wird eine Feinterminierung einschließlich der Reihenfolgebestimmung durchgeführt.

Die **Betriebsdatenerfassung** umfaßt die Rückmeldung von Ist-Daten über Aufträge, Personal, Betriebsmittel, Materialien und Werkzeuge über besondere Terminals oder direkt an den Maschinen befindliche Datenerfassungssysteme. Derartige aktuelle Betriebsdaten sind Voraussetzung einer aktuellen Fertigungssteuerung.

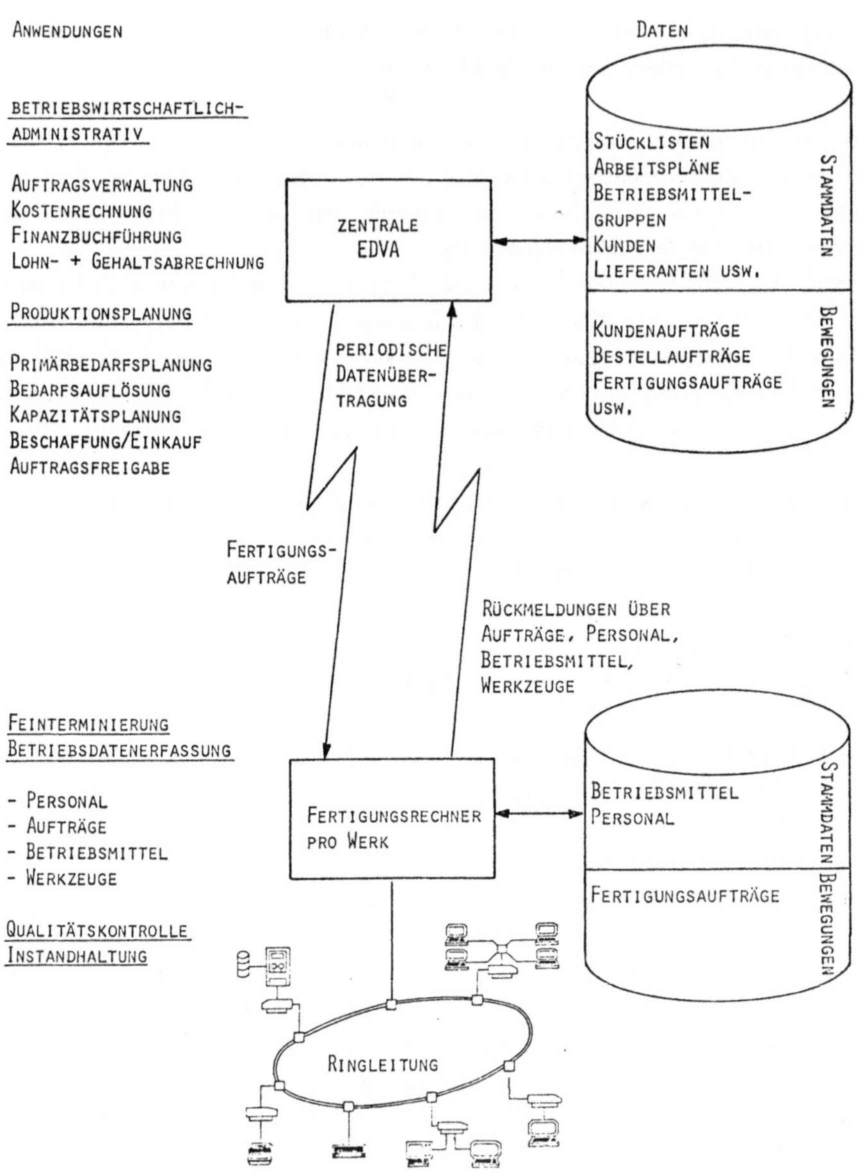

Abb. 2   Aufteilung von PPS- Funktionen auf eine Rechnerhierarchie

Im Rahmen der **Kontrolle** werden die Ist-Daten den geplanten Daten gegenübergestellt und Regelungsvorgänge abgeleitet.

Obwohl das geschilderte PPS-Konzept ein Stufenplanungssystem ist und "rückwärts" gerichtete Informationseinflüsse nur schwer verarbeiten kann, hat es sich in der Praxis weit durchgesetzt. Die Entwicklung eines umfangreichen dialogorientierten Systems hat in Unternehmungen einen Entwicklungsaufwand von über 150 Mannjahren erfordert. Auf Mängel und Entwicklungstrends der Systeme soll hier nicht weiter eingegangen werden (vgl. Scheer (1983)).

b)   <u>CAD/CAM</u>

Im Rahmen des geometrieorientierten EDV-Systems steht beim **Computer-Aided-Design (CAD)** die Unterstützung des Konstrukteurs bei der Zeichnungserstellung im Vordergrund. Der Konstrukteur kann auf gespeicherte geometrische Komponenten wie Kreise, Dreiecke usw. zugreifen und diese an einem Grafikarbeitsplatz zu einer neuen Zeichnung komponieren. Gleichzeitig kann er auch auf gespeicherte Zeichnungen für Normteile sowie eigenentwickelte Teile zugreifen. In Abbildung 3 ist ein Beispiel für eine mit einem 3-D CAD-System angefertigte Zeichnung angegeben. Die dargestellten Programmbefehle sind weitgehend selbsterklärend.

Das **Computer-Aided-Engineering (CAE)**, das häufig auch als Obergriff zu CAD und verwandten Funktionen verwendet wird, führt im Anschluß an die Zeichnungserstellung Berechnungen (z.B. der Festigkeit über Finite-Elementtechnik) durch. Weiter können Kollisionssimulationen bei bewegten Teilen oder Belastungstests mit konstruierten Prototypen simuliert werden.

Die **Arbeitsplanung** ermittelt computergestützt mit Hilfe von Tabellen oder Funktionen Zeitwerte für die Durchführung der Fertigungsfolgen. Parallel werden die NC-Programme für die eingesetzten NC-Maschinen am Programmierarbeitsplatz oder per Pre-Prozessor erstellt.

Die Phase der Realisierung betrifft vor allen Dingen die computergestützte **Steuerung** von **NC-, CNC- und DNC-Maschinen.** Während NC-Maschinen die separate Eingabe von NC-Programmen (über Lochstreifen) erfordern, können CNC (Computerised Numerical Control) -Anlagen die NC-Programme speichern und damit flexibler handhaben (wiederholen, verändern). Bei Direct Numerical Control (DNC)-Systemen werden die pro Arbeitsgang benötigten

```
PARTNO/EXAMPLE 11
DY=12


V1=PRIREC/60,DY,-90

V2=PROFIL/ZAX,-65
   CONTUR/CLOSED

P1=POINT/60,80
   BEGIN/60,0,YLARGE,YPAR,60
   RGT/(CIRCLE/P1,(80-DY))
   RGT/(LINE/P1,ATANGL,150)
   RGT/(CIRCLE/P1,80)
   TERMCO
```

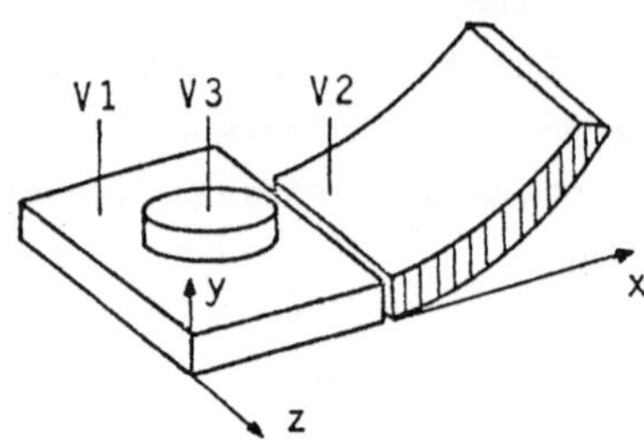


```
   TRANSF/30,DY,-50
V3=CYL/YAX,10,36

C1=SOLID/V1,PLUS,V2,V3,ROUND,5

   TRANSF/REF,90,-10,-32.5
V4=CYL/YAX,60,40
```

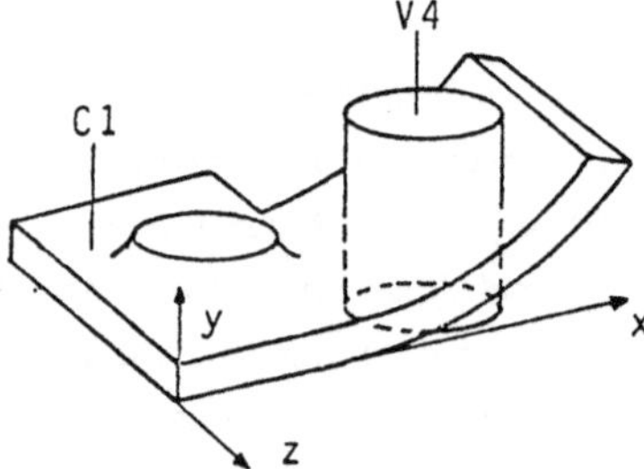


```
C2=PENTR/C1,MINUS,V4
```

```
FINI
```

Abb. 3   Beispiel einer CAD- Anwendung

NC-Programme von einem Minicomputer in den entsprechenden Mikrocomputer der CNC-Maschine übertragen. Bei flexiblen Fertigungssystemen können mehrere Fertigungsanlagen über ein gemeinsames Transportsystem miteinander verbunden (vgl. Abbildung 4, nach Gunn, 1982) und gleichzeitig der Transport der Werkstücke und Werkzeuge von EDV-Systemen gesteuert werden. Auch eine Hochregalsteuerung kann mit dem DNC- und Steuerungsrechner verbunden sein, wenn z.B. nach jedem Arbeitsgang das Werkstück eingelagert werden soll.

Auch **Montagesysteme** werden insbesondere unter dem Einsatz von Robotertechniken immer mehr EDV-unterstützt gesteuert.

Aufgrund der fortschreitenden Automatisierung gewinnt die Planung und Steuerung der **Instandhaltung** immer größeres Gewicht. Das gleiche gilt für die **Qualitätssicherung,** bei der zunehmend die Prüfvorgänge in den Fertigungsfluß implementiert werden.

Die Verbindung zwischen den Stufen des CAD/CAM-Systems ist ähnlich eng wie die zwischen den Stufen des PPS-Systems. Mit der Festlegung der Geometrie innerhalb eines CAD-Systems sind bereits die wesentlichen Informationen zur Erstellung der NC-Programme festgelegt, so daß eine automatische Generierung der Steuerungssoftware (z.B. in der Sprache APT) aus den CAD-Daten möglich ist. Es brauchen dann lediglich noch ergänzende Angaben z.B. über Werkzeuge und Materialien im Dialog hinzugefügt werden. Diese Integration zwischen CAD und CAM wird hier nicht weiter verfolgt (vgl. dazu Spur, 1984).

II.   Begründung der Integration

Gegenwärtig werden das betriebswirtschaftliche und das technische Informationssystem weitgehend getrennt voneinander betrachtet. Dieses gilt sowohl auf der Anbieterseite als auch auf der Nachfragerseite.

Die Hersteller von PPS-Systemen beginnen erst in neuerer Zeit, auch CAD/CAM-Systeme anzubieten. Da sie diese aber häufig von Softwarehäusern übernehmen, werden sie nicht mit der PPS-Software direkt verbunden. Die Anbieter von CAD/CAM-Systemen besitzen andererseits nur wenig Erfahrungen mit der Produktionsplanung und -steuerung, sondern haben sich auf die grafische Datenverarbeitung, häufig in Zusammenarbeit mit spezialisierten Hardwareherstellern, konzentriert.

Auf der Nachfrageseite besitzen die Verantwortlichen für die Produktionsplanung- und -steuerung oft nur wenig Einsicht in die Probleme der Konstruktion und umgekehrt. Aus

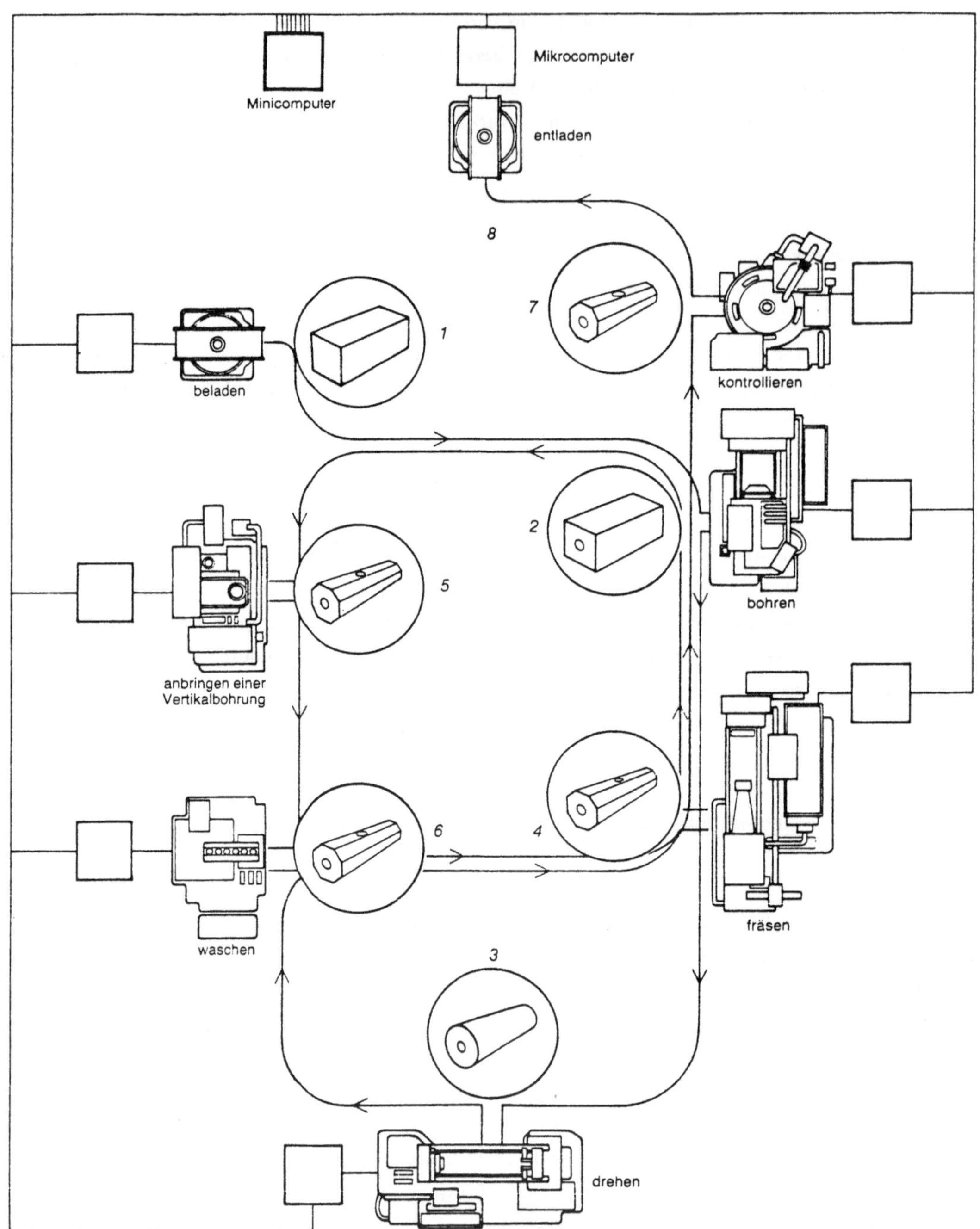

Abb. 4   DNC- System als flexibles Fertigungssystem

diesem Grunde ist zu beobachten, daß Leiter der Konstruktion die Auswahl von CAD-Systemen zunächst als isoliert nur den Konstruktionsbereich betreffendes Problem ansehen und sich deshalb primär an den Möglichkeiten der CAD-Funktionen orientieren.

In neuerer Zeit setzt sich aber sowohl in der Theorie als auch in der Anwendung immer mehr die Überzeugung durch, daß die Integration der betriebswirtschaftlichen und technischen Informationssysteme sowohl bezüglich eines geschlossenen EDV-Konzeptes als auch zur Realisierung betriebswirtschaftlicher Rationalisierungsmöglichkeiten erhebliche Vorteile besitzt.

a)   Datenbeziehungen

Eine zunächst EDV-technisch begründete Beziehung zwischen PPS und CAD/CAM liegt in der gemeinsamen Nutzung von Daten. Dieses sind einmal die Grunddaten der Stücklisten, Arbeitspläne und Betriebsmittel sowie die speziellen Daten der Produktbeschreibung und Mengeninformationen eines Kundenauftrags sowie die daraus abgeleiteten Daten über Menge und Termine von Fertigungsaufträgen.

Die gemeinsame Nutzung dieser Daten führt zu der Forderung einer gemeinsamen Datenbank des Fertigungsbereichs, auf die sowohl die Planungsfunktionen als auch die CAD/CAM-Anwendungen zugreifen. Diese Forderung resultiert weniger aus den Vorteilen geringerer Speicherkosten als vielmehr der Notwendigkeit zur Einhaltung der Datenkonsistenz und Aktualität in beiden Informationssystemen. Die hohe Verflechtung der gemeinsamen Datennutzung wird im nächsten Abschnitt weiter analysiert.

b)   Betriebswirtschaftlich organisatorische Auswirkungen

Der für den Erfolg des CIM-Konzeptes wohl entscheidende Einflußfaktor liegt in der Realisierung erheblicher betriebswirtschaftlich-organisatorischer Nutzenkomponenten. So werden bei einer Integration der Grunddaten durch die CAD-Sicht die Einführung von Teilefamilien gefördert, die erhebliche Einsparungen bei der Zeichnungserstellung bewirkt. Es ist bekannt, daß die Durchlaufzeit von Fertigungsaufträgen zu über 70 % aus Wartezeiten und Lagerzeiten besteht. Hier liegt ein erhebliches Rationalisierungsreservoir, das bei einer konsequenten EDV-Unterstützung bei der Transportsteuerung, Lagerverwaltung, Umrüstplanung usw. genutzt werden kann.

Die in vielen Branchen vom Markt erzwungene höhere Flexibilität, die sich in einer verstärkt kundenwunschorientierten Fertigung und damit kleineren Losen äußert, erfordert ebenfalls ein von CAD über CAM in die Planungsfunktionen hineinreichendes Integrationskonzept.

III. Realisierungsstand

Schrittmacher für die Realisierung von CIM-Konzepten sind die Flugzeug- und Automobilindustrie sowie in Pilotanwendungen EDV-Hersteller, die sich in der Herstellung von Hard- und Software für CIM-Konzepte engagieren. Bekannte Beispiele zur ersten Gruppe, die vor allen Dingen die Integration von CAD zum CAM betonen, sind die Fertigung des Flugzeugtyps Tornado im Werk Augsburg von Messerschmitt-Bölkow-Blohm sowie als Pilotprojekte die Triebwerkfertigung der General Electrics Aircraft Engine Business Group (AEBG) und ein Montagewerk der IBM in Järfälla/Schweden.

Einen Eindruck von dem benötigten Investitionsaufwand gibt die Aussage, daß für die Gestaltung des AEBG-Systems von General Electrics bis 1985 750 Millionen Dollar investiert werden (Teichholz, 1984, S. 169).

B. Datenbeziehungen zwischen betriebswirtschaftlicher und technischer Datenverarbeitung

Die Datenbeziehungen bilden eine wesentliche Schnittstelle zwischen technischer und betriebswirtschaftlicher Datenverarbeitung. Im folgenden wird deshalb herausgearbeitet, welche Datenanforderungen von PPS an von CAD/CAM-Systemen verwaltete Daten bestehen. Anschließend wird der umgekehrte Datenstrom von PPS zu CAD/CAM analysiert. Dabei wird jeweils zwischen Beziehungen über gemeinsam verwendete Grunddaten, kundenauftragsbezogene Daten und fertigungsauftragsbezogene Daten unterschieden.

I. Datenfluß von CAD/CAM zu PPS

In Abbildung 5 sind die wesentlichen Datenflüsse von CAD/CAM in Richtung PPS dargestellt. Gleichzeitig sind neben den PPS-Funktionen wesentliche betriebswirtschaftlich

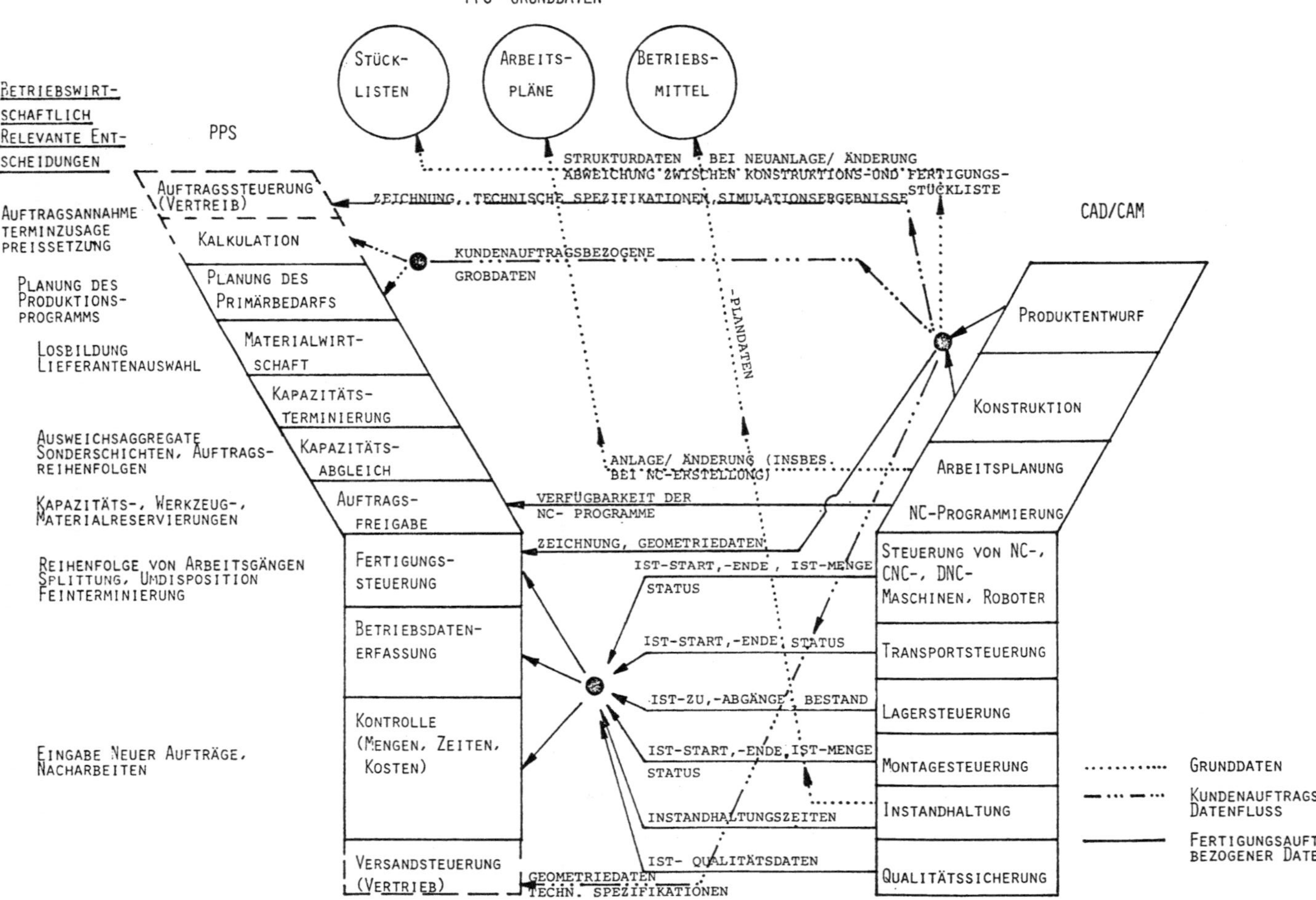

Abb. 5   DATENFLUSS: CAD/CAM ZU PPS

relevante Entscheidungen, die diesen Funktionen schwergewichtig zugeordnet werden können, eingetragen. Damit soll angedeutet werden, für welche Entscheidungen der Daten des CAD/CAM herangezogen werden können.

a)   <u>Grunddaten</u>

Es wird lediglich der Datenfluß von CAD/CAM zu den PPS-Grunddaten beschrieben, nicht aber die von den Grunddaten an die einzelnen PPS-Funktionen weitergebenen Daten, da jede PPS-Funktion auf eine oder mehrere dieser Datentypen zugreift.

Mit der Zeichnungserstellung im Rahmen des CAD werden bereits die wesentlichen Informationen zur Definition einer Baukastenstückliste festgelegt. In der Zeichnung sind die Einzelteile (d.h. Komponenten) der konstruierten Baugruppe angegeben. Damit kann für die PPS-Grunddaten die Stückliste formal aus der technischen Zeichnung abgeleitet werden. Je in der Zeichnung definiertes Teil wird ein Teilesatz angelegt und die Anzahl der Komponenten, die in das übergeordnete Teil (Baugruppe) eingehen, automatisch aus der Zeichnung abgelesen. Eine solche Unterstützung wird z.B. von dem CAD-System CODEM (IBM) zur Erstellung einer Stückliste auf Basis des Datenbanksystems DL/1 (z.B. innerhalb einer COPICS-Anwendung) gegeben. Eine solche automatische Stücklistengenerierung verringert nicht nur den Erfassungsaufwand gegenüber einer getrennten Verwaltung dieser Daten im CAD- und PPS-Bereich, sondern erhöht vor allen Dingen die Datenintegrität durch den gleichen Aktualitätszustand der Stücklisteninformationen in beiden Bereichen.

Eine Schwierigkeit resultiert allerdings daraus, daß im Rahmen des CAD im allgemeinen eine Konstruktionsstückliste erzeugt wird, die konstruktiv zusammengehörige Teile zu einer übergeordneten Baugruppe zusammenfaßt, während im Rahmen von PPS eine fertigungstechnisch orientierte Stückliste benötigt wird, die die Komponenten nach dem Fertigungsfluß zu Baugruppen zusammenstellt. Zur Lösung dieses Problems besteht die Möglichkeit, sowohl Fertigungs- als auch Konstruktionsstücklisten in einer Datenbank "parallel" zu verwalten, indem die Teilesätze und gemeinsame Struktursätze nur einmal enthalten sind. Durch die Definition von gesonderten Strukturbeziehungen, die entweder der Fertigungsstückliste oder aber der Konstruktionsstückliste angehören, können weitere Logiken über diese Grundbeziehungen gelegt werden (vgl. Scheer, 1979, S. 186).

Selbstverständlich werden vom CAD-Bereich nicht alle Informationen einer Stückliste erzeugt, die in den Teile- und Struktursätzen enthalten sind. Vielmehr müssen diese Grunddaten weiterhin vom PPS-Bereich mit den Angaben über Durchlaufzeiten, Lieferzeiten, Kosten, Lieferant usw. gepflegt werden.

Im Rahmen der computerunterstützten Arbeitsplanung einschließlich der NC-Programmierung werden Arbeitspläne erstellt, die ebenfalls in die Grunddaten der Arbeitsplandateien des PPS-Systems eingehen. Auch bei einer automatischen Generierung von NC-Programmen aus den CAD-Zeichnungen ist es erforderlich, ergänzende Angaben über Rüstzeiten, Bearbeitungszeiten usw. den Arbeitsganginformationen hinzuzufügen.

Ein Instandhaltungssystem liefert Plandaten über zu tätigende vorbeugende Instandhaltungsmaßnahmen an die Betriebsmittelverwaltung. Diese Daten werden in der Kapazitätsterminierung und Fertigungssteuerung des PPS-Systems berücksichtigt.

b)   Kundenauftragsbezogene Daten

Bei einer kundenauftragsorientierten Fertigung werden Konstruktionsvorgänge in die Auftragsakquisition einbezogen. So ist es für die Auftragsakquisition hilfreich, möglichst frühzeitig den Kunden technische Zeichnungen zur Verfügung zu stellen sowie die Durchführbarkeit der verlangten technischen Spezifikationen zu überprüfen. Damit gewinnt der Bereich CAE/CAD gerade auch für die vertriebsorientierten Funktionen besondere Bedeutung und wird in der Terminierung berücksichtigt. In gleicher Weise sind für die Preisfestsetzung frühzeitig Kosteninformationen im Vertrieb erforderlich. Um eine Grobkalkulation der Kosten sowie auch der benötigten Kapazitäten zu ermitteln, werden Grobdaten über die Stückliste, die einzusetzenden Fertigungsverfahren sowie für fremd zu beziehende zeitkritische Materialien frühzeitig benötigt.

Bei besonders transportempfindlichen Produkten sind im Rahmen der Versandsteuerung Geometriedaten zur rechtzeitigen Bereitstellung von Transportmitteln erforderlich.

c)   Fertigungsauftragsbezogene Daten

Im Rahmen der Auftragsfreigabe wird die Verfügbarkeit der benötigten Ressourcen geprüft. Dazu gehört auch die Verfügbarkeit der für den Fertigungsauftrag einzusetzenden NC-Programme.

Die Fertigungssteuerung benötigt Zeichnungen einschließlich der Geometriedaten als Fertigungsunterlage.

Die automatisierten Systeme für Fertigung, Transport, Lagersteuerung, Montagesteuerung und Qualitätssicherung liefern Ist-Informationen über realisierte Start- und Endtermine sowie produzierte Mengen und Qualitäten in das Betriebsdatenerfassungssystem. Hierbei können zum Teil die Informationen direkt von den Fertigungsanlagen durch geeignete Informationsgeber in das BDE-System übernommen werden.

Die Daten des Betriebsdatenerfassungssystems dienen einmal als Grundlage der Fertigungssteuerung, können gleichzeitig aber auch zur aktuellen Nachkalkulation innerhalb des Rechnungswesens sowie zur leistungsbezogenen Bruttolohnberechnung herangezogen werden.

Im Rahmen der Kontrolle können Abweichungen zwischen Soll- und Istwerten analysiert werden und direkt in die Regelung der Maschinensteuerung zurückgehen.

II.   Datenfluß von PPS zu CAD/CAM

In Abbildung 6 ist der Datenfluß von PPS zu CAD/CAM angegeben.
An die CAD/CAM-Funktionen sind betriebswirtschaftlich relevante Entscheidungen angetragen, die in diesen Bereichen faktisch getroffen werden, möglicherweise ohne daß sich die Verantwortlichen bisher der betriebswirtschaftlichen Konsequenzen ausreichend bewußt sind.

a)   Grunddaten

In Abbildung 6 ist lediglich der Datenfluß von den Grunddaten zu den CAD/CAM-Funktionen eingetragen, nicht aber die spezielle Herkunft dieser Grunddaten aus einzelnen PPS-Funktionen.

Bei einer integrierten CAD/CAM-Fertigung wird bereits bei der Konstruktion berücksichtigt, welche Fertigungsverfahren und damit welche Betriebsmittel eingesetzt werden sollen.

In diesem Zusammenhang wird von der fertigungsorientierten Konstruktion gesprochen. Je höher der Automatisierungsgrad innerhalb der Fertigung durch Einsatz von Robotern und DNC- bzw. CNC-Maschinen ist, umso exakter müssen bei der Konstruktion bereits die Eigenschaften dieser Fertigungsanlagen einschließlich der zur Verfügung stehenden

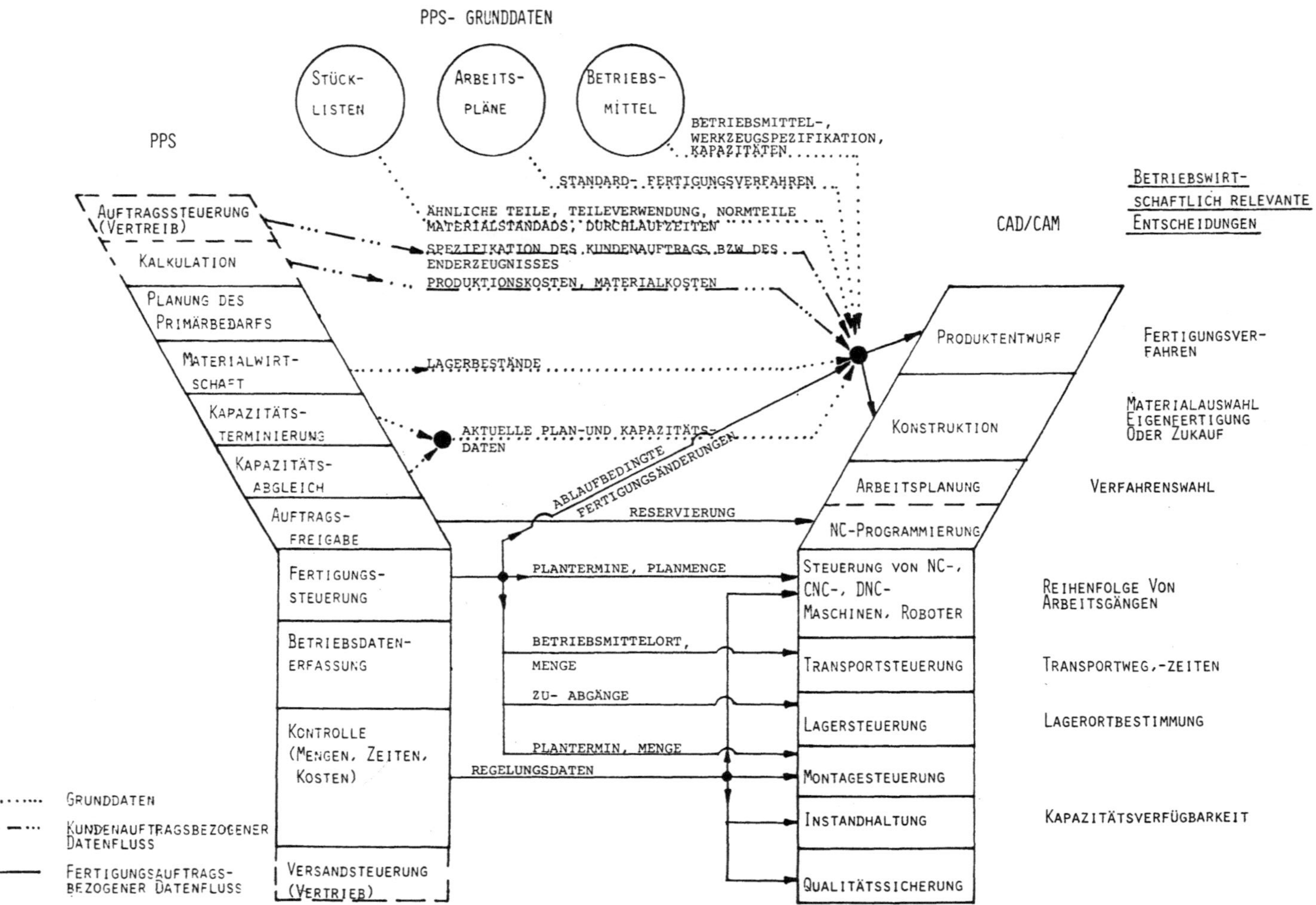

Abb. 6   Datenfluss: PPS zu CAD/CAM

Werkzeuge bekannt sein. Dieses bedeutet, daß während des Konstruktionsvorgangs auf die Grunddaten der Betriebsmittel, insbesondere der Betriebsmittel- und Werkzeugspezifikationen zugegriffen werden muß. Gleichzeitig sollten auch Kapazitätsinformationen über die Betriebsmittel aus den Bereichen Grunddatenverwaltung und Kapazitätsterminierung, Kapazitätsabgleich zur Verfügung stehen, damit z.B. bei der Konstruktion eines eilbedürftigen Auftrags der Einsatz von Engpaßaggregaten vermieden wird.

Neben den Betriebsmitteldaten müssen auch die für selbstgefertigte Teile eingesetzten Standardfertigungsverfahren dem Konstrukteur bekannt sein.

Besondere Rationalisierungserfolge werden im Rahmen von CAD/CAM durch Gruppentechnologien erwartet (Teicholz, 1984, S. 169). Dieses bedeutet, daß bei der Konstruktion möglichst auf bereits vorhandene Teile bzw. Zeichnungen zurückgegriffen wird. Dieses setzt einen Katalog der Teile (Stücklisten) sowie ein mächtiges Retrieval-System zum Suchen von ähnlichen Teilen voraus.

Zur Berücksichtigung von Kundenwunschterminen sollten dem Konstrukteur auch Durchlaufzeiten für zeitkritische Teile sowie Beschaffungszeiten für fremdbezogene Teile zur Verfügung stehen.

Durch diese Informationen ist es dem Konstruktionsbereich möglich, die faktisch zu treffenden Entscheidungen über das einzusetzende Fertigungsverfahren, das einzusetzende Material sowie zwischen der Eigenfertigung von Teilen oder dem Zukauf von Teilen anhand geeigneter Informationen zu treffen. Dieses wird dann besonders wirksam, wenn in den Entwicklungsvorgang auch Kosten der Alternativen (Materialien, Fertigungsverfahren usw.) einbezogen werden. Dabei wird eine Forderung erhoben, die dem bekannten Tatbestand Rechnung trägt, daß der überwiegende Anteil der Produktionskosten von der Konstruktion bestimmt wird, während bei den PPS-Funktionen lediglich noch geringe Freiheitsgrade bei der Kostenbeeinflussung (z.B. über Losbildung, Reihenfolgebildung, Betriebsmittelzuordnung, Lieferantenauswahl) bestehen.

b)   <u>Kundenauftragsbezogene Daten</u>

Zur Erstellung einer kundenwunschorientierten Konstruktion (z.B. einer Variantenlösung) sind die Spezifikationen des Kundenauftrages erforderlich. Gleichzeitig werden für die genannten Entscheidungen über Fertigungsverfahren usw. die Produktionskosten und Materialkosten aus Kalkulationsprogrammen des PPS-Bereichs einbezogen. Dabei werden auch nicht speziell kundenauftragsbezogene Daten, so z.B. die Kapazitätssituation oder Lagerbestände von zeitkritischen Materialen berücksichtigt.

c)   Fertigungsauftragsbezogene Daten

Im Rahmen der Auftragsfreigabe werden Ressourcen für freigegebene Fertigungsaufträge reserviert. Dieses bezieht sich auch auf die Bereitstellung von einzusetzenden NC-Programmen.

Die Fertigungssteuerung gibt eine Vielzahl von Steuerungsimpulsen in die Realisierungsphasen des Computer Aided Manufacturing.

Diese bezieht sich einmal auf den Anstoß der Fertigung durch Vorgabe der Plantermine und Planmengen für auszuführende Operationen im Rahmen der Teilefertigung und Montage. Im Rahmen der Transportsteuerung legt die Fertigungssteuerung die Betriebsmittelorte sowie die zu transportierenden Mengen fest. Für die Lagersteuerung werden die einzulagernden oder auszufassenden Mengen von der Fertigungssteuerung definiert.

Die Kontrolle der Ist- und Sollmengen sowie der Ist- und Soll-Termine aus der Betriebsdatenerfassung liefert Regelungsimpulse für die Steuerung der die Abweichung verursachenden Aggregate und Steuerungssysteme.

C.   CIM-induzierte organisatorische Veränderungen

Die gezeigten engen Datenverflechtungen zwischen PPS und CAD/CAM führen zu der Forderung einer weitgehend einheitlichen, transparenten Datenbasis für beide Informationssysteme. Diese Datenbasis kann gleichzeitig dazu führen, daß auch die Funktionen stärker zusammenwachsen als es bisher der Fall ist. Damit wird die Trennung zwischen dem betriebswirtschaftlich orientierten Informationssystem und dem technisch orientierten Informationssystem immer mehr aufgelockert. Dieser Effekt wird durch externe Markttrends nachhaltig unterstützt.

I. <u>Verbindung technischer und betriebswirtschaftlicher Funktionen</u>

Bei der Beschreibung der Datenbeziehungen zwischen CAD/CAE und den PPS-Funktionen wurde bereits eine enge organisatorische Beziehung zwischen beiden Bereichen, z.B. über die Einbeziehung von Kostenüberlegungen in den Konstruktionsprozeß, verdeutlicht. Hierbei wird der faktischen Entscheidungsfindung Rechnung getragen und entscheidungsrelevante Kosten- und Plandaten an diejenigen Funktionen geliefert, die diese Entscheidungen treffen.

Grundsätzlich führt die gemeinsame Nutzung von Datenbeständen über ein einheitliches Datenbanksystem zu einer stärkeren Integration der betroffenen Funktionalbereiche (Scheer, 1984, S. 16 ff.). Der Vorteil liegt nicht nur in einer höheren Datenintegrität gegenüber einer getrennten Datenverwaltung, sondern vor allem in einer Beschleunigung der Datenübertragungsvorgänge zwischen den unterschiedlichen Funktionen.

Die Datenintegration ermöglicht es somit, Zeitpuffer, die in der Informationsübertragung zwischen einzelnen Funktionen auftreten, zu beseitigen. Damit kann die Durchlaufzeit komplexer Abläufe, z.B. die Bearbeitung von Kundenaufträgen, erheblich verringert werden.

Ein weiterer Effekt der Datenintegration liegt in der Zugriffsmöglichkeit eines Sachbearbeiters auf mehrere Datenbasen. Sie ermöglicht die Reintegration von Funktionen, die aufgrund des Prinzips der Arbeitsteilung früherer Organisationsformen getrennt worden sind.

Bei einer handwerklichen Fertigung liegen sowohl Entwurf, betriebswirtschaftliche Planung und auch die Fertigung in einer Hand. Erst durch die Vorteile der Ausnutzung der Spezialisierung wurden diese Funktionen getrennten Bereichen zugeordnet, so z.B. der Produktentwurf dem Bereich Konstruktion. Ein Grund für die Ausnutzung der Arbeitsteilung ist auch die Verringerung der Komplexität von Vorgängen.

Der Einsatz von EDV-Systemen verstärkt die Fähigkeit des Menschen, Informationen zu verarbeiten. Damit kann auch die Arbeitsteilung wieder rückgängig gemacht werden. Dieses hat zur Folge, daß mehrere Elemente einer Vorgangskette wieder zusammen an einem Arbeitsplatz integriert werden können. Dieses wird gerade im Bereich von CAD/CAE deutlich. Ein Konstrukteur, der bei dem Entwurf auf Kosteninformationen zugreift, die Konstruktionsbedingungen der Fertigung berücksichtigt, die Beschaffungszeiten von eingeplanten Materialien bedenkt bzw. vor der Einbindung eines fremdbezogenen Teiles die Lagerbestände prüft, besitzt ein anderes Arbeitsplatzprofil als ein Konstrukteur der jetzigen, stark arbeitsteilig geprägten Organisationsform. Die Reintegration der genannten Funktionen an einem Arbeitsplatz erhöht nicht nur die Qualität der Entscheidungsfindung, sondern beschleunigt gleichzeitig die Vorgangsbearbeitung gegenüber dem Fall, daß die genannten Funktionen nacheinander von unterschiedlichen Abteilungen durchgeführt werden (vgl. Abbildung 7). Hier würden jeweils neue Einarbeitungszeiten entstehen und unter Umständen Rückfragen oder gar Rückverweise des Vorgangs an vorhergehende Funktionen erforderlich.

II.   <u>Betonung der Entwicklungsphase innerhalb der Produktion</u>

Die genannten Integrationseffekte führen zu einer stärkeren Betonung der Entwicklungsphase eines Produktes. Sie wird zunehmend auch betriebswirtschaftliche Funktionen, die bisher in nachgeordneten oder begleitenden Prozessen ausgeführt wurden, in sich aufnehmen.

Es ist bekannt, daß z.B. in der Automobilindustrie die Entwicklung eines neuen Fahrzeugs rund fünf Jahre beansprucht. Die Fertigung dieses Fahrzeugtyps kann anschließend (bei erfolgreicher Durchsetzung auf dem Markt) rund sieben Jahre umfassen.

Bei einer fertigungsorientierten Konstruktion, wie sie im Automobilbau durch die hohe Automatisierung innerhalb der Teilefertigung und zunehmend auch in der Montage erforderlich wird, müssen bereits die Spezifikationen der zur Verfügung stehenden Betriebsmittel während der Konstruktion bekannt sein. Dieses bedeutet, daß die anzuschaffenden Werkzeuge und Betriebsmittel bereits während der Entwicklung festgelegt werden müssen, so daß die zu treffenden Investitionsentscheidungen mit hoher Bindungswirkung ebenfalls in die Entwicklungsphase eindringen. Gleichzeitig werden bei der Entwicklung die einzusetzenden Materialien und Fertigungsvorschriften definiert, so daß auch die Kosten vorbestimmt sind.

Während der eigentlichen Fertigung sind dagegen nur noch vergleichsweise marginale Kosteneinflußmöglichkeiten über die Dispositionsregeln der Fertigungsplanung und -steuerung gegeben, wie sie auch durch das oben bereits zitierte Verhältnis von 70% während der Entwicklung festgelegten Kosten zu 30% durch Dispositionsvorgänge beeinflußbare Kosten ausgedrückt wird.

Diese organisatorischen Konsequenzen eines CIM-Konzeptes erzeugen neue Berufsbilder. Der Entwickler, der die genannten betriebswirtschaftlichen und technischen Funktionen ausübt, wird z.Z. noch nicht an Hochschulen ausgebildet. Trotzdem ist zu erwarten, daß die hohen wirtschaftlichen Vorteile der computerintegrierten Fertigung zu einer schnellen Durchdringung dieses Konzeptes führen wird.

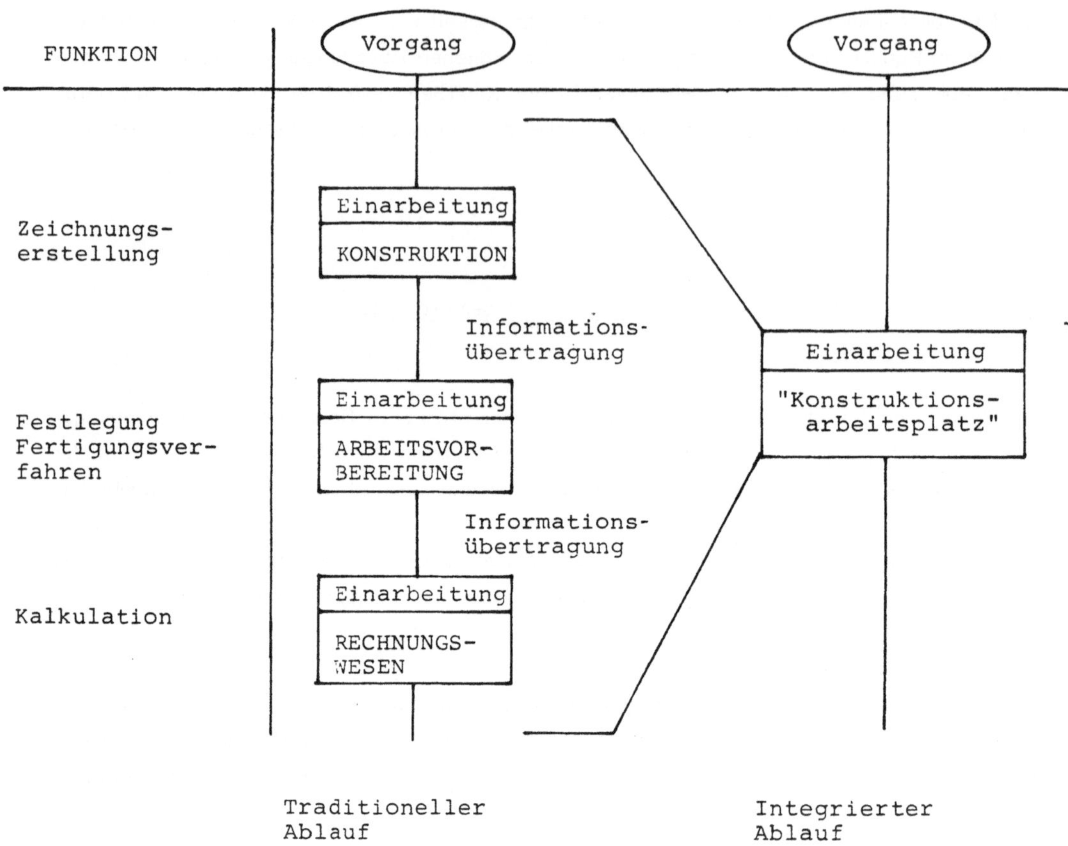

Abb. 7   Reintegration von Vorgängen im Bereich
CAD/CAE

Gleichzeitig werden traditionelle betriebswirtschaftliche Entscheidungsprobleme in ihrer
Bedeutung zurückgehen. Dieses gilt z.B. für die Optimierung von Losgrößen, da z.B. durch
den automatischen Werkzeugwechsel bei flexiblen Fertigungssystemen die Rüstzeiten in den
Produktionsfluß eingebettet sind und keine durch Losgrößen zu beeinflussende Zeitkompo-
nente mehr darstellen. Diese Entwicklung wird ebenfalls durch den Marktdruck zur erhöhten
kundenorientierten Fertigung mit kleiner werdenden Stückzahlen unterstützt.

D.   <u>Hard- und Softwarearchitektur des CIM-Konzeptes</u>

Um die Forderung nach einer hohen Datenintegration zwischen den einzelnen Funktionen der PPS- und CAD/CAM-Informationssysteme einzuhalten, ist ein geeignetes Hard- und Softwarekonzept zu entwickeln. In Abbildung 8 ist ein grober Vorschlag für die Hardwarearchitektur angegeben. Der Universalrechner verwaltet vor allen Dingen die Datenbanken für die Grunddaten sowie die Auftragsverwaltung. Gleichzeitig werden von ihm die Planungsfunktionen im Bereich PPS bis zur Auftragsfreigabe durchgeführt. Hierbei ist auch zu beachten, daß Teilfunktionen innerhalb des integrierten Planungskonzeptes auf Mikrocomputer (Personal Computer) ausgelagert werden können.
Für die CAD/CAE-Anwendungen ist ein eigener Rechner bzw. in der Zukunft ein leistungsfähiger Arbeitsplatz (work-station) vorzusehen, der mit dem Universalrechner auf der Anwendungsebene gekoppelt ist, um somit den direkten Zugriff von CAD/CAE-Anwendungen auf die Datenbanken des PPS-Bereichs und umgekehrt zuzulassen.

Auf der Betriebsebene werden Betriebsrechner eingesetzt, die ebenfalls mit dem CAD/CAE-Rechner und dem Universalrechner auf der Anwendung-zu-Anwendung-Ebene verknüpft sind. Hierdurch wird der zeitnahe Datenaustausch von Fertigungsaufträgen sowie die Weitergabe von Geometrieinformationen ermöglicht. An dem Betriebsrechner können wiederum Mikrocomputer für spezielle Anwendungen, z.B. NC-Programmierung und Auswertungen, angeschlossen werden. Dem Betriebsrechner sind die Datenbanken für freigegebene Fertigungsaufträge zugeordnet. Dem Betriebsrechner untergeordnet sind Steuerungsrechner für DNC-Systeme, Lager- und Transportsysteme sowie BDE-Systeme. Innerhalb von Inhouse-Netzen (Ringnetze oder Bussysteme) wird hier eine Vielzahl von externen Geräten angeschlossen. Hierbei ist es auch möglich, daß die in Abbildung 8 getrennt gezeichneten Steuerungssysteme wegen der hohen Interdependenzen auch gemeinsame Funktionen übernehmen können.

Für die Softwarearchitektur zukünftiger PPS-Systeme steht die durchgängige Datenbasis im Vordergrund. Aufgrund der stärkeren Vernetzung zwischen technischen und betriebswirtschaftlichen Funktionen mit der im Vordergrund stehenden Unterstützung von Entscheidungsfunktionen im Entwicklungsbereich wird eine Sammlung von Methodenbausteinen angeboten und weniger ein durch starre Abläufe geprägtes Softwaresystem, wie es für die gegenwärtigen PPS-Konzepte typisch ist. Hierbei ist allerdings zu berücksichtigen, daß ein Kompromiß zwischen der Forderung nach einem durchgängigen und standardisierten Organisationskonzept für eine Unternehmung und der Flexibilität der zeitlichen und logischen Verarbeitungsformen gefunden wird. Hierbei können Triggerkonzepte und Aktionsdatenbanken (Scheer, 1984, S. 188 ff.), über die die zeitliche Steuerung von Primär- und Sekundärverarbeitungsfunktionen erfolgt, zum Zentrum eines so verstandenen entscheidungs- und damit weitgehend ereignisbezogenen PPS-Konzeptes werden.

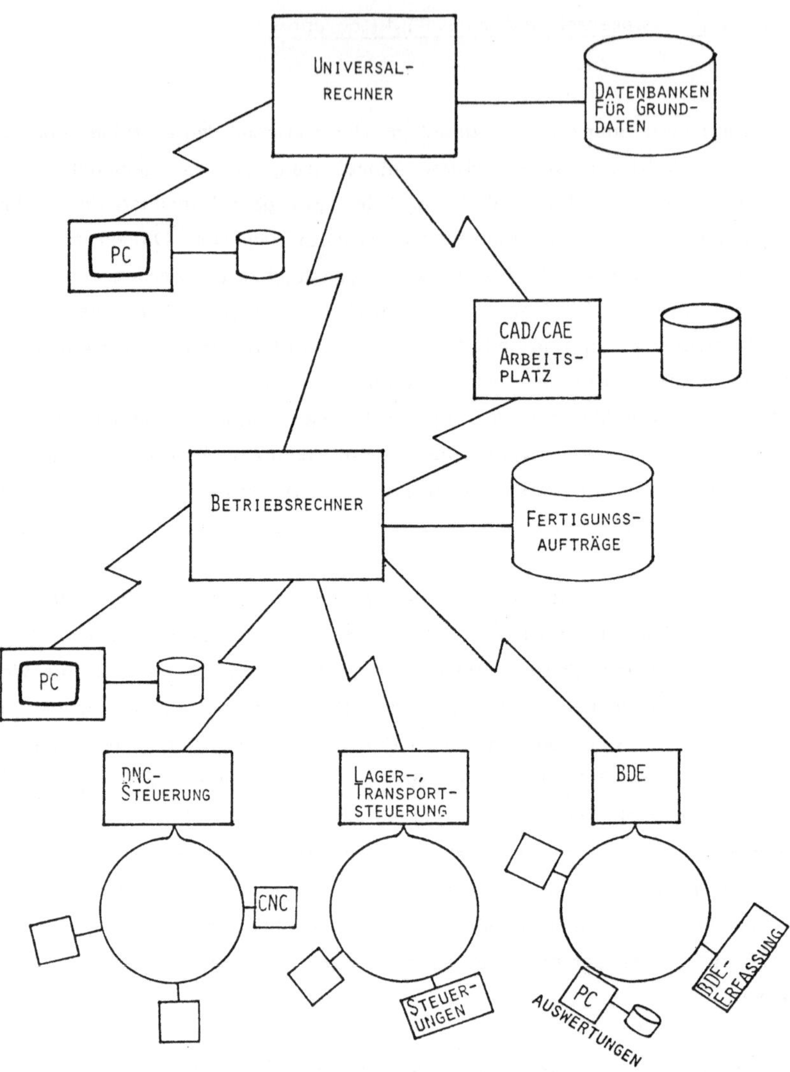

Abb.8   Hardware- Architektur eines CIM- Konzeptes

LITERATURVERZEICHNIS

Gunn, T. G.: Konstruktion und Fertigung, in: Spektrum der Wissenschaft, Nov. 1982, S. 77 - 98

Hendrich, P. u.a.: Flexibilität in der Fertigungstechnik durch Computereinsatz, München 1983

Klose, F.: Neue Wege in der Fertigung, etz, Bd. 105 (1984), Heft 2, S. 82 - 85

Lechner, K.-O.: CIM: Einzige Chance, in: NC-Report 83, S. 52 - 58

Mertens, P.: Industrielle Datenverarbeitung, Bd. 1, 5. Aufl. Wiesbaden 1983

Sadowski, R. P.: Computer-Integrated Manufacturing Series will apply Systems Approach to Factory of Future, in: Industrial Engineering, Jan. 1984, S. 35 - 40

Sandner, U.: Der Computer integriert die Fabrik, in: etz, Bd. 105 (1984), H. 2, S. 98 - 99

Scheer, A.-W.: Wirtschafts- und Betriebsinformatik, München-Wien 1979

Scheer, A.-W.: Produktionsplanung und -steuerung (PPS) in der Bundesrepublik Deutschland, in: Zeitschrift für Betriebswirtschaft (ZfB), 53. Jg. (1983), S. 138 - 155

Scheer, A.-W.: EDV-orientierte Betriebswirtschaftslehre, Heidelberg-Berlin-New York-Tokyo 1984

Scheer, A.-W. (Hrsg.): Factory of the Future, Heft 42 der Veröffentlichungen des Institutes für Wirtschaftsinformatik (IWi) an der Universität des Saarlandes, Saarbrücken 1983

Spur, G.; Krause, F.-L.: CAD-Technik, München-Wien 1984

Teicholz, E.: Computer Integrated Manufacturing, in: Datamation, March 1984, S. 169 - 174

Warnecke, H.-J.: Wirkung der Automatisierung in der Produktion auf die Freisetzung von Arbeitskräften, in: Schriften zu Unternehmensführung, Bd. 31 (1984), S. 5 - 34

<u>Der Einfluß der VLSI-Technologie auf die Entwicklung von Rechnerarchitekturen</u>

Dr. H. Schwärtzel
Siemens AG
Zentralbereich Technik
Zentrale Aufgaben Informationstechnik
Otto-Hahn-Ring 6, D-8000 München 83, Germany

<u>Zusammenfassung</u>

Anhand wesentlicher Kenngrößen wird die Entwicklung der VLSI-Technologie der letzten Jahre aufgezeigt und ihr heutiger Stand kurz skizziert. Die Darstellung der Entwicklungstendenzen hebt den wachsenden Einfluß der Mikroelektronik auf die Architektur von Rechenanlagen besonders hervor. Auch werden heute bereits sichtbare Auswirkungen auf die Informatik und die Ingenieurwissenschaften aufgezeigt. Ausgangspunkt der Betrachtungen ist ein Überblick über die Einflußgrößen der VLSI-Technologie, welche die hohe Innovationsgeschwindigkeit und die grundlegenden Impulse für die Arbeiten bestimmen. Die technologischen Randbedingungen wie z.B. Struktur-feinheit, Chipgröße, Gatterlaufzeit haben Dimensionen erreicht, die eine wirtschaftliche Realisierung von ganzen Rechnerstrukturen auf einzelnen Chips ermöglichen. Dabei gewinnt die Beherrschung statischer und dynamischer Schaltungstechniken sowie von Verlustleistungsproblemen grundlegende Bedeutung. Dies ist, in Anbetracht der Komplexität der zu realisierenden Bausteine, nur zu gewährleisten, wenn man die Forderungen nach neuartigen Techniken, Verfahren und Methoden zum Systementwurf erfüllt und von Beginn an die Einflüsse berücksichtigt, die sich zwingend aus der Notwendigkeit der Prüfbarkeit ergeben. Skizzenhaft wird aufgezeigt, welche Bedeutung hierbei der Einsatz von CAD-Hilfsmitteln hat und wie sich die Einflußgrößen und ihre Realisierung in VLSI-Design-Verfahren niederschlagen. Nach einer generellen Darlegung der bestimmenden Parameter und Charakteristika wird der Einfluß der VLSI-Technologie auf verschiedenen Ebenen heutiger Rechnerarchitektur anhand von Beispielen erläutert.

1.   <u>Stand der VLSI-Technologie und Entwicklungstendenzen</u>

Die VLSI-Technologie erlaubt heute die Integration von mehreren 100.000 Schaltelementen pro Chip. Minimale Strukturbreiten liegen derzeit unter 2 µm, im Jahre 1990 wird die Grenze von 1 µm deutlich unterschritten sein. Gleichzeitig dürfte sich die wirtschaftlich fertigbare Chipgröße von heute etwa 60 mm^2 verdoppelt haben. Dies und weitere technologische Fortschritte wie etwa die Verdrahtung in 3 oder 4 Ebenen wird zu Logikchips mit 0.5 bis 1 Million Schaltelementen und zu Speicherbausteinen mit etwa 4 Millionen Transistoren führen (Bilder 1 und 2). Um unter diesen Bedingungen eine kurze Entwurfszeit und gleichzeitig eine hohe Verarbeitungsleistung zu erzielen, muß der Entwurf derartiger Chips nach anderen Richtlinien erfolgen als bei bisherigen Bausteinen /1,2/. Diese Berücksich-tigung VLSI-bedingter Randbedingungen sowie die Verwendung besonders VLSI-geeigneter Schaltungstechniken hat Auswirkungen auf bisher bewährte System-Strukturen und führt zu Veränderungen klassischer Rechnerarchitekturen /4/.

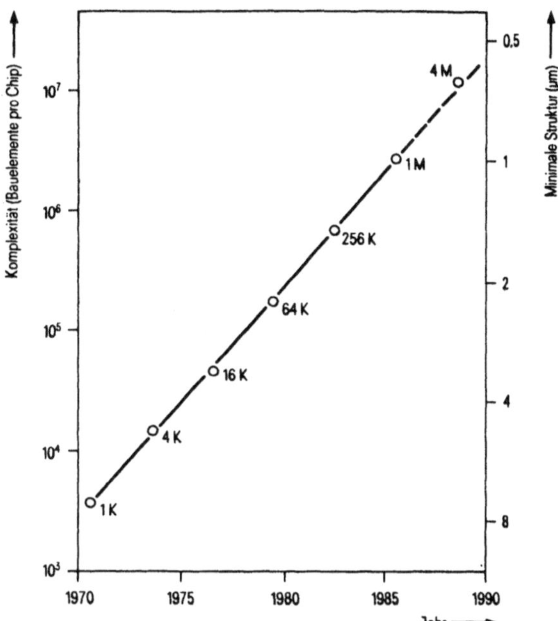

Bild 1: VLSI-Technologie und Entwicklungstendenzen

2.   Einflußgrößen der VLSI-Technologie auf Rechnerstrukturen

2.1   Technologie

Ausgangspunkt für die Chipherstellung ist ein Satz von Masken mit allen Strukturen des späteren Chips. Sie   werden mit photolithographischen Mitteln auf den Siliziumkristall übertragen und dienen als Vorlage für die Diffusions-, Dotier-, Ätz- und Oxidationsprozess-Schritte, durch die die Schaltelemente samt ihren Verbindungen entstehen.

Die Ausbeute und damit die Wirtschaftlichkeit einer Chipfertigung wird wesentlich von der Exaktheit dieser Masken sowie von der Genauigkeit der Justierung der einzelnen Masken zueinander bestimmt. Bei der Herstellung der Masken, ist abhängig vom Stand der Technologie, die Einhaltung von Mindestbreiten bzw. Mindestabständen der Strukturen untereinander notwendig. Sie sind in den Entwurfsregeln verbindlich festgelegt. Als bestimmende Größe für die Entwurfsregeln wird meist die kleinste zulässige Kanallänge eines Transistors angegeben und damit z.B. ein 2 µm-Prozeß charakterisiert.

Abb. 2 zeigt die Entwicklung der Strukturbreiten in den letzten 20 Jahren. Die Entwurfsregeln orientieren sich auch an dem Grad der Beherrschung des Herstellprozesses. Durch

Fortschreiten auf der Lernkurve erhöht sich die Ausbeute.

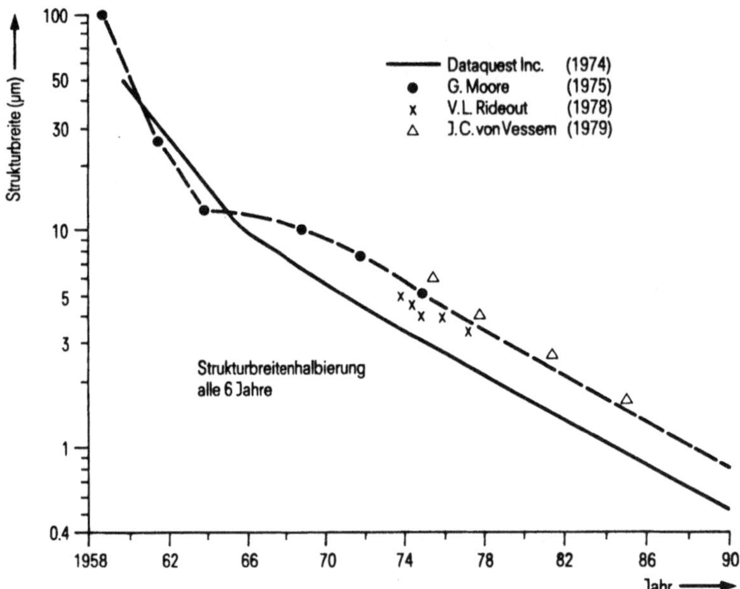

Bild 2: Entwicklung der Strukturbreite (aus /3/)

Die Geschwindigkeit und damit die spätere Leistungsfähigkeit der Schaltung ist für den Entwickler ein entscheidendes Merkmal. Sie ergibt sich aus den Signallaufzeiten in den Transistoren und Leitungen. Die Signallaufzeit ist abhängig von der Laufzeit der Ladungsträger innerhalb eines MOS-Transistors und den Kapazitäten, die umgeladen werden müssen. Die Laufzeit der Ladungsträger im Transistor wird durch die Kanallänge L bestimmt und ist proportional zu dieser im Quadrat. Durch Verkleinerung der Kanallänge L wird also eine entsprechend schnellere Schaltung erreicht. Um dabei einen bestimmten Entwurfsstil beizubehalten, bedient man sich des Pinzips der "ähnlichen Verkleinerung", bei der alle Geometrien, Dotierungsverhältnisse und elektrischen Größen um denselben Faktor geändert werden. Dieses Prinzip läßt sich jedoch nicht konsequent durchhalten. Aus Kompatibilitätsgründen versucht man z.B., solange wie möglich bei der Versorgungsspannung von 5 V, dem 5-V-Standard, zu bleiben. Dadurch erhöht sich die Feldstärke im Transistorkanal entsprechend der Verkleinerung der Kanallänge. Ein neuer Effekt, die endliche Grenzgeschwindigkeit v_{max} der Ladungsträger, führt dazu, daß die Geschwindigkeitssteigerung dann nur noch umgekehrt proportional zu L und nicht mehr zu L^2 verläuft.

Die Anwendung des Konzepts der ähnlichen Verkleinerung ergibt zwar kleinere Transistorlaufzeiten, wobei die Leitungslaufzeiten aber gleich bleiben, da sich bei dem Übergang von der ursprünglichen auf die verkleinerte Struktur die RC-Zeitkonstanten nicht ändern. Konnte die Laufzeit auf einer Leiterbahn bisher meist unberücksichtigt bleiben, so muß sie jetzt bei den verkleinerten und deswegen schnelleren Schaltungen in Betracht gezogen werden. Verschärft wird dies dadurch, daß auf größeren Chips noch mehr Schaltelemente realisiert werden und dadurch die Länge der Leiterbahnen weiter zunimmt.

Neben der Länge ist die spezifische Leitfähigkeit einer Leitung für die Signallaufzeit ausschlaggebend. Der Entwickler muß daher den Verdrahtungsanteil minimieren. Dies kann zum Beispiel dadurch geschehen, daß die Bausteinfunktionen in logische Blöcke gegliedert werden damit sie bei entsprechender Anordnung geometrisch passen.

Werden gleiche Signale an mehreren, weit auseinanderliegenden Stellen des Chips benötigt, so ist es manchmal günstiger, die Signale an diesen Stellen mehrmals neu zu erzeugen (falls möglich) anstatt sie über Leitungen von einer Quelle aus dorthin zu bringen.

2.2   Schaltungstechnik

Mit Hilfe der Schaltungstechnik wird eine Logikfunktion in eine an die technischen Möglichkeiten angepaßte physikalische Schaltung umgesetzt.   Bei VLSI-Chips muß dies unter Beachtung folgender Nebenbedingungen geschehen:

- geringer Flächenbedarf
- geringe Verlustleistung
- hohe Geschwindigkeit der Schaltung.

Beim Entwurf einer Schaltung muß zwischen diesen Nebenbedingungen jeweils ein Kompromiß gefunden werden. Beispielsweise erfordert eine hohe Geschwindigkeit entsprechend groß dimensionierte Transistoren und erhöht damit den Flächenbedarf; bei NMOS-Schaltungen wächst normalerweise auch die Verlustleistung. Dies spricht für die Einführung der CMOS-Technologie, bei der die Verlustleistung im allgemeinen kein Problem darstellt, die jedoch einen größeren Flächenbedarf hat.

Ein neues MOS-spezifisches Schaltelement ist der Transfertransistor. Darunter versteht man einen im Signalweg liegenden Transistor, der den Signalweg durchschalten oder unterbrechen kann. Durch Parallel- und Hintereinanderschaltung von Transfertransistoren ist es möglich, Logikfunktionen äußerst kompakt und verlustleistungsarm zu realisieren. Probleme ergeben sich dabei allerdings durch verlängerte Signallaufzeiten und durch einen Verlust an Signalhub.

Durch den Einsatz dynamischer Schaltungstechniken lassen sich i.a. Schaltungen aufbauen, die schneller sind, eine geringere Fläche benötigen und eine geringere Verlustleistung entwickeln. Dafür müssen aber die Nachteile einer kritischen Dimensionierung der Bauteile, eine zusätzliche interne Taktversorgung und eine erheblich verschlechterte Testbarkeit in Kauf genommen werden. Zur Beherrschung der hohen Komplexität werden VLSI-Schaltkreise bevorzugt aus möglichst regulär strukturierten Modulen oder Zellen aufgebaut. Hierzu zählen besonders Speicher (ROM, RAM) und programmierbare Logik-anordnungen (PLA). Durch ein PLA kann eine beliebige Logikkombination auf eine leicht generierbare regelmäßige Basisstruktur abgebildet werden. Änderungen der logischen Funktion bedingen nicht zwingend einen komplett neuen Entwurf, sondern können relativ leicht durch eine Neubelegung des PLAs berücksichtigt werden.

Manchmal ist es vorteilhafter, eine Funktion auf eine andere Weise in Hardware umzusetzen als von der Architektur vorgeschrieben. Wird z.B. ein Speicher mit sequen-tiellem Zugriff (FIFO, LIFO) als Schieberegister realisiert, so müssen bei jedem Zugriff die Daten entsprechend verschoben werden. Dies kostet jedesmal Zeit und Verlustleistung. Wesentlich eleganter ist es dagegen, die Daten in einem RAM zu speichern und dem Schieberegister lediglich die Funktion eines Zeigers auf die richtige Adresse zu geben. Damit wird das Verschieben der Daten auf das Verschieben des Pointers reduziert. Setzt man zwei Schieberegister ein, wobei das eine auf die richtige Adresse bei einem Lesezugriff, das zweite auf die Adresse bei einem Schreibzugriff zeigt, so kann der Zugriff auf die Daten ohne vorherige Verschiebungen des Zeigers sofort erfolgen. Dies verkürzt die Zugriffszeit, da die Zeigeraktualisierung erst nach dem Zugriff zu erfolgen braucht.

2.3   Entwurfstechnik

Das zentrale Problem beim Entwuf von VLSI-Chips ist die Beherrschung der hohen Komplexität derartiger Schaltkreise. Der komplexitätsabhängige Entwurfsaufwand wächst annähernd exponentiell mit der Anzahl der Transistoren, wenn man von der bisherigen Entwurfstechnik ausgeht, jeden Transistor und jede Leitung des Chips einzeln zu entwerfen (Abb. 3a). Durch verschiedene Maßnahmen läßt sich dieser Aufwand erheblich senken:

1.   Verwendung replikativer Strukturen

Nach diesem Entwurfsprinzip wird versucht, eine Schaltung durch Aufdoppeln einfacher Strukturen zu entwickeln. Ein Beispiel dafür ist die Bit-Slice-Technik, die sich besonders für Logikschaltungen größerer Bitbreite eignet (z.B. Datenpfad eines

Prozessors). Die Schaltung wird für 1 Bit entworfen und dann auf die erforderliche Bitbreite vervielfacht.

2. Verwendung regulärer und modularer Strukturen

Regularität ist ein sehr wichtiges Entwurfsprinzip zur Beherrschung der Komplexität. Der Entwickler kann leichter die Übersicht behalten als in "wirrer" Logik, für die der anschauliche Begriff "Spaghetti-Logik" geprägt wurde. Damit sinkt die Zahl der möglichen Design-Fehler und die Gesamtschaltung ist leichter funktional zu überprüfen und physikalisch zu testen (automatische Generierung von Prüfbitmustern, Selbsttestschaltungen etc.). Zu den regulären Strukturen zählen Gate-Arrays, Zellen aus einer Zellenbibliothek , PLAs, ROMs, Zellen in Bit-Slice-Technik etc. (Abb. 3b).

3. Keine lokale Optimierung zu Lasten der Regularität

Die Funktionsfähigkeit des Gesamtsystems hat Vorrang vor lokalen Optimierungen. Bei Strukturen dieser Komplexität kommt es auf möglichst leistungsfähige und sichere Gesamtarchitekturen an; bei der lokalen Flächenminimierung und elektrischen Performance kann man demgegenüber Abstriche hinnehmen.

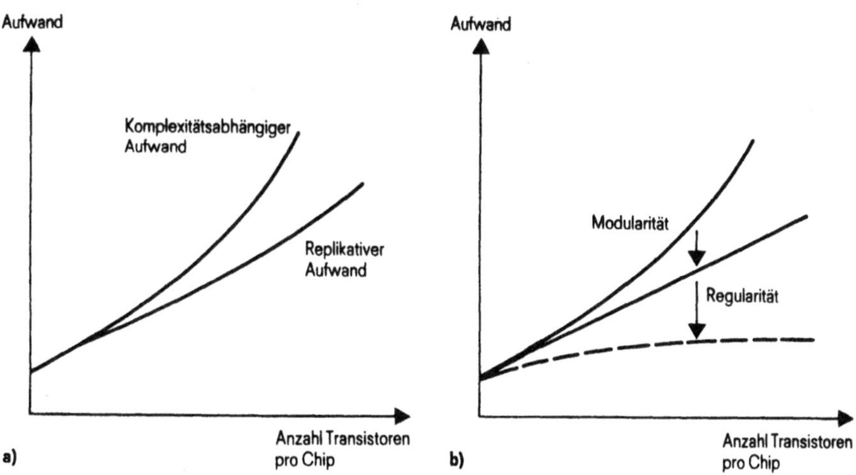

Bild 3: Entwicklungsaufwand für Integrierte Schaltungen

2.4 <u>Aufbautechnik</u>

Bei wachsender Leistungsfähigkeit der Chips werden für den Aufbau eines Gesamtsystems immer weniger Einzelchips benötigt. Der damit erzielbare Rationalisierungseffekt wird jedoch durch die begrenzte Pinanzahl der Chipgehäuse beschränkt. Im Gegensatz zu den hohen Verarbeitungsleistungen und der großen Verarbeitungsbreite auf dem Chip ist die mögliche Datenbreite zwischen Chip und Platine im allgemeinen sehr schmal und der Datenaustausch um eine Größenordnung langsamer. Die heute verfügbaren Gehäuse mit mehreren hundert Anschlußpins sind für komplexe Systeme bei weitem nicht ausreichend. Außerdem sind sie verhältnismäßig teuer und werden damit zu einem zusätzlichen wirtschaftlichen Faktor.

2.5 <u>Prüftechnik</u>

Mit dem Anwachsen der Komplexität steigt auch die logische und sequentielle Tiefe der Bausteine. Wegen der begrenzten Zahl der Anschlußpins steigt jedoch nicht in gleichem Maße die Zugänglichkeit interner Komponenten, sondern verschlechtert sich eher. Dadurch wächst der Aufwand für eine spätere Prüfung nahezu exponentiell. Mußte der Entwickler bislang nur Randbedingungen wie Leistungs- und Flächenbedarf berücksichtigen, so ist jetzt in zunehmendem Maße die Einbeziehung einer späteren Prüfung notwendig.

Prüffreundlicher Entwurf

Eine Möglichkeit dazu ist die Erhöhung der Zugänglichkeit interner Chipkomponenten. Dies kann über zusätzliche Eingangspins (z.B. für einen Testmodus oder für eine direkte Zugänglichkeit interner Leitungen) und durch Partitionierung und Entkopplung interner, schwer zugänglicher Komponenten (etwa durch zusätzliche Multiplexer oder Schieberegister) geschehen. Aus prüftechnischer Sicht ist die Einführung eines Prüfbusses (Scan Path) die beste Lösung. Damit lassen sich alle Funktionsmodule gezielt ansprechen, einstellen und auslesen. Außerdem können die für eine Prüfung notwendigen Bitmuster automatisch generiert werden. Zu einem prüffreundlichen Entwurf verhilft die Beachtung folgender Entwurfsrichtlinien:

Die logische Funktion des Bausteines ist unabhängig von einer Taktfrequenz. Darum müssen speziell dynamische Schaltungen so entworfen werden , daß sie an ihren Schnittstellen zu den umliegenden Schaltungsteilen ein statisches Verhalten aufweisen.

Überprüfbarkeit sämtlicher Zeitbedingungen. Hierzu gehört besonders die strenge Trennung zwischen taktführenden und signalführenden Leitungen.

Einstellbarer Anfangszustand aller speichernden Elemente.

Partitionierungsmöglichkeit bei hohen sequentiellen Tiefen (Zahl der speichernden Elemente zwischen Ein- und Ausgang). Zählerketten müssen beispielsweise im Testmode durch Multiplexer auftrennbar sein.

Selbsttestende Schaltungen

Tests nach dem bisherigen Schema benötigen große Datenmengen und lassen keinen Test unter den späteren Einsatzbedingugnen (z.B. bei hohen Betriebsfrequenzen) zu.Bei einem ersten Selbsttestkonzept sieht man deshalb vor, das Prüfprogramm und die Testdaten in der Firmware auf dem Chip abzulegen. Die Funktion des Bausteines wird durch Abarbeiten von Programmschleifen überprüft, die möglichst viele Bereiche des Chips aktivieren. Durch einige im Befehlsvorrat vorgesehene spezielle Testbefehle (testbarer Entwurf) kann dieser Firmeware-Test sehr effektiv unterstützt werden.

Neben diesem funktionellen Test werden zunehmend Methoden untersucht, die die Struktur der Schaltung berücksichtigen und damit einen strukturellen Test erlauben. Dabei wird ein Chip in kleinere Module partitioniert. Die Testdaten am Eingang des Moduls werden durch Schieberegister erzeugt. Am Ausgang werden die Testdaten durch eine Signaturbildung verdichtet und die so berechnete Signatur mit einer gespeicherten Soll-signatur verglichen.

2.6 CAD-Einsatz

Der Entwurfsvorgang wird in erster Linie durch geeignete Simulationssysteme unterstützt, mit denen jeder Entwurfsschritt sofort verifiziert werden kann. Dadurch lassen sich

Entwurfsfehler in einem sehr frühen Stadium entdecken. Kosten- und zeitintensive Redesigns über mehrere Entwicklungsstufen hinweg lassen sich so vermeiden.Heute existieren sehr leistungsfähige Simulationssysteme, die einen weiten Entwicklungsbereich einheitlich abdecken (z.B. das Register-Transfer-Simulations-System CAP, das von der Architekturebene bis zur Logikebene einsetzbar ist). Die elektrischen Eigenschaften der Schaltung werden durch Schaltkreis-Simulatoren überprüft; eine geeignete Datenhaltung entlastet den Entwickler von Datenverwaltungsproblemen /2/.

Eine Unterstützung des Logikentwurfes ist jedoch noch durch weitere CAD-Komponenten möglich. Dazu zählen Tools, die die Einhaltung schaltungstechnischer und prüftechnischer Entwurfsregeln überwachen oder Schaltungen bzgl. ihres Zeitverhaltens analysieren, kritische Pfade bestimmen und "worst case"-Analysen durchführen.Weitere Tools sind für die Generierung und Optimierung von Logikblöcken einsetzbar. Die Umsetzung von logischen Gleichungen direkt in optimiertes Layout in Form von PLAs oder "finite state machines" ist bereits Stand der Technik. Eine echte Generierung von Logik aus der Spezifikation ist dagegen, von Spezialfällen abgesehen, noch Gegenstand der Forschung ("silicon compiler").

2.7 VLSI-Design-Verfahren

Wie schon angesprochen stellt die hohe Komplexität das zentrale Problem beim Entwurf eines VLSI-Schaltkreises dar. 100.000 Transistoren dürfen nicht nach traditioneller Enwurfsmethodik möglichst dicht ("optimales Handlayout") einzeln und ohne festes Anordnungskonzept gepackt werden. Kein Entwickler kann in einer derartig umfangreichen Logik den Überblick behalten. Designfehler sind nahezu zwangsläufig und nur schwer zu beseitigen.

Aus diesen Gründen muß ein VLSI-Entwurf anders durchgeführt werden. Durch Strukturierungen, Definition von Schnittstellen, Einführungen von Hierarchien etc. läßt sich der Entwurf ordnen. Dabei spielt die VLSI-typische gleichzeitige logische und geometrische Strukturierung eine besondere Rolle, um zusammengehörige Funktionsblöcke auch geometrisch zusammen zu plazieren und damit Verdrahtungsaufwand zu sparen.Durch die bevorzugte Anwendung von Bus-Strukturen, Bit-Slice-Technik, regulären Modulen oder vorgefertigten Standardzellen aus Bibliotheken ist ein schnellerer Entwurf möglich, der zudem noch übersichtlicher und sicherer ist.

Neuere Chipentwürfe z.B. MIKE 83, PP4 (SIEMENS), iAPX80286 (INTEL), HP9OOO (HP), MICRO-VAX (DEC) etc. zeigen, daß dieser Trend zu regulären Strukturen weltweit an Bedeutung gewinnt.

3. Entwicklung von Rechnerarchitekturen

Neben diesen neueren Chipentwürfen zeigen sich weitere konkrete Auswirkungen der VLSI-Technologie auf die Rechnerentwicklungen. Verschiedene Möglichkeiten, die im folgenden diskutiert werden, sollen dies verdeutlichen.

3.1 Anpassung konventioneller Konzepte an VLSI

Eine Herausforderung besonderer Art stellt der Einsatz der VLSI-Technologie in konventionellen Rechnerarchitekturen dar. Gewachsene, durch frühere Technologien und deren Möglichkeiten geprägte Systeme haben ihren Platz am Markt erworben, eine Vielzahl von ihnen ist erfolgreich im Einsatz. Es gilt, hohe Investitionen für Betriebs- und Anwendersoftware zu erhalten. Daher ist Kontinuität notwendig, wenn das Preis/Leistungsverhältnis sowie die Zuverlässigkeit solcher Systeme durch Hochintegration verbessert werden soll, und das heißt hier: Beibehaltung der Schnittstelle zwischen Hard- und Software.

Auf dieser Basis können dann im Zuge koordinierter Weiterentwicklung von Architektur und Betriebssoftware Softwareaufgaben schrittweise in Hardware verlagert werden ("Vertical Migration") oder Prozessoraufgaben schrittweise in spezialisierte Hardware-Subsysteme verlagert werden ("Horizontal Migration"), ohne daß die höheren Ebenen des Betriebssystems sowie die Programmier- und Bedienungsebene geändert werden. Ziel bei der Implementierung konventioneller Konzepte mit VLSI ist neben Erhaltung der Software-Investitionen auch möglichst viel von dem geleisteten Hardware-Entwicklungsaufwand zu übernehmen.
Die originäre Idee, eine vorhandene Rechnerarchitektur direkt ohne Strukturänderung Gatter für Gatter umzusetzen in kundenspezifische Bausteine einer hochintegrierten Technologie liegt zwar nahe und böte beachtenswerte Vorteile, läßt sich aber nicht realisieren. Die wichtigsten Gründe hierfür seien beispielhaft für den Übergang von der ECL- auf hochintegrierte CMOS-Technologie genannt:

- Unterschiede in der Schaltkreistechnik

  o funktional
  (Zellenbibliotheken sind verschieden; ECL-Gatter haben komplementäre Ausgänge,
  CMOS-Gatter nicht; CMOS erlaubt Bus-Strukturen, ECL nicht).

  o zeitlich
  (die Relation der Durchlaufzeit funktionsgleicher Zellen in ECL **bzw.** CMOS-
  Technologie ist unterschiedlich; Bausteinübergänge in CMOS sind über-**proportional**
  zeitaufwendig).

- Schnittstellenengpaß an der Bausteingrenze

  o die Gatterzahl auf dem Chip steigt überproportional zur Zahl der Pins

	Gatterzahl	Pinzahl
ECL	2000	120
CMOS	8000	160
Faktor	x 4	x 1,3

Tabelle 1: Schnittstellenengpaß an der Bausteingrenze (Gate Array)

Will man trotzdem Entwicklungsaufwand und damit Entwicklungszeit sparen, bietet sich
eine Umsetzung an, bei der die Globalstruktur und die funktionellen Mikroprogramme
weitgehend beibehalten werden. Die Feinstruktur wird angepaßt an die Erfordernisse der
Technologie. Dazu gehören:

- Neue Partitionierung der Funktionseinheiten, um Schnittstellen schmal und Laufzeiten
  gering zu halten;
- Schmalere Daten- und Steuerinformations-Schnittstellen;
- Reduktion von Chipübergängen durch redundante Logik, z.B. redundante
  Steuerungen in jedem Daten-VLSI;
- Multiplexbetrieb von Pins für zeitunkritische Signale;
- Bidirektionale Datenwege;
- Neue Implementierung der Logik auf Gatter- und Zellenebene;
- Anpassung der Taktsteuerung an geänderte Laufzeitverhältnisse.

3.2   Neue Rechnerstrukturen mit Standard-LSI-Bausteinen

Eine interessante Alternative zum Einsatz halb- und vollkundenspezifischer Bausteine liegt in der Verwendung von Standard-VLSI-Bausteinen, insbesondere von Mikroprozessoren, in Rechnersystemen. Das weltweite Engagement zur Leistungserhöhung, Verkleinerung, Verbilligung und Zuverlässigkeitserhöhung dieser Bausteine verbessert unmittelbar die entsprechenden Systemeigenschaften. Über den bereits weit verbreiteten Einsatz in Subsystemen, wie in Ein-Ausgabegeräten oder Wartungsrechnern, können sie auch genutzt werden, um zentrale Aufgaben in einem DV-System zu übernehmen /15/. Die Grundidee ist dabei folgende:

Die Maschinenbefehle eines Zentralprozessors werden nicht durch mikroprogrammierte Spezialhardware, sondern durch einen oder mehrere Mikrocomputer abgearbeitet. Das bedeutet, daß der Befehlssatz des Zentralprozessors durch den Mikrocomputer-Befehlssatz "emuliert" wird.

Untersuchungen ergaben, daß der hierbei auftretende Leistungsverlust durch Parallelverarbeitung in mehreren Mikrocomputern teilweise wieder ausgeglichen werden kann. Man erhält damit einen "Multicomputer auf Mikroprogramm-Ebene". Durch eine Analyse der Befehlsabläufe werden parallelisierbare Teilaufgaben separiert. Verschiedene Strategien sind je nach Art der verwendeten VLSI-Bausteine sinnvoll:

Symmetrische Aufgabenteilung
(Der Befehlsablauf wird in gleichartige Teilaufgaben zerlegt; eine Struktur mit gleichartigen Mikrocomputern führt sie aus).

Asymmetrische Aufgabenteilung

o   Aufteilung entsprechend der Leistungsrelevanz
    (wichtige, dynamisch häufig auftretende Aufgaben
    werden auf schnellere Komponenten abgebildet),

o   Optimierung der Aufteilung nach Eignung der Standardbausteine.

Bild 4 zeigt eine symmetrische Struktur mit Mikrocomputergruppen zur Konflikterkennung, zur Befehlsvorbereitung und zur Befehlsausführung.

Mit den oben genannten Verfahren lassen sich mit heute verfügbaren Standard-VLSI-Bausteinen Zentraleinheiten aufbauen, die einen Großrechner-Befehlssatz mit einer

Leistung von ca. 5O kOP/s (mit MOS-Mikrocomputern) bzw. bis ca. 7OO kOP/s (mit Hybridstrukturen aus verschiedenen bipolaren Mikrocomputern und Bit-Slice-Prozessoren) ausführen.Weitere Leistungssteigerungen sind möglich, indem man den Mikroprozessor-Befehlssatz durch Firmware-Änderungen an den zu emulierenden Befehlssatz annähert.

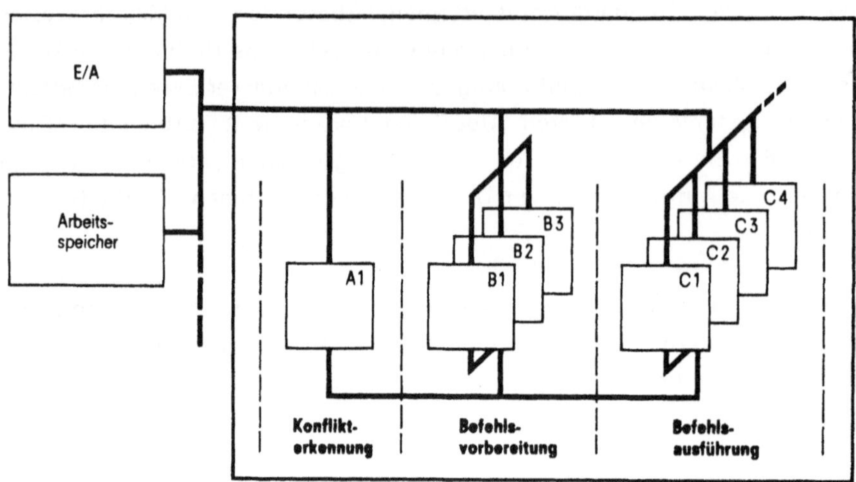

Bild 4: Blockschaltbild einer DVA mit einem Multi-Mikrocomputer-Zentralprozessor

3.3   VLSI-gerechte Rechnerkonzepte

Der VLSI-Entwurf ist gekennzeichnet durch hohe Komplexität und sehr große Datenmengen. Dies führt zu langen Entwicklungszeiten mit großem Aufwand und macht den Entwurf äußerst fehleranfällig. Für den erfolgreichen Einsatz der VLSI-Technik in Rechenanlagen ist daher eine Beherrschung dieser Probleme durch VLSI-gerechte Rechnerkonzepte unabdingbar. Diese zeichnen sich aus durch Regularität und Verwendung repetitiver und programmierbarer Strukturen (Slices, RAM, ROM, PLA) einer möglichst geringen Typenvielfalt. Dadurch wird der Entwurf besser strukturiert und die Komplexität entscheidend verringert. Für die Rechnerarchitektur bedeutet dies, daß die einzelnen Funktionsblöcke in möglichst regulärer Struktur zu realisieren sind. Für die Verarbeitungs-einheit bietet sich hier z.B. das Bit-Slice-Konzept mit integrierten Bussen an: das Steuerwerk kann mikroprogrammiert werden und die Mikrobefehlsdecodierung geschieht mit einem PLA. Darüber hinaus sind möglichst einfache und regelmäßige Daten- und Kontrollpfade zur einfachen und kurzen Verdrahtung anzustreben. Die Verdrahtung soll dabei soweit wie möglich durch Abutment geschehen, was eine geometrische Anpassung der einzelnen Funktionsblöcke aneinander bedingt. Dies bedeutet keine globale Optimierung von Fläche und Laufzeit und ist einer rein lokalen Optimierung auf Blockebene überlegen. Die

Realisierung mit regulären Strukturen darf aber nicht auf Kosten der Leistungsfähigkeit gehen. Da sich ein unregelmäßiger Befehlssatz i.a. nicht sehr effektiv auf reguläre Strukturen abbilden läßt, ist ein regelmäßiger, orthogonaler Befehlssatz eine wichtige Voraussetzung für ein VLSI-gerechtes Rechnerkonzept.

Bisher wurde über die Probleme der VLSI-Technik und ihre Beherrschung gesprochen. Im folgenden sollen an einigen Beispielen die Chancen aufgezeigt werden, welche die VLSI-Technik bei der Realisierung von Rechnerkonzepten bietet. Sie liegen nicht nur im großen Integrationsumfang, sondern vor allem darin, daß es nun erstmals möglich wird, Strukturen und Funktionen zu realisieren, die bisher nur schwierig oder garnicht realisierbar waren. Zu diesen Strukturen gehören z.B. die inhaltsadressierten Speicher (Assoziativspeicher). Sie werden in der Rechnertechnik für die dynamische Adreßübersetzung bei virtueller Adressierung und für schnelle Pufferspeicher (Cache) benötigt und waren bisher nur mit erheblichem Aufwand zu realisieren. In VLSI-Technik sind sie jedoch integrationsfreundlich und somit kostengünstig herzustellen, sodaß sie nun auch in kleineren und billigen Rechnern einsetzbar werden und deren Verarbeitungsleistung steigern können. Darüber hinaus werden mit Assoziativspeichern ganz neue Rechnerarchitekturen mit hoher Leistungsfähigkeit möglich, indem z.B. der Speicher Such- und Vergleichsoperationen selbständig ausführt. Wegen der Parallelität der Vergleichsoperationen ist das mit einem enormen Geschwindigkeitsgewinn verbunden.

Der hohe Grad an erzielbarer Parallelität ist somit eine weitere Chance, die uns die VLSI-Technik für die Rechnerarchitektur anbietet. Auch Array-Computer und Data-Flow Computer erscheinen nun wirtschaftlich herstellbar. Diese Architekturen bestehen aus in hohem Maße regulären Strukturen und sind daher VLSI-geeignet. Wegen der starken Parallelität und des vielfachen Pipelinings sind in einer solchen Struktur ständig sehr viele Zellen gleichzeitig aktiv, so daß hiervon sehr hohe Verarbeitungsleistungen zu erwarten sind. Ob sich solche Architekturkonzepte durchsetzen können, hängt aber auch entscheidend davon ab, ob es gelingen wird, die damit verbundenen Softwareprobleme zu lösen.

4.   <u>Beispiele heutiger Rechnerentwicklungen</u>

Anhand von Rechnerentwicklungen werden exemplarisch einige Schwerpunkte herausgegriffen , die das zuvor Gesagte untermauern.

Während der Einsatz von Taschenrechnern (auch ein Ergebnis der VLSI-Technologie) mit immer neuen Leistungsmerkmalen zur täglichen Gewohnheit geworden ist, reichen ihre Möglichkeiten bei technischen Entwicklungen nicht mehr aus, den Ingenieur bei seinen komplexen Aufgaben zu unterstützen. Nicht mehr der klassische Einsatz von Computern - Lösung von Gleichungen und Analysieren komplizierter Modelle etc. - ist verlangt, sondern die Automatisierung der Ingenieuraufgabe durch Computer-Unterstützung während aller Entwicklungsphasen: Entwurf, Design, Simulation, Realisierung, Test und Überprüfung und Fertigung, gleichzeitig eine entsprechende Datenhaltung und das Projektmanagement unterstützend.

Dies führt zu einer weiten Palette von Rechnern mit den unterschiedlichsten Leistungs-merkmalen (Bild 5), die man angesichts der Anforderungen an informationsverarbeitende Systeme nicht mehr unabhängig voneinander betrachten kann. Schnittstellen für den Übergang von Rechner zu Rechner und zunehmender Bedarf für den Verbund derartiger Systeme sind weitere Kriterien. Um die jeweils wirtschaftlichste Lösung zu erhalten, ist es notwendig, immer mehr "Intelligenz" und immer mehr Speicher in kompakten Einheiten zu geringeren Kosten zu realisieren. Dieser Trend ist nur mit VLSI-Komponenten zu verwirklichen.

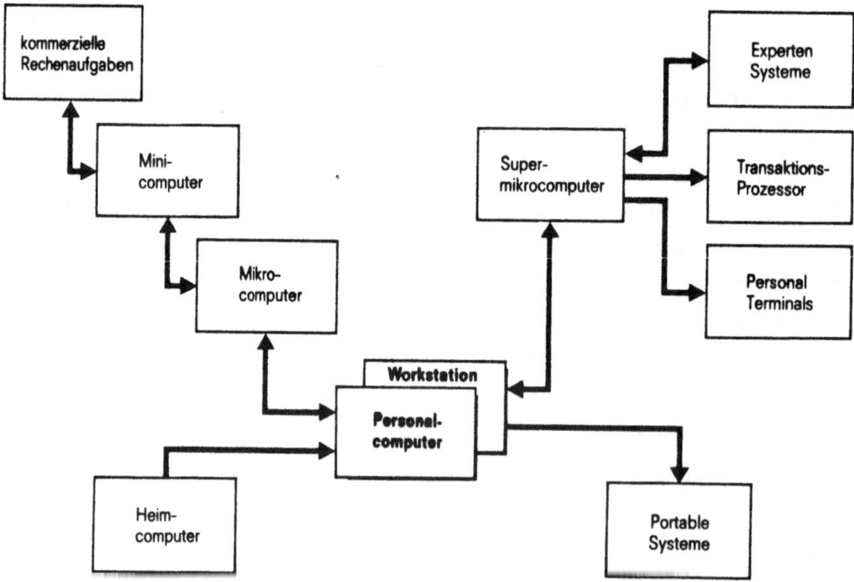

Bild 5: Rechnerklassen (nach /5/)

4.1   Personalcomputer und Workstation

Gemessen an ihren Leistungsmerkmalen, ihren Einsatzbereichen und ihrer wirtschaftlichen Bedeutung stehen heute Personalcomputer im Mittelpunkt einer derartigen Betrachtung /5/. Als Weiterentwicklung sogenannter "intelligenter" Terminals wurden sie entworfen, um zentrale Prozessoren in verteilten Systemen von interaktiven Aufgaben wie Textbearbeitung und Dateibehandlung zu befreien und dem Anwender vor Ort zur Verfügung zu stellen. Diesen Anwendungen sind sie bereits entwachsen und werden heute sowohl bei Software- und Hardwareentwicklungen als auch für Projektmanagement eingesetzt. Die damit verbundenen Anforderungen an die Benutzerschnittstelle wie Spracheingabe, Bildverarbeitung, Graphikfähigkeiten, Textverarbeitung und Benutzerführung sind so komplex, daß sie nur durch geeignete Prozessoren leistungsgerecht realisiert werden können. Dabei hat sich gezeigt, daß die Implementierung dieser speziellen Funktionen weitaus kompliziertere Strukturen beinhalten als beispielsweise heutige Mikroprozessoren.

Die vorgenannten Möglichkeiten der VLSI-Technolgie zeigen Lösungen auf, dieser Entwicklung für die Mensch-Maschine-Kommunikation Rechnung zu tragen. Ein weiteres Einflußgebiet der VLSI-Komponenten sind die Ein-/Ausgabe-Controller und die Verlagerung von Funktionen (z.B. Fehlererkennung, Fehlerbeseitigung) in die Peripherie ("intelligente" Peripherie).

Betrachtet man einmal speziell den Einsatz von Personalcomputern bei der Hardware-Entwicklung), sei es für Chips oder Rechnern /5/, so werden Einflußgrößen erkennbar, die ohne die entsprechende VLSI-Technologie in vertretbarten Größenordnungen von Zeit und Kosten unrealisierbar wären. Darüber hinaus zeigt ein derartiger Einsatz als Workstation bereits heute eine tiefgehende Wechselbeziehung von

-    Einfluß der VLSI-Komponenten in Workstations zur Realisierung der notwendigen Funktionen einerseits und
-    Notwendigkeit von Workstations zur VLSI-Entwicklung andererseits.

Mit anderen Worten: ohne VLSI-Komponenten hätte eine Workstation nicht die Leistungsmerkmale, VLSI-Chips und Rechner zu entwickeln.

Bereits heute sind Workstations wesentliche Hilfsmittel für jeden Ingenieur, der hochintegrierte Chips und Computersysteme entwickelt. Basierend auf 32-bit-Mikroprozessoren bieten sie die wichtigsten Funktionen für den gesamten Designprozeß vom Entwurf bis zum Test in einer Anlage Firmen wie Mentor, Daisy oder Valid stehen für eine neuartige Industrie, die weltweit bereits Hunderte von Systemen im Einsatz haben. Gewiß stellen derartige Systeme heute mit ihren Preisen noch einen Faktor bei den Entwicklungskosten dar. Aber einerseits muß bedacht werden, daß ihre Leistungsmerkmale vor nicht allzu langer Zeit nur mit kommerziellen Rechenanlagen realisierbar waren, zum anderen ist absehbar, daß in naher Zukunft mit der Weiterentwicklung der VLSI-Technologie billigere und kompaktere Workstations auf dem Schreibtisch des Entwicklungsingenieurs stehen werden. Augenblickliche Einsatzbereiche dieser Workstations sind - auch im Hause Siemens - die Entwicklung von Gate Arrays, Standardzellen- und "fullcustom"-Chips. Der Entwurf wird mit leistungfähiger Graphik unterstützt, seine Logik und sein Zeitverhalten verifiziert und simuliert, Layoutunterlagen erstellt und die Chips getestet. Dies ist nur möglich, wenn neben den Mikroprozessoren im Kern andere VLSI-Komponenten eingesetzt werden, z.B.:

- Unterstützung von Graphik und modernen Texteditoren durch intelligente Display-Controller
- Controller zur Steuerung der Datenmedien und Ein-/Ausgabe-Operationen
- Interfaces zur Einbindung der Workstation in Netze wie z.B. Ethernet und Protokoll-Converter
- Hardware-Unterstützung zur Beschleunigung von arithmetischen Operationen und leistungsfähigere Simulatoren
- schnelle Speicherperipherie und leistungsgerechte Arbeitsspeicher durch hoch-integrierte Speicherbausteine.

Diese Liste ließe sich noch fortführen. Sie soll nur andeuten, welchen Einfluß die VLSI-Technologie bei der Realisierung von Personalcomputern und Workstations hat, wenn es darum geht, Rechnerleistung an den Arbeitsplatz zu bringen.

4.2   Mehrrechnersysteme und verteilte Rechnernetze

Andere Aspekte der Einflußgrößen werden deutlich, wenn man einige Anforderungen an zukünftige Rechner näher betrachtet /6/. Auch heute ist weiterhin ein Hauptziel der Rechnerentwicklung die Steigerung der Kosteneffektivität, d.h. höhere Rechenleistung und neue Leistungsmerkmale zu realisieren, wobei die Großintegration eine unabdingbare Notwendigkeit ist. Zusätzlich zu dieser Maximierung sind neue wichtige Anforderungen getreten:

- modulare Erweiterbarkeit des Rechners ohne Auswirkung auf die implementierte Software

-   höhere Zuverlässigkeit und Sicherheit des Gesamtsystems und die Fehlertoleranz einzelner Komponenten und des Systems
-   Unterstützung neuerer Programmiermethoden und Programmiersprachen, um z.B. zuverlässigere und wartbarere Software zu erhalten.

Lösungen dieser Anforderungen werfen Fragen an den Entwickler auf, die sich auch auf die Hardwarerealisierung und die Strukturen der Rechner auswirken, wie z.B.:

-   Läßt sich Information in geeigneter Form in Hardware darstellen?
-   Wie wird auf Information zugegriffen und wie wird die Berechtigung dazu kontrolliert?
-   Läßt sich höhere Leistung durch Parallelarbeit mit neuen Formen der Programmsteuerung kombinieren?
-   Wie erkennt das System Fehler und wie lassen sie sich ohne Auswirkung umgehen?
-   Wie steuert man die Kommunikation zwischen der Vielzahl von "intelligenten" Komponenten?

Ein Ansatz, wie er sich unter dem Einfluß der VLSI-Technologie fast automatisch ergab, liegt in der konsequenten Funktionsaufteilung. Wie auch immer eine solche Funktionsverlagerung vorgenomen wird und ob man die betroffenen Komponenten eng oder lose zu Systemen oder Subsystemen koppelt, generell werden zukünftige Rechner wohl verteilte Mehrrechner-Systeme oder - auf einer höheren Ebene betrachtet - verteilte Rechnernetze sein. Dies umso mehr, wenn man die Fehlertoleranz eines Rechnersystems als unabdingbare Eigenschaft ansieht.
Es muß hier darauf verzichtet werden, die Gesamtproblematik und die Möglichkeit solcher Architekturüberlegungen aufzuzeigen. Wichtig erscheint im Zusammenhang dieses Beitrages, daß nur dann leistungs- und anforderungsgerechte und wirtschafliche Rechnerarchitekturen implementiert werden können, wenn die VLSI-Technologie dafür genutzt werden kann. Kriterien hierfür sind:

-   Einsatz von Standardkomponenten oder Semicustom-Bausteinen, z.B. zur Realisierung homogenerer Strukturen
-   Fehlererkennungseinrichtungen in den verwendeten Bausteinen, z.B. durch Redundanz im Chip
-   konsequente Nutzung VLSI-gerechter Ansätze, z.B. für die Vereinfachung des Entwurfs und seiner Umsetzung
-   "Umgießen" von Standard-Algorithmen in VLSI-Komponenten, z.B. zur Unterstützung neuartiger Programmiermethoden

- verstärkte Verlagerung von Software in die Hardware, z.B. bei der Protokollabwicklung innerhalb der Kommunikation zwischen den Komponenten des Gesamtsystems
- Integration eng zusammenhängender Komponenten, z.B. mit zugehörigem Speicher auf einem Baustein
- Nutzung der steigenden Integrationsdichte zur Anbindung neuer Übertragungsmedien, z.B. von optischen Komponenten.

Der gegenwärtige Stand der VLSI-Technologie zeigt, daß man erst am Anfang derartiger Entwicklungen steht.

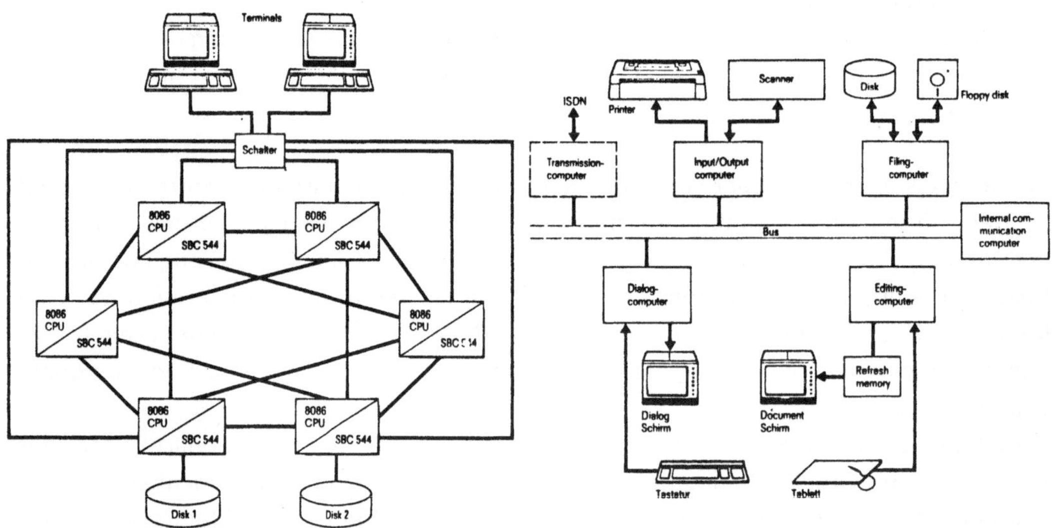

Bild 6: Hardware-Struktur eines fehlertolerierenden Mehrrechnersystems (BFS)

Bild 7: Rechnerstruktur zur Dokumentenverarbeitung

Bild 6 und Bild 7 zeigen Beispiele für Mehrrechnersysteme aus bei uns laufenden Projekten, wo der Einsatz von Mikroprozessoren genutzt wird, Aufgaben mit unterschiedlichen Zielen zu lösen. Gleichzeitig werden die Möglichkeiten für die Zukunft deutlich, wenn man bedenkt, daß bald dank VLSI die einzelnen Module auf einem Chip integriert sein können. Im Beispiel der BFS-Architektur /10/ ging es darum, auf Systemebene Anforderungen der Fehlertoleranz zu implementieren. Dies geschah auf der Basis von Standardkomponenten ohne spezifische Fehlertoleranz durch eine homogene, ringförmige Mehrrechnerstruktur mit vollkommen gleichberechtigten Komponenten. Auf Betriebssystemebene sind Überwachungsstrategien und Fehlererkennungsmechanismen und netzweite Diagnose implementiert. Bei Ausfall einer Komponente wird automatisch rekonfiguriert, betroffene Programme weiterverteilt und an einem gesicherten Punkt wieder aufgesetzt. Die Datenbestände werden zusätzlich gesichert und im Bedarfsfall automatisch in einen konsistenten Zustand rückversetzt.

Das zweite Beispiel /11/ zeigt eine Mehrrechnerstruktur, wo die funktionelle Aufteilung mit komplexer Aufgabenstellungen im Vordergrund der Überlegungen stand. Es geht darum, die Dokumentenbearbeitung an einem entsprechenden Entwicklungs- oder Bearbeitungsplatz unter Einbeziehung dazu notwendiger Peripherie in einer leistungs- und kostenoptimaleren Struktur zu realisieren. Der Einsatz von Mikrocomputern ist hier notwendig, weil die angeschlossenen Tools hohe Verarbeitungsleistung erfordern.

4.3   Systeme aus Spezialprozessoren

Wie aus den Beispielen heutiger Rechner hervorgeht, wird mit wachsender Integrationsdichte die Hardware anpassungsfähiger an den zu lösenden Problembereich. So wie es Ende der 8O-ger Jahre prinzipiell möglich sein wird, größtintegrierte Bausteine mit bis zu 5.10^6 Transistoren herzustellen, so wird man neben der Integration von Mehrrechnersystemen auch. Spezialprozessoren von sehr hoher Komplexität und Leistung für bestimmte Aufgaben, z.B. Signal- und Bildverarbeitung, entwickeln. Diese zeichnen sich durch die enormen zu verarbeitenden Datenmengen, die Verarbeitungsbreite der Daten und die Notwendigkeit der Datenkompensation aus, die nur durch spezielle Hardwarelösungen befriedigend realsiert werden können. Weitere Spezialprozessoren für die Interpretation von Graphik und die Ein-/Ausgabe gesprochener Sprache befinden sich bereits heute in der Konzeptionsphase.

Insgesamt basieren die Überlegungen zur Entwicklung von Rechnern der 5. Generation /7,8/ im wesentlichen auf den Möglichkeiten, die VLSI-Implementierungen eröffnen, um derartige auf Wissen basierende Systeme zu realsieren (artificial intelligence), z.B.

-    Abwicklung einer sehr großen Zahl logischer Schlußfolgerungen (Inferenzen) durch Hardware-Komponenten
-    hohe Geschwindigkeit bei der Durchführung numerischer Operationen
-    Verwaltung relationaler Datenbanken durch Hardware-Unterstützung
-    Anwendungsspezifische Funktionen, die sich als Spezialprozessoren realisieren lassen.

Die Lösungsansätze, die von-Neumann-Rechnerarchitekturen durch andere Konzepte wie Datenfluß-, Vektor- und Puffermaschinen sind dadurch geprägt, den Trade-off zwischen der Verbilligung der Hardware aufgrund der VLSI-Lösungen und der wachsenden Komplexität der Systeme und der Forderung höherer Zuverlässigkeit durch Hardware- adäquatere Architekturen zu minimieren. Dies geschieht u.a. damit, daß man in heutigen Programmiersprachen vorhandene Kontrollflüsse oder Schutzmechanismen für Zugriff auf Daten und Informationsstrukturen bereits in der Hardware anlegt.

4.4 VLSI-Prozessoren: Beispiele

Wie bereits zuvor erwähnt, existieren Entwicklungen, die sich reguläre Stukturen zunutze machen. Dies soll an den Beispielen vertieft werden.

4.4.1 Mike 83 Rechenwerk

Das Mike 83-Rechenwerk ist ein in NMOS-Technologie realisierter Prozessor, bestehend aus Operationswerk, Steuerwerk und Mikroprogrammspeicher /19/. Ziel des Mike 83-Forschungsprojekts war die Erprobung regulärer Entwurfstechniken. Das Operationswerk wurde als Datenpfad mit orthogonal zueinandner angeordneten Daten- und Kontrollflüssen entworfen (Bild 8). Hier war vorteilhaft die Slice-Technik einsetzbar. Sie ist charakterisiert durch das Aufeinanderlegen von Funktionsscheiben (Function-Slices), deren Verarbeitungsbreite durch Aneinanderreihen von Bit-Zellen (Bit-Slices) beliebig gewählt werden kann.

Der Datenaustausch zwischen den Funktionsscheiben wird durch ein integriertes Bussystem in den Zellen gewährleistet. In Längsrichtung der Funktionsscheiben, quer zum Hauptdatenfluß, laufen die Steuerleitungen. In der MOS-Technologie wird man zweckmäßigerweise die Stromversorgung der Zellen und die oft langen Busleitungen in der Metallebene führen. Die dazu senkrechten Steuerleitungen liegen dann in der Polysiliziumebene, wodurch die Gates der anzusteuernden Transistoren ohne Ebenenwechsel angeschlossen werden können. Bei hohen Geschwindigkeitsanforderungen (z.B. Zykluszeit < 100 ns) und großen Verarbeitungsbreiten (z.B. n > 16 bit) können jedoch Laufzeiten auf den Steuerleitungen die Einführung von Polysilizid oder einer zweiten

Metallebene erforderlich machen. Bei der Auslegung des Datenpfades müssen die Verarbei-
tungsbreite, das Bussystem und die einzelnen Funktionen ausgewählt werden.
Universell einsetzare Funktionsscheiben sind z.B. Dual-Port-Registerbank, ALU, 1-Bit-Shifter,
Barrel-Shifter, Status-Einheit, Zähler. Der Mike 83-Chip enthält 25.OOO Transistoren auf 1
mm2, hat eine Zykluszeit von 15O ns (min) und wurde in einer NMOS-Technologie mit
Polyzid und 2 µm Kanallänge hergestellt. Bild 8 zeigt das Steuerwerk und den Datenpfad.

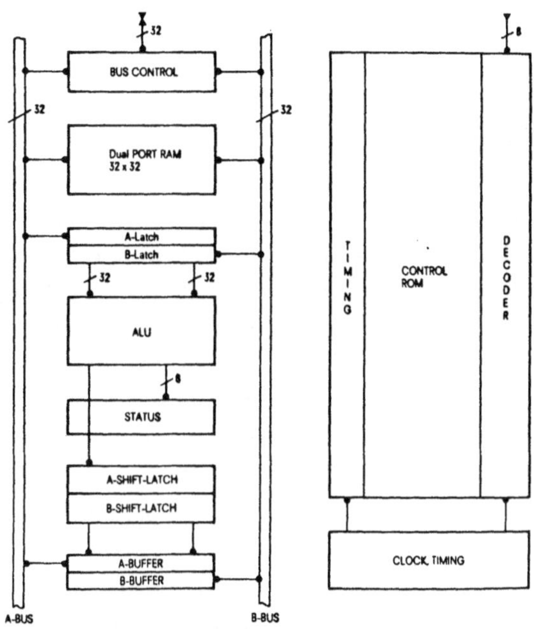

Bild 8: Mike 83 - Rechenwerk, Steuerwerk und Datenpfad

4.4.2 RISC

Der von der University of California Berkeley konzipierte Reduced Instruction Set Computer
(RISC) /13/ hat als Grundidee die Vereinfachung des Befehlsatzes und damit eine stark
vereinfachte Architektur. Dies führt zu einer Verlagerung komplexerer Befehle in die
Software, d.h. zum Compiler (Vertikalisierung).

Der Vorteil dieses Konzeptes besteht in einer Reduktion der Komplexität der Hardware. Dies
schafft Platz für einen sehr regulären Entwurf mit einem Regularitätsfaktor (d.h. Verhältnis
der Anzahl vorhandener Strukturen zu den entworfenen) von 22. Die Folge war eine

Erhöhung der Entwurfssicherheit, somit also sehr kurze Entwurfszeiten. Für den RISC-Chip mit 44.000 Transistoren auf einer Fläche von 76 mm^2 betrug der Aufwand für Entwurf und Layout nur 42 Mannjahre.

4.4.3 Peripherieprozessor PP4

Der PP4 /15/ ist ein Peripherieprozessor für eine Siemens-Großrechenanlage. Das Operationswerk wurde wieder als regelmäßiger Datenpfad in Slice-Technik ausgebildet. Die Verknüpfung von Befehlsdecoder und Datenpfad erforderte das Rangieren von 220 Steuerleitungen. Diese Verdrahtung konnte durch den Einsatz eines Channelrouters teilautomaisiert werden. Ergebnis war, verglichen mit manueller Verdrahtung, eine um 30 % bessere Flächenausnutzung im Verdrahtungskanal und eine um 70% kürzere Designzeit. Der Befehlsdecoder wurde ebenfalls regelmäßig ausgeführt. Seine Aufgabe ist die Übersetzung von Mikroprogrammbefehlen in zeitrichtige Signale zur Steuerung des Datenpfades. Die Decodierung erfolgt 2-stufig: In der 1. Stufe werden alle benötigten Steuersignale ausgewählt, aber noch nicht aktiviert. In der 2. Stufe werden die Steuersignale mit den Taktphasen verknüpft und aktiviert. Die erste Stufe ist sozusagen eine statische Decodierung, während die zweite Stufe das genaue Timing sicherstellt.

Die 1. Decodierungsstufe kann man günstig durch PLAs realisieren, deren ODER-Ebenen oft sehr schwach besetzt sind und sich dadurch auf einen schmalen Streifen komprimieren lassen. Falls man sich für einen 2-Phasen-Takt entschieden hat, sollten die Ausgänge der 1. Decodierungsstufe in einem Register gespeichert werden. Diese Schnittstelle kann leicht als Schieberegister ausgebildet und ideal für Testzwecke eingesetzt werden (Scan-Path). Die 2. Decodierungsstufe läßt sich ebenfalls durch regelmäßige Strukturen realisieren. Im wesentlichen handelt es sich um die UND-Verknüpfung der vorläufigen Steuersignale mit den Taktsignalen.

Der Vorteil der genannten Realisierungsform liegt in ihrer Regularität, ihre Anpaßbarkeit und darin, daß die Steuersignale dort generiert werden, wo sie benötigt werden. Der sonst große Verdrahtungsaufwand zwischen Steuerwerk und Operationswerk wird dadurch weitgehend vermieden.

5.   Ausblick

Die in diesem Überblick dargelegten Einflüsse der VLSI-Technologie haben gezeigt, daß man erst am Anfang dieser Entwicklung steht. Bereits heute ist abzusehen, daß man in naher Zukunft VLSI-Chips mit 5.10^6 Transistorfunktionen herstellen wird. Damit ist es prinzipiell möglich, ein komplettes Mehrrechnersystem samt zugehöriger Speicher auf dem Chip zu integrieren. Noch stärker allerdings wird der Einfluß sein, VLSI-gerechte Rechnerarchitekturen zu realisieren.

Unterstützt von entsprechenden CAD-Tools werden Architekturen entstehen, die wegführen von der von-Neumann-Maschine und hier zu neuen Strukturformen mit Objektorientierung. Im gleichen Maße wird die VLSI-Technologie der Schlüssel dafür sein, die Generation der "Supermaschinen" mit 50 - 100 MOp/s umzusetzen, speziell in den wesentlichen Bereichen: Software, Massenspeicher, Ein-/Ausgabe-Techniken und Vernetzung. Man wird versuchen, dabei ein Großteil in VLSI-Chips zu gießen unter Erfüllung neuer Anforderungen an die Zuverlässigkeit und Wartbarkeit von Sofware und Hardware. Grundlage wird sein, daß es den Entwicklern gelingt, Standardisierungen und Algorithmen zu finden, die eine derartige Verlagerung in die Hardware erlauben. Sicher muß man hier noch einige Zeit nach neuen Lösungswegen suchen und viel experimentieren. Dies sind Aufgaben, wo die Ingenieurwissenschaften gefordert sind und die Informatik weiter in den Mittelpunkt der Entwicklung rückt.

Literatur

/1/   Mead, C., Conway, L.: Introduction to VLSI Systems
       Reading Massachusetts: Addison Wesley 1980

/2/   Schwärtzel, H.G. (ed.): CAD für VLSI. Rechnergestützter Entwurf höchstintegrierter Schaltungen
       Berlin, Heidelberg, New York: Springer 1982

/3/   Rideout V.L.-Trends in Silicon Processing
       2nd Caltech Conf. on VLSI, 1981 Pasadena, pp. 65-110

/4/   Hörbst, E., Oechslein, H., Pfleiderer, H.J.: VLSI-Auswirkungen auf konventionelle Rechnerstrukturen
       erscheint in: Informatik Spektrum

/5/   An Editorial Series: Personal Computers - From Design to Manufacturing
       Elektronic Design Vol. 32 (1984) No. 4, 6, 8

/6/   Giloi, W.K.: Rechnerarchitekturen
       Springer Verlag, Berlin, New York 1981

/7/   Giloi, W.K.: Die Entwicklung der Rechnerarchitekturen von der von-Neumann-Maschine bis zu den Rechnern der "fünften Generation"
       Elektronische Rechenanlagen 26 (1984) 2 S.55-70

/8/   Moto-Oka, T. (ed.): Fifth Generation Computer Systems
      Proc. of Int. Conf. on Fifth Generation Computer Systems,
      Amderdam, New York, Oxford: North Holland 1982

/9/   v.d. Heide, K.: PUMA: die Puffermaschine
      in Maehle, Schmitter (Hrsg.): Workshop, Fehlertolerante Mehrprozessor- und Mehr-
      rechnersysteme
      Arbeitsberichte 16 (1983) 11 Erlangen, S. 70-80

/10/ Bernhardt, D.; Erven, J.; Geitz, G.; Klein, A.; Schmitter, E.; Seeleitner, J.; Will,B.:
      Fehlertolerierende Systemkomponenten in einem Mehrrechnersystem
      BMFT-Forschungsbericht Dez. 1983

/11/ Bergmann, B.;Horak, W.;Kutscher, C.;Postl, W.;Scheiterer, E.;Woborschil, W.:
      An Experimenal Text-Image Workstation
      Siemens Forsch.- u. Entwickl.-Ber. Bd. 12 (1983) 1, S. 55-60

/12/ Sandweg, G.: "Entwurfsfreundliche Architekturkonzepte für Prozessor-Bausteine"
      in "CAD für LSI", Springer 1982

/13/ Fitzpatrick, D.T., et al.:
      "VLSI Implementations of a Reduced Instruction Set Computer",
      Proc. of CMU Conference on "VLSI Systems and Computations, 1981

/14/ Kober, R.; Schmitter, E.: Der Einsaz von Standard-VLSI-Bausteinen bei der Realisierung
      neuer Rechnerstrukturen
      Tagungsband der GI-Jahrestagung, Okt. 1984,
      Informatik Fachberichte, Springer Verlag

/15/ Sandweg, G.: Regelmäßige Strukturen für Prozessorbausteine
      Tagungsbands der GI-Jahrestagung, Okt. 1984,
      Informatik-Fachberichte, Springer Verlag

EINSATZ DER INFORMATIONSTECHNIK IM BETRIEB VON PROZESSANLAGEN

H. Trauboth

Kernforschungszentrum Karlsruhe GmbH
Institut für Datenverarbeitung in der Technik (IDT)
Postfach 3640, D-7500 Karlsruhe
Bundesrepublik Deutschland

1. Einführung

Der Einsatz moderner Informationstechnik im Betrieb von Prozeßanlagen der Verfahrens-,
Fertigungs- und Energietechnik dient der Wirtschaftlichkeit, Sicherheit und Humani-
sierung des Arbeitsplatzes. Die Wirtschaftlichkeit wird erhöht durch bessere Verfügbarkeit der Anlagen und durch optimale Betriebsweise zur Erzeugung größtmöglicher
Mengen und Qualität der Ausgangsprodukte bei sich ändernden Eingangsströmen und bei
minimalem Abfall und Energieverbrauch. Sicherheit wird erreicht durch die Verhin-
derung solcher Prozeßzustände, die Anlagenbereiche schädigen, Menschen gefährden oder
die Umwelt übermäßig belasten können. Durch Verringerung der Streßfaktoren und durch
eine die Gesundheit weniger belastende Umgebung kann der Arbeitsplatz hinsichtlich
der menschlichen Bedürfnisse verbessert werden.

B e d e u t u n g und Komplexität der Informationstechnik als wesentlicher integraler Teil von verfahrenstechnischen Anlagen nehmen desto mehr zu, je höhere Anforderungen an Produktqualität, Energie- und Rohstoffverbrauch, Umweltschutz, Sicherheit
und Flexibilität von Anlagen gestellt werden. Dies spiegelt sich auch im steigenden
Anteil der Meß- und Regelungstechnik an den Gesamtinvestitionen für Chemieanlagen
wider, der 1979 bei rund 14 % lag. Dieser Anteil dürfte weiter auf ca. 20 % angestie-
gen sein, obwohl die Kosten für die Elektronik (DV-Hardware) ständig abnehmen [1].
Im weiteren soll die Prozeßdatenverarbeitung (PDV) in der chemischen Verfahrenstechnik betrachtet werden. Diese Betrachtungen lassen sich in ihren wesentlichen
Teilen auch auf andere Industriebereiche übertragen.

Seit einigen Jahren vollzieht sich ein grundsätzlicher W A N D E L in der Meß-,
Steuer- und Regelungstechnik durch den Einsatz moderner Informationstechnik, d.i.
durch die Integration von Datenverarbeitung, Nachrichtentechnik und Sensortechnik.
Anstelle von Einzellösungen mit einem selbständigen Prozeßrechner treten nun zunehmend umfassende Systemlösungen, bei denen Prozeßdatenverarbeitungssysteme die gesamte
Informationsverarbeitung einer technischen Anlage oder eines Geräts übernehmen. Äußer-
lich tritt dieser Wandel am augenfälligsten in der Gestaltung von L e i t w a r t e n

---

[1] VDI-Nachrichten vom 28.5.1982

(Kontrollräumen) in Erscheinung. In Foto 1 ist der 70 m (!) lange Kontrollraum der EUROCHEMIC-Wiederaufarbeitungsanlage in Mol gezeigt, an deren Wänden eine Unmenge von Zeigerinstrumenten, Anzeigenlämpchen, Streifenschreiber, Drehknöpfe und Schalterfelder angebracht sind. Hier fließen alle Meßsignale und Ergebnisse der Laboranalysen zusammen und zeigen dem Betriebspersonal in erster Linie den m o m e n t a n e n Zustand der Anlage in Form von vielen E i n z e l informationen an.

In einer Leitwarte mit moderner Informationstechnik herrscht dagegen die rechnergesteuerte Bildschirmtechnik vor. Foto 2 zeigt den Aufbau einer vollständig mit Bildschirmtechnik ausgestatteten Leitwarte (in Japan). Auf dem Bildschirm läßt sich in frei gestalteter Form wesentlich mehr und gehaltvollere Information, angepaßt an die Bedürfnisse des betreffenden Operateurs, auf kleiner Fläche darstellen.

Foto 1

Foto 2

DETAIL 1CU-Verdampfer
1C
41.05
41.07
1CU
41.10
41.09
AUSWAHL TEMPERATURKURVEN C 70
ENTWICKLUNG TEMPERATUR 37T16.1

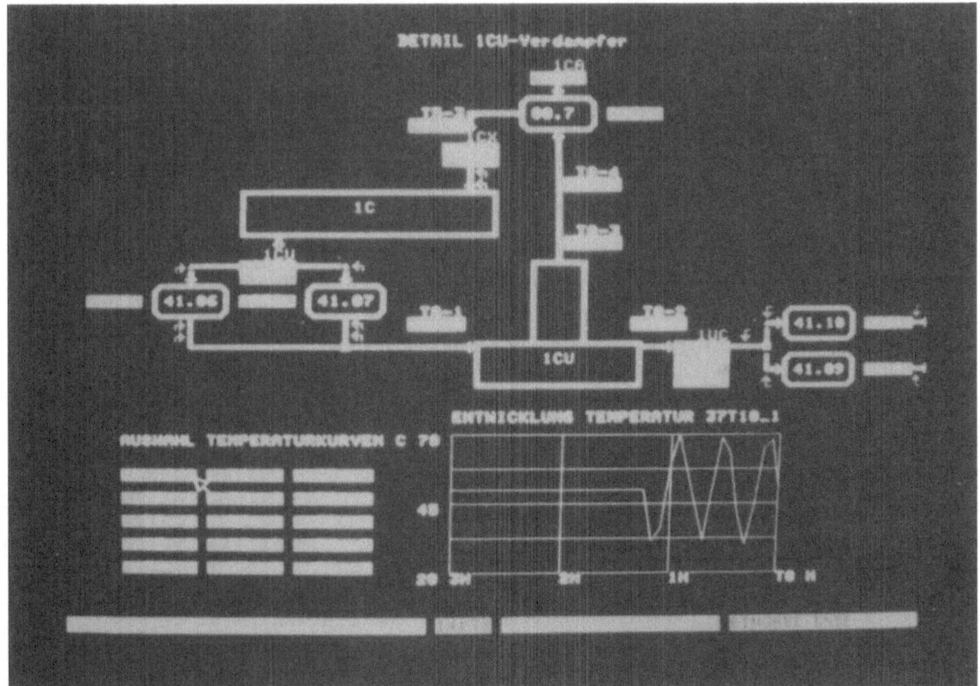

Foto 3

Dies wird in Foto 3 deutlich, in dem ein typischer Bildschirminhalt des von IDT entwickelten Prozeßüberwachungssystems PRODES abgebildet ist. Hier sind drei Bilder auf
einem Bildschirm, die unabhängig ansteuerbar sind, besonders kompakt dargestellt:
das Fließbildschema mit Meßpunkten, der zeitliche Verlauf einer angewählten Meß-
variablen und ein Menue, eine Art freiprogrammierbare Funktionstastatur /1/. Die
Bildschirmtechnik ist aber nur ein Teil des Wandels.

Die V o r t e i l e moderner Informationstechnik gegenüber konventioneller Meß-,
Regelungs- und Wartentechnik sind mannigfaltig. Nur einige wesentliche seien hier
genannt wie Verdichtung der Datenflut vom Prozeß auf signifikante Information, bedie-
nungsfreundliche Informationsdarstellung, langzeitige Speicherung und Verknüpfung
von großen Mengen von Meßdaten zur Analyse und Prognose des Prozeßverhaltens sowie
Unterstützung in der rechtzeitigen Entscheidungsfindung bei kritischen Prozeßzuständen. Diese Vorteile können aber nur dann genutzt werden, wenn der Einsatz der
Datenverarbeitung in den Aufbau und Betrieb vollständig integriert und bei der Planung der Anlage die DV frühzeitig als wesentliche Systemkomponente berücksichtigt
wird.

C h e m i s c h e Prozeßanlagen, die ein breites und nach Marktlage sich schnell än-
derndes Spektrum von Produkten mit vielen unterschiedlichen Eigenschaften und hohen
Qualitätsanforderungen erzeugen sollen, stellen hohe Anforderungen an Überwachung,
Steuerung und Regelung der Prozesse. Durch modulare Strukturierung der Verfahrensschritte und durch Gewinnung genauer Kenntnisse über die Prozeßvorgänge im Betrieb
mittels analytischer Modelle werden zunehmend die Anlagen über die Beziehungen zwischen der Menge von gewünschten Produkteigenschaften und der Menge von möglichen Ver-
fahrensparametern gesteuert und geregelt /2,3/. Dies bedeutet, daß immer umfangrei-
chere theoretisch beschreibbare Zusammenhänge des Prozeßgeschehens, deren Erfassung
durch mathematische, statistische Auswertungen von Meßdaten unterstützt wird, in die
Verarbeitung der Prozeßrechnersysteme eingehen, was z.B. zu anspruchsvollen adaptiven
Regelungen und Prozeßidentifikationen führt. Außerdem ist eine stärkere Integration
der Informationsflüsse zwischen den mehr administrativ/kaufmännisch geprägten Bereichen auf den Unternehmens- und Betriebsleitungsebenen sowie den technischen, den
prozeßnahen Ebenen festzustellen.

Es gibt Prozeßanlagen, wie in der k e r n t e c h n i s c h e n Industrie, bei denen
die Information über die Prozesse begrenzt verfügbar ist und wo diese besonders intensiv genutzt werden muß. Diese Begrenzung rührt z.B. von den radioaktiven und stark
korrosiv wirkenden Materialen her, die verarbeitet werden und die nur den Einbau einer
beschränkten Zahl robuster in-line Instrumente erlauben. Die Radioaktivität größerer
Anlagenbereiche erfordert außerdem eine hohe Zuverlässigkeit aller Komponenten inkl.
der Elektronik, da Wartung und Instandhaltung hier sehr aufwendig sind /1/.

Die D V - I n d u s t r i e liefert heute eine Vielfalt preisgünstiger Hardware-
Komponenten wie Prozessoren, Speicher, Bildsichtgeräte, Ausgabegeräte und Kommunikationssysteme in mehreren Leistungsstufen und mit hoher Qualität /4/. Die Zuverlässigkeit kann weiter erhöht werden durch Redundanz der Komponenten, durch Verteilung von Funktionen auf mehrere Komponenten, durch eingebaute Selbsttests und durch
wenig störempfindliche Optronik (wie Lichtleiter) und Sensortechnik /5/. Der Fortschritt in der Softwaretechnologie ist nicht so rasant wie in der Mikroelektronik,
aber es gibt mittlerweile eine Reihe von erprobten Verfahren, rechnergestützten
Werkzeugen und Software-Bausteinen, die die Entwicklung, Anpassung und Qualitätssicherung von Software erleichtern und verbessern. Diese Vielfalt möglicher Lösungen bedingt aber auch eine gründliche Projektierung und einen systematischen Entwurf der Informationssysteme, angepaßt an die jeweilige Anlage und ihre Betriebsweise /6/.

2. Aufbau von Prozeßinformationssystemen

2.1 Schichtenmodell

Der Aufbau eines integrierten modularen Prozeßinformationssystems (IMP) kann man
aus verschiedenen Blickwinkeln oder Ansichten betrachten, die auch den einzelnen
Entwicklungsstadien eines solchen Informationssystems entsprechen. Jede dieser Ansichten kann man sich als S c h i c h t vorstellen, in der Systemkomponenten liegen, die über Informationswege netzartig miteinander verbunden sind (Bild 1). Jede
dieser Systemkomponenten muß zur vollständigen Beschreibung durch weiter detaillierte Komponenten in hierarchischer Ordnung verfeinert werden, was der Einfachheit
halber hier nicht gezeigt wird. In der "verfahrenstechnischen Schicht" werden aus
der Sicht des Verfahrenstechnikers die Funktionsbereiche des IMP und der Informationsfluß dargestellt. In der "softwaretechnischen (oder logischen) Schicht" werden
die zur Realisierung notwendigen DV-Funktionen mit dem entsprechenden Datenfluß angegeben. In der letzten Schicht, der "hardwaretechnischen (oder physikalischen)
Schicht" erscheinen die DV-Hardware-Einheiten und Geräte, die über Leitungen miteinander verbunden sind. Jede Schicht kann man in drei (oder mehr) E b e n e n aufteilen: in die prozeßnahe oder "Vor-Ort-Ebene", die bedienungsnahe oder "Prozeßwar-
ten/Betriebslabor-Ebene" und die betriebsnahe "Betriebs-Daten-Büro-Ebene". Diese
Ebenen entsprechen in etwa dem organisatorischen Aufbau des Betriebs und der räumlichen Aufteilung. Die Ebenen sind auch so abgegrenzt, daß sie relativ autark sind
und dadurch möglichst wenig Datenverkehr zwischen den Ebenen aufweisen.

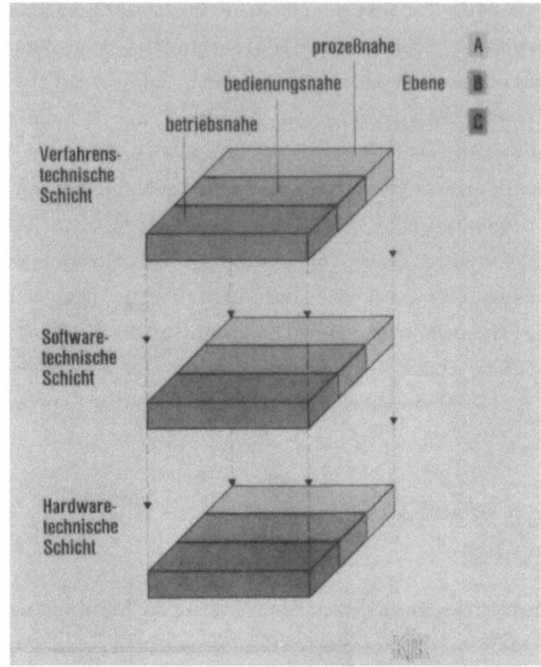

Schichtenmodell eines Prozeßinformationssystems

Bild 1

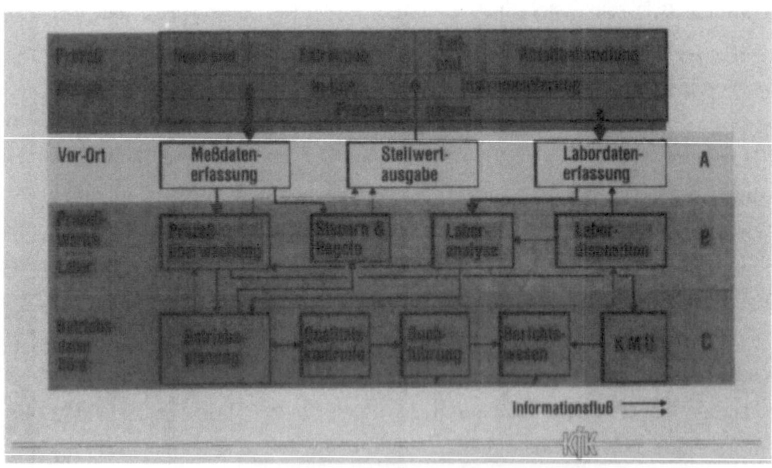

Verfahrenstechnische Schicht

Bild 2

2.2 Verfahrenstechnische Schicht

Betrachten wir nun die "v e r f a h r e n s t e c h n i s c h e   S c h i c h t" von der 1. bis zur 3. Ebene (Bild 2). Informationen über den Zustand und Verlauf der Prozesse in der Anlage werden zum einen von den Sensoren und Meßgeräten der in-line Instrumentierung kontinuierlich durch die "Meßdatenerfassung" und zum anderen von der Probennahme zu diskreten Zeitpunkten durch die "Labordatenerfassung" erfaßt bzw. (in Form des Probeninhalts) eingegeben. Eingriffe in den Prozeß erfolgen über die "Stellwertausgabe". In der "Labordisposition" werden die Aufträge für die Probennahme und die Verteilung der gezogenen Proben (z.B. in kerntechnischer Anlage über ein automatisches Rohrpostsystem an die einzelnen Analysengeräte) bearbeitet /7/. Die Proben werden in der "Laboranalyse" chemisch untersucht und die Ergebnisse werden an die "Prozeßüberwachung" weitergereicht. Die Steuerung und Regelung bestimmter Regelkreise wird durch den Funktionsbereich "Steuern und Regeln" durchgeführt, der über die "Meßwerterfassung" laufend die Meßwerte von Prozeßvariablen empfängt und entsprechend der Regelmethode Eingriffswerte an die "Stellwert-Ausgabe" ausgibt. In der "Prozeßüberwachung" fließen die Informationen über den Zustand des Prozesses von der in-line Instrumentierung und von der Probennahme (über die Laboranalyse) zusammen. Dort werden sie mit Grenz- und Referenzinformationen verglichen, die von der "Betriebsplanung" entsprechend dem Betriebsverlauf vorgegeben werden. Werden wesentliche Abweichungen von der "Prozeßüberwachung" festgestellt, so wird über die "Stellwert-Ausgabe" ein Eingriff in den Prozeß veranlaßt. Je nach Intelligenzgrad der "Prozeßüberwachung" kann die Referenzinformation aus einfachen Parametern oder aus der Lösung komplizierter mathematischer Gleichungen (eines Prozeßmodells) abgeleitet werden. Dies muß bereits in der verfahrenstechnischen Schicht (vom Verfahrenstechniker) festgelegt werden. Der Eingriff kann automatisch oder durch den Operateur erfolgen, was hier der Einfachheit wegen nicht gekennzeichnet ist. Die "Betriebsplanung" empfängt wichtige verdichtete Informationen von der "Prozeßüberwachung" und "Laboranalyse" über den Prozeßverlauf und Betriebszustand der gesamten Anlage und kann entsprechend der Betriebsstrategie Vorgaben an die "Prozeßüberwachung" und "Steuerung und Regelung" übermitteln. Für die übergeordneten Funktionen der "Qualitätskontrolle", "Buchführung", des "Berichtswesens" und "Rechnungswesens" werden von der "Betriebsplanung" betriebsrelevante Informationen zur Verfügung gestellt.

Man sieht, daß bereits auf dieser obersten Schicht das System durch Funktionen bzw. Aktionen mit ihren wesentlichen Eingangsinformationen und den von ihnen erzeugten Ausgangsinformationen statisch dargestellt werden kann. Der hier dargestellte Informationsfluß orientiert sich u.a. auch am Material- und Auftragsfluß innerhalb der technischen Anlage. Bezieht man noch die Reihenfolge ein, in der die Funktionen angestoßen werden, so kann man einen groben Ablaufplan aufstellen und dadurch die Dynamik beschreiben, die z.T. auch durch Ereignisse im Prozeßgeschehen bestimmt wird. Man kann hieraus auch erkennen, welche Funktionsbereiche viel Informationen und welche Bereiche wenig Informationen austauschen, d.h. stark oder schwach gekoppelt sind.

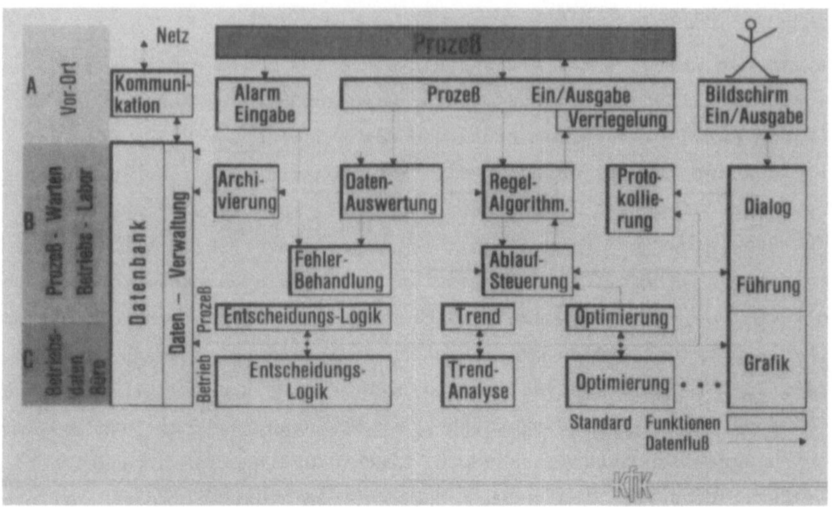

Softwaretechnische (logische) Schicht

Bild 3

2.3 Softwaretechnische Schicht

In der "s o f t w a r e t e c h n i s c h e n (oder l o g i s c h e n
S c h i c h t " sind die DV-Funktionen, ihre gegenseitigen Beziehungen und die Beziehungen zur Umgebung des Systems, d.h. zum technischen Prozeß und zum Menschen,
der das System bedient und benutzt, dargestellt (Bild 3). In dieser Schicht ist bewußt offengelassen, welche Hardware-Komponenten verwendet werden. In einer weiteren
hierarchischen Verfeinerung kann zwischen den Mengen und Strukturen (Formaten) der
Daten, die transportiert, verarbeitet und gespeichert werden, differenziert werden.
Ebenso können die Funktionen weiter zerlegt werden. Die Meßdaten werden aus dem
Prozeß über die "Prozeßeingabe" zur "Datenauswertung" und Berechnung der "Regelalgorithmen" weitergereicht, nachdem die "Prozeßeingabe" die gewünschten Meßvariab-
len ausgewählt, die Störüberlagerungen herausgefiltert und die Meßdrift kompensiert
hat. Daten und Kommandos an Stellglieder des Prozesses werden vor ihrer Ausgabe
durch "Verriegelungen" auf ihre Richtigkeit geprüft und ggf. blockiert. Die vom
Bediener der Anlage eingegebenen Daten werden meistens über Bildschirm interaktiv
mit Hilfe der "Dialogführung" eingegeben und nach ihrer Überprüfung an die Datenverwaltung weitergereicht, von wo aus eine weitere Verteilung zur "Datenauswertung"
oder "Protokollierung" erfolgt. Die "Datenauswertung" verwendet neben den Meßwerten
Daten aus der Datenbank (z.B. Parameter oder ältere Daten) und legt die Ergebnisse
in der Datenbank ab, wobei Ergebnisse zur Langzeitspeicherung von der "Archivierung"
vorbehandelt werden. Besondere kritische Zustände des Prozesses werden über die
"Alarm-Eingabe" gemeldet und laufen zur Beschleunigung direkt zur "Fehler-Behand-
lung", die über die "Ablaufsteuerung" gesonderte Aktionen veranlaßt. Die "Ablaufsteuerung" koordiniert den Ablauf der Funktionsausführungen und sie kann auch vom

Bediener über Dialogführung beeinflußt werden. Über Bildschirm und die "Grafik"-
Software können Bilder aus- und eingegeben werden. Für systematische Abspeicherung
und schnelles Auffinden von Daten steht allen Funktionen eine Datenbank mit eigener
Verwaltung (für Zugriff, Schutz, etc.) zur Verfügung. Ebenso ist die "Dialogführung"
und "Grafik" für alle drei Ebenen greifbar. Sowohl für den Prozeß- wie für den Be-
triebsbereich stehen eine Reihe von Funktionen bereit, die globale Daten zur "Entscheidungsfindung", "Trendanalyse" und "Optimierung" verarbeiten. So kann die "Optimierung" Vorgabedaten an die "Ablaufsteuerung" und in einem weiteren Schritt an
die untergeordneten "Regelalgorithmen" übermitteln. Die "Kommunikation" steuert den
Datenfluß zwischen Datenbank und Netz zu anderen DV-Systemen.

Die Hersteller von Automatisierungssystemen bieten mittlerweile eine Reihe von
S t a n d a r d - Software-Funktionen (zusammen mit entsprechender Hardware) an,
die vor allem in der "Vor-Ort"-E b e n e zu finden sind /8/. Im Bild 3 ist durch Schattierung in etwa der Anteil von Standard-Funktionen markiert. Jede Standard-Funktion
benötigt noch ein Mindestmaß von Anpassung (z.B. durch Parameterisierung oder Konfigurierung) an die betreffende Anwendung. Einige Funktionen wie Datenauswertung,
Optimierung und Fehlerbehandlung sind stärker von den Anforderungen des Prozesses
und des Betriebs abhängig und können daher nur in geringem Maße, etwa durch Standard-
Unterprogramme (z.B. für mathematische Verfahren) unterstützt werden. Für diese Bereiche muß s p e z i e l l e Software entsprechend den individuellen Bedürfnissen
entwickelt werden.

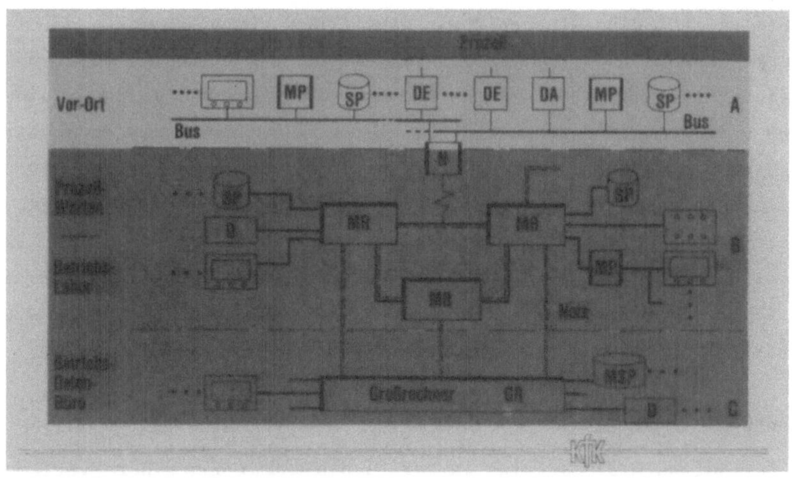

Hardware — technische (physikalische) Schicht

Bild 4

MP Mikroprozessor   SP Speicher   DE Dateneingabe   Sichtgerät   Spezial Tastatur
MR Minirechner   MSP Massenspeicher   DA Datenausgabe   N Nachrichten Prozessor   D Drucker

2.4 Hardware-technische Schicht

In Bild 4 ist eine typische Konfiguration der "h a r d w a r e t e c h n i s c h e n
(oder p h y s i k a l i s c h e n) S c h i c h t" gezeigt, was auch die Vielfalt
der DV-Einheiten mit abgestufter Leistungsfähigkeit andeuten soll. Auf der unteren
"Vor-Ort"-Ebene herrschen über Bus-Systeme miteinander verbundene Mikrorechner mit
Floppy-Disk-Speicher und spezielle Prozeßdatenein-/ausgabe-Einheiten vor. Diese
Subsysteme können räumlich nahe dem zugehörigen Anlagenbereich dezentral aufgestellt
und durch Anschluß weiterer Einheiten an den Bus bei Bedarf leicht erweitert werden
/4/. Für sicherheits-orientierte Aufgaben können spezielle fehlertolerante Mikrorechner oder kommerziell verfügbare Bus-Verbundsysteme eingesetzt werden. Moderne
Verbundsysteme erlauben hohe Leistung im Normalbetrieb und Fehlertoleranz (bei re-
duzierter Leistung) im Falle eines Fehlers in einer Systemkomponente /5/. Über
einen (oder mehrere) Nachrichtenprozessor(en) können die Bus-Systeme an weiter ent-
fernte Mini-Rechner einer zentralen oder von verteilten Prozeßwarten bzw. Betriebs-
labors angeschlossen werden. Die Minirechner, (die heute die Leistungsfähigkeit von
Großrechnern vor fünf Jahren besitzen), können im Verbund über ein Netz (z.B. Ring-
netz) miteinander verkehren. So ist es möglich, verschiedene Funktionsbereiche auf
verschiedene Rechner zu verteilen und zu entkoppeln oder kritische Funktionen auf
mehreren Rechnern gleichzeitig in Redundanz zur Erhöhung der Ausfallsicherheit laufen zu lassen. (Das gleiche gilt natürlich auch auf der Vor-Ort-Ebene). Auf der
oberen Ebene vereinigt der Großrechner (z.B. über ein Sternnetz) den Datenfluß von
den Minirechnern zur Ausführung übergeordneter Aufgaben. Während an die Minirechner
Speicher mittlerer Größenordnung, hochauflösende grafische Sichtgeräte, Spezialtasta-
turen und Anzeigen für die Aufgaben der Prozeßwarten angeschlossen sind, ist der
Großrechner mit schnellen arithmetischen Einheiten, mit Großspeichergeräten für die
zentrale Speicherung großer Datenmengen und mit schnellen Druckern für eine Vielzahl
von Berichten und Formularen ausgestattet. Die Leistung von Prozessoren wird in erster Linie durch die Rechengeschwindigkeit bestimmt, die vom Mikrorechner zum Großrechner um den Faktor 30 ansteigt. Die Speicher sind durch ihre Kapazität, Zugriffszeit und Speicherzeit gekennzeichnet, wobei sich die Unterschiede im Verhältnis
$1:10^6$ bewegen. Busse und Netze weisen Unterschiede in der Übertragungsgeschwindig-
keit um das 1- bis 10^3-fache auf. Sichtgeräte unterscheiden sich in der Art der Darstellung (Grafik, Text, Farbe), Auflösung, Bildwechselzeit und Bedienung.

2.5 Systemaufbau

Der Entwurf der Software drückt sich in der A b b i l d u n g der "verfahrenstechnischen Schicht" auf die "softwaretechnische Schicht" aus. Diese Abbildung stellt
keine 1:1-Zuordnung von Komponenten der beiden Schichten dar, sondern ist weitaus
vielgestaltiger und erfolgt nicht nach formalen Regeln. Am Beispiel der "Laboranalyse" (Bild 2) sei dies anhand ihres Ablaufs in der "softwaretechnischen Schicht"
(Bild 3) grob erläutert. Es wird dabei vorausgesetzt, daß die zu untersuchende Probe

bereits erfaßt wurde und nun untersucht werden soll. Hierbei werden jeweils nur
Teile der folgenden softwaretechnischen Funktion aktiviert. Über die "Bildschirm
Ein-/Ausgabe" mit Hilfe der "Dialogführung" wird der "Ablaufsteuerung" die Identifizierung der Probe und die Art der Analyse mitgeteilt. Die einzelnen chemischen
Analysenwerte werden in der "Datenbank" abgelegt, von wo sie von der "Datenauswertung" für unterschiedliche Berechnungen abgeholt werden. Die langfristig interessierenden Ergebnisse werden über die "Archivierung" für späteren Zugriff in der Datenbank gespeichert. Die kurzzeitig benötigten Ergebnisse werden direkt über Puffer
in der Datenbank der "Protokollierung" oder/und über die "Dialog-Führung" der
"Bildschirmausgabe" zur Betrachtung durch den Bediener zugeführt. Soll das Ergebnis
z.B. in Form einer Kurve oder eines Balkendiagramms ausgegeben werden, wird auch
die "Grafik" verwendet. Wird ein Fehler in der Berechnung oder in den Eingabewer-
ten festgestellt, so wird von der "Fehlerbehandlung" über die "Ablaufsteuerung" der
Bearbeitungsvorgang abgebrochen oder geändert und eine entsprechende Meldung am
Bildschirm erscheinen und wenn erforderlich auch protokolliert.

An diesem Beispiel kann man erkennen, daß in der "softwaretechnischen Schicht" eine
Reihe von Funktionen in logischer Folge ablaufen, die interne Daten verbrauchen,
erzeugen und zwischenspeichern. Die Funktionen, ihre Abläufe, der Daten- und Steuer-
fluß können unabhängig von der Hardware in abstrakter, aber konkreter Form beschrieben werden. Hier kann man auch sehen, welche Funktionen parallel zu anderen ablaufen
können und welche Mengen von Daten transportiert, verarbeitet und gespeichert werden müssen. Auch der Aufbau der Dateien kann hierbei vorgenommen und ihr Umfang abgeschätzt werden. Wenn diese Schicht (inkl. ihrer Detaillierung) vollständig entworfen ist, kann man die einzelnen softwaretechnischen Komponenten der hardwaretechnischen Schicht zuordnen.

In modernen Automatisierungssystemen, wie z.B. TELEPERM /8/, können standardisierte
Funktionen für einfache Verarbeitung, Ein-/Ausgabe zur Regelung und Steuerung
durch Programmbausteine vom Anwender selbst ausgewählt und verknüpft werden. Die
Strukturierung und Parameterisierung erfolgen interaktiv über Bildschirmtechnik.
Für die Realisierung von prozeßanlagenspezifischen Aufgaben steht eine eigene
Sprache (z.B. für TELEPERM die anwenderorientierte Sprache TML) zur Verfügung.
Zur Programmierung von komplexen Prozeßanalysen und Berechnungen zur optimieren-
den Regelung und Steuerung von Prozessen werden in der Praxis die höheren Sprachen
FORTRAN und PASCAL verwendet; es ist noch nicht klar zu erkennen, wie die speziell
für Realzeit- und PDV-Anwendungen geeigneten Sprachen PEARL, ADA und C sich durchsetzen werden. Mit diesen Sprachen lassen sich auch auf einen bestimmten Anwendungsbereich zugeschnittene wiederverwendbare Softwarebausteine erstellen.

Die Farbbildschirmtechnik für die Darstellung von Anlagenschema, von eingeblendeten
Meßdaten (in unterschiedlichen Grafiken) und von Bedienungsabläufen ist bereits

ausgereift und beginnt sich in den Leitwarten durchzusetzen. Zur schnelleren Erkennung von umfassenden Prozeßzuständen (auch Störfällen) durch das Betriebspersonal werden zunehmend stark verdichtete Informationen und Zusammenhänge sehr übersichtlich u.a. durch Kennlinienfelder oder anschauliche grafische Figuren dargestellt /9/.

Sind umfangreiche Daten zu verwalten und abzufragen, so können flexible Datenbanksysteme für Kleinrechner, die auf dem relationalen Datenmodell basieren, eingesetzt werden /10/. Moderne Betriebssysteme, die nachrichtenorientierte Kommunikationssysteme und Fehlertoleranz-Mechanismen unterstützen, werden sich zukünftig auf einige wenige standardisierte, wie UNIX, konzentrieren.

Die "h a r d w a r e t e c h n i s c h e (oder l o g i s c h e) S c h i c h t" nimmt die Software-Komponenten in Form von Programmen und Dateien auf, die dort real ausgeführt werden. Die meßbare Leistung der Softwarekomponenten wird nun bestimmt durch die Leistung der Integration von Software- und Hardwarekomponenten. So wird die Antwortzeit eines Dialogs bestimmt durch die Zahl der Programmschritte, die Rechenzeit des entsprechenden Prozessors, die Such- und Zugriffszeit auf eine Datei im realen Speicher, die Bilderzeugungszeit des Sichtgeräts und die Übertragungszeit auf Verbindungsleitungen. Die in Bild 3 gezeigten drei Ebenen werden in etwa den drei Ebenen in Bild 4 zugeordnet. Es wird so viel wie möglich lokal, vor-Ort, ausgeführt, um die Datenübertragung zwischen den Ebenen zu reduzieren. So gibt es bereits Sensoren, die mit einfachen Funktionen integriert sind. Da die Hardwarekosten heute weitaus geringer sind als früher, legt man autarke Softwarekomponenten auf eigene getrennte Hardwareeinheiten. Dadurch wird auch eine physikalische Entkopplung erreicht, was die Fehlerfortpflanzung reduziert, die Fehlerdiagnose und Wartung verbessert. Kritische Softwarekomponenten können auf mehrere Hardwareeinheiten in Redundanz gelegt werden, so daß Fehler in einer Hardwareeinheit den Betrieb nicht beeinträchtigen. Werden höhere Rechenleistungen und größere Speicherkapazitäten verlangt, so müssen die schnelleren und größeren Prozessoren bzw. Rechner und Speichereinheiten eingesetzt werden; oder die Softwarekomponenten müssen den Hardwarekomponenten so zugeordnet werden, daß mehrere Hardwarekomponenten eine Softwarefunktion in Teilen parallel und damit beschleunigt ausführen. Alle zentralen Aufgaben, die einen großen Rechen- und Speicheraufwand benötigen, wird man dem Großrechner übertragen. Man sieht daraus, daß die optimale Hardwarekonfiguration und Auswahl der Hardwareeinheiten sich aus der Softwarestruktur und den Leistungs- und Zuverlässigkeitsanforderungen ergibt.

3. Vorgehensweise bei der Entwicklung

Es ist das Ziel der Entwicklung eines integrierten modularen Prozeßinformationssystems für eine verfahrenstechnische Anlage, ein vom Prozeß bis zur Betriebsführung durchgängiges, in sich konsistentes System zu entwerfen, das schrittweise mit integrationsfähigen Systemkomponenten aufgebaut werden kann. Man muß sich hierbei im klaren sein, daß der Einsatz der Datenverarbeitung auch organisatorische und betriebliche Veränderungen mit sich bringen kann, die bei der Planung berücksichtigt werden müssen. Erweiterbarkeit und Flexibilität müssen von Anfang an eingeplant sein und können sich nicht in der Zahl der anschließbaren Hardwareeinheiten in der hardwaretechnischen Schicht erschöpfen.

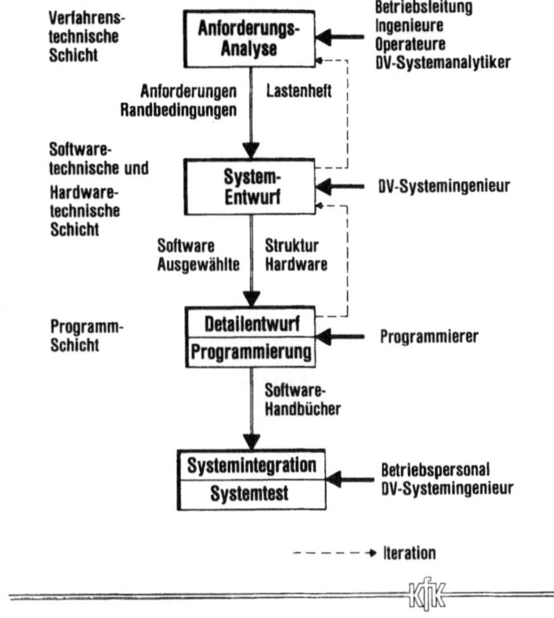

Vorgehensweise bei der Entwicklung von ProzeßinformationsSystemen

Bild 5

Die Entwicklung eines IMP ist eine s y s t e m t e c h n i s c h e Aufgabe, die in vier wesentlichen P h a s e n durchgeführt wird (Bild 5). Dies gilt nicht nur für große sondern auch für kleine Projekte, für Betriebsanlagen wie für Test- und Experimentieranlagen. In der A n f o r d e r u n g s a n a l y s e wird bestimmt, welche Bereiche das geplante System überdecken, welche Funktionen mit welchen Leistungen es ausführen und welche Randbedingungen (z.B. bezüglich Fehlertoleranz, Wartbarkeit und Erweiterbarkeit) es berücksichtigen soll. Hierbei sollen langfristige Ziele und ein Gesamtkonzept ins Auge gefaßt werden. Es soll die "verfahrenstechnische Schicht" in enger Zusammenarbeit zwischen Betriebs-, Bedienungs- und DV-Entwicklungspersonal erstellt werden. Zusätzlich muß auch die Bedienungsphilosophie (Wartenkonzept) festgelegt werden, die die rechnergestützte Bildschirmtechnik voll nutzt. Wichtig ist, daß die Anforderungen und Randbedingungen vollständig erfaßt und konsistent sind und daß sie mit allen Beteiligten abgestimmt und in schriftlicher Form als Lasten- oder Pflichtenheft für alle verbindlich angesehen werden. Hierzu ist es auch notwendig, daß die Erforder-

nisse der Prozesse, der Instrumentierung und der Bedienung der Anlage eingehend analysiert werden. Viele DV-Projekte verzögern sich, kosten weitaus zu viel Aufwand,
Geld und Ärger, wenn die Anforderungsanalyse nicht gründlich und systematisch durchgeführt und dokumentiert wird, weil der Anwender meint, er könne seine Anforderungen
in einer späteren Phase noch vervollständigen und korrigieren. In der Praxis können
nicht eingeplante Anforderungen wesentliche Strukturänderungen in Software und Hardware und damit erhebliche zusätzliche Kosten und Zeit verursachen. Die netzartigen
Strukturen der drei Schichten ziehen bei Änderung eines Blocks in einer Schicht die
Änderung mehrerer Blöcke und Verbindungen in anderen Schichten nach sich! Anforderungsanalyse und Systementwurf (oft auch Systemanalyse genannt) kosten selbst Zeit
und Aufwand, die sich aber lohnen und eine Voraussetzung für das Gelingen einer DV-
Systementwicklung sind. Die nachfolgenden Phasen können dann auch schneller und zuverlässiger ausgeführt werden. Das Lastenheft bildet die Grundlage für den Systementwurf und für die spätere Abnahme des fertiggestellten Systems /11/.

Im S y s t e m e n t w u r f wird die "verfahrenstechnische Schicht" auf die "softwaretechnische Schicht" abgebildet, diese der "hardwaretechnischen Schicht" zugeordnet und daraus die optimale Hardware-Konfiguration ausgewählt. Diese Aufgaben sind
informatik-technischer Natur und erfordern viel Geschick und Erfahrung, da es noch
keine entsprechende DV-Systemtheorie gibt. In der Praxis hat sich leider oft aus
Gründen der Budgetierung eingebürgert, daß die DV-Hardware beschafft wird, bevor ein
gründlicher Systementwurf durchgeführt wurde. Dadurch ist dem DV-Entwickler die Freiheit genommen, die optimale Hardware entsprechend den Softwarespezifikationen auszuwählen und er muß nun umgekehrt die Anwendungssoftware an die vorgegebene Hardware
(und damit auch an das mitgelieferte Betriebs-, Datenverwaltungs- und Dienstsystem)
anpassen. Oft wird auch an der Hardware-Kapazität gespart (da sie sich leichter als
Investitionsausgabe ausweisen läßt). Beide Sünden führen zu erheblichen Mehrkosten
für die Softwareentwicklung! Es hat sich auch gezeigt, daß viele Änderungen vorgenommen werden mußten, wenn die Software nicht entsprechend dem Schichtenmodell realisiert
wurde. Einzellösungen (wie Kauf eines einzelnen Rechners), die nicht mit dem Gesamtkonzept abgestimmt sind, führen unweigerlich zu Systemumstrukturierungen mit beträcht-
lichem Mehraufwand oder zu einem Informationschaos.

Es gibt heute eine Reihe von Verfahren und rechnergestützten Werkzeugen, die die Systemanalyse und den Systementwurf /12/, die Analyse und das Testen von Software
/13, 14/, sowie die Dokumentation und das Projektmanagement /15/ unterstützen. Diese
Werkzeuge und Entwicklungssysteme befinden sich selbst noch im Stadium der Entwicklung und werden sich im Zuge des schnellen Fortschritts der Mikrorechentechnik verändern und an die wachsenden Anforderungen anpassen.

4. Schlußbemerkung

Die Weiterentwicklung der Prozeßinformationssysteme wird sich bewegen in Richtung

- "höherer Intelligenz" der Informationsverarbeitung und der Mensch-Maschine Kommunikation zum besseren Verständnis sowie zur langfristigen Optimierung der Prozeßvorgänge (u.a. durch Anwendung von "künstlicher Intelligenz" und Prozeßmodellierung);

- höhere Integration von der oberen Unternehmens- bis zur unteren Prozeßebene durch stärkere Vernetzung der DV-Systeme;

- höheres Wissen über Prozeßzustände durch vielfältigere und genauere Sensoren und Meßgeräte;

- größere Flexibilität im Aufbau durch verfeinerte Bausteintechnik für Hardware und Software.

Der letzte Faktor trägt auch dazu bei sicherzustellen, daß bei Inbetriebnahme einer großen technischen Anlage die zu dieser Zeit beste Informationstechnologie installiert ist. Bei dem rasanten Fortschritt dieser Technologie ist dies keine leichte, wohl aber eine lohnende Aufgabe.

5. Literatur

/1/   Reh, W. et al.: "Rechnergestützte Prozeßführung in der Wiederaufarbeitungsanlage Karlsruhe (WAK)", 5. PWA-Statusbericht, Karlsruhe, März 1984, KfK-Bericht Nr. 3740

/2/   Perne, R.; Polke, M.: "Produktentwicklung durch Verfahrensvariation", Regelungstechnik 30, Heft 5, 1982, S. 147-156

/3/   Polke, M.: "Informationshaushalte Technischer Prozesse", Informatik-Fachbericht, GI-GMR-KfK-Fachtagung Prozeßrechner 1984, Karlsruhe, Sept. 1984 Hrsg. H. Trauboth, Springer Verlag Berlin

/4/   Färber, G.: "Architektur zukünftiger Prozeßrechnersysteme", Informatik-Fachbericht, GI-GMR-KfK-Fachtagung Prozeßrechner 1984, Karlsruhe, Sept. 1984, Hrsg. H. Trauboth, Springer Verlag Berlin

/5/   Trauboth, H.: "Zuverlässigkeit von DV-Systemen - Eine systemtechnische Aufgabe", Informatik-Fachbericht (78), GI-NTG-Fachtagung "Architektur und Betrieb von Rechensystemen", Karlsruhe, März 1984, Hrsg. H. Wettstein, Springer Verlag Berlin, S. 271-295

/ 5/   Trauboth, H.: "Zuverlässigkeit von DV-Systemen - Eine systemtechnische Auf-
         gabe", Informatik-Fachbericht (78), GI-NTG-Fachtagung "Architektur und
         Betrieb von Rechensystemen", Karlsruhe, März 1984, Hrsg. H. Wettstein,
         Springer Verlag Berlin, S. 271-295

/ 6/   Howein, W.: "Verfahren und Mittel zur industriellen Softwareerstellung",
         Informatik Fachbericht, GI-GMR-KfK-Fachtagung Prozeßrechner 1984,
         Karlsruhe, Sept. 1984, Hrsg. H. Trauboth, Springer Verlag Berlin

/ 7/   Friehmelt, R., et al.: "Aspekte eines Prozeßinformationssystems auf einem
         Rechnernetz", Informatik-Fachbericht (39), GI-GMR-KfK-Fachtagung Prozeß-
         rechner 1981, München, März 1981, Hrsg. R. Baumann, Springer Verlag
         Berlin, S. 174-185

/ 8/   Schneider, E.: "TELEPERM heute - ein aktueller Überblick", Regelungstech-
         nische Praxis (Rtp), August 1983, S. 329-335

/ 9/   Goethe, J.: "Konzentrierte Darstellung von Prozeßinformation mit Sichtge-
         räten", Informatik Fachbericht, GI-GMR-KfK-Fachtagung Prozeßrechner 1984,
         Karlsruhe, Sept. 1984, Hrsg. H. Trauboth, Springer Verlag Berlin

/10/   Schmidt, J.W. (Hrsg.): "Relational Database Systems - Analysis and Compa-
         rison", Springer Verlag Berlin, 1983

/11/   VDI/VDE-Richtlinie 3690 "Abnahme von Prozeßrechnersystemen", Dezember 1981,
         (Obmann: A. Jaeschke)

/12/   Hommel, G., (Hrsg.); Krönig, D.: Informatik-Fachbericht (74), GI-Arbeits-
         tagung "Requirements Engineering", Friedrichshafen, Oktober 1983,
         Springer Verlag Berlin

/13/   Houghton, R.C.: "Software Development Tools", National Bureau of Standards,
         Special Publication 500-88, Washington D.C., 1982

/14/   Muth, P.; Uhlig, C.: "Verfahren und Werkzeuge zur Prüfung von DV-Software",
         Qualität und Zuverlässigkeit (28), August 1983, S. 242-246, Hanser Ver-
         lag München

/15/   Feiglbinder, H.: "CAMIC/S - ein durchgängiges Entwicklungssystem", Infor-
         matik-Fachbericht, GI-GMR-KfK-Fachtagung Prozeßrechner 1984, Karlsruhe
         Sept. 1984, Hrsg. H. Trauboth, Springer Verlag Berlin

Zum Einsatz rechnergestützter Verfahren in der Produktentwicklung

E. Vöge, München

1. Einführung

1.1 Frühe Entwicklungen

Ende der 50er Jahre wurde am MIT zum ersten Mal der Begriff CAD - Computer Aided Design - verwendet. Zu diesem Zeitpunkt wurde damit das Tor zu einem neuen Gebiet der Anwendung von Rechnern geöffnet, das seitdem eine stürmische Entwicklung durchlaufen hat. Bild 1 gibt einen Überblick über die ersten Einsatzbeispiele von rechnergestützten Verfahren im Ingenieurbereich [1], [2], [3].

<table>
<tr><td colspan="3" align="center"><u>Erste Einsatzbeispiele für rechnerunterstützte</u>
Verfahren im Ingenieurbereich</td></tr>
<tr><th>Thema</th><th>Zeitpunkt</th><th>Institution</th></tr>
<tr><td>APT
<u>A</u>utomatic <u>P</u>rogrammed <u>T</u>ools

SKETCHPAD-System

CAD für freie Flächen

ICES-System</td><td>
Ende 50er

Anfang 60er

Anfang 60er

Mitte 60er</td><td>MIT
. D.T. Ross

. I. Sutherland

. S.A. Coons</td></tr>
<tr><td>3D-Geometrieverarbeitung

*3D-Linien von
  Karosserieflächen

*3D-Drahtmodelle</td><td>ab
Mitte 60er</td><td>General Motors</td></tr>
<tr><td>Karosseriedatenverarbeitung

Finite Element Methode

Prozeßrechneranwendungen</td><td>ab
Mitte 60er</td><td>Daimler Benz,
VW</td></tr>
<tr><td>CADAM-System (2D) zur
Zeichnungserstellung</td><td>ab
Mitte 60er</td><td>Lockheed</td></tr>
<tr><td>UNISURF-System
CAD-Flächen, NC-Fräsen</td><td>Ende 60er</td><td>Renault
Bezier</td></tr>
<tr><td>Karosseriedatenverarbeitung
in der
Fertigungsvorbereitung</td><td>Mitte 70er</td><td>Japanische
Automobil-
industrie</td></tr>
<tr><td>Schnittstellen zwischen
CAD-Systemen</td><td>Mitte 70er</td><td>Boeing</td></tr>
</table>

BILD 1

Es wird deutlich, daß schon in den ersten Jahren ein umfangreiches Spektrum verschiedenartiger Anwendungsbebiete angegangen wurde. Neben Anwendungen zur Darstellung und Analyse geometrischer Sachverhalte (CAD) wurden Systeme zu Berechnungsverfahren - insbesondere nach der Methode der finiten Elemente - sowie auch Systeme zur Versuchsautomatisierung - Datenerfassung von Prüfsystemen im Realzeitbetrieb - und zur rechnergestützten Fertigung - z.B. APT - entwickelt und erprobt.

Im Vordergrund der Arbeiten stand die Erarbeitung der grundlegenden Lösungskonzepte in Form von Prinziplösungen sowie die Demonstration der technischen Machbarkeit. Die Vollständigkeit des Einsatzes rechnergestützter Verfahren über das komplette Spektrum der Aufgabenstellung im Ingenieurbereich wurde zunächst nicht angestrebt, obgleich die Bedeutung der Integration verschiedener Systeme zu einer durchgängig rechnergestützten Anwendung frühzeitig erkannt wurde.

Die Durchführung der ersten Projekte für rechnergestützte Verfahren im Ingenieurbereich erwies sich aufgrund der Restriktionen und der eingeschränkten Leistungsfähigkeit von Hardware und Basissoftware als sehr aufwendig, und damit blieb sie beschränkt auf forschungsorientierte Projekte ohne direkte wirtschaftliche Begründung. Demzufolge könnten die Projekte nur im Rahmen von Forschungsinstituten bzw. entsprechenden Abteilungen der Großindustrie bearbeitet werden. Hieraus resultierte wiederum, daß sie in den meisten Fällen unabhängig von bestehenden personellen und organisatorischen Randbedingungen der späteren Nutzer entwickelt werden mußten und deswegen dieses Umfeld nicht berücksichtigen konnten.

Zieht man ein Resumee über die Arbeiten der ersten 10 Jahre (1960-1970), dann läßt sich aus heutiger Sicht bemerken, daß die damals entwickelten technischen Lösungskonzepte sich bis heute als tragfähig sowohl für direkte Anwendungen als auch für aufbauende Forschungsarbeiten erwiesen haben. Gleichzeitig bleibt aber festzustellen, daß die Aufgaben

- Integration der Systeme
- Wirtschaftlichkeit
- Einbettung in das betriebsorganisatorische Umfeld

sich nachwievor als Schlüsselproblem herauskristallisieren, die in jedem Einzelfall neu überdacht und gelöst werden müssen. Insoweit konnte bisher trotz technisch beeindruckender Lösungen im Einzelfall sowie umfassenden Anwendungen mit sehr vielen rechnergestützten Arbeitsstationen bis heute nur gradueller Fortschritt für diese Fragestellungen erreicht werden. Projekte dieser Art können deshalb bis heute nicht als Routine bezeichnet werden.

1.2 <u>Aufgaben im Ingenieurbereich</u>

In Bild 2 wird ein summarischer Überlick über die Aufgaben im Ingenieurbereich von der Produktidee bis zum Start der Fertigung gegeben, Bild 3 enthält ein dazugehöriges grobes Schema des traditionellen Entwicklungsablau-
fes.

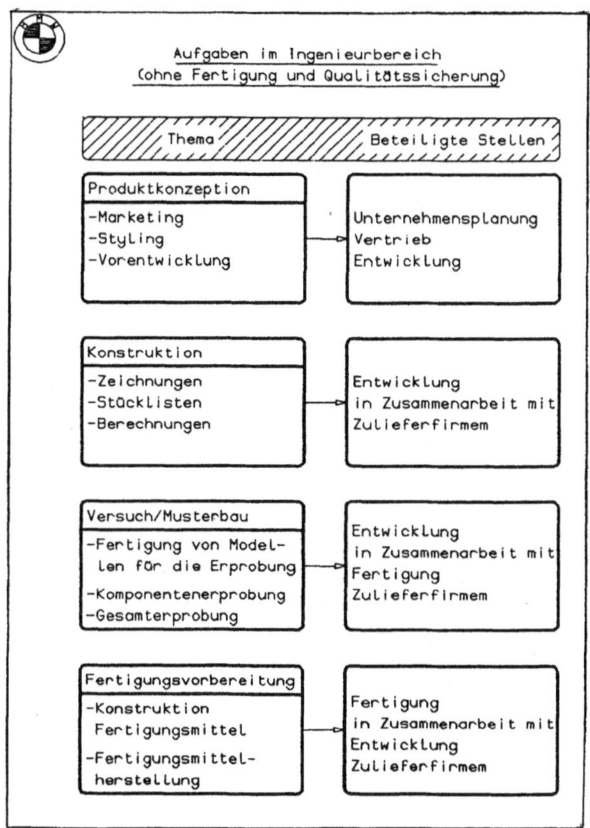

BILD 2

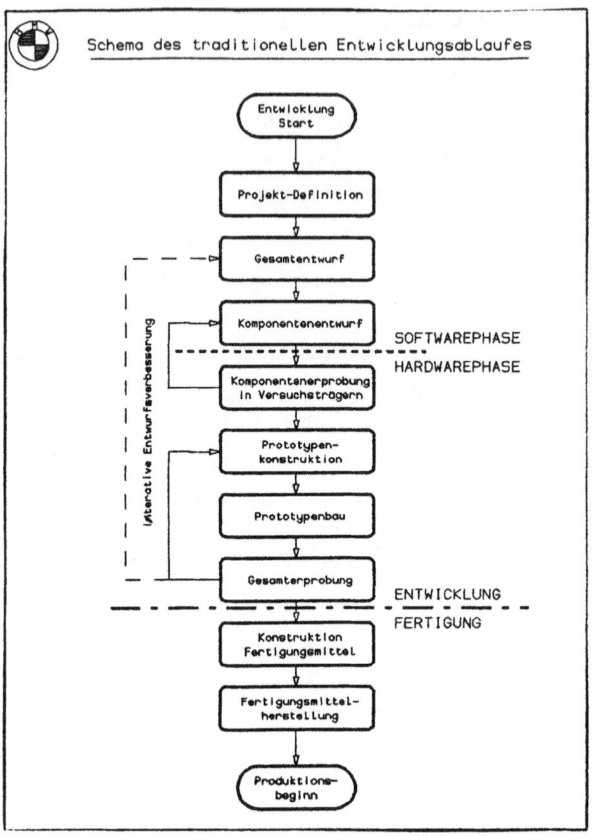

BILD 3

Es wird deutlich, daß bei einer weitgehend auf Versuchsergebnissen beruhenden Verifikation von Designentscheidungen die Entwicklungsqualität des Produktes erst am Ende der vorgesehenen Entwicklungszeit so gesteigert werden kann, daß sie den Anforderungen entspricht. Dieser Zusammenhang ist gleichfalls qualitativ in Bild 4 dargestellt (untere Linie), wobei davon ausgegangen wurde, daß die zum jeweiligen Zeitpunkt erreichte Entwicklungsqualität proportional zu den verursachten Kosten der Entwicklung ist. Stellt man andererseits als Folge der Designentscheidungen die festgelegten Produkteigenschaften und damit festgelegten Kosten als Funktion der Zeit dar (obere Linie), dann ergibt sich eher eine umgekehrte Tendenz. Es müssen zunächst auf der Basis von Annahmen und Erfahrungen viele Festlegungen getroffen werden, die sich im Verlauf der Entwicklung als richtig oder falsch herausstellen können und so ein Risiko darstellen für

Entwicklungsqualität der Produkte

Einhaltung geplanter Entwicklungszeiten

Zusatzkosten durch ungeplante Erprobungen und Änderungen

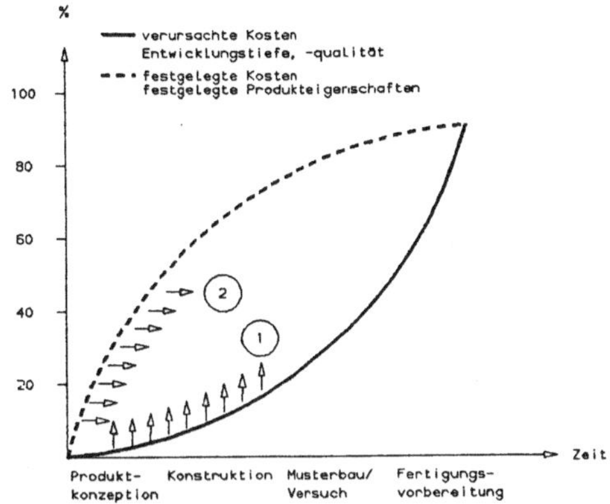

BILD 4

Es muß darum im Interesse der Unternehmen liegen, diese Diskrepanz zwischen festgelegten und verursachten Kosten zu vermindern, zumal durch steigenden Wettbewerb der ganze Entwicklungszyklus tendenziell verkürzt wird und gleichzeitig die Produktkomplexität erhöht wird.

1.3 Ziele für den Einsatz rechnergestützter Verfahren

Im Hinblick auf diese Situation können rechnergestützte Verfahren dazu beitragen, dieses Risiko zu mindern, indem sie insbesondere in den frühen Phasen zur Verifikation der Designentscheidungen eingesetzt werden (vgl. Bild 4). Dies ist besonders deswegen möglich, weil ihr Einsatz ohne Versuchshardware (vgl. Bild 3) möglich ist (z.B. Berechnungsverfahren als Ergänzung zu Versuchsverfahren, [4]). In ähnlicher Weise kann durch Einsatz rechnergestützter Mittel die Flexibilität der Entwicklung im Hinblick auf Änderungen an den Produkten während der Entwicklung gesteigert werden, z.B. durch

CAD-Systeme (vgl. Bild 4). Dadurch lassen sich Festlegungen zu Produkteigenschaften zeitlich verschieben und vermindern so die Differenz zwischen Entwicklungstiefe und festgelegten Produkteigenschaften (vgl. Bild 4). Aus dieser Betrachtungsweise resultieren die durch den Einsatz von rechnergestützten Verfahren angestrebten Vorteile (vgl. Bild 5)

- Verbesserung der Produkte
- Zeitgewinn im Entwicklungsablauf
- Kostenreduktion infolge Produktänderungen,

die durch ihre Bedeutung für das betroffene Unternehmen auch hohe Aufwendungen für die rechnergestützten Systeme rechtfertigen können.

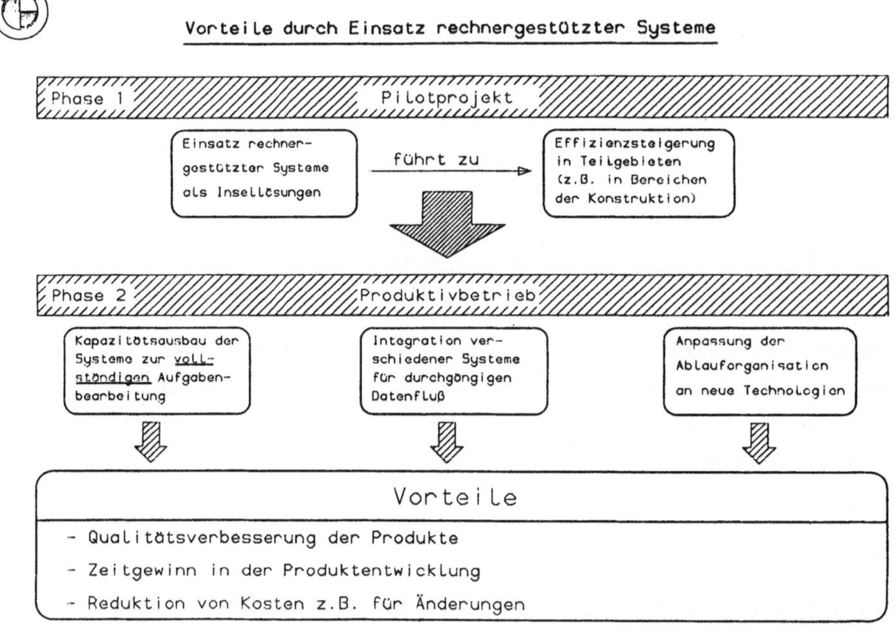

BILD 5

Allerdings ist eine Quantifizierung dieser Vorteile meist nur in Teilaspekten und auch nur nach dem Gewinn von Erfahrungen mit dem Einsatz solcher Systeme möglich, so daß zur Begründung letztlich unternehmerische Überlegungen einbezogen werden müssen. Häufig behilft man sich in dieser Situa-

tion damit, die in einzelnen Pilotprojekten nachgewiesene Effizienzsteige-
rung beim Ablauf - z.B. Verkürzung der Zeiten bei der Zeichnungserstellung
durch ein CAD-System - hochzurechnen und so eine Begründung für eine Beschaffung zu formulieren.

Diese Argumentation kann aber nur letztlich nachrangige Gesichtspunkte erfassen, es muß deshalb primäre Aufgabe der verantwortlichen Ingenieure und
Informatiker, sein den Gesamtzusammenhang und die o.g. entscheidenden Vorteile im Unternehmen deutlich zu machen und in eine Implementierungsstra-
tegie umzusetzen. Hierbei ist zu berücksichtigen, daß nicht nur die technischen Aspekte der Systeme sondern auch deren Integrationsfähigkeit, die Anpassung der Ablauforganisation an die Erfordernisse der rechnergestützen
Systeme sowie der unter evtl. hohem finanziellen Aufwand erforderliche Ge-
samtausbau der Systeme zur Unterstützung einer vollständigen Aufgabenkette
gesehen werden muß (vgl. Bild 5).

Die Bewältigung dieser Aufgaben, die weit über den Rahmen der technischen
Beurteilung und Handhabung von rechnergestützten Systemen hinausragt, erfordert Ingenieure und Informatiker, die den Gesamtzusammenhang ihrer Aufgabe erkennen und in ihre eigene Berufswelt umsetzen können. Die Qualität
der Aufgabenerfüllung ermöglicht ein Urteil über ihre Qualifikation aber
auch über das Zusammenwirken mit den verschiedenen Funktionsbereichen sowie
mit der Geschäftsleitung eines Unternehmens und deren Vermögen zukunftswei-
sende Entscheidungen unternehmerisch zu treffen und durchzusetzen.

Aus Sicht der Nutzer, der Konstrukteure, Berechnungsingenieure, Versuchsin-
genieure bieten die rechnergestützten Systeme die Möglichkeit der Konzentration auf die eigentlichen Ingenieurinhalte der Aufgaben durch Reduktion
von Routinearbeiten sowie durch erleichterte Informationsbeschaffung. Insoweit üben sie eine Faszination insbesondere für diejenigen aus, die ihre
Kreativität dadurch gesteigert sehen (vgl. [7]). Im Hinblick auf die ohnehin wachsenden Aufgabenumfänge und den zunehmenden Zeitbedarf - z.B.
wachsende Produktkomplexität in den Entwicklungen - ergibt sich für diesen
Personenkreis eine Veränderung der Berufsbilder mit neuen qualitativ hochwertigen Anforderungen bei Entfall bisheriger Tätigkeiten. Es darf aber
nicht übersehen werden, daß die Notwendigkeit permanenter Anpassung an ver-
änderte Arbeitsstrukturen auch in nachfolgenden Bereichen entstehen kann -
z.B. im Modellbau, wenn NC-gesteuerte Prozesse diese Aufgabe weitgehend automatisieren - so daß daraus auch für mittelbar betroffene Mitarbeiter Konsequenzen zu Schulungs- und Anpassungsmaßnahmen erwachsen.

2. Heutiger Stand der Nutzung rechnergestützter Verfahren

2.1 Produktkonzeption

Die Arbeiten in dieser Phase der Produktentwicklung sind durch geringe Formalisierbarkeit im Hinblick auf Rechnernutzung gekennzeichnet. Sie sind abhängig von den Erfahrungen mit entsprechenden früheren Produktentwicklungen und auch insoweit nur schwer für rechnergestützte Systeme erreichbar. Andererseits besteht aber auch bei erheblichem Aufwand für Anwendungen in dieser Phase beträchtliches Potential für eine erfolgreiche Rechnernutzung, wenn

die o.g. Grenzen überwunden werden können,
spätere aufwendige Entwicklungsphasen (z.B. Konstruktion/Versuch) entlastet werden können,
sowie die Durchgängigkeit des Datenflusses gegeben ist.

Im allgemeinen wird dies heute nicht erreicht, so daß Anwendungen in diesen Projektphasen vornehmlich als Forschungsprojekte anzusehen sind. Nachfolgend wird anhand charakteristischer Beispiele der erreichte technische Stand deutlich gemacht.

In [6] wird ein Ansatz zur Auslegung und Bewertung von Gesamtfahrzeugkonzepten beschrieben, wobei die jeweils betrachteten Fahrzeugeigenschaften durch einen Satz von Parametern beschrieben werden. Die mathematischen Beziehungen zwischen den Parametern werden durch Modellgleichungen, die entweder empirisch, versuchstechnisch oder durch Simulationsmethoden ermittelt werden, beschrieben. Auf der Basis von Optimierungsverfahren werden dann prozentuale Änderungen für einzelne Parameter ermittelt, um so den Satz der gewünschten Parameter zu erhalten (vgl. Bild 6). Die wesentliche Problematik eines solchen Verfahrens liegt in der Auswahl der geeigneten Parameter und ihrer Gewichtung, sowie in der Präzision der verwendeten Modellgleichungen. Ein solcher Ansatz kann notwendigerweise nur objektivierbare Teilaspekte umfassen, weil subjektive Beurteilungen nicht erfaßt werden können. Sein besonderer Wert liegt darin, daß der Trennstrich zwischen objektiver und subjektiver Beurteilung deutlich wird.

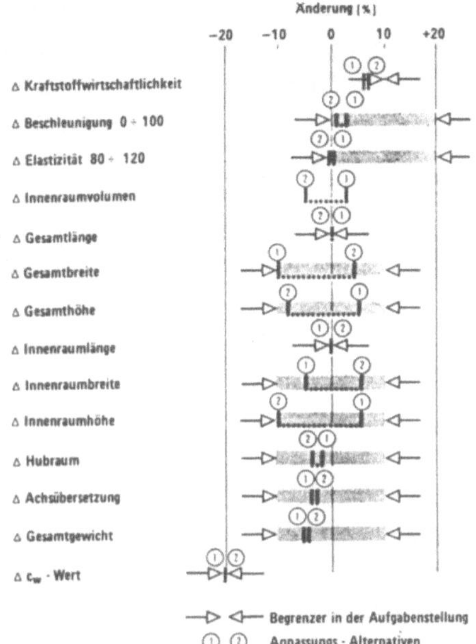

Zur Unterstützung von Stylingaufgaben können CAD-Systeme eingesetzt werden. Bild 7 enthält ein Beispiel (Quelle: VW), in dem die durch ein gegebenes Fahrwerk und weitere Bedingungen bereits definierten Geometrierandbedingungen dem Stylisten vorgegeben werden. Der Stylist hat die Möglichkeit, mit dem System auf dieser Basis seine Arbeit durchzuführen und so bereits vom Ansatz her einschränkende Bedingungen von vornherein zu berücksichtigen.

BILD 6

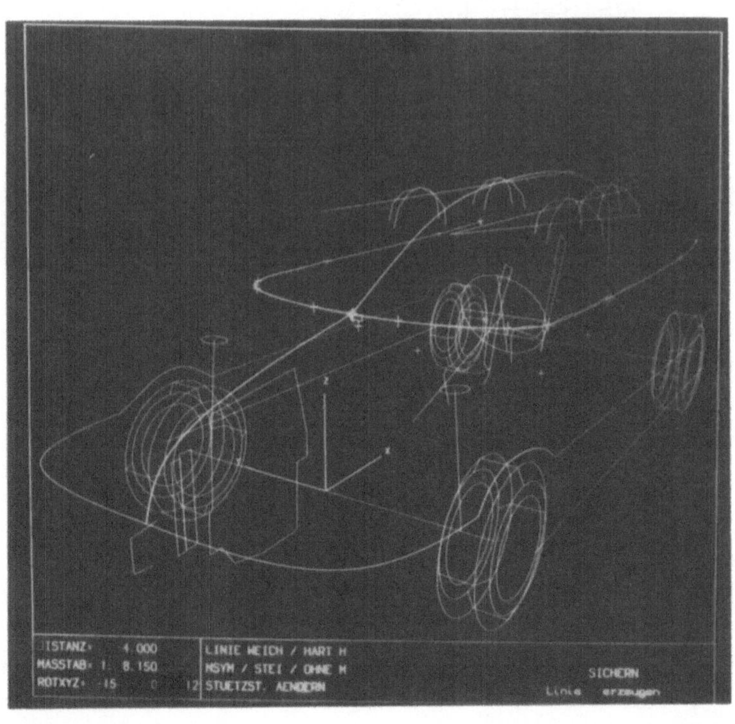

BILD 7

In der Konzeptionsphase ist es unerläßlich, menschliche Körpermaße zu verwenden, z.B. zur ergonomischen Auslegung eines Fahrzeuginnenraums. Um diese
Aufgabe möglichst umfassend rechnergestützt durchführen zu können, sind Modelle des menschlichen Körpers für CAD-Systeme entworfen worden sowohl in
parametrisierbaren Größen als auch mit den entsprechenden Bewegungsmöglich-
keiten (vgl. Bild 8), siehe [7].

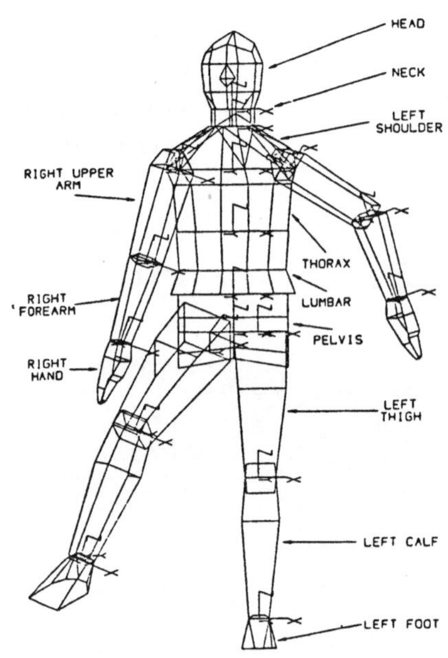

BILD 8

Um eine subjektive Beurteilung durch den Menschen von rechnergestützt entwickelten Entwürfen zu ermöglichen, ist eine naturgetreue Darstellung (Visualisierung) dieser synthetischen Entwürfe erforderlich. Hierzu sind aufgrund von Fortschritten in der Displaytechnik - Rastertechnologie - neue Möglichkeiten entstanden. Bild 9 zeigt die synthetisch generierte Abbildung einer Automobilkarosserie mit Lichtspiegelungen (Quelle: General Motors, siehe [8]). In **Bild** 10 ist ein Auspuffkrümmer dargestellt (Quelle: BMW).

BILD 9

Aus Sicht der heutigen industriellen Nutzung muß allerdings bemerkt werden, daß im Vorfeld solcher Darstellungen erhebliche Aufwände - z.B. durch Definition aller Außenflächen einer Karosserie - entstehen. Dieser Aufwand wird zeitlich im Entwicklungsprozeß zumeist in späteren Entwicklungsphasen geleistet, so daß die Möglichkeit zur Visualisierung eines Entwurfs zu dem Zeitpunkt, wo sie am wichtigsten ist, nämlich in der Stylingphase, nicht zur Verfügung steht.

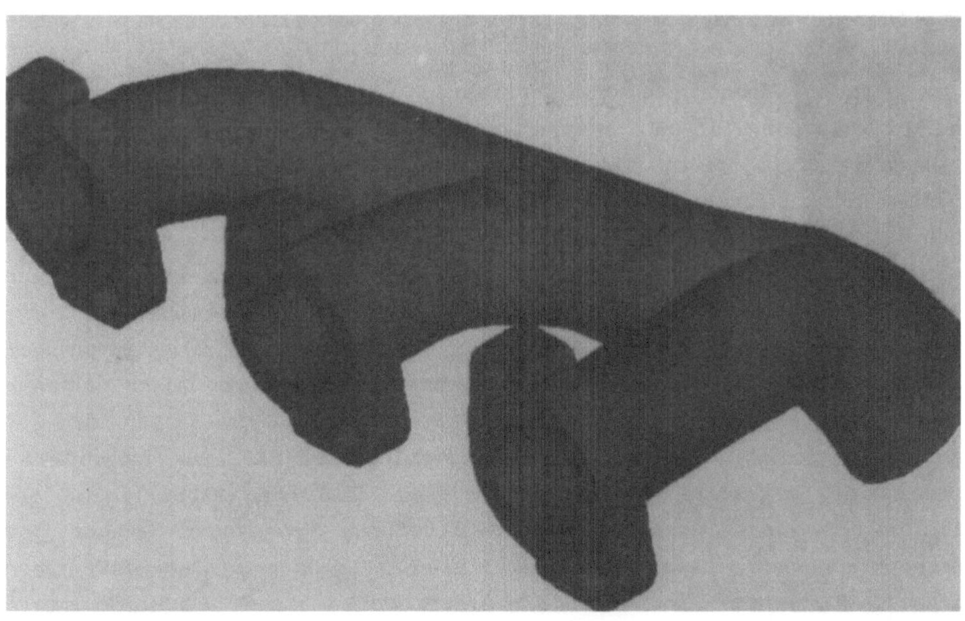

BILD 10

2.2 Konstruktion, Berechnung, Versuch

Während dieser Phase einer traditionellen Produktentwicklung werden die geometrischen und physikalischen Eigenschaften des Produkts soweit im Detail festgelegt und in Fertigungsunterlagen (z.B. Zeichnungen und Stücklisten) dokumentiert, daß darauf aufbauend Fertigungsplanung und Produktion ihre Aufgaben wahrnehmen können. Es kann im allgemeinen nicht davon ausgegangen werden, daß diese Fertigungsunterlagen im Sinne einer rechnergestützten Verarbeitung eine vollständige geometrische und physikalische Produktbeschreibung darstellen. Diese entsteht z.T. in der menschlichen Interpretation z.B. der Zeichnungen und wird letztlich erst im Fertigungsprozeß selbst vorgenommen.

Aus der Sichtweise der Nutzung rechnergestützter Verfahren lassen sich die folgenden Kategorien dieses Arbeitsabschnittes unterscheiden:

- geometrische Formfindung
- Nachweis der geometrischen Verträglichkeit
- Nachweis durch Berechnungsverfahren und Versuchstechnik, daß die angestrebten physikalischen Eigenschaften des Produktes erreicht werden
- Abstimmung über technische und wirtschaftliche Produzierbarkeit

Alle einzelnen Arbeitsabschnitte stehen in enger Wechselbeziehung zueinander und führen damit zu dem schon in Bild 3 dargestellten iterativen zeitaufwendigen Ablauf.

Bei der Nutzung rechnergestützter Verfahren ist zunächst pragmatisch der Weg verfolgt worden, für automatisierte Verarbeitung leicht zugängliche sowie aufwendige Teilgebiete dieser Arbeitsabschnitte zu unterstützen. Deshalb sind z.B. zunächst Rechenverfahren der technischen Mechanik aber auch Zeichnungserstellungsaufgaben (Detaillierung im 2D-Bereich) mit Rechnerunterstützung bearbeitet worden. Es wird deutlich, daß auf dieser Basis nur begrenzte Vorteile im Hinblick auf die in Abschnitt 1.3 erläuterte Zielsetzung ereicht werden können. Deshalb steht heute eine integrierte über alle o.g. Kategorien sich erstreckende Rechnerunterstützung im Mittelpunkt des Interesses.

Nachfolgend wird für ein Beispiel aus dem Teilbereich CAD eine integrierte Vorgehensweise dargestellt. Ausgehend von den räumlichen Mittellinien als Leitlinien und einer gegebenen Querschnittsform wird durch Bewegen der Querschnittskonturen entlang der Leitlinien (Piping) im CAD-System ein räumliches 3D-Kanten- sowie ein Flächenmodell eines Auspuffkrümmers erstellt.

In Bild 11 wird ein aus einem 3D-Kantenmodell entwickeltes Flächenmodell
für einen Auspuffkrümmer gezeigt (vgl. Bild 9). Es wird deutlich, daß eine
vollständige Beschreibung eines solchen Teils auf der Basis von Regelgeometrie sowie den Darstellungsmöglichkeiten in technischen Zeichnungen nicht
möglich ist. Die Vollständigkeit der Flächenbeschreibung andererseits ermöglicht sowohl die Erstellung von Darstellungen wie in Bild 9, als auch
die Unterstützung nachfolgender Fertigungsprozesse, wie später gezeigt
wird.

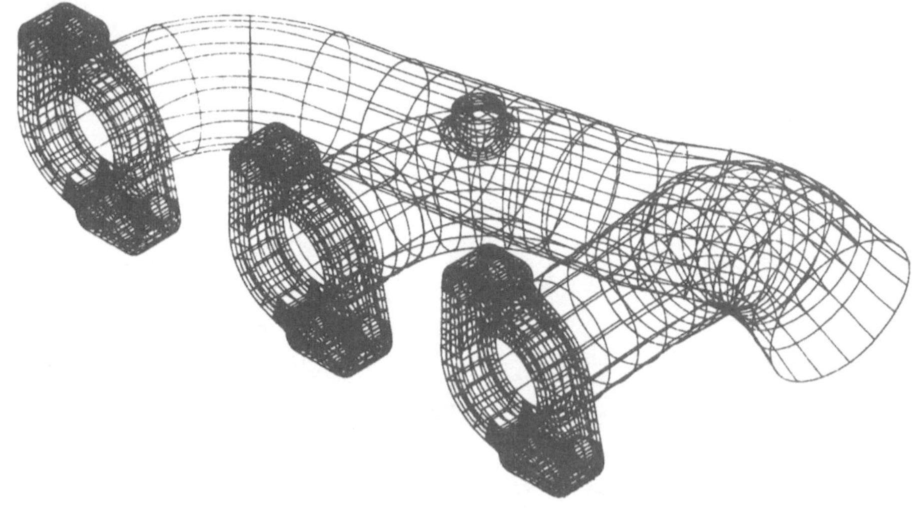

BILD 11

Bild 12 enthält eine vom 3D-Kantenmodell hergeleitete bemaßte Werkstatt-
zeichnung desselben Teils.
Auf der Basis von 3D-Kantenmodellen bzw. Flächenmodellen können Einbauun-
tersuchungen durchgeführt werden, wie in Bild 13 dargestellt, und auf diese
Weise kann der o.g. Nachweis geometrischer Verträglichkeit durchgeführt
werden.

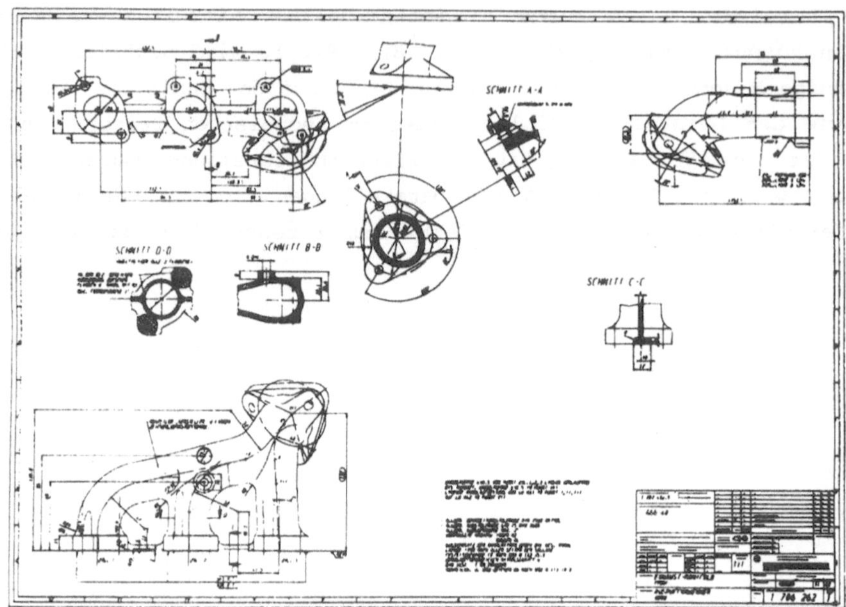

BILD 12

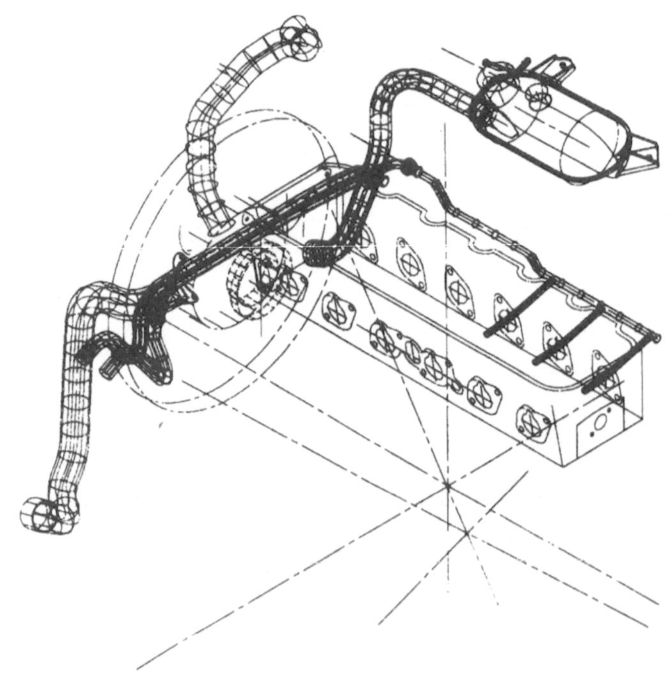

BILD 13

Es wird deutlich, daß auf der Basis von kompatiblen 3D-Kantenmodellen und Flächenmodellen Aufgaben der industriellen Praxis weitgehend in integrierter Form bearbeitet werden können.

Demgegenüber bietet eine Darstellungsform auf der Basis von Volumenelementen mit per Definition widerspruchsfreier interner Darstellung bessere Möglichkeiten zur Visualisierung (Ausblenden verdeckter Kanten), sowie zur Unterstützung nachfolgender Berechnungsprozesse (z.B. Massenermittlung, Trägheitsmomente etc.) (vgl. [9]). Diesen Vorteilen steht allerdings die für einen Konstrukteur ungewohnte Handhabung entgegen, die bislang in industrieller Praxis weitgehend ausschlaggebend war.

Eine wichtige Funktion der Entwicklung ist es - wie erläutert - den Nachweis zu führen, daß bestimmte physikalische Eigenschaften der Produkte erreicht werden. Zur Erläuterung dient folgendes Beispiel.

Auf Basis der Methode der finiten Elemente (FEM) kann. für eine gegebene Struktur, z.B. eine Automobilkarosserie, die Bestimmung der ersten Eigenfrequenzen und -formen erfolgen (vgl. Bild 14). Ein großer Arbeitsaufwand liegt hierbei im Aufbau eines geeigneten Rechenmodelles, so daß dieser Aufwand deswegen durch interaktive Präprozessoren unterstützt wird. Die wesentliche Problematik der Methode liegt in der problemadäquaten Idealisierung der Struktur, die daher einen mit der Aufgabenstellung und Methodik vertrauten Analytiker erfordert. Es ist deshalb sinnvoll, bei neuen Aufgabenstellungen eine Verifizierung durch Experimente durchzuführen. Hierzu kann die Modalanalyse eingesetzt werden, bei der die zu untersuchende Struktur durch Impulse angeregt wird und aus der Impulsantwort auf das Übertragungsverhalten und damit auf Eigenfrequenzen und -formen geschlossen werden kann (vgl. Bild 14). Beide Verfahren können gekoppelt werden, wenn nur für einen Teil der Struktur der für das Experiment erforderliche Prototyp vorhanden ist.

EXP. MODALANALYSE   FEM – RECHNUNG

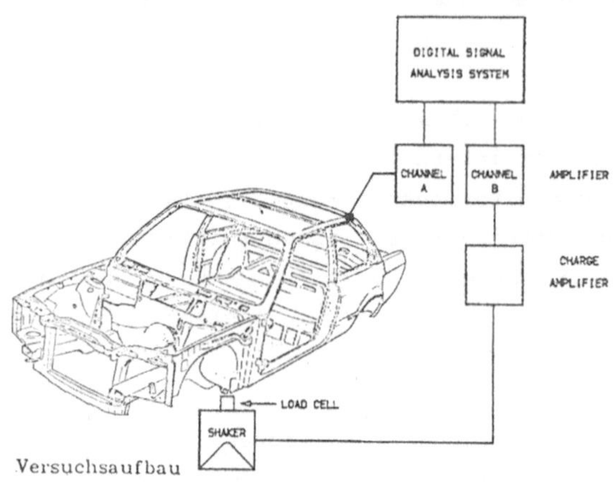

Versuchsaufbau

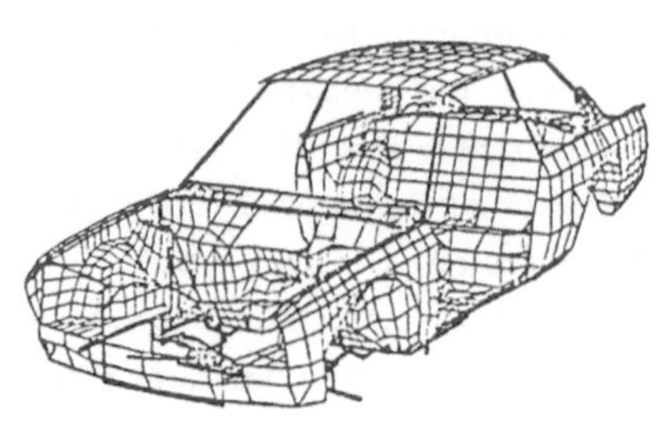

FEM – Modell

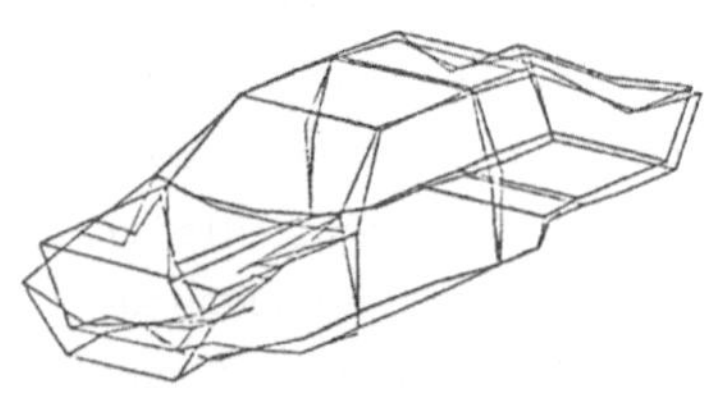

Biegeformen
(symmetrische Randbedingungen)

Versuch	Mode	Rechnung	Art	Abweichung %
	4	16.4	L	
	5	20.9	L	
	6	32.7	L	
	7	36.7	L	
36.3	8	39.5	G	5,9
	9	40.4	L	
42.4	10	41.4	G	2,4
	11	44.1	G	
	12	45.3	L	
46.0	13	45.7	G	1
	14	46.2	G	
		47.4	L	

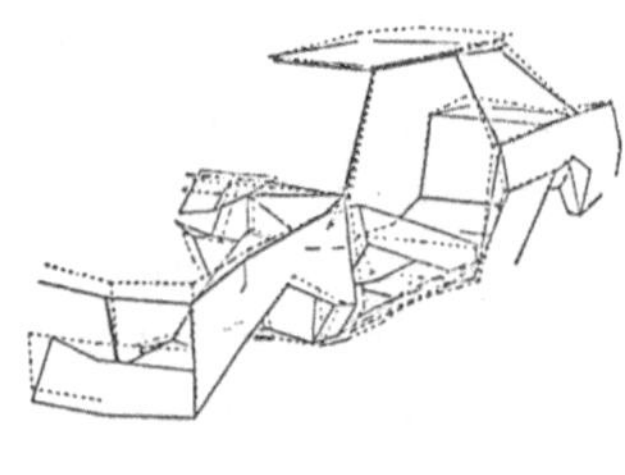

Torsionsformen
(antisymmetrische Randbedingungen)

Versuch	Mode	Rechnung	Art	Abweichung %
	4	13.7	L	
28.1	5	30.4	G	8,2
40.6	6	34.1	G	12,0
	7	40.3	L	
	8	44.4	L	
44.6	9	50.2	G	14,5
48.3	10	55.3	G	14,5

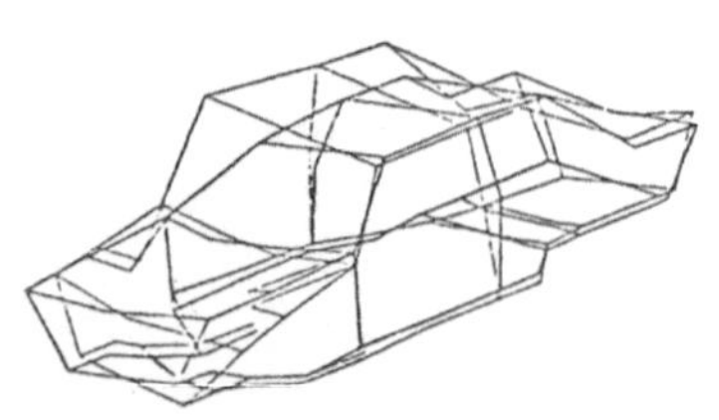

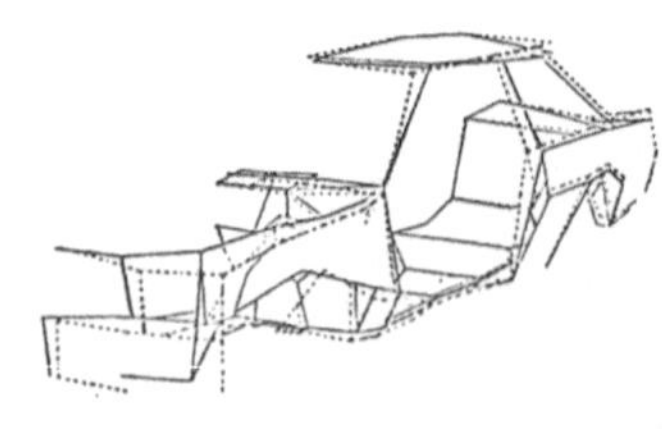

BILD 14

2.3 Fertigungsvorbereitung, Musterbau

Je präziser im Sinne einer rechnergestützten Verarbeitung die in den vorangegangenen Phasen der Entwicklung erstellten Fertigungsunterlagen sind und soweit sie auf der Basis gleicher CAD/CAM-Systeme oder hinreichend mächtiger Schnittstellen weiterbenutzt werden können, desto vorteilhafter kann hier rechnergestützt weitergearbeitet werden. Ein Beispiel für die Bearbeitung freier Flächen wird in Bild 15[1]) gegeben, das die zur NC-Fertigung eines Modelles benötigten Fräsbahnen des o.g. Auspuffkrümmers darstellt, die aus dem bereits erwähnten Flächenmodell hergeleitet wurde.

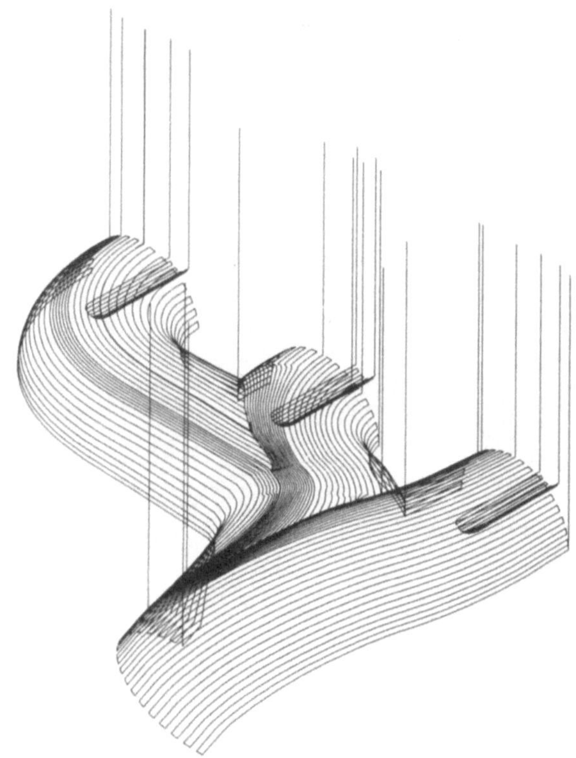

Bild 15

Bild 16[1]) enthält das Foto eines in Kunststoff gefrästen Modells, Bild 17[1]) zeigt einen gefertigten Krümmer.

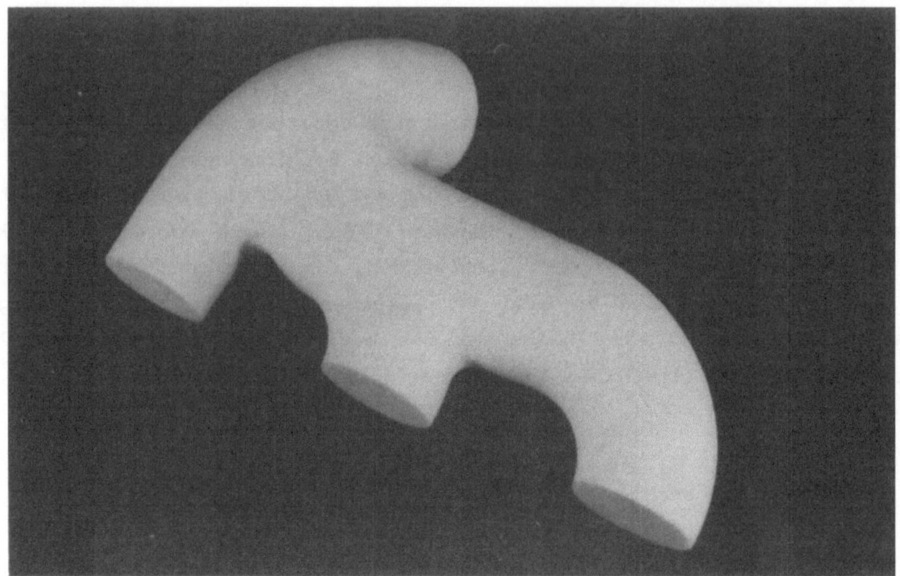

BILD   16

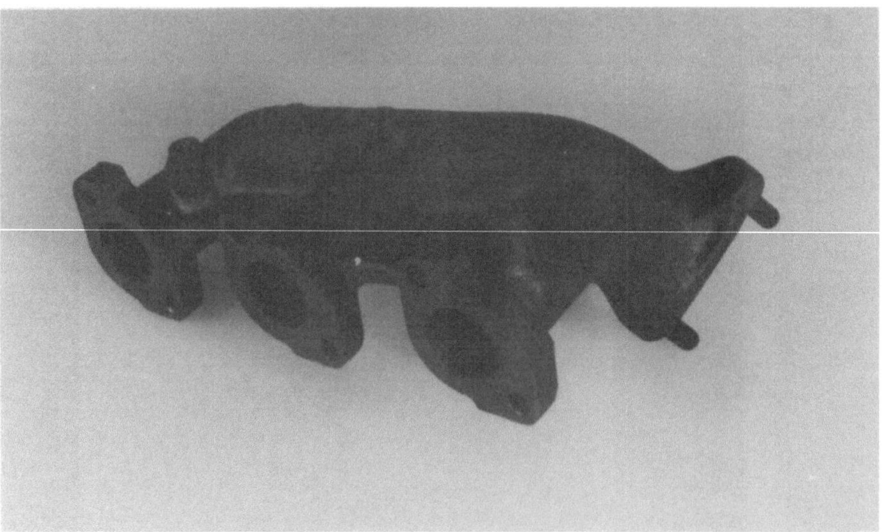

BILD   17

[1]) da die Arbeiten für diese Darstellung zu verschiedenen Zeiten durchgeführt wurden, sind die Teile nicht geometrisch identisch.

Ein großes Anwendungsgebiet für die rechnergestützte Verarbeitung freier Flächen sind Karosserieteile im Fahrzeugbau (vgl. [10]). In diesem Bereich wird die durchgängige Verarbeitung über den Rahmen einzelner Unternehmen hinaus erforderlich, da die Werkzeugherstellung für Karosserieteile zumeist in Zusammenarbeit zwischen verschiedenen Unternehmen durchgeführt wird.
Ein Beispiel für die Bearbeitung von Teilen, die durch Regelgeometrie beschrieben werden zeigt Bild 18. Hier wurde aus einem 3D-Kantenmodell eines Bauteils zunächst ein rotationssymmetrisches Rohteil ermittelt, das im nachfolgenden NC-Prozeß, z.B. auf der Basis des Exapt-Systems, weiterverarbeitet werden kann.

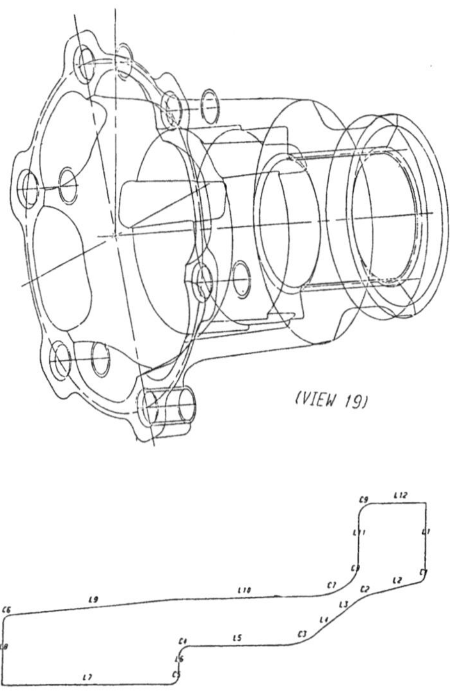

BILD 18

2.4 Beurteilung im Vergleich zu Zielvorstellungen

Beurteilt man den heutigen Stand der Nutzung rechnergestützter Verfahren
mit dem Maßstab der im Kapitel 1.3 erläuterten Zielsetzung, so lassen sich
3 Kategorien verschiedenartiger Einsatzformen unterscheiden:

- Projekte ohne direkten wirtschaftlichen Nutzen   (1)
  (z.B. Beispiele aus Kapitel 2.1)

- Projekte, deren Ergebnisse für die Produktentwicklung nützlich,   (2)
  deren Beiträge zur o.g. Zielsetzung aber nur marginal sind

- Projekte mit wesentlichen Beiträgen zur Zielsetzung   (3)
  (z.B. Verarbeitung freier Flächen für Karosserieteile, Kap. 2.3,
  [10], systematischer Einsatz der FEM-Methode für Karosserie-
  strukturen)

Die Mehrzahl der heutigen Projekte ist der Kategorie 2 zuzurechnen. Hierzu
gehören beispielsweise Projekte mit isoliert eingesetzten CAD-Systemen zur
Zeichnungserstellung ebenso wie Berechnungsprojekte zur Strukturanalyse von
schadhaften Teilen, die im Versuch Mängel aufwiesen. Die CAD-unterstützte
Konstruktion in Teilbereichen fällt in diese Kategorie, weil sie keinen wesentlichen Beitrag zur Zeitverkürzung, Qualität und Kostenreduktion der Ge-
samtentwicklung liefern kann, desgleichen Berechnungsaufgaben, in denen im
nachhinein die Ursache von Schäden geklärt wird. Die Reihe der Beispiele
ließe sich fortsetzen.

- Mangelnde Integrationfähigkeit der einzelnen Systeme,
- hohe Kosten für rechnergestützte Aufgabenerfüllung in der erforderlichen
  Breite,
- hohes Risiko beim Eingriff in den organisatorischen Arbeitsablauf der
  laufenden Arbeiten wegen starken Termindrucks,
- mangelnde Quantifizierung der Vorteile,

sind Hauptursachen dafür, daß es nur in wenigen Fällen bislang gelungen
ist, integrierte Projekte zu realisieren.
Demgegenüber sind die in den einzelnen Systemen natürlicherweise vorhandenen Fehler und Unzulänglichkeiten heute von geringerer Bedeutung.
Es wird daher in Zukunft darauf ankommen, neben den Anstrengungen, die In-

tegrationsfähigkeit der Systeme zu verbessern, vor allen Dingen die organisatorischen und wirtschaftlichen Probleme anzugehen.

Bislang sind in den Unternehmen häufig Projekte zu rechnergestützten Verfahren von jungen, in der direkten Sacharbeit stehenden sehr engagierten Mitarbeitern eigenverantwortlich abgewickelt worden. Die Verknüpfung ihrer Arbeiten mit den Entscheidungsmechanismen der Unternehmen, aber auch mit der eigentlichen Produktentwicklung, hatte keine absolute Priorität. Diese Arbeitsform ist mit wachsender Ausdehnung und Bedeutung der Aufgaben bei gleichzeitiger Verlagerung von Problemschwerpunkten in den organisatorischen und wirtschaftlichen Bereich nicht mehr ausreichend. Es wird daher je nach Struktur der Unternehmen eine neue Projektführung für rechnergestützte Projekte im Ingenieurbereich entwickelt werden müssen.

3. Entwicklungstendenzen

Wie bisher ausgeführt, muß die Verfügbarkeit geeigneter Schnittstellen zwischen verschiedenen rechnergestützten Teilsystemen als eine unabdingbare Voraussetzung für die Erreichbarkeit der angestrebten Vorteile angesehen werden.

Darauf basierend hat es in der letzten Zeit eine Reihe von Entwicklungen gegeben, die hierzu Beiträge leisten. In den USA wurde und wird ein Standard zum Austausch produktdefinierender Daten (IGES, initial graphics exchange specification) entwickelt, für den Sonderfall von Flächendaten hat in Deutschland eine spezielle Entwicklung stattgefunden [10], [11]. Im Rahmen dieser Tagung wird insbesondere über diese Thematik noch intensiv gesprochen werden [12].

Im Hinblick darauf, daß bis zu einer befriedigenden umfassenden Lösung, die zudem weltweit als Standard akzeptiert werden kann, noch Jahre vergehen werden, muß nach Auffassung des Verfassers von einem Stufenkonzept ausgegangen werden, das sukzessiv und modular für die wichtigsten Aufgabenstellungen (z.B. Flächendaten VDAFS, 3D-Kantenmodell, Zeichnungsaustausch, etc.) entwickelt wird. Eine Strategie der Definition und Implementierung der einzelnen Teilschritte darf dabei aber nicht nur unter Gesichtspunkten der technischen Machbarkeit und der wissenschaftlichen Präzision dieser Teilschritte erfolgen, sondern muß auch den Gesichtspunkt, die angestrebten Vorteile möglichst groß werden zu lassen, umfassen.

4. <u>Schrifttum</u>

[1]   I. Sutherland: SKETCHPAD, A Man-Machine-Graphical Communication System
      Conference proceeding SJCC 1963, AFIPS Press

[2]   S.A. Coons, B. Herzog: Surfaces for Computer-Aided Aircraft Design
      Journal of Aircraft, Vol 5, No 4 (1967)

[3]   P.E. Bezier: Numerical Control-Mathematics and Applications
      Wiley, London, 1972

[4]   J. Lemon, S.K. Tolani, A. Klosterman: Integration and Implementation
      of CAE and related Manufacturing Capabilities into Mechanical
      Product Development Process
      GI-Jahrestagung, 1980

[5]   W. Lincke: Zukünftige CAD-Anwendungen – Forderungen und Perspektiven
      VDI-Bericht Nr. 413, 1981

[6]   H.H. Braess: Berechnung, ein wichtiger Teilbereich der Fahrzeugent-
      wicklung
      VDI-Bericht Nr. 444, 1982

[7]   N.N.: SAMMIE – Users Manual, First Edition
      Compeda, Hertfordshire, England

[8]   D.R. Warn: Lighting Controls for Synthetic Images
      Computer Graphics, Vol 17, No 3 (1983)

[9]   M.J. Pratt: 3D-Geometric Product Definition for CAD/CAM, the Present
      State and Future Trends
      I Mech E, 1983, C1 66/83

[10] E. Vöge: Zur Integration von CAE-Systemen
      VDI-Bericht Nr. 501, 1983

[11] Verband der Automobilindustrie (VDA): VDA-Flächenschnittstelle,
      Version 1,0
      Frankfurt VDA, 1983

[12] R. Schuster, D. Trippner: Anforderungen an eine Schnittstelle zur
      Übertragung produktdefinierender Daten zwischen verschiedenen
      CAD/CAM-Systemen
      GI-Jahrestagung 1984, Braunschweig

VLSI - Entwurfssystem (VENUS)

Blondin, Klaus   und   Nett, Martin
SIEMENS AG, Zentralbereich Forschung und Technik
8000 München 83
Otto-Hahn-Ring

Der Stand der Halbleiterfertigungstechnologie erlaubt die Herstellung
von Bausteinen mit mehr als 100.000 Transistoren. Der Entwurf von
Schaltungen, der diese technologischen Möglichkeiten ausnutzen möchte,
ist nur noch mit massiver Rechnerunterstützung möglich. Mit dem VLSI-
Entwurfssystem VENUS® wird ein durchgängiges CAD-System vorgestellt,
das alle für den Entwurf von höchstintegrierten Semicustom-Schaltungen
notwendigen Schritte unterstützt. Die unterschiedlichen Zellenkonzepte,
der Verfahrensablauf und die Systemarchitektur werden beschrieben.

0 Einleitung

Der Stand der Halbleitertechnologie erlaubt die Fertigung von höchstintegrierten Schaltkreisen von mehr als 100 000 Transistoren pro Baustein.
Den Vorteilen der Integration von digitalen Schaltungen wie kleinere
Gerätevolumen, weniger Verlustleistung und höhere Zuverlässigkeit steht
ein mit der Schaltungskomplexität anwachsendes Entwicklungsrisiko gegenüber. Ein Entwurf sollte im ersten Entwicklungsdurchlauf richtig sein,
da sich Korrekturen im realisierten Entwurf (Chip) nicht durchführen
lassen. Höchstintegration war bisher eine Domäne für Schaltungen mit
hoher Regularität und hohen Produktionsstückzahlen. Typische Beispiele
sind Speicherbausteine. Eine Ausweitung der Höchstintegration auf anwendungsspezifischen Schaltungen ist wirtschaftlich nur sinnvoll, wenn
für den Entwurf ein Verfahren, Werkzeuge und Grundelemente zur Verfügung gestellt werden, die einen schnellen und sicheren Entwurf kundenspezifischer Schaltungen ermöglichen.

Die diesem Bericht zugrunde liegenden Arbeiten wurdem mit Mitteln des
Bundesministeriums für Forschung und Technologie gefördert
(Förderungskennzeichen: NT 2818).
VENUS ist ein eingetragenes Warenzeichen der Siemens AG, Berlin und
München.

In diesem Beitrag wird dargestellt, wie mit einem rechnerunterstützten
Entwurfsverfahren (CAD) dieses Ziel erreicht werden kann und welche
Einschränkungen des technologisch Möglichen zugunsten eines wirtschaft-
lichen und sicheren Entwurfs akzeptiert werden <0.2>.

Zielsetzung

Das Entwurfssystem VENUS (Abb. 1) ist ein Entwurfssystem für teilkunden-
spezifische (semi-custom) Schaltungen. Eine Zellenbibliothek enthält
vorentwickelte Grundschaltungen (Zellen). Nur die Verbindungen der Zellen, nicht aber die Zellen selbst, werden individuell entworfen.

Das System VENUS ist ein durchgängiges, rechnerunterstütztes Entwurfssystem, in dem Technologie, CAD-Programme und Verfahrensablauf aufeinander abgestimmt sind. Es richtet sich besonders an Schaltungsentwickler, die über keine speziellen Technologiekenntnisse verfügen. Der
Schaltungsentwurf soll dem Entwurf mit den bekannten TTL-Bausteinen
ähneln, wobei aber in einem System eine durchgehende CAD-Unterstützung
für alle Entwurfsschritte geboten wird. Zur Erzielung einer hohen Entwurfssicherheit erfolgen alle Entwurfsschritte nach einem beim Hersteller erprobten Verfahrensablauf. Die Entkopplung von Schaltungsentwicklung und Halbleitertechnologie erfolgt über die Verwendung von vorentwickelten und überprüften Grundschaltungen einer Zellenbibliothek. Das
technologische Wissen steckt in der Zellenbibliothek und den mit ihr
zusammenarbeitenden Programmen.

1. Zellenkonzepte

Individuell entworfene kundenspezifische (full custom) Bausteine, deren
Entwurf auf niedrigstem Niveau - Transistorebene - erstellt wird,
setzen eine hohe Qualifikation des Schaltungsentwicklers voraus. Die
Entwicklungsdauer ist hoch, die Entwurfssicherheit ist gering, da sehr
viele Elemente individuell entwickelt werden, um die Schaltung nach
gegebenen Kriterien (Siliziumfläche, Grenzfrequenz) optimieren zu
können.

Der Entwurf von teilkundenspezifischen Schaltungen wird durch die aus-
schließliche Verwendung von vorentwickelten Grundelementen, Zellen,
standardisiert. Für den Schaltungsentwickler entfällt die technologie-
nahe Entwurfsebene.

Zellen bestehen aus der Zusammenschaltung von Transistoren zu Grundfunktionen wie kombinatorische Gatter, Flipflops oder Register. Die
elektrischen und die geometrischen Eigenschaften einer Zelle sind für
einen Technologieprozeß fest vorgegeben und in der sogenannten Zellenbibliothek beschrieben.

Für Zellen haben sich mehrere Konzepte (Abb. 2) herausgebildet, die
unterschiedliche Abwägungen zwischen Entwicklungs- und Fertigungsauf-
wand berücksichtigen. Wobei der Entwicklungsaufwand erheblich durch die
Automatisierbarkeit des Entwurfsprozesses bestimmt wird.

Gate-Array

Der derzeit am häufigsten anzutreffende Entwurfsstil für teilkunden-
spezifische Schaltungen verwendet Gate-Arrays. Er bietet die kürzesten
Durchlaufzeiten für die Erstellung erster Schaltungsmuster, da nicht
nur vorentwickelte, sondern auf Silizium teilweise vorgefertigte Grundelemente (Master mit Transistoren / Widerständen) verwendet werden. Auf
einem Chip, dem sogenannten Master, befindet sich eine feste Anzahl von
unverdrahteten Grundelementen auf vorgegebenen Plätzen. Diese Grundelemente können durch eine entsprechende Verdrahtung (Intra-Zellen-Ver-
drahtung) Grundfunktionen annehmen. Die möglichen Grundfunktionen mit
ihren zugehörigen Verdrahtungsmustern sind Bestandteil der Bibliothek.
Durch eine zusätzliche, aufgabenspezifische Verbindung der Zellen untereinander (Inter-Zellen-Verdrahtung) wird schließlich aus dem Master
der individuelle Baustein. Für die Verdrahtung auf dem vorgefertigten
Master sind lediglich 3 von insgesamt 12 Prozeßschritten notwendig.

Vom System VENUS werden Master für digitale Schaltungen mit 1000, 2000,
4000 und 8000 Gatteräquivalenten unterstützt. Dabei entspricht ein
Gatteräquivalent einem Nand-Gatter mit zwei Eingängen.

Standard-Zellen

Der Entwurfsstil mit Standard-Zellen verzichtet im Vergleich zu Gate-
Arrays auf ein starres Platzschema für Zellen, um die Siliziumfläche
optimal für Verdrahtung und Zellen nutzen zu können. Auf vergleichbarer
Chip-Fläche können komplexere Schaltungen realisiert werden.

Standard-Zellen sind speziell für die Verwendung im CAD-System entwickelte Zellen. Sie haben einheitliche Höhen, einheitliche Anordnung von Stromversorgungsleitungen und ein einheitliches Raster für Zellbreite und Zellanschlüsse. Durch diese geometrischen Standards lassen sich Standard-Zellen einfach aneinanderreihen. Die Zellen werden vorzugsweise in den Kanälen zwischen den Standard-Zellreihen verbunden. Die Zellenbibliotheken des Systems VENUS enthalten sowohl Zellen mit einseitigen Anschlüssen für eine Rücken-an-Rücken-Anordnung als auch Zellen mit doppelseitigen Anschlüssen, die über zwei Verdrahtungskanäle angeschlossen werden können.

Ein Programm zur automatischen Plazierung und Verdrahtung der vorentwickelten Standard-Zellen kann für die Verdrahtung benötigten Flächen nach Bedarf einstellen. Dadurch ist beim Standard-Zellenkonzept der Einsatz sehr effizienter Wegesuchalgorithmen möglich. Die Verdrahtung kann nach vergleichsweise einfachen Verdrahtungsmustern erfolgen.
Für Standard-Zellen müssen alle Fertigungsschritte (ca. 12) durchlaufen werden, die Durchlaufzeit für erste Muster ist deshalb größer als bei Gate-Arrays.

Allgemeine Zellen

Den Vorteilen des Gate-Array- bzw. Standard-Zellen-Konzepts wie gute Automatisierbarkeit des Entwurfsverfahrens und kurze Entwurfszeit steht als Nachteil die fehlende oder ineffektive Implementierungsmöglichkeit von komplexeren Funktionen wie ALU, RAM, ROM oder PLA gegenüber. Komplexe Funktionen lassen sich schlecht geometrischen Zwängen wie feste Einbauplätze, einheitliche Zellenhöhen und einheitlichen Raster anpassen. Abhilfe bietet hier ein hierarchisches Zellenkonzept mit Zellen beliebiger Breite und Höhe und Anschlußmöglichkeiten an allen Seiten. Eine solche allgemeine Zelle besteht aus vorentworfenen regelmäßigen Strukturen wie PLA, ROM, oder RAM, aus angeordneten und verdrahteten Standard-Zellen oder aus allgemeinen Zellen.

Für die Automatisierung der Plazierung und Verdrahtung von allgemeinen Zellen sind erst in letzter Zeit befriedigende Algorithmen gefunden worden. Die nächste Version des Systems VENUS wird den Entwurf mit allgemeinen Zellen unterstützen.

2. VLSI-Entwurf mit dem System VENUS

Die Hauptbestandteile eines zellenorientierten Entwurfssystems sind die
CAD-Programme und die auf sie abgestimmte Zellenbibliothek, die in einem
durchgängigen Verfahrensablauf eingebettet sind.

Für Gate-Array und Standard-Zellen werden in VENUS Zellenbibliotheken
bereit gestellt, die entworfene und auf Silizium verifizierte Logik-
und Padzellen enthalten. In der zugehörigen Dokumentation, dem Zellen-
katalog, befinden sich für jede Zelle Datenblätter mit Schaltzeichen,
Funktionstabellen, Zeitdiagrammen, Abmessungen des Layouts sowie Anzahl
äquivalenter Gatter und ein Logikersatzschaltbild.

Die Zellenbibliotheken für CMOS-Gate-Array und CMOS-Standard-Zellen
enthalten jeweils ca. 100 Zellen für Gatter, Flipflop, Schieberegister.
Das Funktionsspektrum der Zellen entspricht etwa dem der gängigen
TTL-Bausteine. Durch die weitgehende Kompatibilität zwischen Gate-Array
und Standard-Zellen kann der Schaltungsentwickler zwischen einer Realisierung seiner Schaltung als Gate-Array- oder als Standard-Zellen-Baustein wählen. Die Zellen sind so ausgelegt, daß sie sich ähnlich un-
kompliziert wie TTL-Bausteine verwenden lassen.

Der Vergleich der Implementierungen einer Schaltung als Gate-Array- bzw.
als Standard-Zellen-Baustein verdeutlicht die unterschiedliche Flächenausnutzung:

>   Der CMOS-Gate-Array-Baustein belegt 82 % der Chipfläche von
>   27.25 mm² eines Masters mit 1000 Gatteräquivalenten.
>
>   Der CMOS-Standard-Zellen-Baustein benötigt dafür 16.70 mm²,
>   also nur 61 % der Fläche.

Verfahrensschritte.

Der Schaltungsentwickler führt alle Entwurfsschritte im Rahmen eines
Verfahrensablaufs aus, der sich grob in drei aufeinanderfolgende Abschnitte gliedert:

>   - funktioneller Entwurf

- physikalischer Entwurf

- Prüf- und Fertigungsdatenermittlung

Dabei werden alle Einzelschritte von CAD-Funktionen unterstützt.
Beim Schaltungsentwurf mit VENUS ist der funktionelle Entwurf der entscheidende Entwicklungsschritt. Hier muß der Entwickler sicherstellen,
daß die Spezifikation der Schaltungsfunktion richtig in einen zellenorientierten Stromlaufplan umgesetzt wird. Alle weiteren Schritte führt
das CAD-System weitgehend automatisch aus und ermöglicht damit ein
schnelles und sicheres Umsetzen eines Stromlaufplans in Fertigungsdaten
(Masken) und Prüfdaten. Hervorzuheben ist dabei, daß alle CAD-Funktionen
auf den gleichen Datenbestand einer zentralen Datenhaltung zugreifen.
Alle Verfahrensschritte werden von einem Ablaufmonitor koordiniert, der
die CAD-Funktionen mit benötigten Daten aus der Datenhaltung versorgt
bzw. entsprechende Daten dort ablegt.

FUNKTIONELLER ENTWURF
Stromlaufplan

Der funktionelle Entwurf beginnt mit der interaktiven Konstruktion
eines hierarchisch aufgebauten Stromlaufplans der Schaltung an einem
grafischen Arbeitsplatz, der mit den Stromlaufdaten der Zellen (Schaltzeichen, logische und elektrische Eigenschaften) versorgt wurde. Während
auf den oberen Hierarchieebenen eines Stromlaufplanes vorwiegend benutzerdefinierte Blöcke vorzufinden sind, werden auf der untersten Ebene
nur Schaltzeichen der Zellenkatalogs verwendet. Der Entwickler hat dabei die Möglichkeit, Verbindungen mit einem Signalnamen bzw. Zellen
mit einem Individualnamen zu belegen oder vom System in konsistenter
Weise benennen zu lassen. Aus dem Stromlaufplan wird eine Netzliste
extrahiert, die nach Plausibilisierung und Anreicherung mit Biblio-
theksdaten in der zentralen Datenhaltung abgespeichert wird. Die Netzliste der Datenhaltung bildet die einzig verbindliche Schaltungsbe-
schreibung für alle weiteren Entwicklungsschritte.

Änderungen am Stromlauf können additiv in die Datenhaltung eingetragen
werden, wenn eine Versions- und Änderungsverwaltung erwünscht ist. Der
Inhalt der Datenhaltung kann nach unterschiedlichen Auswahlkriterien
in Listenform ausgegeben werden.

Entwurfsverifizierung

Das logische und zeitliche Verhalten der Schaltung wird an einem Simulationsmodell überprüft. Das Schaltungsmodell dazu wird automatisch aus der Netzliste und den Simulationsmodellen der Zellenbibliothek generiert. Entsprechend der Schaltungsspezifikation wird die Schaltung mit vom Entwickler erstellten Bitmustern angeregt und ihr Verhalten simuliert, wobei Signalzustände und -verläufe aufgezeichnet werden. Der Simulator berechnet die Echtzeitantwort der Schaltung unter Berücksichtigung der Durchschaltzeiten der Zellen <2.1>.

Bei korrekten Eingangsbitmustern können durch Auswertung der Signalverläufe für Schaltungsausgänge Abweichungen vom Soll-Verhalten der Schaltung festgestellt werden. Durch Analyse schaltungsinterner Signale kann die Ursache von Fehlern festgestellt werden.

Prüfbarkeitsanalyse

Ein wichtiges Qualitätsmerkmal eines Entwurfs ist die Prüfbarkeit des gefertigten Bausteins, das heißt, die Möglichkeit, alle oder möglichst viele der stochastisch auftretenden Fertigungsfehler durch ein geeignetes Testverfahren entdecken zu können. Die Umsetzung einer Spezifikation in eine prüfbare Schaltung ist das Hauptanliegen des funktionellen Entwurfs. Notwendige Änderungen des Entwurfs zum Erreichen der Prüfbarkeit müssen vor Beginn des physikalischen Entwurfs durchgeführt werden.

Eine Prüfbarkeitsanalyse umfaßt die Überprüfung der Einhaltung prüftechnischer Regeln und eine Fehlersimulation der Schaltung. Es gibt prüftechnische Regeln zur Sicherstellung der Ansteuerbarkeit und Beobachtbarkeit eines Schaltungsknotens, also eines Ausgangs oder Eingangs einer Zelle, sowie Regeln zur Vermeidung von dynamischen Fehlern <2.2>.

Zur Fehlersimulation wird in das Schaltungsmodell an jedem Schaltungsknoten ein Fehler nach dem "stuck at"-Fehlermodell eingebaut. Dabei wird der entsprechende Knoten fest auf logisch 0 bzw. 1 geklemmt. Der Fehlersimulator überprüft, ob bei Schaltungsanregung mit den Funktionsbitmustern der Entwurfsverifizierung ein Fehler zu einer mit einem Testautomaten erkennbaren Abweichung der Schaltungsantwort führt. Ein

Entwurf heißt in der Regel prüfbar, wenn mehr als 95 % der Fehler erkannt werden können. Kann mit den Funktionsbitmustern dieser Fehlerer-
kennungsgrad nicht erreicht werden, so kann mit einem Programm versucht
werden, zusätzliche Bitmuster zu generieren <2.3>.

PHYSIKALISCHER ENTWURF
Chipkonstruktion

Der erste Schritt des physikalischen Entwurfs ist die Chipkonstruktion,
das ist die optimale Anordnung (Plazierung) der Zellen auf dem Chip und
das Legen der Verdrahtung der Zellenanschlüsse. Im System VENUS erfolgen
Plazierung und Verdrahtung automatisch auf der Grundlage der verifizier-
ten Netzliste der Datenhaltung. Dabei werden in der Netzliste beschriebene Randbedingungen für Plazierung und Verdrahtung wie z. B. geforderte enge Nachbarschaft von Zellen oder kurze Verdrahtungslänge einer
Verbindung berücksichtigt. Zusätzlich zur Netzliste benötigen die Programme Angaben über die zu verwendende Konstruktion. Bei Gate-Array ist
dies die Beschreibung des Masters und bei Standard-Zellen sind dies die
Anzahl der Zellreihen sowie wahlweise die relative oder feste Anordnung
der Bausteinanschlüsse.

Besonders bei komplexen Schaltungen sind gelegentlich nicht verdrahtete
Verbindungen interaktiv grafisch nachzulegen. Dabei werden vom Layout-
Editor alle personellen Eingriffe auf Zulässigkeit geprüft. Es können
nur solche Verbindungen gelegt werden, die weder gegen die Netzliste
noch gegen geometrische Entwurfsregeln verstoßen. Dadurch wird nicht
nur die Entwurfssicherheit gewährleistet, sondern es kann auch auf sonst
erforderliche, zeitaufwendige Logik-Layout-Vergleiche und Abstandprü-
fungen der geometrischen Figuren des Layouts verzichtet werden.

Je nach Zellenkonzept werden für Plazierung und Verdrahtung unterschiedliche Lösungen eingesetzt <2.4> . Bekannte Verfahren sind Min-Cut-Pla-
zierung, Verdrahtung nach Lee <2.5> bzw. Hightower <2.6> sowie leistungsfähige Channel-Router für Zellenkonzepte geeigneter Struktur. Dabei verwenden die Konstruktionsalgorithmen eine Abstraktion der Zellen,
die ihre äußere Umrandung und eine Schnittstellenbeschreibung mit den
notwendigen elektrischen und logischen Eigenschaften enthält.

Zum Abschluß der Chipkonstruktion werden die Zellenlayouts dem Kon-

struktionsergebnis hinzugemischt. Damit sind alle Daten vorhanden, die
zur Erstellung der projektspezifischen Maskengenerator-Steuerbänder
notwendig sind. Das Ergebnis der Chip-Konstruktion oder Zwischenstände
können nach verschiedenen Auswahlkriterien gezeichnet werden.

Endkontrolle

Der zweite Schritt des physikalischen Entwurfs ist die Endkontrolle.
Diese besteht im System VENUS ausschließlich aus der Überprüfung des
Zeitverhaltens der realisierten Schaltung. Es wird kontrolliert, ob
keine unerwartet hohen Signalverzögerungen durch Verdrahtungslasten
entstanden sind. Dazu werden für Leitungsstücke, Innenwiderstand der
Sender und den kapazitiven Lasten der Empfänger RC-Baumstrukturen aufgebaut und Leitungslaufzeiten von Signalen berechnet. Die Leitungslaufzeiten werden automatisch in das Simulationsmodell der Schaltung einge-
fügt, das bereits für die Entwurfsverifizierung verwendet wurde. Mit
den dort verwendeten Eingangsbitmustern wird erneut eine Simulation der
Schaltung durchgeführt. Abweichungen vom Sollverhalten, insbesondere
eine Unterschreitung der spezifizierten Betriebsfrequenz, werden durch
Vergleich der beiden Simulationsergebnisse festgestellt.

PRUEF- UND FERTIGUNGSDATENERMITTLUNG
Prüfdaten

Der Halbleiterhersteller erwartet vom Schaltungsentwickler ein ablauf-
fähiges Prüfprogramm für einen vereinbarten Testautomaten, um mit Ferti-
gungsfehlern versehene Chips ausscheiden zu können. Die Prüftechniker
des Herstellers sind nicht in der Lage, ein Prüfprogramm zu erstellen,
da das gesamte Systemwissen über den Baustein beim VENUS-Anwender liegt.
Dem Systementwickler wird dazu eine CAD-Funktion angeboten, die aus der
Netzliste der Schaltung, den Bitmustern der Fehlersimulation und einem
vom Hersteller vorbereiteten Parametertest, ein Prüfprogramm für die
Bausteinlogik erzeugt.

Fertigungsdaten

Die Fertigungsunterlagen bestehen aus Dokumentationszeichnungen des Entwurfs und aus dem Maskengeneratorsteuerband. Dieses Band enthält die schaltungsspezifischen Daten für die Fertigung aufbereitet sowie fertigungsspezifischen Daten wie Justierkreuze, Erzeugnisnummer und Technologie-Teststrukturen. Diese Strukturen erlauben dem Hersteller den Nachweis der gewährleisteten Technologie-Parameter für jeden einzelnen Chip.

3. Systemarchitektur

Betrachtet man die Verfahrensschritte des CAD-Systems, so lassen sich einige wünschenswerte Merkmale der Systemarchitektur ablesen:

- Einheitliche Benutzeroberfläche : Alle Entwurfsschritte sollen von einem (grafischen) Arbeitsplatz aufgerufen werden können. Sprachformulierung für Beschreibungs- bzw. Steuersprachen sollen einen einheitlichen Rahmen (Syntax) haben.

- Verfahrensmonitor: Ein Standard-Entwurfssystem benötigt einen Verfahrensmonitor zur Koordinierung der Verfahrensschritte.

- Einmalerfassung der Schaltungsdaten: Die Datenerfassung muß einmalig für alle CAD-Programme erfolgen.
Es darf nur ein verbindlicher Datenbestand einer Schaltung geben.

- Zentrale Datenhaltung: Alle CAD-Programme benötigen Daten der Netzliste, wobei Format und Auswahl programmspezifisch sind (Benutzersicht der Daten)

- Baukastensystem: CAD-Programme müssen einfach integrierbar uns austauschbar sein.

Abb. 4 zeigt die für VENUS gewählte Architektur, die neben den genannten Anforderungen auch eine weitgehende Datenunabhängigkeit der CAD-Programme bietet. Es sind eine Doppelbusstruktur, ein CAD-Monitor und eine zentrale Datenhaltung zu erkennen. Monitor und Datenhaltung bilden die dv-technische Infrastruktur des CAD-Systems. Datenanforderungen der

CAD-Programme werden über programmneutrale Standardschnittstellen abgewickelt. Über den sogenannten F-BUS läuft der Datenverkehr mit dem Benutzer, dem CAD-Monitor und anderen CAD-Programmen. Schreibende oder lesende Datenanforderungen gehen über den Datenhaltungsbus an das Datenhaltungssystem

Benutzerschnittstelle

Der Benutzer kommuniziert mit dem System über den Bildschirm des grafischen Arbeitsplatzes. Die interaktive Stromlauf- und Layoutbearbeitung bedienen sich dabei Programmleistungen des Arbeitsplatzrechners. Speicherplatz- und rechenzeitintensive Programme laufen derzeit auf einem Großrechner, wobei der grafische Arbeitsplatz als Rechnerterminal betrieben wird.

Monitor

Durch Konfigurationstabellen des CAD-Monitors lasse sich CAD-Programme in geeigneter Weise zu einem Verfahrensablauf zusammenstellen. Es können nur die Programme gestartet werden, die im Verfahrensablauf eingeplant sind. Dazu sind in der Datenhaltung auch projektspezifische Zustandsdaten abgelegt. Das Monitor-Programm autorisiert Datenzugriffe und koordiniert diese bei Mehrbenutzerbetrieb.

Datenhaltung

Die Datenhaltung gliedert sich in die 3 Datenbereiche für Produktdaten, Regal und Bibliothek. Die Produktdatenbank enthält produkt- und projektspezifische Daten wie Netzliste mit Versionen und Verweise auf verwendete Ausgabe der Zellenbibliothek. Das Regal speichert im Verfahrensablauf anfallende Eingabe- und Ergebnisdaten mit Bezug auf die zugehörige Version der Schaltung. Die Bibliothek enthält die vom Hersteller gelieferten Daten der Zellenbibliothek in interner Darstellung.

4. Einsatz des Entwurfssystem VENUS

Das System VENUS wird derzeit im Hause Siemens, bei externen Halbleiter-
kunden und im Rahmen eines vom BMFT geförderten Projektes an mehreren
deutschen Hochschulen eingesetzt.

Wie vorteilhaft kurz die mit einem Standard-VLSI-Entwurfssystem wie
VENUS erzielbaren Entwicklungszeiten sind, kann z. B. an den Zeiten
für eine typische Semicustom-Schaltung mit rund 2000 Gattern abgelesen
werden:

1 - 2 Wochen	für Stromlaufplankonstruktion
2 - 4 Wochen	für Entwurfsverifizierung/Prüfbarkeitsanalyse
1 - 2 Tage	für physikalischen Entwurf
1 - 2 Tage	für Endkontrolle
1 - 2 Stunden	für Maskenbanderstellung
2 - 4 Wochen	für Prüfvorbereitung.

Die 4 - 6 Wochen Durchlaufzeit der z. B. Standard-Zellen für die Fertigung kann dabei für die Prüfvorbereitung genutzt werden.

Referenzen:

0.1   Schwärtzel, H.G. (Herausgeber): CAD für VLSI. Rechnergestützter
      Entwurf höchstintegrierter Schaltungen. Berlin Heidelberg New York,
      Springer 1982.

0.2   Koch, B; Nett, M: CAD für IC. Siemens AG, Berlin und München:
      data report 19 (2, 1984), S. 20-23.

1.1   SEMICUSTOM, Zellenorientierter Bausteinentwurf, Handbuch 1,
      Schaltungsentwicklung. Siemens AG, Berlin und München,
      Unternehmensbereich Bauelemente, Abteilung B V IS DT.

2.1   Egger, F.; Frantz, D.; Gonauser, M.: SMILE - A multi level simu-
      lation system: IEEE International Conference on Computer Design:
      VLSI in Computers (ICCD 84). In Vorbereitung.

2.2   Gerner, M.: Integriertes Prüfkonzept. In: CAD für VLSI. Berlin
      Heidelberg New York, Springer 1982, S. 77.87

2.3   Rottmann, W.: System für rechnerunterstützte Prüfdatenerstellung.
      In: CAD für VLSI. Berlin Heidelberg New York, Springer 1982,
      S. 88-96

2.4   Lauther, U.: Probleme und Lösungen bei der Plazierung und Ver-
      drahtung von Zellen. In: CAD für VLSI. Berlin Heidelberg New York,
      Springer 1982, S. 130-139.

2.5   Lee, C.Y.: An Algorithm for Path Connections and its Applications.
      IRE Transactions on Electronic Computers, VEC-10, 1961, S. 346-365.

2.6   Hightower, D.W.: A Solution to line routing problems in the con-
      tinuos plane. Proc. 6th Design Automation Workshop, June 1969,
      S. 1-24

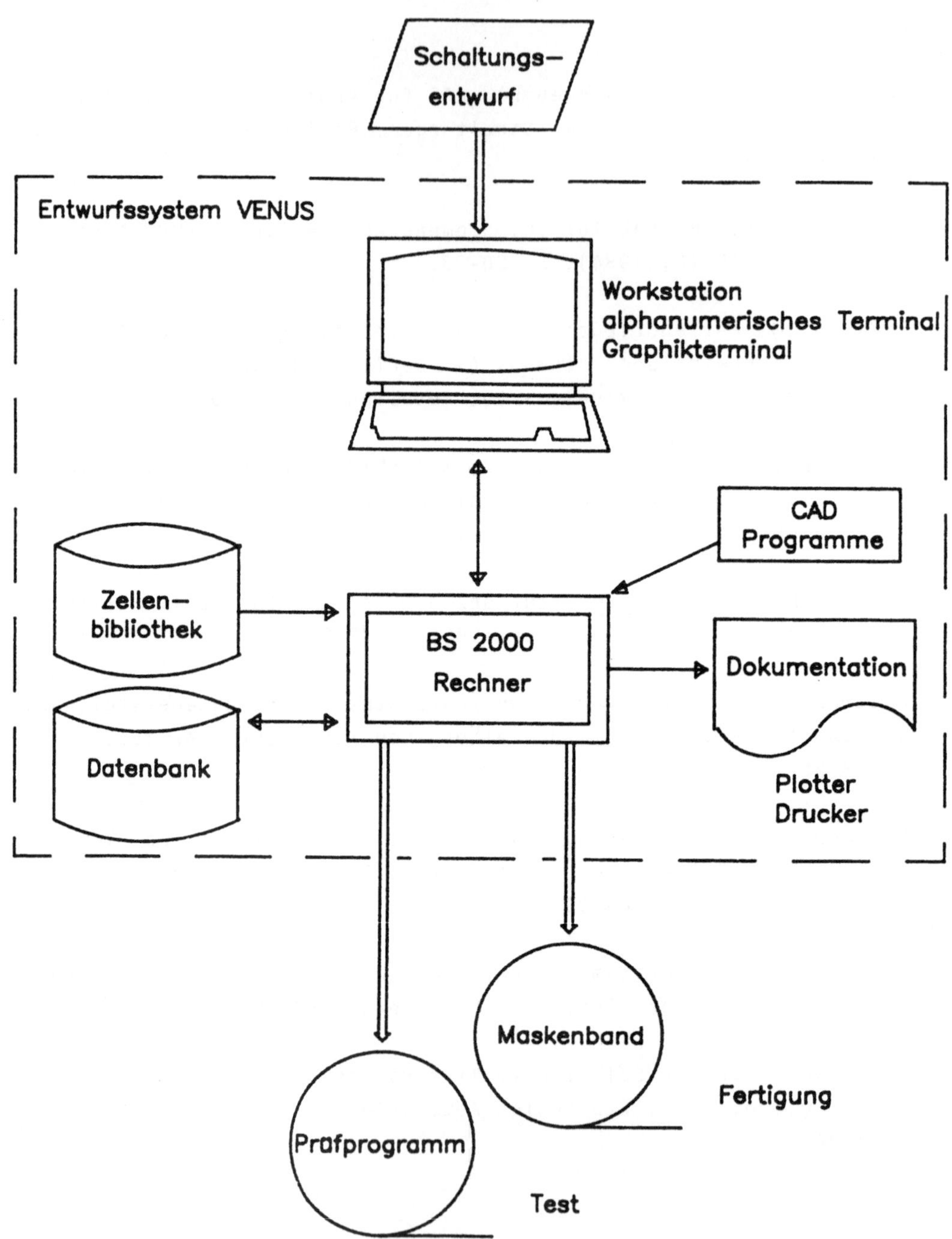

VENUS: Komponenten des Entwurfssystems

Bild 1

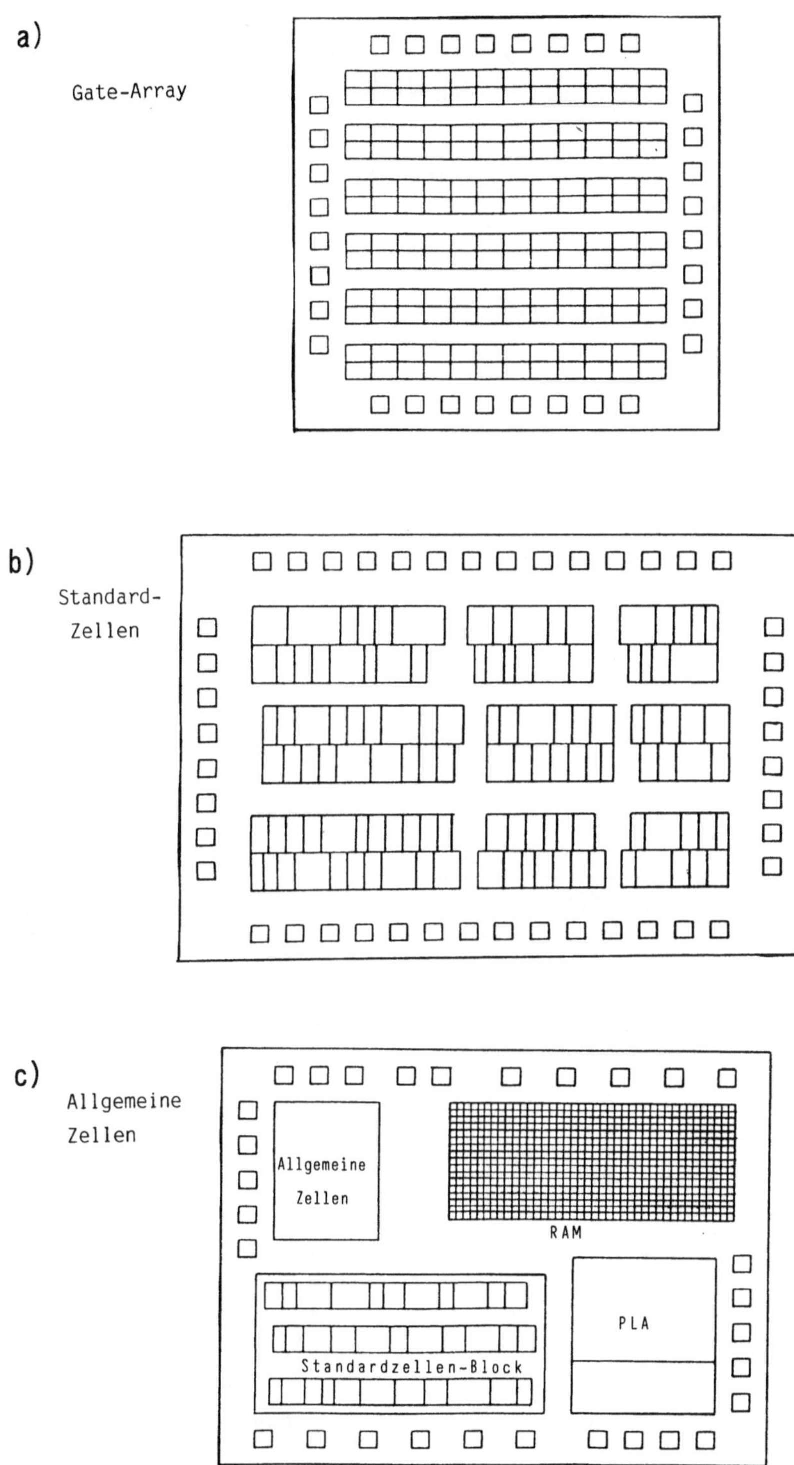

Bild 2: Zellenkonzepte

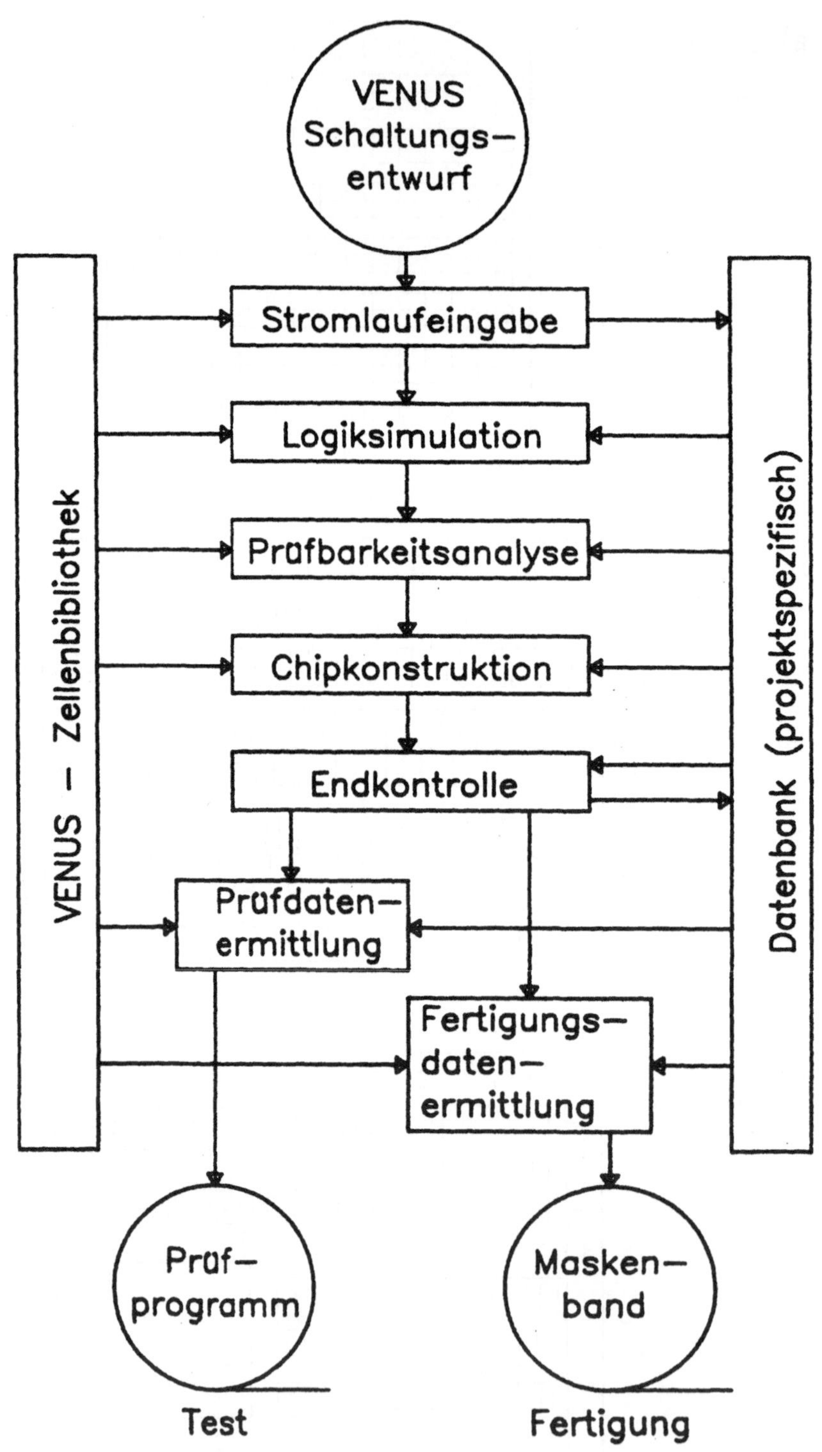

Bild 3: VENUS - Verfahrensschritte

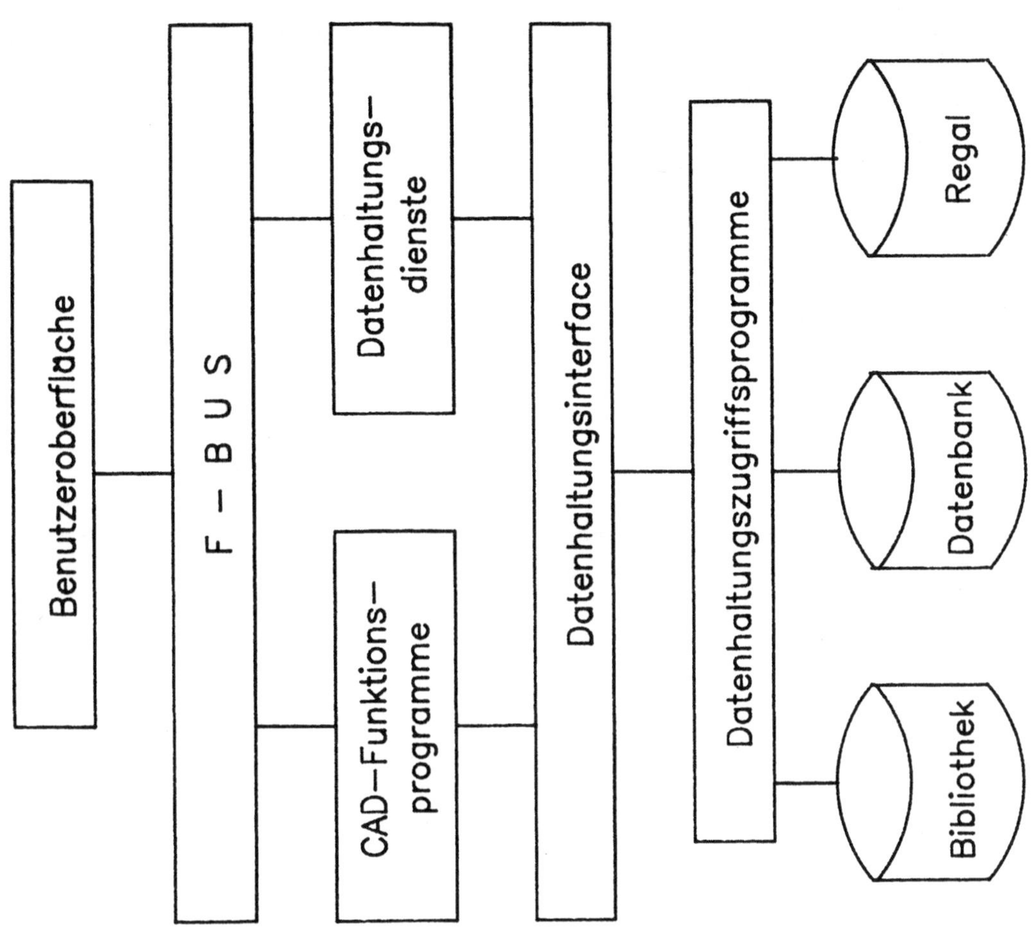

Bild 4: VENUS – Systemarchitektur

DIE MASCHINENBAUAUSBILDUNG IM ZEITALTER DER DATENVERARBEITUNG.

Prof. Dr.-Ing. Uwe Claussen, Dipl.Ing., Dipl. Wirtschafts-Ing.
Institut für Konstruktionstechnik, HSBw München, D 8014 Neubiberg.

*Ausgehend von der historischen Entwicklung und dem derzeitigen Stand
der Maschinenbauausbildung werden Forderung und Möglichkeiten einer
stärkeren Berücksichtigung der Informatik diskutiert.*

Der Bau einer gotischen Kathedrale war eine technische Meisterleistung,
Jahrhunderte ehe die entsprechenden Grundlagenwissenschaften etwa der
Statik, der Festigkeitslehre oder der Baukonstruktionslehre entwickelt
wurden. Die theoretischen Kenntnisse des Baumeisters der Gotik /3/ beschränkten sich auf ein System von einfachen Maßverhältnissen, etwa
"Chorweite : Chorlänge = 1 : 2" oder "Chorweite : Seitenschiffweite =
2 : 1" /3/. Bis zum Ende des Mittelalters und sogar noch darüber hinaus
war auch für den Maschinenbauer wesentliche theoretische Grundlage für
seine Tätigkeit die Kenntnis von bewährten geometrischen Verhältnissen:
Wenn z.B. ein Kurbelzapfen mit Kegelpreßsitz in die Kurbelwange einge-
paßt werden sollte, so galten etwa die Erfahrungsregeln "Zapfendurch-
messer : kleinster Kegeldurchmesser = 1 : 0,9" oder "kleinster Kegeldurchmesser : Nabendurchmesser = 0,9 : 1,4 ... 1,7" usw. /29/. Neben der
Geometrie als theoretischer Grundlage seines Faches mußte der angehende
Maschinenbauer alle bekannten "einfachen Maschinen" kennenlernen: Hebel,
Zahnrad, Seil, Rolle, Keil und Schraube. Dieses einfache Schema der Ausbildung des Maschinenbauers bewährte sich durch viele Jahrhunderte. Der
angehende Maschinenbauer lernte die Maschinenkonstruktion durch zeichnerisches Kopieren von Vorbildern, durch zeichnerisches Kombinieren vorgegebener Verhältniswerte.

Mit einiger Wehmut mag ein Informatiker heute denken: "Das waren die
idealen Voraussetzungen für die Anwendung der graphischen Datenverarbeitung". Aber diese Voraussetzungen haben sich inzwischen grundlegend geändert. Die technisch-wissenschaftliche Entwicklung im 17. und 18. Jahrhundert brachte eine so große und schnelle Vermehrung der Grundlagen-
kenntnisse und der technischen Anwendungen, daß man heute mit Recht von
einer technischen Revolution spricht /1, 33, 34, 35/. Die Dampfmaschine
als eine der ersten epochemachenden neuen Erfindungen wurde zunächst noch

nach den alten Regeln bewährter Proportionen kopiert und gebaut. Unerwartete Schadensfälle, oft erst nach längerer Betriebsdauer, erforderten die Entwicklung und Anwendung der Festigkeitslehre. Die Entwicklung und praktische Anwendung der Thermodynamik wurde gefördert durch den Bedarf an immer leistungsfähigeren Dampfmaschinen, welche dann auf immer mehr Gebieten die Handarbeit ersetzen konnten.

Im 19. Jahrhundert machte Weisbach /43/ den Versuch, in einem vielbändigen Werk zusammenzustellen, was der Maschinenbauer von den verschiedenen bekannten Maschinen und ihren Grundlagen lernen, wissen, können sollte. Unter den Grundlagen findet man jetzt neben der Mathematik verschiedene Zweige der Ingenieurphysik. Bei den Anwendungen eine fast unübersehbare Fülle verschiedener Maschinen und Geräte, die der zukünftige Maschinenbauingenieur nicht nur theoretisch kennen, sondern auch praktisch bauen sollte. Der gute Ruf der Ingenieure "made in Germany" beruhte weitgehend auf ihrer Praxisnähe.

Ein Teil der Aufgaben des Maschinenbauingenieurs bestand darin, bekannte Maschinen mit kleinen Abwandlungen zu kopieren. Je mehr sich aber die technische Entwicklung beschleunigte, desto häufiger mußte der Ingenieur bekannte Maschinen wesentlich verbessern oder völlig neuartige Maschinen entwickeln. Der Student hatte zwar von einzelnen großen Ingenieuren gehört, die ein neuentdecktes physikalisches Gesetz in genialer Intuition als Grundlage für eine neuartige Maschine auswerteten, die also anscheinend den Weg von den Grundlagen zur Anwendung in einem einzigen, großen Schritt zurückgelegt hatten /20/; was der Ingenieur für seine tägliche Arbeit braucht, ist indessen eine Regel, wie er diesen Weg durch eine sinnvolle Folge einzelner kleiner Schritte zurücklegen kann.

Eine sorgfältige, erkenntnistheoretische Untersuchung /27/ darüber, welche Schritte der Konstrukteur im einzelnen durchführt oder durchführen müßte, ergab, daß der Konstruktionsprozeß außerordentlich vielseitig und komplex ist und nicht in allen Einzelheiten genau vorherzusagen. Der Versuch, diesen Prozeß im ganzen vom Computer durchführen zu lassen, stößt im allgemeinen auf kaum überwindbare Schwierigkeiten.(Bild 7).

Die moderne Konstruktionswissenschaft beschäftigt sich mit der Frage, ob es nicht möglich ist, den komplexen Prozeß des Konstruierens zu unterteilen in einzelne Teilfragen, einzelne Schritte, einzelne Teilaufgaben, für die man das geeignete Lösungsverfahren klar beschreiben und

eines Tages auch programmieren kann /21, 24, 25, 28, 36, 37, 38, 42/.
Die Fülle verschiedener Arbeiten und Veröffentlichungen zur Konstruktionsmethodik schien manchem potentiellen Anwender eher verwirrend als
nützlich. Der Verein Deutscher Ingenieure setzte einen Ausschuß unter
der Leitung des bedeutenden Konstrukteurs Dr. F. Kesselring ein, der
die verschiedenen angebotenen "Konstruktionsmethodiken" sichtete und
diskutierte (Vgl. Bild 8). Nach jahrelanger Arbeit wurde ein Grundschema erarbeitet, auf das sich die verschiedenen Konstruktionslehren
zurückführen lassen. Damit war der Weg frei zur Formulierung einer allgemein anwendbaren und empfehlenswerten Vorgehensweise für das Konstruieren /42/. (Bild 9).

Die Konstruktionsmethodik als Bindeglied zwischen Grundlagenfächern und
Anwendungen hat inzwischen Eingang in die moderne Maschinenbauausbildung
gefunden, ebenso wie schon früher die Methodik der Fertigung oder wie
in anderen Studienrichtungen die Methodik von Planung und Organisation
/2/. Die Grundlagenfächer wurden um einige erweitert, z.B. um die Lehre
von der Normung und eindeutigen Darstellung von Maschinenteilen und Maschinen, wie sie in der modernen Massenfertigung erforderlich ist. Im
Unterricht muß man heute darauf verzichten, alle bekannten Maschinen zu
berücksichtigen; es wäre heute wohl nicht einmal möglich, sie alle auch
nur aufzuzählen. Man bemüht sich stattdessen, aus den verschiedenen Bereichen des Maschinenbaus typische Maschinen so sorgfältig und exemplarisch zu behandeln, daß der Maschinenbauingenieur möglichst viel von
dem Gelernten auf die Maschinen anwenden kann, mit denen er in seiner
Praxis zu tun haben wird.

Die moderne Maschinenbauausbildung soll es dem künftigen Ingenieur ermöglichen, auf der Basis der Grundlagenfächer Mathematik, Ingenieurphysik usw. die methodischen Fächer dazu anzuwenden, um bessere oder
neue Maschinen zu entwickeln und zu realisieren. Auch wenn man heute gelegentlich Kritik am mangelnden Praxisbezug der Maschinenbauausbildung
hören kann, so sind doch noch Leistung und Ansehen des deutschen Ingenieurs so gut, daß am bewährten Ausbildungsschema nicht zu schnell geändert werden wird.

Heute geht es nun um ein weiteres Problem: Der sprichwörtliche Rechen-
schieber des Ingenieurs wurde inzwischen ersetzt durch Elektronenrech-
ner mit ihren ungleich größeren und vielseitigeren Möglichkeiten. Der
Ingenieur ergriff dieses neue Werkzeug gerne, um einen Teil seiner Aufgaben damit zu bearbeiten. Dieser computergeeignete Teil der Ingenieur-

aufgaben war zunächst relativ klein, denn man konnte den Rechner nur
dann wirtschaftlich einsetzen, wenn die Voraussetzungen dafür erfüllt
waren: Die zur Lösung der Ingenieuraufgaben entwickelten Grundlagen mußten weitgehend mathematisch oder algorithmisch formuliert sein und der
Umsatz des entsprechenden Unternehmens mußte so groß sein, daß es den
zunächst noch sehr teuren Rechner auch kostenmäßig verkraften konnte
/8, 30, 31, 32/.

Die Anwendungsgebiete und Aufgaben des Maschinenbaus sind außerordentlich vielseitig und verschiedenartig. In einem großen Teil der Bereiche
wird der Computer heute jedoch noch nicht eingesetzt. In vielen Fällen
liegt das daran, daß man nicht weiß, wie man im einzelnen vorzugehen hat,
um bestimmte Probleme mit Rechnerhilfe zu lösen: Man kann heute zwar mit
Rechnerhilfe technische Zeichnungen anfertigen, die weitgehend den ein-
schlägigen Normen entsprechen. Für den Ingenieur wäre aber die Hilfe bei
der Lösung eines Problems wesentlicher, als die Unterstützung bei der
zeichnerischen Darstellung der Lösung. Auf dem Gebiet der Festigkeitslehre gibt es heute die bewährte Methode der finiten Elemente, aber es
ist eben doch häufig noch ein weiter Weg vom rechnerischen Ergebnis dieser Methode zur praktischen Lösung eines der vielen anstehenden Festig-
keitsprobleme.

Der Maschinenbauingenieur braucht also eine Methodik der Rechneranwen-
dung, er braucht Regeln für das schrittweise Vorgehen von bekannten
Grundlagen zu konkreten Problemlösungen. Zur Methodik der Rechneranwen-
dung gibt es eine Vielzahl von Arbeiten und Veröffentlichungen /4, 5, 6,
7, 8, 23, 26, 30, 31, 32/. Auch hier hat der Verein Deutscher Ingenieure durch jahrelange Arbeit einer Reihe von Fachausschüssen eine Vereinheitlichung der Vorgehensregeln erreicht und in einer Reihe von Richtlinien /9...18/ niedergelegt als Hilfsmittel für die Bearbeitung immer
neuer Ingenieurprobleme mit Rechnerhilfe.

Der wachsenden Anwendung der Datenverarbeitung im Maschinenbau entspricht
eine wachsende Berücksichtigung in der Ausbildung (Vgl. Bild 13). Am bewährten Grundschema der Maschinenbauausbildung wird man wohl festhalten,
aber man wird es mehr und mehr mit Informatikanteilen anreichern: Zu den
Grundlagen der Maschinenbauausbildung gehören heute auch die Grundlagen
der Datenverarbeitung. Zu den methodischen Fächern gehört etwa die Systemanalyse als die Methodik zum Einsatz der Datenverarbeitung bei neuen
Aufgaben. Bei den Anwendungsbeispielen, die der Student exemplarisch zu

bearbeiten hat, wird soweit möglich die Datenverarbeitung als Werkzeug
verwendet; man sollte die Beispiele wenn möglich datenverarbeitungsge-
eignet auswählen, die Beispiele müssen aber natürlich vor allem im Maschinenbau von Bedeutung sein.

Der heute geläufige Begriff Computer-Aided Design, CAD, führt zu mannig-
faltigen Mißverständnissen. Design heißt u.a. "Entwurf, Plan, Zweck, bö-
se Absicht". CAD bedeutet natürlich nicht "rechnergestützter Betrug",
CAD heißt aber auch nicht nur "rechnergestütztes Zeichnen". Wenn der
Student z.B. eine Welle für einen Elektromotor entwerfen soll, wird er
die Darstellung der fertigen Welle sicher ebensogern am Bildschirm wie
am Reißbrett anfertigen, wenn es ihm nicht wesentlich mehr Arbeit macht.
Mindestens so wichtig, wie die zeichnerische Darstellung der Welle ist
aber die Frage nach ihrer Funktion, ihrer Festigkeit und Verformung,
nach Gewicht, Massenträgheitsmoment, nach dem verwendeten Halbzeug, dem
Fertigungsverfahren usw. und schließlich die Frage nach den zu erwartenden Kosten /8, 39/. Sobald der Rechner die geometrischen und Werkstoff-
Daten der Welle erfaßt hat, kann er als ein sehr nützliches Werkzeug zur
Klärung dieser vielfältigen Fragen herangezogen werden und erst auf diesem Gebiet der Bearbeitung von zugleich graphischen, rechnerischen, logischen Fragestellungen wird der Rechner vom Ingenieur optimal ausgenutzt.
Der Konstrukteur kann nun etwa viel mehr Varianten seiner Welle als früher durchspielen und die Varianten viel sorgfältiger miteinander vergleichen. Wenn er sich für eine Lösung entschieden hat, ist der Wunsch
naheliegend, die geometrischen und technologischen Daten, die nun im
Rechner gespeichert sind, nicht nur zur Anfertigung von Zeichnungen zu
verwenden, sondern möglichst gleich zur Erzeugung der Befehle für eine
numerisch gesteuerte Werkzeugmaschine, auf der die Welle hergestellt wird.

Wenn ein Bauteil, ein Getriebe, eine Maschine gefertigt ist, muß man
die Beurteilung nach ihrer tatsächlichen Funktion häufig dem Käufer
überlassen: Nach einiger Betriebsdauer sammelt man die Reklamationen,
klassifiziert und bewertet sie und leitet daraus die Forderungen ab, in
welchen Punkten die Funktion der Maschine konstruktiv zu verbessern sei.
Diese langwierige Iterationsmethode kann man heute häufig wesentlich beschleunigen: Moderne DV-Anlagen haben die Kapazität, um auch die vielen
Meßdaten in Echtzeit zu erfassen, die etwa bei schnellaufenden Getrieben
und Maschinen anfallen. Wenn die Funktion nicht den Anforderungen entspricht, kann man die Meßdaten etwa mit den Methoden der Fourieranalyse
auswerten, um herauszufinden, welche Bauteile oder welche Abmessungen
usw. die Fehler in der Funktion verursachen, und welche konstruktiven

Änderungen demnach vorzunehmen sind.

Von den vielfältigen Anwendungsmöglichkeiten der Datenverarbeitung im Maschinenbau sollte der Student nicht nur gehört haben, sondern er sollte sie unbedingt an praktischen Beispielen eingeübt haben /39/; der Nachweis über erfolgreich durchgeführte Arbeiten erleichtert dem Hochschulabsolventen die Suche nach einem geeigneten ersten Arbeitsplatz in der Industrie.

Um die Datenverarbeitung im Maschinenbau praktisch anwenden zu können, benötigt der Student ein umfangreiches Grundwissen in der Informatik. Vor dem Vordiplom etwa sollte er die Grundlagen der Datenverarbeitung mindestens so weit kennen lernen, daß er ihre Sprache, ihre Hilfsmittel und deren Einsatzbereiche kennt (Vgl. Bild 18). Nach dem Vordiplom (Vgl. Bild 19) sollte er dann die Vorgehensweise kennen lernen, um die Datenverarbeitung wirtschaftlich auf bekannte und unbekannte Probleme seines Fachgebietes anzuwenden /19, 22/. In einer der ersten CAD-Tagungen /30/ wurden die "Ideal-Forderungen" an die moderne Maschinenbauausbildung zusammengestellt: Soviel Maschinenbauausbildung, wie bisher; erheblich mehr Betriebswirtschaft, Arbeitswissenschaft und Planungstechnik; wesentlich mehr Mathematik und vor allem unvergleichlich mehr Informatik als bisher. Jede dieser Forderungen ist im Prinzip begründet und berechtigt. In der Summe würde die Erfüllung aller dieser Forderungen aber den zeitlichen Rahmen des Maschinenbaustudiums sprengen.

Man muß also versuchen, einen Kompromiß zwischen den verschiedenen Forderungen zu finden. Dieser Kompromiß darf jedoch sicher nicht bedeuten, daß man sämtliche Forderungen im Prinzip erfüllt und nur alle im Verhältnis der verfügbaren Zeit linear kürzt: Wenn zu wenig Unterrichtszeit für ein Fach zur Verfügung steht, hört der Student zwar noch einiges davon, weiß aber dann zu wenig, um es praktisch anwenden zu können. Der Kompromiß muß also darin bestehen, daß man auf einigen, an sich nützlichen, Unterrichtsstoff verzichtet, vielleicht sogar auf ganze Fächer oder Fachgebiete. Da für diesen Kompromiß keine plausible Patentlösung angeboten werden kann, sollen abschließend thesenartig einige Gedanken und Gesichtspunkte zusammengestellt werden, die es vielleicht etwas erleichtern, einen geeigneten Kompromiß für die Gestaltung des Maschinenbaustudiums im Zeitalter der Datenverarbeitung zu diskutieren.

- Der Ingenieur kann nicht das gesamte Gebiet des Maschinenbaus beherrschen, aber er muß für seine Arbeit über ein bestimmtes Kernwissen verfügen und muß in der Lage sein, sich die übrigen für seine Arbeit erforderlichen Informationen zu beschaffen.

- Es genügt nicht, eine Methode kennen gelernt zu haben, sondern man muß sie praktisch eingeübt haben, um sie anwenden zu können.

- Es ist für den Ingenieur nützlicher, einige Anwendungsgebiete seines Faches sorgfältig, exemplarisch kennen zu lernen, als viele Gebiete oberflächlich.

- Der Ingenieur muß nicht alle seine Probleme selber lösen, aber er muß sie so formulieren können, daß ein Spezialist sie lösen kann.

- Der Ingenieur muß seine DV-Anlage nicht so weit kennen, daß er sie verbessern und weiterentwickeln kann, aber so weit, daß er sie für die Lösung seiner Probleme einsetzen kann.

- Der Informatiker sollte also dafür sorgen, daß CAD-Hardware und -Software immer benutzerfreundlicher wird.

- Der Ingenieur sollte nicht für den möglichen Höhepunkt seiner Berufslaufbahn ausgebildet werden, sondern für die ersten Jahre seiner Berufstätigkeit.

LITERATUR

1 Bach, C.: Die Maschinen-Elemente. 2 Bände. Leipzig: Kröner 10. Auflage 1908
2 Beckurts, K. H. und R. Reichwald: Kooperationsbeziehungen im Management. München 1984
3 Booz, P.: Der Baumeister der Gotik. München: Deutscher Kunstverlag 1956
4 CAD-Berichte. Karlsruhe: Gesellschaft für Kernforschung mbH 1973 ff
5 Claussen, U.: Konstruieren mit Rechnern. Berlin: Springer 1971
6 Claussen, U.: Methodisches Auslegen-Rechnergestütztes Konstruieren. München: Hanser 1973
7 Computer Aided Design (Aufsatzreihe). Electronics 39, 19. Sept. 1966 ff.
8 Datenverarbeitung in der Konstruktion, Vorträge der VDI-Tagung Wiesbaden 1969. VDI-Berichte 152

9   Datenverarbeitung in der Konstruktion.
    - Analyse des Konstruktionsprozesses im Hinblick auf den EDV-Einsatz.
    Richtlinie VDI 2210.
10 - Methoden und Hilfsmittel. Aufgabe, Prinzip und Einsatz von Informa-
    tionssystemen. Richtlinie VDI 2211, Blatt 1.
11 - Methoden und Hilfsmittel. Berechnungen in der Konstruktion. Richt-
    linie VDI 2211, Blatt 2.
12 - Methoden und Hilfsmittel. Maschinelle Herstellung von Zeichnungen.
    Richtlinie VDI 2211, Blatt 3.
13 - Systematisches Suchen und Optimieren konstruktiver Lösungen. Richt-
    linie VDI 2212.
14 - Integrierte Herstellung von Fertigungsunterlagen. Richtlinie VDI
    2213.
15 - Programmerstellung. Richtlinie VDI 2214.
16 - Organisatorische Voraussetzungen und allgemeine Hilfsmittel. Richt-
    linie VDI 2215.
17 - Vorgehen bei der Einführung der EDV im Konstruktionsbereich. Richt-
    linie VDI 2216.
18 - Begriffsdefinitionen. Richtlinie VDI 2217.
19 Dworatschek, S.: Grundlagen der Datenverarbeitung. 6. Auflage Berlin:
    de Gruyter 1977
20 Eyth, M.v.: Zur Philosophie des Erfindens. In: Lebendige Kräfte. Ber-
    lin: Springer 2. Auflage 1908
21 French, M. J.: Engineering Design: The Conceptual Stage. London:
    Heinemann 1971
22 Gnatz, R.: Maschinenwesen und Informatik. Zusammenfassung der Diskus-
    sion des Arbeitskreises "Informatik / Maschinenwesen" im Bildungs-
    zentrum des VW-Konzerns für Führungskräfte, Haus Rhode 1981. (Gesell-
    schaft für Informatik, Fachgruppe "Rechnerunterstütztes Entwerfen und
    Konstruieren (CAD)")
23 Handbücher CAD-Lehrgänge. Düsseldorf: VDI-Bildungswerk
24 Kesselring, F.: Technische Kompositionslehre. Berlin: Springer 1954
25 Koller, R.: Konstruktionsmethode für den Maschinen-, Geräte- und Ap-
    paratebau. Berlin: Springer 1976
26 Mischke, Ch. R.: An Introduction to Computer Aided Design. Englewood
    Cliffs, N. J.: Prentice Hall 1968
27 Müller, J.: Operationen und Verfahren des problemlösenden Denkens in
    der konstruktiven technischen Entwicklungsarbeit - eine methodologi-
    sche Studie. Wissenschaftliche Zeitschrift der Technischen Hochschule
    Karl-Marx-Stadt 9 (1967) S. 5ff.
28 Pahl, G. und W. Beitz: Konstruktionslehre. Berlin: Springer 1977
29 Pohlhausen, A. und W. Rebber: Berechnung und Konstruktion der Maschi-
    nenelemente. 5. Auflage. Mittweida: Schulze 1900
30 Proceedings of the IFIP-Working Conference on Principles of Computer
    -Aided Design. Ed. J. Vlietstra and R. F. Wielinga. Amsterdam, London
    North Holland Publishing Company 1973
31 Proceedings of the International Conference on Computer Aided Design.
    London: Institution of Electrical Engineers 1969
32 Proceedings of the Symposium Computer-Aided Design in Mechanical En-
    gineering. Ed. U. Cugini. Mailand: Politecnico di Milano 1976
33 Redtenbacher, F.: Der Maschinenbau. 3 Bände. Mannheim: Bassermann 186
34 Reuleaux, F.: Der Constructeur. Braunschweig: Vieweg 3. Auflage 1872
35 Reuleaux, F.: Theoretische Kinematik. 2 Bände. Braunschweig: Vieweg
    1875/1900.
36 Rodenacker, W.G.: Methodisches Konstruieren. Berlin: Springer 2. Auf-
    lage 1976
37 Rodenacker, W.G. und U. Claussen: Regeln des Methodischen Konstruie-
    rens. Mainz: Krausskopf Band 1 1973, Band 2 1975
38 Roth, K.: Konstruieren mit Konstruktionskatalogen. Berlin: Springer
    1982

39 Schmitt, J. und U. Claussen: Datenverarbeitung in der Konstruktion
    (Seminar-Skriptum) 6. Ausgabe. Mitteilungen aus dem Institut für Kon-
    struktionstechnik der HSBwM 5/82
40 Statistisches Handbuch für den Maschinenbau. Frankfurt/M.: Maschinen-
    bau-Verlag
41 Sutherland, I.E.: Sketchpad. A Man-Machine Graphical Communication
    System. AFIPS-Proceedings Spring Joint Computer Conference (1963)
    S. 329 ff.
42 VDI-Handbuch Konstruktion. Düsseldorf: VDI-Verlag
43 Weisbach, J.: Lehrbuch der Ingenieur- und Maschinen-Mechanik. Braun-
    schweig: Vieweg 3 Teile 3. Auflage 1875 ff
44 Zimmermann, P.: Die Hochschulen der Bundeswehr zehn Jahre nach ihrer
    Konzipierung. Mitteilungen aus dem Institut für Mechanik der HSBwM
    02/81.

ANHANG: ABBILDUNGEN (AUSWAHL)

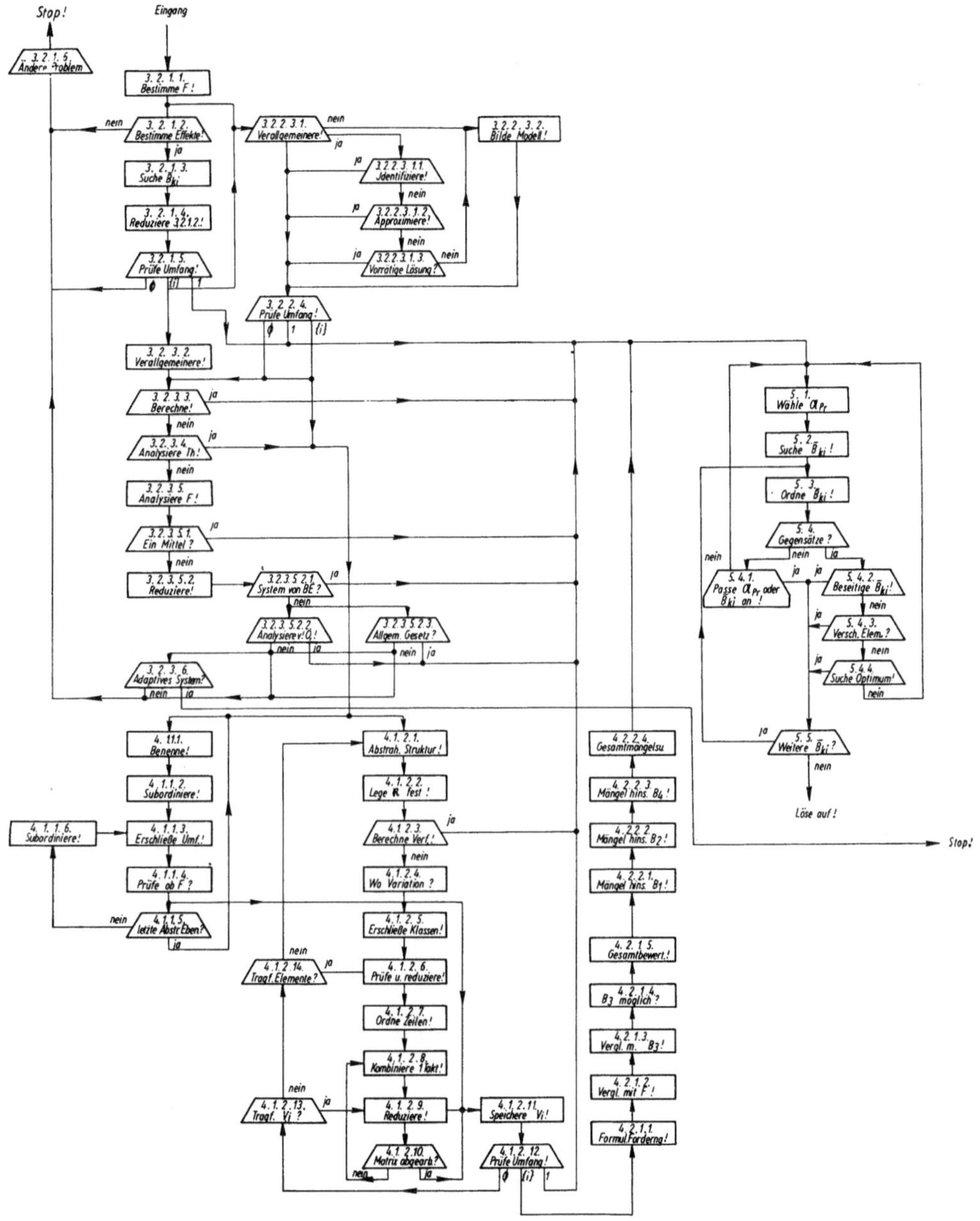

Bild 7. Konstruktionsplan, Auszug. (Müller)

Aufgabe	Aufgabe	Planen	Produktplanen	Aufgabe	(Bedürfnisse)
Aufgaben- formulierungs-Phase (Formulieren) Aufgabenstellung, Funktionssatz Anforderungsliste	Klären der Aufgabe Klären der Aufgabensstellung Anforderungsliste	Konzipieren Klären der Aufgabenstellung Anforderungsliste	Klären der Aufgabenstellung	Geforderter Wirkzusammenhang	Aufgabe präzisieren
Funktionelle Phase (Entwickeln) Allgemeine Funktionsstruktur Physikalische, Logische Funktionsstruktur Gestaltende Phase	Konzipieren Funktionsstruktur, Lösungsprinzipien, Technisch- wirtschaftliches Bewerten	Gesamtfunktion in Teilfunktionen Kombinieren,Variieren Technisch- wirtschaftliches Bewerten	Funktionsstruktursynthese Gesamtfunktion, Teilfunktionsstruktur Elementarfunktionsstruktur Grundoperationsstruktur, Technisch-wirtschaftliches Bewerten	Funktion Logischer Wirkzusammenhang Physikalisches Geschehen Physikalischer Wirkzusammenhang	Aufgabe unterteilen Teillösungen suchen
(Formgestalten) Geometrisch-Stoffliche Produktgestaltung Struktur gestalten Kontur gestalten Technisch-wirtschaftlich bewerten	Entwerfen Grobgestalten, Feingestalten Bewerten Abschließendes Gestalten	Entwerfen Maßstäblicher Entwurf, Technisch- wirtschaftliches Bewerten, Optimieren	Qualitative Synthese Effektvarianten, Effektträgervarianten, Prinzipvarianten, Gestaltvarianten der Bauelemente, der Baugruppen, der Systeme, Technisch-wirtschaftliches Bewerten	Wirkort Kinematischer Wirkzusammenhang Konstruktiver Wirkzusammenhang Fertigungs- technischer Wirkzusammenhang	Teillösungen ausarbeiten Teillösungen kombinieren
(Herstellungsgestalten) Herstellungstechnische Produktgestaltung Fertigungs-, montage-, transport-,recycling- gerecht usw. gestalten. Technisch-wirtschaftlich bewerten, Vorschriften erstellen	Ausarbeiten Vervollständigen der fertigungstechnischen Unterlagen Montage-Transport- Vorschriften, Prüfen der Unterlagen	Ausarbeiten Gestalten der Einzelteile Oberprüfen der Kosten Fertigungsunter- lagen	Quantitative Synthese Berechnen Dimensionieren Bemaßen Technisch-wirtschaftliches Bewerten, Erproben, Unterzeichnen Endgültiger Entwurf, Detaillieren Fertigungsunterlagen	Fertigungs- unterlagen Gebrauchs- eigenschaften	Gesamtlösung ausarbeiten Gesamtlösung nutzen

Bild 8. Konstruktionsmethodik, vergleichende Übersicht. (Roth u.a.)

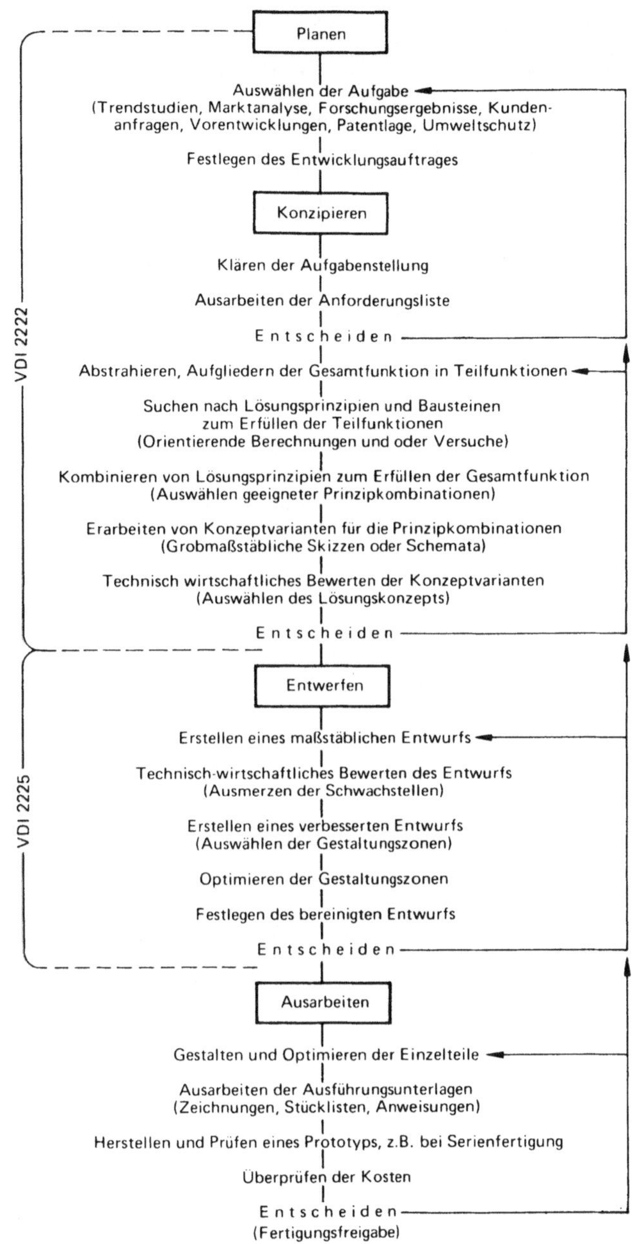

Bild 9. Vorgehensplan für das Schaffen neuer Produkte. (Kesselring/VDI)

<pre>
ANWENDUNGEN,   Stoffumsatz

EXEMPLARISCH   z.B. Extruder

                      Energieumsatz

                          z.B. Zahnradgetriebe

                      Signalumsatz

                          z.B. PDM - Meßgerät

                      ...

                      ...

METHODIK   Fertigungstechnik

                      Verfahrenstechnik

                      Konstruktionstechnik

                      Planungstechnik

                      Systemanalyse

                      ...

                      ...

GRUNDLAGEN   Mathematik

                      Festigkeitslehre

                      Physik

                      DIN - Maschinendarstellung

                      Datenverarbeitung

                      ...

                      ...
</pre>

Bild 13. Maschinenbauausbildung *mit Informatikanteilen.*

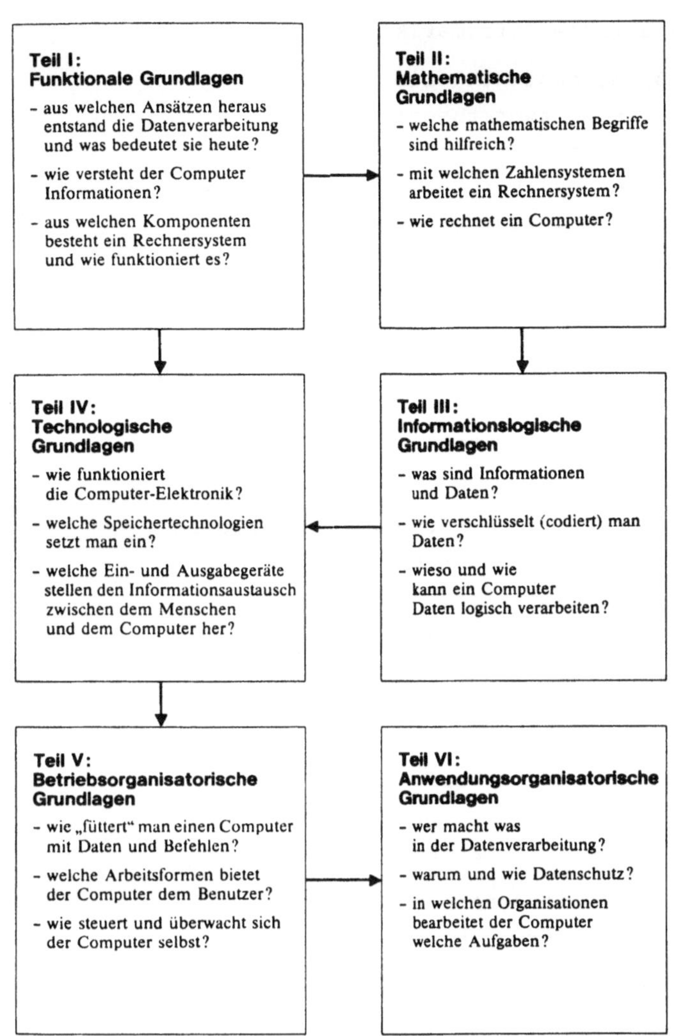

Bild 18. Grundlagen der Datenverarbeitung. (Dworatschek)

1) Theoretische Informatik

    z.B. Automatentheorie
        Schaltwerktheorie
        Formale Sprachen
        Algorithmentheorie, Rekursive Funktionen
        Komplexitätstheorie
        Theorie der Programmierung
        Informationstheorie, Kommunikationstheorie,
        Codierungstheorie
        Mathematische Modelle für Rechensysteme

2) Praktische Informatik

    z.B. Datenstrukturen, Datenorganisation
        Programmier- und Dialogsprachen
        Programmiertechnologie
        Übersetzerbau
        Betriebssysteme
        Informationssysteme, Kommunikationssysteme
        Graphische Datenverarbeitung
        Simulation
        Kognitive Verfahren und Systeme

3) Technische Informatik

    z.B. Schaltungstechnologie
        Mikroprogrammierung
        Rechnerorganisation
        Prozeßrechner
        Spezialrechner
        Peripherie

Bild 19. Maschinenbau-Hauptstudium, Informatik-Inhalte. (Gnatz)

Datenbankkonzepte für Ingenieuranwendungen: eine Übersicht über den Stand der Entwicklung

Klaus R. Dittrich
Angelika M. Kotz
Jutta A. Mülle
Peter C. Lockemann

Institut für Informatik II und Forschungszentrum Informatik
Universität Karlsruhe, PF 6380, 7500 Karlsruhe 1

Zusammenfassung

Datenbanksysteme zeichnen sich durch eine Reihe von Charakteristika aus, die über den "klassischen" administrativ-betriebswirtschaftlichen Bereich hinaus zunehmend auch für Ingenieuranwendungen als vorteilhaft erkannt werden. Die Schwierigkeiten für einen sofortigen Einsatz in diesem Sektor liegen heute darin, daß existierende Systeme hinsichtlich Datenstrukturierung, Konsistenz, Mehrbenutzerbetrieb und Datensicherung keine den neuen Anforderungen entsprechenden Konzepte anbieten. Der Bericht nennt die wichtigsten Unterschiede zu traditionellen Anwendungen und stellt eine Reihe von Lösungsvorschlägen für die genannten Problemkreise vor.

1. Charakteristika von Datenbanksystemen

Datenbanksysteme stellen heute weitgehend ausgereifte Werkzeuge der Informatik zur Verwaltung größerer Datenbestände in vielerlei Anwendungsfällen dar. Ihre am meisten hervorstechenden Charakteristika lassen sich in folgenden sechs Punkten zusammenfassen (s. [DAT 81]):

1 **Datenintegration:** Datenbanksysteme bieten Mittel, **alle** in einem Anwendungsfall (z.B. in einem Unternehmen) benötigten Daten "unter einem Dach" zu verwalten und sie gleichwohl für die verschiedenen Einzelaufgaben (z.B. Lagerhaltung, Rechnungswesen, Lohnbuchhaltung) in der jeweils erforderlichen Spezialform (z.B. speziell aufbereitet, eine bestimmte Auswahl aus dem Gesamtbestand) bereitzustellen.

2 **Anwendungsbezogene Datenstrukturierung**: Aus der Sicht der Benutzer eines Datenbanksystems kann die Information über den gewünschten Umweltausschnitt (die "Miniwelt" des Benutzers) weitgehend so strukturiert werden, wie sie tatsächlich anfällt; auf die gegebenen Speichermedien und die dort vorhandenen Möglichkeiten zur Datenstrukturierung braucht also keine Rücksicht genommen zu werden.

3 **Konsistenz:** Die in einer Datenbank gespeicherten Informationen sollen die jeweilige Miniwelt möglichst vollständig und widerspruchsfrei repräsentieren. Dies ist mit Mitteln der Datenstrukturierung allein nicht zu bewerkstelligen. Datenbanksysteme gestatten die Formulierung sogenannter Konsistenzbedingungen, deren Einhaltung während des Sy-

stembetriebs — beispielsweise bei **Änderungs- und Löschoperationen** — automatisch überwacht wird.

4 **Mehrbenutzerbetrieb**: Bei größeren Datenbeständen ist es unumgänglich, daß sie von mehreren Benutzern gleichzeitig bearbeitet werden können. Datenbanksysteme gestatten dies und garantieren dabei, daß konkurrierende Zugriffe die Integrität der Datenbasis nicht beeinträchtigen.

5 **Datensicherung**: Große Datenbasen stellen eine wertvolle Ressource ihrer Besitzer dar. Datenbanksysteme enthalten Mechanismen, die bei Fehlern in Hardware, Software, Bedienung und Verwendung für die Unverletzlichkeit der Daten sorgen.

6 **Datenunabhängigkeit**: Die Benutzer eines Datenbanksystems sind unabhängig von Anzahl und Art der verwendeten Speichermedien, Lokalisierung und Organisation der gespeicherten Daten usw. Umgekehrt ist die Information über die strukturelle Interpretation der Daten Bestandteil der Datenbasis selbst und damit nicht in den einzelnen damit arbeitenden Programmen verborgen.

Traditionell werden Datenbanksysteme im administrativ-betriebswirtschaftlichen Bereich eingesetzt. Platzbuchung, Material-, Bibliotheks-, Versicherungsverwaltung, Kontenführung oder Einwohnerwesen sind einige Beispiele. Mehr und mehr besteht jedoch auch seitens ingenieurwissenschaftlicher Anwender der Wunsch, sich die Vorteile von Datenbanksystemen zunutze zu machen. Entsprechende Anforderungen kommen insbesondere aus folgenden Bereichen:

- Bildverarbeitung ([PIC 81])
- Geographie/Geodäsie ("Landinformationssysteme")
- Prozeßdatenverwaltung ([ADA 83])

und vor allem

- Entwurf und Fertigung (CAD/CAM) im Bauingenieurwesen, im Maschinenbau, für elektrische und elektronische Bauteile ([DA1 83]), aber auch — jüngstes Beispiel aus der Informatik selbst — bei der Softwarekonstruktion ([BL 84]).

Der Versuch, auf dem Markt verfügbare Datenbanksysteme in den genannten Anwendungsgebieten einzusetzen, führte schnell zu einer Reihe von Problemen. Der Grund liegt darin, daß existierende Datenbanksysteme auf den genannten traditionellen Einsatzbereich zugeschnitten sind und Ingenieuranwendungen zumindest für die Charakteristika 2 bis 5 (Datenstrukturierung, Konsistenz, Mehrbenutzerbetrieb und Datensicherung) teilweise drastisch abweichende Anforderungen stellen. Die Schwierigkeiten dürfen daher **nicht** — wie häufig geschehen — dem Datenbankansatz an sich in die Schuhe geschoben werden, sondern allenfalls den für einen bestimmten Anwendungsfall unzureichenden Realisierungen ([SID 80]).

Wir wollen in diesem Bericht in knapper Weise vorstellen, welche wesentlichen Konzepte für Datenstrukturierung, Konsistenz, Mehrbenutzerbetrieb und Datensicherung in letzter Zeit für im Ingenieurbereich einsetzbare Datenbanksysteme vorgeschlagen wurden. Als Ausgangspunkt zählen wir zunächst die wichtigsten Anforderungen und ihre Unterschiede zu "klassischen" Anwendungsfällen auf.

Bei alledem legen wir beispielhaft stets das Teilgebiet Datenbanksysteme für die Unterstützung von Entwurfsaufgaben und hier wiederum die Bereiche Entwurf hochintegrierter Bausteine und Entwurf von Bauwerken und Maschinenteilen zugrunde, von denen bisher die wichtigsten Impulse ausgingen. Für die anderen genannten und für weitere Ingenieuranwendungen gibt es zwar sehr wohl Unterschiede in den einen oder anderen Detailpunkten, die grundsätzliche Richtung und die grundlegenden Unterschiede zum kommerziellen Bereich bleiben jedoch die gleichen.

2. Anforderungen ingenieurwissenschaftlicher Anwendungen

Administrativ-betriebswirtschaftliche und ingenieurwissenschaftliche Anwendungen unterscheiden sich in vielerlei Hinsicht. Wir beschränken uns hier auf eine Aufzählung der wesentlichsten und hinsichtlich ihrer Auswirkungen auf das Datenbanksystem besonders drastischen Anforderungen:

— Während üblicherweise die Gegenstände der interessierenden Umwelt durch vergleichsweise wenige Eigenschaften beschrieben werden (z.B. Personen, Güter), sind im Ingenieurbereich meist außerordentlich umfangreiche, komplex strukturierte Informationen über die Umweltobjekte erforderlich (z.B. für das Layout höchstintegrierter Schaltkreise). Zudem muß sich häufig der Aufbau von Objekten aus Unterobjekten in der Datenbank widerspiegeln, als Ausgangspunkt für den Entwurfsingenieur sind die Beschreibungen wichtiger Basisobjekte in entsprechenden Bibliotheken vorzuhalten.

— Ingenieurtätigkeiten sind häufig evolutionäre Prozesse, bei denen auch Zwischenergebnisse später wiederbenötigt werden. Darüberhinaus werden unterschiedliche Lösungen für ein gegebenes Problem entwickelt (Varianten, Versionen) und unterschiedliche Kompositionen von Teilobjekten zu Gesamtobjekten (Konfigurationen) erstellt. Zudem liegen für ein einzelnes Objekt meist mehrere Beschreibungen in ganz unterschiedlicher Form vor (Repräsentationen, z.B. textuelle, funktionale, geometrische Beschreibung). Die Datenhaltung muß all diese Gegebenheiten berücksichtigen, beispielsweise also Zugriff auf eine bestimmte Variante einer bestimmten Repräsentation ermöglichen.

— Während sonst die Gesamtdatenbasis meist relativ wenige Strukturen aufweist, zu denen jeweils viele Daten der gleichen Bauart gehören, ist im Ingenieurbereich von umgekehrten Voraussetzungen auszugehen: die Strukturen sind äußerst vielfältig, aber relativ wenige Datenobjekte sind von gleicher Struktur.

— Transaktionen, die Arbeitseinheiten der Datenbankbenutzung, involvieren im administrativ-betriebswirtschaftlichen Bereich gewöhnlich wenige Daten, sind von kurzer Dauer und werden — nur in ihren Parametern verändert — häufig wiederholt (Beispiel: Platzbuchung bei der Bundesbahn). Hier hingegen sind jeweils viele Daten betroffen (ein ganzes, nach obigen Erläuterungen komplexes Objekt), Transaktionen können lange dauern (ein Entwurfsvorgang etwa Wochen und Monate) und werden in gleicher Weise kaum wiederholt.

— Konsistenzbedingungen fallen außerordentlich kompliziert aus und sind ungemein zahlreich. Sie betreffen nicht nur den Zustand der Datenbasis selbst, sondern auch Übergänge von einem Zustand zum anderen (Operationen) sowie ganze Operationsfolgen. Beispiele sind die Einhaltung von Konstruktionsvorschriften und physikalischen Gesetzen, die logische Übereinstimmung verschiedener Repräsentationen desselben Objekts oder die Einhaltung vorgegebener Verfahrensablaufpläne.

3. Konzepte

Alle genannten Anforderungen werden von existierenden Datenbanksystemen nicht oder nur völlig unzureichend erfüllt. Sie gaben daher Anlaß, über neue Ansätze nachzudenken. Wir besprechen die wichtigsten davon in diesem Abschnitt.

3.1 Datenmodelle

Das Datenmodell eines DBS beschreibt sämtliche Abstraktionsmechanismen, die zur Abbildung eines Umweltausschnitts in die Datenbasis angeboten werden. Die Modellierung eines konkreten Anwendungsgebiets, der sogenannte Datenbankentwurf, fällt dabei umso leichter, je besser die Modellierungskonzepte die speziellen Gegebenheiten der Applikation widerspiegeln. Die Abstraktionsmechanismen umfassen zum einen strukturelle Aspekte, d.h. die Basisdatentypen und die Konstruktoren für komplexere Strukturen, zum anderen funktionale Aspekte, d.h. die Operatoren zum Umgang mit diesen Strukturen.

Bei beiden Aspekten ergeben sich erhebliche Unterschiede zwischen dem Bereich der Ingenieuranwendungen und dem kommerziellen Bereich. Herkömmliche Datenmodelle, d.h. besonders deren bekannteste Vertreter relationales, Netzwerk- und hierarchisches Modell, bieten zumindest in ihrer ursprünglichen Form nicht die nötigen Modellierungsmechanismen für den ingenieurwissenschaftlichen Bereich (s. [SID 80], [FV 82], [EAS 80], [LOR 82]).

Aus diesem Grund gibt es eine Reihe von Ansätzen, geeignetere Modelle zu entwickeln. Dabei ist zu unterscheiden zwischen zwei Vorgehensweisen:

1. Die Erweiterung bestehender Modelle, insbesondere des Relationenmodells, um neue, vergleichsweise allgemeine Konstrukte,
2. Der Entwurf neuer, stärker auf die Anwendungen bezogener Modelle (auch als semantische Modelle bezeichnet).

Beide Ansätze sollen im folgenden vorgestellt werden, wobei neben der Beschreibung der grundsätzlichen Eigenschaften jeweils beispielhaft auf spezielle Modelle eingegangen wird.

Die wichtigsten Erweiterungen herkömmlicher Datenmodelle bestehen in folgenden Punkten:

— Bereitstellung neuer Basistypen und Typkonstruktoren
— Handhabung sogenannter langer Felder, d.h. umfangreicher unformatierter Datenelemente
— Behandlung von komplex strukturierten Objekten derart, daß diese als Einheit bzgl. Zugriff, Speicherung, Übertragung, Sicherung und Sperrung dienen.
— In Zusammenhang mit den komplex strukturierten Objekten explizite Modellierung von Beziehungen, speziell von hierarchischen Verbindungen.
— Unterstützung der Verwaltung von verschiedenen Repräsentationen, Varianten oder Zuständen in der Änderungsgeschichte eines Objekts.

Als wesentliche Beispiele für die Erweiterung des Relationenmodells in Richtung auf Entwurfsdatenbanken sollen an dieser Stelle die Arbeiten von Lorie ([LOR 82], [HL 81]) und Schek et al. ([SS 83], [PHH 83]) dienen.

Nach Lorie läßt sich das relationale Modell um die Konzepte komplexes Objekt, langes nicht-formatiertes Feld und geordnete Relation erweitern. Tupel unterschiedlicher Relationen können über Attribute bestimmten Typs zu komplexen

Objekten verknüpft werden. Hierzu werden ein neuer Typ zur eindeutigen Tupelidentifikation benötigt sowie die zwei generischen Typen Komponente_von und Referenz. Komponente_von dient der hierarchischen Verknüpfung von Objekt und Teilobjekt, während Referenz gestattet, beliebige Beziehungen innerhalb eines komplexen Objekts bzw. zur Wurzel eines anderen Objekts herzustellen. Die Zugriffsoperatoren lassen sich diesen Verknüpfungen entsprechend auf komplexe Objekte erweitern.

Die Behandlung beliebig langer Felder kann über ein Cursorkonzept abgewickelt werden, d.h. es wird über einen Zeiger jeweils abschnittsweise auf ein solches Feld zugegriffen. Eine Versionsverwaltung ist möglich, indem ein entsprechender Katalog als komplexes Objekt abgelegt wird.

Der Ansatz von Schek/Scholl beruht ebenfalls auf einer Abwandlung des Relationenmodells in Richtung auf die explizite Darstellung von hierarchisch gegliederten Objekten. In diesem sogenannten NF^2-Relationenmodell müssen sich die Relationen nicht in 1. Normalform (s. [COD 70]) befinden, d.h. sie dürfen Attribute besitzen, die ihrerseits vom Typ Relation sind, wobei eine beliebig tiefe Hierarchiebildung möglich ist, NF^2-Relationen und "flache" Relationen lassen sich durch Nestungs- und Entnestungsoperatoren ineinander überführen.

Eine erweiterte, rekursive Relationenalgebra erlaubt sowohl den Zugriff auf die übergeordnete Relation (im Sinne eines komplexen Objekts) als auch auf relationswertige Attribute (im Sinne von Teilobjekten). Beliebige, nicht hierarchische Beziehungen lassen sich durch NF^2-Relationen jedoch nur mit entsprechender Redundanz modellieren bzw. über Schüssel der beteiligten komplexen Objekte darstellen.

Neben den beiden bisher erläuterten Modellen existieren eine Reihe weiterer Arbeiten, die auf einer Erweiterung des Relationenmodells ([WE80], [RBJ 81]), des Netzwerkmodells ([FIS 83]) oder auf einer Kombination von Konzepten aus Netzwerk- und Relationenmodell ([HAY 81], [JSW 83]) beruhen.

Erwähnenswert ist der Ansatz, das Relationenmodell um das Konzept des abstrakten Datentyps ([LZ 74]) für Attributdomänen zu erweitern [SRG 83]. Neben den atomaren Basistypen können durch den Benutzer beliebige ADTs mit ihren Operatoren eingebracht und Attribute auf ihnen definiert werden. Das Modell selbst bietet nur den allgemeinen Definitionsmechanismus, jedoch keine eigenen erweiterten Typkonstruktoren an.

Die Erweiterung des Relationenmodells für den Bereich der Entwurfsdatenbanken bietet gegenüber neueren semantischen Modellen folgende Vorteile:

— Eine einfache relationale Schnittstelle
— Flexibilität und breites Einsatzspektrum, da sehr allgemeine Mechanismen angeboten werden.
— Das Aufsetzen auf bereits intensiv erforschten Konzepten.
— Vergleichsweise einfache Implementierbarkeit, da die Grundstrukturen einheitlich und nicht übermäßig komplex sind.

Dagegen stehen als Nachteile:

— Die Beschränkung der angebotenen Datentypen.
— Der höhere Aufwand und die größere Fehleranfälligkeit bei der Modellierung, da anwendungsnahe Konstruktionen, die eine direkte Abbildung der speziellen Umweltstrukturen erlauben, fehlen.
— Die aufwendige Formulierung von anwendungsspezifischen Transaktionen.

— Die vergleichsweise geringe modellinterne Konsistenz.

Ziel der neueren Datenmodellentwicklung ist es, die genannten Nachteile zumindest graduell zu beseitigen. Hierbei lassen sich wiederum Modelle einer höheren, mehr allgemeinen und einer niedrigeren, stärker anwendungsbezogenen Abstraktionsstufe unterscheiden.

Erstere basieren auf dem Entity-Relationship-Ansatz nach Chen [CHE 76] sowie auf den Konzepten der Aggregation und Generalisierung nach [SS 77]. Dabei steht vor allem die Modellierung komplex aufgebauter Objekte im Vordergrund.

Eine Erweiterung des Entity-Relationship-Modells in Richtung auf solche Objekte stellt das EER-Modell [NEU 83] dar, das als untere Ebene eines Zweischichtenmodells Verwendung findet. Kopier- und Ersetzungsoperationen auf komplex strukturierten Objekten werden dabei durch die Konzepte der Kernentitätsklasse (=Klasse aller zusammengesetzten Objekte) und der Referenzklasse (=Klasse der Beziehungen zwischen komplexen Objekten) unterstützt.

Der grundsätzliche Aufbau von Entwurfsobjekten läßt sich auch im semantischen Hierarchiemodell [SS 80] darstellen. Es bietet den Begriff des Subtyps zur Modellierung der Generalisierung und des Komponententyps als Aggregationsmechanismus an.

Einem Typ können im semantischen Hierarchiemodell außerdem Operatoren zugeordnet werden, die auf Exemplare dieses Typs anwendbar sind bzw. solche zum Ergebnis haben. Im Gegensatz zum Konzept des abstrakten Datentyps wird durch diese Operatoren nicht die Strukturinformation des Typs verdeckt.

Die Definitionsmöglichkeit für Operatoren, d.h. allgemeiner für anwendungsspezifische Transaktionen, ist ein wichtiges Merkmal der neu entwickelten Datenmodelle für den Entwurfsbereich. Sie findet sich z.B. als Konzept des Anwendungsereignisses im Ereignismodell von McLeod et al [MNB 83] und als Funktionskonzept bei Foisseau/Valette [FV 82]. Ein semantisches Modell, das das Konzept des abstrakten Datentyps realisiert, d.h. den Zugang zu den Daten nur über vordefinierte Operatoren erlaubt, wird in [LÜK 83] vorgestellt.

In den neueren Datenmodellen wird häufig eine geeignete Erweiterung der Menge von Basistypen und Typkonstruktoren durchgeführt. Als beispielhaft seien hier [LP 81] und [FV 82] erwähnt. Im wesentlichen erweisen sich folgende Konstruktionen als wichtig für den Bereich der Ingenieuranwendungen:

— Mengen- und Listenbildung
— Typvereinigung (union)
— Aggregation
— Aufzählungstyp
— Spezialisierung, d.h. Bildung eines Typs als Spezialfall eines anderen evtl. unter Hinzunahme weiterer Eigenschaften (s. derived type, extended type in [FV 82]).

Das explizite Einbringen von Konsistenzbedingungen in eine Typdefinition kann ebenfalls unterstützt werden. Außerdem sollten alle Typkonstruktoren rekursiv anwendbar sein. Die Rekursion als Grundlage der Typbildung wird speziell im "Rekursiven Datenmodell" von Lamersdorf/Schmidt [LS 83] betont.

Im Gegensatz zu den bisher beschriebenen semantischen Modellen, die vergleichsweise flexible und allgemein anwendbare Konzepte beinhalten, bieten Modelle einer niedrigeren Abstraktionsstufe anwendungsspezifische Konstrukte für den Entwurfsbereich. Als wesentliche Beispiele für diesen Ansatz lassen sich das Objektmodell von Katz [KAT 83] und die obere Ebene des Zweischichtenmodells bei Neumann [NEU 83] nennen. Beide Modelle unterstützen speziell die Aspekte

- Entwurfshierarchie
- Repräsentationen von Entwurfsobjekten
- Entwurfsalternativen und Änderungsgeschichte.

Im Objektmodell von Katz wird die gesamte Entwurfsinformation durch Repräsentations- und Indexobjekte modelliert. Repräsentationsobjekte enthalten Beschreibungen eines Entwurfsobjekts unter bestimmten Aspekten, sie gehören jeweils einem Typ an, der die Struktur der Repräsentation beschreibt. Insbesondere umfaßt jedes Repräsentationsobjekt Information über Schnittstelle und Konfiguration des beschriebenen Entwurfsgegenstands. Indexobjekte stellen Beziehungen her, die für Konfigurationsverwaltung, Konsistenzüberwachung und Versionsverwaltung benötigt werden. Über einen speziellen Typ von Indexobjekten, den generischen Typ, wird ein Entwurfsobjekt mit seinen sämtlichen Repräsentationen, Alternativen und Zuständen in der Änderungsgeschichte modelliert. Das Objektmodell ist somit sehr gut für die Darstellung der speziellen Strukturen im Entwurfsbereich geeignet, besitzt aber auch genug Flexibilität für die allgemeinere Verwendung auf anderen ingenieurwissenschaftlichen Gebieten.

Ein besonders anwendungsspezifisches Datenmodell wird von Neumann für die benutzernahe Ebene seines Zweischichtenmodells entworfen ([NEU 83]). In diesem Modell lassen sich verschiedene Repräsentationen eines Entwurfsobjekts sowie Entwurfsalternativen (hier Versionen genannt) explizit darstellen. Die lokale Struktur der Repräsentationen wird durch Repräsentationsschemata, die globalen Abhängigkeiten zwischen den Repräsentationen werden durch das Entwurfsschema beschrieben. Ein Entwurfsobjekt besteht aus einer Menge von Versionen, die entsprechend den Repräsentationsschemata aufgebaut und dem Entwurfsschema gemäß voneinander abgeleitet sind. Für ein vollständiges Entwurfsobjekt muß zu jeder Repräsentation genau eine Version existieren, zu einem noch unvollständigen Entwurfsobjekt darf höchstens eine Version pro Repräsentation gehören.

Ergänzend zu den bisher beschriebenen Ansätzen sei erwähnt, daß im Bereich der Ingenieuranwendungen auch Modellierungskonzepte entwickelt werden, die auf eine Bearbeitung mit Mitteln der künstlichen Intelligenz ausgerichtet sind (z.B. das Objektkonzept in [FV 82]). Auf diese Arbeiten soll an dieser Stelle nicht weiter eingegangen werden, da sie noch am Anfang ihrer Entwicklung stehen.

Abschließend ist zu sagen, daß ohne Entwurf geeigneter Datenmodelle der Einsatz von Datenbanksystemen in Ingenieuranwendungen auf die Dauer nicht wirtschaftlich sein kann und nur geringe Akzeptanz findet.

Dabei sind an der Benutzerschnittstelle anwendungsnahe Modelle zu fordern, die den Prozeß des Datenbankentwurfs möglichst gut unterstützen. Der Einsatz allgemeinerer Datenmodelle kann jedoch im Rahmen einer Modellschichtung auf tieferen Ebenen durchaus angebracht sein.

3.2 Konsistenz

Konsistenz in Datenbanken bezeichnet nach herkömmlicher Definition die logisch richtige, widerspruchsfreie Modellierung des betroffenen Umweltausschnitts, der "Miniwelt", in der Datenbasis. Dabei kann sich die logische Richtigkeit im einfachsten Fall auf die reine Widerspiegelung der bisher auf nicht maschinellen Datenträgern vorhandenen Informationen über den Umweltbereich beschränken. In den meisten Fällen, ganz besonders auf dem Gebiet der Entwurfsdatenbanken, wird man jedoch wesentlich mehr fordern. Konsistenz besagt dort nämlich auch, daß der Datenbankinhalt physikalischen Gesetzen, technologiebedingten Beschränkungen sowie geforderten Leistungswerten genügen muß.

Daraus folgt zunächst, daß Konsistenz im umfassenden Sinn in der Regel erst am Ende eines vollständig durchgeführten Entwurfs erreicht wird. Der Konsistenzbegriff in dem traditionellen Sinn, daß alle formulierten Bedingungen nach jeder DB-Transaktion erfüllt sein müssen, ist für Entwurfsdatenbanken nicht haltbar.

Trotzdem ist auch im Entwurfsbereich eines der Hauptziele des DB-Ansatzes die Gewährleistung von Konsistenz, nur daß dieser Begriff hier anders festgelegt bzw. wesentlich stärker differenziert werden muß. Zu unterscheiden ist zwischen lokaler und globaler Konsistenz (s. Eastman/Lafue [EL 82] und Neumann/Hornung [NH 82], [NEU 83]).

Lokale Konsistenz betrifft jeweils nur eine einzelne Repräsentation eines Entwurfsobjekts, genauer einer Variante (Version) dieser Repräsentation zu einem bestimmten Zeitpunkt der Änderungsgeschichte. Die lokale Konsistenz ist bei der Freigabe der Variante vollständig sicherzustellen. Vorher, d.h. während der laufenden Entwurfsarbeit an der Variante, müssen Inkonsistenzen toleriert werden, da der Entwurfsprozeß iterativ nach der Methode von Versuch und Irrtum abläuft. Zur Illustration des Begriffs lokale Konsistenz können folgende Beispiele dienen:

— Existenz aller Bibliothekselemente, auf die aus einem Entwurfsobjekt heraus Bezug genommen wird.

— Einhaltung geometrischer Regeln (Mindestbreiten und -abstände) in einem Schaltungslayout.

Globale Konsistenz betrifft dagegen die Einhaltung bestimmter Beziehungen zwischen einzelnen Repräsentationen. Nach Neumann/Hornung [NH 82] gilt ein Objekt dann als global konsistent, wenn alle Varianten den Bedingungen eines Abhängigkeitsgraphen zwischen den Repräsentationen genügen.

Zur Überwachung dieses Abhängigkeitsgraphen kann der Begriff der **gerichteten Konsistenzabhängigkeit** herangezogen werden, [LAF 82]. Eine Größe in der DB wird als abhängig bzgl. einer Konsistenzbedingung bezeichnet, wenn sie als Folge von Änderungen an anderen DB-Größen inkonsistent werden kann. Diese anderen Größen, die (bezogen auf die Konsistenzbedingung) nur durch Einfluß von außen inkonsistent werden können, heißen dagegen unabhängige Variable der Konsistenzbedingung. Wenn z.B. eine Konsistenzbedingung für jede Altersstufe die entsprechende Gehaltsklasse fordert, so stellt das Alter eines Angestellten die unabhängige Variable, sein Gehalt die abhängige Variable der Bedingung dar.

Übertragen auf ein Entwurfsobjekt bedeutet die gerichtete Konsistenzabhängigkeit folgendes: Eine Variante heißt (bezogen auf den Abhängigkeitsgraphen der Repräsentationen) unabhängig inkonsistent, wenn sie selbst global inkonsistent, ihre sämtlichen Vorgänger jedoch global konsistent sind. Alle Varianten, die Nachfolger einer unabhängig inkonsistenten Variante sind, heißen dagegen abhängig inkonsistent.

Durch Markierung aller Varianten mit ihrem jeweiligen Konsistenzzustand und durch Einhaltung einiger grundsätzlicher Vorschriften über die Manipulation von Varianten in bestimmten Zuständen kann globale Konsistenz des gesamten Objekts systematisch herbeigeführt werden. Insbesondere geht die einmal erreichte Konsistenz nicht mehr unkontrolliert verloren.

Neben der Differenzierung in lokale und globale **Konsistenz** können die Konsistenzbedingungen im Entwurfsbereich noch weiter **klassifiziert** werden (s. [KAT 83]). Es treten auf:

- Konformitätsbedingungen
- Kompositionsbedingungen
- Äquivalenzbedingungen

Konformitätsbedingungen beschreiben die Tatsache, daß die Implementierung und die Schnittstelle eines Objekts einander entsprechen müssen. Dies muß speziell für jede einzelne Repräsentation eines Entwurfsobjekts gelten.

Kompositionsbedingungen beziehen sich auf die Objekt-Unterobjekt-Konsistenz in einer Konfiguration aus Unterelementen. Alle Unterobjekte müssen korrekt miteinander verbunden sein und in ihrer Gesamtheit die Spezifikation des übergeordneten Objekts erfüllen.

Äquivalenzbedingungen schließlich bedeuten, daß zwischen bestimmten (Teil-) Objekten Äquivalenz bestehen muß. Diese Klasse von Bedingungen besteht vorwiegend zwischen verschiedenen Repräsentationen, d.h. sie gehört in den Bereich der globalen Konsistenz.

Den drei genannten Bedingungsklassen, die kennzeichnend für den Bereich der Ingenieuranwendungen sind, ist gemeinsam, daß sie nur in wenigen einfachen Fällen vollautomatisch überwacht werden können. Im allgemeineren Fall kommen dagegen nur halbautomatische Verfahren infrage, die den Entwerfer zwar unterstützen, ihm jedoch alle wesentlichen Entscheidungen überlassen. (Sowohl Katz [KAT 83] als auch Neumann/Hornung [NH 82] vertreten den Einsatz solcher Verfahren.) Speziell die Überwachung der Äquivalenzbedingungen erfordert umfangreiche Spezialwerkzeuge wie Simulatoren u.ä., deren Einsatz und Ergebnisauswertung Sache des Entwerfers sind.

Auch die für den Entwurfsbereich kennzeichnende Forderung, langfristig Inkonsistenzen der Daten tolerieren zu müssen, macht die benutzergesteuerte Konsistenzüberwachung notwendig. Der Benutzer legt jeweils den von ihm überprüften Konsistenzzustand in der DB ab und wird über Rückmeldungen auf möglicherweise noch durchzuführende Konsistenzprüfungen hingewiesen. Es besteht dadurch auch Freiheit hinsichtlich der Entscheidung, ob umfangreiche Prüfprogramme in die Datenhaltung integriert werden oder wie bislang üblich als Werkzeuge auf der Datenhaltungsschnittstelle aufsetzen sollen.

Neben der Möglichkeit zur benutzergesteuerten Konsistenz ist aber trotzdem zu fordern, daß das System intern Speicherkonsistenz (im Sinne von [HÄR 78]) gewährleistet und auch einige grundlegende Mechanismen zur logischen Konsistenzsicherung anbietet (Überwachung der Schlüsseleigenschaft, Wertebereichsgrenzen für Attribute u.ä.).

Ein Konsistenzaspekt, der speziell bei Ingenieuranwendungen auftritt, ist die korrekte Abwicklung eines vorgegebenen Verfahrensplans. Im Verfahrensplan ist die Reihenfolge der Arbeitsphasen festgelegt, die eingehalten werden sollte, um möglichst effizient zu einem korrekten Ergebnis zu gelangen.

Die Datenhaltung kann als diejenige Stelle im System dienen, von der aus der Benutzer durch den Verfahrensablauf geführt wird. Die jeweils im Verfahrensplan erreichten Zustände werden mit den betroffenen Daten abgelegt, und in Abhängigkeit davon erhält der Benutzer Rechte zur Ausführung bestimmter Funktionen.

Eine Methode zur Überwachung des Verfahrensablaufs mittels eines Audit-Verfahrens wird in [NRR 82] vorgestellt. Alle relevanten Ereignisse im Verfahrensablauf (Funktionsaufrufe und deren Parameter, Status nach Funktionsausführung u.ä.) werden aufgezeichnet und nach spezifischen Regeln ausgewertet. Diese Regeln können individuell spezifiziert werden, da sich Verfahrensabläufe je nach Technologie und Entwurfsmethode stark voneinander unterscheiden.

Die Einhaltung der Verfahrensablaufkonsistenz darf durch die Datenhaltung allerdings nicht starr erzwungen werden, d.h. es muß auch die Möglichkeit bestehen, im Fall der Verletzung nur mit einer Warnung zu reagieren und die Aktion trotzdem zuzulassen. Die Frage, welche Freiheit der Ingenieur in seinem Arbeitsablauf besitzen soll, ist eine übergeordnete Entscheidung. Die Datenhaltung kann nur eine Sprache zur Spezifikation von Verfahrensabläufen sowie flexible Mechanismen zu deren Aufzeichnung und Überwachung anbieten, mit denen unterschiedlich restriktive Strategien realisiert werden können.

Da im Verfahrensablauf häufig Funktionen auftreten, die im Prinzip Konsistenzprüfungen darstellen, ist Verfahrensablaufkonsistenz eine Voraussetzung für alle früher genannten Konsistenzklassen.

Beispiel: Als Voraussetzung für die Äquivalenzkonsistenz zwischen Logik und Layout einer Schaltung muß im Verfahrensablauf an der richtigen Stelle ein (erfolgreicher) Logik-Layout-Vergleich ausgeführt werden.

Nachdem bis jetzt die unterschiedlichen Konsistenzarten aus dem Ingenieurbereich vorgestellt wurden, sollen nun die Probleme bei der Konsistenzüberwachung behandelt werden. Hierbei sind drei Aspekte relevant:

- Die Form der Definition von Konsistenzbedingungen
- Der Zeitpunkt der Überprüfung
- Die Reaktion auf Konsistenzverletzung

Die Definition einer Konsistenzbedingung kann prinzipiell auf zwei Arten erfolgen:

- deskriptiv
- prozedural

Deskriptiv bedeutet dabei die Formulierung der Konsistenzbedingung durch einen prädikatenlogischen Ausdruck. Das System setzt das Prädikat automatisch in Operationen zu dessen Überprüfung um, was sehr aufwendig sein kann. Eine prozedurale Form bedeutet dagegen, daß direkt ein Algorithmus spezifiziert wird, der die Konsistenzprüfung durchführt und als Ergebnis einen Wahrheitswert liefert. Speziell im Entwurfsbereich ist die prozedurale Form vielfach geeigneter, nicht zuletzt da viele bereits existierende Prüfalgorithmen übernommen werden können. Ein DHS für Ingenieuranwendungen sollte beide Definitionsformen unterstützen (s. auch [EW 82]).

Bzgl. Zeitpunkt der Konsistenzprüfung und Reaktion auf Konsistenzverletzungen sind herkömmliche Datenbanksysteme wenig flexibel. Konsistenzprüfungen werden generell an das Ende von DB-Operationen bzw. -Transaktionen gekoppelt, bei Aufdecken einer Verletzung wird mit der Ablehnung bzw. dem Rücksetzen der Transaktion reagiert.

Im Entwurfsbereich ist es dagegen notwendig, ein wesentlich flexibleres Vorgehen zu wählen. Zum einen müssen Konsistenzprüfung und Transaktionsende entkoppelt werden, um den differenzierten Anforderungen (s.o. lokale/globale Konsistenz) gerecht zu werden. Zum anderen muß es möglich sein, auf Konsistenzverletzungen situationsangepaßt, d.h. also sehr verschiedenartig, zu reagieren. Insbesondere ist ein Rücksetzen der typischerweise umfangreichen Transaktionen (Dauer: Tage bis Wochen!) i.a. nicht akzeptabel.

Als ein Mechanismus, der die nötige flexible Handhabung erlaubt, bietet sich die ereignisgesteuerte Konsistenzüberwachung und Reaktion auf Konsistenzverletzungen an (s. [DA3 84]). Dieser Mechanismus steht in Analogie zum Konzept der Ausnahmebehandlung im Bereich der Programmiersprachen ([GOO 75]) .

Die Methode erlaubt systemdefinierte Standardereignisse und dynamische Ereignisdefinition durch den Benutzer. Konsistenzprüfungen können zu beliebigen Zeitpunkten veranlaßt werden, Reaktionen lassen sich über ein weites Spektrum definieren. Der Mechanismus als solcher verursacht nur vergleichsweise geringen Aufwand. Nur für umfangreiche Reaktionen bei Konsistenzverletzungen fallen entsprechende Kosten an.

3.3 Mehrbenutzerbetrieb und Datensicherung

Datenintegrität ([LM 78]) und Datensicherung werden in herkömmlichen Systemen mit Hilfe des sogenannten Transaktionskonzepts erzielt. Eine Transaktion ([ESW 76], [GRA 78], [GRA 81], [REE 83]) ist dabei eine Folge von Datenbank- (und anderen) Operationen mit den Eigenschaften

- **Atomizität:** ("Alles-oder-Nichts Eigenschaft")
  eine Transaktion wird entweder komplett durchgeführt oder hinterläßt keine Wirkung in der Datenbank (d.h. unter anderem, daß Zwischenzustände **nicht** für andere Transaktionen sichtbar sein dürfen (**Synchronisationseinheit**))
- **Dauerhaftigkeit:** die Wirkung (**korrekt abgeschlossener**) Transaktionen bleibt auch bei evtl. Systemzusammenbrüchen etc. garantiert erhalten (**Recoveryeinheit**)
- **Konsistenz:** bei Transaktionsende sind alle Konsistenzbedingungen erfüllt, während sie während der Transaktion verletzt sein können (**Konsistenzeinheit**).

Neben Konsistenzüberwachung sind zum Erreichen dieser Eigenschaften Maßnahmen zur Protokollierung und Recovery (Wiederanlauf) sowie zur Synchronisation konkurrierend auf Teile der Datenbank zugreifender Prozesse (Sperrverfahren zur Garantie von Prozeßintegrität) erforderlich.

Wie schon in der Anforderungsbeschreibung des ersten Abschnitts beschrieben, ist das eben vorgestellte Transaktionskonzept für den Einsatz bei Ingenieuranwendungen vor allem aufgrund der Dauer einer dort auftretenden Transaktion und des großen Umfangs der von ihr betroffenen Daten ("komplexe Objekte") nicht geeignet. In der Literatur sind diverse Vorschläge zur Behandlung dieser sogenannten "langen Transaktionen" zu finden, die jeweils einen Teil der neuen Eigenschaften berücksichtigen. Je mehr dabei der Anwender durch das Datenbanksystem unterstützt werden soll, desto komplizierter sind zwangsläufig die dafür notwendigen Mechanismen.

Durch die lange Dauer kann die Transaktion nicht mehr als Recoveryeinheit dienen, da ansonsten im Fehlerfall oder auch bei Verklemmungen die ganze Transaktion rückgesetzt werden muß und damit möglicherweise die Arbeit von mehreren Tagen verloren ist. Daher sind Vorkehrungen nötig, um auf einen Sicherungspunkt innerhalb der Transaktion rücksetzen zu können. Aus dem gleichen Grund ist das Warten einer Transaktion (Blockieren) auf die Freigabe gesperrter Objekte nicht zumutbar. Die Transaktion muß in diesem Fall eine Statusrückmeldung erhalten. Da während des Ablaufs der Transaktion auch Terminalsitzungen beendet und wieder begonnen werden können und Sperren Systemzusammenbrüche überleben müssen, ist es nicht mehr ausreichend, Sperren im flüchtigen Speicher zu halten, d.h. Sperrinformation muß ebenfalls gesichert werden.

Eine solche Transaktion wird in [LP 83] als C-Transaktion (conversational transaction) bezeichnet. Im Vergleich zu dem herkömmlichen Transaktionskonzept dient sie nicht als Recoveryeinheit, sondern vor allem als Einheit in bezug auf die vom Datenbanksystem automatisch gewährleistete Konsistenz, aber auch als Synchronisationseinheit; dabei wird die Zugriffssynchronisation noch dadurch vereinfacht, daß von einer "öffentlichen" Datenbank mit einem CHECK OUT-Befehl Objekte in eine private, nur einem Benutzer zugängliche Datenbank übertragen und von dort nach der Bearbeitung wieder zurückgebracht (CHECK IN-Befehl) werden ([HL82]).

Alle Sperren sollen zur Vermeidung von Verklemmungen zu Beginn einer C-Transaktion angefordert werden. Dies wird dadurch ermöglicht, daß meistens die von der Transaktion zu bearbeitenden Datenbankelemente bekannt sind, da umfangreiche semantisch zusammenhängende Teile (komplexe Objekte) **insgesamt** bearbeitet werden. Diese komplexen Objekte werden als Sperreinheiten verwendet, wodurch auch die (nicht flüchtige!) Sperrinformation klein gehalten wird.

Die Datensicherheit während einer C-Transaktion wird von Lorie und Plouffe in den Bereich der privaten Datenbank verlagert. Hier sollen herkömmliche Transaktionen lediglich als Recoveryeinheiten eingesetzt werden. Eine C-Transaktion hat somit in bezug auf die öffentliche Datenbank die "Alles oder Nichts"-Eigenschaft, ist dauerhaft und gewährleistet bzgl. des Konsistenzbegriffs, der in der öffentlichen Datenbasis gilt, am Ende der Transaktion einen konsistenten Zustand.

Dieser Ansatz hat jedoch zwei Schwachstellen. Die C-Transaktion dient als Konsistenzeinheit. Das wiederum bedeutet aber auch, daß durch das Datenbanksystem **während** der langen Dauer der Transaktion **keinerlei** Unterstützung bei der Gewährleistung von Datenkonsistenz geboten wird. Eastman und Lafue in [EL 82] sowie Neumann und Hornung in [NH 82] versuchen auf unterschiedliche Art durch Differenzierung des Konsistenzbegriffs eine bessere Konsistenzunterstützung durch das Datenbanksystem zu erreichen.

Ein zweiter Punkt ist, daß durch die lange Dauer der Transaktion Objekte für andere Transaktionen zumindest für schreibenden Zugriff nicht zur Verfügung stehen. Dies kann jedoch bei Teamarbeit wünschenswert sein, z.B. damit ein bereits fertiggestelltes Teil eines Objekts von einem anderen Designer schon in seinem Teilentwurf eingesetzt werden kann.

Kim et al. [KIM 83] sowie Moss [MOS 82] versuchen dies mithilfe von geschachtelten Transaktionen und Katz durch die Unterstützung zeitlicher Objektversionen zu ermöglichen. Im folgenden werden diese Ansätze genauer vorgestellt.

Eastman und Lafue definieren in [EL 82] aufbauend auf dem Begriff "lokale" Konsistenz (siehe Abschnitt 2.2) eine Konsistenztransaktion, die zu Beginn und am Ende jeweils eine Menge von Konsistenzbedingungen garantiert.

Die Schachtelung von Konsistenzbedingungen führt dabei direkt zu einer Schachtelung von Transaktionen. Dabei werden Beziehungen zwischen Transaktionen, wie z.B. mindestens eine / genau eine / alle Transaktionen T1 bis Tn müssen ausgeführt werden, in Form eines Transaktionsbaumes erfaßt.

In diesem Ansatz wird eine Transaktion als Konsistenzeinheit bezüglich eines lokal zur Transaktionsumgebung gültigen Konsistenzbegriffs angesehen, wobei auch die "Alles-oder-Nichts Eigenschaft" erfüllt ist. Eine Transaktion, vor allem wenn sie sich aus weiteren Transaktionen zusammensetzt, ist dabei keine Recoveryeinheit mehr. Eastman und Lafue berücksichtigen hier nicht die Problematik, die sich durch die Länge der Transaktionen ergibt, und auch nicht die Zugriffssynchronisation, die dem neuen geschachtelten Transaktionskonzept angepaßt werden muß.

Neumann und Hornung [NH 82] führen neben der **globalen** Konsistenz, die auch die Abhängigkeiten zwischen verschiedenen Repräsentationen eines Entwurfsobjekts beinhaltet, den Begriff der **lokalen** Konsistenz ein, der sich nur auf einen Teil der Entwurfsdaten bezieht, sowie die **partielle** Konsistenz. Bei partieller Konsistenz können Varianten sogar lokal inkonsistent sein; dann müssen ihre Nachfolger im Abhängigkeitsgraphen der Repräsentationen jedoch als abhängig inkonsistent markiert sein (siehe auch Abschnitt 2.2 sowie [NH 82]). Der Entwurfsprozeß wird als Folge von CAD-Transaktionen angesehen, die die Datenbank von einem partiell konsistenten Zustand in einen wiederum partiell konsistenten Zustand überführen. Eine CAD-Transaktion ist bezüglich dieser speziellen partiellen Konsistenz eine Konsistenzeinheit und fungiert als Synchronisationseinheit.

Innerhalb einer komplexen Entwurfsumgebung, d.h. bei Teamarbeit an einem Gesamtentwurf, ist es wünschenswert, daß evtl. noch nicht **"vollständige"** (im Sinne von noch nicht völlig konsistente) Objekte anderen Designern im Team in irgendeiner Weise kontrolliert zur Verfügung gestellt werden.

Katz ([KAT 83]) unterstützt die Teamarbeit dadurch, daß er verschiedene zeitliche Objektversionen (Zustände in der Änderungsgeschichte) zuläßt, sodaß ein Designer auch auf eine ältere Objektversion zugreifen und diese im Entwurf mitverwenden kann.

Dadurch hält er im weiteren sehr einfache Mechanismen zur Überwachung konkurrierender Zugriffe (einfache Schreibsperren mit komplexen Objekten als Sperreinheit) für ausreichend. Er schlägt dazu ein hierarchisches Sperrverfahren ([GRA 78]) vor, womit, aufbauend auf einem gerichteten nichtzyklischen Graphen zur Darstellung der Objekt-Unterobjekt-Struktur, verhindert wird, daß in Arbeit befindliche, noch nicht konsistente Teilobjekte von anderen Designern verwendet werden.

Die Transaktion wird von ihm auch als Konsistenzeinheit angesehen, wobei jedoch die Konsistenz zusätzlich durch Interaktion mit dem Designer erreicht wird. Der Designer hat die Möglichkeit, spezielle Überprüfungen vor Abschluß der Transaktion anzustoßen und dann abhängig davon zu entscheiden, ob der erreichte Zustand konsistent ist.

Stärker vom System überwachte Zusammenarbeit ist durch das in [MOS 82] vorgeschlagene Konzept der geschachtelten Transaktionen gegeben. Dabei werden Transaktionen streng hierarchisch aufeinander aufgebaut: Eine Sohn-Transaktion darf erst nach der Vater-Transaktion starten und muß vor ihr beendet sein.

Sperren werden nach Beendigung einer Sohn-Transaktion zur Vater-Transaktion übergeben, so daß eine Transaktion eine Synchronisationseinheit innerhalb ihrer jeweiligen Umgebung ist, die durch die umgebende Transaktion gebildet wird. Die "Alles-oder-Nichts Eigenschaft" ist ebenfalls gegeben, da die Wirkungen einer Transaktion erst nach erfolgreichem Beenden für die sie umgebende Transaktion sichtbar werden. Muß eine Transaktion abgebrochen werden, so hat dies nicht den Abbruch der sie umgebenden Transaktion zur Folge, sondern diese kann entscheiden, welche Konsequenz der Abbruch hat.

Dieses Konzept ist nicht mit Berücksichtigung der speziellen Anforderungen des Entwurfsbereichs entwickelt und nimmt daher keinen Bezug auf die Probleme, die sich durch die eingangs angegebenen speziellen Eigenschaften von "langen Transaktionen" ergeben.

Eine hier gegebene Transaktion dient als Konsistenzeinheit; ohne Detaillierung des Konsistenzbegriffs (wie z.B. bei [EL 82]) muß jedoch schon innerhalb einer Vatertransaktion, nämlich jeweils bei Abschluß einer Sohntransaktion, ein konsistenter Zustand erreicht sein, sodaß eine solche Transaktion keine **atomare** Konsistenzeinheit bildet.

Eine in Richtung auf die speziellen Anforderungen des Entwurfsprozesses weiterentwickelte Form von geschachtelten Transaktionen wird in [KIM 83] vorgestellt. Hierbei wurde das C-Transaktionskonzept um Eigenschaften zur Kontrolle der Zusammenarbeit mehrerer Ingenieure in einem Projekt erweitert.

Eine Transaktion (Vatertransaktion) darf dabei während ihrer Bearbeitung an sie vergebene Objekte für andere Transaktionen "vorab freigeben" (DOWNWARD COMMIT). Eine Transaktion (Sohntransaktion), die ein vorab freigegebenes Objekt verwendet, wird von der Vatertransaktion **abhängig**. Es entsteht eine Transaktions-Hierarchie (Netze sind verboten!) bezüglich der Verwendung von Objekten.

Die Vorabfreigabe hat die Eigenschaft, daß das Objekt auch beim Rücksetzen der Vatertransaktion auf einen Sicherungspunkt **vor** dem Freigabezeitpunkt des Objekts in der zum DOWNWARD COMMIT-Zeitpunkt erreichten Form bestehen bleibt. Daher haben die Sohntransaktionen keine Vorkehrungen für diesen sonst sehr unschönen Fall treffen.

Durch Vorabfreigabe sind Auswirkungen einer Transaktion nach außen sichtbar, wodurch die grundlegende "Alles oder Nichts"-Eigenschaft klassischer Transaktion nicht mehr erfüllt ist. Hinzu kommt noch, daß das Zurücksetzen von vorab freigegebenen Objekten nur **explizit** erfolgen kann, indem das Objekt erneut ausgeliehen und modifiziert wird.

Abhängige Transaktionen können wieder unabhängig werden, indem sie ihrerseits die die Abhängigkeit verursachenden Objekte für die Vatertransaktion freigeben (UPWARD COMMIT). Die Vatertransaktion kann evtl. **vor** Abschluß der ehemaligen Sohntransaktion beendet werden und gibt dann auch ihre gesperrten Objekte frei. Da sich unter den freigegebenen Objekten auch die befinden, die von der ehemaligen Sohntransaktion bearbeitet wurden, bildet eine Transaktion hier auch keine Einheit bezüglich der Zugriffssynchronisation.

In den bisher beschriebenen Transaktionskonzepten sind Transaktionen nicht als Recoveryeinheiten verwendbar. Zum Abschluß wird deshalb auf die Behandlung der Datensicherung im Bereich der Entwurfsdatenbanken eingegangen.

In verschiedenen Vorschlägen ([NH 82], [LP 83]) soll eine lange Transaktion aus herkömmlichen Transaktionen bestehen, die jedoch nur als Recoveryeinheiten dienen, d.h. es sind keine Mechanismen zur Konsistenzüberprüfung und auch nicht zur Wahrung der Prozeßintegrität damit verbunden. Diese Recovery-Transaktionen dürfen jedoch nicht auf der öffentlichen Datenbank ablaufen, da sonst bei einem Commit die Änderungen, die in bezug auf die lange Transaktion noch keinen konsistenten Zustand liefern, für andere sichtbar würden, sondern z.B. auf einer privaten Datenbank wie in [LP 83] vorgeschlagen.

In [KAT 83] wird vorgeschlagen, daß die Datensicherung unabhängig von Transaktionen abläuft und zwar durch automatisches Sichern in gleichen Zeitabständen und/oder durch vom Benutzer explizit anzustoßende Sicherungsaktionen.

Zum Abschluß soll auf einen wichtigen Aspekt hingewiesen werden. Für alle

Transaktionskonzepte ist es, unabhängig davon, in welcher Richtung sie den Anwender unterstützen wollen, von *großer* Bedeutung für die Benutzerakzeptanz, an der Benutzerschnittstelle eine einfaches, **durchschaubares** Konzept anzubieten.

4. Systemlösungen

In der beschriebenen Weise handelt es sich bei obigen Vorschlägen um Einzelkonzepte, die jeweils einen bestimmten Problembereich der ingenieurwissenschaftlichen Datenhaltung zu lösen trachten. Wie aber kommt man zu einer Gesamtlösung, d.h. zu einem vollständigen Datenbanksystem für den vorliegenden Bereich?

Alle bekannten bisherigen Arbeiten auf diesem Gebiet sind experimenteller Natur; sie bemühen sich daher in der Regel darum, in möglichst kurzer Zeit zu vorzeigbaren Lösungen zu kommen. Man versucht daher, die gesamten neuen Konzepte in der einen oder anderen Weise auf vorhandene Datenbank- und/oder Dateiverwaltungssysteme aufzubauen. Dies kann durch Aufsetzen zusätzlicher Software auf die vorhandene Schnittstelle erfolgen (z.B. [RBJ 81]), aber auch — so man die Möglichkeit dazu hat — durch "Aufbohren" (also Verändern) dieser Schnittstelle (z.B. [LOR 82]).

Obwohl quantitative Untersuchungen hierzu noch kaum vorliegen, darf man von solchen Ansätzen sicher keine überragenden Leistungsdaten erwarten. Zu sehr orientieren sich existierende Datenbanksysteme auch in ihrem "Innenleben" (Speicherstrukturen, Zugriffspfadgestaltung, Pufferung etc.) an den klassischen Anwendungen.

Mittelfristiges Ziel der Datenbankforschung muß es daher sein, auch diesen realisierungsnahen Bereich völlig neu zu durchdenken und neue Datenbanksystemarchitekturen vollständig ohne Zuhilfenahme existierender Systeme zu erproben. Aufgrund vieler Ähnlichkeiten der einzelnen Sektoren ingenieurwissenschaftlicher Anwendungen besteht dabei begründete Aussicht, daß der "Kern" eines solchen "Ingenieurdatenbanksystems" (Basisdatenmodell, einfache Konsistenz-, Transaktionsmechanismen etc.) für alle Anwendungen einheitlich sein kann, wenn man an seiner Schnittstelle genügend Einflußmöglichkeiten auf die physische Speicherstruktur vorsieht. Auf einem solchen Kern können dann auf die einzelnen Anwendungen hin maßgeschneiderte Spezialdatenmodelle — möglichst unter Zuhilfenahme automatischer Werkzeuge — aufgesetzt werden. Insgesamt lassen sich von dieser Vorgehensweise Systemlösungen erwarten, die Datenbanksysteme für Ingenieuranwendungen auch unter dem Aspekt quantitativer Leistungsfähigkeit attraktiv erscheinen lassen.

Literaturverzeichnis:

[ADA 83]   M.   Adams   et   al.:   Datenhaltungssysteme   in   der Prozeßdatenverarbeitung: Ein   Anforderungsprofil.   Universität Karlsruhe, Fakultät für Informatik, Interner Bericht 16/83, April 1983

[BL 84]   M. Bever, P.C. Lockemann: Database Support for Software Development. In: Proc. Fachtagung Programmierumgebungen und Compiler, Teubner Verlag, 1984

[CHE 76]   P.P. Chen: The Entity-Relationship Model: Towards a Unified View of Data. ACM TODS 1(1976)1, 9-36

[COD 70]   E.L. Codd: A Relational Model of Data for Large Shared Data Bases. CACM 13 (1977), 370-387

[DAT 81]   C.J. Date: Introduction to Database Systems. 3rd edition. Addison-Wesley, 1981

[DA1 83]   DAMASCUS Projektbericht Nr.1: Ergebnisse der Anforderungsanalyse für ein Datenhaltungssystem zum Einsatz im VLSI-Entwurf. Universität Karlsruhe, Fakultät für Informatik, Dez. 1983

[DA3 84]   DAMASCUS Projektbericht Nr.3: Ein Vorschlag für die Grobarchitektur eines Datenhaltungssystems für den VLSI-Entwurf. Universität Karlsruhe, Fakultät für Informatik, Jan. 1984

[EAS 80]   C.M. Eastman: System Facilities for CAD Databases. In: Proc. 17th Design Automation Conf., 1980, 57-61

[EK 82]   J. Encarnacao, F.-J. Krause (eds.): File Structures and Databases for CAD. North Holland Publ. Comp., 1982

[EL 82]   C.M. Eastman, G.M.E. Lafue: Semantic Integrity Transactions in Design Databases. In: [EK 82]

[ENG 83]   Engineering Design Applications. Proc. Data Base Week 1983, IEEE Comp. Soc. Press

[ESW 76]   K.P. Eswaran et al.: The Notions of Consistency and Predicate Locks in a Database System. CACM 9(1976)11, 624-633

[EW 82]   W. Eberlein, H. Wedekind: A Methodology for Embedding Design Data Bases into Integrated Engineering Systems. In: [EK 82]

[FIS 83]   W.E. Fischer: Datenbanksystem für CAD-Arbeitsplätze. Informatik-Fachberichte, Bd.70, Springer Verlag, 1983

[FV 82]   J. Foisseau, F.R. Valette: A Computer Aided Design Data Model: FLO-REAL. in: [EK 82]

[GOO 75]   J.B. Goodenough: Exception Handling: Issues and a Proposed Notation. CACM 18(1975), 683-696

[GRA 78]   J. Gray: Notes on Database Operating Systems. In: R. Bayer, R.M. Graham, G. Seegmüller: Operating Systems, an Advanced Course. Lecture Notes on Computer Science, Bd.60, Springer Verlag, 1978

[GRA 81]   J. Gray: The Transaction Concept: Virtues and Limitations. In: Proc. VLDB7, 1981, 144-154

[HÄR 78]   T. Härder: Implementierung von Datenbanksystemen. Hanser Verlag, 1978

[HAY 81]   M.N. Haynie: A Relational/Network Hybrid Data Model for Design Automation Databases. In: Proc. 18th Design Automation Conf., 1981

[HL 81]   R.L. Haskin, R.A. Lorie: On Extending the Functions of a Relational Database System. IBM San Jose, Res. Rep. RJ 3182, 1981

[HL 82]   R. Haskin, R. Lorie: Using a Relational Database System for Circuit Design. In: Bulletin IEEE Database Engineering, Vol.5, Nr.2, June 1982, 10-14

[JSW 83]   H.R. Johnson, J.E. Schweitzer, E.R. Warkentine: A DBMS Facility for Handling Structured Engineering Entities. In: [ENG 83]

[KAT 83]   R.H. Katz: Managing the Chip Design Database. In: Computer, 16(1983)12

[KIM 83]   W. Kim et al.: Nested Transactions for Engineering Design Databases. IBM Res. Rep. RJ 3934, 1983

[LAF 82]   G.M.E. Lafue: Semantic Integrity Dependencies and Delayed Integrity Checking. In: Proc. VLDB8, 1982

[LM 78]   P.C. Lockemann, H.C. Mayr: Rechnergestützte Informationssysteme. Springer Verlag, 1978

[LOR 82]   R.A. Lorie: Issues in Databases for Design Applications. In: [EK 82]

[LP 81]   M. Lacroix, A. Pirotte: Data Structures for CAD Object Descriptions. In: Proc. 18th Design Automation Conf., 1981

[LP 83]   R.A. Lorie, W. Plouffe: Complex Objects and their Use in Design Transactions. In: [ENG 83]

[LS 83]   W.Lamersdorf, J.W. Schmidt: Rekursive Datenmodelle. In: Informatik-Fachberichte, Bd.72, Springer Verlag, 1983

[LÜK 83]   B. Lüke: DANTE — Ein semantisches Datenmodell für Anwendungen aus dem Konstruktionsbereich. Interner Bericht 17/83, Universität Karlsruhe, Fakultät für Informatik, Sept. 1983

[LZ 74]   B. Liskov, S. Zilles: Programming with Abstract Data Types. SIGPLAN Notices, 9(1974)4, 50-59

[MNB 83]   D. McLeod, K. Narayanaswamy, K.V. B. Rao: An Approach to Information Management for CAD/VLSI Applications. In: [ENG 83]

[MOS 82]   J.E.B. Moss: Nested Transactions and Reliable Distributed Computing. In: Proc. 2nd Symp. Reliability of Distributed Software and Database-Systems, 1982, 33-39

[NEU 83]   T. Neumann: On Representing the Design Information in a Common Database. In: [ENG 83]

[NH 82]   T. Neumann, C. Hornung: Consistency and Transactions in CAD Databases. In: Proc. VLDB8, 1982

[NRR 82]   W.A. Noon, K.N. Robbins, M.T. Roberts: A Design System Approach to Data Integrity. In: Proc. 19th Design Automation Conf., 1982

[PHH 83]   P. Pistor, B.Hansen, M. Hansen: Eine sequelartige Sprachschnittstelle für das NF^2-Modell. In: Informatik-Fachberichte, Bd.72, Springer Verlag, 1983

[PIC 81]   Pictorial Information Systems. IEEE Computer, Special Issue, Nov. 1981

[RBJ 81]   K.A. Roberts, T.E. Baker, D.H. Jerome: A Vertically Organized Computer Aided Design Database. In: Proc. 18th Design Automation Conf., 1981

[REE 83] D.P. Reed: Implementing Atomic Actions on Decentralized Data. In: ACM TOCS (1983)1, 3-23

[SID 80] T.W. Sidle: Weaknesses of Commercial Data Base Management Systems in Engineering Applications. In: Proc. 17th Design Automation Conf. 1980, pp.57-61

[SRG 83] M. Stonebraker, B. Rubenstein, A. Guttman: Application of Abstract Data Types and Abstract Indices to CAD Data Bases. In: [ENG 83]

[SS 77] J.M. Smith, D.C.P. Smith: Database Abstractions: Aggregation and Generalization. In: ACM TODS 2(1977)2, 105-133

[SS 80] J.M. Smith, D.C.P. Smith: A Data Base Approach to Software Specification. In: W.E. Riddle, R.E. Fairley (Hrsg.): Software Developement Tools, Springer Verlag, 1980

[SS 83] H.-J. Schek, M. Scholl: Die NF^2-Relationenalgebra zur einheitlichen Manipulation externer, konzeptueller und interner Datenstrukturen. In: Informatik-Fachberichte, Bd.72, Springer Verlag, 1983

[WE 80] G. Wiederhold, R. El-Masri: The Structural Model for Database Design. In: P.P. Chen (ed.): Entity-Relationship Approach to Systems Analysis and Design, North Holland Publ. Comp., 1980

<u>ZUR GRUNDAUSBILDUNG IN RECHNERGESTÜTZTER KONSTRUKTIVER</u>
<u>INGENIEURGEOMETRIE UND CAD</u>

Hubert Frank
Abteilung Mathematik
Universität Dortmund
D-4600 Dortmund 50

<u>Zusammenfassung</u>

Die CAD-Technologie gewinnt zunehmend starken Einfluß auf die Arbeitsweise der Ingenieure. Es ist daher erforderlich, den Ingenieurstudenten bereits während des Studiums
das nötige Grundwissen und eine praktische Einführung in CAD anzubieten. Hier wird
nun das Konzept eines Grundlagenkurses in rechnergestützter konstruktiver Ingenieurgeometrie und CAD entworfen und ein Themenkatalog aufgestellt, dessen Auswahl systematisch und methodisch unter Hinzuziehung von Beispielen begründet wird.

<u>Einführung</u>

Künftig werden Ingenieure in vielen Bereichen ihres Berufes CAD-Technologie antreffen
und sind daher bereits während ihres Studiums darauf vorzubereiten. Hier soll untersucht und vorgeschlagen werden, welcher Beitrag in einem Kurs "Konstruktive Ingenieurgeometrie und CAD" zur Grundausbildung in CAD geleistet werden kann. Dabei ist an
einen Grundkurs gedacht, der allgemeinbildende und grundlegende Lehrinhalte und Methoden für CAD vermittelt und einer fachspezifischen CAD-Ausbildung in den verschiedenen
ingenieurwissenschaftlichen Disziplinen vorangestellt werden kann.

Die Beschreibung der geometrischen Eigenschaften technischer Objekte nimmt in der
Definition und Dokumentation industrieller Produkte eine Schlüsselstellung ein. An
die Stelle der traditionellen technischen Zeichnung tritt bei Anwendung von Rechnern eine rechnerinterne Beschreibung des Objekts, aus der sich sowohl die herkömmliche Darstellung in Form von Ansichten, Schnitten usw. als auch zusätzliche Informationen wie Flächeninhalt, Volumen usw. ableiten lassen. Die Aufgabe des Konstrukteurs wird sich daher in Zukunft von der Zeichnungserstellung zur Erzeugung der rechnerinternen Darstellung verlagern (siehe NOWACKI [3]). Als Arbeitsmittel findet der
Konstrukteur CAD-Systeme vor, deren Hauptkomponente die Geometrie-Software ist (siehe
ENCARNACAO u. SCHLECHTENDAHL [18] Abschn. 6.1, KRAUSE u. ABRAMOCICI [2] Abschn. 4.,

MILLER [5] S.24, GRABOWSKI [6]).

Es liegt daher nahe, für eine Grundausbildung in CAD vom geometrischen Aspekt auszugehen und nach dem Vorbild von Geometrie und Mathematik systematisch ein Lehrgebäude
zu errichten. Den Leitfaden hierzu findet man dann in einer geeigneten rechnerinternen Darstellung der Geometrie, die die Schnittstellen zu den weiterführenden Aspekten
von CAM (Computer Aided Manufacturing), CAE (Computer Aided Engineering), CAP (Computer Aided Planing) (siehe GRABOWSKI [1]) bereitstellt oder offen hält, so daß eine
fachspezifische Ausbildung aufbauend auf dem vorgeschlagenen Grundkurs erfolgen kann.
Das Ziel dieses Kurses sollte die Vermittlung eines guten Standardwissens sein,so daß
CAD-Systeme sinnvoll und effektiv zu Problemlösungen eingesetzt werden können.

Themenkatalog für einen Grundkurs

Durch den Einsatz von Rechnern haben sich die fachlichen Anforderungen an die Ingenieure geändert. Demzufolge muß die Auswahl der Lehrinhalte in den bisher angebotenen
Lehrveranstaltungen zur Darstellenden bzw. Konstruktiven Geometrie neu überdacht werden. Die konventionellen Lehrinhalte sind geeignet zu reduzieren und durch erforderliche neue Lehrinhalte aus der Differentialgeometrie, der Approximationstheorie und
Numerik, der Datenstrukturen, der rechnergestützten Datenverarbeitung und der Computer Graphik zu ergänzen.

Unter diesen Gesichtspunkten wird der folgende Themenkatalog für einen Grundkurs
"Konstruktive Ingenieurgeometrie und CAD" vorgeschlagen:

- □ Affingeometrischer Aspekt bei der Darstellung
  des Anschauungsraumes
- □ Parallelperspektive und zugeordnete Risse
- □ Graphische Datenverarbeitung
- □ Geometrisches Modellieren und rechnergestützte
  Konstruktion
- □ Geometrische Datenverarbeitung
- □ Konstruktive Differentialgeometrie
- □ Kurven- und Flächenmodellierung
- □ Methoden der Flächenverschneidung
- □ Technisch wichtige Flächen, Abwicklungen
- □ Visibilitätsfragen
- □ Begleitende Übungen

Die Auswahl dieser Themen soll hier im Rahmen eines kurzen Abrisses schwerpunktmäßig
erläutert und begründet werden. Dabei wird insbesondere der affingeometrische Aspekt

seiner Bedeutung entsprechend immer wieder in Erscheinung treten. Die Demonstrations-
beispiele sind so ausgewählt, daß sie neue Ergebnisse geometrischer Forschung wieder-
geben.

Affingeometrischer Aspekt bei der Darstellung des Anschauungsraumes

Eine Einführung in den vorliegenden Themenkreis wird traditionell mit der Beschreibung unseres Anschauungsraumes als euklidischer dreidimensionaler Raum beginnen. Ko-
ordinatensysteme, Koordinatentransformationen und die analytische Beschreibung der
Orientierung werden zu den Inhalten eines solchen einführenden Abschnitts gehören.

Bilder räumlicher Gegenstände sind üblicherweise eben. Für den auf Konstruktion aus-
gerichteten Ingenieur ist es i.a. ausreichend, Parallelperspektiven (Parallelprojek-
tionen) zu benutzen, so daß eine Beschränkung hierauf zweckmäßig erscheint. Die in
Architektur und Bauwesen häufig anzutreffende Zentralperspektive (Zentralprojektion)
bedarf der Optimierung in einem Sehkegel von ca. 30° Öffnungswinkel und in der Wahl
der Augpunkthöhe, damit Überzeichnungen vermieden werden (siehe Abb. 1 und   BARNER
u. GRAF [9]). Sie kann sinnvoll sein für eine abschließende Ansicht nach erfolgeter
Konstruktion eines technischen Objekts, erschwert jedoch den interaktiven Entwurf.

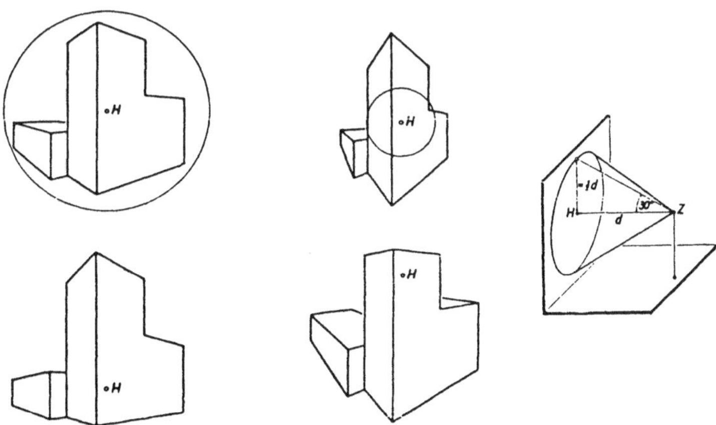

Abb. 1:   Optimierung der Zentralperspektive. Quelle: BARNER und GRAF [9]

Betrachtet man eine ebene Figur, z.B. in Abbildung Abb. 2 ein Quadrat mit Berührkreis unter Parallelperspektive, so wird die Figur bekanntlich affin verzerrt. Für die Darstellung von räumlichen Gegenständen ist es daher fundamental wichtig, die affine Geometrie zu behandeln. Die Transformationen der affinen Geometrie, affine Abbildungen genannt, sind lineare Punktabbildungen,die also Geraden in Geraden oder Punkte abbilden, auf Bildgeraden die Teilverhältnisse von Strecken und die Parallelität für Bildgeraden erhalten. Insbesondere ist eine Parallelperspektive des Raumes auf eine Ebene eine affine Abbildung mit einem Dimensionsverlust um 1. In Abb. 2 ist eine reguläre affine Abbildung einer Ebene auf eine Ebene gezeigt, bei der speziell die Punkte einer als Achse bezeichneten Gerade fest bleiben.

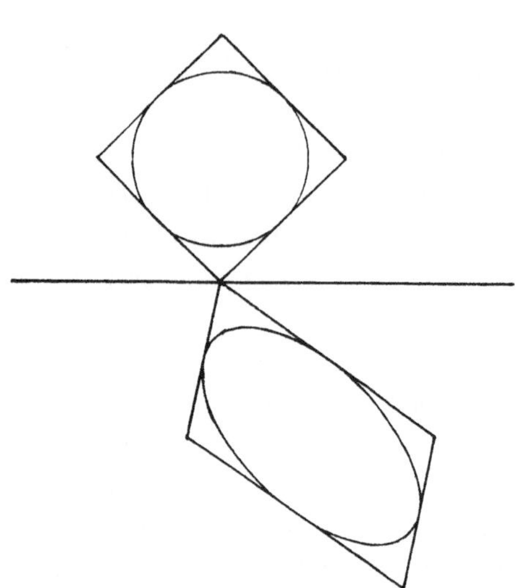

Abb. 2: Affines Bild bei Parallelperspektive

Parallelperspektive und zugeordnete Risse

Die Theorie der affinen Abbildungen liegt der Konstruktion in zugeordneten Rissen und der Parallelperspektive (siehe Abb. 3), also jeder technischen Zeichnung zugrunde. Es ist daher erforderlich, sie in der rechnergestützten graphischen Datenverarbeitung zu berücksichtigen. Eine Realisierung der rechnerinternen Darstellung der affinen Geometrie in zwei und drei Dimensionen wurde von ARNOLD und FRANK in [7] angegeben. Sie sollte für die begleitende praktische Ausbildung zu einem Grundkurs in Konstruktiver Geometrie und CAD zur Verfügung stehen.

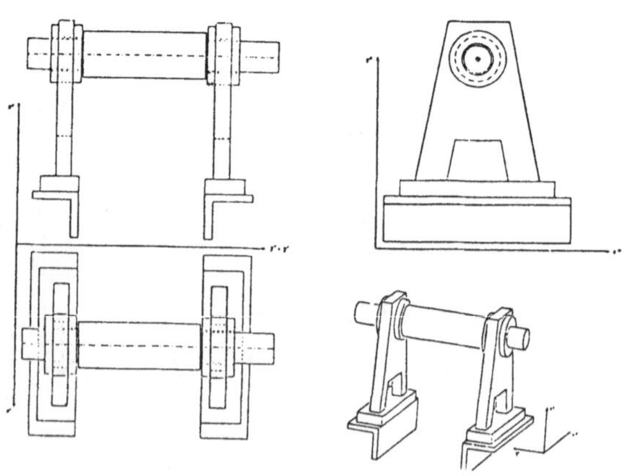

Abb. 3:   Zugeordnete Risse und Parallelperspektive

Graphische Datenverarbeitung

Die rechnergestützte graphische Datenverarbeitung (Computer Graphics) ist integraler
Bestandteil der nachfolgenden Themen (siehe ENCARNACAO [17]). Die enge Verbindung
ihrer mathematisch-geometrischen Grundlagen zu den klassischen Problemstellungen der
Darstellenden Geometrie kann nicht aufgelöst werden, so daß nur eine gemeinsame Behandlung möglich ist.

Geometrisches Modellieren und rechnergestützte Konstruktion

Im technischen Anwendungsbereich von CAD stehen für die rechnergestützte Konstruktion
sogen. Modelliersysteme zur Verfügung (siehe NOWACKI [3]). Das damit verbundene
geometrische Modellieren beinhaltet die Erzeugung geometrischer Objektbeschreibungen
zum Zwecke der rechnerinternen Darstellung. Grundlegende Kenntnisse der Geometrie
sind für ein erfolgreiches Modellieren unerläßlich.

Die rechnerinterne Darstellung eines Objekts kann in zwei Phasen erstellt werden
(siehe NOWACKI [3]). In der ersten Phase wird ein Gedankenmodell des Objekts aufgebaut, das im wesentlichen in der mathematischen Beschreibung seiner Geometrie und
Topologie besteht. Dieses Gedankenmodell wird in der zweiten Phase auf eine rechner-

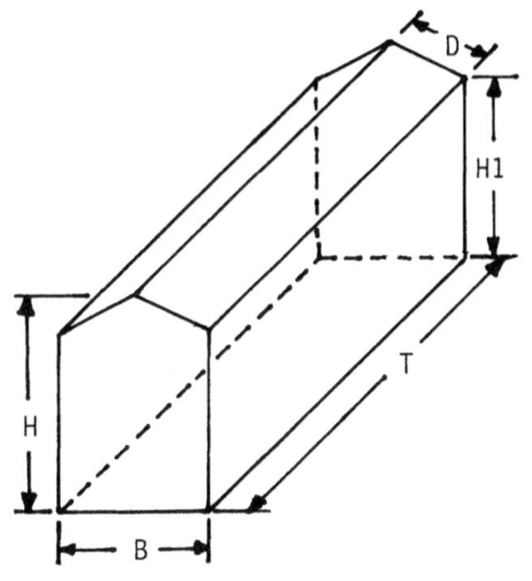

Geometrisches Objekt "Haus"

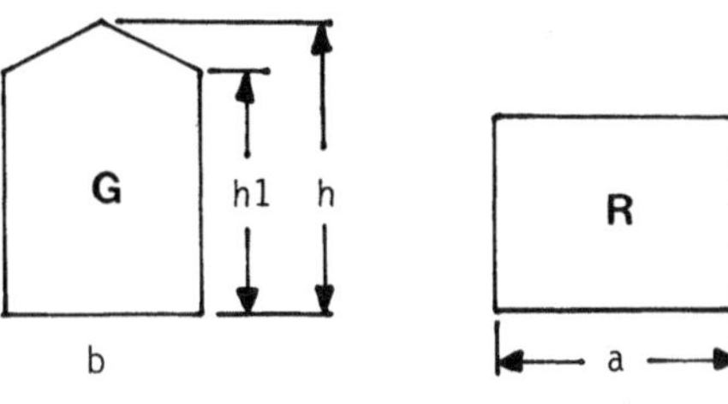

Gattungsprimitiva G und R

Giebel	$G(b,h,h1)$
Rechteck	$R(a,c)$

Giebel 1	$g1 = G(B,H,H1)$
Giebel 2	$g2 = G(B,H,H1)$
Boden	$r1 = R(B,T)$
Seite 1	$r2 = R(T,H1)$
Seite 2	$r3 = R(T,H1)$
Dach 1	$r4 = R(T,D)$
Dach 2	$r5 = R(T,D)$

$$D = \sqrt{(H-H1)^2 + (B/2)^2}$$

Abb. 4:   Modellaufbau "Haus" (siehe NOWACKI [3])

interne Darstellung (RID) in einem logischen Modell der Geometrie abgebildet. Dieses
Bild ist dann eine Syntaxstruktur mit einer Semantik, die die Syntaxregeln objektspe-
zifisch interpretiert.

Ein einfaches Beispiel ist das in Abb. 4 gezeigte "Haus" (siehe NOWACKI [3]).   Das
Gedankenmodell des "Haus"es läßt sich etwa als Flächenmodell dadurch beschreiben,daß
zunächst zwei Gattungsprimitiva "Giebel" und "Rechteck" definiert werden, aus denen
die sieben Primitiva des "Haus"es, zwei Giebel g1, g2 und fünf Rechtecke r1, ... ,r5,
entstehen, die durch Translationen Ti und Rotationen Ri in ihre Bestimmungslage gebracht werden. Dann wird das "Haus" durch den Syntaxausdruck wiedergegeben:

$$H = (T1\ R1\ g1)\ \cup\ (T2\ R2\ g2)\ \cup\ (T3\ R3\ r1)\ \cup\quad \ldots\quad \cup\ (T7\ R7\ r5)\ .$$

Erst eine geeignete Semantik läßt hieraus die reale Vorstellung des Objekts "Haus"
zurückgewinnen (siehe NOWACKI [3]).

Eine wichtige Methode des Modellaufbaus besteht in der Erzeugung höherer geometrischer
Strukturen durch Bewegung von Erzeugenden. Diese Operation wird sweeping genannt
(siehe NOWACKI [3]). Die erzeugten Strukturen können Flächen mit einer erzeugenden
Kurve oder Körper mit einer erzeugenden Fläche sein   -   Beispiele sind in Abb. 5
gezeigt. Sweep-Operatoren sind in den wichtigsten 3D-Modelliersystemen enthalten
(siehe NOWACKI [3] Tafel 1).

Es ist jedoch unschwer zu sehen, daß in technischen Objekten sehr viele Flächen und
Körper vorkommen, die sich nicht mit den bisher betrachteten euklidischen Sweep-Operatoren erzeugen lassen und daher eine aufwendige rechnerinterne Darstellung verursachen (siehe ENCARNACAO [16]). Ein einfaches Beispiel hierfür ist der prismatische

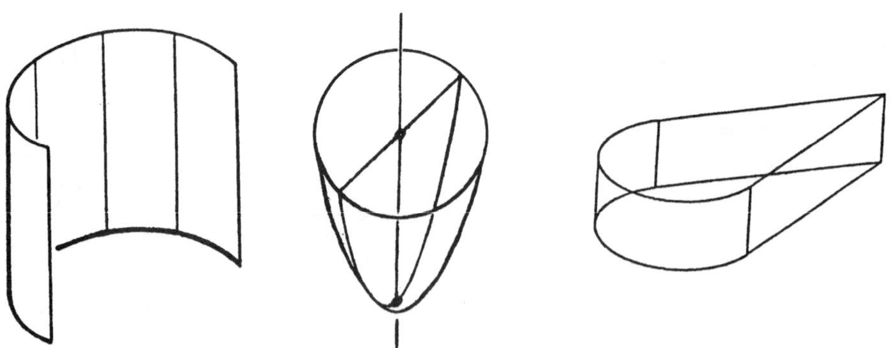

Abb. 5:   Durch sweeping erzeugte Flächen und Körper

Körper (siehe Abb. 6, links), der häufig in der Technik anzutreffen ist und sich einer
einfachen euklidischen Beschreibung entzieht. Wie nämlich in der klassischen Darstellenden Geometrie gezeigt wird, sind Grund- und Schnittfläche affine Bilder voneinander
(siehe GIERING und SEYBOLD [8]).

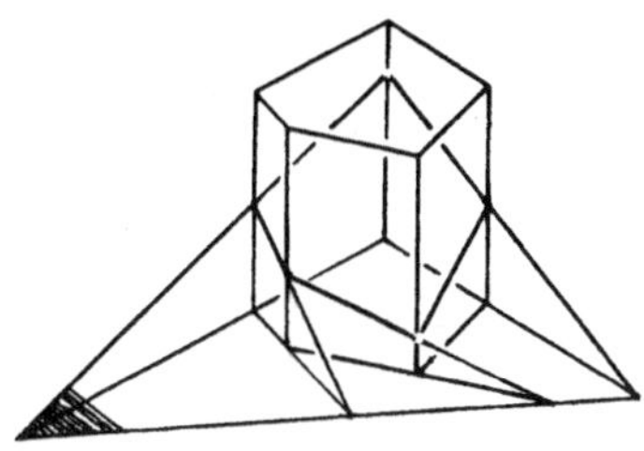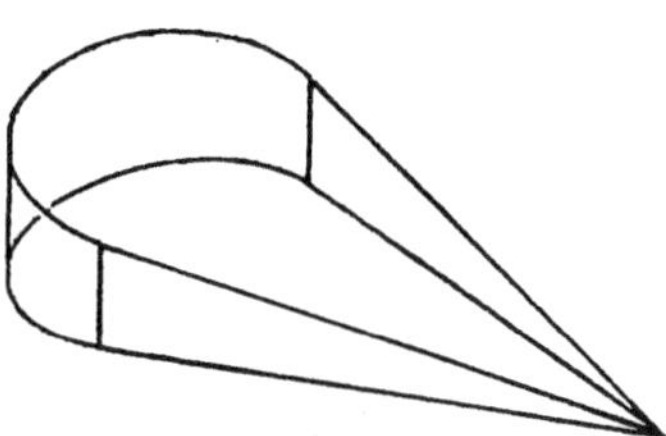

Abb. 6:   Prismatischer Körper - affiner Profilkörper

Hieraus ergibt sich ein weiterer wichtiger Grund, die affine Geometrie in die zube-
handelnden Lehrinhalte aufzunehmen. Der affingeometrische Aspekt eröffnet dann die
Möglichkeit, technische Objekte mit mehr Systematik als bisher rechnerintern beschreiben zu können. In den bisher bekannten CAD-Modelliersystemen hat gerade dieser wichtige Gesichtspunkt jedoch kaum Berücksichtigung gefunden (siehe NOWACKI [3], Tafel 1).

Geometrische Datenverarbeitung

Die geometrische Datenerfassung in CAD ist von fundamentaler Bedeutung, nicht zuletzt
wegen der auftretenden großen Datenmengen. Sie hängt unmittelbar mit der zugrunde
gelegten rechnerinternen Darstellung der Geometrie zusammen. Die geometrischen Daten
werden außer für die Zeichnungserstellung insbesondere für Auswertungsalgorithmen wie
z.B. Finite-Element-Algorithmen (kurz FE-Methoden) zur Berechnung von Volumina, Träg-
heitsmomenten, Spannungszuständen usw. benötigt.Gerade für FE-Methoden in CAD bringt
der affingeometrische Aspekt nicht nur mehr Systematik sondern auch rechentechnische
Vorteile. Dies soll nun am Beispiel eines Dorns (siehe Abb. 6, rechts) erläutert werden. Im Volumenmodell wird dieser Dorn als Teilkörper eines Zylinders beschrieben,
dessen Grund- und Deckfläche durch zwei sich in der Spitze schneidende Ebenen bestimmt sind.

Die Abbildung Abb. 7 zeigt noch einmal den Dorn und zusätzlich einen Profilkörper,
der in einer euklidischen Sweep-Operation dadurch entstanden ist, daß die Grundfläche des Dorns senkrecht zu ihrer Ebene in einem kontinuierlichen Translationsvor-
gang verschoben ist. Solche Profilkörper sind rechentechnisch einfach zu handhaben.

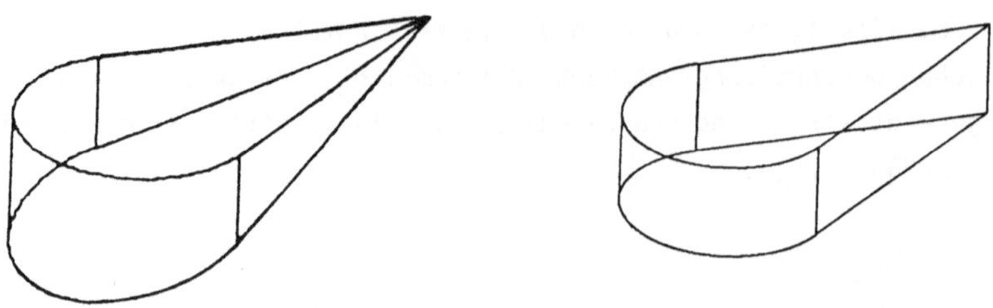

Abb. 7:   Affiner und euklidischer Profilkörper

Z.B. ist das Volumen gleich dem Produkt aus Grundflächeninhalt und Dicke.

Den Begriff des euklidischen Profilkörpers kann man nun zum affinen Profilkörper ver-
allgemeinern und zeigen, daß diese Körperklasse rechentechnisch entsprechende Vorteile
bietet wie die Profilkörper. Affine Profilkörper kommen in technischen Anwendungen
etwa als prismatische Körper häufig vor.

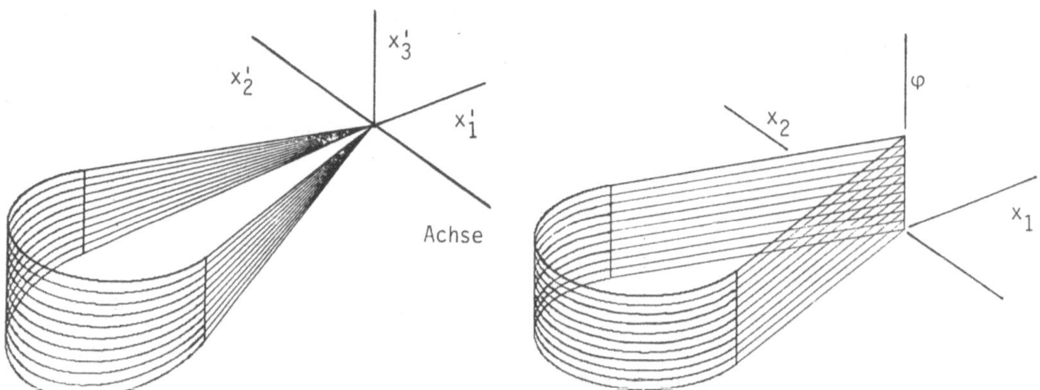

Abb 8:   Zerlegung in Scheiben

Im Sinne der FE-Methoden zerlegen wir beide Körper in Scheiben (siehe Abb. 8): den
Profilkörper (rechts) in euklidische Scheiben gleicher Dicke, den Dorn (links) entsprechend in affine Scheiben gleichen Öffnungswinkels. Hieraus liest man nun unmittelbar die zwei wichtigen Ergebnisse ab: Die Erzeugung des Dorns in einer Sweep-Operation
mit einem affinen Schiebvorgang und das für FE-Methoden benötigte Integrationsverfah-
ren zur Berechnung des Volumens und anderer technisch wichtiger Größen. Dies soll kurz
aufgezeigt werden.

Dazu nehmen wir der Einfachheit halber zunächst eine zur Grundebene orthogonale Erzeugendenrichtung des Dorns an und bezeichnen mit α den Winkel zwischen Grund- und Deck-
ebene, deren Schnittgerade hier "Achse" genannt werden soll. Dann entsteht der Dorn in

einem kontinuierlichen affinen Schiebvorgang - <u>affine sweeping</u> - mit der mathematischen Beschreibung

$$X' = A X \qquad A = \begin{vmatrix} 1 & 0 & 0 \\ 0 & 1 & 0 \\ \tan \varphi & 0 & 1 \end{vmatrix} \qquad 0 \leq \varphi \leq \alpha \qquad (1)$$

bezogen auf das euklidische Standardbezugssystem mit der Spitze des Dorns als Null-
punkt. Für $\varphi = \alpha$ wird die Deckfläche erreicht. In Koordinatenschreibweise ergibt
sich aus (1):

$$x_1' = x_1 \qquad\qquad x_2' = x_2 \qquad\qquad x_3' = x_1 \tan \varphi + x_3 \qquad (2)$$

Ein Körper, der durch einen affinen Schiebvorgang (1) aus einem ebenen Profil entsteht,
heißt <u>affiner Profilkörper</u> (siehe ARNOLD und FRANK [7]).

Aus (2) liest man ab, daß für $x_3=0$ eine Abbildung vorliegt, die den euklidischen Profilkörper (Abb. 8, rechts) in den affinen Profilkörper (Abb. 8, links) überführt.Man
hat dabei nur den Winkel φ als Höhenkoordinate des euklidischen Profilkörpers zu deuten, dessen Gesamthöhe dann gerade α ist. Die so gewonnene Abbildung ist der Schlüssel für alle bei FE-Methoden für affine Profilkörper benötigte Integrationen.

Eine interessante und bisher wohl nicht beachtete Formel ergibt sich für die Volumen-
berechnung eines affinen Profilkörpers AK mit dem Grundprofil G und dem Winkel α
zwischen Grund- und Deckfläche bei zur Grundfläche orthogonaler Erzeugendenrichtung:

$$\text{Volumen(AK)} = \tan \alpha \cdot \text{Abstand(Schwerpunkt von G, Achse)} \cdot \text{Flächeninhalt(G)} \qquad (3)$$

Die Bedeutung dieser Formel liegt darin, daß alle wesentlichen Größen in der Grundebene des Profils bestimmt werden. Bei schiefer Erzeugendenrichtung multipliziert
sich nach den Regeln der Integration (siehe BARNER und FLOHR [15] Anschn. 16.4) die
rechte Seite von (3) mit der Determinante einer affinen Transformation.

Konstruktive Differentialgeometrie

Für die nachfolgenden Themen werden Grundkenntnisse aus der konstruktiven Differentialgeometrie benötigt, wie sie im Lehrbuch von GIERING und SEYBOLD [8] zusammenge-
tragen sind. Auf eine Darstellung kann deshalb hier verzichtet werden. Rechnergestützte Anwendungen sind bei FAUX und PRATT [19] beschrieben.

Kurven- und Flächenmodellierung

Eine wichtige Schnittstelle zu CAM ist die Kurven- und Flächenapproximation, die bereits in einige Modelliersysteme aufgenommen ist (siehe NOWACKI [3]). Am bekanntesten sind wohl die kubischen Spline-Kurven für Werkzeugbahnen bei NC-gesteuerten Bearbeitungsmaschinen (siehe FAUX und PRATT [19]). Nach der Methode von Bernstein-Bézier ist eine solche Kurve aus Segmenten zusammengesetzt, die algebraische Kurvenstücke (in Abb. 9 vom Grad 3) sind. Zu jedem Segment gehört ein Polygon, das in den Endpunkten von der Segmentkurve berührt wird und dessen Eckenzahl gegenüber dem Grad der Kurve um 1 erhöht ist.

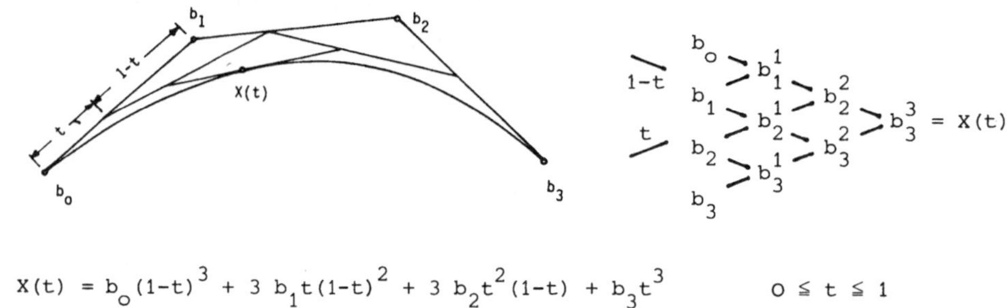

$$X(t) = b_0(1-t)^3 + 3\, b_1 t(1-t)^2 + 3\, b_2 t^2(1-t) + b_3 t^3 \qquad 0 \leqq t \leqq 1$$

Abb. 9:   Kubisches Bézier-Segment und der Algorithmus von Krautter-Parizot

Das Auffinden von Zwischenpunkten der Segmentkurve ist hier sowohl geometrisch als auch rechnerisch recht einfach. Zu einem Parameterwert des Segmentintervalls [0,1] wird jede Polygonseite im Verhältnis $t/(1-t)$ geteilt. Diese Teilungspunkte werden in der gegebenen Reihenfolge zu einem Polygon mit um 1 verminderter Eckenzahl verbunden. Das Verfahren wird wiederholt, bis das letzte Polygon zu einem Punkt entartet. Dieser Punkt ist der Kurvenpunkt zum Parameterwert t (siehe Abb. 9). Dies ist die geometrische Beschreibung des hierzu gehörenden Algorithmus von Krautter-Parizot-de Casteljau (siehe BÖHM und KAHMANN [10]). Sowohl die geometrische Konstruktion als auch der Algorithmus sind invariant bei affinen Abbildungen, so daß insbesondere bei Parallelprojektion wieder ein Bildkurvenalgorithmus gleichen Typs vorliegt. Affine Abbildung und Algorithmus sind vertauschbar.

Sind die Segmente in den Übergangspunkten durch Stetigkeitsforderungen höherer Ordnung (z. B. stetiger Krümmungsradius) verbunden, so zeigt die mathematische Behandlung (siehe BÖHM [11]), daß das Polygon aus den Segmentpolygonen einer kubischen

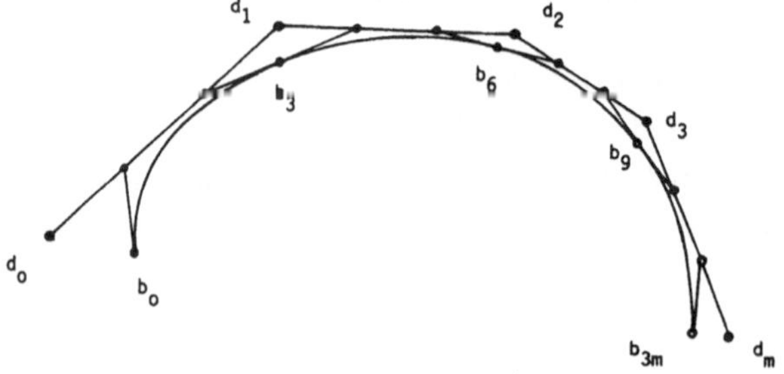

Abb. 10: Bézier- und Gewichtspolygon

Bézier-Splinekurve durch ein neues Polygon - <u>Gewichtspolygon</u> genannt - (in Abb. 10 mit den Eckpunkten $d_0, \ldots , d_m$) ersetzt werden kann, das nur noch ungefähr ein Drittel der Eckpunktzahl hat. Aus diesem Gewichtspolygon und dem Anfangs- und End- punkt der Bézier-Splinekurve errechnet sich das Ausgangspolygon eindeutig. Das Ge- wichtspolygon wird nun dazu benutzt, Kurven in freier Form (etwa künstlerisch) zu modellieren (siehe Abb. 11).

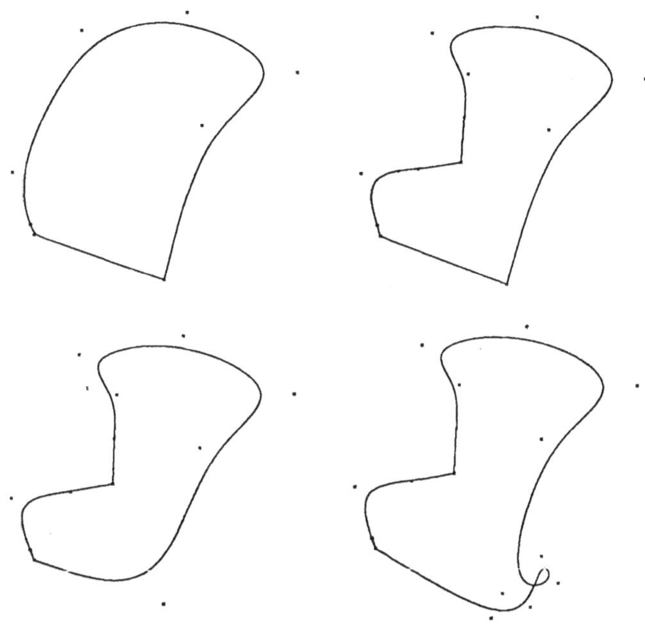

Abb. 11:   Eine Folge von Kurvenmodellierungen

Differentialgeometrische Eigenschaften werden herangezogen, um Kurven konstanten Ab- standes, sogen. Äquidistanten oder Parallelkurven, approximativ zu Bézier-Splinekur- ven zu modellieren. Ein Algorithmus zur Parallelspline-Erzeugnung bei Äquidistanten wurde von KLASS in [12] entwickelt. Dabei wird die Eigenschaft benutzt, daß die Krüm- mungsradien in den zugeordneten Segmentübergängen des Splines und des Parallelsplines

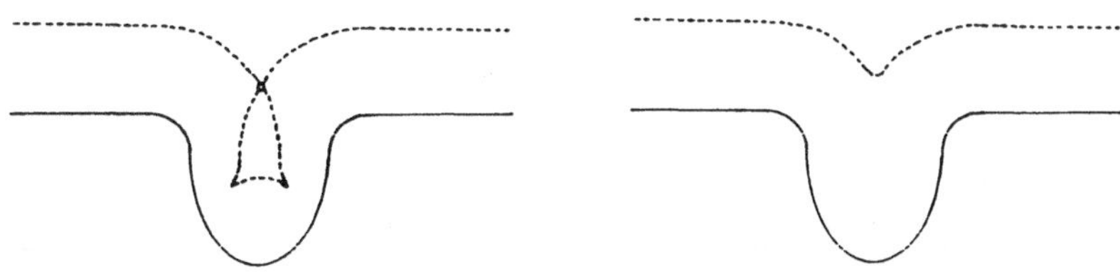

Abb. 12:   Modifizieren einer Parallelspline-Kurve als Bahnkurve eines NC-gesteuerten Werkzeugs

konstante Differenz haben. Für den Einsatz dieser Theorie bei NC-gesteuerten Maschinen muß jedoch darauf geachtet werden, daß Selbstüberschneidungen der Parallelspline-kurve einer Werkzeugbahn geeignet "überfahren" werden, damit es nicht zu unerwünschten Materialeinschnitten kommt (siehe Abb. 12). Ein modifizierter Parallelspline-Algorithmus zur Lösung dieses Problems wurde jüngst von ARNOLD und FRANK entwickelt.

Die Behandlung der entsprechenden Fragen bei Flächen ist für technische Anwendungen von großer Bedeutung (Fahrzeug-, Schiff- und Flugzeugbau). Sie nimmt in der neueren Literatur einen umfangreichen Platz ein (siehe etwa NOWACKI und GNATZ [4]). Auf diese sogen. Freiformflächen soll an dieser Stelle nicht näher eingegangen werden. Eine Anwendung bei der glatten Ausrundung als Verbindung zweier Flächen zeigt Abb. 13.

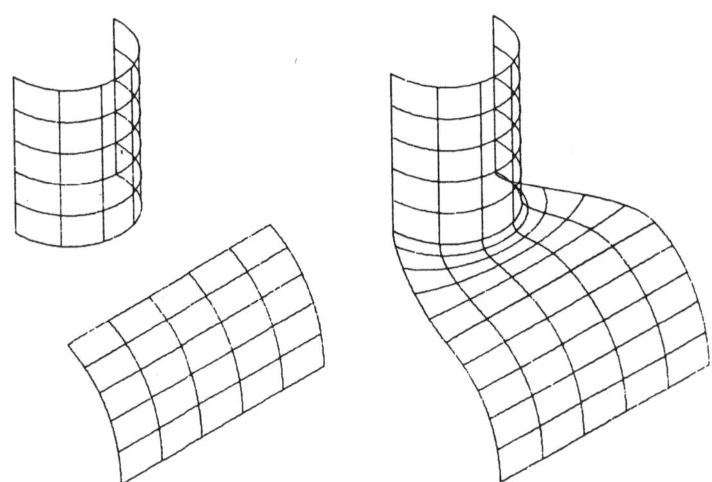

Abb. 13:   Verbindung zweier zylindrischer Flächenstücke durch eine Freiformfläche
            mit tangentialebenenstetigem Übergang in den Randkurven (G. Schulze)

Methoden der Flächenverschneidung

Die Behandlung der Verschneidungskurven von Flächen nimmt in der konventionellen Konstruktion einen breiten Raum ein. Die Kenntnis der Verschneidungskurve ist erforderlich für die Klärung der Sichtbarkeit und für die Abwicklung von Flächen. Mit dem Einsatz von Rechnern kann dieses Problem für viele technisch interessante Flächenpaare numerisch befriedigend gelöst werden. Durch den Rechner wird es aber möglich, über die herkömmliche Konstruktion hinaus vermehrt Freiformflächen zu verwenden (siehe Abb. 13). Sind jedoch Freiformflächen zu verschneiden, was konventionell nicht konstruierbar ist, so ist es wünschenswert, die Verschneidungskurve stückweise unikursal im Splinemodus zu erzeugen und sie damit einer NC-gesteuerten Verarbeitung zugänglich zu machen. Hierfür fehlt wohl bisher ein geeigneter Algorithmus.

Die zunächst durch den Rechner bedeutungslos gewordenen klassischen Verfahren der Flächenverschneidung erlangen jedoch durch Rechnereinsatz bei neuen Problemstellungen aktuelle Bedeutung. Man sollte daher nicht auf den Hinweis dieser Methoden verzichten.

Dies sei am Beispiel der Kollisionsprüfung bei rechnergestütztem Rohrleitungsentwurf im Kraftwerksbau (siehe MÖLLER und KORZONEK [13]) und im chemischen Analgenbau (siehe FRANK [14]) aufgezeigt werden. Gegeben seien zwei Rohrstücke als Strecken $\overline{AB}$ und $\overline{CD}$ im Raum mit Rohrdurchmesser und Sicherheitsabstand, deren Lage auf Kollision zu prüfen ist. Es genügt für die Lösung, die Rohrhalbmesser und die Sicherheitsabstände zu einem gemeinsamen Kollisionsabstand a zu addieren. Dann darf bei Kollisionsfreiheit die Strecke $\overline{AB}$ nicht den konvexen Bereich um die Strecke $\overline{CD}$ treffen, dessen Punkte von den Punkten von $\overline{CD}$ um den Abstand a oder weniger entfernt sind. Dieser konvexe Bereich ist aber ein Zylinder mit der Achse $\overline{CD}$ und aufgesetzten Kugelkappen (siehe Abb. 14).

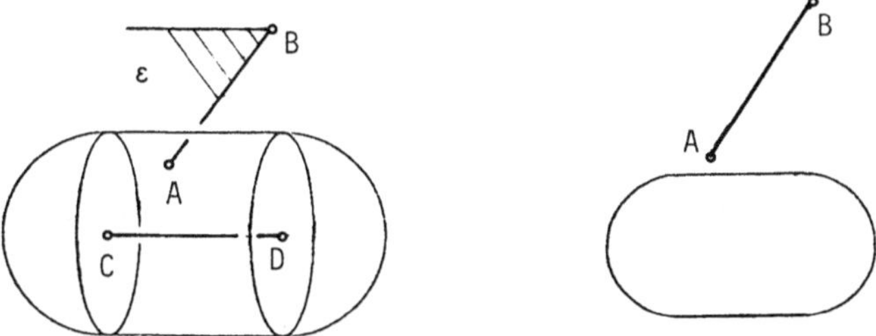

Abb. 14: Kollisionsprüfung in Rohrleitungssystemen nach dem Pendelebenenverfahren

Um die Kollision rechnergestützt zu prüfen, genügt es, die Ebene ε durch die Strecke $\overline{AB}$ parallel zur Strecke $\overline{CD}$ mit dem konvexen Bereich um $\overline{CD}$ zu schneiden. Man erhält das in Abb. 14 rechts stehende Schnittbild, auf dem sich leicht ein Kollisionsalgorithmus aufbauen läßt. Die verwendete Ebene ε wird bei klassischen Verfahren der Flächenverschneidung als Pendelebene bezeichnet (siehe GIERING und SEYBOLD [8]), so daß hier die Lösung durch das Pendelebenenverfahren geliefert wird. Es ist unschwer zu sehen, daß ein solcher eventuell modifizierter Kollisionsalgorithmus auf weitere Körperpaare im Anlagenbau angewendet werden kann.

Technisch wichtige Flächen, Abwicklungen

Die technisch wichtigen Flächen in der konventionellen Konstruktion und die Verfahren

der Abwicklung sind im Lehrbuch von GIERING und SEYBOLD [8] in einer Form zusammengefaßt, die für einen Grundkurs geeignet ist, so daß ein Hinweis darauf hier genügen
soll.

Visibilitätsfragen

In der technischen Zeichnung spielen häufig Fragen der
Sichtbarkeit eine Rolle. Es ist daher erforderlich,
die Visibilität in den wichtigsten Abbildungsverfahren
zu behandeln (siehe GIERING und SEYBOLD [8]) und auf
Hidden-Line- und Hidden-Surface-Algorithmen hinzuwei-
sen (siehe ENCARNACAO und SCHLECHTENDAHL [18]). Die
Visibilität muß in der RID geometrischer Objekte ebenso sorgfältig berücksichtigt werden wie die Orientierung, da sonst fehlerhafte Konstruktionen nicht aus-
zuschließen sind (siehe Abb. 15).

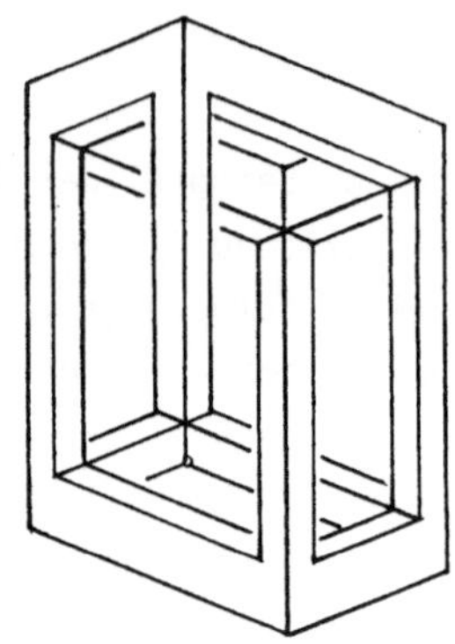

Abb. 15: Durch Vertauschen
von Unter- und Obersicht
fehlerhaft konstruierter
Würfel

Begleitende Übungen

Zum Abschluß dieses Abrisses verbleibt die Frage, in welcher Weise ein solcher Grundkurs durch begleitende Übungen ergänzt und unterstützt werden kann. Neben die redu-
zierten Übungen in konventionellen Konstruktionsmethoden sollten Übungen am graphischen Bildschirm treten. Hierzu benötigt man eine 3D-Graphik-Software, die die dreidimensionale affine Geometrie realisiert (siehe ARNOLD und FRANK [7]) und zu den einzelnen Themen Dialogprogramme anbietet, die die Einübung der Lehrinhalte ermöglichen
und den Praxisbezug herstellen.

Bei großen Teilnehmerzahlen, wie sie in den Grundkursen von CAD zu erwarten sind,wird
man kaum mit Gruppengrößen von vier Teilnehmern und einem Übungsleiter an einem Gra-
phikterminal arbeiten können. Es muß vielmehr die Unterrichtung im Klassenverband angestrebt werden. Hierzu benötigt man ein Rechnerlabor mit 10 bis 20 Terminals an
einem gemeinsamen Zentralrechner oder ebenso viele graphikfähige PCs, die über
Schnittstellenverteiler eine gemeinsame Peripherie ansprechen können. Weiterhin ist
eine didaktisch orientierte Dialogsoftware zur Verfügung zu stellen, die eine Unterrichtung im Klassenverband ermöglicht. Ein solches Rechnerlabor für CAD mit PCs wird
derzeit vom Verfasser in Dortmund erprobt und die benötigte Unterrichtssoftware mit
einer Projektgruppe entwickelt und getestet.

Literaturverzeichnis

[1] GRABOWSKI, H.; ANDERL, R.: Zukünftige Arbeitsweisen in Konstruktion und Arbeitsvorbereitung. tz für Metallverarbeitung. 76. Jahrg. 1982, H.11, 44 - 55

[2] KRAUSE, F.-L.; ABRAMOCICI, M.: Aufbau und Leistungsstand von CAD-Arbeitsplätzen. VDI-Berichte Nr. 492 (1983), 459 - 474

[3] NOWACKI, H.: Geometrisches Modellieren - eine Kurzübersicht. VDI-Berichte Nr. 492 (1983), 321 - 328

[4] NOWACKI, H.; GNATZ, R.: Geometrisches Modellieren. Fachtagung der GI und der TU Berlin, Nov. 1982. Inf.-Fachber. Nr. 65 (1983)

[5] MILLER jr., R.E.; et alt.: CAD in den USA. VDI-Berichte Nr. 492 (1983), 1 - 48

[6] GRABOWSKI, H.; ANDERL, R.; SEILER, W.: DICAD - Ein CAD-System zur 3D-Modellierung technischer und technologischer Informationen. In [4] (1983), 219 - 232

[7] ARNOLD, R.; FRANK, H.: Methoden der Abbildungsgeometrie im Computer Aided Design. Angew. Inf. (1984)

[8] GIERING, O.; SEYBOLD, H.: Konstruktive Ingenieurgeometrie. Hanser Verl. München 1979

[9] BARNER, M.; GRAF, U.: Darstellende Geometrie. Verl. Quelle u. Meyer, Heidelberg 1961

[10] BÖHM, W.; KAHMANN, J.: Grundlagen kurven- und flächenorientierter Modellierung In [4] (1983), 173 - 210

[11] BÖHM, W.: Parameterdarstellung kubischer und bikubischer Splines. Computing 17 (1976), 87 - 92

[12] KLASS, R.: An offset spline approximation for plane cubic splines. CAD 15 (1983), 297 - 299

[13] MÖLLER, U.; KORZONEK, H.: Rechnergestütztes Anlagen-Engineering. VDI-Berichte Nr. 492 (1983), 373 - 384

[14] FRANK, H.: Computer Aided Design in Piping of Chemical Plants. Proc. of the Confer. 'Math. in Industry', Oct. 1983 Oberwolfach. Teubner Verl. Stuttgart 1984, 209 - 218

[15] BARNER, M.; FLOHR, F.: Analysis II. Verl. de Gruyter, Berlin 1983

[16] ENCARNACAO, J.; HORNUNG, C.; KUHLMANN, H.: Geometrische Modelliersysteme, Stand und Trends. Inf.-Fachber. Nr. 65 (1983), 3 -23

[17] ENCARNACAO, J.: Computer Graphics. Programmierung und Anwendung. Verl. Oldenbourg München 1975

[18] ENCARNACAO, J.; SCHLECHTENDAHL, H.: Computer Aided Design. Verl. Springer Berlin 1982

[19] FAUX, I.D.,; PRATT, M.J.: Computational Geometry for Design and Manufacture. Verl. J. Wiley a. S. New York 1981

[20] KONGRESSBERICHT: Datenverarbeitung in der Konstruktion '83. Kongreß München 17.-21. Okt. 1983. VDI-Berichte Nr. 492. VDI-Verl. Düsseldorf 1983

LEISTUNGSMERKMALE DIENSTEINTEGRIERENDER DIGITALNETZE

H.L. Hartmann, P. Protzel und H.A. Ebbecke

Mitteilung des Instituts für Nachrichtensysteme
der Technischen Universität Braunschweig

Kurzfassung

Unter "Integrated Services Digital Networks (ISDN)" versteht man ein internationales Konzept zur Übertragung und Vermittlung verschiedener dienstspezifischer Nachrichten unter Verwendung digitaler Signale als integrierenden Träger der Information. Das Hauptziel dieses Konzepts besteht in der Planung und Entwicklung von standardisierbaren, mikroelektronisch orientierten Kommunikationsnetz-Ausstattungen, die bei vorgeschriebenen Gütetoleranzen einen physikalischen und logischen Transport unterschiedlicher Quellensignale ermöglichen.

Der vorliegende Aufsatz spezifiziert die einzelnen Abschnitte sogenannter hypothetischer ISDN-Verbindungen, "Hypothetical Reference Connections (HRX)" nach ihren Funktionen und international diskutierten Gütekennwerten. Im einzelnen wird auf die Arten der Netzzugänge sowie Güteeinflüsse der digitalen Nachrichtenübertragung und Vermittlung eingegangen. Den HRX-Punkt zu Punkt Zielkennwerten der Bitfehlerrate und Verfügbarkeit werden Systemmodelle zugewiesen, die sich in Funktionsbausteine zerlegen lassen. An den Referenzpunkten dieser Systembausteine ergeben sich Entwurfs- und Verifikationsvorschrif-

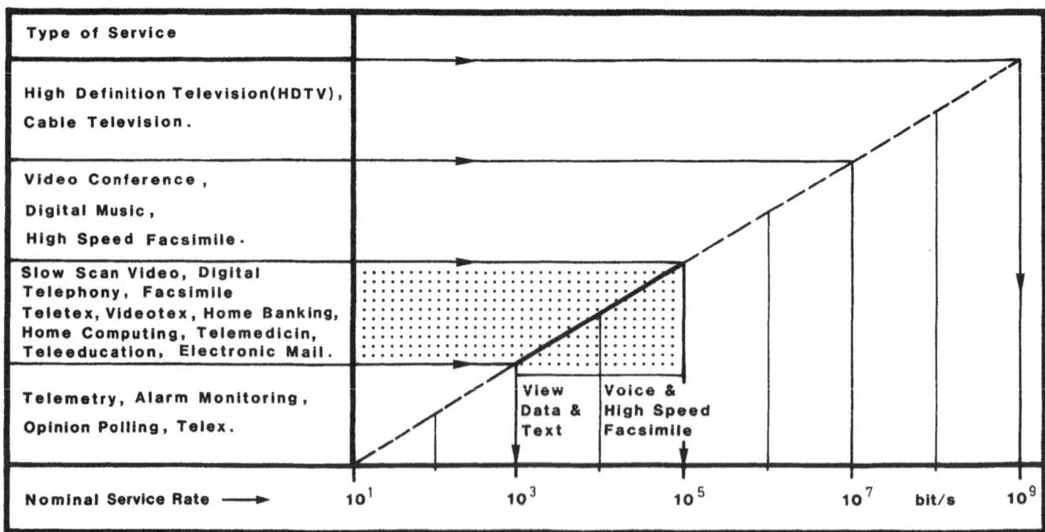

Bild 1.   Dienstarten und nominelle Dienstbitraten. [:::::::::] : Hohe Verbreitungserwartung.

ten, die aus präzisierbaren Zerlegungsregeln der HRX-Dienstgüte resultieren.

Zur Veranschaulichung der Dekompositionsergebnisse dient ihre Gegenüberstellung mit approximativ verifizierbaren Kennwerten für die jeweiligen Leistungszielwerte.

1. Integrated Services Digital Network (ISDN)

In den letzten zwei Jahrzehnten haben sich außerhalb der schwerpunktmäßigen Dienste Telefonie und Telegrafie eine Reihe von Wettbewerbern unterschiedlicher Basisband-Dienstbitraten und Ansprüche an die Funktion der Netzknoten eingestellt. Bild 1 zeigt eine exemplarische Auswahl der Dienstarten. Dienste für hochauflösendes Fernsehen (HDTV) sowie Fernschreiben (Teleprinter Exchange – Telex) bezeichnen den gesamten Bereich der Dienstbitraten. Allein aus wirtschaftlichen Erwägungen muß mit einer jahrzehntelangen Koexistenz bestehender und neuer Netzausstattungen und einer schwerpunktmäßigen Dienstprofilierung mit Übertragungsraten zwischen 10^3 und 10^5 bit/s gerechnet werden. Die Fortschritte der Mikroelektronik ermöglichen Übergänge zwischen neuen und bestehenden Netzausstattungen. Sprache, Text, View Data und High Speed Facsimile lassen hohe Stückzahl- und Umsatzerwartungen erwarten. Breitband-Entlastungsnetze bilden eine gesonderte physikalische Netzschicht mit erheblichen Anschaffungs- und Betriebskosten. Um es klar auszudrücken, in der Bundesrepublik gibt es zur Zeit 24 Mill. Fernsprech-Hauptanschlüsse für analoge Signalträger im Frequenzbereich 300 bis 3400 Hz, 0,5 Mill. Datennetzhauptanschlüsse für Terminals mit Datenraten zwischen 50 bit/s bis 9600 bit/s und einige Hundert Pilotnetzanschlüsse für 140 Mbit/s, /1/.

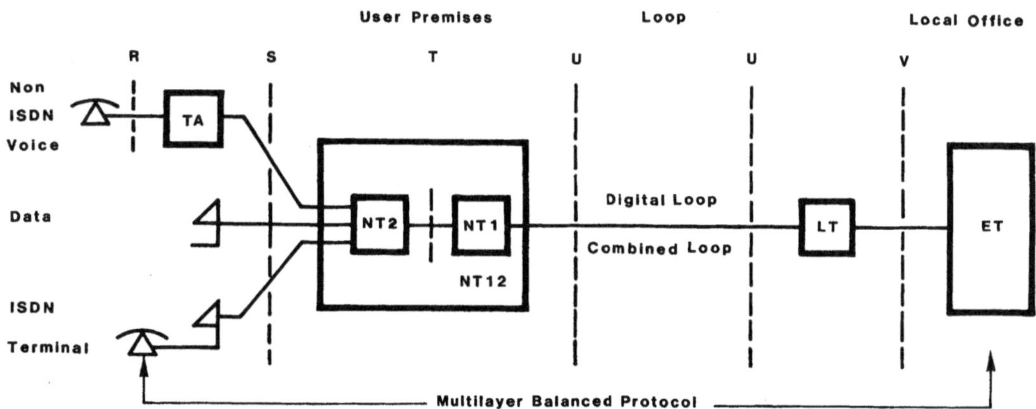

Bild 2. ISDN-Teilnehmer-Netzzugänge nach /2/. TA: Terminal Adapter; NT: Network Termination; LT: Line Termination; ET: Exchange Termination.

Bild 2 veranschaulicht die Zugriffsmöglichkeiten für Schwerpunkt-Dienste an die zugeordnete Ortsvermittlungsstelle /2/. Im folgenden werden eine Reihe von Begriffen verwendet, die im 3. Abschnitt ausführlicher definiert werden. Die gemeinsamen Grenzen zwischen benachbarten Funktionsgruppierungen werden durch Referenzpunkte R bis V markiert. Der Referenzpunkt S kennzeichnet zugleich die Schnittstelle Teilnehmer - ISDN. Konventionelle Teilnehmer für Sprachkommunikation können über Terminal-Adapter (TA) angeschlossen werden. Eine Schlüsselfunktion bei der Diensteintegration wird der Networktermination NT 12 zugewiesen. Sie umfaßt sog. NT 1-Funktionen, d.s. physikalische Aufgaben des Leitungsabschlusses und der Signalwandlung sowie deren Prüfmöglichkeit. Die Networktermination NT 2 übernimmt demgegenüber logische Funktionen der Protokollwandlung z.B. zwischen Terminals und Netzen oder privaten und öffentlichen Netzen.

ISDN User Access Types	Capacity Allocation	ISDN Service Types
Basic Access	$B + B + D_{16}$ $B + D_{16}$	B-Channel: 64 kbit/s D-Channel: 16 kbit/s A-Channel: Analog C-Channel: 8 or 16 kbit/s n: Integer Value D_{64}-Channel: 64 kbit/s
Combined Access	$A + C$	
Primary Rate Access	$n\ B + D_{64}$	
Service Examples	B: High Quality Voice, High Speed Data, Simultanous Voice and Data, Facsimile, Slow Scan Video.	D/C: Enhanced Telephony, Low Speed Data, Video Tex, Teletex, Telemetry.

Tafel 1. ISDN-Zugriffs- und Übertragungsarten nach /2/.

Eine noch nicht abschließend empfohlene Übersicht der ISDN-Zugangsarten für die Teilnehmer-Schnittstelle S und den Referenzpunkt T veranschaulicht Tafel 1. Der evolutionäre Übergang der z.Zt. getrennt arbeitenden Verbindungsleitungs- und Fernnetze in ein zunächst hypothetisches, diensteintegrierendes Netz wird durch Bild 3 aus /2/ skizziert. Bild 3(a) entsprechend beginnt die Entwicklung mit der Einführung von ISDN-Zugangs-Ortsvermittlungen und ist über die Zusammenfassung von dienstspezifischen Netzen nach Bild 3(b) auf die Entwicklung eines diensteintegrierenden Netzes entsprechend Bild 3(c) gerichtet. Die Wolkenform der Netze verdeutlicht ihren hypothetischen Charakter. Traditionell erfolgt die Übertragung der Dienstsignale über gemeinsame Verbindungs- und Fernleitungs- bzw. Funkwege. Die Koppelnetzwerke der Vermittlungsknoten des Netzes können selbst in den Modellmustern nach Bild 3(b) und 3(c) modular dienstspezifisch dimensioniert werden. Vergleichbare Modularitätsansätze können im Hinblick auf Steuerfunktionen dieser Koppelnetz-

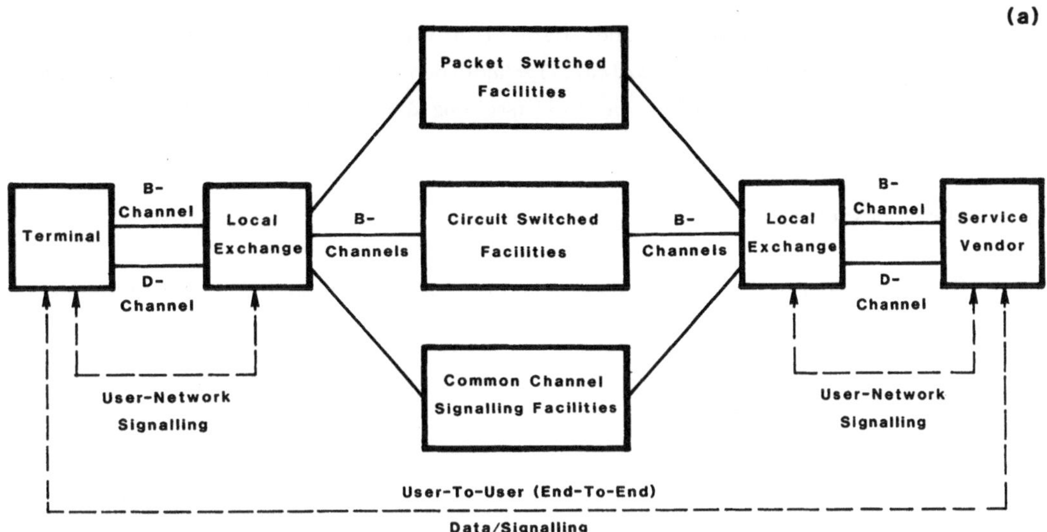

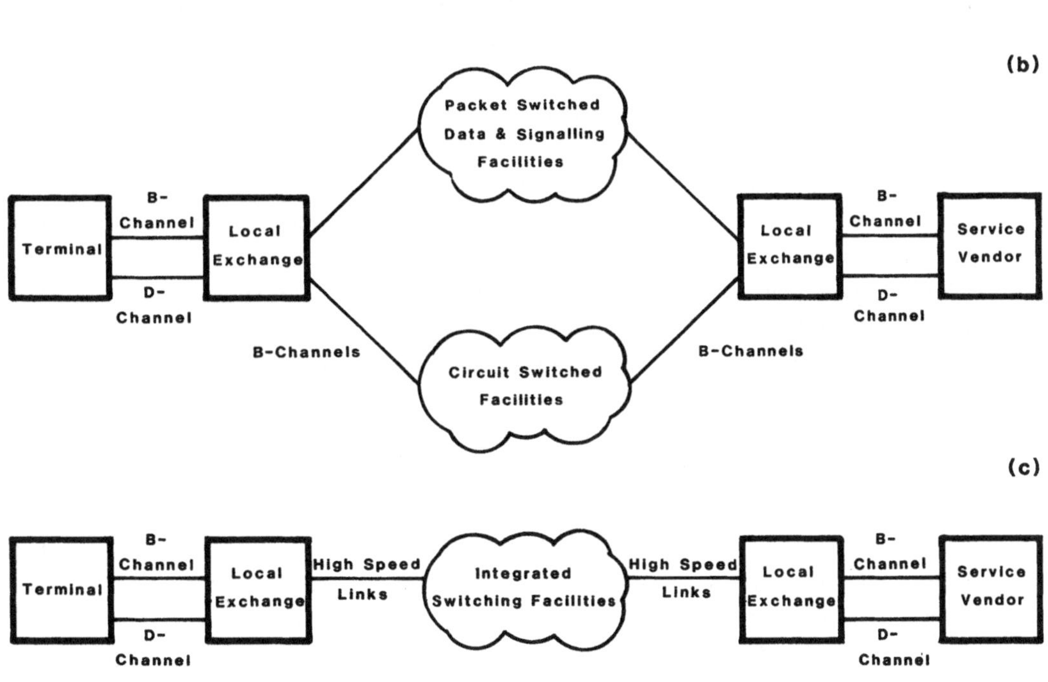

Bild 3. ISDN-Transport-Dienste.
    (a) Inanspruchnahme dienstspezifischer Netze,
    (b) Integration unterschiedlicher Protokollstandards X.21 und X.25 bzw.
        X.75 und CCITT-Signalling System No. 7 im Local Exchange,
    (c) ISDN-Zielvorstellung.

werke sowie unter Inanspruchnahme aller Hard- und Firmware-Ressourcen in Ansatz gebracht werden. Dienstspezifische Hardware-Technologien und gekoppelte Automatenfunktionen rechtfertigen daher zumindest die Zielvorstellung eines ISDN nach Bild 3(c).

2. ISDN-Leistungszielwerte

Bekanntlich gibt es zur Einführung diensteintegrierender Digitalnetze die grundlegenden Strategien

(i) Overlay eines durchgängigen Entlastungsnetzes mit der Folge überschüssiger Flußkapazitäten oder

(ii) Substitution veralteter Netzausstattungen sowie Deckung des Bedarfszuwachses mit der Folge von Inselbildungen.

Aus internationaler Sicht müssen auch Mischformen beider Strategien zugelassen werden. Hinzu kommt, daß selbst innerhalb diensteintegrierender Netze ein technologisch bedingter Ausstattungsfortschritt z.B. in Richtung kleinerer Bauvolumina oder automatischer Adaptionen an die Umweltbedingungen wie Signalstörungen oder Verkehrsschwankungen möglich sein muß. Hieraus resultiert die Forderung nach einer strengen TOP-DOWN-Systemanalyse bis in die eigentliche Programmentwicklung hinein, /3/, S. 77 ff. Für das in Bild 3(c) dargestellte Netz müssen daher möglichst Punkt zu Punkt Leistungszielwerte (End to End Performance Objectives - PO) /4/ definiert und analytisch begründet werden. Solche Leistungszielwerte sind

(j) die Bitfehlerrate (Bit Error Rate - BER) und der Anteil fehlerfreier Sekunden (Percentage of Error Free Seconds - EFS),

(jj) die Punkt zu Punkt Verbindungsaufbauzeit (Point to Point Call Set-up Delay) und der Durchsatz-Verzug (Point to Point Throughput Delay),

(jjj) die Punkt zu Punkt Verkehrsblockierung (Point to Point Blocking - PPB) sowie die Verbindungs-Verfügbarkeit (Connection Availability - CA).

Der vorliegende Beitrag identifiziert eine exemplarische Auswahl der unter (j) und (jjj) aufgeführten Grundbegriffe als Kennwerte stochastischer Prozesse und entwickelt analytische Kompositionsregeln zur Herleitung von Zielwert-Vorgaben für einzelne Netzabschnitte und Teilnehmergruppen. Die Resultate dieser Kennwert-Komposition erweisen sich bei richtiger Referenzpunktauswahl aber als wichtige Orientierungshilfe für den Entwurf und die Verifikation der benötigten Systembausteine.

2.1 Internationale, hypothetische Referenzverbindungen (Hypothetical Reference Connections - HRX)

Bild 4 aus /5/ veranschaulicht Referenzverbindungen und -zeiten für internationale 64

(a)

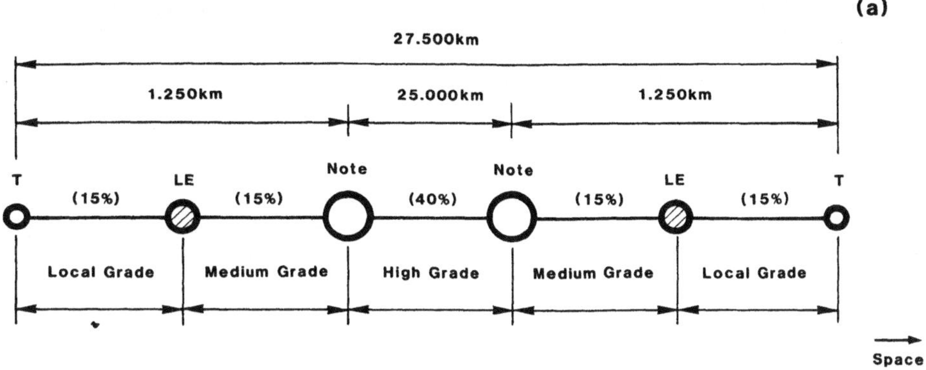

Note: Eine Definition der betreffenden Grenze zwischen "Medium and High Grade"-Abschnitten wird auf Grund der Distanzangaben nicht vorgesehen. (Prozentangaben für Leistungszielwerte nach Class (a)).

(b)

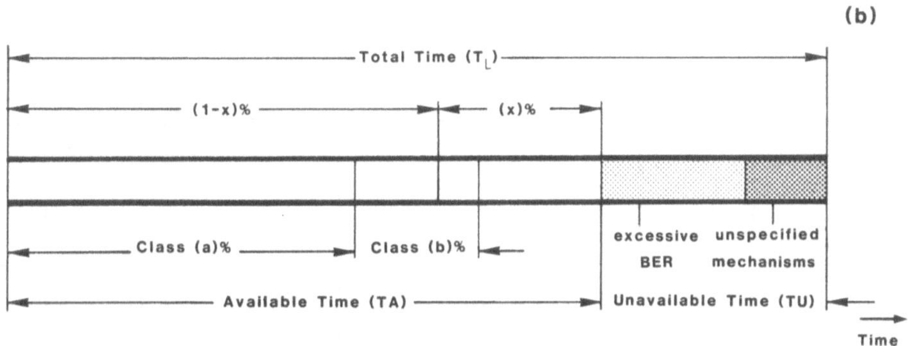

Bild 4. Hypothetische Referenzverbindungen (a) und -zeiten (b). T: Reference Point. Prozentangaben: anteilige Zuweisungen von Leistungszielwerten.

kbit/s-Kanäle. Bild 4(a) entspricht der sog. "longest HRX" und zerfällt in Local, Medium sowie High Grade Netzbereiche. Die eingetragenen Prozentangaben kennzeichnen anteilige PO-Zuweisungen zwischen den in Bild 2 erklärten Referenz-Endpunkten T des Netzes. Neben der in Bild 4(a) veranschaulichten räumlichen Güteminderung für 64 kbit/s-Signalprozesse müssen nach Bild 4(b) Zeitintervallvorgaben definiert werden, um die Mindestanforderungen zu präzisieren. Für die Gesamtzeit T_L wird in /4/ ohne nähere Spezifikation der Richtwert eines Monats genannt. Innerhalb der Available Time TA soll die HRX ein zweistufiges BER-Kriterium erfüllen. Darüber hinausgehende Fehlererscheinungen sind Bestandteil der Unavailable Time TU, in der das System als nicht verfügbar gilt. Nicht in allen Studienkommissionen des CCITT werden die früheren Unterscheidungen Acceptable, Degraded und Unacceptable Performance Level durch sogenannte (a)-, (b)- und (c)-Leistungsklassen ersetzt, die nun betrachtet werden.

2.2 Bitfehlerrate (BER) und Anteil fehlerfreier Blöcke (EFB) bzw. Sekunden (EFS)

Die BER stationärer Kanäle ist der Grenzwert

$$BER = \lim_{N \to \infty} NE/N \quad , \tag{1}$$

wenn NE die Zahl der verfälschten und N die Zahl der gesendeten Binärsymbole ist. I.a. ist die BER für alle möglichen Musterfunktionen identisch, so daß die BER mit der Bitfehlerwahrscheinlichkeit (Bit Error Probability - BEP) übereinstimmt. Fehlerprozesse dieser Art heißen ergodisch und werden im Anhang ausführlicher definiert. Die CCITT-Empfehlung G.821, /6/ sieht nach Tafel 2 drei BER-Zielwertklassen für bestimmte TA-Zeitanteile vor. In der Zielwertklasse (a) soll für mehr als 90 % aller Einminuten-Intervalle TA $BER < 1,04 \cdot 10^{-6}$ sein. Die 1984 überarbeitete Empfehlung G.821 sieht < 10 % aller Einminuten-Intervalle mit $BER > 10^{-6}$ (Degraded minutes) vor. Für weniger als 0,2 % aller Sekundenintervalle von TA soll $BER < 1,00 \cdot 10^{-3}$ (Severely errored seconds) gelten. Für die Zielwertklasse (c) wird gefordert, daß < 8 % aller Sekundenintervalle überhaupt Fehler aufweisen (Errored seconds). Der Bereich zwischen 90 % und 99,8 % ist demnach als Übergangsbereich zu werten.

Performance Objective / Classification	Time Interval	Conditional Bit Error Rate (BER)	Percentage of Available Time G.821	general
(a)	1 min	$BER < 1,04 \cdot 10^{-6}$)*	> 90 %	> (1 - x) %
(b)	1 s	$BER < 1,00 \cdot 10^{-3}$)**	< 0,2 %	< x %
(c)	1 s	Errored Seconds	< 8,0 %	< [1 - EFS (x)] %

Tafel 2. CCITT-Empfehlung G.821: Fehlerwirksamkeitszielwerte (Error Performance Objectives) für weltweite 64 kbit/s-IDN-Verbindungen, Stand Juni 1984.)* entsprechend 4 Fehler pro Minute;)** entsprechend 64 Fehler pro Sekunde; IDN: Integrated Digital Network.

Bei einer Symbolrate r bit/s werden im Zeitintervall T, Blöcke von b=rT Binärzeichen übertragen. Unter der ungünstigsten Orientierungsvoraussetzung statistisch unabhängiger Symbolfehler beträgt der Anteil fehlerfrei übertragener Blöcke (Error Free Blocks - EFB) nach /6/

$$EFB = 100 \cdot (1 - BER)^b \quad \text{in \% .} \tag{2.1}$$

Für T=1s folgt hieraus der Anteil

$$EFS = 100 \cdot (1 - BER)^r \quad \text{in \% .} \tag{2.2}$$

Für rT = 64 000 und BER < $1,04 \cdot 10^{-6}$ erhält man also EFS > 93,6 %. Unter sehr vielen meßtechnisch zu betrachtenden Übertragungssekunden bleibt also ein regellos verteilter Anteil von 93,6 % fehlerfrei. Aus diesem Ergebnis kann nicht gefolgert werden, daß in 6,4 % der verbleibenden Zeit die bedingte BER in diesem Zeitanteil frei wählbar ist. Genau genommen schätzt ein BER-Meßgerät mit wachsender Meßzeit die totale BER, die sich wahrscheinlichkeitstheoretisch aus dem Satz der totalen Wahrscheinlichkeit gemäß

$$BER = (1-x) \, BER \,|\,(a) + BER\,|\,(b) \tag{3}$$

berechnet. $BER\,|\,(\cdot)$ repräsentieren hierbei zustandsbedingte BER-Werte. Fordert man nun EFS > 92 %, so erhält man aus Gl. (2.2) BER < $1,303 \cdot 10^{-6}$. Legt man die in Tafel 2 genannten bedingten BER-Werte zugrunde, so folgt aus Gl. (3) x < 0,026 %, wodurch die letzte Tabellenspalte definiert wird. Selbstverständlich könnten im Sinne von Gl. (3) auch an Stelle der bedingten Fehlerrate $BER\,|\,(b)$ auch x oder mehr als zwei bedingte in vorgebbaren Zeitintervallen stationäre BER-Klassen ins Auge gefaßt werden. Nach diesen Hinweisen können jedoch einfache und eindeutige Vorgaben entwickelt werden. Die Zeile (c) von Tafel 2 umfaßt daher keinen unabhängigen Performance-Wert, wenn die Klassen (a) und (b) vollständig vorgegeben werden. Zeile (c) könnte deshalb zum Beispiel durch Empfehlungen über die Unavailable Time TU ersetzt werden, so daß zwei available und eine unavailable Performance-Klassen alle Zeitintervalle des Bildes 4(b) abdecken.

Von herausragender Bedeutung ist noch die räumliche BER-Zerlegung (Dekomposition) in die einzelnen Netz- und Regeneratorabschnitte hinein. Umfaßt die HRX insgesamt NR Regeneratorabschnitte mit statistisch unabhängigen Fehlerbeiträgen p(i,t), so gilt nach /7/, S. 3.4 der Zusammenhang

$$BEP(t) = \frac{1}{2} \left\{ 1 - \prod_{i=1}^{NR} [1 - 2\,p(i,t)] \right\} \quad . \tag{4}$$

Sind die Fehlerbeiträge zeitlich und räumlich ergodisch, so gilt mit BEP $\equiv$ BER die Umkehrung

$$p(i) = p = \frac{1}{2} \left\{ 1 - [1 - 2\,BER]^{1/NR} \right\} \quad . \tag{5}$$

Wird also entsprechend Bild 4(a) und Tafel 2 eine Medium Grade BER-Zuweisung (Allocation - A) von AMG = 0,15 auf NR $\approx$ 1250 km / 2,5 km = 500 Regeneratoren unterstellt, so muß bei einer unbedingten Punkt zu Punkt Güte BER < $1,3 \cdot 10^{-6}$ nach Gl. (5) p < $2,6 \cdot 10^{-10}$ bleiben. Übersichtlicher ausgedrückt beträgt der zulässige BER-Zuwachs im Medium Grade Bereich der HRX und unter Vernachlässigung lokaler Distanzen der Größenordnung km $\Delta BER/\Delta L$ = AMG x BER / 1250 km $\leq 1,6 \cdot 10^{-10}$/km und stellt daher schon erhebliche Ansprüche an die Qualität der Signalregenerierung. Von Interesse sind daher die Auswirkungen von Büschelstörungen und Fehlerkorrekturverfahren, auf die aber im Rahmen des vorliegenden Beitrages nicht eingegangen werden kann.

2.3 Verfügbarkeit, mittlerer Ausfallabstand und mittlere Ausfalldauer

Mit steigender Komplexität der technischen ISDN-Einrichtungen wird die Zuverlässigkeit zu einem wichtigen Entwurfskriterium. Der Begriff der Zuverlässigkeit ist im Sinne der NTG-Empfehlung /8/ definiert als die Fähigkeit einer Betrachtungseinheit, die beabsichtigte Funktion unter festgelegten Bedingungen für eine festgelegte Zeitdauer zu erfüllen und ermöglicht daher nur eine qualitative Aussage. Zur quantitativen Beschreibung dienen die angelsächsische Definition oder bestimmte, im 3. Abschnitt erläuterte Zuverlässigkeitskenngrößen. So ist in Übereinstimmung mit /8/ die Verfügbarkeit V definiert als die Wahrscheinlichkeit, ein System zu einem vorgegebenen Zeitpunkt in einem funktionsfähigen Zustand anzutreffen. Für Verfügbarkeitswerte, die sich nur wenig von 1 unterscheiden, ist es zweckmäßiger, die Nichtverfügbarkeit $\overline{V}=1-V$ zu bestimmen. Der mittlere Ausfallabstand (Mean Time Between Failures – MTBF) bezeichnet die mittlere Zeit zwischen zwei Ausfällen und die mittlere Ausfalldauer (Mean Down Time – MDT) die mittlere Zeitdauer vom Ausfallzeitpunkt bis zum Wiederherstellen der Betriebsbereitschaft. Unter der Voraussetzung des statistischen Gleichgewichts (stationärer Fall) besteht zwischen diesen drei Kenngrößen die Beziehung

$$V = \frac{MTBF}{MTBF + MDT} = 1 - \overline{V} \qquad \text{oder} \qquad \overline{V} = \frac{MDT}{MTBF + MDT} \quad , \tag{6}$$

wobei in jedem Einzelfall festgelegt werden muß, wann das System ausgefallen ist bzw. als funktionsfähig betrachtet wird.

Die Festlegung von Grenzwerten für Zuverlässigkeitskenngrößen, die beim Betrieb des ISDN einzuhalten sind, ist eines der Arbeitsziele der Studiengruppe XVIII des CCITT, die sich unter Frage 10 mit diesem Problem beschäftigt. Ein Beitrag dieser Studiengruppe liefert in /9/ hierzu einen Vorschlag, der von der Aufteilung des gesamten Netzes in mehrere unabhängige Bereiche ausgeht, wobei zwischen lokalen, regionalen, nationalen und internationalen Bereichen unterschieden wird, in denen jeweils eigene Zuverlässigkeitsanforderungen zu erfüllen sind. Im folgenden soll der lokale Bereich, der alle Komponenten im Einzugsbereich einer Ortsvermittlungsstelle (OVSt) umfaßt, beispielhaft näher betrachtet werden. Anschließend wird ein grundlegender Hinweis auf Kompositionsregeln für die HRX entwickelt.

Bei der Festlegung von Gütekriterien für den lokalen Netzbereich wird von der Annahme ausgegangen, daß ein auftretender Fehler eine bestimmte Anzahl X von Teilnehmern betrifft, die während der Fehlerdauer keinen Verkehr abwickeln können. Damit ist die Anzahl der Teilnehmer, die von einem Fehler betroffen sind, ein Maß für die Fehlerauswirkung. Die vorgeschlagenen Gütekriterien sind in mehrere Klassen unterteilt, die sich nach der Fehlerauswirkung unterscheiden. So umfaßt die erste Klasse z.B. alle Fehler, die 1 bis 9 Teilnehmer betreffen. Für jede dieser Klassen werden nun Toleranzen der Nichtverfügbarkeit, der MTBF und MDT vorgeschlagen (Bild 5). So soll z.B. die Wahrscheinlichkeit

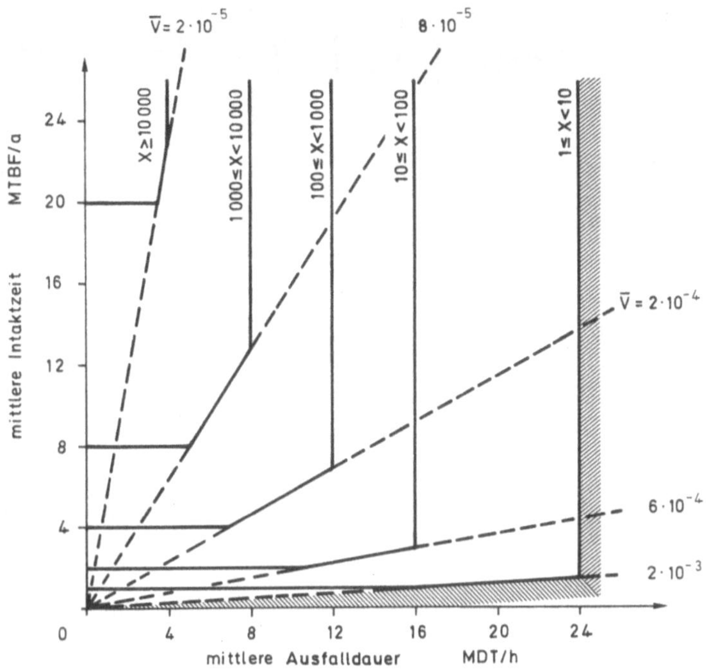

Bild 5. Nichtverfügbarkeits-Toleranzen für verschiedene Klassen der Ausfallbreite in Local Grade Netzbereichen nach /9/.

des Auftretens eines Fehlers, der 1 bis 9 Teilnehmer betrifft, kleiner als $2 \cdot 10^{-3}$ (Nichtverfügbarkeit $\overline{V}$) sein, wobei als zusätzliche Randbedingung dieser Fehlerfall im Mittel nicht öfter als einmal pro Jahr auftreten (MTBF > 1a) und dann im Mittel nicht länger als 24 Stunden dauern soll (MDT < 24h). Dabei ist zu erkennen, daß die Strenge der Anforderungen mit der Fehlerauswirkung steigt, d.h. je mehr Teilnehmer durch einen Fehler betroffen sind, desto geringer soll die Wahrscheinlichkeit des Auftretens dieses Fehlerfalls sein.

Die Vorgabe solcher Kennwert-Toleranzgrenzen soll als Hilfsmittel und Richtlinie bei der Planung neuer Netze bezüglich der Zuverlässigkeit dienen. Daher soll im folgenden ein einfaches Modell zuverlässigkeitstheoretisch untersucht und am Beispiel der Nichtverfügbarkeit die Ergebnisse dieser Analyse mit den vorgenannten Toleranzgrenzen verglichen werden. Hierzu zeigt Bild 6 die Prozessorstruktur eines großen mikrorechnergesteuerten Vermittlungssystems /10/ nebst Anschlußleitungen (ASL) und Teilnehmeranschlußgeräten (TAG) für 1600 Teilnehmer. Die in Funktions- und Lastteilung arbeitenden Prozessoren (Satzkoppelnetzprozessoren - SKP, Busprozessoren - BP und Organisationsprozessoren - OP) werden im Sinne der Zuverlässigkeit durch die Ausfallwahrscheinlichkeiten p_{OP}, p_{BP} und p_S beschrieben, wobei aus Sicherheitsgründen auf jeweils 100 Teilnehmer ein SKP kommt und die BP sowie der OP in "heißer" Reserve dupliziert sind. Der Ausfall eines Prozessors hat somit unterschiedliche Auswirkungen zur Folge, so sind z.B. beim Ausfall eines SKP 100

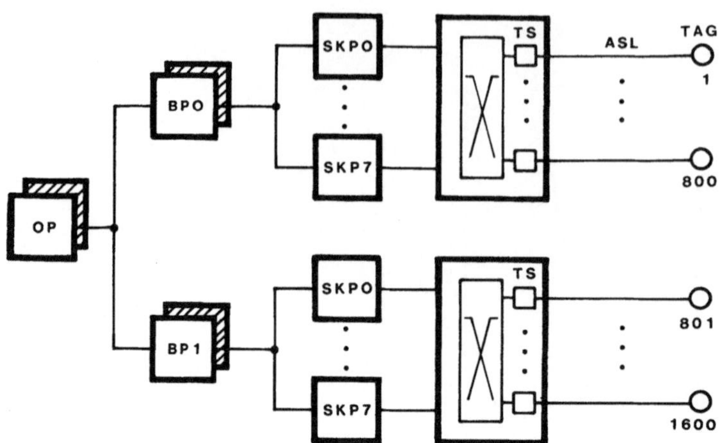

Bild 6. Exemplarische Prozessorstruktur eines Vermittlungssystems einschließlich Anschlußleitungen (ASL) und 1600 Teilnehmeranschlußgeräten (TAG) in Anlehnung an /10/.

Teilnehmer betroffen, während ein Versagen beider OP Totalausfall bedeutet. Im Bereich des Teilnehmers werden alle Komponenten, die nur für einen Teilnehmer zuständig sind, d.h. die Teilnehmerschaltung (TS), Anschlußleitung und das Teilnehmeranschlußgerät zusammengefaßt und durch eine Ausfallwahrscheinlichkeit p_T beschrieben. Der Einfluß der Koppelfelder und sonstiger Peripherie auf die Zuverlässigkeit wird gegenüber dem entscheidenden Einfluß der Steuerung vernachlässigt. Die Softwarezuverlässigkeit, die bei programmgesteuerten Systemen besonders in der ersten Zeit nach Betriebsbeginn einen großen Einfluß ausüben kann /11/, soll im Rahmen dieses Beitrags nicht näher betrachtet werden. Weiterhin soll bezüglich Ausfall und Reparatur die statistische Unabhängigkeit aller Komponenten vorausgesetzt werden.

Im Sinne der Zuverlässigkeit liegen hier keine einfachen Serien-Parallelstrukturen, sondern eine hierarchische Baumstruktur vor, wobei durch den Ausfall einer übergeordneten Komponente eine sogenannte Ausfallüberdeckung verursacht wird. Mit n_B als Anzahl der BP, n_S als Zahl der an einem BP angeschlossenen SKP und n_T als Gesamtzahl der angeschlossenen Teilnehmer ergibt sich dann folgende Berechnungsvorschrift für die Verfügbarkeit, d.h. der Wahrscheinlichkeit, daß alle Teilnehmer Zugriff zur Zentrale haben

$$V = (1 - p_{OP}) \cdot (1 - p_{BP})^{n_B} \cdot (1 - p_S)^{n_B n_S} \cdot (1 - p_T)^{n_T} \quad . \tag{7}$$

Die gesamte Nichtverfügbarkeit ist dann die Wahrscheinlichkeit, daß 1 bis n_T Teilnehmer keinen Zugriff zur Zentrale haben und entspricht dem Komplement der Verfügbarkeit $\overline{V}(1 \leq X \leq n_T) = \overline{V} = 1 - V$, wobei für kleine Werte der Ausfallwahrscheinlichkeiten die Näherung gilt

$$\overline{V} \simeq p_{OP} + n_B \cdot p_{BP} + n_S \cdot n_B \cdot p_S + n_T \cdot p_T \simeq n_T \cdot p_T \quad . \tag{8}$$

Mit folgenden angenommenen Werten für $p_T = 3,5 \cdot 10^{-5}$ unter Verwendung von /12/, $p_S = 7,3 \cdot 10^{-6}$, $p_{BP} = (1,0 \cdot 10^{-5})^2$ und $p_{OP} = (1,0 \cdot 10^{-4})^2$, wobei die Quadrierung der Werte für den OP und die BP durch die Duplizierung bedingt ist, ergibt sich der Wert $\overline{V} = 5,6 \cdot 10^{-2}$. Im Hinblick auf die Nichtverfügbarkeit eines LE-Zuganges für genau x Terminals gilt nun

$$\overline{V} = \sum_{x=1}^{n_T} \overline{V}(x) \geq \overline{V}(x_1 \leq X < x_2) \qquad \text{mit } x_2 \geq x_1 \geq 1 \quad , \qquad (9)$$

denn die gesamte Nichtverfügbarkeit ist die Summe aller Wahrscheinlichkeiten $\overline{V}(x)$.

Ein Vergleich mit den in Bild 5 wiedergegebenen $\overline{V}$-Toleranzen zeigt, daß der für das in Bild 6 betrachtete System berechnete $\overline{V}$-Wert außerhalb der Toleranz $\overline{V} = 2 \cdot 10^{-3}$ für die Ausfallbreite $(1 \leq X < 10)$ liegt. Die Empfehlung nach Bild 5 müßte daher durch präzisierte Modellbetrachtungen im Sinne des Bildes 6 gestützt werden, aus denen die Realisierungsengpässe oder die Wirklichkeitstreue der p-Vorgaben hervorgehen.

Neben $\overline{V}(x)$ interessiert vor allem die Nichtverfügbarkeit für die HRX nach Bild 4(a), so daß mit Bild 4(b)

$$\overline{V}_{HRX} = \frac{TU}{TA + TU} \qquad \text{oder} \qquad TU = T_L \cdot \overline{V}_{HRX} \qquad (10)$$

definierbar wäre. Auch hierbei kann die Zahl bzw. Gruppe von Terminals berücksichtigt werden, die keinen Netzzugang erreichen.

3. Definition ausgewählter Begriffe

Die internationale Erörterung des Konzeptes ISDN führt auf eine Vielzahl neuer Begriffe, deren eindeutige Übersetzung aus dem Englischen auf Schwierigkeiten stößt. Die Verfasser bitten daher um Verständnis dafür, daß in Bildern, Tafeln und den nachfolgenden Definitionen die englischsprachigen Angaben beibehalten werden. Über die folgenden Ausführungen hinaus findet der Leser u.a. in /5/, /7/, /8/ und /13/ weitere Definitionen nebst Erläuterungen.

3.1 Dienste

TELECOMMUNICATION SERVICE: A set of standardized protocols and functions, operational and possibly commercial features that together facilitate a specific telecommunication requirement.

Note: Examples of telecommunication service are bearer service and teleservice. Other types of telecommunication service may be identified in the future.

BEARER SERVICE: A telecommunication service that provides the capability for the transmission of signals between user-network interfaces.

TELESERVICE: A telecommunication service that provides the complete capability for communication between users of specified user terminals.

3.2 Zugriff

INTERFACE: The common boundary between two associated systems.

INTERFACE SPECIFICATION: A formal statement of the type, quantity, form and order of the interconnections and interactions between two associated systems.

REFERENCE POINT: A conceptual point at the conjunction of two functional groups.

SAMPLE FUNCTION: A sequence of values dependent on one or more parameters e.g. space and time.

STATIONARYTY: A process is called to be stationary in the strict sence if its complete statistics are independent with respect to the parameters e.g. the selection of time and space. The process is called to be stationary in the wide sense if its Mean is independent and its Autocorrelation only depends on differences of the parameters.

ERGODICITY: A stationary process is called to be ergodic if each sample function e.g. in space and time identically reflects the complete ensemble statistic.

FUNCTION: A set of processes defined for the purpose of achieving a specified objective.

FUNCTIONAL GROUP: A combination of functions that may be performed by a single equipment.

LAYER: A conceptional region that embodies one or more functions between an upper and a lower logical boundary within a hierarchy of functions.

PROTOCOL: A formal statement of the procedures that are adopted to facilitate communication between two or more functions in corresponding layers of a hierarchy of functions.

3.3 Signalisierung

SIGNALLING POINT: A node in a signalling network which either originates and receives signalling messages, or transfers signalling messages from one signalling link to another, or both.

SIGNALLING TRANSFER POINT: A signalling point with the functions of transferring signalling messages from one signalling link to another and considered exclusively from the viewpoint of the transfer.

MESSAGE TRANSFER PART: The functional part of a common channel signalling system which transfers signalling messages as required by all the users, and which performs the necessary functions, for example error control and signalling security.

USER PART: A functional part of the common channel signalling system which transfers signalling messages via the Message Transfer Part. Different types of User Parts exist (e.g. for telephone and data services), each of which is specified to a particular use of the signalling system.

3.4 Gütekonzepte

END-TO-END GRADE-OF-SERVICE (GOS): A concept that provides the evaluation of the overall network performance and that is unaffected by changes in the network.

QUALITY OF SERVICE (QOS): The collective effect of service performance which determine the degree of satisfaction of the user of the service.

SYSTEM RELIABILITY (SR): System Reliability is defined as the probability of performing a specified function under specified conditions for a specified time.

SYSTEM AVAILABILITY (SAV): Inherent System Availability is defined to be the probability or the expected fractional amount of time in a continuum of operating time that the system is in an upstate.

Since SAV-concepts include effects of repair in general we have SAV $\geq$ SR.

Die Verfasser danken Herrn Dipl.-Ing. Lutz Schweizer vom N.CCITT-Referat der Siemens AG München für aktuelle CCITT-Tagungsmitteilungen 1984. Darüber hinaus sei Frau Dipl.-Math. Helga Hofstetter vom Zentrallaboratorium Nachrichtentechnik des gleichen Unternehmens für fördernde Diskussionen freundlich gedankt.

4. Quellenangaben

/1/   D. Elias (Hrsg.)
Telekommunikation in der Bundesrepublik Deutschland 1982
Verlag R. v. Deckers, 1982, S. 1 - 403.

/2/   M. Decina
Progress Towards User Access Arrangements in Integrated Services Digital Networks
IEEE Transactions on Communications, Vol. COM-30, No. 9, September 1982, pp. 2117 - 2130.

/3/   H.L. Hartmann (Hrsg.)
Dienstintegration in künftigen Kommunikationsnetzen
Verlag B.G. Teubner, 1982, S. 1 - 130.

/4/   CCITT Study Group XVIII
Network Performance Objectives
Report of Working Party XVIII/3, COM XVIII-No. R 25-E, July 1983, pp. 1 - 98.

/5/   CCITT
General Characteristics of International Telephone Connections and Circuits
Rec. G.101 - G.171. Yellow Book, Fascicle III.1, Geneva 1981, pp. 1 - 216.

/6/   A.R.K. Sastry
Performance Objectives for ISDN's: Consideration of Transmission Errors
IEEE Communications Magazine, Jan. 1984, Vol. 22, No. 1, pp. 49 - 55.

/7/   H.L. Hartmann
Stochastische Prozesse in Nachrichtensystemen
Repertorium zu einer stochastischen Theorie der Nachrichtensysteme
aus: Nachrichtentechnische Zeitschrift (ntz), Bd. 31 u. 32, (1978 und 1979), Ausgabe 1980, 56 S.

/8/ NTG-Empfehlung 3004 - Entwurf 1982
Zuverlässigkeitsbegriffe im Hinblick auf komplexe Software und Hardware
Nachrichtentechnische Zeitschrift (ntz), Bd. 35, 1982, Heft 5, S. 327 - 333.

/9/ CCITT Study Group XVIII
Availability Performance Plan
Contribution No. RW, Swedish Administration, June 1983, pp. 1 - 27.

10/ H.A. Ebbecke
Approximative und meßtechnisch gestützte Modellierung von Nebenstellen-Verbund-
systemen
Dissertation, TU Braunschweig, 1983, S. 1 - 165.

/11/ P. Jung
Verallgemeinerte Zuverlässigkeitsbeschreibung von Nachrichtensystemen
ntzArchiv, Bd. 4, 1982, Heft 12, S. 381 - 385.

/12/ CCITT Study Group CMBD
Field Data On Local Plant And Telephone Call Failures
Contribution No. 57, Nippon Telegraph and Telephone Public Corporation (NTT),
January 1983, pp. 1 - 3.

/13/ CCITT Study Group XVIII
ISDN-Terms
Report of Working Team on Vocabulary, COM XVIII-No. R. 23-E, July 1983,
pp. 1 - 12.

<u>Der Einsatz von Standard-VLSI-Bausteinen bei der</u>
<u>Realisierung neuer Rechnerstrukturen</u>

R. Kober, E. Schmitter
Siemens AG
Zentrale Aufgaben Informationstechnik
D-8000 München 83
Postfach 830955

<u>Zusammenfassung:</u>

Der Einsatz von Standardkomponenten der Mikroelektronik wie z.B. Mikroprozessoren bietet die Möglichkeiten, unter Beibehaltung definierter
Hardware-Software-Interfaces (HSI) die Leistungen bestehender Systeme
unter besonderer Berücksichtigung der Wirtschaftlichkeit zu realisieren. Dies beeinflußt die Konzepte der entsprechenden Rechnerstrukturen.
In diesem Beitrag werden verschiedene Möglichkeiten für die Verwendung
von Standard-VLSI-Bausteinen betrachtet, z.B. von MOS-, bipolaren und
Bit-Slice Mikroprozessoren. An einigen Befehlen werden die Unterschiede verdeutlicht und erzielbare Leistungsdaten miteinander verglichen.
Abschließend werden die Lösungsvorschläge diskutiert und weitere Verbes-
serungsansätze durch den Einfluß von VLSI-Bausteinen skizziert.

1 Einleitung

Wie bereits in anderen Beiträgen deutlich wurde, gibt es eine Fülle von
Einflüssen der VLSI-Technologie auf die Entwicklung von Rechnerarchitekturen /1,2,3/. Als Alternative zum heute üblichen Weg mit kundenspezifischen Bausteinen werden Möglichkeiten betrachtet, die in der Verwendung
von Standard-VLSI-Bausteinen, speziell von Mikroprozessoren in Rechnersystemen liegen. Das weltweite Bestreben zur Leistungserhöhung, Verbilligung und Zuverlässigkeitsverbesserung dieser Bausteine schlägt unmittelbar auf die Systeme durch, was nicht zuletzt auch der Wirtschaftlichkeit zugute kommt. Motiviert werden solche Überlegungen allgemein durch
unterschiedliche Gesichtspunkte:

- In der Entwicklung komplexer und leistungsfähiger Systemsoftware und
  Programme stecken hohe Investitionskosten. Der Markt verlangt, diese
  durch breiteren Einsatz optimaler zu nutzen.
- Durch den Einsatz von Standard-VLSI-Bausteinen lassen sich aufgrund
  der geringen Kosten wirtschaftliche Hardware-Strukturen von Rechnern
  realisieren.

- Die skizzierten Entwicklungen der Standardkomponenten machen Weiterentwicklungen dieser Rechner mit wirtschaftlichen Aufwand möglich.
- Das bestehende Ungleichgewicht zwischen Hardware- und Software Aufwendungen läßt sich allgemein verbessern.

Im vorliegenden Beitrag sollen nun die Aspekte betrachtet werden, die
sich aus dem Einsatz bei Abwicklung zentraler Aufgaben ergeben. Dabei
geht man von der Grundidee aus, die Maschinenbefehle eines Zentralprozessors durch Mikrocomputern abarbeiten zu lassen, d.h. sie emulieren
den vorgegebenen Befehlssatz des Zentralprozessors. Drei verschiedene
Lösungsansätze für den Befehlsprozessor diskutiert.

2 Globale Systembeschreibung

Die mit den Standard-VLSI-Bausteinen zu realisierende Rechenanlage
stellt eine kommerzielle Anlage dar, die auf einem vorgegebenen Betriebssystem beruht - in unserem Falle BS 2000. Das bedeutet, der Befehlssatz der Maschine ist vorgegeben und die Schnittstelle zwischen
Hardware und Software ist mit den gemeinsamen funktionalen Charakteristiken festgelegt. Weitere Nebenbedingungen sind:

- Kompatibilität mit Standards im Ein-/Ausgabesystem (E/A-System) /13/
- Anschlußmöglichkeit bisheriger Peripherie mit Standard-I/0 Interface.

Bei den weiteren Betrachtungen ging man von einer Rechnerstruktur aus,
die durch folgende Eigenschaften charakterisiert wird (Bild 1) - die
anschließenden Ausführungen beziehen sich dann beispielhaft auf den Befehlsprozessor:

1. Befehlsprozessor, Arbeitsspeicher und E/A-System sind über ein Bussystem verbunden.

2. Das E/A-System bietet in einer verteilten Struktur modulare Ausbau-
   fähigkeit an.

3. Der E/A-Bus ist ein allgemein unterstützter 'Standard'-Bus

4. In intelligenten Subsystemen werden weitere Standard-Bausteine eingesetzt. Die Anpassung der Peripherie erfolgt entweder durch weitere Emulation oder durch Änderungen im Betriebssystem.

5. Moderne Konzepte für Ferndiagnose und Fernoperating werden unter-
   stützt. Der entsprechende Serviceprozessor ist ein spezielles
   E/A-Subsystem, das über einen Kontroll- und Wartungsbus (K/W-Bus)
   Zugriff zum Prozessoren und anderen Subsystemen hat.

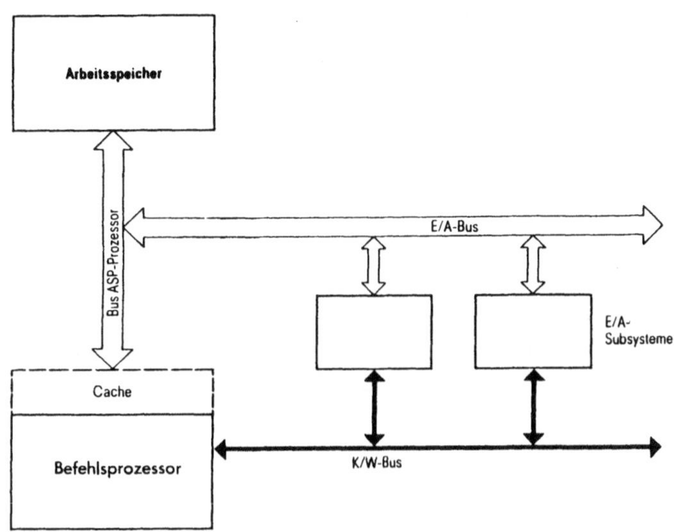

Bild 1: Globalstruktur des Systems

3 Standard-VLSI bei der Realisierung des Befehlsprozessors

3.1 Übersicht

Mit dem Ziel, neue Prozessorarchitekturen mit vorgegebenem HSI unter
Verwendung von Standard-VLSI-Bausteinen zu entwerfen, wurden drei Möglichkeiten näher untersucht:

- Lösung mit Standard-Mikroprozessoren (Mikroprozessoren in MOS-Techno-
  logie)
- Lösung mit Kombination von Standard- und bipolaren Mikroprozessoren
  ("Hybridlösung")
- Lösung mit Bit-Slice-Mikroprozessoren

Alle drei Architekturen können den vorgegebenen Befehlssatz ausführen.
Die erzielbare Leistung differiert jedoch stark. Die abgeschätzten Leistungen liegen im Bereich von ca. 60 kOp/s für die Standard-Mikropro-
zessor-Lösung, ca. 120 kOp/s für die Hybridlösung und ca. 300-500 kOp/s
für die Bit-Slice-Lösung. Durch eine Verdopplung des so realisierten
Prozessors (Bi-Prozessor oder Attached Processor) erreicht man eine Leistungserhöhung von ca. 70%.

Die Leistungsangaben müssen betrachtet werden vor dem Hintergrund rasch
fortschreitender Technologieentwicklung. Für Standard-Mikroprozessoren
kann man in 3 Jahren mit einer Verdopplung der Leistungsfähigkeit rechnen. Auch bei Bit-Slice-Prozessoren sind in diesem Zeitraum Leistungssteigerungen von ca. 20%-50% zu erwarten.

Ausgehend von typischen Befehlen der kommerziellen Rechenanlage sind
moderne Standard-Mikroprozessoren unterschiedlich geeignet, diese Befehle zu emulieren. Untersucht wurde der Einsatz von Intel iAPX86,
Intel iAPX286, Zilog Z8000, National 16032 und Motorola MC68000, wobei
sich letztere als besonders geeignet erwies /4-12/.

Der Befehlsprozessor (Bild 2) besteht intern aus Hardware zur Adress-
übersetzung (ATM) und dem eigentlichen Emulationsprozessor mit Programmspeicher für die Emulationssoftware und Datenspeicher für Scratchpad
und Register. Alle vorgeschlagenen Prozessorarchitekturen sind zur Leistungssteigerung intern als Mehrrechner- bzw. Mehrprozessor-Systeme ausgeführt.

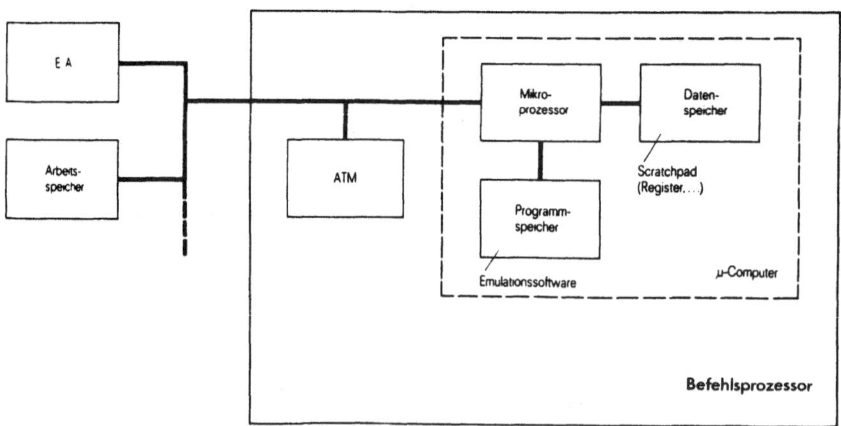

Bild 2: Struktur des Befehlsprozessors

Zentraler Punkt für die Bewertung der Prozessorarchitekturen ist die Abschätzung der Leistungsfähigkeit. Es ist klar, daß genaue Leistungsaussagen nur in Zusammenhang mit dem konkreten Einsatzfall gemacht werden können. Andererseits sind Angaben für typische Einsatzfälle üblich und erlauben eine vergleichende Beurteilung verschiedener Lösungsmöglichkeiten. Als typische Anwendung gelten hier Programmsysteme, die einem Standard Benchmark entsprechen.

Basis für die Leistungsabschätzungen ist das folgende Vorgehen:
Für einige wichtige und repräsentative Befehle wurden die Ausführungszeiten ermittelt, indem die Emulationsprogramme erstellt und ihre Laufzeit durch Abzählen der Taktzyklen festgestellt wurden. Teilweise wurden die Ergebnisse durch Messungen an vorhandenen Entwicklungssystemen untermauert.

Die ausgewählten Befehle sind:
    Add decimal (AP)
    Branch on condition (BC)
    Load word (L)
    Move character (MVC)

Faßt man ähnliche Befehle zu Gruppen zusammen, so sind durch diese vier Befehle mehr als 70% der dynamisch auftretenden Befehle abgedeckt.
Die mittlere Ausführungszeit der restlichen Befehle wurden aus dem Vergleich mit vorhandenen Prozessoren kommerzieller Anlagen abgeleitet.
Gewichtet man die Ausführungszeiten mit ihrer dynamischen Häufigkeit, so kann man daraus die mittlere Ausführungszeit sowie die Leistung in Operationen pro Sekunde ableiten (Op/s).

Für die weitere Entwicklung unter den beschriebenen Randbedingungen ist es notwendig, die Struktur und den Ablauf der einzelnen Befehle aus dem Befehlssatz zu untersuchen. Als erstes wurde, unabhängig von der jeweiligen Hardware, der Befehlsablauf in einzelne Schritte zerlegt und ein Flußdiagramm für die Befehlsabarbeitung erstellt. In einem zweiten Schritt wurde dann die Befehlsabarbeitung auf die verschiedenen Hardware-Systeme hin konzipiert und optimiert. Die Vorgehensweise entsprach also einer "top-down" Entwicklung: von der logischen zur physikalischen Ebene. Im Bild 3 wird dies für den Befehl L verdeutlicht.

Grundsätzlich ist der Befehlsablauf in zwei Teile zerlegbar: In einen allgemeinen Teil, der für alle Befehle gleich ist, und den eigentlichen

Ausführungsteil. Der allgemeine Teil umfaßt das Prüfen der Interruptre-
gister und der Befehlsadresse und das Holen des Befehls.

Darüberhinaus gibt es Fehlermöglichkeiten, die in Flußdiagramm nicht
explizit aufgeführt sind:

- Fehler beim Zugriff auf den Speicher (Lese-/Schreibschutz, Adreßumset-
  zungsfehler)
- ungültiger Operationscode

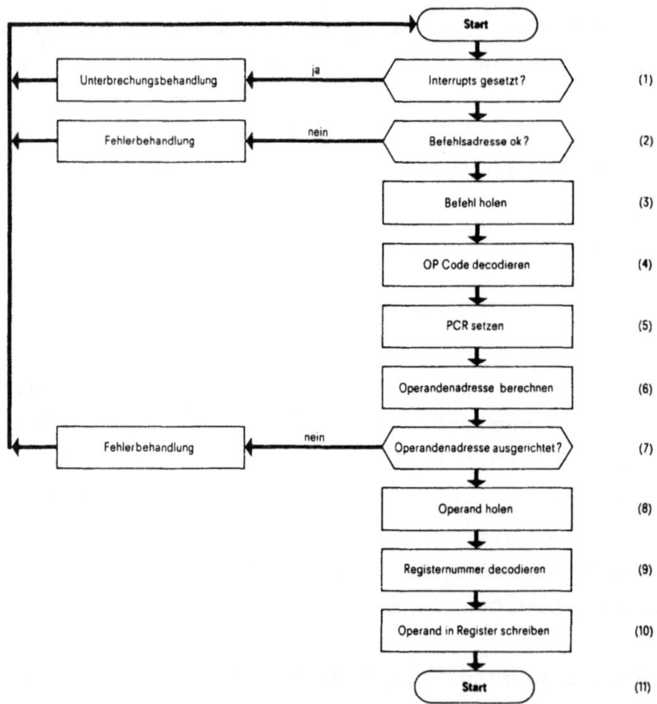

Bild 3: Ablaufdiagramm für den Befehl "Laden Wort" (L)

3.2 Lösung mit Standard-Mikroprozessoren

Wie bereits erwähnt wurden die Untersuchungen mit verschiedenen Standard-Mikroprozessoren durchgeführt. Es würde hier zu weit führen, die
Eignungs- und Leistungsbetrachtungen im einzelnen zu beschreiben. Grund-

sätzlich wurden für diesen Lösungsansatz ein Vergehen in zwei Schritten
betrachtet.

1. Für den Mikroprozessor des Befehlsprozessors (Bild 2) wurde einer
   dieser Standard-VLSI-Bausteine eingesetzt. Dies läßt sich als Mono-
   Mikrocomputer Lösung ansehen.

2. Nach Untersuchung der Parallelisierbarkeit der Befehle werden Multi-
   prozessorstrukturen eingesetzt, um die Rechenleistung zu erhöhen.
   Ein System mit 8-10 Prozessoren erreicht dabei die 2,5-fache Leistung eines Mono-Mikrocomputer-Systems.

Als Resultate lassen sich festhalten:

- Die untersuchten Mikroprozessoren zeigen signifikante Unterschiede
  bezüglich
    o statischem Emulationsaufwand (Größe des Emulationsprogramms) und
    o dynamischem Emulationsaufwand (Ausführungszeit).

- Die Leistungsgrenze bei einer Mono-Mikrocomputer-Lösung lag zum Zeitpunkt der Untersuchung bei ca. 24 kOp/s.

Es lassen sich zwei Gruppen von Mikroprozessoren unterscheiden:
Eine Gruppe hat einen Befehlssatz, der auf 32-bit-Verarbeitung ausgelegt ist. Dazu gehören Z8000, MC68000 und NS16032, die einen deutlich
geringeren statischer Emulationsaufwand benötigen als bei den Vertre-
tern der zweiten Gruppe, nämlich iAPX86 und iAPX286 (Tabelle 1).

	iAPX86	iAPX286	Z8000	MC68000	NS16032
Lines of Code	93	93	58	40	40
Anzahl Bytes	254	254	176	134	133

Tabelle 1: Statischer Emulationsaufwand bei verschiedenen
            Mikrocomputern am Beispiel des Befehls LADE WORT (L)

Bei der Ausführungszeit gibt es Abhängigkeiten von der Architektur des
Mikroprozessors und von der Taktrate des Mikroprozessors. Bild 4 zeigt
die abgeschätzten Ausführungszeiten unter folgenden Voraussetzungen:

- Der Speicher, der das Emulationsprogramm enthält, ist schnell genug
  und erfordert keine Wait-States der Mikroprozessoren.
- Die Adreßübersetzung wird durch Hardware unterstützt.

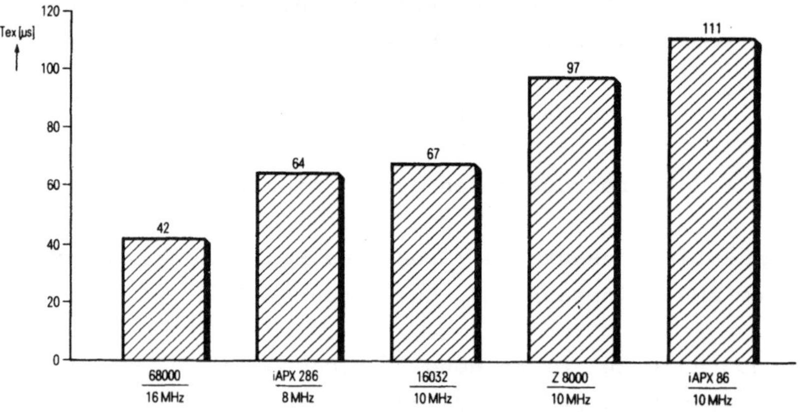

Bild 4: Mittlere Ausführungszeiten für verschiedene Mikroprozessoren

Für die untersuchten Befehle bieten sich 3 Wege der Parallelverarbeitung an:

- Parallele Bearbeitung eines Befehls in mehreren Mikrocomputern (horizontale Parallelverarbeitung);
- Überlappung von Befehlsvorbereitung und Schritten der Befehlsausführung mehrerer Befehle (Pipelining, vertikale Parallelverarbeitung);
- Kombination von horizontaler und vertikaler Parallelverarbeitung.

Unter Berücksichtigung der allgemeinen Probleme von Mehrrechner-Syste-
men lassen sich damit Strukturen mit höherer Leistung finden.

Bild 5 zeigt das Blockschaltbild eines Befehlsprozessor, der aus mehreren Standard-Mikrocomputern aufgebaut ist. Mit dieser Konfiguration

können Parallelverarbeitung und Pipelining ausgeführt werden. Angedeutet ist weiterhin die Verdopplung des Prozessors zum Bi-Prozessor.

Innerhalb eines Prozessors gibt es drei Gruppen von Mikrocomputern:

- Mikrocomputer A1 zur Konflikterkennung bei Pipelineverarbeitung
- Mikrocomputer B1, B2, ... zur Befehlsvorbereitung
- Mikrocomputer C1, C2, ... zur Befehlsausführung

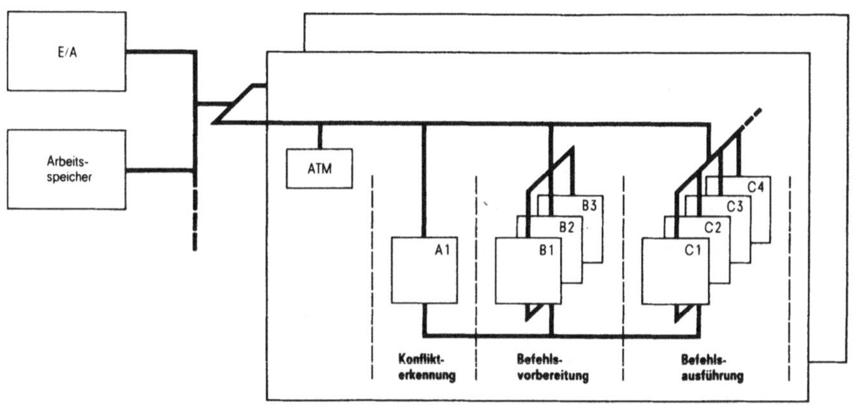

Bild 5:   Blockschaltbild des Befehlsprozessor mit interner Multi-Mikrocomputerstruktur

3.3 Hybrid-Lösungen

Um nun eine höhere Rechenleistung gegenüber der 1. Variante zu erzielen, bietet sich eine "Hybrid-Lösung" an, in der MOS-Mikroprozessoren und schnelle Mikroprozessoren in bipolarer Technologie gemeinsam eingesetzt werden. Ein schneller bipolarer Prozessor, wie z.B. ein Am29116 von AMD, kann einfache Teilaufgaben, die häufig vorkommen oder allen Befehlen gemeinsam sind (Befehlsdecodierung, Berechnung von Operandenadressen), zeitgünstig bearbeiten. Komplexere Befehlsabläufe (z.B. Addition binär codierter Dezimalzahlen mit variabler Datenbreite) können parallel dazu auf MOS-Mikroprozessoren, wie z.B. dem MC68000 ablaufen. Dieser Hybrid-Lösung liegen folgende Überlegungen zugrunde:

- Teilaufgaben einer Emulation, die häufig vorkommen oder allen Befehlen gemeinsam sind, setzen sich aus elementaren Operationen mit einfachen Operanden zusammen. Beispiele dafür sind:

o Prüfen von Arbeitsspeicheradressen auf Halbwort- oder Wortgrenzen,

o Auswerten oder Setzen von Bedingungsbits oder Masken,

o Untersuchen von Bitfeldern (Registernummern) innerhalb eines Befehls,

o Auswerten des Operationsdcodes eines Befehls.

Diese Aufgaben soll ein schneller, bipolaren Mikroprozessor in möglichst effizienter Weise lösen.

- Die weniger häufigen, aber komplexeren Teilaufgaben können mit einem einfach zu programmierenden, leistungsfähigen Standard-Mikroprozessor mit geeignetem Befehlsatz bearbeitet werden. Solche Aufgaben sind beispielsweise:

o Operationen mit dezimal codierten Operanden variabler Länge,

o Floating-Point-Arithmetik.

- Darüberhinaus sollen neue, leistungsfähigere Standard-Mikroprozessoren auf einfache Weise in ein bestehendes System zu integrieren sein.

Diese Überlegungen führen zu einer Struktur, wie sie in Bild 6 dargestellt ist.

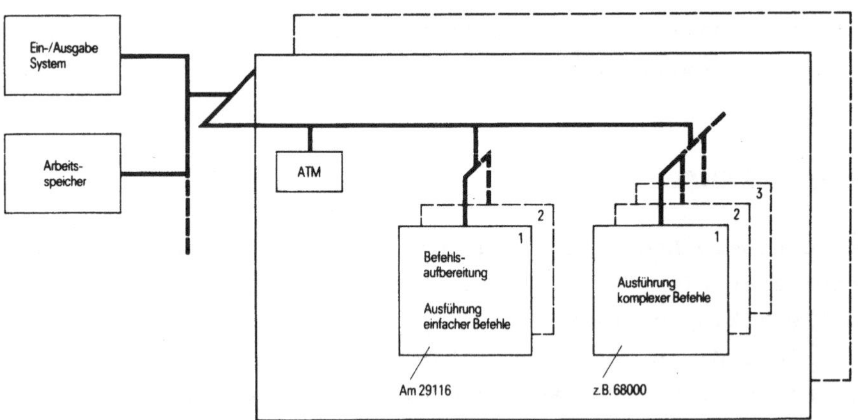

Bild 6: Blockschaltbild eines Befehlsprozessors mit interner Hybridstruktur

Die Rechenleistung wurde für vier verschiedene Konfigurationen mit verschiedener Anzahl von Mikrocomputern abgeschätzt:

Konfiguration:	1/2	1/3	2/2	2/3
Am29116	1	1	2	2
MC68000	2	3	2	3
Gesamtleistung (kOp/s)	100	101	118	119

Die drei Befehle L, BC, MVC bearbeitet der bipolare Mikrocomputer ohne Unterstützung durch die MOS-Mikrocomputer. Sind zwei bipolare Mikrocomputer vorhanden, werden die Aufgaben möglichst gleichmäßig auf beide verteilt. Bei der Ausführung des Befehls AP bereitet der bipolare Mikroprozessor den Befehl vor und stellt in den Datenregistern die Operanden zur Verarbeitung durch die MC68000-Prozessoren zur Verfügung. Die MOS-Mikrocomputer prüfen die Gültigkeit der Ziffern, sowie die des Vorzeichens beider Operanden und führen die Addition aus.

3.4 Bit-Slice-Lösung

Unter der Bit-Slice-Lösung wird eine Lösung zur Emulation von Befehlen verstanden, in der ausschließlich Prozessoren in bipolarer Technik Verwendung finden. Um den unterschiedlichen Anforderungen der verschiedenen Teilaufgaben gerecht zu werden, ist es sinnvoll, Prozessoren mit verschiedenen Mikro-Befehlssätzen auszuwählen. Als besonders geeignet erwiesen sich der bipolare 16-bit-Single-Chip Mikroprozessor Am29116 und ein 32 bit breiter Prozessor, zusammengesetzt aus den 4 bit breiten Prozessor-Slices Am29203 von AMD. Die Teilaufgaben können dann nach funktionellen Gesichtspunkten auf die beiden Prozessoren verteilt und weitgehend parallel abgearbeitet werden. Bild 7 zeigt die Struktur des Prozessor mit E/A-System und Arbeitsspeicher. Hervorzuheben sind:

Parallelverarbeitung der Befehle durch 2 Prozessoren mit unterschiedlichem Mikro-Befehlssatz, deren starre Kopplung, der Cache mit ATM und Byteausrichter, sowie Hardware-Unterstützung für spezielle Aufgaben.

Analog zu den anderen Lösungsansätzen errechnet sich bei dieser Struktur eine mittlere Leistung von rund 300 kOp/s. Mit einer speziellen

Hardware, die die Berechnung von Adressen verbessert, läßt sich eine
Rechenleistung von 500 kOp/s erreichen.

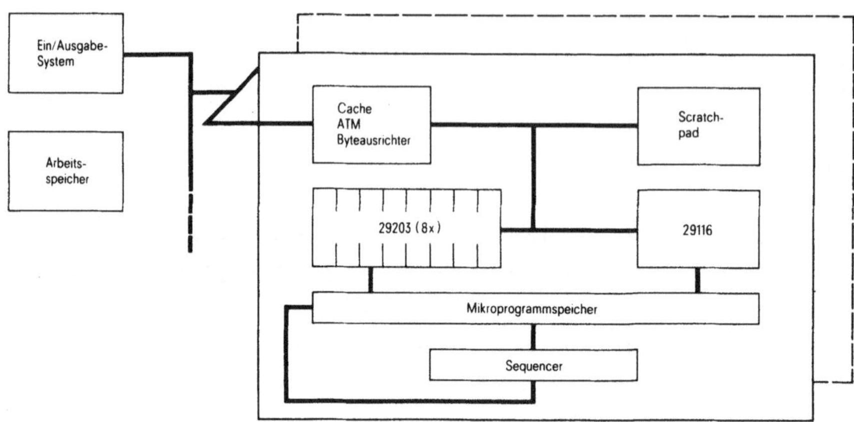

Bild 7:· Blockschaltbild des Befehlsprozessors mit bipolaren Bit-Slices

4 Diskussion der Lösungsmöglichkeiten

Es wurden drei Möglichkeiten zur Emulation von Prozessorfunktionen vorgestellt, die durch eine kommerzielle Rechenanlage vorgegeben sind. Diese Möglichkeiten sollen hier noch einmal verglichen und gewichtet werden.
Die Tabelle 2 faßt die Ausführungszeiten der Alternativen zusammen. Die
Leistung in kOp/s ist für die zum Zeitpunkt der Untersuchung verfügbaren Mikroprozessoren und für die im Zeitraum 85/86 erwarteten angegeben. Angenommen ist dabei ein Geschwindigkeitsgewinn von 60% für Standard-Mikroprozessoren, von 40% für die Hybrid-Lösung und 30% für die
Bit-Slice-Lösung.

Die angebenen Werte der Tabelle beruhen auf folgenden Realisierungen:

- Standard-Mikro: Mehrrechnersystem mit 8 x MC68000
- Hybrid-Lösung: Mehrrechnersystem mit 3 x MC68000 und 2 x Am29116
- Bit-Slice: Mehrprozessorsystem mit 8 x Am29203 und Am29116;
                     Trefferrate im Cache von 80%

Befehlsprozessor	Standard-Mikro	Hybrid-Lösung	Bit-Slice ohne HW	mit HW
Ausführungszeiten in μsec				
AP (4 byte)	51	38.9	8.0	6.1
BC	10	4.1	2.0	1.0
L	11	4.3	2.3	1.1
MVC (14 byte)	47	32.9	9.4	8.1
MIX	17	8.4	3.3	2.0
errechnete Leistung in kOp/s				
– 1982/83	60	119	302	508
– 1985/86	96	167	392	660

Tabelle 2: Leistungskenngrößen für die untersuchten Befehlsprozessor-
strukturen

Daraus läßt sich folgern:

(1) Die Lösung mit Standard-Mikroprozessoren erreicht auch mit Parallelisierung und Pipelining der Befehlsbearbeitung nur 60 kOp/s und
ist damit weit entfernt von einem vertretbaren Leistungsziel. Zwar
sind hier, verglichen mit den anderen Lösungsalternativen, die größten Leistungsgewinne durch fortschreitende Technologieverbesserun-
gen zu erwarten. Solange aber kein Mikroprozessor verfügbar ist,
dessen Befehlsvorrat und Registerstruktur weitgehend an die vorgegebene Schnittstelle der kommerziellen Rechenanlage angepaßt ist, muß
stets ein einschneidender Leistungsverlust durch die Emulation eines Maschinenbefehlssatzes durch einen anderen Befehlssatz in Kauf
genommen werden. Dies macht einen Faktor von 20 - 100 aus.

(2) Die Hybrid-Lösung mit Kombination von Standard-Mikroprozessoren
und bipolaren Mikroprozessoren bringt eine deutlich bessere Leistung dadurch, daß Bit- und Byteorientierte Teilfunktionen zeitgünstig auf mehrere bipolare Mikroprozessoren ausgelagert werden kön-

nen. Das wird erkauft durch die Notwendigkeit, Teile der Emulationssoftware in Mikrocode zu erstellen. Trotzdem liegt auch hier mit
ca. 120 kOp/s das Leistungsziel auf einem vergleichbaren niedrigem
Niveau.

(3) Die Bit-Slice-Lösung erreicht mit ca. 300-500 kOp/s einen marktge-
rechten Leistungsbereich. Das gelingt durch die enge Kopplung von
einem 32 bit breiten Bit-Slice-Prozessor und einem 16 bit breiten
bipolaren Prozessor. Die 500 kOp/s werden erreicht durch einen vergleichsweise geringen Zusatzaufwand an spezieller Hardware, die vor
allem den allen Befehlen gemeinsamen Teil beschleunigt.

Insgesamt wird deutlich, wie gleichzeitig die Konzepte der entsprechenden Rechnerstrukturen beeinflußt werden. Nimmt man bereits heute bei
kommerziellen Anlagen vorhandene Bi-Prozessor-Variante zur weiteren Leistungssteigerung an, so läßt sich bei allen Lösungen eine Erhöhung der
in der Tabelle genannten Werte um den Faktor von ca. 1,7 erreichen.

5 Ausblick

Bei den diskutierten Möglichkeiten für den Einsatz von Standard-VLSI-
Bausteinen bei Rechnerstrukturen wurden hier nur Lösungen für den zentralen Befehlsprozessor angesprochen. Dies hat zwangsläufig Auswirkungen auf seine Umgebung, bestehend aus ATM, Cache, Arbeitsspreicher,
E/A-System und Peripherie-Systeme. Darum müssen bei der Implementierung des Gesamtsystems diese mit in die Betrachtung für den Einsatz der
VLSI-Bausteine einbezogen werden. Untersuchungen haben gezeigt, daß besonders unter dem Aspekt der Wirtschaftlichkeit noch Möglichkeiten in
der Realisierung des E/A-Systems und der angedeuteten Subsysteme liegen, vor allem, wenn man auch den Anschluß preisgünstiger Peripherie-
Geräte mitbetrachtet. Allerdings werden dabei in Hinblick auf das vorgegebene Betriebssystem und dem Hardware-Software-Interface Änderungen
notwendig, die sich in zusätzlichen Entwicklungen niederschlagen. Erste
Abschätzungen haben gezeigt, daß dieser Aufwand durchaus gerechtfertigt
erscheint.

Schaut man über die Leistungsklassen hinaus, die die Lösungsansätze erzielten, so liegt der nächste Schritt in der Anpassung der Rechnerkonzepte an VLSI-Technologie /1,14/ ein Schritt, der über die Idee hinaus-

geht, Standard-VLSI-Bausteine für die Realisierung neuer Rechnerstrukturen zu nutzen.

6 Literatur

/1/ Schwärtzel, H.
     Der Einfluß der VLSI-Technolgie auf die Entwicklung
     von Rechnerarchitekturen
     Tagungsband der GI-Jahrestagung, Okt. 1984,
     Informatik-Fachberichte, Springer-Verlag

/2/ Sandweg, G.
     Regelmäßige Strukturen für Prozessorbausteine
     Tagungsband der GI-Jahrestagung, Okt. 1984,
     Informatik-Fachberichte, Springer-Verlag

/3/ Agnew, Kellermann,
     Microprocessor Implementation of Mainframe Processors by
     Means of Architecture Partitioning, IBM J. Res. and
     Development, Vol. 26, No. 4, Juli 82 S. 401-412

/4/ Advanced Micro Devices, AmZ Family Reference Manual, 1979

/5/ Advanced Micro Devices, Bipolar Microprocessor Logic
     and Interface Data Book, 1981

/6/ Intel, The 8086 Family User's Manual, October 1979

/7/ Intel, iAPX286 Preliminary User's Manual, Juni 1981

/8/ Intel, iAPX286/10 - High Performance Microprocessor
     with Memory Managment and Protection, Advance Information,
     January 1982

/9/ Motorola Inc., MC68000 16bit-Microprocessor
     User's Manual, Second Edition, January 1980

/10/ National Semiconductor Corporation, NS16000
     Microprocessor Family, Reprint of Technical Articles,
     1981

/11/ Zilog, Z8001/Z8002 Priliminary Product Specification

/12/ Zilog, An Introduction to the Z8010 MMU Memory Management
     Unit

/13/ CDC, Intelligent Standard Interface (ISI)
     Specification, 1982

/14/ An Editorial Series
     Personal Computers - From Design to Manufacturing
     Electronic Design Vol. 32 (1984), No. 4,6,8

SYSTEMUNABHÄNGIGE ORGANISATION VON MEHRGITTERVERFAHREN AUF PARALLELRECHNERN

Otto Kolp und Hermann Mierendorff

Gesellschaft für Mathematik und Datenverarbeitung mbH

D-5205 St. Augustin 1, Schloß Birlinghoven/ F.R. Germany

Zusammenfassung

Es wird eine Parallelisierung eines Mehrgitterverfahrens zur Behandlung ebener Probleme bei elliptischen Differentialgleichungen behandelt. Das Ziel ist eine bequeme Nutzung großer Multiprozessorsysteme und eine gewisse Unabhängigkeit der Programmorganisation von der Topologie des Verbindungssystems. Die pyramidenartige Kommunikationsstruktur der Aufgabenstellung wird auf zwei häufig verwendete Strukturen, binärer Baum und 2-dimensionales Nearest-Neighbour-System, abgebildet. Der erzielbare Speedup für Aufgaben der Größe N ist dabei $\Omega(\sqrt{N})$. Die notwendige Überdimensionierung der Aufgabe über die Systemgröße p ist $N \geq const*p^2$. Sie wird bei den heutigen technologischen Möglichkeiten für die interessanten großen Probleme erreicht.

Einleitung

Die Entwicklung bei den Bauelementen für Rechensysteme, insbesondere die Existenz preiswerter Mikroprozessoren mit guter Leistung, ermöglicht es heute, große eng gekoppelte Mehrrechnersysteme aufzubauen. Für solche Systeme ist aus technischen und wirtschaftlichen Gründen ein einfaches Verbindungsnetz erforderlich. Hier sollen Systeme aus vielen selbständigen Prozessoren zugrunde gelegt werden, deren Elemente über gemeinsame lokale Speicher oder ähnliche Kommunikationseinrichtungen verbunden sind. Dabei werden zwei besonders einfache Strukturen, nämlich binäre Bäume (Abb. 1a) und 2-dimensionale Nearest-Neighbour-Netze (Abb. 1b) untersucht.

Die Eigenschaft, daß dabei Information auf viele Speicher verteilt wird, macht die geschickte Abbildung der Teile eines Programms auf die einzelnen Komponenten des Systems zu einem wichtigen Problem.

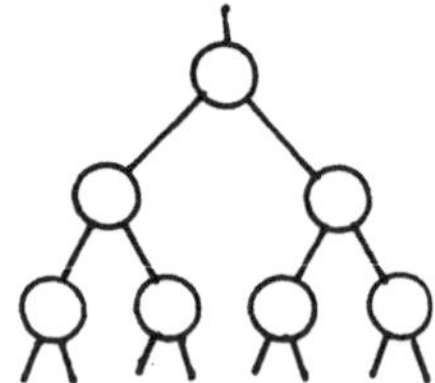

Abb. 1a: Binärer Baum

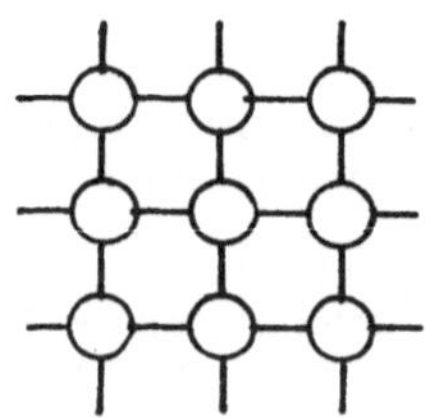

Abb. 1b: 2-dim. NN-Struktur

In der vorliegenden Arbeit soll anhand eines Anwendungsbeispiels, nämlich des Mehrgitterverfahrens für elliptische Differentialgleichungen 2. Ordnung, eine Methode demonstriert werden, die einen beträchtlichen Speedup durch parallele Berechnung erbringt. Die Methode besteht in der Durchführung der Gesamtaufgabe in zwei Schritten. Zunächst wird ein paralleler Algorithmus ähnlich dem Divide-and-Conquer-Paradigma für eine virtuelle Struktur entworfen. In einem zweiten Schritt wird diese virtuelle Struktur auf unterschiedliche reale Strukturen abgebildet. Die virtuelle Struktur besteht dabei in der Hauptsache aus einem binären Baum, dessen Ebenen zusätzlich eine Nearest-Neighbour-Verbindung (NN-Verbindung) aufweisen.

Abb. 2 zeigt die Kommunikationslinien, die aus der Aufgabenstellung herrühren. Die Struktur der Aufgabe wird durch Aufgabenbündelung, welche mit wachsender Gitternummer zunehmend stärker ist, so vergröbert, daß der dem binären Baum entsprechende Strukturanteil der virtuellen Struktur die beherrschende Komponente bildet. Daher kann die virtuelle Struktur mit gutem Erfolg auf einen reinen binären Baum als realer Rechner abgebildet werden. Außerdem wird die virtuelle Struktur durch antitone Zuordnung von Transportlasten und Transportwegen so in ein NN-System eingebettet, daß der Transport gegenüber den Rechenoperationen nicht dominant wird. Die Zuordnung kann dabei so geschehen, daß die Behandlung der Transporte für die aufwendigste Gitterebene, nämlich die feinste, durch das Verbindungsnetz des realen Systems bei den hier betrachteten 2-dimensionalen Problemen durch direkte Verbindungen optimal unterstützt wird.

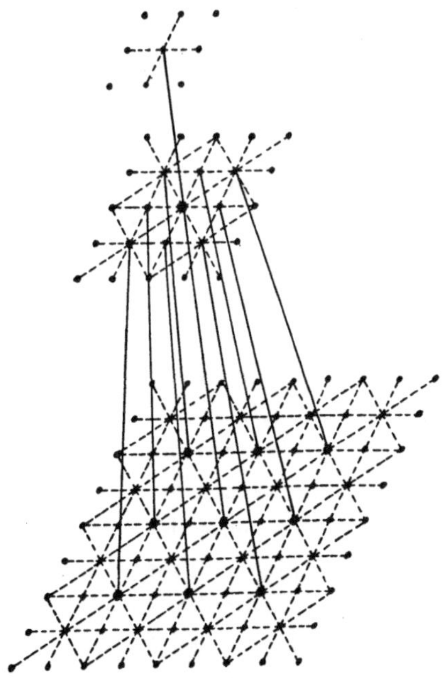

Abb. 2: Beispiel einer Kommunikationsstruktur bei ebenen Problemen

Die zweistufige Gestaltung der Methode ermöglicht es prinzipiell, daß ein Teil des Aufwandes bei der Entwicklung paralleler Algorithmen automatisierbar wird. Die Abbildung eines für eine virtuelle Struktur entwickelten Algorithmus auf die reale Struktur des Systems könnte durch Übersetzer, Betriebssystem und Hardware übernommen werden. Die Benutzung paralleler Systeme wird dadurch vereinfacht und die Programme könnten mit gewissen Einschränkungen unabhängig von Größe und Topologie des Verbindungssystems solcher Rechner erstellt werden.

Ein ähnlicher Gedanke wurde schon bei Galil und Paul mit einer sehr allgemeinen Vorgehensweise diskutiert [Ga]. Hier wird diese Grundidee für regelmäßige Aufgabenstrukturen in einer Weise verfolgt, daß möglichst wenig von der Leistungsfähigkeit der Systeme durch die Zweistufigkeit der Methode verloren geht. Bei den realen Systemen ist für Aufgaben der Größe N ein Speedup der Größenordnung $\Omega(\sqrt{N})$ erreichbar, wobei die Effizienz größer als eine positive Schranke wird, solange die Überdimensionierung der Aufgaben über die Prozessorzahl quadratisch ist.

Parallelisierung eines Mehrgitterverfahrens

In [Ko] wurde zu einem sequentiellen Mehrgitteralgorithmus [St] ein paralleler Algorithmus für einen Baumrechner entwickelt. Mit einer ähnlichen Vorgehensweise soll nun ein verbesserter Algorithmus (PMGA) für eine dem Problem angepaßte virtuelle Rechnerstruktur hergeleitet werden, der zu einer deutlichen Leistungssteigerung in den betrachteten realen Systemen führt. Der sequentielle Ausgangsalgorithmus wird in Abb. 3 in vereinfachter Form dargestellt. Dabei ist ein Schritt (ein V-cycle) dieses Verfahrens angegeben, der so oft (l-mal) wiederholt wird, bis die gewünschte Genauigkeit erreicht ist. Während eines Schrittes werden die Gitter G_i sukzessiv bearbeitet.

Bei der Abbildung einer Aufgabe auf eine parallele Rechnerstruktur spielen die Abhängigkeiten der Daten untereinander eine entscheidende Rolle. Bei der betrachteten Aufgabe lassen sich die Daten den verschiedenen Gittern zuordnen, wobei Abhängigkeiten zwischen den Punkten eines Gitters und zu den Nachbargittern bestehen (Abb. 2).

Verfolgt man den Ablauf des sequentiellen Algorithmus während eines V-cycle (Abb. 3), so entspricht dies einem rekursiven Prozeß, der sich vom feinsten zum gröbsten und anschließend vom gröbsten zum feinsten Gitter entwickelt.

Es ist nun ein naheliegender Schritt den Gittern Baumebenen zuzuordnen. Insbesondere sollte, wenn man den Arbeitsaufwand auf einem Gitter berücksichtigt, das feinste Gitter den Blättern des Baumes und darüberhinaus sollten benachbarte Gitter denselben oder benachbarten Baumebenen zugeordnet werden.

Gelingt es nun, den einzelnen Prozessoren einer Baumebene, Teilbereiche ihres Gitters so zuzuordnen, daß der Datenfluß wie im Ausgangsalgorithmus erhalten bleibt, dann ergibt sich in einer Baumstruktur folgender Ablauf. Zunächst wird, abgesehen von den Blattprozessoren, jeder Prozessor von seinen Nachfolgern mit Daten versorgt, führt dann auf seinem Datenbereich Operationen (z.B. Relaxationen) durch und gibt schließlich **Daten an** seinen Vorgänger weiter. Dieser Prozeß verläuft bis zur Spitze des Baumes. Anschließend findet eine umgekehrte Entwicklung statt. Ein Prozessor erhält Daten von seinem Vorgänger und gibt, nachdem er seinen Datenbereich bearbeitet hat, Daten an die Nachfolgeprozessoren weiter.

Zur Frage der Datenbereiche der einzelnen Prozessoren muß man die Datenabhängigkeiten auf einem Gitter berücksichtigen. Diese werden sehr stark durch die Relaxationsmethode bestimmt. Bei der hier betrachteten Schachbrettmethode sind Datenabhängigkeiten lokal beschränkt, d.h., um einen Teilbereich S korrekt v-mal zu relaxieren - korrekt im Sinne des Ausgangsalgorithmus - benötigt man Daten eines Teilbereiches T der S enthält und S an jedem Rand um 2*v Punktreihen des Gitters überschreitet. In [Ko] wurden die Datenbereiche so gewählt, daß ein Datenaustausch erst nach jedem V-cycle und zwar nur für das feinste Gitter benötigt wurde. Die Erweiterung des hier vorgestellten Verfahrens besteht vor allem darin, daß man den Datenaustausch nach jedem Gitterschritt vornimmt, d.h. auf die Baumstruktur übertragen, ein Datenaustausch zwischen den Prozessoren einer Baumebene wird während der Bearbeitung der entsprechenden Gitterebene durchgeführt.

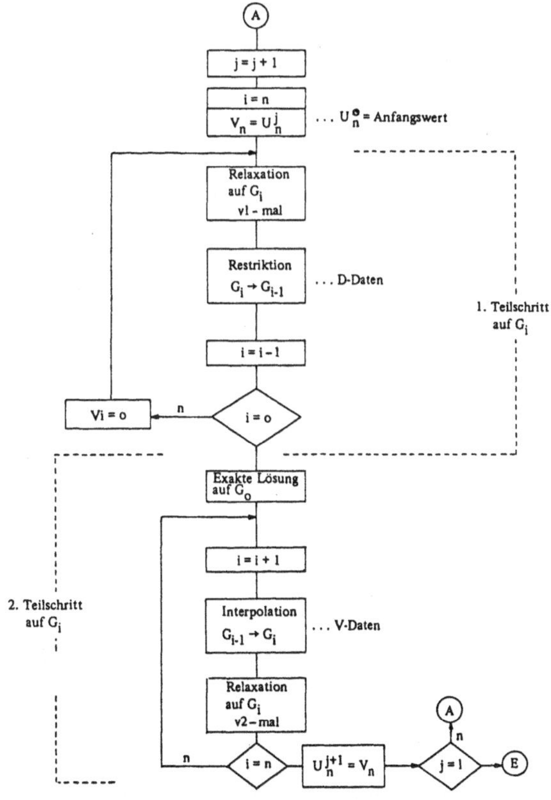

Abb. 3: Ablauf für einen V-cycle eines Mehrgitterverfahrens

Ablauf von PMGA bei einem Prozessor P der i-ten Baumebene

Bevor der Ablauf von PMGA für einen Prozessor im Baum angegeben wird, sollen einige Bezeichnungen eingeführt werden. Das feinste Gitter ist G_n. Die Gitter $G_o,\ldots,G_m$ werden in der Baumspitze bearbeitet. Mit k' wird die Höhe des Baumes bezeichnet. Es gilt somit: $n = m + k'$. Die Gitter werden wie folgt dargestellt: $G_i = (0,2^i)\times(0,2^i)$, $i=0,\ldots,n$. Der Zusammenhang zu der sonst üblichen Darstellung der Gitter im Intervall $[0,1]$ ist dadurch gegeben, daß man die Komponenten jedes Punktes des Gitters G_i mit $1/2^i$ multipliziert. Die Anzahl der Gitterpunkte $N = 4^{n+1}/3+0(2^n) = 0(2^{2n})$ wird Problemgröße genannt.

Sei $R(G_i) = \{(a_1,a_2)\times(b_1,b_2)\,|\,0\leq a_1\leq a_2\leq 2^i,\ 0\leq b_1\leq b_2\leq 2^i\}$ die Menge der Rechtecke von G_i.
a) Sei $R = (a_1,a_2)\times(b_1,b_2)$ ein Rechteck von G_i und q eine natürliche Zahl.
$R_{+q} = (a_1',a_2')\times(b_1',b_2')$ ist wie folgt definiert:
$a_1' = \max\{a_1-q,0\}$, $a_2' = \min\{a_1+q,2^i\}$, $b_1' = \max\{b_1-q,0\}$, $b_2' = \min\{b_2+q,2^i\}$.
b) Sei $Q\subset G_i$. $(x,y)\in Q$ heißt grober Punkt von Q, wenn x und y gerade sind.

Im folgenden wird der Ablauf für einen Prozessor der Baumebene i, $0 < i < k'$ dargestellt. Dabei operiert P auf Datenbereichen S, T, Q', U, V und R, die Teilmengen von G_{m+i} sind und zwischen denen die folgenden Beziehungen bestehen:
$S\subset T\subset Q'\subset Q$, $S\subset U\subset V\subset R$ und $R = Q$ oder $R = V$.

1. P erhält Daten bzgl. T vom Nachfolger.

2. Die Relaxation auf T führt zum korrekten Bereich S.

3. Datenaustausch (in der Baumebene i) zur Auffüllung des Datenbereiches R.

4. Defektberechnung und Restriktion führen vom Bereich Q zum Bereich Q'.

5. Transport von groben Daten aus Q' an den Vorgänger.

6. Empfang der groben Daten bzgl. V vom Vorgänger.

7. Interpolation der Daten im Bereich V.

8. Die Relaxation des Datenbereiches V führt zum korrekten Bereich U.

9. Transport der Daten des Bereiches U an die Nachfolger.

Der Ablauf eines Prozessors ähnelt dem im sequentiellen Fall (Abb. 3). Er setzt sich aus drei Teilen zusammen. Durch die Punkte 1, 2, 4 und 5 wird eine Entwicklung im Baum erzeugt, die von den Blättern bis zur Spitze verläuft. Dieser Teil von PMGA wird analog zu [Ko] mit DACBS bezeichnet.

Entsprechend werden die Punkte 6, 7, 8 und 9 zu DACSB zusammengefaßt. Dieser Teilablauf führt zu einer Entwicklung von der Spitze zu den Blättern.

Schließlich wird durch Punkt 3 ein Datenaustausch (TDA) auf der i-ten Baumebene herbeigeführt, $i=k',k'-1,\ldots,1$. Dieser Datenaustausch unterbricht den Prozeß DACBS.

Auf der Blätterebene führt ein Prozessor mit Ausnahme der Punkte 1 und 9 denselben Prozeß durch. In der Spitze des Baumes werden die gröbsten Gitter $G_i, i=0,\ldots,m$, wie im sequentiellen Ausgangsalgorithmus bearbeitet. Dieser Prozeß beginnt mit Punkt 1 ($T=G_m$) und endet mit Punkt 9 ($U=G_m$) des hier beschriebenen Verfahrens.

Definition der verschiedenen Bereiche

Zunächst werden die im Ablauf von PMGA benutzten S-Mengen hergeleitet. Anschlie-
Bend lassen sich aus S leicht die übrigen Datenmengen ableiten, die in PMGA benötigt
werden. Sei S ein S-Bereich für den Prozessor P in der Baumebene i, $0 \le i < k'$. Dann ist
$S = G_m$ für $i=0$. Seien S_1 und S_2 die S-Bereiche des linken bzw. rechten Nachfolgers.
Mit $S = (x_1,x_2) \times (y_1,y_2)$, $S_1 = (x_{11},x_{12}) \times (y_{11},y_{12})$ und $S_2 = (x_{21},x_{22}) \times (y_{21},y_{22})$ folgt:

a) Teilung der y-Komponente für i gerade:

$$x_{11} = 2*x_1, \quad x_{12} = 2*x_2, \quad y_{11} = 2*y_1, \quad y_{12} = y_1+y_2$$
$$x_{21} = 2*x_1, \quad x_{22} = 2*x_2, \quad y_{21} = y_1+y_2, \quad y_{22} = 2*y_2$$

b) Teilung der x-Komponente für i ungerade:

$$x_{11} = 2*x_1, \quad x_{12} = x_1+x_2, \quad y_{11} = 2*y_1, \quad y_{12} = 2*y_2$$
$$x_{21} = x_1+x_2, \quad x_{22} = 2*x_2, \quad y_{21} = 2*y_1, \quad y_{22} = 2*y_2.$$

Da jeder Prozessor einer Baumebene i seinen S-Bereich korrekt berechnet, muß gelten: $\cup S = G_{m+i}$, wenn über alle S-Mengen der Prozessoren der Baumebene i vereinigt
wird. Die Nachbarschaftsbeziehung der S-Bereiche wird durch Abbildung 4 (nach i=4
Teilungen) verdeutlicht.

Weiter werden die übrigen Bereiche mit $m_1=2*v_1$ und $m_2=2*v_2$ wie folgt definiert:
$R = S_{+r}$ mit $r = \max\{2*m_1+1, 2*m_2\}$. r heißt Randbreite.
$Q = S_{+t}$ mit $t = 2*m_1+1$, $Q' = S_{+t}$ mit $t = 2*m_1$,
$T = S_{+t}$ mit $t = m_1$, $V = S_{+t}$ mit $t = 2*m_2$, $U = S_{+t}$ mit $t = m_2$.

Aufgrund der Definitionen ergeben sich zwischen den Bereichen die schon genannten
Beziehungen: $S \subset T \subset Q' \subset Q \subset R$, $S \subset U \subset V \subset R$ und $R = Q$ oder $R = V$. Mit $S = S_i = Sx_i \times Sy_i$ gilt:

$$|Sx_i| = 2^{m+i1}+1, \quad |Sy_i| = 2^{m+i2}+1 \text{ und } i_1 = \lceil i/2 \rceil, \quad i_2 = \lfloor i/2 \rfloor.$$

Somit ist $|S_i| = 2^{2m+i} + 2^{m+i1} + 2^{m+i2} + 1$. Entsprechen folgt für $R = R_i = Rx_i \times Ry_i$:

$$|Rx_i| \le 2^{m+i1} + (2*r + 1), \quad |Ry_i| \le 2^{m+i2} + (2*r +1) \text{ und}$$
$$|R_i| \le 2^{2m+i} + (2*r + 1)*(2^{m+i1} + 2^{m+i2}) + (2*r + 1)^2. \tag{1}$$

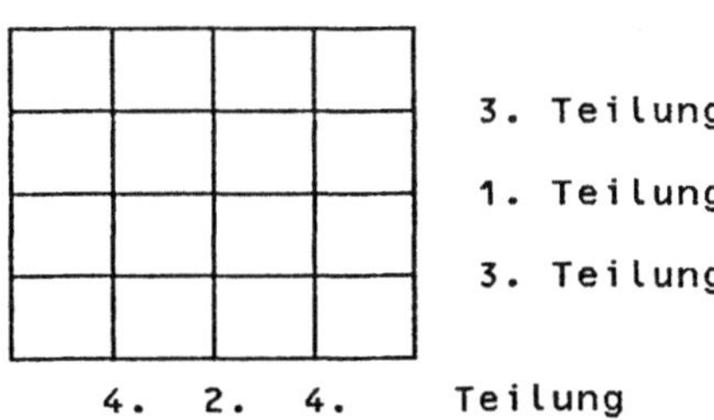

Abb. 4: Teilung des Gitters G_{m+4}

Die virtuelle Struktur

Zunächst sollte man sich zu dem bisher beschriebenen Algorithmus PMGA eine (virtuelle) Rechnerstruktur vorstellen, die der angegebenen Datenorganisation und dem dargestellten Ablauf weitgehend entspricht. D.h. insbesondere, daß weite Transportwege durch Voraussetzen geeigneter Verbindungswege vermieden werden. Deshalb umfaßt die virtuelle Struktur zum einen den binären Baum, auf dem die Prozesse DACBS und DACSB ablaufen. Zum anderen kann man, um den Datenaustausch TDA einfach zu gestalten, sich auf jeder Baumebene eine Verbindungsstruktur vorstellen, auf der der Datenaustausch zwischen den Prozessoren dieser Baumebene stattfindet. Bei einem Nearest-Neighbour-System sind die Prozessoren entsprechend der matrixartigen Anordnung ihrer S-Mengen miteinander verbunden (Abb. 4).

Der Datenaustausch kann nun in zwei Schritten erfolgen: Im ersten Schritt tauschen die Prozessoren Daten parallel zur y-Achse aus und in einem zweiten Schritt parallel zur x-Achse, wie es im folgenden noch erklärt wird.

Das Transportmodell

Zur Beurteilung des Aufwandes in einem realen System wird unterstellt, daß ein Transport eines Datenpaketes aus d Elementen über w-1 Zwischenprozessoren (Abb. 5a) den Aufwand $(d*a_1+a_2)*w$ erfordert. Dabei seien a_1 der Transferaufwand für ein Datenelement von einem Prozessor zu einem seiner unmittelbaren Nachbarn und a_2 der entsprechende Synchronisationsaufwand für ein Datenpaket. Sind Quelle und Ziel bei einem Transport identisch, so wird in der Aufwandsformel eine fiktive Weglänge von w=1/2 angenommen, Solche unechten Transporte sind aufgrund der Programmierung für eine virtuelle Struktur und deren automatisierte Abbildung auf das reale System kaum vermeidbar. Bei Transporten in entgegengesetzter Richtung vom gleichen Quellprozessor aus über freie Wege (Abb. 5b) wird die folgende effektive Weglänge angenommen:
w = max(min(w',w'')+1/2,max(w',w'')).

Dieses stark idealisierende Transportmodell geht von der pessimistischen Annahme aus, daß der gesamte Transportaufwand mit der Weglänge multipliziert werden muß. Unter gewissen Umständen kann der Transfer günstiger gestaltet werden, wodurch man aber höchstens bessere Abschätzungen für die Leistungsfähigkeit der Rechner erhält.

Abb. 5a: Weglänge bei freien Wegen   Abb. 5b: Im Startpunkt überlappende Wege

Abbildung auf den realen Baumrechner

Im folgenden soll der zeitliche Aufwand in einem realen binären Baumrechner für den Algorithmus PMGA bestimmt werden.

Der zeitliche Aufwand, den ein Prozessor für die Operationen und Transporte im Teilprozeß DACBS aufzubringen hat, läßt sich mit Hilfe der R-Rechtecke leicht abschätzen.

Sei R_i maximales R-Rechteck der i-ten Baumebene. Sei $AUF(T_k,DACBS,op,i)$ der maximale zeitliche Aufwand in DACBS bei einem Prozessor der i-ten Baumebene bzgl. der Operationen für einen Baum der Tiefe k. Dann gilt, $0 \leq i \leq k$, $n=m+k$:

$$AUF(T_k,DACBS,op,i) \leq |R_i|*op_1, \quad op_1 = v_1*rel+(1/4)*res+def.$$

Dabei ist rel, res und def der zeitliche Aufwand für eine Relaxation, Restriktion bzw. Defektberechnung jeweils für einen Punkt. Dann gilt für den Gesamtaufwand von DACBS im Baum bzgl. der Operationen:

$$AUF(T_k,DACBS,op) \leq \sum_{i=0}^{m} |G_i|*op_1 + \sum_{i=1}^{k} |R_i|*op_1 \tag{2}$$

Entsprechend folgt mit w=1.5 für den Transportaufwand in DACBS:

$$AUF(T_k,DACBS,tf) \leq \sum_{i=1}^{k} ((|R_i|/4)*a_1+a_2)*w. \tag{3}$$

Da sich der Aufwand für die Operationen und Transporte in DACSB entsprechend mit Hilfe der R-Rechtecke abschätzen läßt, folgt:

$$AUF(T_k,DACSB,op) \leq \sum_{i=0}^{m} |G_i|*op_2 + \sum_{i=1}^{k} |R_i|*op_2 \tag{4}$$

Dabei ist $op_2 = v_2*rel+(3/4)*int$ und int **der zeitliche** Aufwand für eine Punktinterpolation.

$$AUF(T_k,DACSB,tf) \leq \sum_{i=1}^{k} ((|R_i|/4)*a_1+a_2)*w \tag{5}$$

Faßt man die Operationen bzw. Transporte in DACBS und DACSB zum Aufwand in DAC zusammen, so ergibt sich mit (2), (4) und rel = res = int = def = 1 bzw. (3) und (5):

$$AUF(T_k,DAC,op) \leq ((2^{2m+2}/3) + \sum_{i=1}^{k} |R_i|)*(v_1+v_2+2) \tag{6}$$

$$AUF(T_k,DAC,tf) \leq \sum_{i=1}^{k} ((|R_i|/2)*a_1+2*a_2)*w \tag{7}$$

Faßt man schließlich den Aufwand in (6) und (7) zum Aufwand in DAC zusammmen, so erhält man mit (1) die Abschätzung:

$$AUF(T_k,DAC) = O(2^{2m+k}) = O(2^{n+m}) \tag{8}$$

Als nächstes soll der Aufwand für den Transportprozeß TDA bestimmt werden. Da im realen Baum zwischen den Prozessoren einer Baumebene keine direkten Verbindungen vorhanden sind, muß der Datenaustausch über die höheren Baumebenen abgewickelt werden. Im einzelnen soll nun der Datenaustausch für eine Baumebene i (TDA_i) diskutiert werden. Dabei wird das Problem in zwei Teile zerlegt:
1. Jeder Prozessor der i-ten Baumebene schickt Daten an einen Prozessor, der bzgl. der NN-Verbindung der virtuellen Struktur in Richtung der y-Achse benachbart ist.
2. Jeder Prozessor der i-ten Baumebene schickt Daten an einen Prozessor, der bzgl. der NN-Verbindung der virtuellen Struktur in Richtung der x-Achse benachbart ist.

Im 1. Teilschritt schickt ein Prozessor jeweils $r*|Sx|$ Daten an seine beiden Nachbarn und im 2. Teilschritt sind es, nachdem er die Aufträge des ersten Teilschrittes erhalten hat, jeweils $r*|Ry|$ Daten (Abb. 6).

Für jeden Teilschritt wird nun die folgende Strategie im Baum für einen Prozessor der Baumebene j ≤ i verwandt: Aufträge an den Vorgängerprozessor sind entsprechend der Länge des Weges angeordnet, d.h. Aufträge mit dem längeren Weg werden zuerst geschickt.

Mit dieser einfachen Strategie kann nun gefolgert werden, daß der Aufwand für einen Teilschritt durch den Arbeitsaufwand eines Prozessors der ersten Baumebene abgeschätzt werden kann ([Ko]).

Berücksichtigt man nun noch die Anlaufzeit und die Auslaufzeit für einen Prozessor der ersten Baumebene, so erhält man die folgende Abschätzung für den 1. und 2. Teilschritt (TS) mit w=1:

$$AUF(T_k,TDA_i,1.TS) \leq (2^{i2+1}+2*i)*(|Sx_i|*r*a_1+a_2) \tag{9}$$

$$AUF(T_k,TDA_i,2.TS) \leq (2^{i1}+2*i)*(|Ry_i|*r*a_1+a_2) \tag{10}$$

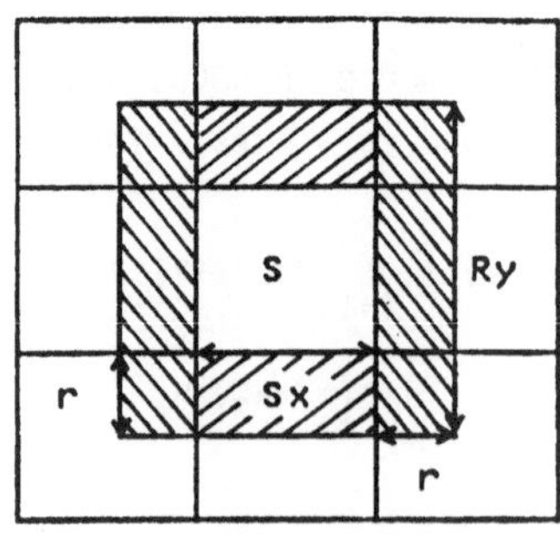

Abb. 6: Datenaustausch

Dann folgt für den Aufwand für den Prozeß TDA_i im Baum:

$$AUF(T_k,TDA_i) \leq AUF(T_k,TDA_i,1.TS)+AUF(T_k,TDA_i,2.TS) \tag{11}$$

Als Gesamtaufwand für den Datenaustausch folgt mit (9), (10) und (11):

$$AUF(T_k,TDA) = \sum_{i=1}^{k} AUF(T_k,TDA_i) = O(2^n) \tag{12}$$

Damit ist der Gesamtaufwand im Baumrechner für den betrachteten Algorithmus PMGA mit (8) und (12):

$$AUF(T_k) = AUF(T_k,DAC) + AUF(T_k,TDA) = O(2^{n+m}) \tag{13}$$

Der Aufwand eines Prozessors beim sequentiellen Mehrgitteralgorithmus ist gegeben durch ([St]): $AUF(T_0) = \Omega(2^{2n})$.

Damit lassen sich Speedup (S) und Effizienz (E) des Baumrechners der Tiefe k, wenn man n=m + k und m konstant voraussetzt, aus $S(T_k) = AUF(T_0)/AUF(T_k)$ und $E(T_k) = S(T_k)/(2^{k+1}-1)$ ableiten:

$$S(T_k) \geq (c_1 * 2^{2n})/(c_2 * 2^n) = c*2^n, \text{ d.h., } S(T_k) = \Omega(2^n) = \Omega(\sqrt{N}).$$

$$E(T_k) \geq c*2^n/(2^{k+1}-1) \geq c*2^{m-1}.$$

Also ist $E(T_k)$ größer als eine positive Schranke, und der Speedup erreicht wegen der Ausgewogenheit von Transport- und Operationsaufwand mit $\Omega(\sqrt{N})$ einen günstigen Wert.

Da es vorteilhaft ist, m möglichst klein zu wählen, wird noch der Fall betrachtet, daß bei gegebenem realen System n > k+m gilt. Sei deshalb n = m+k+q. Die Abbildungsstrategie vom virtuellen in das reale System ist dann so, daß die q feinsten Gitter ebenfalls in der k-ten Baumebene bearbeitet werden, insgesamt also q+1 Gitter.

Zur Leistungsabschätzung muß dann der folgende Aufwand berücksichtigt werden.

(a) Zum Aufwand $AUF(T_k,DAC,op)$ (6) muß der folgende Aufwand addiert werden:

$$\sum_{i=1}^{q} 2^i * |R_{k+i}|(v_1+v_2+2).$$

(b) Zum Aufwand $AUF(T_k,DAC,tf)$ (7) wird der folgende Aufwand addiert:

$$\sum_{i=1}^{q} ((1/2)*(2^i*|R_{k+i}|)*a_1+2*a_2)*w' \qquad \text{mit } w'=1/2.$$

(c) Zum Aufwand $AUF(T_k,TDA)$ (12) sind die folgenden Terme (siehe 9) und (10)) zu ergänzen:

$$AUF(T_k,TDA_i,1.TS) \text{ und } AUF(T_k,TDA_i,2.TS), \quad i = k+1,...,k+q.$$

Abbildung auf reale Nearest-Neighbour-Systeme

Als reale Systeme mit NN-Verbindungen werden 2^k Prozessoren in einem Array aus $2^{\lceil k/2 \rceil} \times 2^{\lfloor k/2 \rfloor}$ Elementen p_{jl} (j=0,...,$2^{\lceil k/2 \rceil}$-1;1=0,...,$2^{\lfloor k/2 \rfloor}$-1) betrachtet. Die Wurzel des binären Baumes wird p_{jl} mit j=$2^{\lceil k/2 \rceil -1}$-1, 1=$2^{\lfloor k/2 \rfloor -1}$-1 zugeordnet. Von hier aus werden jeweils der linke Sohn in Richtung fallender Indizes und der rechte Sohn in Richtung steigender Indizes erreicht. Dabei werden von Baumebene zu Baumebene alternierend der erste bzw. der zweite Index von p_{jl} verändert. In den letzten beiden Baumebenen behält der linke Sohn die Position des Vaters, während der rechte Sohn dem unmittelbaren Nachbarprozessor bzgl. des entsprechenden Index zugeordnet wird. Die Distanz zwischen Vater und Sohn, wobei der Sohn als zur i-ten Ebene gehörig angenommen wird, beträgt $2^{\lceil (k-i+1)/2 \rceil -2}$ für i≤k-2. Zur Erläuterung ist diese Abbildung des binären Baumes in Abb. 7 für ein Beispiel dargestellt. Dabei ist in die Prozessoren jeweils die Höhe der Ebenen eingetragen, welche den betreffenden Prozessor belegen. Die k-te Ebene (k=6) belegt alle Prozessoren. Enthält die virtuelle Struktur mehr als k Baumebenen, so wird eine weitere Verteilung nicht mehr vorgenommen.

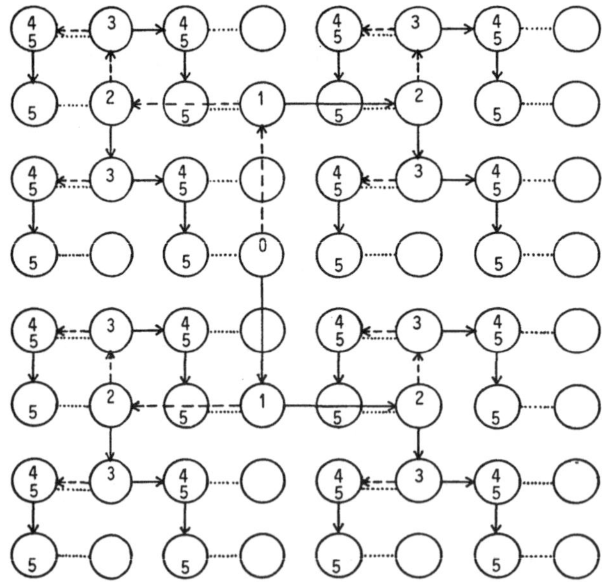

Abb. 7: Zuordnung der Gitterebenen zu den Prozessoren und Kommunikationswegen

Der Rechenaufwand, $AUF(NN_k, DAC, op)$, unterscheidet sich bei der vorgesehenen Abbildung auf das NN-System mit 2^k Prozessoren nicht von dem in der virtuellen Struktur bzw. bei dem binären Baum als reale Struktur (6).

Die effektive Weglänge für Transporte, deren Ziele zur i-ten Baumebene gehören, ist gemäß dem früher beschriebenen Transportmodell:

$$w_i = \begin{cases} 2^{\lceil (k-i+1)/2 \rceil - 2} + 1/2 & \text{für } i=1,\ldots,k \\ 1/2 & \text{für } i>k \end{cases}$$

Der Aufwand für den Transfer im DACBS-Teil des Algorithmus auf einem NN-System mit 2^k Prozessoren ergibt sich wie in (5):

$$AUF(NN_k, DACBS, tf) \leq \sum_{i=1}^{k} ((|R_i|/4)*a_1+a_2)*w_i$$

$$AUF(NN_k, DACBS, tf) = O(2^{2m+k}). \tag{14}$$

Ist die virtuelle Struktur um q Baumebenen größer als die reale Struktur, so kommt noch additiv der folgende Aufwand hinzu:

$$\sum_{i=1}^{q} 2^i *((|R_{k+i}|/4)*a_1+a_2)*w_{k+i}. \tag{15}$$

Für den DACSB-Teil des Algorithmus kann der Aufwand durch den gleichen Ausdruck abgeschätzt werden.

Die Transporte für die TDA-Teile des Algorithmus werden insbesondere für die letzten Ebenen durch das gegebene Verbindungssystem und die gewählte Aufgabenverteilung direkt ermöglicht. Allgemein ist die Länge der Transportwege in der i-ten Ebene in Richtung der x- bzw. y-Koordinaten w'_{i-1} bzw. w'_i mit

$$w'_i = \begin{cases} 0 & \text{für } i=0 \\ 2*(w_i-1/2) & \text{für } i=1,\ldots,k \\ 1/2 & \text{für } i>k. \end{cases}$$

Der Transport für den TDA-Teil wird bewältigt, wie früher geschildert, durch Austausch der Randbereiche benachbarter Prozessoren und zwar zunächst in Richtung der einen Koordinate für alle Prozessoren und dann in Richtung der anderen Koordinate. Eine globale Synchronisation ist dabei nicht erforderlich. Dieser Transportaufwand des Algorithmus ist abschätzbar durch:

$$AUF(NN_k, TDA) \leq 2* \sum_{i=1}^{k} ((r*|Sx_i|*a_1+a_2)*w'_i+(r*|Ry_i|*a_1+a_2)*w'_{i-1})$$

Dabei bezeichnen $|Sx_i|$ bzw. $|Ry_i|$ die Kantenlänge von S_i bzw. R_i in Richtung der x- bzw. y-Richtung und r die Randbreite. Daraus folgt

$$AUF(NN_k, TDA) = O(k*2^{m+k/2}). \tag{16}$$

Wenn die virtuelle Struktur die reale um q Baumebenen übersteigt, vergrößert sich
dieser Aufwand für gerade k (für ungerade k entsprechend) additiv um:

$$2* \sum_{i=1}^{q} \ ((r*|Sx_{k+i}|*a_1+a_2)*((2^i-2^{\lfloor i/2 \rfloor})*w'_{k+i}+2^{\lfloor i/2 \rfloor}*w'_k) + \tag{17}$$

$$(r*|Ry_{k+i}|*a_1+a_2)*((2^i-2^{\lceil i/2 \rceil})*w'_{k+i-1}+2^{\lceil i/2 \rceil}*w'_k)).$$

Im Falle q≤const ergibt sich aus (6), (14), (15), (16) und (17) als Gesamtaufwand
auf einem NN-System $O(2^{2m+k})$. Als Speedup und Effizienz für 2^k Prozessoren folgt damit
für festes m:

$$S(NN_k) = \Omega(2^k) = \Omega(\sqrt{N}) \text{ und } E(NN_k) = \Omega(1).$$

Simulationsergebnisse

Die Abbildungen 8, 9, 10 und 11 geben Ergebnisse der Simulation konkreter Verhältnisse wieder, aus denen man entnehmen kann, wie die Konstanten bei bestimmten Bedingungen aussehen. Insbesondere wird dargestellt, welche Effizienz erreichbar ist und
wie die Aufgaben in Wirklichkeit überdimensioniert sein müssen. Für die hier dargestellten Verhältnisse wurde der Basistransferaufwand mit $a_1=1/5$ und der Synchronisationsaufwand mit $a_2=10$ angenommen. Damit ist ein System unterstellt, daß keine außer-
gewöhnlich guten Transfereigenschaften besitzt. Für das Mehrgitterverfahren wurde je
ein Relaxationsschritt pro Gitter sowohl für den absteigenden als auch für den auf-
steigenden Teil eines V-cycle bei Schachbrettrelaxation unterstellt, mit etwa 6 Gleit-
punktoperationen je Relaxation.

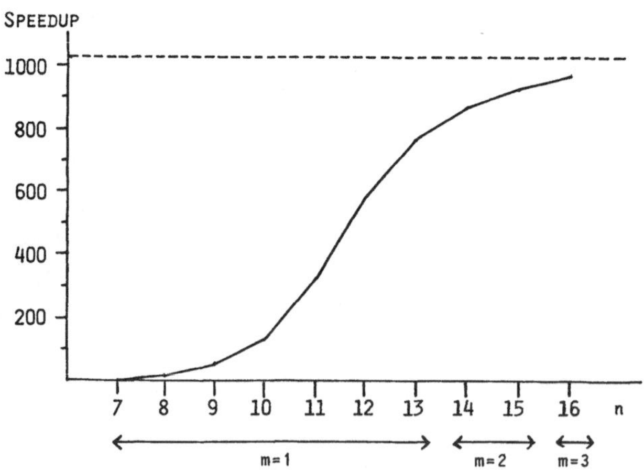

Abb. 8: Speedup bei einem NN-System mit 1024 Prozessoren (k=10)

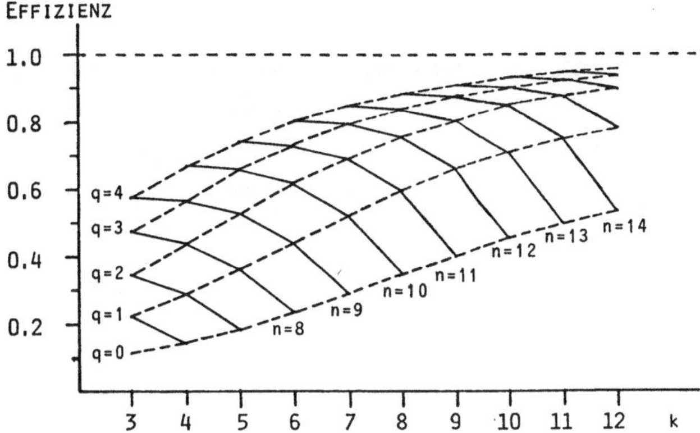

Abb. 9: Effizienz eines NN-Systems mit 2^k Prozessoren bei m=2

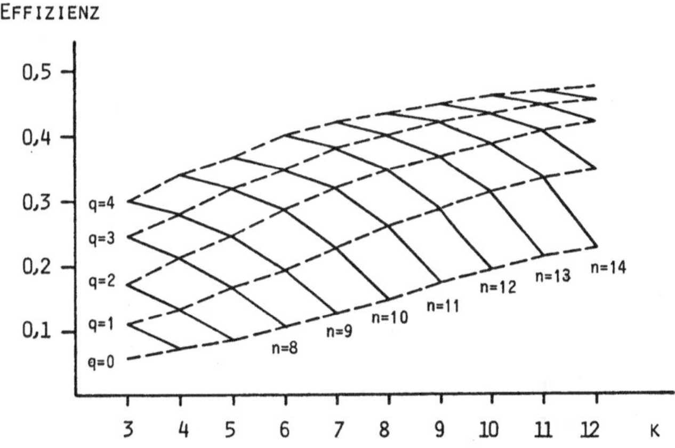

Abb. 10: Effizienz eines Baumrechners mit $2^{k+1}-1$ Prozessoren bei m=2

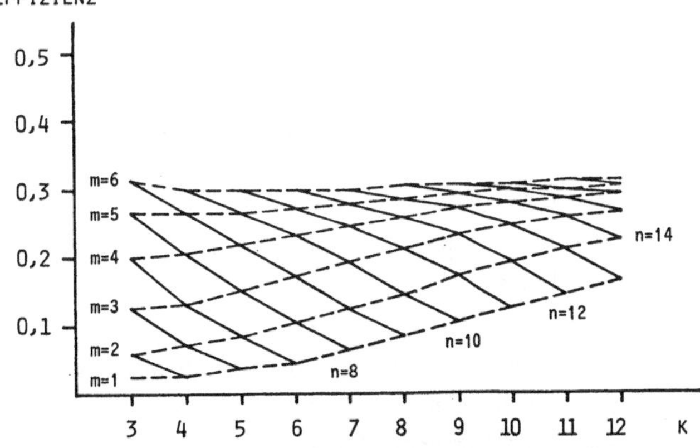

Abb. 11: Effizienz eines Baumrechners mit $2^{k+1}-1$ Prozessoren bei q=0

Ausblick

Bei dem gewählten Aufteilungsverfahren, nämlich nach m Gittern der ungeteilten Bearbeitung in einem Prozessor je Gitter eine Zweiteilung der erzeugten Aufgabenbündel vorzunehmen, ließ sich ein Speedup von $\Omega(\sqrt{N})$ bei der Problemgröße N erzielen. Andere Abbildungsstrategien sind denkbar. In [Mi] werden hierzu grundsätzliche Überlegungen angestellt. Eine Untersuchung quaternärer Bäume als virtuelle Struktur und die Betrachtung räumlicher Probleme ist in Vorbereitung.

Die Anzahl m der ungeteilt zu verarbeitenden Gitterebenen kann klein gehalten werden. Bei den hier geschilderten Untersuchungen erwies sich m=2 in fast allen Beispielen als ausreichend und m=1 brachte bei kleineren Problemen unwesentliche Vorteile. Erst bei sehr stark überdimensionierten Problemen oder bei mehr als einer Relaxation je Gitter sind etwas größere Werte für m angebracht.

Die Anzahl q der Gitterebenen, die am Ende des Verteilungsprozesses zur Vergrößerung der Aufgabenbündelung zur Verfügung steht, ist für eine gute Effizienz wichtig. Allerdings ist ab $q \geq 3$ keine wesentliche Verbesserung mehr zu erwarten.

Infolge der relativ geringen Bedeutung des Transfers bei großen Problemen liegt keine große Empfindlichkeit bei schlechterer Transferleistung der Prozessoren vor.

Unter den hier dargestellten Verhältnissen ist die folgende Überdimensionierung eines Problems der Größe 2^{2n} über die Systemgröße 2^k für ein günstiges Systemverhalten ausreichend: $n \geq k+3$.

Die zweistufige Methode verursacht bei sehr großen Problemen ($q \geq 1$) unechte Transporte innerhalb der Prozessoren. Diese haben bei wachsender Problemgröße immer weniger Bedeutung, da die gewählte virtuelle Struktur wachsende Aufgabenbündel erzeugt, deren Ränder relativ zur Fläche immer kleiner werden.

Diese Arbeit wurde im Rahmen des GMD-Projekts 'Eng gekoppelte Mehrrechnersysteme' (EMSYS) erstellt. Die Verfasser danken Herrn T. Freytag für die Erstellung der Programme zur numerischen Auswertung der Modelle.

Literatur

[Ga] Galil, Z. und Paul, W.: Effizienz paralleler Rechner;
      Proc. 10. GI-Jahrestagung 1980, pp. 56-64.

[Ko] Kolp, O.: Parallelisierung eines Mehrgitterverfahrens für einen Baumrechner;
      Arbeitspapier Nr. 82 der GMD; GDM-Bonn, D-5205 St. Augustin, 1984.

[Mi] Mierendorff, H.: Ein Konzept zur Nutzung eng gekoppelter Mehrrechnersysteme;
      demnächst in: PARS-Mitteilungen.

[St] Stüben, K. und Trottenberg, U.: Multigrid Methods: Fundamentel Algorithms,
      Model Problem Analysis and Applications; in Hackbusch und Trottenberg (eds.):
      Multigrid Methods; Proc. of the Conf. in Köln-Porz, Nov. 23-27, 1981;
      Lecture Notes in Mathematics; Springer-Verlag, Berlin, 1982.

ENTWURF VON BETRIEBSLEITSYSTEMEN
FÜR DEN SPURGEBUNDENEN VERKEHR

Karl Heinz Kraft
Siemens AG
Geschäftsbereich Eisenbahnsignaltechnik
D-3300 Braunschweig

Zusammenfassung

Der Einsatz von komplexen Leitsystemen trägt wesentlich zur Wirtschaftlichkeit von modernen spurgebundenen Verkehrssystemen bei, da ein
sicherer, reibungsloser und energiesparender automatischer Fahrbetrieb
realisiert werden kann. Beim Entwurf von Sicherungs-, Steuerungs- und
Betriebsführungseinrichtungen sind umfangreiche Aufgaben zur Prozeß-
dynamik und Informationserfassung, -übertragung und -verarbeitung zu
lösen. Auf Grund von systematischen Untersuchungen auf diesen Gebieten kann das Leitsystem mit seinen informationsverarbeitenden Komponenten in funktioneller, räumlicher und hierarchischer Hinsicht in
vorteilhafter Weise strukturiert werden.

1. Einführung

Zur Zeit wird intensiv an zukunftsweisenden Lösungen für den spurgebundenen Verkehr gearbeitet, wie beispielsweise an der Entwicklung
einer Magnetschnellbahn für eine Höchstgeschwindigkeit von 400 km/h
deutlich wird. Auf der Transrapid Versuchsanlage im Emsland (TVE) wird
seit einiger Zeit ein entsprechendes Magnetbahnfahrzeug getestet. Als
Anwendungsfall für eine solche Bahn kommt u. a. eine Verbindung der
Städte Hannover und Berlin in Frage. Weiterhin ist der automatische
Betrieb von Kabinenbahnen zu nennen, wofür es Beispiele in England,
USA und Deutschland (H-Bahn Dortmund) gibt.

Bei allen Bahnen wird ein Leitsystem benötigt, das die grundsätzliche
Aufgabe hat, den Betrieb zu sichern, zu steuern und zu führen und das
wesentlich zur Wirtschaftlichkeit des Verkehrsunternehmens beiträgt.
Dabei spielen Gesichtspunkte wie Betriebskosteneinsparung (Einsparung
an Personalkosten und an Traktionsenergie, Verringerung der Reparatur-
und Wartungskosten),Erhöhung der Attraktivität (Zugfolge, Transportgeschwindigkeit, Fahrkomfort, Kundeninformation, Pünktlichkeit, Verfüg-

barkeit) eine wichtige Rolle.

Die Anforderungen an zukünftige, weitgehend automatisierte Betriebs-
leitsysteme für Bahnen ergeben sich u. a. aus den folgenden Leistungs-
und Qualitätsmerkmalen.

- Höchste Priorität hat die Forderung nach einem hohen Sicherheits-
  niveau. Gefährdungen für Personen und Güter sollen weitgehend aus-
  geschlossen werden.

- Zu einer hohen Betriebsleistung gehören eine hohe Zugdichte bzw.
  kleine Zugfolgezeiten und eine hohe Transportgeschwindigkeit.

- Die Gesamtverspätung bei Störungsfällen, die in der Praxis unver-
  meidlich sind, soll möglichst gering sein.

- Jedes einzelne Fahrzeug soll in einem sicherheitsbedingten Rahmen
  möglichst pünktlich und energiesparend sowie mit hohem Fahrkomfort
  für die Fahrgäste durch das Verkehrsnetz gesteuert werden.

- Für bestimmte "unkonventionelle" Bahnen kommt nur eine automatische
  Sicherung und Steuerung in Frage. Bei Magnetschnellbahnen ergibt
  sich diese Bedingung schon wegen der hohen Betriebsgeschwindigkeit
  von 400 km/h und dem damit verbundenen Bremsweg von ca. 8 km.
  Kabinenbahnen erfordern einen personalarmen Betrieb, da ihre hohe
  Fahrzeugdichte u. a. ein manuelles Stellen von Signalen und Weichen
  nicht zuläßt. Bestimmte, bei konventionellen Bahnen von Fahrzeug-
  führern wahrgenommene Aufgaben müssen durch technische Einrichtungen gelöst werden.

- Im Hinblick auf betriebliche Robustheit muß eine hohe Verfügbarkeit
  des Leitsystems vorausgesetzt werden.

Insgesamt läßt sich feststellen, daß die Betriebsleittechnik bei konventionellen und zukünftigen Bahnen ein breites Spektrum von Anwendungsfällen und Teilaufgaben beherrschen muß.

Bei der Entwicklung eines Betriebsleitsystems sind im wesentlichen
drei Hauptaufgaben zu lösen.

- In der Planungsphase sind die Betriebsabläufe zu analysieren und
  gegebenenfalls zu optimieren, das Anforderungsprofil für das Leitsystem ist aus den Prozeßvorgaben zu ermitteln.

- Für den Systementwurf sind geeignete Methoden und Hilfsmittel (insbesondere in Form von Simulationsprogrammen) bereitzustellen und
  anzuwenden, wobei eine Optimierung der Systemstruktur angestrebt
  wird.

- Anschließend folgt die Entwicklung und Erprobung von Komponenten
  zur Informationserfassung, -übertragung und -verarbeitung, die in
  ihrem Zusammenspiel die vorher spezifizierten Sicherungs- und
  Steuerungsaufgaben lösen.

2. Betriebliche Vorgaben

Die Struktur und die Leistungsfähigkeit des Leitsystems muß an die
Eigenschaften des zu sichernden und steuernden Prozesses angepaßt
werden. Daher kommen systematischen fahrdynamischen und betrieblichen
Untersuchungen /1/ beim Entwurf des Leitsystems besondere Bedeutung
zu. Dazu gehören u. a. die Bestimmung von "sicheren" Bremswegen, Fahrzeiten, Mindestzugfolgezeiten (kleinste zulässige zeitliche Abstände
zwischen den Zügen), Fahrplänen sowie die Berechnung des Energiever-
brauchs der Züge. Für diese Aufgaben stehen leistungsfähige Rechen-
programme zur Verfügung /2/, mit denen die Betriebsabläufe bei Bahnen
simuliert werden können. Auf diese Weise können geeignete Regelstrategien (z. B. für zeit-, energie- und betriebsoptimales Fahren /3/) vor
der Realisierung durchgespielt und getestet werden.
Dies gilt sowohl für den planmäßigen Betriebsablauf als auch für in
der Praxis unvermeidliche Störungen, die sich als Zugverspätungen be-
merkbar machen.

Im folgenden soll kurz ein vereinfachtes mathematisches Modell des
Bahnbetriebs beschrieben werden, wobei von der nichtlinearen Bewe-
gungsgleichung eines zu steuernden Zuges ausgegangen wird:

$$\dot{v} = \frac{dv}{dt} = \frac{F}{m} - \frac{W(v)}{m} \qquad (1)$$

mit der Antriebskraft F, der Masse m und dem geschwindigkeitsabhän-
gigen Fahrwiderstand

$$W(v) = w_0 + w_1 v + w_2 v^2. \qquad (2)$$

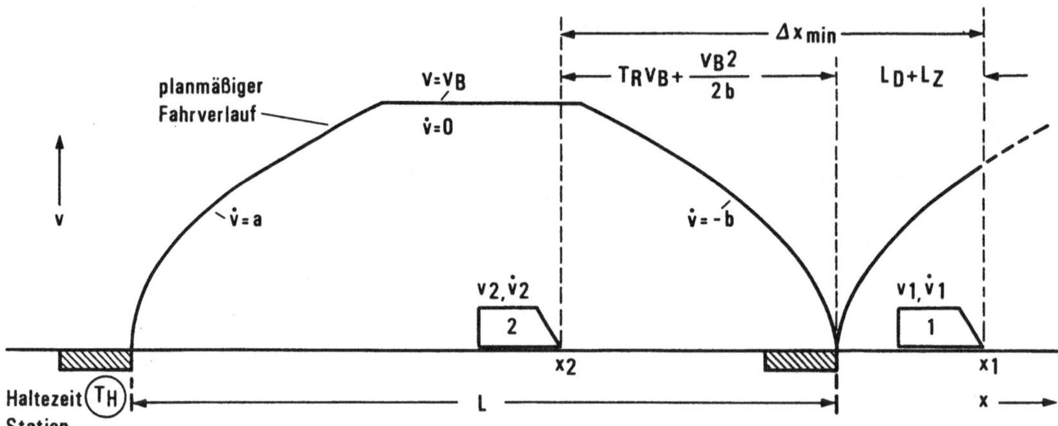

Bild 1: Fahrverlauf zwischen zwei Stationen und Mindestabstand
zweier Züge im Geschwindigkeits-Weg-Diagramm. Betriebsgeschwindigkeit v_B, Reaktionszeit T_R, Durchrutschweg L_D,
Zuglänge L_Z.

Bild 1 zeigt ein idealisiertes planmäßiges Fahrspiel für einen einzelnen Zug zwischen zwei Stationen mit den drei typischen Phasen (konstante Beschleunigung $\dot{v}$ = a, konstante Geschwindigkeit $\dot{v}$ = 0 und konstante Verzögerung $\dot{v}$ = -b) sowie den räumlichen Mindestabstand zweier
Züge, bezogen auf die Betriebsgeschwindigkeit v_B. Zu diesem Abstand
Δx_{min}, der aus Sicherheitsgründen nicht unterschritten werden darf
($x_{12} = x_1 - x_2 \geq \Delta x_{min}$), gehört bei der Stationseinfahrt und
-ausfahrt das Zeitintervall (Mindestzugfolgezeit)

$$\tau_{min} = T_R + \frac{v_B}{b} + T_H + \sqrt{2 \frac{L_D + L_Z}{a}}, \qquad (3)$$

wobei hier stellvertretend für verschiedene Abstandshalteverfahren
eine "ideale Abstandssicherung" angenommen wurde. Neben dieser zeitlichen Bedingung $\tau_{12} \geq \tau_{min}$ sind für die Fahrverläufe Beschränkungen der Geschwindigkeit ($v \leq v_{Zul}$), die sich aus den Eigenschaften
der Fahrzeuge und der Strecken ergeben, sowie der Beschleunigung

($|\dot{v}| \leq a_{max}$) und des Ruckes ($|\ddot{v}| \leq q_{max}$) zu berücksichtigen.
Zur Optimierung der Fahrweise, abhängig von der Betriebssituation,
können die folgenden Kriterien angewendet werden.

- Fahrt zwischen zwei Stationen mit minimaler Fahrzeit

$$T_F^* = \int_0^L \frac{dx}{v(x)} \quad \longrightarrow MIN \tag{4}$$

- Fahrt mit minimalem Energieverbrauch bei vorgegebener Fahrzeit
  $T_F > T_F^*$ (elektr. Antrieb, mechan. Bremse)

$$J = \frac{1}{2} \int_0^{T_F} (F + |F|) v \, dt \quad \longrightarrow MIN \tag{5}$$

- "betriebsoptimale" Fahrweise bei Abweichungen vom Fahrplan mit einem
  geeigneten Gütefunktional /3, 6/ zur Festlegung der Fahrweise zwischen zwei Streckenpunkten unter Anpassung der Zielzeit und Zielgeschwindigkeit an die Betriebssituation.

Diese kurze Übersicht kann selbstverständlich nur einige fahrdyna-
mische und betriebliche Aspekte behandeln, aus denen aber wichtige
Aufgaben des Leitsystems und seiner Komponenten, insbesondere im Hinblick auf die Prozeßdatenerfassung und -verarbeitung, deutlich werden.

3. Struktur des Leitsystems

Bei der Strukturierung des Leitsystems ist im Hinblick auf eine klare
Entwurfsmethodik und -systematik die

- funktionelle
- räumliche
- hierarchische Gliederung

in Verbindung mit dem

- Informationsfluß (Erfassung, Übertragung, Speicherung und Verarbeitung von Prozeß- und Steuerungsinformationen)

zu beachten. Die wichtigsten Funktionen können im Rahmen der drei Bereiche Sicherung, Steuerung und Betriebsführung entsprechend Bild 2 zusammengefaßt werden.

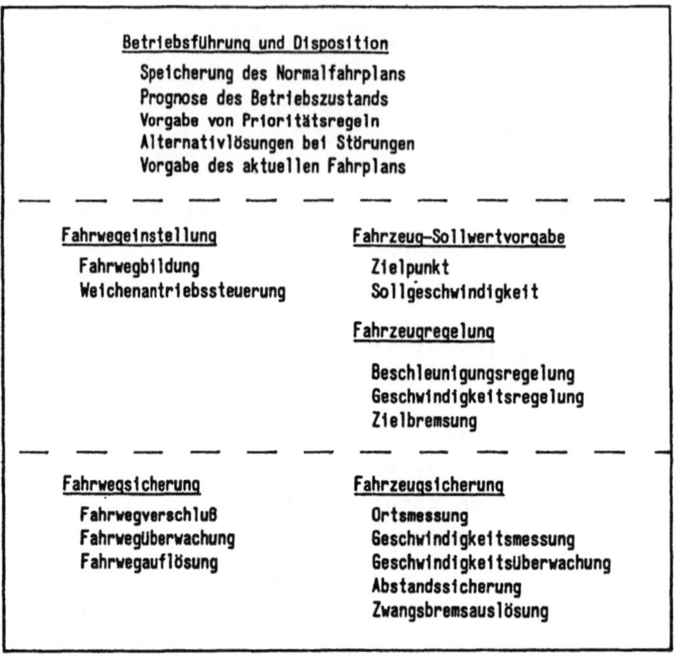

<u>Bild 2:</u> Funktionelle Gliederung eines Betriebsleitsystems
für Bahnen.

Zur Betriebsführung gehören u. a. die Speicherung des Normalfahrplanes, die Prognose des Betriebszustandes, die Ermittlung von Alternativlösungen bei Störungen, die Vorgabe des aktuellen Fahrplans und die Dokumentation betrieblicher Daten. Den Bereich der Steuerung umfassen die Fahrwegeinstellung (Fahrwegbildung, Weichenantriebssteuerung), die Fahrzeugsollwertvorgabe (Zielpunkt- und Sollgeschwindigkeitsberechnung) und die Fahrzeugregelung (Beschleunigungs-, Geschwindigkeits- und Positionsregelung).

Bei der Sicherung sind die Fahrwegsicherung (Fahrwegverschluß, -überwachung und -auflösung) und die Fahrzeugsicherung (Positions- und Geschwindigkeitsmessung, Abstandssicherung, Geschwindigkeitsüberwachung und Zwangsbremsauslösung) zu berücksichtigen.

Aufbauend auf die funktionelle Gliederung als Ausgangspunkt und mit
der Unterscheidung in Aufgaben mit und ohne Sicherheitsverantwortung
sowie mit mehr oder weniger zeitlicher Dringlichkeit ist die räumliche und hierarchische Struktur zu überlegen. Dabei sind zentrale
und dezentrale Lösungen miteinander zu vergleichen. Bei der Beurteilung spielen der Aufwand für die Datenübertragung, z. B. charakterisiert durch das Produkt "erforderliche Bandbreite x Länge der Über-
tragungswege", und der bekannte Grundsatz, daß die Informationen dort
verarbeitet werden sollen, wo sie anfallen, eine wichtige Rolle. Eine
gründliche Analyse aller im Leitsystem zu verarbeitenden Informationen dient zur "Optimierung des Informationsflusses" mit folgenden
Gesichtspunkten:

- Anpassung des Informationsflusses an die Prozeßeigenschaften

- Verwendung der für die Sicherung benötigten Informationen im
  Rahmen der Steuerung und Betriebsführung

- Festlegung übersichtlicher Schnittstellen zwischen den Teilsystemen

- Minimierung der Datenübertragung im Gesamtsystem.

Ein weiteres Kriterium für die Festlegung der Systemstruktur liegt in
der Beantwortung der Frage, wie die Einflüsse von Ausfällen leit-
technischer Einrichtungen auf den Betriebsablauf möglichst gering gehalten werden können.

Dazu gehört einerseits die Forderung nach einer hohen Verfügbarkeit
insbesondere der prozeßnah angesiedelten Einrichtungen, welche durch
entsprechende Zuverlässigkeit der Komponenten und ein geeignetes Re-
dundanzkonzept erfüllt wird. Andererseits muß das Leitsystem so ausgelegt sein, daß es bei einer Störung in der Lage ist, die resultierende Gesamtverspätung der Züge zu minimieren. Die Anwendung zugehöriger Regelstrategien verlangt von vornherein eine bestimmte Infrastruktur des Leitsystems.

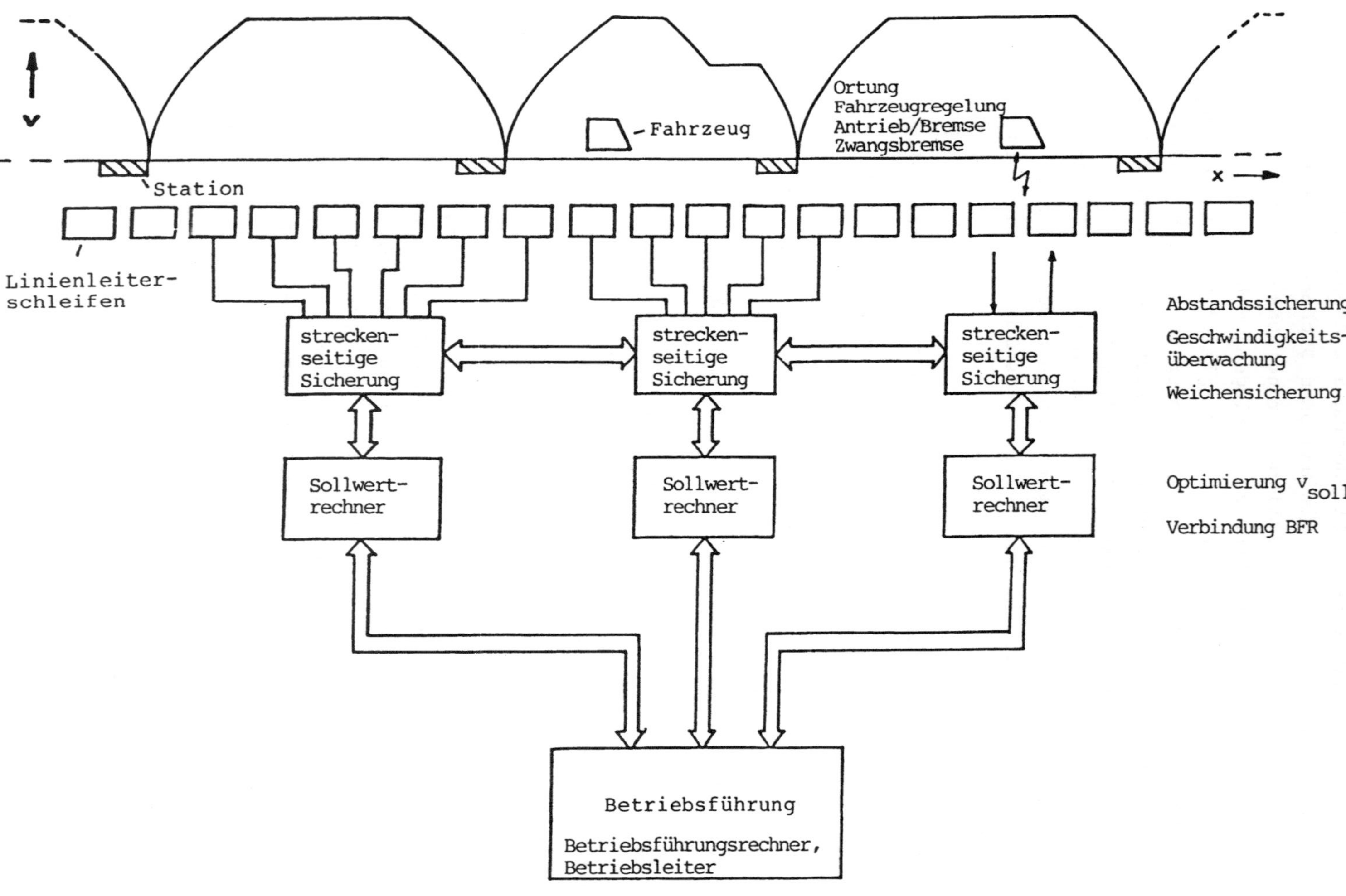

Bild 3: Grundstruktur eines dezentralen Betriebsleitsystems für den spurgebundenen Nahverkehr

Das Ergebnis dieser Überlegungen soll anhand der ausgewählten Grundstruktur eines Betriebsleitsystems für zukünftige Nahverkehrsbahnen
(z. B. automatisch gesteuerte Kabinenbahnen) gezeigt werden (Bild 3).
Strukturbestimmend ist die konsequente dezentrale Anordnung der vollautomatisch arbeitenden Sicherungs- und Steuerungseinrichtungen, die
in der Lage sind, den Betrieb im Normalfall selbständig durchzuführen. Im Rahmen der übergeordneten zentralen Betriebsführung sind
Einwirkungen des Personals möglich, was bei bestimmten Störungsfällen
erforderlich sein kann.

Die räumlichen Zuständigkeitsbereiche der einzelnen Komponenten gehen
aus Bild 3 hervor. Zu jedem Streckenabschnitt zwischen zwei Stationen
gehören jeweils ein Modul "streckenseitige Sicherung", bestehend aus
Sicherungsschaltwerken zur Abstandssicherung und Geschwindigkeitsüberwachung der Fahrzeuge sowie zur Weichensicherung, und ein Modul
"Sollwertrechner", der für die Optimierung und Vorgabe der Fahrzeugsollgeschwindigkeiten zuständig ist. Zur Fahrzeugortung und Geschwindigkeitsmessung sowie zur Datenübertragung zwischen strecken- und
fahrzeugseitigen Einrichtungen dienen am Fahrzeug verlegte Hochfre-
quenz-Meßkabel, die über Lichtwellenleiter mit den streckenseitigen
Schaltwerken verbunden sind. Dabei wird ein besonderes Redundanzkon-
zept ("funktionelle Redundanz") berücksichtigt. Bei Ausfall einer
Komponente "streckenseitige Sicherung" oder der Nachrichtenverbindung
zum Fahrzeug wird der Fahrbetrieb durch die beiden benachbarten Einrichtungen weitergeführt, die deshalb miteinander kommunizieren
müssen.

Fällt ein Sollwertrechner oder der Betriebsführungsrechner aus, sind
gewisse Einbußen an Betriebsqualität hinzunehmen, jedoch kann der
Fahrbetrieb auch in diesem Fall aufrechterhalten werden.

4. Informationsverarbeitung

Nach der Erläuterung der Systemstruktur soll auf die Informationsverarbeitung im Rahmen der Subsysteme eingegangen werden. Wegen der spezifischen Aufgabenstellung in den drei Ebenen des Leitsystems liegt
der Einsatz der folgenden informationsverarbeitenden Systeme nahe:

- "sichere" Mikrorechner oder Schaltwerke in der Sicherungsebene

- leistungsfähige Kleinrechner ohne Sicherheitsverantwortung in der Steuerungsebene

- "klassische" zentrale Prozeßrechner in der Betriebsführungsebene.

4.1 Betriebssicherung

Die sicherungstechnischen Einrichtungen des Leitsystems mit fahrzeug- und streckenseitigen Komponenten müssen dafür sorgen, daß jegliche Gefahr für Personen und Sachen vermieden wird. Beliebige Fehler in einer Sicherungseinrichtung dürfen sich nicht schädlich auswirken, sie müssen sofort erkannt werden, damit ein Abbremsen des betroffenen Zuges in den sicheren Haltzustand ausgelöst wird. Aufgrund dieser Anforderung kommen nur informationsverarbeitende Systeme mit fail-safe-Verhalten in Frage. Vor dem Einsatz von sicherungstechnischen Bausteinen muß in einem behördlichen Sicherheitsnachweis bewiesen werden, daß kein gefährlicher Zustand aufgrund von Hardwarefehlern auftreten kann und daß eine fehlerfreie Software vorliegt.

Es haben sich zwei verschiedene Konzepte jeweils mit zugelassenen Sicherungsbausteinen durchgesetzt.

Bei der einen Lösung handelt es sich um ein zweikanaliges Schaltkreissystem in Widerstands-Transistor-Technologie /4/. Die beiden parallelen Kanäle werden bei jedem Taktschritt auf Antivalenz geprüft, und zwar im Rahmen jedes einzelnen Bausteins zur Speicherung und Verknüpfung von Daten. Es müssen also sämtliche Zwischenvergleichsergebnisse positiv sein, damit die weitere Verarbeitung freigegeben wird. Bei Störung der Antivalenz wird der Ausgang eines Schaltwerkes sofort in den spannungslosen Zustand geschaltet.

Die Alternative besteht in einem zweikanalig aufgebauten Mikrorechnersystem /5/. Die einzelnen Operationen werden von zwei unabhängigen Mikrorechnern mit Ausgangsvergleicher durchgeführt. Das Ergebnis wird nur dann weitergegeben, wenn alle Verarbeitungsschritte übereinstimmend ausgeführt worden sind.

Während es bei den Sicherungsschaltwerken darauf ankommt, die Zahl der Rechenoperationen zu begrenzen und möglichst viele Informationen in Tabellenspeichern zu hinterlegen, darf beim sicheren Mikrorechnersystem die als fehlerfrei geforderte Software wegen des Prüfaufwands nicht zu umfangreich werden.

4.2 Sollwertrechner

Der Sollwertrechner dient zur dezentralen automatischen Steuerung des
Betriebsablaufs. Zu jedem Streckenabschnitt zwischen zwei Stationen
(vgl. Bild 3) gehört ein solcher Rechner, der zweckmäßigerweise keine
Sicherheitsverantwortung besitzt. Seine Hauptaufgabe besteht in der
Optimierung und Vorgabe der Fahrzeugsollgeschwindigkeiten, die von
der streckenseitigen Sicherung auf Zuverlässigkeit überprüft werden.

Als Eingangsinformationen benötigt der Sollwertrechner von der Sicherungsebene nur solche Daten, die dort ohnehin verarbeitet werden
müssen (Fahrzeugnummern, Istpositionen und -geschwindigkeiten der
Fahrzeuge, Gefahrenpunkte).

Um dispositive Vorgaben der zentralen Betriebsführung zu ermöglichen,
kommunizieren die Sollwertrechner mit dem Betriebsführungsrechner. Sie
versorgen ihn mit Prozeßdaten und empfangen aktuelle Fahrplandaten und
Fahrstraßenanforderungen.

Jeder Modul "Sollwertrechner" mit standardisierter Software besitzt
die folgende innere Struktur:

- Sende-/Empfangseinrichtung für die Nachrichtenverbindung mit der
  streckenseitigen Sicherung

- Sende-/Empfangseinrichtung für die Nachrichtenverbindung mit dem
  Betriebsführungsrechner

- Übergeordneter Koordinationsrechner zur Speicherung der festen betrieblichen Daten und der streckenspezifischen Daten sowie zur Vorverarbeitung von aktuellen Prozeßdaten

- nachgeordnete fahrzeugorientierte Rechner zur Berechnung der Fahrkurven.

Eine interne Aufgabenteilung zwischen den beiden genannten Rechnerbe-
reichen bietet sich an, weil der Koordinationsrechner relativ viele
mehrfach benötigte Daten speichern und zuordnen muß und ein Optimie-
rungsrechner, der ein spezielles Fahrzeug zu betreuen hat, umfangreiche Berechnungen durchführen muß. Wie bereits durch die in Kap. 2 beschriebenen Zusammenhänge angedeutet wird, ergeben sich hier aufgrund

der erläuterten Struktur und Aufgabenverteilung praktikable Anwendungen der Theorie optimaler Prozesse und ihrer Steuerung, die sich bisher in der Praxis nur beschränkt durchsetzen konnte.

Insgesamt können mit Hilfe der Sollwertoptimierung die Fahrstrategien

- zeitoptimale Fahrweise
- energieoptimale Fahrweise entsprechend den Fahrplanvorgaben
- betriebsoptimale Fahrweise bei Abweichungen vom Fahrplan

realisiert werden, wobei ein kultivierter Fahrverlauf für jedes einzelne Fahrzeug erzielt wird. Da entsprechend dem Prinzip der adaptiven Steuerung /6/ eine ständige Anpassung an die Betriebssituation gegeben ist, wobei das Verhalten anderer Fahrzeuge berücksichtigt wird, kann auch bei Störungsfällen ein flüssiger Betriebsablauf erreicht werden.

4.3 Simulation

Um das Zusammenspiel der dezentralen Komponenten des Betriebsleitsystems zu testen, wurde eine Echtzeitsimulation durchgeführt, in der die Funktionen der Fahrzeugsicherung, der Fahrzeugregelung und des Sollwertrechners nachzubilden waren. Die vereinbarte Aufgabenteilung, daß die Fahrzeugregelung für die Einhaltung der Sollgeschwindigkeit, für die Zielbremsung und über feinfühlige Beschleunigungs- und Geschwindigkeitsregler für einen guten Fahrkomfort sorgt und als Eingangsinformation vom Sollwertrechner die aktuelle optimale Sollgeschwindigkeit erhält, spiegelt sich in der gewählten Hardwarekonfiguration wieder. Die Regelung der einzelnen elektronisch simulierten Fahrzeuge wurde mit Mikrorechnern /7/ aufgebaut, die Sollwertvorgabe wurde auf einem als Prozeßrechner arbeitenden Tischrechner mit Grafikbildschirm zur Darstellung der Fahrkurven programmiert. Das wichtigste Ziel dieser Untersuchungen bestand im Test der Steuerungsalgorithmen der Sollwertvorgabe, deren Einfluß auf den Prozeß möglichst umfassend festgestellt werden sollten.

Dazu war es erforderlich, auch die fahrdynamischen und betrieblichen Eigenschaften eines Bahnsystems nachzubilden (z. B. Fahrwiderstände, Streckenabschnitte mit Geschwindigkeitbeschränkungen und Stationshaltepunkten, Haltezeiten, planmäßige und gestörte Fahrverläufe der Züge).

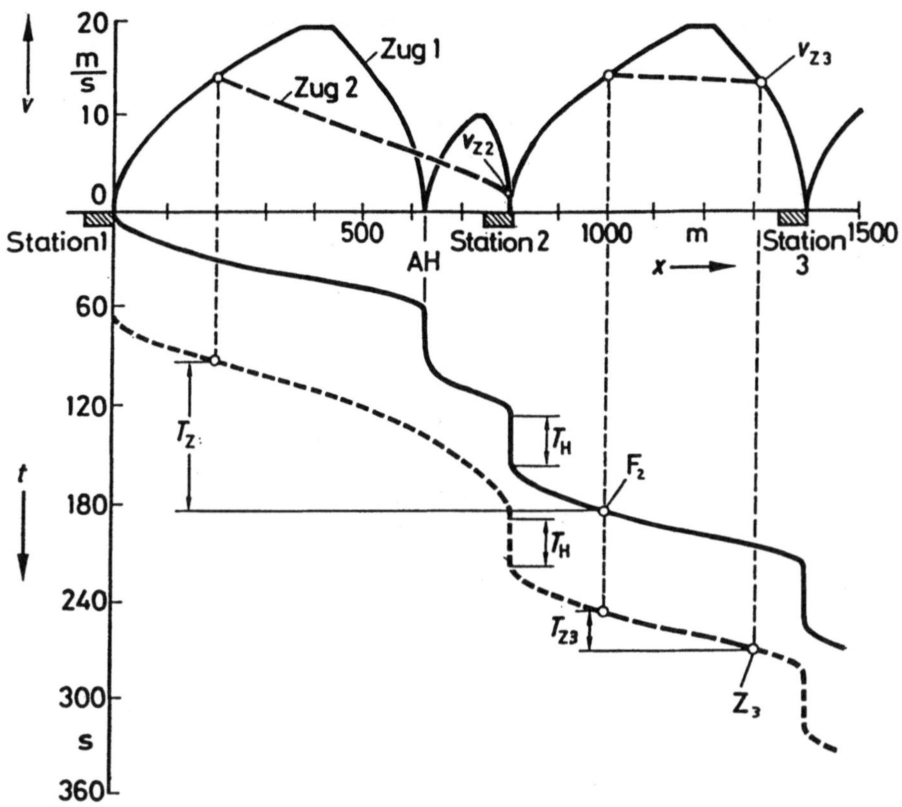

Bild 4: Simulierte Fahrverläufe zweier Züge nach /6/.
Verspäteter Zug Nr. 1 (außerplanmäßiger Halt AH).
Betriebsoptimal gesteuerter Zug Nr. 2 (Zielpunkt Z3,
Zielgeschwindigkeit v_{Z3}, Sollfahrzeit T_{Z3}).

Ein ausgewähltes Simulationsergebnis ist in Bild 4 dargestellt. Es
zeigt die simulierten Fahrverläufe von zwei Zügen auf einer Nahver-
kehrsstrecke mit drei Stationen im Geschwindigkeits-Weg-Diagramm $v(x)$
mit dem zugehörigen Weg-Zeit-Verlauf $x(t)$. Dabei wurde angenommen,
daß Zug Nr. 1 auf Grund einer Störung zu einem außerplanmäßigen Halt
vor der Station 2 gezwungen wird. Die nachfolgenden Züge müssen sich
in ihrer Fahrweise nach dem Verhalten dieses verspäteten Zuges rich-
ten. Bei der Festlegung ihrer Fahrweise soll ein Zwischenhalt nach
Möglichkeit vermieden werden, was bei konventionellen Zugsteuerungen

i. a. nicht gewährleistet werden kann. Folgende Bearbeitungsschritte sind erforderlich:

- Abschätzung des Verhaltens des vorausfahrenden Zuges auf Grund seiner Positions- und Geschwindigkeitsmeldungen

- Festlegung der Sollfahrzeit für den nachfolgenden Zug bis zur nächsten Station

- Berechnung der Sollgeschwindigkeit mit Berücksichtigung der aktuellen Position und Geschwindigkeit.

Dieser Berechnungsgang wird zyklisch (z. B. im Sekunden-Takt) durchgeführt. Das Ergebnis von Bild 4 bestätigt, daß mit Hilfe der beschriebenen Strategie ein flüssiger, energiesparender Fahrverlauf erzielt werden kann.

Der Vorteil der Simulation liegt weiterhin in der Möglichkeit, ohne großen Aufwand auch die Anwendbarkeit bei anderen Bahnen (z. B. Magnetschnellbahnen) zu testen.

Literatur

/1/   Kraft, K. H.: Systematik fahrdynamischer Untersuchungen
           bei der Automatisierung des Bahnbetriebes. Siemens
           Forsch.- u. Entwickl.-Ber. 12 (1983), S. 209 - 217.

/2/   Hümmer, K.; Kraft, K. H.; Lüers, W.: Ein Simulations-
           modell zur Untersuchung von Betriebsabläufen bei Bahnen.
           Arch. f. Eisenbahntechn. 35 (1980), S. 41 - 49.

/3/   Kraft, K. H. und Schnieder, E.: Optimale Trajektorien
           im spurgebundenen Schnellverkehr. Regelungstechnik
           29 (1981), H. 4/5, S. 111 - 119 und 152 - 155.

/4/   Lohmann, H.-J.: URTL-Schaltkreissystem U1 mit hoher Sicher-
           heit und automatischer Fehlerdiagnose.
           Siemens-Z. 48 (1974), S. 490 - 494.

/5/   Lohmann, H.-J.: Sicherheit von Mikrocomputern für die
           Eisenbahnsignaltechnik. Elektron. Rechenanlagen 22
           (1980) 5, 229 - 236.

/6/   Kraft, K.H.: Optimierung und Vorgabe der Sollgeschwindig-
           keit bei der automatischen Zugsteuerung im spurgebundenen
           Nahverkehr. Siemens Forsch.- u. Entwickl.-Ber. 12
           (1983), S. 280 - 284.

/7/   Schnieder, E.: Zustandsregelung der Translationsbewegung
           von Magnetschnellbahnen. Siemens Forsch.- u. Entwickl.-
           Ber. 10 (1981), S. 379 - 384.

<u>GEDANKEN ZUR AUSBILDUNG VON INFORMATIKERN UND INGENIEUREN</u>

F.-L. Krause   W. Straßer
Fraunhofer Institut für   Technische Hochschule Darmstadt
Produktionsanlagen und   FG Graphisch-interaktive Systeme
Konstruktionstechnik (IPK)   im FB Informatik
Kleiststraße 23-26   Alexanderstraße 24
D-1000 Berlin 30   D-6100 Darmstadt

<u>Kurzfassung</u>

Den Wechselbeziehungen zwischen Ingenieurswissenschaften und Informatik müssen die
Hochschulen durch entsprechende Studienangebote Rechnung tragen. In der Übergangs-
phase zu neuen Studiengängen kann die graphische Datenverarbeitung eine wichtige
Brückenfunktion übernehmen. Das Lehrangebot in Graphischer Datenverarbeitung an der
TH Darmstadt und Diskussionsmodelle an der TU Berlin zur Integration von Ingenieurs-
wissenschaften und Informatik werden vorgestellt.

<u>Einleitung</u>

Die Wechselbeziehungen zwischen Ingenieurswissenschaften und Informatik sind in der
beruflichen Praxis bereits so weit fortgeschritten und für den Erfolg eines Projektes
oft entscheidend, daß auch die Hochschulen durch eine Weiterentwicklung ihres Lehr-
angebotes dieser Tatsache begegnen müssen. Aus vielen Bereichen des Maschinenbaus
und der Elektrotechnik werden Stellen für Hochschulabsolventen angeboten, die in
der Gestaltung ihres Ausbildungsganges eine Vereinigung von Ingenieur- und Informa-
tikstudium versucht haben.
Aus der Sicht des Ingenieurs resultiert diese notwendige Erweiterung der Ausbildung
aus der Tatsache, daß der Rechner inzwischen in allen Bereichen zu finden ist:

- der Rechner ist in modernen Entwurfshilfsmitteln die wichtigste Komponente,
- der Rechner wird in neue Produkte integriert,
- der Rechner ist eine unumgängliche Voraussetzung für die Realisierung moderner
  Fertigungsmethoden.

Hardware- und softwaremäßige Kenntnisse über zu erwartende Weiterentwicklungen sind
deshalb für den Ingenieur unverzichtbar geworden.

Der Informatiker wiederum wird mit der Tatsache konfrontiert, daß die Entwicklung seines Fachgebietes zunehmend von den Fortschritten der Mikroelektronik geprägt wird und sein Berufsbild in schnellem Wandel vom "Mathematiker zum experimentierenden Ingenieur" begriffen ist. Die "Technische Informatik" mit Öffnung zur Halbleitertechnik gewinnt deshalb zunehmend an Bedeutung.

In den Berufsverbänden und den Fachbereichen der Hochschulen wird diese Situation nun seit einigen Jahren diskutiert und es hat auch nicht an Vorschlägen zur Anpassung der Studieninhalte gefehlt, sei es über ein entsprechendes Nebenfachangebot oder gar die Neuordnung eines Studienganges.

Allen Vorschlägen ist gemeinsam, daß die Ausbildung im "anderen Fach" bereits im Grundstudium beginnen sollte.

Die Schwierigkeiten bei der Umsetzung der Vorschläge liegen einerseits im Fehlen von Dozenten, die beide Fächer kompetent und aktuell vertreten könnten, andererseits in der hohen Semesterwochenstundenzahl, die als notwendig angesehen wird. Diskutiert man gerade den letzten Punkt, so stellt man fest, daß bei vermehrtem Informatikwissen der Maschinenbauer kompliziertere Lösungen anwenden kann und eigentlich noch mehr eigene Fachkenntnisse haben müßte. Diese Wechselbeziehung muß bei der Bemessung des Umfanges der Lehrveranstaltungen berücksichtigt werden.

Die Graphische Datenverarbeitung als "Brücke"

Alle den Autoren bekanntgewordenen Vorschläge zur Einbeziehung von Informatikfächern in die Ingenieurwissenschaften, insbesondere den Maschinenbau, lassen eine systematische Darstellung von Grundlagen und Methoden der Informatik im Grundstudium und je nach Tätigkeitsschwerpunkt des Ingenieurs eine gründliche Ausbildung in Gebieten der Praktischen oder Technischen Informatik wünschenswert erscheinen. Eine Realisierung solcher Vorstellungen hängt selbstverständlich von den örtlichen Gegebenheiten der einzelnen Hochschulen ab und kann sicher nur schrittweise vorgenommen werden. Die Graphische Datenverarbeitung bietet sich hier als "Brücke" an. Sie hat sich einerseits während der letzten 10 Jahre als Fach innerhalb der Informatik etabliert und wird andererseits von vielen Ingenieuren inzwischen als so wichtig eingeschätzt, daß sie ihre Einführung ins Grundstudium wünschen.

Die graphische Darstellung ist das Ausdrucksmittel des Ingenieurs. Sie findet in Graphiksystemen die Schnittstelle zum Rechner und motiviert den Ingenieurstudenten, sich über dieses "Zeichengerät" mit Hardware- und Software-Komponenten näher zu befassen. Dabei wird er bald über Kompatibilitätsprobleme stolpern, z.B. beim Anschluß neuer Peripheriegeräte oder beim Versuch, Graphiksoftware anderer Installationen zu nutzen, und so über Teilprobleme zur Kernfrage "Was ist eigentlich ein Graphiksystem" vorstoßen. Hier wird er dann auf einer hohen Abstraktionsebene den Begriff des "Graphischen Kernsystems" wiederfinden und anhand des Schalenmodells (s. Bild 1) alle Komponenten und die entsprechenden Schnittstellen eines Systems exemplarisch am Graphiksystem kennenlernen können. Die Konzepte der logischen Eingabegeräte, der Ausgabeprimitives oder der GKS-Workstation des Graphischen Kernsystems zeigen ihm, wie durch Abstraktion Lösungen verallgemeinert werden können.

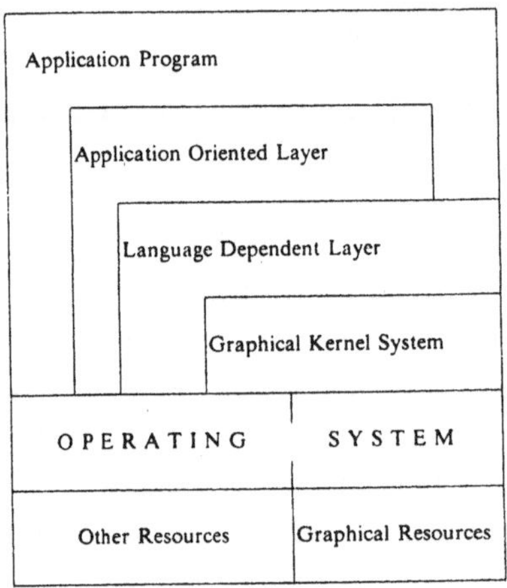

Layer Model of a Graphics System

Bild 1:   Schalenmodell eines Graphiksystems

Diese Beispiele lassen sich in Richtung Modellierung, Simulation und interaktive Systeme ausweiten. Die Graphische Datenverarbeitung vereinigt in sich, wie wohl kein anderes Fach, fast alle Gebiete der Informatik und bietet sich damit als "Brücke" zu Informatikmethoden und -wissen an. Darüber hinaus dringen Methoden und Systeme der Graphischen Datenverarbeitung in andere Informatikdisziplinen vor. Dies zeigt sich am deutlichsten am vielfältigen Einsatz von Arbeitsplatzsystemen mit hochauflösendem Bildschirm und eigenständigem Rechner.

Der Ingenieur mit Graphik-Wissen hat auf diese Weise auch ein "Fenster" zur Informatikentwicklung, was bei der stürmischen Fortentwicklung besonders wichtig ist.

Ein Lehrveranstaltungszyklus in Graphischer Datenverarbeitung an der TH Darmstadt

Im folgenden wird ein Lehrveranstaltungszyklus beschrieben, wie er an der TH Darmstadt im Fachbereich Informatik vom Fachgebiet Graphisch-Interaktive Systeme (GRIS) seit einigen Jahren angeboten wird und die oben geforderte Aufteilung in Grundwissen und verschiedene fachliche Vertiefungsrichtungen anbietet. (s. Bild 2)

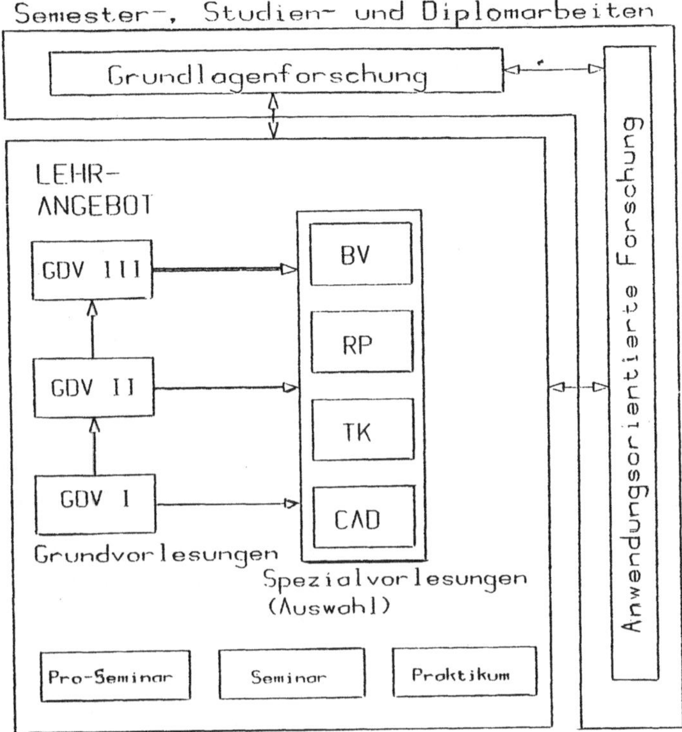

Bild 2:   Graphische Datenverarbeitung an der TH Darmstadt

Er setzt allerdings den Besuch der "Informatik für Ingenieure" voraus, die in 8 SWS Vorlesungen und Übungen Elementares in Hardware/Software vermittelt.

1) Lehrveranstaltungen

- Graphische Datenverarbeitung: Vorlesung über drei Semester mit je 2 SWS Vorlesung und 2 SWS Übungen
- Anwendungsfächer mit (2+0) SWS: Vorlesungen über CAD, Bildverarbeitung, Technische Kommunikation und Rechnerperipherie (pro Semester werden jeweils 2 Vorlesungen angeboten)
- Seminare mit (3+0) SWS
- Praktikum mit (0+3) SWS

2) Semester-, Studien- und Diplomarbeiten mit Grundlagen- oder anwendungsnahen
   Themen. Eine Semesterarbeit dauert in der Regel drei Monate, Studien- und Diplomarbeiten haben den Umfang von sechs Monaten. In den Semester- und Studienarbeiten
   üben die Studenten an einem praxisnahen Objekt die vermittelten Grundlagen und
   Methoden der Graphischen Datenverarbeitung (system-, programm- und/oder geräte-
   technisch).

In der "Grund"-Vorlesung Graphische Datenverarbeitung (GDV) werden folgende Inhalte
vermittelt und durch Übungen am Graphiksystem vertieft:

GDV I   (2+2): Definition, Ziele und Modelle; Graphische Systeme, Prozessoren
                 und Peripherie; Architekturen, Komponenten, Schnittstellen, Inte-
                 gration; Mathematische Grundlagen; Koordinationstransformationen,
                 Kurven, Flächen, Algorithmische Grundlagen (z.B. Visibilitätsalgo-
                 rithmen, Farbinterpolation und Glättung).

GDV II   (2+2): Graphische Programmierung; Kernsystem (sehr ausführlich: GKS);
                 Dialoggeneratoren; Programmierung von graphischen Dialogsystemen.

GDV III   (2+2): Anwendungsschnittstellen; Geometrisches Modellieren; Rastertech-
                 nologie; spezielle graphische Prozessoren (Multi-Mikroprozessoren);
                 Datenbankfragen, Neuere Entwicklungen.

Die anwendungsorientierten Vorlesungen haben als Inhalt:

Rechnerperipherie (RP) (2+0):   Entwicklung graphischer Systemkomponenten und
                                spezielle Prozessoren zur Unterstützung graphischer
                                Systemfunktionen; Kopplung an DV-Systeme; Integra-
                                tion im Gesamtsystem; Datenübertragung und Sicherung;
                                verschiedene Kanaltypen und Bussysteme; Prozessoran-
                                schluß.

Technische Kommunikation (TK) (2+0): Graphische Mikrorechner; Integration Bild-Text-
                                Graphik; hochauflösende Workstations, Kommunikations-
                                netze; graphische Protokolle, Fragen der verteilten
                                Graphik; Beispielanwendungen (Bürographik, Bildschirm-
                                text, u.a.)

Bildverarbeitung (BV) (2+0):   Grundbegriffe und mathematische Grundlagen; Verfahren
                                der Bilderkennung, -erfassung, -verbesserung und
                                -strukturierung; Filtertechniken; Rastertechniken;
                                Integration "Bildverarbeitung/interaktive Graphik"
                                über Rastertechnologie; Beispielanwendungen; Möglich-
                                keiten der Mehrprozessorsysteme.

Computer-Aided-Design (CAD) (2+0): Struktur von CAD-Systemen; Modellierungsschnitt-
stelle, Modellierungssoftware (z.B. PADL);
Dateischnittstellen (z.B. IGES); Verfahren zur
technischen Evaluierung und wirtschaftliche Begründung von CAD-Systemen; CAD-Datenbanken;
Methodenbankfragen; Informationssystemaspekte;
CAD-Systemprogrammierung.

In den Seminaren lernen die Studenten, aktuelle Literatur zu studieren, verschiedene
Literaturinhalte miteinander zu vergleichen und zu bewerten und die erarbeiteten
Kenntnisse in Form eines Vortrages anderen zu vermitteln. Die verwendete Literatur
behandelt immer ein fachlich aktuelles Thema der Graphischen Datenverarbeitung.

Das Praktikum gibt dem Studenten die Möglichkeit, das Bedienen und Programmieren
eines graphischen Systems sehr systemnah zu üben. Dabei kommt es weniger auf die
Operatorfunktion als auf das Kennenlernen der Architektur und Systemsoftware eines
graphisch-interaktiven Arbeitsplatzes an.

Der Student hat nun über dieses Angebot je nach Fachrichtung und persönlichem Interesse die Möglichkeit, "seine Auswahl" vorzunehmen. Er kann sich über Kombinationen aus dem Lehrangebot von vier Stunden (GDV I mit 2+2 als Minimum) bis zu
25 Stunden prüfen lassen; dies bedeutet Wahlmöglichkeiten vom einfachen Wahlfach
bis zum Schwerpunktfach. Beispiele solcher Kombinationen sind:

4 Stunden: GDV I (2+2) Minimalvoraussetzung
6 Stunden: GDV I (2+2) mit _einer_ Vorlesung (2+0) aus RP, TK, BV oder CAD
8 Stunden: GDV I (2+2)
           GDV II (2+2)   oder
           GDV I (2+2) mit _zwei_ Vorlesungen (2+0) aus RP, TK, BV oder CAD
10 Stunden: GDV I (2+2)
           GDV II (2+2) mit _einer_ Vorlesung (2+0) aus RP, TK, BV oder CAD
12 Stunden: GDV I (2+2)
           GDV II (2+2)
           GDV III (2+2) oder
           GDV I (2+2)
           GDV II (2+2) mit _zwei_ Vorlesungen (2+0) aus RP, TK, BV oder CAD

etc., etc., etc.

Dazu kommen noch ergänzend und je nach Auswahl: Seminar und Praktikum. Außerdem
werden die Studenten über die Semester-, Studien- und Diplomarbeiten an aktuellen
Forschungsarbeiten des Fachgebietes aktiv beteiligt.

Dieses Lehrangebot wird an der TH Darmstadt im wesentlichen von Studenten der
folgenden Fachrichtungen in Anspruch genommen:

      (1) Informatik (über 50 %)

      (2) Mathematik

      (3) Wirtschaftsinformatik

      (4) Elektrotechnik

      (5) Maschinenbau (sehr wenige, Tendenz aber steigend)

Diskussionsmodelle an der TU Berlin

Die skizzierte "Brücke" der Graphischen Datenverarbeitung kann nur eine Übergangs-
funktion übernehmen und muß mittelfristig zu neuen Studiengängen führen, wie sie
z.B. vom Fakultätentag Informatik für ein Nebenfach Informatik bzw. vom Fakultätentag Maschinenbau für ein Nebenfach Maschinenbau vorgeschlagen wurden. Die einzelnen
Hochschulen werden dabei entsprechend ihren Möglichkeiten unterschiedliche Vorstellungen entwickeln. Im Rahmen einer Diskussion zur Vorbereitung von Vorschlägen,
Informatik- und Ingenieurwissen miteinander in Studienrichtungen und Studiengängen
zu verbinden, sind folgende Grundkonzepte gefunden worden. Es muß angemerkt werden,
daß keines dieser Konzepte das Diskussionsstadium überschritten hat.

Informatik-Studium mit Nebenfach Maschinenwesen

Die Anreicherung eines Informatik-Studiums mit Kenntnissen aus dem Maschinenwesen
oder einer anderen Ingenieurrichtung ist wünschenswert, weil vielen Informatikstu-
denten nach Beendigung ihres Studiums der Anwendungsbezug fehlt. Den Berufsanfängern
fällt es schwer, sich in einer fremden Welt, wie sie beispielsweise eine Fabrik darstellt, zurechtzufinden. Andererseits ist es für Ingenieure nicht immer leicht, den
sprachlichen Formulierungen von Informatikern zu folgen. Beide Problemstellungen
lassen sich lösen, wenn für Informatiker der Schritt zu einem Nebenfach Maschinenwesen eröffnet wird. Dazu sind Lehrangebote im Grundstudium wie im Hauptstudium aus
dem Maschinenwesen erforderlich, die Mehrbelastung aber kann in engen Grenzen gehalten
werden.

Maschinenbaustudium mit der Studienrichtung Informationstechnik

Die andere Fragestellung ist, in welcher Form Maschinenbauer in die Lage versetzt
werden könnten, Informatik-Kenntnisse zu erwerben. Eine Möglichkeit bestünde in der
Einrichtung einer entsprechenden Studienrichtung Informationstechnik. Es sei angemerkt, daß die Einrichtung von Studienrichtungen in die Kompetenz von Fachbereichen
fällt, und daher relativ leicht realisierbar erscheint.

Im Grundstudium sind Grundlagen der praxisbezogenen Informatik zu lehren wie sie
durch Programmierungstechnik und Methodik eines Mikroprozessorpraktikums vermittelt
werden könnten. Im Hauptstudium könnte eine mögliche Informatik-Fächerliste wie
folgt beschaffen sein:

- Einführung in die Softwaretechnik,
- Computer Graphics
- Informationssysteme,
- Systemanalyse,
- Rechnerarchitekturen.

Informatikingenieur

Die weitestgehende Vereinigung von Informatiker- und Ingenieurswissen könnte durch
die Schaffung eines Studienganges Informatikingenieur erreicht werden.

Das Praktikum sollte dabei dem Maschinenbaupraktikum entsprechen, bei dem Studenten Grundfertigkeiten der Fertigungstechnik in Industriebetrieben vermittelt werden.
Das Grundstudium sollte die Mathematik der Ingenieure für drei Semester enthalten
und ein Aufbausemester in Informatik-Mathematik vorsehen. Damit wäre auch die Möglichkeit gegeben, ein volles Maschinenbaustudium nach dem Vordiplom durchzuführen.
Mechanik, Konstruktionslehre, Fertigungslehre, Werkstofftechnik, Elektrotechnik und
Physik wären wie im Maschinenbaustudium zu absolvieren. Hinzu kommen die Informatik-
fächer Algorithmen und Rechnerorganisation. Der Stundenumfang würde dann dem des
Maschinenbaustudiums entsprechen. Nach dem Vordiplom wären stundenmäßig gleichver-
teilt Informatik- und Maschinenbaufächer zu wählen. Dabei sind folgende Informatik-
fächer in Erwägung zu ziehen:
- Prozeßdatenverarbeitung
- Computer Graphics und CAD
- Systemanalyse und betriebliche DV
- Betriebssysteme
- Softwaremethodik
- Informationssysteme.

Folgende Ausrichtungen im Maschinenbau sollten möglich sein:
- konstruktionsorientiert,
- produktionstechnikorientiert,
- analytischorientiert
- und nach Beratung auch rechnerarchitektive und
- theoretische Informatik.

Die Gesamtstundenzahl sollte der des Maschinenbaustudiums entsprechen.
Es wäre anzustreben, daß die Studenten Studien- und Diplomarbeit wechselweise in
dem einen und anderen Fachbereich durchführen, wobei hier die Zeitbegrenzungen an-
zugleichen wären.

Schlußfolgerungen

Das Tätigkeitsfeld des Ingenieurs ist äußerst vielfältig. Es fällt deshalb schwer,
allgemeine Aussagen über die Ausbildung der Ingenieure in Informatik zu machen.
Die graphische Darstellung als Ausdrucksmittel ist für alle Ingenieure von großer
Wichtigkeit und bietet sich als Anknüpfungspunkt zur Graphischen Datenverarbeitung
an. Die intensive Beschäftigung mit diesem Fachgebiet bringt den Ingenieur mit den
meisten Gegenständen der Informatik in Berührung. Die Graphische Datenverarbeitung
kann so eine Brückenfunktion zwischen Ingenieurwissenschaften und Informatik im
Ausbildungsbereich übernehmen. Mittelfristiges Ziel muß es sein, durch neue Studien-
gänge Informatikwissen in Ingenieursfachrichtungen und umgekehrt zu vermitteln.
Die exemplarisch für den Bereich des Maschinenbaus beschriebenen Vorschläge sollen
dazu beitragen, die Diskussion in den betroffenen Gremien weiter voranzutreiben und
die Umsetzung an den Hochschulen zu beschleunigen.

Verwendete Literatur

Maschinenwesen und Informatik. Zusammenfassung der Diskussion des Arbeitskreises
"Informatik/Maschinenwesen" im Haus Rhode,
Informatik-Spektrum 5 No. 2, 1982, 128-129

Empfehlungen der Gesellschaft für Informatik für die Ausbildung von Diplom-Informa-
tikern an wissenschaftlichen Hochschulen; Papier des Fachausschusses FA 7.1,
Entwurf vom 15.3.1984

Empfehlungen zum Nebenfach-Studium der Informatik vom 11.11.1983,
Fakultätentag Informatik

"Graphische Datenverarbeitung für Ingenieure", Diskussionen im Arbeitskreis AK 4.1.3
"Ausbildungsfragen und Koordinierung von Verbandsaktivitäten" des Fachausschusses
"Graphische Datenverarbeitung" der GI

Lovis, Tagg (eds.):   Proceedings of IFIP WG 3.2 Working Conference on Informatics
                      education for all students at university level
                      North-Holland

Jenkins (ed.):   Proceedings of SEFI-Workshop on the impact of Electronics and
                      Computers on the Training of Mechanical and Industrial En-
                      ginees, Udine, Italy, May 1982

Golling, Hernaut: Informatik-Grundlagen im Rahmen des Grundstudiums der Elektro-
                      technik, ETZ, Bd. 104/1983, Heft 24,   1264-1268

Deutscher Beton-   Gedanken zur Ausbildung von Bauingenieuren in der Datenverar-
verein: arbeitung an den wissenschaftlichen Hochschulen in der Bundes-
                      republik Deutschland, 1983

Encarnacao: Ausbildung in Graphischer Datenverarbeitung erläutert am
                      Beispiel der TH Darmstadt; CAMP'83 Proceedings, S. 903 ff.

Grabowski: Der Einsatz von Instrumenten der Computergraphik in der anwen-
                      dungsorientierten Graphik; CAMP'83 Proceedings, S. 910 ff.

<u>DER INTEGRIERTE SIGNALPROZESSOR — ANWENDUNGSBEREICH</u>
<u>UND EIGENSCHAFTEN</u>

A. Lacroix

Institut für Angewandte Physik, Universität Frankfurt
D-6000 Frankfurt/Main 1, Robert-Mayer-Straße 2-4

Kurzfassung:

Für den integrierten Signalprozessor wird der Anwendungsbereich unter besonderer Berücksichtigung von Kommunikationssystemen erläutert. Hieraus ergeben sich Anforderungen an die arithmetische Einheit hinsichtlich Funktion, Rechengeschwindigkeit,
Zahlendarstellung und Wortlänge. Es wird auf eine für Signalverarbeitungsanwendungen
besonders geeignete Prozessorarchitektur eingegangen. Abschließend folgt ein Vergleich
komerziell verfügbarer integrierter Signalprozessoren.

1. Einleitung

In der digitalen Signalverarbeitung haben neben Rechnerimplementierungen schon früh-
zeitig Hardware-Realisierungen eine dominierende Rolle eingenommen. Der Grund liegt
in der großen praktischen Bedeutung der digitalen Signalverarbeitung für moderne
Kommunikationssysteme und andere Anwendungsbereiche. Die bisherige Entwicklung der
Hardware-Realisierung von Systemen zur digitalen Signalverarbeitung kann in drei
Phasen gesehen werden:

(A) Realisierung der ersten digitalen Filter mit SSI- und MSI-Bauelementen der Stan-
    dard-TTL-Schaltkreisfamilie. Dabei ist die Filterstruktur fest, die Übertragungs-
    funktion ist aber einstellbar [1-3]. Bei diesen Realisierungen wurde der Nachweis
    erbracht, daß digitale Filter mit tragbarem Aufwand prinzipiell realisierbar sind.

(B) Realisierung von programmierbaren Signalprozessoren unter Verwendung von MSI- und
    LSI-Bauelementen verschiedener Schaltkreisfamilien (TTL, ECL, MOS). Diese diskret
    aufgebauten Signalprozessoren sind durch ein hohes Maß an Flexibilität ausge-
    zeichnet. Der Filteralgorithmus, allgemeiner der Signalverarbeitungsalgorithmus
    ist programmierbar [4-7]. Damit lassen sich nicht nur lineare Filter realisieren,
    sondern auch Algorithmen wie FFT, Korrelation und vollständige Vocoder.

(C) Realisierung von monolithisch integrierten Signalprozessoren zunächst in NMOS-
    Technologie. Die Verarbeitungsgeschwindigkeit und die Flexibilität der diskreten

Signalprozessoren wird annähernd beibehalten [8-14]. Dank der Großintegration wird aber der Bauelementeaufwand drastisch reduziert. Dadurch haben integrierte Signalprozessoren eine erhebliche wirtschaftliche Bedeutung für die Massenfertigung erlangt.

Außer durch stetige Fortschritte bei der Bauelementeintegration ist diese Entwicklung durch die intensive Untersuchung von Effekten endlicher Wortlänge bei der Darstellung von Signalen und Koeffizienten unterstützt worden [15-19].

2. Anwendungsbereiche und Algorithmen

Die Anwendung der Methoden und Prinzipien der digitalen Signalverarbeitung ist in der Technik und in den Naturwissenschaften außerordentlich vielfältig; die nachstehenden Betrachtungen gelten aber vorwiegend Anwendungen bei Kommunikationssystemen.

Die Tabelle 1 zeigt wichtige Signalarten mit den aus der Nyquist-Bedingung resul-

Tabelle 1:

Signalart	Abtastfrequenz
Telefonsprache	8 kHz
hochqualitative Sprache	15 kHz
Tonsignale	50 kHz
Videosignale	10 MHz
Festbilder	beliebig

tierenden Abtastfrequenzen. Innerhalb einer Abtastperiode $T = 1/f_A$ können bis zu N Operationen bei einer Prozessor-Zykluszeit τ gemäß

$$N \cdot \tau \leq T = 1/f_A \tag{1}$$

ausgeführt werden. Dieser Zusammenhang ist in Bild 1 dargestellt. Man erkennt,daß innerhalb gewisser Grenzen ein Austausch zwischen Abtastfrequenz und Komplexität des Signalverarbeitungs-Algorithmus möglich ist; ein Parameter in dieser Darstellung ist die Zykluszeit.

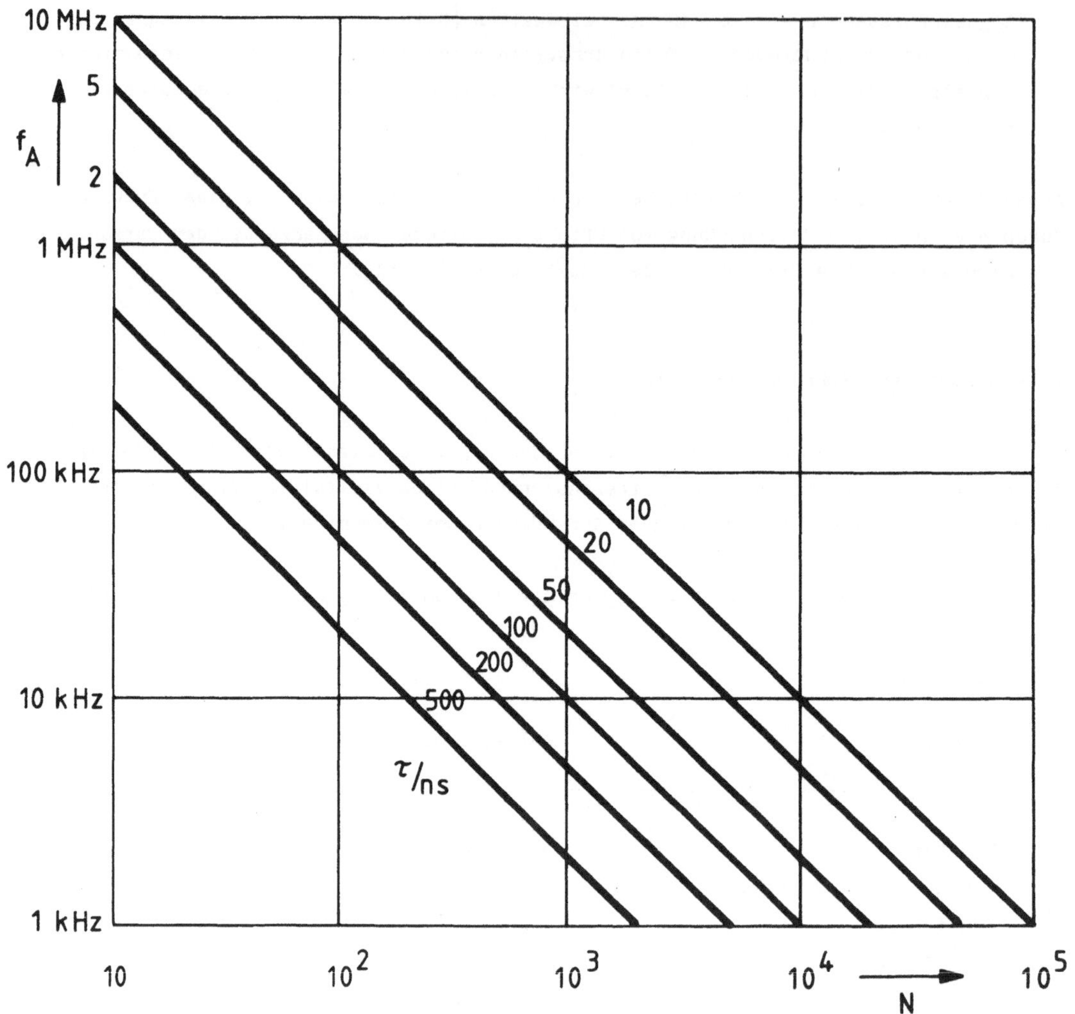

<u>Bild 1:</u> Zusammenhang zwischen Abtastfrequenz und maximaler Anzahl an Prozessor-Zyklen mit der Zykluszeit als Parameter

In Tabelle 2 sind typische Algorithmen der digitalen Signalverarbeitung zusammengestellt [19-21].

Tabelle 2: Algorithmen der digitalen Signalverarbeitung

---

lineare Filterung, rekursiv oder nichtrekursiv

Entzerrung

adaptive Filterung oder Entzerrung

Autokorrelation

Kreuzkorrelation

lineare Prädiktionsanalyse (Durbin, Levinson, Kreuzglied)

Fourier-Transformation (DFT, FFT)

Filterbankanalyse

Cepstrum

Die Funktionsblöcke, die bei diesen Algorithmen überwiegend auftreten, sind in
Bild 2 dargestellt. An arithmetischen Operationen treten vorwiegend die Addition und
die Multiplikation auf; diese Funktionen sollten auf einem Signalprozessor hardware-
mäßig implementiert sein, um eine angemessene Verarbeitungsgeschwindigkeit zu erhalten. Die gelegentlich auftretende Division kann auch softwaremäßig realisiert sein.

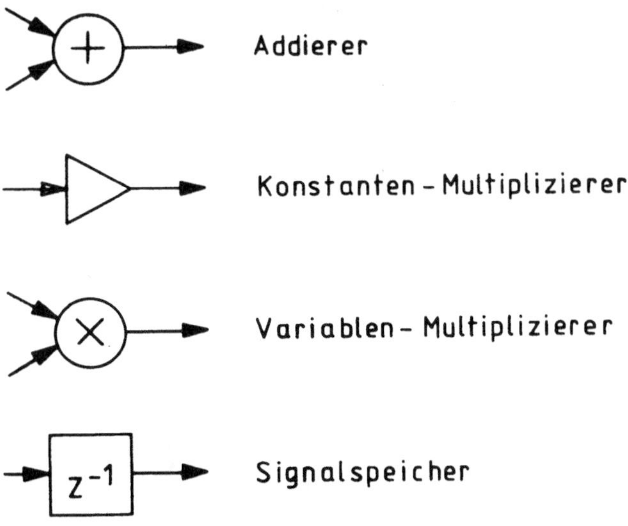

Bild 2: Funktionsblöcke in der digitalen Signalverarbeitung

Der Signalspeicher ist in dreifacher Hinsicht erforderlich:

- Bei Filtern und Systemen zur Realisierung der Zustandsspeicher;
  dabei legt der Systemgrad die Anzahl der Speicher fest.
- Temporäre Speicher für Zwischenergebnisse.
- Bei der blockweisen Verarbeitung von Signalen (beispielsweise
  bei der FFT) für die Speicherung von Signalabschnitten.

Abhängig von der Speicherfunktion könnte der Signalspeicher strukturiert sein

3. Die arithmetische Einheit

Die wichtigsten Funktionen der arithmetischen Einheit sind bereits erwähnt worden:
Schnelle Addition und schnelle Multiplikation.

Für eine effiziente Integration interessiert auch die Zahlendarstellung, Arithmetik
und Wortlänge. Die bisher realisierten Prozessoren [8-10, 12] verwenden Festkomma-
Darstellung und -Arithmetik. Es zeigt sich aber, daß mit diesen Prozessoren in vielen
Anwendungsfällen keine hinreichende Genauigkeit erzielt werden kann. Bei einigen Prozessoren besteht die Möglichkeit der doppelt genauen Rechnung; jedoch wird dadurch
die Verarbeitungsgeschwindigkeit annähernd halbiert.

Daher wurde der Zusammenhang zwischen Genauigkeit und Aufwand für Festkomma- und
Gleitkomma-Arithmetik näher untersucht [22, 23]. Die Genauigkeit wird dabei entsprechend der Darstellung in Bild 3 durch ein Toleranzschema, charakterisiert als der

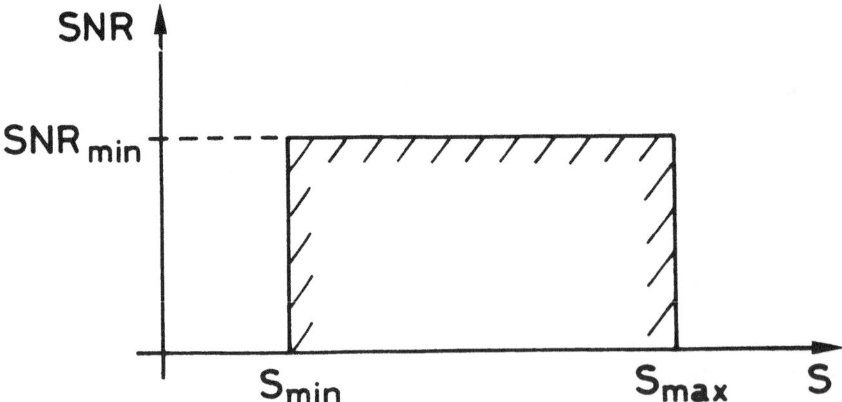

Bild 3: Genauigkeitstoleranzschema

minimale Störabstand innerhalb der zugelassenen Grenzen für die Signalleistung, spezifiziert. Der Störabstand SNR ist als das Verhältnis von Nutzsignalleistung S zur
Störsignalleistung N definiert:

$$SNR = S/N \qquad (2)$$

Das Störsignal wird durch Rundungs- oder Abschneideoperationen infolge endlicher
Wortlängen verursacht. Wenn der Störabstand deutlich größer als eins ist, hat das
Störsignal rauschartigen Charakter. Das Verhältnis von S_{max} zu S_{min} wird als Dynamikbereich bezeichnet. Die Genauigkeitsanforderungen sind anwendungsspezifisch. Bild 4
veranschaulicht für einige Signalarten die Spezifikationen Störabstand und Dynamikbereich D. In [22, 23] konnte gezeigt werden, daß Gleitkomma-Arithmetik bereits
ab Dynamikanforderungen von etwa 10 dB unter Berücksichtigung des Aufwands für die

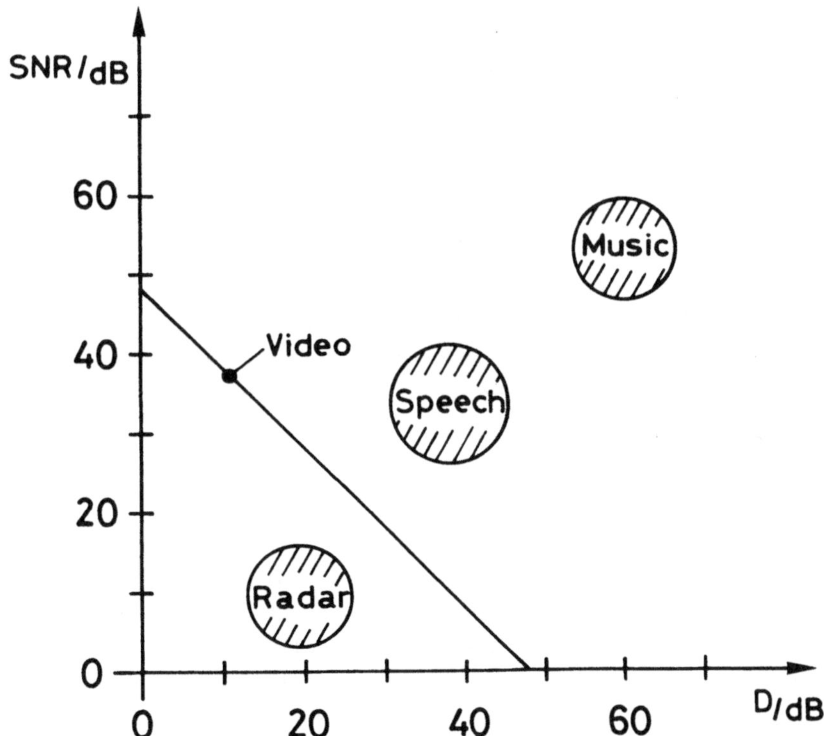

<u>Bild 4</u>: Genauigkeitsanforderungen für verschiedene Signalarten

Integration einer Festkomma-Arithmetik vorzuziehen ist. In der Tabelle 3 sind Gleit-
komma-Wortlängen aufgeführt, wie sie für typische Signalverarbeitungs-Algorithmen

Tabelle 3: Gleitkomma-Zahlenformate

	Mantissenwortlänge	Exponentenwortlänge
Sprache, Ton	16	6
Video, Radar	12	4

erforderlich sind. Die Wortlängen sind in den zwei aufgeführten Anwendungsgruppen
unterschiedlich; der Grund ist in den divergierenden Eigenschaften der menschlichen
Informationssinke (Ohr, Auge) zu sehen.

4. Architekturen von Signalprozessoren

Stand der Technik bei der Architektur von Signalprozessoren ist die Harvard-Archi-
tektur, die eine Trennung von Befehls- und Signalverarbeitung bewirkt. Querverbin-
dungen sind aber erforderlich, wenn Konstanten in dem Programmspeicher abgelegt sind,
oder wenn signalabhängige Verzweigungen im Programm auftreten. Das Kernstück von Signalprozessoren, die arithmetische Einheit, ist aber immer noch wie die klassische
von NEUMANN-Maschine strukturiert. Daraus folgt, daß in jedem Prozessor-Zyklus genau
eine, wenngleich aufwendige Operation durchgeführt werden kann. Bei gleichzeitiger
Existenz eines schnellen Multiplizierers und Addierers liegt es daher nahe, beide
Einheiten gleichzeitig zu nutzen. Daraus ergibt sich die in Bild 5 dargestellte verbesserte Architektur der arithmetischen Einheit eines leistungsfähigen Signalprozessors. Um den Systembus zu entlasten, sind der arithmetischen Einheit eigene Register
sowie ein eigener Bus zugeordnet. Ein derartiges Konzept stellt allerdings erhöhte
Anforderungen an das Entwicklungssystem. Zudem wird auch die Integration hinsichtlich
der Signalpfade erschwert; jedoch bedürfen die Verbindungswege in einem Signalprozessor ohnehin verstärkter Aufmerksamkeit, da bislang einseitig die Rechenleistung verbessert worden ist, ohne das Bussystem gleich leistungsfähig zu gestalten. In diesem
Zusammenhang sei an frühere Vorschläge zu einem Mehrbussystem, seinerzeit CROSSBUS
genannt, erinnert [5, 6].

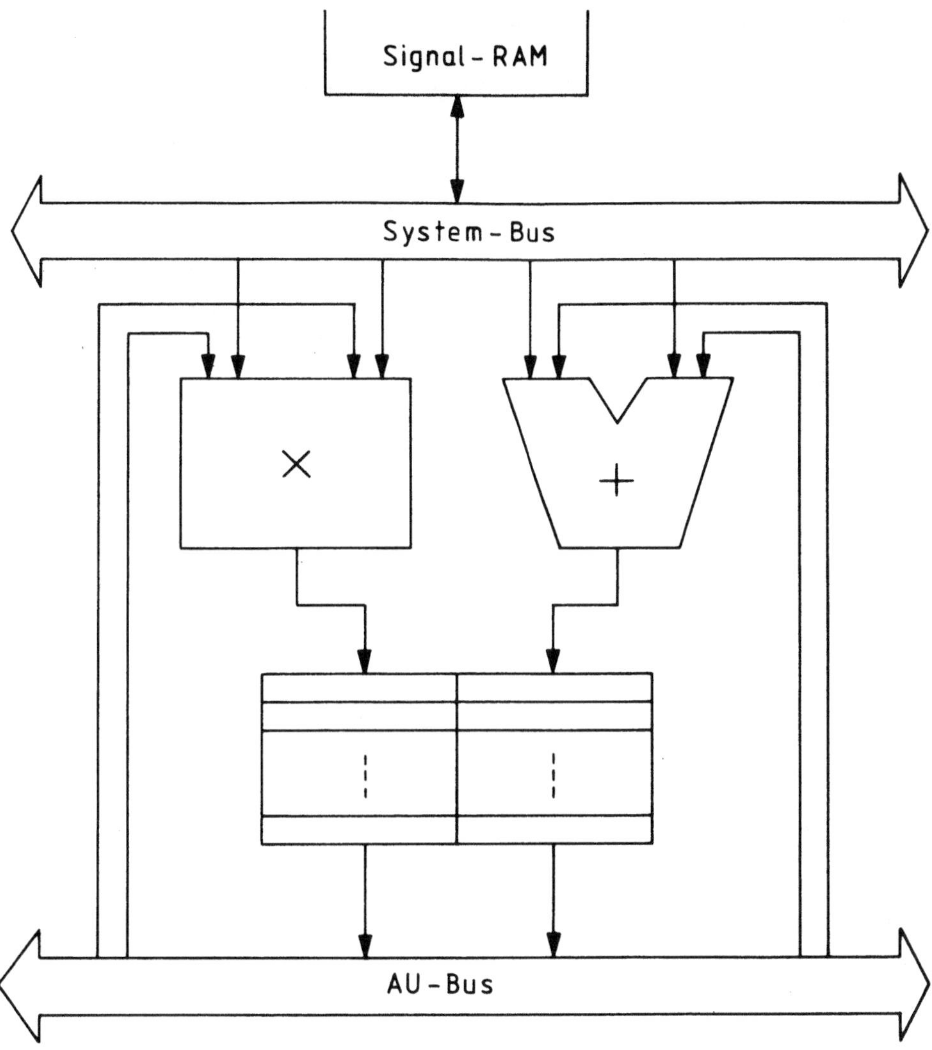

Bild 5: Verbesserte Architektur der arithmetischen Einheit eines Signalprozessors

5. Vergleich verfügbarer Signalprozessoren

Die Entwicklung, die zur monolithischen Integration von Signalprozessoren geführt hat, ist in dem einleitenden Abschnitt dargestellt. Mittlerweile kann man sicher von einer zweiten Generation von Signalprozessoren sprechen, die sich merklich von den in [8, 9] beschriebenen ersten Prozessoren positiv abheben. Tabelle 4 gibt einen Überblick über die gegenwärtig aktuellen Signalprozessoren; eine Sonderstellung nimmt dabei der Bell-Prozessor ein, der nicht frei verfügbar ist. Die vorherrschende Technologie ist noch NMOS; jedoch ist ein Trend zur CMOS-Technologie wegen des Verlustleistungsvorteils unverkennbar. Die Chipfläche liegt noch unter 100 mm² bei Strukturen bis hinunter zu etwa 2 µm. Die Prozessor-Zykluszeit liegt zwischen 100 und 250 ns bei Festkomma-Arithmetik mit typisch 16 bit Wortlänge. Mittlerweile gibt es erste Ankündigungen von Signalprozessoren mit der in vieler Hinsicht vorteilhaften Gleitkomma-Arithmetik [24, 25].

<u>Tabelle 4:</u> Übersicht über integrierte Signalprozessoren

	NEC 7720	TI TMS 320	Fujitsu MB 8764	Bell DSP-1
Technologie	3µ NMOS	3µ NMOS	2,3µ CMOS	4,5µ NMOS
Fläche/mm²	28,4	42,1	91,2	68,5
Bauelementeanzahl	40.000	50.000	91.000	45.000
Anzahl der pins	28	40	88	40
Leistung/W	1,0	1,0	0,3	1,25
Zykluszeit/ns	250	200	100	800 (200)
Multiplizierer- wortlänge/bit	16x16=31	16x16=31	16x16=26	4x20=23
Akkumulator- wortlänge/bit	2x16=32	32	26	40
Programm-ROM/ Wortzahl x bit	512x23	1536x16	1024x24	1024x16
Signal-RAM/ Wortzahl x bit	128x16	144x16	2x128x16	128x2o
Konstanten-ROM/ Wortzahl x bit	512x13	---	---	---
I/O- Schnittstelle	parallel seriell	parallel seriell	parallel ---	parallel seriell

Literaturverzeichnis

[1] JACKSON, L.B.; KAISER, J.F;, McDonald, H.S.: An Approach to the Implementation
of Digital Filters. IEEE Trans. on Audio and Electroacoustics AU-16(1968)
pp. 413-421.

[2] ECKHARDT, B.; WINKELNKEMPER, W.: Entwurf und Aufbau eines flexiblen rekursiven
digitalen Filters. In.: Signalverarbeitung - Signal Processing. Hrsg.:
W. Schüßler, Erlangen 1973, pp. 104-111.

[3] LACROIX, A.: Gleitkomma-Realisierung eines rekursiven digitalen Filters zur Anwendung als Sprachsynthetisator. In: Signalverarbeitung - Signal Processing.
Hrsg.: W. Schüßler, Erlangen 1973, pp. 394-401.

[4] BLANKENSHIP, P.E. et al.: The Lincoln Digital Voice Terminal System. Technical
Note 1975-53, Lincoln Laboratory MIT, Lexington (Mass.) 1975.

[5] GETHÖFFER, H.; LACROIX, A.; REISS, R.: A Unique Hardware and Software Approach
for Digital Signal Processing. Proc. IEEE Int. Conf. on Acoustics, Speech and
Signal Processing, Hartford (Connecticut) 1977, pp. 151-154.

[6] GETHÖFFER, H.; LACROIX,A.; REISS, R.: Design and Application of a Universal Processor for Digital Signal Processing. Proc. IEEE Int. Symp. on Circuits and
Systems, Phoenix (Ariz.) 1977, pp. 495-498.

[7] SCHLOSS, J.: Architektur und Befehlsbearbeitung in einem digitalen Signalprozessor. Vorträge des DFG-Kolloquiums "Digitale Filter", Erlangen 1977, p. 11.

[8] HOFF, M.E.; TOWNSEND, M.: Single-Chip N-MOS Microcomputer Processes Signals in
Real Time. Electronics 52 (1979), March 1, pp. 105-110.

[9] AMI (American Microsystems Inc.): Advanced Product Description S 2811 Signal
Processing Peripheral. Santa Clara 1979.

[10] THOMPSON, J.S.; BODDIE, J.R.: An LSI Digital Signal Processor. Proc. Int. Conf.
on Acoustics, Speech and Signal Processing, Denver 1980, pp. 383-385.

[11] BLOCK, R.; BÖTTCHER, K.; LACROIX, A.; TALMI, M.: Architecture for VLSI-Circuits
in Digital Signal Processing. Proc. IEEE Int. Conf. on Circuits and Computers
ICCC 80, New York 1980, pp. 1184-1187.

[12] NISHITANI, T.; MARUTA, R.; KAWAKAMI, Y.; GOTO, H.: A Single-Chip Digital Signal Processor for Telecommunication Applications. IEEE Journal of Solid-State Circuits SC-16 (1981), pp. 372-376.

[13] CHAPMAN, R.C. (Guest Ed.): Digital Signal Processor - A Programmable Integrated Circuit for Signal Processing. Bell System Technical Journal (special issue) 60 (1981), pp. 1431-1698.

[14] BÖTTCHER, K.; LACROIX, A.; TALMI, M.; WESSELING, D.: Integrated Floating Point Signal Processor. Proc. IEEE Int. Conf. on Acoustics, Speech and Signal Processing, Paris 1982, pp. 1088-1091.

[15] LUI, B.: Effect of Finite Word Length on the Accuracy of Digital Filters - A Review. IEEE Trans. on Circuit Theory CT-18 (1971), pp. 670-677.

[16] OPPENHEIM, A.V.; WEINSTEIN, C.J.: Effect of Finite Register Length in Digital Filtering and the Fast Fourier Transform. Proc. IEEE 60 (1972), pp. 957-976.

[17] AGGARWAL, J.K.: Input Quantization and Arithmetic Roundoff in Digital Filters - A Review. In.: Network and Signal Theory (Eds.: J.K. Skwirzynski, J.O. Scanlan), London 1973, pp. 315-343.

[18] CLASSEN, T.A.C.M.; MECKLENBRÄUKER, W.F.G.; PEEK, J.B.H.: Effect of Quantization and Overflow in Recursive Digital Filters. IEEE Trans on Acoustics, Speech and Signal Processing ASSP-24 (1976), pp. 517-529.

[19] LACROIX, A.: Digitale Filter. Oldenbourg-Verlag, München-Wien 1980.

[20] OPPENHEIM, A.V.; SCHAFER, R.W.: Digital Signal Processing. Englewood Cliffs, 1975.

[21] OPPENHEIM, A.V. (Ed.): Theory and Applications of Digital Signal Processing. Englewood Cliffs 1978.

[22] LACROIX, A.; BLOCK, R.: Floating Point Computation in Digital Signal Processing. Proc. IEEE Int. Symp. on Circuits and Systems, Newport Beach 1983, pp. 709-712.

[23] BLOCK, R.: Vergleich von Festkomma- und Gleitkommaarithmetik für integrierte Signalprozessoren hinsichtlich Aufwand und Genauigkeit. Dissertation an der Technischen Universität Berlin, Berlin 1984.

[24] HAGIWARA, Y. et al.: A Single Chip Digital Signal Processor and Its Application to Real-Time Speech Analysis. IEEE Trans. on Acoustics, Speech, and Signal Processing ASSP-31 (1983), pp. 339-346.

[25] NISHITANI, T. et al.: CMOS Floating Point Signal Processor. Proc. Florence Int. Conf. on Digital Signal Processing, Florence 1984.

<u>KONZEPTE DER GRAPHISCHEN KOMMUNIKATION
IM DEUTSCHEN FORSCHUNGSNETZ</u>

J. Lügger, G. Maiß
Deutsches Forschungsnetz - DFN
Zentrale Projektleitung
c/o HMI, Glienicker Str. 100, D-1000 Berlin 39

<u>Zusammenfassung</u>

Graphische Kommunikation und Übertragung graphischer Information in
einem offenen Rechnernetz sind der Entwicklungsgegenstand einer Reihe
von Projekten im "Deutschen Forschungsnetz - DFN". Diese Projekte sind
in dem Arbeitskreis "Graphik im DFN" zusammengefaßt und haben in diesem
Zusammenhang Planungen, Konzepte und Lösungsansätze erarbeitet für

- einen GKS-orientierten Dialog,
- einen graphischen Filetransfer (auf Metafile-Ebene),
- die verteilte Übertragung und Verarbeitung produktbeschreibender
  Daten (Modellierdaten),
- Verteilte Verarbeitung von Dokumenten, die neben Texten auch Bilder
  enthalten können.

Die Konzepte sind weitgehend an existierenden bzw. angestrebten deutschen und internationalen Normen (GKS, IGES, CLPT u.a.) ausgerichtet,
bzgl. ihrer Kommunikationsaspekte insbesondere am "Basic Reference
Model - Open Systems Interconnection" der ISO. Die Entwicklung der
entsprechenden graphischen Komponenten im DFN ist überwiegend in der
Umgebung des öffentlichen DATEX-P-Netzes und auf der Basis standardisierter und im DFN verbindlicher Protokolle zu sehen.

Vorwort

Das vom Bundesminister für Forschung und Technologie (BMFT) geförderte Projekt "Deutsches Forschungsnetz - DFN" hat zum Ziel, die Rechner von Universitäten und Forschungszentren aus Industrie und Wissenschaft in einem offenen Rechnerverbund zu verbinden. Das dadurch entstehende Kommunikationssystem wird für Rechensysteme unterschiedlicher Hersteller sowie für örtliche Breitbandnetze (Lokal Area Networks - LAN) folgende Kommunikationsmöglichkeiten schaffen: Geräteverbund, Programmverbund, Datenverbund und Nachrichtenverbund. Als Träger des Verbundes dient für den Weitverkehr (Wide Area Network - WAN) vor allem das Datenpaketvermittlungssystem DATEX-P der Deutschen Bundespost /DXP82/. Die im Rahmen des DFN zu entwickelnden Systeme (Protokolle und Verfahren) werden sich an den internationalen Standards der ISO, insbesondere an dem Referenzmodell "Open Systems Interconnection - OSI" /ISO83/ und den Empfehlungen des CCITT orientieren /CCI81/.

Über das DFN im allgemeinen, seine Struktur, seine Aufgaben und seine Ziele wird an anderer Stelle berichtet /ULL84/, insbesondere über die verschiedenen Verbundarten, die in Form der DFN-Basisdienste Dialog, Filetransfer, Jobverbund und Nachrichtenaustausch zum Teil jetzt schon angeboten werden. Das vorliegende Arbeitspapier beschreibt die Aktivitäten in dem Projektbereich "Graphik im DFN", der die Entwicklung entsprechender Dienste zur Übertragung graphischer Informationen, die auf dem "Graphischen Kernsystem (GKS)" /ISO82/ basieren, zum Ziel hat. Der Begriff graphische Information ist in diesem Zusammenhang weit zu verstehen: er schließt die Übertragung von Modellierdaten aus dem Bereich des "Computer Aided Design - CAD" ebenso ein wie die Übertragung von Dokumenten, in denen nicht nur Text- sondern auch Bildinformation enthalten ist. Auf diesem Gebiet existieren bis heute keine universell gebräuchlichen oder international verbreiteten Kommunikationsstandards. Insofern arbeiten die einzelnen Projekte des Bereichs "Graphik im DFN" verstärkt entwicklungsorientiert - zum Teil sind spezifische Forschungsarbeiten noch zu leisten. Eine charakteristische Schwierigkeit liegt darin, daß auf dem Gebiet der Kommunikation singuläre Fortschritte nicht ausreichen. Ganz wesentlich ist beim Aufbau von offenen Netzen immer die Anerkennung und Verwendung der zugrunde liegenden technischen Verfahren und Standards durch eine größere Community und die Implementierbarkeit der verabredeten Protokolle auf einer Vielzahl heterogener Rechnersysteme. Der Bericht beschreibt die Planungen (Stand: Mai 1984) und Verfahrensweisen auf dem Weg zur graphischen Kommunikation und gibt einen Überblick über die technischen Ziele und die ersten Lösungsansätze.

1. <u>Einleitung: Projektbereich "Graphik im DFN"</u>

Die Graphik-Projekte des DFN sind zu einem eigenen Projektbereich zusammengefaßt und koordinieren sich in einem ständigen Arbeitskreis "Graphik im DFN". Zum Zeitpunkt der Anlaufphase des DFN (III. und IV. Quartal 1983) waren die folgenden Institutionen beteiligt: die Freie Universität Berlin mit der Zentraleinrichtung Datenverarbeitung (ZEDAT), das Hahn-Meitner-Institut für Kernforschung Berlin (HMI) mit der Projektgruppe für graphische Datenverarbeitung, die Universität Stuttgart mit dem Rechenzentrum (RUS), die Technische Hochschule Darmstadt mit dem Fachgebiet Graphisch-Interaktive Systeme (GRIS), die Technische Universität Berlin mit dem vom Institut für allgemeine Bauingenieursmethoden (IAB) geführten Zentrum für graphische Datenverarbeitung sowie mit dem Institut für Schiffs- und Meerestechnik (ISM) und die Volkswagenwerk AG (VW) mit der Abteilung Forschung und Informationstechnik. Kommunikationsseitig betreut die Zentrale Projektleitung des DFN (ZPL) den Arbeitskreis.

Anläßlich der ersten Sitzung des Arbeitskreises im Oktober 1983 wurde verabredet, daß Mitarbeiter der Graphik-Projekte und der ZPL zur ausführlichen fachlichen Abstimmung und zur Erarbeitung von Kommunikationskonzepten in der Graphik für eine Woche in Klausur gehen sollten. Als Gäste dieser Klausurtagung, die im Januar 1984 stattfand, nahmen auch Vertreter der Siemens AG und des Großrechenzentrums für die Wissenschaft in Berlin (GRZ) - Projektgruppe Parallelrechnen - an dem Treffen teil. Die Ergebnisse der Tagung wurden zunächst in Arbeitspapieren, Protokollen und Issues festgehalten und anschließend in einem Bericht /AKG84/, nachfolgend Ergebnisbericht genannt, als Gemeinschaftsarbeit einer Gruppe von Autoren zusammengefaßt.

An dem Bericht haben mitgewirkt: H. Kuhlmann (GRIS); P. Egloff, G. Foest, A. Scheller, M. Schulz, C. Smith (HMI); E. Engelmann (IAB); H. Nowacki, K. Parlar, H. Wetzel (ISM); H.-W. Rehn (VW); J. Bechlars, Ch. Egelhaaf, G. Schürmann (ZEDAT); W. L.-Bauerfeld, J. Lügger, G. Maiß, Ch. Tismer (ZPL). Das Gedankengut der folgenden Teilnehmer ist über ihre Beiträge zur Klausurtagung in den Bericht mit eingegangen: J. Encarnacao, H. Hanusa (GRIS); H. Melenk (GRZ); J. Almond, P. Christ (RUS); W. Gnettner (Siemens).

Die Aktivitäten und Interessen der beteiligten Institutionen und Projekte lassen sich stichwortartig wie folgt charakterisieren: GKS und Kommunikationsbausteine dazu (ZEDAT, HMI, RUS), insbesondere im LAN (GRIS);

Transfer und Austausch graphischer Metafiles wie GKSM und VDM (HMI) insbesondere in einem LAN (RUS); Austausch produktdefinierender Daten aus dem Bereich des Modellierens (ISM, VW, IAB), verteilte Formen des Modellierens insbesondere im Bereich des Maschinenbaus (ISM) und des allgemeinen Bauingenieurswesens (IAB) auch in Verbindung mit Hochleistungsprozessoren (GRZ); verteilte Verarbeitung von qualitativ hochwertigen Dokumenten mit integrierten Graphiken auf GKS-Basis (HMI). Dementsprechend werden im Projektbereich "Graphik im DFN" drei Aufgabenkomplexe bearbeitet:

1. Entwurf und Realisierung eines GKS-orientierten Dialogs und graphischen Filetransfers.

2. Verarbeitung produktbeschreibender Daten in Netzen.

3. Entwicklung einer Datenstruktur zur Integration von Text und Graphik in Dokumenten und deren Übertragung in Netzen.

Im folgenden sollen diese Aufgaben auf der Basis des Ergebnisberichts, aus dem Bilder und Texte zum Teil unmittelbar übernommen sind, auszugsweise vorgestellt und diskutiert werden.

2. Der GKS-orientierte graphische Dialog

Unter einem "Dialog" wird allgemein ein interaktives Arbeiten eines Anwenders mit einem Anwendersystem verstanden, das in einem Dialogsystem, i.a. einem Time-Sharing System, abläuft. Zu diesem Begriff gehören einerseits das Eröffnen (und Schließen) des Dialogs durch Bekanntmachen (bzw. Abmelden) beim Betriebssystem einschließlich Accounting und Vorbereiten (bzw. Nachbereiten) des Programmstarts, andererseits der eigentliche Dialog mit dem gestarteten Anwenderprogramm. In einer Netzumgebung sollte ideell dieselbe Leistung für den Dialog realisiert sein, ohne daß der Anwender durch das Netz beeinträchtigt wird. Dies kann in offenen Netzen derzeit in dieser allgemeinen Form nicht angeboten werden, da es an geeigneten Schnittstellen fehlt, die universell verbreitet und in den verschiedenen Betriebssystemumgebungen gleichwertig implementierbar sind.

In offenen Netzen läßt sich derzeit nur ein sogenannter zeilenorientierter Dialog universell einsetzen, eine Dienstleistung, die die Möglichkeit des Dialogs mit einer entfernten, an einem X.25-Netz angeschlossenen Rechenanlage über asynchrone, zeilenorientierte Terminals eröffnet. Das Dialog-System besteht dabei aus zwei Komponenten: der lokalen Komponente "Packet Assembly/Disassembly - PAD" und einer X.29-Komponente auf dem Zielrechner. Die PAD-Komponente selbst kann eine Hardware-

Komponente sein, an die das Terminal (gemäß den Schnittstellen X.3/X.28) angeschlossen ist oder eine in einem lokalen Betriebssystem integrierte Software-Komponente /DFN84/.

Im Bereich der Graphik-Anwendungen liegen mit der Verabschiedung des "Graphischen Kernsystems - GKS" als internationale Norm /ISO82/ günstige Voraussetzungen für die Realisierung von erweiterten Dialogformen vor. Die GKS-Norm definiert nicht nur eine einheitliche (sprach- und betriebssystemunabhängige) Schnittstelle zwischen Anwenderprogramm und einem graphischen System, sondern es basiert auch auf der Konzeption abstrakter graphischer Arbeitsplätze und ermöglicht dadurch den Anschluß einer ·Vielzahl der unterschiedlichsten graphischen Ein- und Ausgabegeräte ohne wesentliche Effizienz- oder Funktionsverluste. GKS unterstützt insbesondere die interaktive graphische Datenverarbeitung durch Funktionen zur Dialogsteuerung und zur Manipulation von Teilbildern ("Graphischer Dialog") /ISO82/, die dem Anwender auch in einer Netzumgebung zur Verfügung stehen sollen.

Im Rahmen der Klausurtagung wurden potentielle Schnittstellen im GKS diskutiert, die für die Konzeption des graphischen Dialogs in Frage kommen. Es bestand die Absicht, GKS-Implementierungen im DFN so zu gliedern, daß die jeweils beteiligten Software- und Hardware-Komponenten im Weitwegverkehr (aber auch in einem LAN) derart miteinander kommunizieren können, daß einerseits der GKS-orientierte Dialog vollständig implementiert ist, andererseits die Übertragungszeiten und -kosten minimal gehalten werden. Dazu sollen entsprechende Kommunikationsprotokolle entwickelt und allgemein, d.h. auf einem breiten Spektrum der unterschiedlichsten Rechensysteme, verfügbar gemacht werden. Die entwikkelten Protokolle sollen sich harmonisch in eine bereits im DFN vorhandene Protokollarchitektur /DFN83/ einfügen. In diesem Zusammenhang sind insbesondere die Protokolle X.25, S.70 und ggf. die PAD-orientierten Protokolle X.3/X.28/X.29 von Bedeutung.

2.1 Kommunikationsaspekte und -schnittstellen

Der Arbeitskreis "Graphik im DFN" hat sich darauf verständigt, eine auf dem Konzept der Workstation beruhende Schnittstelle für die Zwecke der graphischen Kommunikation geeignet zu definieren. Im GKS-Dokument /ISO82/ ist eine Liste der GKS-Funktionen aufgeführt, die direkte oder indirekte Auswirkung auf die Workstation haben. Eine mögliche auf der GKS-Workstation-Schnittstelle beruhende Konfiguration einer GKS-Anwendung in verteilten Systemen zeigt Bild 2.1. Dabei soll es möglich sein, daß ein Benutzer eines graphischen Sichtgeräts an Rechner B, dessen Anwendungsprogramm auf dem Rechner A läuft, graphische Peripherie an allen vorhandenen Rechnern A, B und C benutzen kann (erweiterter Dialogbegriff).

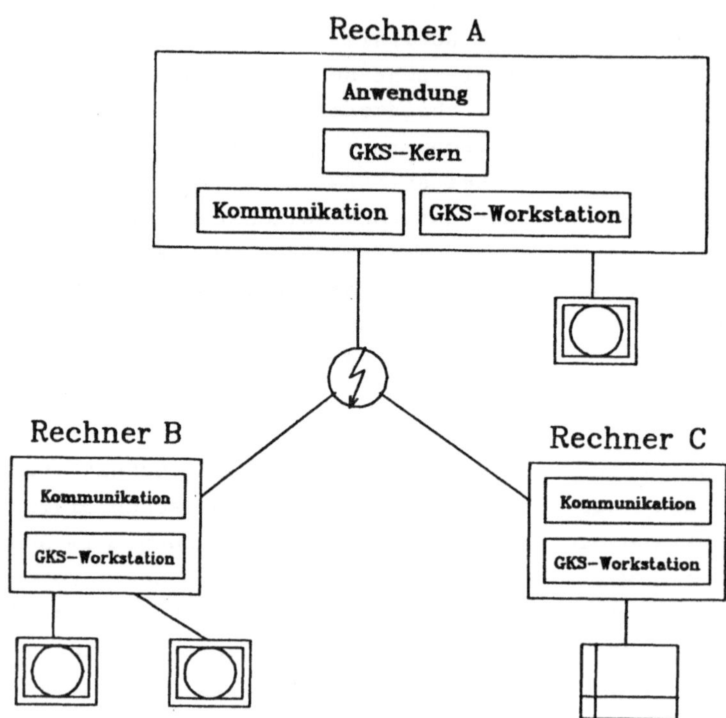

Bild 2.1   GKS-Anwendung in verteilten Systemen

Abgesehen von den bereits oben erwähnten allgemeineren Anforderungen an die Dialogsteuerung sind aus der Sicht des GKS in einem verteilten System folgende Anforderungen an die Funktionalität der Kommunikationsdienste zu stellen:

- Auf- und Abbau der Verbindung zwischen GKS-Kern und GKS-Workstation (Verbindungsorientierter Dialog) und die Verwaltung mehrerer logischer Verbindungen, d.h. eine 1:n Kommunikation zwischen Kern und Workstations;

- Abbildung des Ein-/Ausgabeverhaltens des Workstation-Interface (WSI) auf Kommunikationsprimitive zur Interprozeßkommunikation zwischen GKS-Anwenderprogramm und GKS-Workstation;

- Fehlerfreie Auslieferung der transparent übertragenen Daten und Operationen an der Schnittstelle,

- Sicherstellung der Synchronisation zwischen den kommunizierenden
  Prozessen;
- Multicasting zu verschiedenen GKS-Workstations zur Verringerung der
  Datenraten. Unter Multicasting wird in diesem Zusammenhang die Adres-
  sierung mehrerer Workstations an einem Rechner verstanden.

Die Aufteilung des GKS auf verschiedene Rechnersysteme bedeutet nach
ersten Untersuchungen für den Anwender eine nur unwesentliche Einschränkung der vom GKS definierten Funktionalität. Insbesondere werden auch
der EVENT- und SAMPLE-Input in vollem Umfang möglich sein.

Bei Verzicht auf die volle Funktionalität der in Bild 2.1 dargestellten
Realisierungsform, insbesondere bei Verzicht auf die multilaterale
Kommunikation (Wegfall von Rechner C), bietet sich für einen ersten
Schritt ein Software-PAD als technische Grundlage zur Realisierung des
graphischen Dialogs an. Dieser im Ergebnisbericht näher skizzierte
Lösungsansatz, der jedoch nicht völlig unproblematisch ist /AKG84/,
stellt eine pragmatische Realisierungsform dar, die in einem relativ
kurzen Zeitraum implementiert werden könnte, da sie auf dem im DFN
existierenden Kommunikationsbaustein PAD aufbaut. Für eine mögliche
multilaterale Kommunikation, die auf der Verfügbarkeit der S.70-Schnitt-
stelle aufbaut, wird auf Abschnitt 2.3 verwiesen.

2.2 Das Workstation-Interface im GKS

Das Workstation-Interface (WSI) legt die funktionale Trennung von GKS-
Workstation und GKS-Kern fest. Es ermöglicht den Informationsaustausch
zwischen GKS-Kern und Workstations verschiedener Implementierungen. Das
WSI ist im GKS-Dokument nur implizit vorhanden und bedarf in wesentlichen Punkten einer genaueren Definition. Diese Arbeit wird in Koordination mit dem Arbeitskreis 5.9.4 "Bilddateien" des "Deutschen Instituts
für Normung - DIN" vorgenommen.

Das WSI kann als abstrakter graphischer Arbeitsplatz gesehen werden, in
dem die wesentlichen Eigenschaften graphischer Geräte in einer geräteunabhängigen Form ihren Niederschlag gefunden haben. Nicht vorhandene
Fähigkeiten werden ggf. durch die Workstation-Software simuliert. Im
folgenden wird - aus Sicht der Kommunikation - diskutiert, welche GKS-
Komponenten der Workstation-Software zuzuordnen sind. Nähere Einzelheiten sind dem Ergebnisbericht /AKG84/ bzw. bezüglich der Terminologie
den entsprechenden GKS-Dokumenten zu entnehmen.

<u>Segment Behandlung</u>: Im GKS-Level 1 und 2 sind Workstation-abhängige Segmentspeicher (WDSS) vorgesehen, die wegen der Möglichkeit zur Bildregenerierung der lokalen Workstation zuzuordnen sind. Als Konsequenz daraus ergibt sich, daß ein GKS-Kern vom Level 1 oder 2 nur mit Workstations kommunizieren kann, die einen WDSS besitzen. Ist dieser aber - z.B. aus Speicherplatzgründen - nicht realisierbar, so kann auf dem entfernten Rechner ein zusätzlicher Segmenthandler zwischen Kern und Workstation eingefügt werden (Bild 2.2). Der Workstation-unabhängige Segmentspeicher (WISS) ist wegen seiner engen Bindung an den GKS-Kern dem entfernten System und nicht dem WSI zuzuordnen.

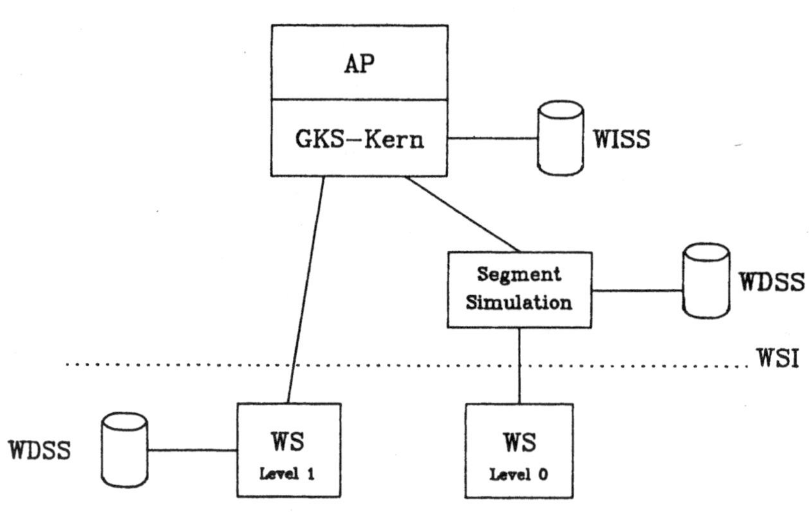

Bild 2.2   Workstation-Schnittstelle im GKS

Alle <u>Output-Funktionen</u> sind Bestandteil der Schnittstelle, ebenso alle Attribute, die direkte Wirkung auf die Workstation haben, sowie Operationen auf diesen Attributen. Die Verteilung von Primitiven und Segmenten auf die Workstations ist Aufgabe des GKS-Kerns. Da der Workstation ausschließlich NDC-Koordinaten bekannt sind, werden <u>Window/Viewport-Transformationsfunktionen</u> im GKS-Kern durchgeführt. <u>Workstation-Transformationen</u> und <u>Segmenttransformationen</u> sowie alle <u>Clipping-Funktionen</u> sind Workstation-spezifisch und somit Bestandteil des WSI.

Alle Input-Funktionen stellen eine Kommunikation zwischen GKS-Kern und
der Workstation dar und müssen deshalb eine Aktion im Interface auslösen. Diese Aktionen sind für die verschiedenen Input Modes REQUEST,
SAMPLE und EVENT verschieden.: Die REQUEST-Funktionen werden direkt auf
das Interface abgebildet, d.h. ein REQUEST LOCATOR hat einen bestimmten
Funktionsaufruf des WSI mit Ein- und Ausgabeparametern in der Schnittstelle zur Folge, und die Ausführung des Anwendungsprogramms wird unter-
brochen, bis der Anwender seine Eingabe beendet hat. Der SAMPLE-Input
ähnelt aus GKS-Sicht dem REQUEST-Mode. Es wird der jeweils aktuelle
Zustand eines logischen Input-Devices abgefragt, ohne daß eine Interaktion des Anwenders erfolgen muß. Der EVENT-Input ermöglicht dem Anwender ein asynchrones Arbeiten. Dabei werden Einträge in einer Event-
Queue erzeugt, die vom GKS abgearbeitet wird. Nähere Einzelheiten sind
im Ergebnisbericht /AKG84/ zu finden.

Im GKS-Dokument wird zu jedem Workstation-Typ eine Workstation-Descrip-
tion-Table (WSDT) definiert, die u.a. dazu dient, Inquiry-Funktionen zu
erfüllen, auch wenn eine Workstation noch nicht eröffnet ist. Die
Inquiry-Funktionen auf die WSDT sind einschließlich der Pixel-Inquiries
dem WSI zuzuordnen, weil mit ihrer Hilfe lokale Eigenschaften vermittelt werden.

Die Funktionen der UPDATE-Kontrolle umfassen die notwendige lokale
Bildregenerierung bei Bildänderungen und sind sinnvollerweise dem WSI
zuzuordnen. Alle Kontrollfunktionen außer OPEN/CLOSE GKS sind unter
Berücksichtigung der obigen Zuordnung Workstation-spezifisch und somit
dem WSI zuzuordnen. Sonstige Inquiry Funktionen, Error- und Utility-
Funktionen sind dem GKS-Kern und nicht dem WSI zuzuordnen.

2.3 Graphischer Dialog und GKS-Kommunikationssystem

Das Ein/Ausgabeverhalten an der Schnittstelle WSI läßt sich auf die
Vermittlung von Prozedur- oder Unterprogramm- Aufrufen beschränken. In
der Regel wartet das aufrufende GKS-Anwenderprogramm, bis eine entsprechende GKS-Workstation die gestellte Aufgabe beendet hat. Eine
beschränkte Nebenläufigkeit zwischen GKS-Anwenderprogramm und GKS-Workstation ist bei reinen Ausgaben auf die Workstation möglich. Die Vermittlung der WSI-Schnittstelle zwischen den beiden Prozessen GKS-Anwenderprogramm und GKS-Workstation läßt sich unter Voraussetzung einer
fehlerfreien Verbindung durch ein Senden (SEND) und Empfangen (RECEIVE)
von Nachrichten zwischen diesen beiden Prozessen beschreiben.

Als Basis für den Graphischen Dialog sollen die im DFN standardisierten Protokolle /DFN83/ verwendet werden, die eine gezielte Kommunikation zwischen verteilten Anwenderprozessen ermöglichen. Als Transport-Protokoll wird im DFN auf der Basis eines X.25-Netzwerkes das Protokoll S.70 (identisch mit ISO Transport Class 0) eingesetzt werden. Für die Kommunikationssteuerung gilt im DFN das Protokoll S.62 der CCITT /DBP82/, dessen Funktionsumfang jedoch aus heutiger Sicht für den GKS-orientierten Dialog nicht benötigt wird. Insofern hält der Arbeitskreis "Graphik im DFN" die Realisierung eines GKS-orientierten Kommunikationssystems innerhalb der Kommunikations-Steuerschicht (ISO OSI-Layer 5) für sinnvoll, das parallel zum normalen alphanumerischen Dialog (vgl. Abschnitt 2.1) auf einem im DFN zu standardisierenden Transportdienst aufbaut.

Das GKS-orientierte Kommunikationsprotokoll soll dabei über Module oder Prozesse vermittelt werden, die im folgenden mit "E-Box-R(emote)" und "E-Box-L(okal)" bezeichnet sind (Bild. 2.3). Deren Funktionalität wird durch einen im Rahmen des DFN zu standardisierenden Dienst "Übertragung von Daten auf der Basis der Schnittstelle WSI" festgelegt werden. Als Beispiel sei die entsprechende Kommunikations-Architektur (Bild 2.3) für einen Anwendungsfall dargestellt, der sowohl alphanumerischen (über ein zeilenorientiertes Terminal) als auch GKS-orientierten Dialog (mit einem graphischen Terminal) einschließt:

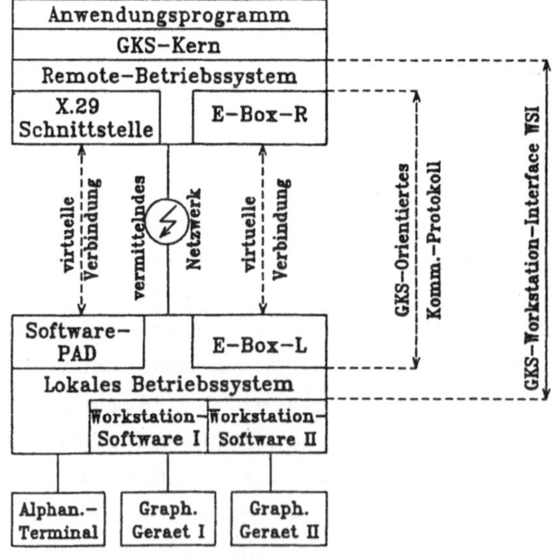

Bild 2.3   Das GKS-Kommunikationssystem

Sollen beide Kommunikationsarten über ein "alphanumerisch/graphisches Terminal" zur Verfügung stehen, ist ein weiterer Software-Baustein notwendig, der die alphanumerischen und graphischen Datenströme koordiniert. Erste Untersuchungen dieser Problematik haben gezeigt, daß die Funktionalität eines solchen Bausteins nur betriebssystemabhängig beschrieben werden kann. Es ist noch zu klären, ob dieser Lösungsansatz erfolgversprechend ist.

3. Modellieren in offenen Netzen

Die Einbeziehung des Modellierens in das Konzept des DFN erfolgt unter verschiedenen Gesichtspunkten. Einerseits besteht ein erheblicher Bedarf, Modellierdaten zwischen unterschiedlichen Modelliersystemen auszutauschen: Die Datenbestände von Modelliersystemen bilden den Kern des Informationsbestandes im technischen Bereich, der für viele Unternehmen allmählich an die Stelle von Zeichnungsarchiven und anderen technischen Informationssammlungen tritt. Der Austausch solcher Informationen ist nicht nur für die Kommunikation zwischen verschiedenen Abteilungen eines Unternehmens, etwa während der Entstehung eines Produkts, sondern auch für Mitteilungen zwischen verschiedenen Unternehmen oder Geschäftspartnern z.B. bei Angeboten oder Unteraufträgen von Zulieferern, von entscheidender Bedeutung. Die Modellierinformation bildet in den meisten Zusammenhängen den Ausgangspunkt für jede Weiterverarbeitung von Daten des technischen Objekts, z.B. für die Erzeugung von graphischen Darstellungen oder auch für die rechenintensive Weiterverarbeitung durch einen Hochleistungs-Prozessor. Andererseits ermöglicht die Bereitstellung eines dem "Graphischen Dialog" nahestehenden Dienstes "Modellierdialog" auch die Nutzung unterschiedlicher, verschieden leistungsstarker CAD-Systeme und Modellier-Ressourcen vom eigenen Standort aus.

3.1 Betriebsformen, Schnittstellen und Funktionen

Ziel eines Modelliervorgangs für technisch-geometrische Objekte ist die Erzeugung einer rechnerinternen Darstellung (RID), welche die geometrischen und nichtgeometrischen Eigenschaften des Objekts bzw. Produkts beschreibt. In einem Modelliersystem liefert der Anwender über seine Eingabegeräte Informationen über die Geometrie des Objekts und weitere produktdefinierende Daten, aus denen das System eine rechnerinterne Darstellung des Objektmodells aufbaut. Dies bleibt auch in einer Netzumgebung Zielsetzung des Modellierens. Jedoch können in einem offenen

Netz die Bestandteile des Modelliersystems auf mehrere, nicht vorher festgelegte Standorte im Netz verteilt sein. Folgende Betriebsformen werden im DFN entwickelt:

<u>Modellieren am eigenen Standort</u> (local modelling): Hier befindet sich das Modelliersystem am gleichen Standort wie der Anwender. Jedoch müssen einzelne Daten für die rechnerinterne Darstellung von anderen Standorten bereitgestellt werden, wo sie z.B. von anderen Modelliersystemen erstellt worden sind. Diese Betriebsform erfordert einen Filetransfer über das Netz, bei dem die RID des entfernten Systems in die RID des lokalen Modellierers konvertiert wird.

<u>Modellieren mit entfernten Systemen</u> (remote modelling): Arbeitet der Anwender mindestens für einzelne Arbeitsschritte mit Modelliersystemen, die sich an entfernten Standorten befinden, so benötigt er neben dem File Transfer auch Kommunikationsdienste mit Dialog und Remote Data Access (Bild 3.1). In dieser Betriebsform erhält der Anwender Zugang zu fremden Modelliersystemen im Netz, deren Leistungsumfang über lokal vorhandene Möglichkeiten hinausgehen kann.

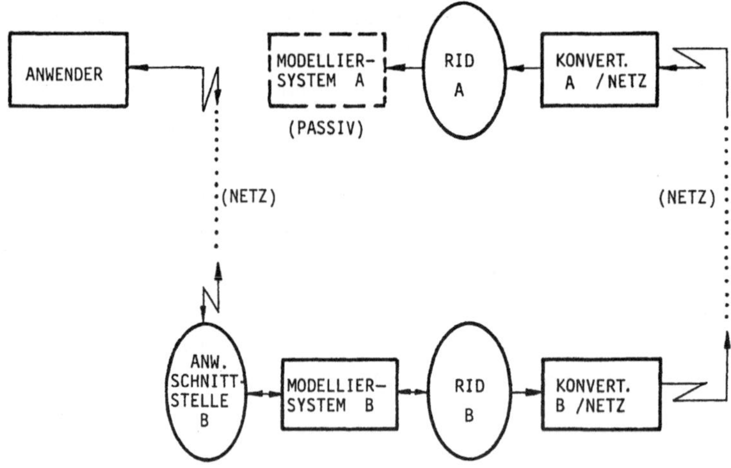

Bild 3.1   Modellieren mit entferntem System B.

<u>Verteiltes Modellieren</u> (distributed modelling): Bei dieser Betriebsform befinden sich mehrere Modelliersysteme oder -subsysteme an verschiedenen Stellen im Netz. Der Anwender arbeitet mit den einzelnen Modellierern im Dialog, und zwar entweder:
- durch Unterauftragsvergabe, wobei der lokale Modellierer auf die Erledigung des Auftrags wartet, oder:
- durch paralleles Arbeiten mit Modellierern, d.h. mit asynchronem Ergebnisanfall.

Zur Realisierung dieser langfristig angestrebten Betriebsform sind Funktionen des File Transfers, des Dialogs, des Remote Job Entry, des Remote Data Access sowie eine Remote-Status-Abfrage erforderlich.

In den verschiedenen Betriebsformen spielen neben den Anwenderschnittstellen zum lokalen und zum entfernten Modelliersystem folgende Schnittstellen eine Rolle:
- die rechnerinterne, modelliererabhängige Darstellung (RID) jedes Modellierers,
- eine standardisierte, netzeinheitliche Darstellung von Modellierdaten zur Übertragung im Netz (Modellierer - Netzschnittstelle),
- die allgemeine Anwenderschnittstelle zu allen Modellierer-Ressourcen im Netz (modelliererunabhängig).
Außer den Modellierern mit ihren jeweiligen Eingabefunktionen (modelliererabhängig bzw. -unabhängig) werden für den Betrieb im Netz Konvertierungs-Prozessoren (Pre- und Postprozessoren) für die Umwandlung der modelliereigenen Darstellungen in standardisierte Darstellungen des Netzes und umgekehrt benötigt.

Die deutsche und internationale Normung von Schnittstellen für Modellierer ist z.Zt. noch weniger weit fortgeschritten als z.B. für die Graphik. Für Modellierer gibt es vorerst nur Normungsvorschläge für die Vereinheitlichung rechnerinterner Darstellungen zum Zwecke des Datenaustauschs zwischen heterogenen Modellierern. Folgende Vorschläge liegen vor und werden z.T. bereits erprobt bzw. eingesetzt: IGES /NBS83/, SET /AFN83/, XBF-2 (eine IGES-ähnliche Erweiterung für Modellierer mit "Boundary Representations") und die VDA-VDMA-Flächenschnittstelle (VDA-FS) /VDA83/. Für das DFN werden als die im Moment ausgereiftesten Konzeptionen die Schnittstellen von IGES und VDA-FS berücksichtigt. IGES stellt den Anspruch, produktdefinierende Daten von Modellierern vollständig zu übertragen. Die VDA-Flächenschnittstelle beschränkt sich auf Geometrie-Daten-Austausch. Beide Schnittstellen legen Formate für Dateien von Modellierdaten fest, die allerdings noch nicht allen Ansprüchen für die Anwendung im Netz genügen.

Die Möglichkeiten der Modellierung in Rechnernetzen wird im DFN für ein Spektrum typischer Modellierer und Anwendungen entwickelt und erprobt. Zur groben Einteilung kann man vom Leistungsumfang her folgende Modelliererklassen unterscheiden:
- Rein zweidimensionale Modellierer zum Aufbau von Produktbeschreibungen mit ebenen geometrischen Elementen (z.B. Schaltpläne),

- zwei- und zweieinhalbdimensionale Modellierer für ebene Geometrien
  und einfache dreidimensionale Objekte, die durch Translation oder
  Rotation aus ebenen Objekten hergestellt werden können,
- dreidimensionale Modellierer mit Linienprimitiva (für Drahtmodelle)
  und Flächenprimitiva,
- dreidimensionale Modellierer mit Volumenprimitiva (solid modeller).

Im DFN wird eine Einteilung der Funktionen und Elemente von Modelliersystemen nach Leistungsklassen angestrebt, damit die entsprechenden
Prozessoren für die Konvertierung nicht alle den vollen Funktionsumfang
der leistungsfähigsten Modelliersysteme besitzen müssen.

Eine wesentliche Rolle für die Effektivität der Modellierdatenübertra-
gung im Netz spielt auch die Kodierung der zu übertragenden Informationen. Für den File-Transfer und die zunächst in Betracht gezogenen Darstellungen gemäß der IGES- und der VDA-Schnittstelle gibt es Kodierungs-
regeln, die auf Standard-Datensätzen mit 80 ASCII-Zeichen aufbauen. Diese würden bei Übertragung im Netz nicht vertretbare Übertragungskosten
verursachen, so daß eine spezielle Vereinbarung für die Kodierung der
im Netz zu übertragenden Modellierdaten noch entwickelt werden muß.

3.2 Kommunikationsbeziehungen und Interfaces

Die Kommunikationsbeziehungen zwischen Modelliersystemen sind vielfältiger Natur. Beim Verteilten Modellieren arbeitet der Anwender z.B.
gleichzeitig mit mehreren aktiven, im Netz verteilten und möglicherweise heterogenen Modelliersystemen, die er von einer lokalen CAD-Workstation über eine dialogfähige Schnittstelle anspricht (Bild 3.2).

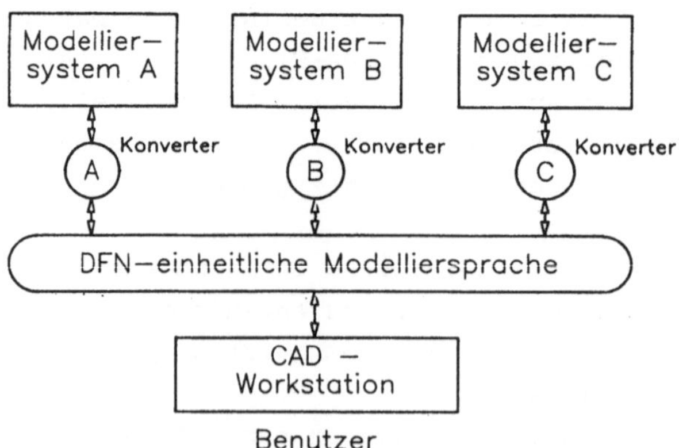

Bild 3.2   Einheitliche Anwenderschnittstelle

Bei Realisierung der einheitlichen Anwenderschnittstelle muß diese für jedes Modelliersystem durch einen entsprechenden Konverter in die modelliererabhängige Anwenderschnittstelle umgesetzt werden. Als Basis für die Konstruktion einer solchen Anwenderschnittstelle kann eine standardisierte Darstellung der Modellierdaten dienen, z.B. der IGES-Standard. Die CAD-Workstation beinhaltet u.a. die Grundsoftware für graphische und alphanumerische Funktionen sowie Kommunikationsbausteine. Das Graphische Kernsystem (GKS) sowie der in Abschnitt 2 dargestellte "Graphische Dialog" kommen hier zum Einsatz. In Anlehnung daran und ggf. darauf aufbauend soll im DFN ein entsprechendes Dialogkonzept, der CAD-Workstation-Dialog entwickelt werden.

Ein Modelliersystem soll zur Erfüllung seiner Aufgaben auch andere - insbesondere im DFN verfügbare - Komponenten benutzen können. Dies sind neben der CAD-Workstation und einer CAD-Datenbasis möglicherweise auch ein Background-Prozessor zur Durchführung besonders rechenintensiver Aufgaben sowie ein anderes Modelliersystem, wenn spezielle Funktionen nicht lokal vorhanden sind. Die Verbindungen zu anderen lokalen und entfernten Komponenten in einem solchen erweiterten Modellierkonzept werden von den in Bild 3.3 dargestellten Interfaces erbracht. Für weitere Einzelheiten zu den Interfaces sei auf den Ergebnisbericht /AKG84/ verwiesen.

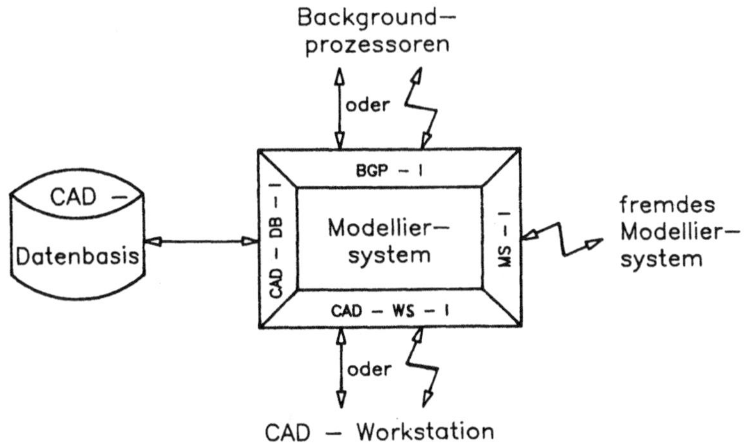

Bild 3.3   Die Interfaces eines Modelliersystems

3.3 Aufgaben/Anforderungen bzgl. der Kommunikation

Der File-Transfer (vgl. Abschnitt 5) soll auf die besonderen Verhältnisse bei graphischen Anwendungen zugeschnitten sein und insbesondere den folgenden Anforderungen genügen:
- kosten- und zeitoptimierte Datenübertragung;
- neutrale, vom Rechensystem unabhängige Zahlenübertragung;
- Übertragung einzelner Teile eines Datenfiles;
- Programmschnittstelle (nur für Betriebsformen des verteilten Modellierens).

Wegen der zu erwartenden großen Datenmengen wird eine optimal komprimierte Übertragungskodierung entwickelt einschließlich entsprechender Konvertierungsalgorithmen.

Für den Dialog soll neben dem normalen (zeilenorientierten) und dem graphischen Dialog ein CAD-Workstation-Dialog entwickelt werden. Dieser baut auf einer Schnittstelle zwischen einer CAD-Workstation und einem oder mehreren Modelliersystemen auf. Der CAD-Workstation-Dialog stellt eine interaktive Kommunikationsform dar, die gleichberechtigte Partner miteinander verbindet. Die Synchronisation wird durch das CAD-Workstation-Interface geleistet, wofür entsprechende Basisdienste des Netzes Voraussetzung sind.

Der CAD-Workstation-Dialog wird mit einer netzeinheitlichen Sprache (siehe auch Bild 3.2) gesteuert. Diese Sprache läßt sich durch die Implementierung von sechs im Ergebnisbericht näher beschriebenen Sprachelement-Typen realisieren.

Für weitere Einzelheiten, insbesondere auch zur Kommunikation zwischen Modelliersystemen und zur Kommunikation eines Modelliersystems mit einem Backgroundprozessor auf dem Wege über
- Vergabe von Teilaufträgen über den standardisierten RJE-Dienst oder über einen noch zu entwickelnden "Remote-Procedure-Call",
- einfache Hilfsmittel zur Synchronisierung bei der Datenübertragung und Ereignissteuerung und
- Hilfsmittel des Netzes zur Information über den Zustand eines abgesetzten Auftrags (Remote-Job-Status-Abfrage)

sei ebenfalls auf den Ergebnisbericht /AKG84/ verwiesen. Alle oben genannten Netzdienste sollen in diesem Zusammenhang über entsprechende Fortran-Schnittstellen ansprechbar sein.

4. Dokumentenverarbeitung in offenen Netzen

Unter dem Begriff "Dokument" wird eine Datenstruktur verstanden, in der Text- und Graphik-Informationen beschrieben werden. Der im DFN zu entwickelnde Dokument-Dienst soll vorwiegend im wissenschaftlich-technischen Bereich eingesetzt werden. Die integrierte Darstellung von Graphik und Text ist heute nur mit speziellen herstellerabhängigen Systemen möglich. Solche Systeme sind bisher stets ortsgebunden. Der angestrebte Dokumentdienst soll es darüber hinaus ermöglichen, Dokumente dezentral zu entwickeln und zu bearbeiten. Weiterhin sollen Dokumente über das DFN ausgetauscht bzw. weiterverarbeitet werden können. Dazu wird die Festlegung DFN-einheitlicher Datenstrukturen und Schnittstellen von und zu Dokumenten auf verschiedenen logischen Ebenen vorgenommen. Der Empfänger solcher Dokumente soll diese nicht nur auf einer größeren Klasse von Ausgabegeräten ausgeben können (hierfür wäre eine Metafile-Struktur ausreichend), sondern er soll auch in die Lage versetzt werden, Änderungen am Dokument selbst (d.h. seiner rechner-internen Darstellung) vornehmen und entsprechend aufbereiten zu können.

Dokument-Aufbereiter arbeiten heute auf zwei verschiedene Arten. Die erste läßt sich grob mit dem Worten "you get what you see" beschreiben, d.h. der Dokumentaufbereiter führt die Textaufbereitung einschließlich der Layout-Anweisungen sofort und im Dialog mit dem Benutzer durch; die eigentliche Dokumentenstruktur bleibt unsichtbar. Die zweite Art verlangt zur Aufbereitung das Einbringen von entsprechenden Steuer- und Layout-Anweisungen in den Text, etwa mittels eines alphanumerischen Editors. Die eigentliche Textaufbereitung erfolgt dann in einem gesonderten Arbeitsgang. Diese Methode leidet an der unübersichtlichen Vermischung von Dokumenttext und Layout-Anweisungen. Außerdem ist bei den zur Zeit existierenden Formatierern keine Graphik-Verarbeitung möglich.

Im DFN soll der zweite Weg beschritten werden, weil hierbei die Chancen für den Einsatz vorhandener Editoren und Formatierer groß sind. Gegebenenfalls soll in Anlehnung an internationale Standardisierungsbestrebungen für mehrere ausgewählte Formatierer eine übergeordnete Dokumentensprache (Virtual Document) /ISO83b/ - in Zusammenhang mit geeigneten Formatierern - entwickelt werden. Die Hauptkriterien für die Auswahl eines Formatierers sind: Betriebssystemunabhängigkeit, Anschlußmöglichkeiten für eine möglichst umfassende Klasse von Ausgabegeräten, Formatierungssprache unabhängig von Ausgabegeräten und Erweiterbarkeit zwecks Integration graphischer Informationen. Bzgl. der Funktionalität spielen folgende Punkte eine Rolle:

mathematische und chemische Formeln, Tabellen, automatisches Inhaltsverzeichnis, Index, mögliche Textfonts, einfach zu bedienende Kommandospra-
che. Nach bisherigem Kenntnisstand scheint nur TEX von D. Knuth /KNU84/
für den allgemeinen Einsatz in einem offenen Netz geeignet zu sein.

Der Ergebnisbericht /AKG84/ diskutiert mehrere mögliche Entwicklungsphasen für den Dokument-Dienst. Sie beruhen alle auf der Grundidee, die
alphanumerischen Informationen in einer Textdatei und die graphische
Information in einer dem GKS nahestehenden Meta-Datei, z.B. dem GKS-
Metafile /ISO82/ oder dem "Virtual Device Metafile - VDM" /ANS83/, darzustellen und beide möglichst weitgehend zu einem sogenannten "Document
Metafile - DOCM" zu integrieren. DOCM soll als eine für das DFN fest zu
vereinbarende geräteunabhängige Datenstruktur entwickelt werden.

In der höchsten Realisierungsstufe soll oberhalb des Formatierers eine
- ebenfalls im DFN zu standardisierende - Datenstruktur DOC angesiedelt
werden (Bild 4.1), die als Vereinigung der Eingabedatei für einen Text-
formatierer und ein graphisches Metafile angesehen werden kann. Die DOC-
Datei soll sich in diesem Konzeptvorschlag wieder in ihre Komponenten
Text und Graphik zerlegen lassen, um diese auch getrennt bearbeiten zu
können. Standardmäßig soll die Manipulation der DOC-Datei aber durch
einen vereinheitlichten sogenannten Dokument-Editor erfolgen, der neben
DOC auch DOCM als Schnittstelle nach außen zur Verfügung stellt.

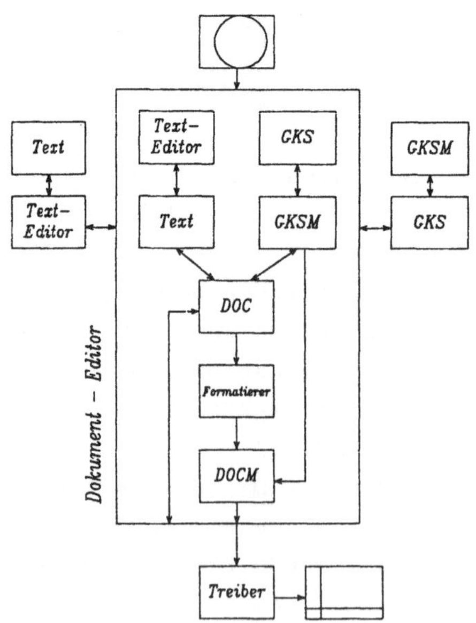

Bild 4.1   Struktur eines Dokument-Editors

Unter Verwendung der DOC-Datei und des Filetransfers sollen im DFN Dokumente dezentral aufbereitet und - im Sinne von Änderungen und Erweiterungen - weiterverarbeitet werden können. DOCM ermöglicht zusätzlich die Ausgabe der aufbereiteten Information an DV-Systemen, auf denen nur die entsprechende Treiber-Software, nicht aber der komplette Dokument-Editor zur Verfügung stehen muß.

Der Textteil eines Dokuments besteht in der Regel weitgehend aus Worten und Begriffen. Im Sinne der Netzkostenverringerung können spezifische Merkmale der Sprache ausgenutzt werden, um den Umfang eines Textes zu reduzieren. Es sollen verschiedene Komprimierungsverfahren auf Eignung für den DFN-Betrieb untersucht werden. Hier soll insbesondere auf ein kostenminimales Gleichgewicht zwischen Rechnerbelastung und Netzüber-mittlungskosten geachtet werden.

5. Filetransfer

Im Rahmen des DFN werden in Erweiterung bzw. Ergänzung des bestehenden Filetransfer-Dienstes spezielle Dienste für den Austausch von graphi-schen Daten, Modelldaten sowie Dokumenten realisiert. Zweck eines solchen Austauschs ist es u.a., die Daten an anderer Stelle weiterverar-beiten, editieren und auf dafür besonders geeigneten Systemen archivie-ren zu können sowie die Daten für die Ausgabe auf ein graphisches Gerät zu interpretieren.

Zu untersuchen sind hierbei die Datenstrukturen und Kodierungen der zu übertragenden Daten, insbesondere die Normenvorschläge IGES /NBS83/, VDA-FS /VDA83/, der GKS-Metafile, der in Anhang E des GKS-Dokumentes /ISO82/ aufgeführt ist und der VDM /ANS83/. Diese Datenstrukturen können in unterschiedlichen Kodierungsarten wie z.B. Klartextkodierung, Zeichenkodierung und Binärkodierung existieren. Es wird untersucht, welche Kodierung unter den Gesichtspunkten Rechenzeit- und Übertragungs-zeitaufwand am günstigsten ist. Für die Realisierung der Transferkodie-rung gibt es zwei Möglichkeiten:
- die Konvertierung wird "on-the-fly" vorgenommen, d.h. die Konvertie-
  rung erfolgt stückweise ohne Archivierung in einer "Zwischendatei";
- die Daten werden zuerst vollständig konvertiert und anschließend
  übertragen.
Beide Alternativen sollen möglich sein.

Literatur

/AFN83/   Association Francaise de Normalisation (AFNOR)
   Standard d' Echange et de Transfert (SET); Release June 1983
   AFNOR, Paris 1983

/AKG84/   Arbeitskreis "Graphik im DFN"
   Graphische Kommunikation in offenen Netzen - Ziele und Lösungsan-
   sätze -; Ergebnisse der Klausurtagung des AK "Graphik im DFN" in
   Miltenberg vom 16.-20. Januar 1984, Version 2
   Hrsg.: Zentrale Projektleitung DFN, Berlin, Mai 1984

/ANS83/   American National Standards Institute (ANSI)
   Virtual Device Metafile - Functional Description; Revision 8
   ANSI X3H33, November 1983

/CCI81/   Comite Consultatif International Telegraphique et
   Telephonique (CCITT)
   CCITT-Empfehlung der V-Serie und der X-Serie, Band I: Datenpaket-
   vermittlung - Internationale Standards
   R. v. Decker's Verlag, G. Schenk; Heidelberg, Hamburg 1981

/DBP82/   Deutsche Bundespost
   TELETEX - Endgeräte, Rahmenwerte; 6. Entwurf, Stand: 3.82

/DFN83/   Deutsches Forschungsnetz (DFN)
   Protokollhandbuch, Version 0
   Zentrale Projektleitung DFN, September 1983

/DFN84/   Deutsches Forschungsnetz (DFN)
   DFN - Kurzdarstellung, April 1984

/DXP82/   DATEX-P Handbuch
   Deutsche Bundespost, Juli 1982

/ISO82/   International Organization for Standardization (ISO)
   Graphical Kernel System - Functional Description
   ISO/DIS 7942, November 1982

/ISO83/   International Organization for Standardization (ISO)
   Open Systems Interconnection - Basic Reference Model
   ISO/DIS 7498, Mai 1983

/ISO83b/   International Organization for Standardization (ISO)
   Computer Language for the Processing of Text (CLPT)
   ISO/TC 97/SC 5 N 749, 1983

/KNU84/   Knuth, D. E.
   The TEXbook
   Addison-Wesley Publ. Co. 1984

/NBS83/   National Bureau of Standards (NBS)
   Initial Graphics Exchange Specification (IGES); Version 2.0
   U.S. Dept. of Commerce, Washington 1983

/ULL84/   Ullmann, K.
   Deutsches Forschungsnetz - DFN, Eine anwendungsorientierte
   Entwicklung von Kommunikationsdiensten
   enthalten in diesem Tagungsband

/VDA83/   Verband der Automobilhersteller (VDA), Verband Deutscher
   Maschinen- und Anlagenbau (VDMA)
   VDA-VDMA-Flächenschnittstelle; Frankfurt 1983

<u>Technologiefortschritt und Redesign</u>
<u>von CAD-Software</u>
Dr. K. Merten
SIEMENS München

0. Zusammenfassung

Am Beispiel des Programmsystem AULIS (Automatischer Layoutentwurf integrierter Schaltkreise) im CAD-System VENUS (VLSI- Entwurfssystem) wird das Problem der Anpassung bestehender und im Einsatz erprobter CAD-Software an die (gerade im IC- Bereich) rasch fortschreitende Technik diskutiert.

1. Einleitung

Die Entscheidung für oder gegen das Redesign umfangreicher, im Einsatz befindlicher Software ist schwerwiegend und schwierig. Sie kann unter verschiedenen Gesichtspunkten angegangen werden. Eine richtige Entscheidung zum richtigen Zeitpunkt ist mitentscheidend für den Fortbestand und die Akzeptanz eines Programmsystems.

Wir diskutieren im folgenden diese Problematik anhand von CAD-Software unter den speziellen Gesichtspunkten Technologiefortschritt und DV-technische Verbesserungen. Als beispielhaft mag das Programmsystem AULIS im CAD-System VENUS gelten.

AULIS führt innerhalb VENUS die Entflechtung von GATE ARRAYS (GA) mit Zellenstruktur durch. Diese Schaltungen sind aus einzelnen Funktionsmakros (Zellen) aufgebaut, Interna dieser Zellen werden einer Zellenbibliothek entnommen. Die Plazierung der Zellen und die Verdrahtung der zellenexternen Anschlüsse werden von AULIS bei fest vorgegebener Fläche möglichst optimal (vollständige Entflechtung bei minimaler Weglänge) durchgeführt. AULIS ist im Prinzip technologieunabhängig, momentan wird

der Einsatz für CMOS- und ECL-GA´s unterstützt. Das folgende Diagramm
zeigt den Ablauf im Teil Chipkonstruktion des Systems VENUS:

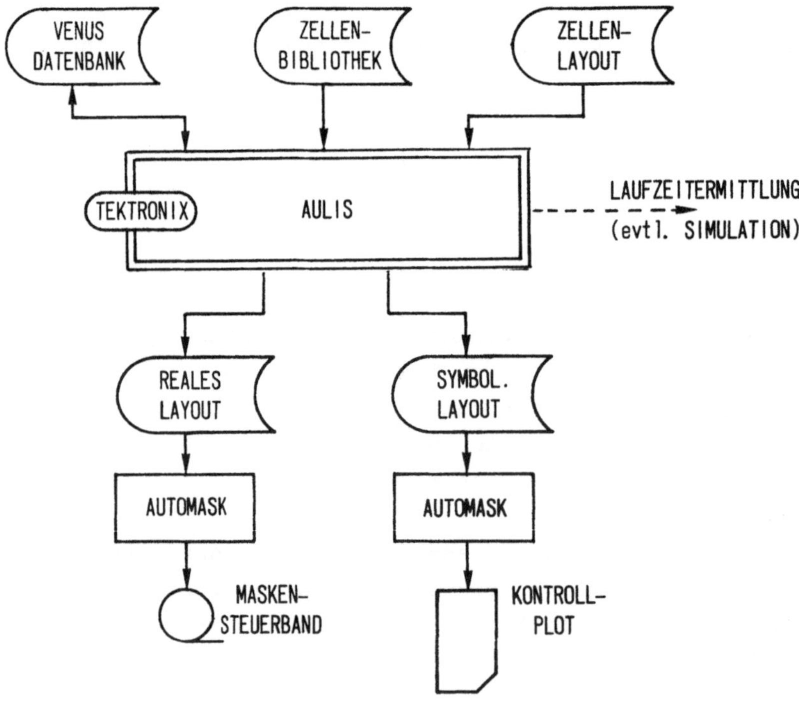

2. Ausgangssituation

Die Situation in 1983 stellte sich wie folgt dar:

Schaltungstechnologie

AULIS bearbeitet Schaltungen mit maximal 500 Zellen und 1400 Punkt zu
Punkt Verbindungen. Bei dieser Komplexität wurden durchweg hundertpro-
zentige Entflechtungsergebnisse abgeliefert. Laufzeiten und Speicherbe-
legung lagen in vom Anwender akzeptierten Größenorndungen.

Die Anforderungen der Schaltungsentwicklung waren nun derart, daß AULIS
spätestens Mitte 1984 in der Lage sein sollte, Schaltungen mit vier-
facher und zehnfacher Komplexität (8 und 20 K Master) zu bearbeiten. Gefordert war also die Plazierung von bis zu 5000 Zellen und deren externe
Verdrahtung mit maximal 14000 Punkt zu Punkt Verbindungen. Erste theoretische Versuche ergaben, daß die Laufzeiten nichtlinear mit der Komplexität anwachsen (typisch für die implementierten Maze- Algorithmen)
und vom Anwender sicher nicht mehr akzeptiert werden konnten. Weiter
stellte sich heraus, daß bei annehmbaren Laufzeiten die Entflechtungsergebnisse nicht mehr hundertprozentig sein würden.

DV-technischer Stand

AULIS ist auf dem BS 2000 ablauffähig. Es ist modular aufgebaut. Von
insgesamt 480 Programmteilen waren 406 in FORTRAN geschrieben, 56 in
PASCAL (Grafik) und 20 in ASSEMBLER (I/O und BS 2000 spezifische Routinen). Die Anzahl Lines of Code betrug ungefähr 75000. Das Programmsystem ist nicht als einheitlicher Entwurf entstanden, sondern typischerweise gemäß den Anforderungen gewachsen. Auf eine begleitende Dokumentation (Design-Papiere etc.) wurde wenig Sorgfalt verwandt. Gesichtspunkte

wie Aufwärtskompatibilität und strukturiertes Programmieren konnten
nicht zur Genüge beachtet werden. Die Wartbarkeit der Programme war demzufolge nicht sehr hoch anzusetzen, neue Mitarbeiter benötigten eine
nicht vertretbar lange Einarbeitungszeit, die Wahrscheinlichkeit, Fehler
korrekt zu korrigieren war gering.

3. Begründung der Entscheidung

Die Frage Redesign ja oder nein ist im Prinzip eine ökonomische Entscheidung (vgl. hierzu /5/). Es gilt, den Gewinn an Softwarequalität
ausgedrückt durch die Punkte

- Zuverlässigkeit
- Akzeptanz
- Funktionsumfang
- Wartbarkeit
- Aufwärtskompatibilität
- Performance

abzuschätzen gegen den zu erbringenden Aufwand.

In unserem Fall zeigte allein der DV-technische Stand der Dinge, daß
eine Mindestqualität des Softwareproduktes in absehbarer Zeit nicht
mehr garantiert werden konnte. Ein Redesign würde sich also schon unter
diesem Blickwinkel bezahlt machen. Die Situation von der technologisch-
algorithmischen Seite fordert ein Redesign zum damaligen Zeitpunkt (Ende
1983) geradezu heraus. Dies nicht nur bez. aktueller Anforderungen, sondern auch im Hinblick auf noch größeren und rascheren Technologiefortschritt. Die Verfügbarkeit von AULIS für die neuen Schaltungstechnolo-
gien konnte nur durch größere Änderungen im zentralen Teil des Programms
bzw. durch Implementierung neuer Routinen erreicht werden. Positiv ausgedrückt: Die Wahrscheinlichkeit, ein Redesign zu einem späteren Zeitpunkt erfolgreich und mit vertretbaren Kosten durchzuziehen wäre nur
kleiner gewesen.

4. Ein mögliches Konzept

Wir stellen im folgenden von uns getroffenen wichtigsten Einzelent-
scheidungen für eine erfolgreiche Vorgehensweise für ein Redesign
mit eingeschlossenen umfangreichen Programmänderungen vor.

Programmiersprache

Als einheitliche Programmiersprache wurde generell PASCAL vorgeschrieben. Gewichtige Gründe dafür sind:

- strukturierte Programmierung
- besser geeignet für die graphentheoretisch-algorith-
  mischen Problemstellungen
- dynamische Speicherverwaltung
- effizienterer Code
- deutlich größerer Funktionsumfang
- Portabilität

Entwicklungskonventionen

Die Erstellung von begleitenden Papieren (i.e. Leistungsbeschreibung,
Designspezifikation, Komponentenspezifikation) ist zwingend vorgeschrieben. In der Design-Phase wurde insbesondere das Problem der Anpassung der Datenstruktur an PASCAL sauber gelöst werden. Der schon vorhandene modulare Aufbau wurde noch verbessert. Der Einschnitt (Meilen-
stein) Coding erfolgt nach (!) der Komponentenspezifikation. Es findet
sowohl ein Design- als auch ein Code- Review statt.

Alle Programme sind nach einheitlichem Layout (Einrückung, Seitenwechsel
etc.) zu erstellt. Jede Routine enthält im Kopf eine kurze Beschreibung
einschließlich der CALL-Schnittstelle und der internen Datenstrukturen.

Algorithmische Verbesserungen

Im algorithmischen Kernteil von AULIS wurde die Plazierungsroutine (Min-
Cut Verfahren, siehe /1,2/ und der Verdrahtungsteile (Lee-Algorithmus,
siehe /1/) untersucht.

Für die Plazierung bot sich ausgehend von der jetzt vorhandenen Initial-
plazierung eine iterative Nachplazierung an wie sie etwa in /1/ beschrieben ist.

Beim Verdrahtungsteil wurden einmal intelligentere Varianten des Lee`-
schen Verfahrens (beidseitige Annäherung in Verbindung mit einem Line-
Search Algorithmus (vgl. /4/) untersucht. Parallel dazu wurde der Einsatz eines modernen Dogleg-Channel-Routers (vgl. /6/), entwickelt im
Rahmen des Projektes VENUS für das Programmsystem AVESTA (Entflechtung
von Standardzellen, vgl. hierzug /3/), überprüft. Grundsätzlich vertreten wir die Strategie, daß dem Benutzer wahlweise mehrere Algorithmen
angeboten werden sollten. Diese können auch sich ergänzend nacheinander
ablaufen. Neu implementierte Verfahren ersetzen also bewährte alte nicht
unbedingt, sondern werden nur hinzugefügt, um die hohe Komplexität in
den Griff zu bekommen. Unsere jetzige Lösung bietet dem Anwender also
wahlweise einen deutlich verbesserten Maze-Algorithmus (lokale Intelligenz) und einen modernen Channel-Router (globale Intelligenz) an.
Eine Kombination von beiden wird noch diskutiert bzw. getestet.

Interaktive Nacharbeit

Da abzusehen war, daß bei höherer Komplexität einige Leitungen nicht
mehr gelegt werden können, wird dem Benutzer die interaktive Nacharbeit
am grafischen Arbeitsplatz (TEKTRONIX 4115) ermöglicht. Der Benutzer
kann also unter Kontrolle aller Schaltungsentwurfsregeln (Elektrik, Design) evtl. nichtgelegte Wege rein manuell (Einfügen und Löschen von
Leitungszügen und Viaholes/Kontaktlöchern) oder auch mit Unterstützung
der Verdrahtungsalgorithmen (Generieren von Netzen) bearbeiten. Interaktive Eingriffe in den Plazierungsvorschlag des Programms werden eben-

falls angeboten, sie geben dem Benutzer die Möglichkeit, eigene Plazierungsvorgaben für einzelne Zellen zu machen. Dies ist insbesondere dann sinnvoll, wenn der Anwender Kenntnis über die Logik der Schaltung hat.

Die interaktive Nacharbeit im obigen Sinne hat sich bei dem erwähnten Programmsystem AVESTA bewährt. Sie ist vom Anwender sehr positiv aufgenommen worden.

Literatur:

/1/   M.A. Breuer, "Design automation of Digital Systems", Prentice-Hall, 1972

/2/   M.A. Breuer, "Min-Cut Placement", J. Design and Fault-Tolerant Computing, Vol. I, Okt. 1977

/3/   K.W. Koller, U. Lauther, "The Siemens-AVESTA-System for Computer-Aided, Design of MOS-Standard Cell Circuit", Proc. 14th Design Automation Conf., 1977

/4/   J. Soukup, "Fast Maze Router", Proc. 15th Design Automation Conf., 1978

/5/   J.R. Wolberg, "Conversion of Computer Software", Prentice-Hall, 1983

/6/   T. Yoshimura, E.S. Kuh, "Efficient Algorithms for Channel Routing", IEEE Trans. on Computer-Aided Design of Integrated Circuits and Systems, Vol. CAD-1

Überlegungen zur Architektur von Datenbanksystemen für Ingenieuranwendungen

Bernhard Mitschang
Universität Kaiserslautern, Fachbereich Informatik
Erwin-Schrödinger-Straße
D-6750 Kaiserslautern

Überblick

Die stetige Erweiterung und Vergrößerung der rechnergestützten ingenieurwissenschaftlichen Anwendungen verursacht u.a. ein schnelles Wachstum der zu
verwaltenden Datenbestände. Einhergehend mit dieser Expansion und Integration der
Anwendungen steigt die Bedeutung und Notwendigkeit eines Datenbanksystem-Einsatzes.

In der vorliegenden Arbeit werden wichtige Anforderungen an Datenbanksysteme beim
Einsatz in Spezialanwendungsbereichen wie Prozeßdatenverarbeitung, geographische
Datenhaltung, Bild- und Textverarbeitung sowie CAD/CAM/CAE vorgestellt. Diese
Anforderungen beeinflussen die Schnittstelle zwischen Anwendungssubsystem und
Datenbanksystem sowie die Architektur des integrierten Gesamtsystems.

Hier wird ein Architekturkonzept für Datenbanksysteme erarbeitet, die speziell für
den Einsatz in solchen Non-Standard-Anwendungsgebieten geeignet sind. Aufbauend auf
einem allgemeinen Datenbanksystemkern wird eine Modellabbildungsschicht realisiert,
die von einer vorgeschalteten Anwendungsanalyse beeinflußt ist. Der Umfang und die
Auswirkungen der Anwendungsanalyse auf die zugrundegelegte zweigeteilte
Datenbanksystem-Architektur werden angegeben sowie die Aufgaben der
Modellabbildungsschicht und die Funktionen des Datenbanksystemkerns erörtert.
Zusätzlich wird eine Abgrenzung und Bewertung der hier vorgeschlagenen
Datenbanksystem-Architektur gegenüber jener bestehender Systeme und gegenüber
denkbaren alternativen Architekturen angegeben.

1. Einleitung und Motivation

Die ersten Anwendungssysteme in den Ingenieurwissenschaften (schon aus den
sechziger Jahren) waren durch die Verwendung eines einfachen Dateikonzeptes gekennzeichnet. Das Gesamtsystem bestand aus einzelnen voneinander abgegrenzten Teilsystemen, die jeweils ihre eigene Datenhaltung mit Hilfe von separaten Dateien ab-
wickelten. In /Eb83/ wird als Fallbeispiel ein System zur Unterstützung der Konstruktion von Leiterplatten angegeben. Bei dem Entwurf solcher Systeme waren eine
- anwendungsfreundliche Benutzerschnittstelle (etwa Graphikterminalein- und
  -ausgabe),
- effiziente Algorithmen (z.B. Hidden-Line-Algorithmen oder Layout-
  Optimierungen) und eine
- angepaßte Datendarstellung (wie Begrenzungsflächendarstellung oder Zellzerlegung als Darstellungsschemata für geometrische Objekte) von übergeordneter
  Wichtigkeit.

Auf die gemeinsame Datenhaltung hingegen wurde kein besonderer Wert gelegt. Ein hoher Grad an Redundanz in der gespeicherten Information, schlechte dateiübergreifende Zugriffsmöglichkeiten sowie ein geringes Maß an Datenunabhängigkeit waren die wichtigsten Nachteile (siehe /Eb83/ und /Mi84/).

Mit der Erweiterung und Vergrößerung der Anwendungen wuchsen auch die zu verwaltenden Datenbestände und die Anzahl der notwendigen Verknüpfungen zwischen den einzelnen Dateien. Diese Entwicklung brachte zum einen verschärfte Modellierungs- und Integritätsprobleme und zum anderen auch erhöhte Sicherheits- und Konsistenzprobleme mit sich. Eine gemeinsame Benutzung von Daten wurde immer schwieriger und aufwendiger. Man war mit den so "gewachsenen", komplexen Systemen unzufrieden. In den seit den siebziger Jahren konzipierten Systemen der zweiten Generation sollten die erhöhten Anforderungen durch den Einsatz konventioneller Datenbanksysteme befriedigt werden. Man setzte die einzelnen Anwendungsmoduln einfach auf das zugrundeliegende Datenbanksystem (DBS) auf.

Der Nutzen dieser Methode lag in der deutlich verringerten Systementwicklungszeit und in der Übernahme der Vorteile, die konventionelle Datenbanksysteme anbieten, seien es nun hierarchische, netzwerkartige oder relationale (siehe /Da81/ und /Mi84/). Auf der anderen Seite hatte diese Methode jedoch auch eine ganze Reihe von schwerwiegenden Nachteilen. Die Daten, die man zuvor getrennt in privaten Dateien abgelegt hatte, mußten zusammengefaßt und mit Hilfe des zur Verfügung stehenden Datenmodells dargestellt werden. Anhand der zwei Beispiele, die wegen der Übersichtlichkeit im nachfolgenden Kapitel zusammengefaßt sind, soll ein Eindruck vom Umfang des Modellierungsaufwands vermittelt werden. Die dort aufgeführten Problempunkte sind keineswegs vollständig und erschöpfend, sollen jedoch dazu genügen, die Komplexität der Anfragebearbeitung und den Aufwand der Modellierung in den Non-Standard-Anwendungsgebieten aufzuzeigen. Außerdem erzwang die lose Bindung der Programme an die Daten einen erhöhten Aufwand beim Datenzugriff, was sich in einem schlechten Leistungsverhalten des Gesamtsystems äußerte.

In /AF83/ wurden Anforderungen an Datenhaltungssysteme in der Prozeßdatenverarbeitung (PDV) analysiert. Dort wird ausgesagt, daß man heutzutage für die Datenhaltung in der PDV die datenabhängigen, leistungsstarken Dateiverwaltungsssteme den datenunabhängigen, langsameren DBS vorzieht. Der Leistungsaspekt wird also prioritätsmäßig höher eingestuft als die Datenunabhängigkeit. Ein expliziter Leistungsvergleich zwischen einem System der ersten Generation mit einem der zweiten Generation, allerdings aus dem Anwendungsgebiet Schaltkreisentwurf, wird in /GS82/ beschrieben. Dort wurde ein CAD-Paket, basierend auf dem Dateikonzept, mit einer äquivalenten, auf dem relationalen Datenbanksystem INGRES /SW76/ installierten Anwendung in bezug auf das Leistungsverhalten verglichen. Das CAD-Paket zeigte dabei ein deutlich besseres Verhalten (mindestens Faktor 3). Vergleichstests, die sich auf besondere Zugriffsanforderungen bezogen, wie z.B. auf die räumliche Suche (siehe Kapitel 2), offenbarten sogar Leistungsunterschiede vom Faktor 20. Aufgrund vereinfachter Aufwandsabschätzungen wird in /Eb83/ ein Faktor von 50 ermittelt. Diese extreme Leistungsdifferenz basiert hier noch zusätzlich darauf, daß komplexe und anwendungsnahe Operationen wie die graphische Darstellung eines durch ein CSG-Modell (oder Volumenmodell, siehe /Re80/) dargestellten Körpers oder auch Flächenschnittverfahren zur Durchführung von Mengenoperationen auf Körpern, die im Begrenzungsflächenmodell dargestellt sind, betrachtet werden. Ein quantitativ gleichwertiges Ergebnis wird in /Fi83/ bei der Betrachtung der Kollisionsprüfung von Außenkonturen zweier Blechteile ermittelt. In /Eb83/ wird zusätzlich noch folgendes einfache, aber sehr aussagekräftige Beispiel aufgeführt: Das Lesen von Linien aus einem relationalen DBS mit anschließender Ausgabe mittels eines geräteunabhängigen Graphiksystems erreichte günstigstenfalls einen Durchsatz von 15 Linien pro Sekunde. Bei vergleichbarer Programmierung mit Hilfe konventioneller Dateibearbeitung und Verwendung einer niedrigen Schnittstelle zum Graphiksystem ließen sich etwa 100 Linien/Sekunde ausgeben.

Aus diesem Grunde müssen die Systeme der dritten Generation, die es jetzt zu entwerfen und zu konstruieren gilt, die Vorteile der Vorgängergeneration beibehalten und zudem noch ein akzeptables Leistungsverhalten aufzeigen. Dies bedeutet für die Datenverwaltungskomponente, daß die Schnittstelle zu den Anwendungsmoduln, die verfügbaren Repräsentationsmöglichkeiten des Datenbanksystems und die Systemarchitektur selbst zu überprüfen bzw. neu zu konzipieren sind. Aufgrund der zuvor geführten Diskussion und einschließlich der Ergebnisse aus Kapitel 2 scheint bisher ohne Zweifel festzustehen, daß die Modellierungsmöglichkeiten an die betreffende Anwendung angepaßt und die Zugriffsanforderungen durch neuartige und verbesserte Speicherungsstrukturen unterstützt werden müssen.

Die Vergleichsmessungen in /Fi83/ scheinen diese Forderungen zu bestätigen. Dort wurde die dateiorientierte Datenhaltung eines Geometrischen Modellierungssystems durch ein bzgl. Zugriffsmöglichkeiten und Speicherungsstrukturen zugeschnittenes netzwerkartiges DBMS ausgetauscht und annähernd das gleiche Leistungsverhalten erzielt.

Zur Konstruktion von solchen spezialisierten, d.h. auf die betreffende Anwendungsklasse zugeschnittenen, <u>Non-Standard-Datenbanksystemen</u> (NDBS) gibt es mehrere Möglichkeiten, wie in Kapitel 3 aufgezeigt wird. Nach einer kurzen Bewertung der verschiedenen Architekturvorschläge wird im darauffolgenden Kapitel der am besten erscheinende Ansatz aufgegriffen und detaillierter diskutiert.

Zuvor wird jedoch in Kapitel 2 auf die schon angesprochene Modellierungsproblematik sowie auf damit direkt zusammenhängenden Problempunkte wie Anfragekomplexität, Konsistenzerhaltung und Leistungsverhalten eingegangen.

2. Beispiele zur Problemerkennung bei unangepaßter Modellierung

<u>Beispiel 1</u>: geographische Datenhaltung (/HR83/, /Fr83/, /GP83/)

Das erste Beispiel zeigt die Sicht des Benutzers eines Landinformationssystems auf seine Daten; hier speziell auf den Objekttyp PARZELLE. Die für den Benutzer relevanten Eigenschaften einer Parzelle, die er modelliert wissen möchte, sind z.B.:
- Eine Parzelle wird in speziellen Registern (Liegenschafts- und Grundbuch) geführt, hat einen Besitzer, Kaufpreis, Fläche, Nutzungswert etc.

- Eine Parzelle besitzt eine identifizierende Nummer.
- Eine Parzelle hat eine bestimmte (Orts-)Lage.
- Parzellen liegen "dicht", d.h., zwischen einer Parzelle und ihren Nachbarn darf es keinen freien Raum geben.
- Parzellen dürfen einander nicht überlagern.
- Eine Parzelle ist ein geschlossenes Polygon mit einer beliebigen Anzahl von Punkten und Kanten.

Ebenfalls von Wichtigkeit für den Benutzer sind die verschiedenen Zugriffsmöglichkeiten auf diesen Objekttyp:

- objektbezogen: Zugriff über die identifizierende Nummer und/oder Zusatzbedingungen bzgl. anderer Attribute
- raumbezogen: Zugriff über eine Gebietsangabe
- nachbarschaftsbezogen: Zugriff mittels topologischer Beziehungen, wie z.B. über eine Nachbarschaftsbeziehung oder Begrenzungsbeziehung.

Versucht man z.B., obigen Objekttyp PARZELLE im Relationenmodell darzustellen, so existieren gleich mehrere Möglichkeiten. Die wünschenswerteste Darstellung, die für eine Parzelle genau ein Tupel einer Relation benutzt, scheitert an der Normalisierungsforderung des Relationenmodells, da eine variabel lange Liste (Wiederholungsgruppe) für die begrenzenden Kanten und zugehörigen Punkte nicht verwendbar ist. Man kann sich allerdings leicht 4 unterschiedliche, im Relationenmodell erlaubte Darstellungen überlegen: Etwa eine Zerteilung in die 3 Relationen PARZELLE, KANTE und PUNKTE oder auch eine Darstellung mittels einer Relation PARZELLE, die pro Tupelausprägung nur genau einen Eckpunkt der Parzelle repräsentiert; eine ganze Parzelle wäre damit in eine Menge von Tupelausprägungen zerlegt. Die restlichen Darstellungsmöglichkeiten unterscheiden sich nur in der Anzahl der verwendeten Relationen sowie in der Anzahl der benötigten Tupelausprägungen zur Beschreibung einer Parzelle. Zusätzliche Schwierigkeiten ergibt die Einbeziehung und Realisierung der restlichen o.g. Aspekte wie z.B. die Dichte-Eigenschaft oder die Zugriffspfade.

Schaut man sich obige Modellierungsergebnisse an, so erkennt man, daß Relationen definiert werden, die anstatt eine Parzelle zu beschreiben, nur Teilaspekte derselben darstellen. Das ursprüngliche Entity "Parzelle" ist verschwunden. Das heißt, der Anwendungsprogrammierer kann nicht mehr in seiner gewohnten Benutzersicht (s.o.) arbeiten. Er muß jetzt alle seine Operationen der von der betreffenden Modellierung bestimmten Objektbeschreibung anpassen. Analog zu dieser Operationsmodifikation muß auch eine Anpassung der auszuführenden Integritätskontrollen erfolgen.

In /SP82/ wird die gleiche Problematik, allerdings bezogen auf das Anwendungsgbiet Textverarbeitung/Information-Retrieval aufgezeigt und anhand eines Beispiels belegt, welches sehr deutlich die Komplexität der Anfrageformulierung und -Abarbeitung bei unangemessener Modellierung hervorhebt.

<u>Beispiel</u> 2: rechnergestütztes Entwerfen und Konstruieren (/NH82/, /EW81/, /Lo81/)

Der VLSI-Chip-Entwerfer sieht einen elektronischen Schaltkreis in verschiedenen Repräsentationen (Mehrfachrepräsentation), z.B. in einer funktionalen Spezi-

fikation, als Schaltkreisdiagramm, als Layout oder auch in einer speziellen
Hardware-Beschreibungssprache. Unterschiedliche Technologien, andersstrukturierte
Layouts etc. zu verwenden, eröffnen ihm zusätzlich die Möglichkeit, verschiedene
Alternativen nebeneinander auszuprobieren und auch Versionen eines Schaltkreises zu
entwerfen. Die Modellierungsprobleme liegen hier besonders in der Darstellung der
Abhängigkeiten unter den verschiedenen Mehrfachrepräsentationen, Alternativen und
Versionen sowie in der Aufrechterhaltung der Konsistenz. Hierzu wird in /Ne83/ ein
graphenbasiertes Konzept zur Repräsentation und Verwaltung von Entwurfsinformation
in einem herkömmlichen DBS angegeben.

3. Architekturvorschläge für Non-Standard-Datenbanksysteme

In Abbildung 1 sind, wie z.B. in /SL83/ kurz vorgestellt, aber nicht in der hier
durchgeführten Exaktheit bewertet, die einzelnen Architekturvorschläge für Non-
Standard-DBS abgebildet. Die Reihenfolge der angegebenen Vorschläge spiegelt dabei
die Fortentwicklung der Systemstrukturen wider. Damit einhergehend findet auch eine
ständige Verbesserung der Eignung dieser Architekturen für den Einsatz in
Spezialanwendungsgebieten statt.

Die vorausgegangene Diskussion legt nun die folgende einfache Architektur eines
NDBS nahe: Auf das konventionelle DBS wird eine zusätzliche Abbildungsschicht
gesetzt (Abbildung 1a). Diese Zusatzebene unterstützt alle von der Anwendungsseite
als relevant erachteten Eigenschaften und Strukturen und bietet dem Benutzer eine
einheitliche Schnittstelle zur Verwaltung aller Informationen; d.h. falls erwünscht
von konventionellen, satzorientierten Daten über Text- und Bilddaten bis zu Daten
im Zusammenhang mit Entwurfs- und Konstruktionsprozessen. Diese Architektur stimmt
mit der von Systemen der zweiten Generation aus Kapitel 1 fast überein. Der einzige
Unterschied liegt darin, daß hier die Modellierungsmöglichkeiten der Anwendungs-
programme (AP abgekürzt) durch eine mächtigere und angepaßte DBS-Schnittstelle
verbessert werden. Eine direkte Leistungssteigerung des Gesamtsystems hat dies
allerdings nicht zur Folge. Das Modellierungsproblem, inklusive aller Konsequenzen,
wie in Kapitel 2 ausführlich geschildert, besteht weiterhin, nun jedoch in der
Zusatzebene des DBS: Das dem Benutzer zur Verfügung gestellte angepaßte Datenmodell
muß auf ein vom konventionellen Datenbanksystem bereitgestelltes Datenmodell (mit
allen Beschränkungen) abgebildet werden. Es fand also nur eine Problemverlagerung
vom Anwendungsprogramm in die Zusatzebene des DBS statt. Daraus folgt, daß sowohl
die Vorteile als auch die überwiegenden Nachteile aus Kapitel 2 hier ebenfalls
zutreffen und diesen Architekturansatz in Frage stellen. In /Eb83/ und /Lü83/
werden Systeme vorgeschlagen, die die Zusatzebenen-Architektur beinhalten. Die
Diskussion in /SP82/ über Integrationsmöglichkeiten zwischen einem Information-
Retrieval-System und einem DBMS führt von einem Text-Preprocessor als Zusatzebenen-
Architektur über die nachfolgende Kombinations-Architektur zu einem integrierten
System gemäß Abb. 1c oder Abb. 1d.

Der nächste Vorschlag (Abbildung 1b) kombiniert ein konventionelles Datenbanksystem zur Verwaltung satzorientierter Daten mit voneinander getrennten
Spezialsystemen, die beispielsweise wie Information-Retrieval-Systeme oder Geome-

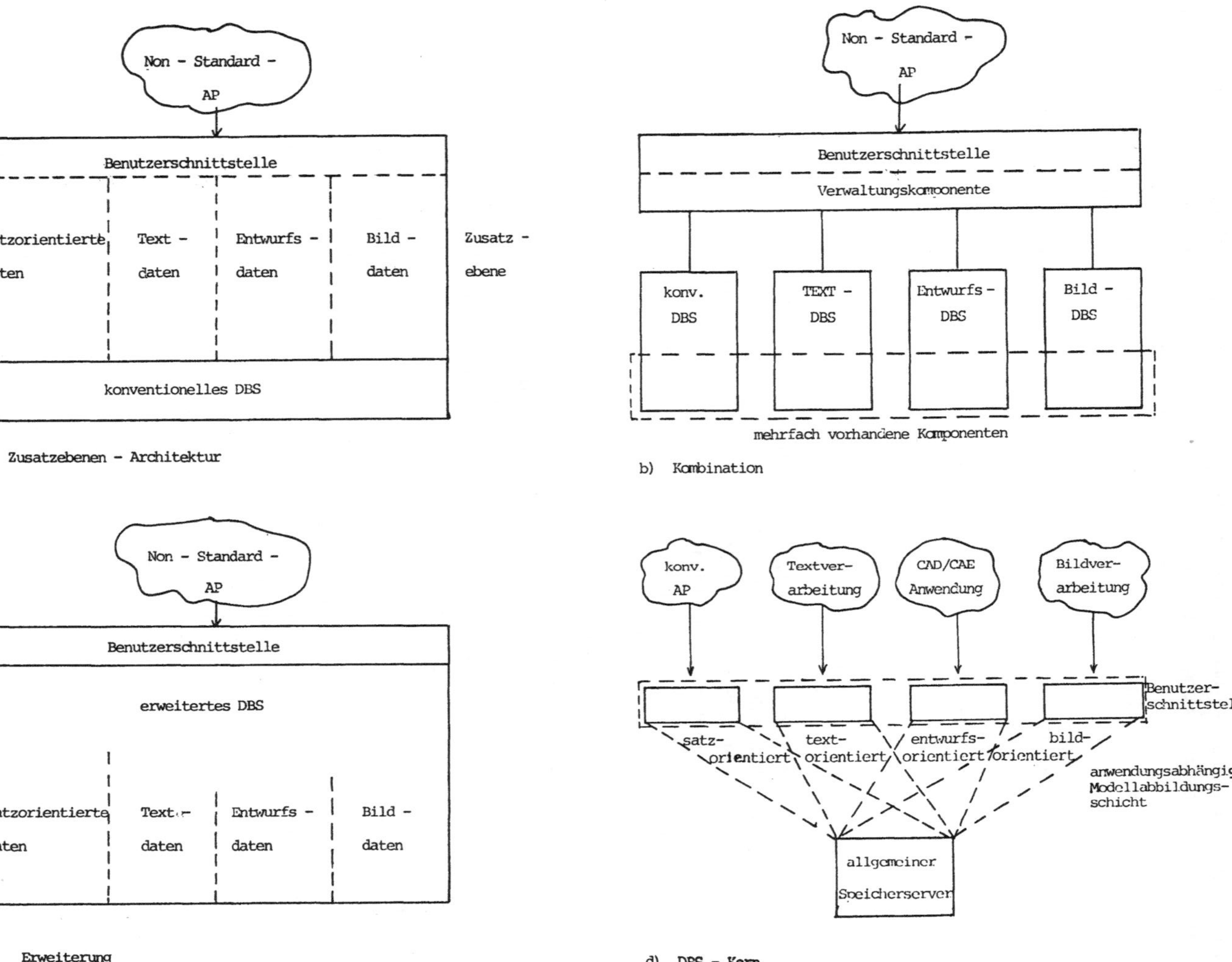

Abbildung 1: Architekturvorschläge für Non-Standard-DBS

trische Modellierungssysteme teilweise schon vorhanden sind. Dadurch werden von vornherein Entwicklungs- und Implementierungskosten eingespart. Das Gesamtsystem besitzt für jede Anwendungsklasse eine eigens dafür vorgesehene Datenhaltung. Das bedeutet, daß gleiche Funktionen wie Speicherverwaltung, Datenverwaltung, Änderungsdienst, Retrieval und Vorkehrungen für die Datensicherheit in allen Subsystemen wiederholt vorhanden sind. Der Austausch von Daten und die Kommunikation der verschiedenen Subsysteme ist umständlich und schwierig, da dies nur über die gemeinsame Benutzerschnittstelle möglich ist. Die Verwaltungskomponente innerhalb der gemeinsamen Schnittstelle wird sehr komplex, da sie die Konsistenz der verteilten Daten zu gewährleisten sowie die Abbildung auf unter Umständen unterschiedliche Subsystemschnittstellen durchzuführen hat. Insgesamt bewertet, erscheint diese Architektur als unnötig komplex und für jeweils nur eine Spezialanwendung zu allgemein und damit ineffizient.

Eine Fortentwicklung der vorigen Architektur ist in Abbildung 1c zu sehen. Hier wird eine Erweiterung eines konventionellen Datenbanksystems um integrierte Verwaltungskomponenten für Bild-, Text- und Entwurfsdaten vorgeschlagen. Die anwendungsspezifischen Komponenten können sich über alle internen Architekturebenen eines herkömmlichen DBS (siehe /Hä78/) erstrecken, unter Umständen sogar eine unterschiedliche Anzahl von Abbildungsschritten oder, wie oben, schon in anderen Komponenten realisierte Funktionen enthalten. Erschwerend kommt die Komplexität und Größe des Gesamtsystems noch hinzu. Außerdem kann man nicht a priori Verwaltungskomponenten für alle denkbaren Anwendungsgebiete bereitstellen. Einflüsse der Systemarchitektur auf Entwicklungs- und Implementierungskosten solcher Non-Standard-Systeme sollten ebenfalls mit in die Bewertung eingehen, d.h. für diesen Architekturansatz als Negativposten. In /Lo83/ sowie in /Fi83/ und /Lo81/ werden Erweiterungen von herkömmlichen DBS um Non-Standard-Aspekte wie z.B. die Definition von Komplexobjekten, objektbezogene Clusterbildung oder auch die Verwaltung von unformatierten Datenelementen, angegeben.

Nicht zuletzt aufgrund obiger Bewertungspunkte erscheint der in Abbildung 1d gezeigte Architekturvorschlag für den Einsatz als NDBS in einem Ingenieurssystem am geeignetsten. Das Bereitstellen eines allgemeinen NDBS für alle Anwendungsklassen ist wegen der Trägheit, Allgemeingültigkeit und Komplexität dieser Systeme unangebracht; dies war ja auch die Begründung der Inadäquatheit der Systeme der zweiten Generation, die konventionelle Datenbanksysteme benutzten. Man muß also versuchen, ein zugeschnittenes DBS für die Erfordernisse der Objekte und Operatoren einer Anwendungsklasse zur Verfügung zu stellen. Dabei ist es sinnvoll, bevor man für jedes Gebiet ein separates System entwickelt, zu untersuchen, inwieweit man welche Schichten in allen anwendungsbezogenen NDBS übernehmen kann, d.h., man sollte zwischen anwendungsabhängigen und -unabhängigen Systemschichten unterscheiden.

Aufbauend auf einem anwendungsunabhängigen DBS-Kern, im folgenden allgemeiner Speicherserver (SS) genannt, wird eine durch die spezielle Anwendung bestimmte Modellabbildungsschicht realisiert. Sie bietet dem Benutzer ein anwendungsorientiertes Modellierungswerkzeug, z.B. ein erweitertes Datenmodell, semantisches Datenmodell oder Objektmodell an und setzt die so definierte Benutzersicht auf die SS-Schnittstelle um. Diese Modellabbildung beinhaltet ein Optimierungspotential, welches es auszuschöpfen gilt. Die SS-Schnittstelle bietet nun die Möglichkeit, bestimmte und für die meisten Non-Standard-Anwendungen wichtige Eigenschaften zu unterstützen, was allen unterschiedlichen Abbildungsschichten gleichsam zugute kommt. In /PS84/, /Ka83/ und in /Lu83/ werden Projekte vorgestellt, innerhalb denen NDBS nach diesem Architekturansatz enwickelt und implementiert werden.

Genaueres über die Aufgaben der Modellabbildungsschicht und über die Funktionen des DBS-Kerns werden im nachfolgenden Kapitel erläutert.

4. Die Datenbanksystemkern-Architektur für Ingenieuranwendungen

Die Bewertung der im vorigen Kapitel aufgeführten Architekturvorschläge für NDBS fiel deutlich zugunsten der DBS-Kern-Architektur aus. Jedoch ließ die bisherige Beschreibung dieses Architekturansatzes noch vieles im Unklaren. So sind z.B. die Aufgaben und Schnittstellen der beiden Ebenen noch sehr wenig spezifiziert und auch die geforderte Anpassung an die speziellen Anforderungen des jeweiligen Anwendungsgebietes ist ebenfalls noch unklar. Deshalb wird in diesem Kapitel ein Entwurfskonzept für die Entwicklung von NDBS für den Einsatz in Ingenieur-anwendungen vorgestellt.

Wie oben schon erwähnt, bildet der DBS-Kern-Architekturansatz den Rahmen des Gesamtkonzepts. Der eigentliche Kern der Entwurfsmethode liegt darin, eine möglichst optimale Anpassung des NDBS an die Anforderungen der betreffenden Anwendungsgebiete unter Ausnutzung der noch verbleibenden Freiheitsgrade wie Schnittstellen und Ebenenfunktionen zu erreichen. Hierzu dient die Anwendungs-analyse mit ihrem Untersuchungsschema. Das Ziel dieser Analyse ist nun, genügend Information über die Anwendungsgebiete zu bekommen, um dann die erforderliche angepaßte Benutzerschnittstelle, die möglichst optimale Modellabbildung und den unterstützenden DBS-Kern konzipieren zu können.

In Abschnitt 4.1 werden drei anschauliche Beispiele angegeben, die die Struktur und den Umfang der Anwendungsanalyse aufzeigen. Zusätzlich werden dort wichtige Charakteristiken der untersuchten Anwendungsgebiete vorgestellt. Diese Information erlaubt dann in Abschnitt 4.2 eine detaillierte Darstellung des Gesamtkonzeptes.

4.1 Beispiele zur Anwendungsanalyse

Die Anwendungsanalyse benutzt ein <u>Untersuchungsschema,</u> das nach der folgenden Vorgehensweise arbeitet: Zuerst werden die Objekt(typen) inklusive ihrer Beschreibungen und Eigenschaften bestimmt. Dann werden die Beziehungen zwischen den Objekttypen ermittelt sowie deren Funktionalität und Abhängigkeit. Die Funktionalität beschreibt den Typ der Beziehung, d.h. eindeutig, funktional oder komplex. Die Abhängigkeit liefert eine Aussage darüber, ob alle oder nur einige der Objekte eines Typs an der Beziehung teilnehmen. Parallel zu diesen Untersuchungen werden für alle Strukturen Mengengerüste in Form von Größe, Anzahl und Verteilung aufgestellt. Zusätzlich zu den zu analysierenden Operationen werden die notwendigen

Leistungsanforderungen und Integritätsbedingungen erarbeitet.

In den nachfolgenden drei Beispielen wird die Sicht des Benutzers auf seine Daten beschrieben. Der Detaillierungsgrad wird auf das notwendige Maß reduziert. Die für die späteren Abschnitte wichtigen Aspekte sind jeweils unterstrichen. Beispiel 1 zeigt die wesentlichen Analyseschritte auf, wohingegen in den restlichen beiden Beispielen nur noch wichtige Zusatzaspekte aus den jeweiligen Anwendungsgebieten angegeben werden.

Beispiel 1: (/HR83/, /Fr83/, /GP83/)

Das hier betrachtete Beispiel ist aus dem Anwendungsgebiet Raumplanung - speziell Stadtplanung - entnommen.

Die Objekttypen, mit denen es der Stadtplaner generell zu tun hat, sind z.B.
   - Straßen, Straßenabschnitte, Kreuzungen, Liniensegemente,...
   - Gebäude, Parzellen, (Wohn-)Blöcke, Stadtbezirke,...
die entweder punkt-, linien- oder flächenförmig sind.

Diese geometrischen Eigenschaften wirken sich auf die Beziehungen zwischen einzelnen Objekten aus. Es können dabei fünf verschiedene Beziehungstypen unterschieden werden:
   - Nachbarschaftsbeziehung: Parzellen sind einander benachbart
   - Enthaltenseinsbeziehung: Gebäude liegen in Parzellen
   - Hierarchiebeziehung: ein Bezirk setzt sich zusammen aus Blöcken, diese wiederum aus Parzellen, etc. Diese Beziehung liefert die sog. "komplexe" Objektstruktur
   - Begrenzungsbeziehung: ein Block ist durch Straßenabschnitte begrenzt
   - Art/Gattungsbeziehung: eine Linienüberschneidung ist entweder eine Kreuzung oder ein Parzelleneckpunkt oder eine Geländeecke.

Typische vom Stadtplaner durchzuführende Operationen (siehe Beispiel 1 in Kap. 2) sind z.B.:
   - Retrieval von spezifizierten Objekten; räumliche Anfragen, wie: "Bestimme alle Parzellen, die vollständig innerhalb von dem Planquadrat mit der Nummer 999 liegen!" oder auch topologische Anfragen, wie: "Bestimme alle direkten Nachbarn zur Parzelle 777".
   - Modifikationsoperationen, wie Speichern/Löschen und Teilen/Vereinigen einer Parzelle oder auch höhere Operationen wie "Blockteilung entlang einer vorgegebenen Trennlinie".

An Integritätsbedingungen werden u.a. die folgenden verlangt:
   - Eindeutigkeit der Geometrie, z.B. dürfen sich Straßen nur an Kreuzungen schneiden.
   - rechtliche Forderungen, wie z.B. die Bestimmung, daß der Abstand eines Gebäudes von der Parzellengrenze einen gesetzlich vorgeschriebenen Mindestwert nicht unterschreiten darf.

- geographische Gegebenheiten, wie die Gebietsaufteilung, welche eine
  vollständige und nicht überlappende Gebietsüberdeckung z.B. mittels
  Parzellen voraussetzt.

Information über bestimmte Sicherheitsbedingungen an die Daten ist ebenfalls
verfügbar. Ein Beispiel dafür ist die Bedingung, daß abgespeicherte rechtliche
Forderungen und gesetzliche Bestimmungen nicht änderbar sind und deshalb einem
besonderen Schutz unterliegen.

Der Stadtplaner hat aber auch bestimmte Vorstellungen von dem Leistungsverhalten
des Systems. Er weiß ebenfalls im voraus, welche Operationen mit welchen
Aufrufhäufigkeiten und unter welchen Zeitbedingungen auszuführen sind. Die
Reihenfolge einzelner Operationen ist häufig auch vorauszusagen. Hier treten der
objektbezogene und der raumbezogene Zugriff am häufigsten auf. Durch Zusatzangaben
über Objektgröße, Anzahl und Verteilung kann die Leistungscharakteristik
vervollständigt werden. Angaben dieses Typs sind z.B. die folgenden:
- Ein Wohnblock setzt sich aus einer Maximalzahl von Parzellen zusammen, von
  denen jede eine maximale Fläche nicht überschreiten darf.
- Die Dichteverteilung einer Parzelle ändert sich von Stadt- zu Landregionen
  extrem.

Beispiel 2: (/NH82/, /EW81/, /Lo81/)

Im zweiten Beispiel aus Kapitel 2 wurde der VLSI-Entwurf als Anwendung aus dem
Gebiet des rechnergestützten Entwerfens und Konstruierens gewählt. Die dort
aufgezeigten Probleme lagen in der Darstellung der Abhängigkeiten unter den
verschiedenen Mehrfachrepräsentationen, Alternativen und Versionen sowie in der
Aufrechterhaltung der Konsistenz. Gemäß den physikalischen, geometrischen,
technologischen und strukturellen Eigenschaften der technischen Objekte kann man
die Datenstrukturen dieser Anwendungsklasse in einzelne Teilbereiche aufspalten. So
umfaßt der physikalische Bereich etwa die Materialeigenschaften, elektrische
Eigenschaften usw., während im geometrischen Bereich die Objektgeometrie und
Zeichnungsinformation verwaltet wird. Der technologische Teil enthält besondere
Techniken, Arbeitspläne, Werkzeuge etc. Im strukturellen Teilbereich wird die
Objektstruktur festgehalten, wie z.B. das Wissen über den Aufbau eines VLSI-Chips:
Ein Chip besteht aus einzelnen Funktionseinheiten, die ihrerseits aus Zellen
zusammengesetzt sind, welche wiederum aus Gattern und Transistoren bestehen.

Das typische Zugriffsgranulat ist hier das technische Objekt, welches gerade
modifiziert, weiterentwickelt oder neuentwickelt wird. Die benötigten Zugriffs-
operationen sind die gleichen wie in Beispiel 1. Der objektbezogene Zugriff liegt
in der Aufrufhäufigkeit jedoch vor allen anderen Operationen. Der Zugriff auf das
interessierende komplexe CAD-Objekt wird hier, allerdings im Gegensatz zur
objektbezogenen Zugriffsmethode in der geographischen Datenhaltung, häufig
ausgelöst durch eine Zeigeoperation (Pick-Funktion, siehe /Fi83/) am Bildschirm.
Der damit vom Benutzer am Anfang einer Verarbeitungseinheit festgelegte
Entwurfskontext bleibt über die gesamte Verarbeitungszeit relativ konstant (MByte-
Bereich) und umfaßt in gängiger Weise nur einige technische Objekte, inklusive
deren Beschreibungen. Auf Grund der Natur eines Entwurfsprozesses, der viele

eventuelle Lösungen erwägt und erprobt, die oft unterschiedliche Technologien mit einer jeweils verschiedenen Menge von beschreibenden Attributen einbeziehen, sind hier _dynamische Schemata_ notwendig. D.h., der Benutzer kann parallel zu seinem Entwurfsprozeß neue Objekte und/oder zugehörige Beschreibungen definieren bzw. alte löschen oder ändern. Durch den Entwurfsprozeß kommen Verarbeitungszeiten, d.h. Transaktionsdauern von Tagen oder Wochen zustande. Ein Zurücksetzen der Verarbeitung auf den Stand von vor 4 Wochen aufgrund eines Systemfehlers ist für den Entwerfer nicht mehr tolerierbar. Das bedeutet, daß angepaßte Recovery- und Sperrkonzepte innerhalb des DBS zu entwickeln sind.

Beispiel 3: (/Ch81/, /ID81/, /Ta81/)

Die Bildverarbeitung und Mustererkennung befaßt sich mit der Verwaltung der Bilddaten und zugehörigen Beschreibungsinformationen sowie mit dem Erkennen und Verwalten von Bildinhalten. Zur Darstellung von Bildern muß außer einem evtl. vom System generierten Identifikator noch ein spezieller Datenelementtyp mit variabel langem nicht vordefiniertem Format zur Verfügung stehen. Die Operationen auf Bildern, wie Skalierung, Überlagerung, Ausschnittsbildung etc., sind auf den speziellen Datentyp zu übersetzen. Hier zeigt sich deutlich, daß eine hochparallele Operationsausführung auf den Daten eines Bildes möglich ist und auch zur Leistungssteigerung ausgenutzt werden kann.

Die von der Bildanalyse erkannten und korrekt interpretierten Objekte müssen gespeichert werden, was u.U., analog Beispiel 2, ebenfalls dynamische Schemata erfordert. Eine Zugriffsmöglichkeit zu den Bildern, die die zu suchenden Objekte beinhalten, muß zusätzlich aufgebaut werden - _inhaltsbezogener Zugriff_. Die zuvor schon genannten Zugriffsarten, wie raum- und nachbarschaftsbezogen sowie objektbezogen sind bei dieser Anwendungsklasse auch anzutreffen. Der objektbezogene Zugriff bezieht sich zum einen auf Bilder und zum anderen auf erkannte Objekte und wird am häufigsten angewandt. Die auszuführenden Transaktionen sind von kurzer Dauer und lokal, d.h., während einer Verarbeitungseinheit wird jeweils nur ein physisches Bild mit den darauf erkannten Objekten angesprochen.

4.2 Einfluß und Auswirkungen der Anwendungsanalyse auf die Systemschnitt-stellen

Abbildung 2 zeigt eine Verfeinerung von Abbildung 1d mit ersten eingearbeiteten Ergebnissen der Anwendungsanalyse. Die einzelnen Ebenen sind um die von ihnen zur Durchführung ihrer Aufgaben benötigten Strukturen und Funktionen erweitert.

Wie schon aus dem vorherigen Abschnitt ersichtlich ist, umfaßt die Anwendungsanalyse die Untersuchung von Objekt(typ)en, speziellen Beziehungen und (Zugriffs-)Operationen, Integritäts- und Sicherheitsbedingungen und auch von Leistungscharakteristiken.

Die erhobenen anwendungsspezifischen Informationen repräsentieren nun die Anwendung. Sie sind mit Hilfe der von der Modellabbildung zur Verfügung gestellten

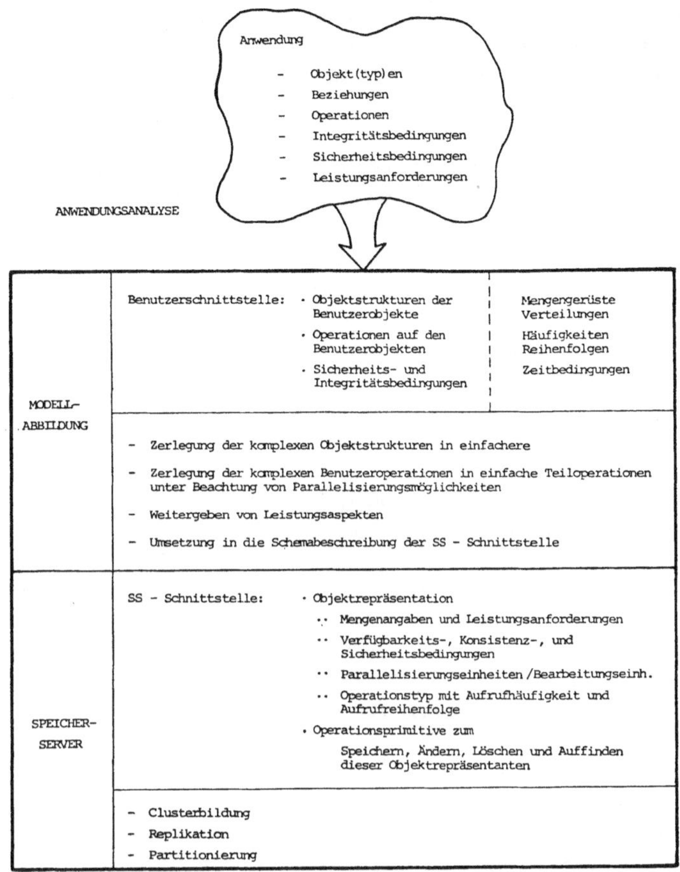

<u>Abbildung</u> <u>2</u>: Detaillierte Darstellung des DBS-Kern-Architekturansatzes

Benutzerschnittstelle darzustellen. Damit durch diesen Modellierungsprozeß kein Informations- und Bedeutungsverlust (semantische Verlustfreiheit) auftritt, müssen die Darstellungsmöglichkeiten der Benutzerschnittstelle gegenüber der Modellierungsmächtigkeit konventioneller Datenmodelle erweitert und verbessert werden. D.h., die charakteristischen und anwendungsspezifischen Aussagen obiger Analysekriterien schlagen sich auf der Datenmodellebene nieder. Die wichtigsten Bausteine dieser Ebene sind:

-   Objektstrukturen der Benutzer-Objekte und Angaben zu deren Mengengerüst, wie Verteilung, Größe und Anzahl
-   Operationen auf den Benutzer-Objekten, deren Zeitbedingungen, Aufrufreihenfolgen und Aufrufhäufigkeiten
-   Sicherheits- und Integritätsbedingungen inklusive Umfang, Wichtigkeit und Überprüfungshäufigkeit.

Hierdurch sind also, zusätzlich zu konventionellen Modellierungsmöglichkeiten, anwendungsspezifische Eigenschaften darstellbar. Damit ist diese Zusatzinformation für die darunterliegenden Schichten zugreifbar und kann zu Optimierungsmaßnahmen benutzt werden.

Um die Auswirkungen der Anwendungsanalyse auf die Systemschnittstellen besser dokumentieren zu können, betrachten wir, begleitend zur abstrakteren und allgemeineren Beschreibung, das folgende auf unsere Bedürfnisse reduzierte Beispiel: Ein Geometrisches Modellierungssystem (GMS) für 3D-Objekte. Die Benutzersicht umfaßt u.a. die Operationen Vereinigung, Schnitt und Differenz von dreidimensionalen Objekten. Diese zu verwaltenden Objekte untergliedern sich in Standard-Objekte, Teil- und Gesamtobjekte sowie in daraus kombinierte Objekte. Die Modellabbildung muß nun Definitionsmöglichkeiten für die oben beschriebenen 3D-Objekte zur Verfügung stellen. Den Benutzer interessiert dabei beispielsweise die Wahl des systeminternen Darstellungsschemas für die 3D-Objekte (Volumenmodell, Zellzerlegung, Begrenzungsflächenmodell, etc.; siehe /Re80/) nicht. Durch die hohe Operationsschnittstelle, die u.a. auch obige Operationen anbietet, werden die Darstellungsinterna vor dem Benutzer verborgen.

Die Aufgabe der Modellabbildungsebene ist es nun, die oben definierte Information möglichst optimal in ein internes Schema auf der Schnittstelle des Speicherservers umzusetzen. Dazu werden die häufig recht komplexen Objektstrukturen, das sind in unserem Beispiel die gewählten Darstellungsschemata für 3D-Objekte (inklusive Zusatzinformation), in einfachere zerlegt. Für die Operationen muß eine analoge Zerlegung durchgeführt werden.

Für unser Beispiel bedeutet dies folgendes: Die Darstellung des komplexen 3D-Objektes wird in 3 Teile zerlegt. Der <u>Kombinationsteil</u> enthält die Zusammensetzungsinformation des 3D-Objektes und wird als CSG-Baum (Volumenmodell, /Re80/) dargestellt. In der <u>Zusatzbeschreibung</u> werden "Volumen in mm^3", "Anzahl der Teilkörper" und weitere Zusatzinformation verwaltet. Der dritte Teil, hier <u>Konstruktionsteil</u> genannt, enthält die Konstruktionsdaten des 3D-Objektes; hier z.B. die Begrenzungsflächendarstellung. Die Operationen (höhere Mengenoperationen) auf 3D-Objekten verursachen auf dem Kombinationsteil und der Zusatzbeschreibung jeweils nur herkömmliche, vom Relationenmodell her bekannte, Tupeloperationen, auf dem Konstruktionsteil hingegen eine Vielzahl aufwendiger, parallel ablauffähiger Teiloperationen. Die Mengenoperationen bewirken auf der Begrenzungsflächendarstellung des Konstruktionsteils zuerst ein wechselseitiges "Verschneiden" aller Flächen der beteiligten Körper. Jede solche Teiloperation erfordert den Zugriff auf die mit Flächen, Kanten und Punkten assoziierte Information. Die dabei entstehenden neuen Kanten werden, abhängig von der jeweiligen Mengenoperation, dann zum neuen Körper rekombiniert. Sowohl für die "Verschneide"-Operation als auch für die "Rekombiniere"-Operation, die jeweils parallel durchführbar sind, stellt der Konstruktionsteil als vollständige Darstellung eines 3D-Objektes eine Bearbeitungseinheit dar. In diesem Zusammenhang versteht man unter einer Parallelisierungseinheit jeweils die ausführbare Teiloperation (hier: "Verschneide"- und "Rekombiniere"-Operation) mit dem zugehörigen Datenteil (hier: Flächeninformation aus der Begrenzungsflächendarstellung). Die Bearbeitungseinheit beschreibt damit

die der Parallelisierungseinheit übergeordnete Dateneinheit. Deshalb ist der
Zugriff auf solch eine Einheit von der darunterliegenden Schicht, dem Speicherserver, aus Effizienzgründen besonders zu unterstützen.

Um solch eine Zerlegung von Benutzer-Objekt und -Operation unabhängig durchführen
zu können und nicht von vornherein einzuschränken, muß der Speicherserver
"beliebige Objektrepräsentationen" verwalten können. Hier wird explizit der neutrale Begriff "Objektrepräsentation" eingeführt, um zu bekräftigen, daß es sich
hier nicht um herkömmliche benutzerdefinierte Objekte handeln muß. Mit Objektrepräsentation können auch relativ selbständige Teilbeschreibungen von benutzer-
bekannten Objekten gemeint sein. Wichtig für den Speicherserver ist die Möglichkeit
diese Information, je nach Wunsch, einmal getrennt zu verwalten und das andere Mal
zusammen als Ganzes. Um dieses überhaupt anbieten zu können, muß der Speicherserver
über entsprechende Komponenten zur Partitionierung, Replikation und Clusterbildung
sowie über geeignete Speicherungsstrukturen verfügen. Die auf den Objektrepräsentationen durchzuführenden Operationen müssen durch entsprechende Zugriffspfade
unterstützt und den vorhandenen Darstellungsmöglichkeiten angepaßt sein.

Der allgemeine Speicherserver stellt daher ein System zum Speichern, Ändern,
Löschen und Auffinden von physischen Objektrepräsentationen dar, die die folgenden
Eigenschaften besitzen:
- beliebige Objektgrößen,
- beliebige Objektpartitionierung,
- beliebige Replikation von Objekten bzw. Objektteilen und
- Clusterbildung.
Das Attribut "beliebig" aus obiger Aufzählung ist noch zu relativieren: Die
Verwaltung beliebiger Objektrepräsentationen ist die eigentliche Wunsch- und
Zielvorstellung. Fürs erste genügt allerdings eine gegenüber herkömmlichen
Möglichkeiten flexiblere Verwaltung der Information, wie z.B. die Clusterbildung
über unterschiedlche Satztypen, eine kontrollierte, von Leistungsaspekten
mitbestimmte und für die Modellabbildung transparente, Partitionierung bzw.
Replikation von Objekt(teilen) oder auch größere Attributformate und Satzgrößen.
Bestehende Systeme bieten maximale Attributgrößen von 255 Bytes an und erlauben nur
solche "beschränkten" Objektgrößen, die kleiner als die verwendete Seitengröße -
ca. 4 KByte - sind. Im Gegensatz dazu werden hier z.B. Bilder verwaltet, die eine
Größe im MByte-Bereich aufweisen.

Zur Durchführung von Mengenoperationen auf 3D-Objekten sind - s.o. - nur die
geometrischen Informationen über die Begrenzungsflächen wichtig; die mehr
beschreibenden Informationen wie Flächengröße, etc. oder auch topologische
Informationen wie Nachbarflächen, usw. dafür unwichtig. In unserem GMS-Beispiel muß
dann für die geometrischen Daten eine Clusterbildung durchgeführt werden und die
restlichen Daten davon partitioniert werden. Die Operationen auf den
Konstruktionsdaten eines 3D-Objektes verwalten jeweils die komplette zugehörige
Begrenzungsflächendarstellung, d.h. alle Begrenzungsflächen inklusive deren Kanten-
und Punktdaten. Die Zusatzbeschreibung und die Kombinationsdaten werden mit Hilfe
der bekannten Tupeloperationen verwaltet.

Nach oben, d.h. zur Modellabbildung hin, bietet der Speicherserver daher eine Definitions-Schnittstelle an, die die folgenden Informationen bzgl. der zu verwaltenden Objektrepräsentationen anzugeben erlaubt:
- Leistungsanforderungen und Mengengerüst,
- Parallelisierungseinheiten/Bearbeitungseinheiten,
- Verfügbarkeits-, Konsistenz- und Sicherheitsanforderungen   und
- Operationstyp mit Aufrufhäufigkeit und Aufrufreihenfolge.

Vergleicht man nun die Aussagen aus Abschnitt 4.1 mit den hier spezifizierten Schnittstellen, so erkennt man die Auswirkungen der Anwendungsanalyse recht deutlich:
- Der Speicherserver stellt zum einen Primitive zum Verwalten von Objekt-repräsentationen zu Verfügung. Zum anderen werden zusätzliche Datentypen und zugehörige Operationen unterstützt sowie Leistungsanforderungen berücksichtigt, die ausschließlich in Non-Standard-Anwendungen anzutreffen sind.
- Die Modellabbildungsschicht bietet dem Benutzer ein zugeschnittenes Datenmodell an. Die Kriterien, nach denen dieses Datenmodell zu bewerten ist, sind: Natürlichkeit und Einfachheit der Darstellung, Formulierbarkeit aller Integritätsbedingungen und Bereitstellen von höheren Operationen, wie z.B. Vereinigen/Schneiden von dreidimensionalen Objekten, etc. Durch die Zerlegung in einfachere Objekte und Operatoren sowie durch die Einbeziehung von Leistungsanforderungen und das Ausnutzen von Parallelisierungs-möglichkeiten kann die Umsetzung von der Benutzerschnittstelle in die SS-Schnittstelle optimiert werden.

5. Zusammenfassung

Die Motivation zur Behandlung dieser Thematik lag in der Unzufriedenheit der Anwender mit den Dienstleistungen ihrer datenbankgestützten Non-Standard-Systeme. Als typische Benutzer sind zu nennen: Stadt- und Raumplaner, Bauingenieur, Geodät, Geologe, Meteorologe, Konstrukteur im Maschinenbau, Chip-Designer, die Verant-wortlichen in der Prozeßleitstelle, u.v.a.m. Die Mängel dieser ingenieurwissen-schaftlichen Anwendungssysteme lagen in der schlechten Handhabbar-keit/Benutzerschnittstelle und in dem Datenmodellierungsproblem, wie in Kapitel 2 ausführlich aufgezeigt. Außer einem schlechten Leistungsverhalten ließ die Anpaßbarkeit der Systeme gegenüber Änderungen in der Anwendung stark zu wünschen übrig. Auch die Systementwicklungszeit, die Entwicklungskosten und die Implementierungskosten waren extrem hoch.

Hier wird nun eine Möglichkeit vorgeschlagen, die oben genannten Problempunkte bezüglich des zugrundeliegenden Datenbanksystems zu entschärfen bzw. zu lösen. Dazu müssen sowohl die Schnittstelle zu den Anwendungsmoduln als auch die Repräsentations- und Zugriffsmöglichkeiten des DBS verbessert bzw. die System-architektur selbst überprüft werden. Zur Problemlösung wird in dieser Arbeit ein Entwurfskonzept für die Entwicklung von NDBS für Ingenieuranwendungen vorgestellt: Aufbauend auf einem hier beschriebenen und auch begründeten zweigeteilten DBS-

Architekturansatz, wird unter Einbeziehung der Ergebnisse einer ebenfalls erklärten
Anwendungsanalyse versucht, eine für das spezielle Anwendungsgebiet angepaßte,
möglichst optimale Systemstruktur zu gewinnen. Außer zur gezielten Informationsbeschaffung für die DBS-Architektur und deren Schnittstellen kann die Analyse auch
zur erschöpfenden Untersuchung der später auf dem System zu modellierenden
Anwendung benutzt werden. Würde man versuchen, ohne die Anwendungsanalyse
auszukommen, dann hätte man keine angepaßte Benutzerschnittstelle mehr, dafür aber
größere Modellierungsprobleme und damit einen erheblichen Verlust an semantischer
Information. Man müßte mit Hilfskonstruktionen auskommen, hätte dadurch aber
gleichzeitig Probleme bei der Operationsausführung und auch mit dem Leistungsverhalten des Systems. Somit bilden die Anwendungsanalyse und der hier vorgestellte
DBS-Architekturansatz zusammen ein mächtiges Konzept für datenbankgestützte Non-
Standard-Anwendungen.

Ich   danke Herrn Professor Dr. T. Härder   für die Anregung,   mich mit diesem Thema
zu befassen sowie für seine hilfreichen Anmerkungen während der Entstehungsphase
dieser Arbeit. Bei meiner Kollegin Frau Andrea Sikeler und bei meinem Kollegen
Herrn Klaus Küspert und Herrn Klaus Meyer-Wegener möchte ich mich für das
sorgfältige Korrekturlesen des Manuskripts bedanken sowie bei den Referees für die
hilfreichen Anmerkungen und Vorschläge.

Diese Arbeit entstand im Rahmen eines Projektes innerhalb des von der Deutschen
Forschungsgemeinschaft geförderten Sonderforschungsbereiches 124.

Literaturverzeichnis

AF83   Adams, M., Ferkinghoff, B., Bender, K., Drobnik, O., Lockemann, P.C.:
        Datenhaltungssysteme in der Prozeßdatenverarbeitung: Ein Anforderungsprofil,
        Interner Bericht Nr. 16/83, April 1983

Ch81   Chang, N.S.: Image Analysis and Image Database Management, UMI Research
        Press, Ann Arbor, Michigan, 1981

Da81   Date, C.J.: An Introduction to Database Systems, 3rd ed. Addison-Wesley
        Publ. Co., 1981

Eb83   Eberlein, W.: Architektur technischer Datenbanken für Integrierte
        Ingenieursysteme, Dissertation, Technische Fakultät der Universität
        Erlangen-Nürnberg, 1983

EW81   Eberlein, W., Wedekind, H.: A Methodology for Embedding Design Databases
        into Integrated Engineering Systems, in: Proc. of the IFIP Conf. on CAD Data
        Bases, North-Holland Publ. Co., 1981

Fi83   Fischer, W. E.: Datenbanken für CAD-Arbeitsplätze, Informatik-Fachberichte
        Nr. 70, Springer-Verlag, 1983

Fr83   Frank, A.: Datenstrukturen für Landinformationssysteme - Semantische,
        topologische und räumliche Beziehungen in Daten der Geo-Wissenschaften,
        Dissertation, ETH Zürich, 1983

GP83   Gründig, L., Pistor, P.: Land-Informations-Systeme und ihre Anforderungen an Datenbank-Schnittstellen, in: Informatik Fachberichte 72, Sprachen für Datenbanken, Fachgespräch auf der 13. GI-Jahrestagung in Hamburg, 1983

GS82   Guttman, A., Stonebraker, M.: Using a Relational Database Management System for Computer Aided Design Data, University of California, Berkeley, College of Engineering, Electronics Research Laboratory, Memorandum No. UCB/ERL M82/37, 1982

Hä78   Härder, T.: Implementierung von Datenbanksystemen, Hanser Verlag, München, Wien, 1978

HR83   Härder, T., Reuter, A.: Database Systems for Non-Standard Applications, in: Tagungsband der ICS, Nürnberg, 1983

ID81   Proc. of the IEEE Comp. Soc. Workshop on Computer Architecture for Pattern Analysis and Image Database Management, 1981

Ka83   Katz, R.: Managing the Chip Design Database, Computer Sciences Technical Report No. 506, University of Wisconsin-Madison; auch in IEEE Computer, December 1983

Lo81   Lorie, R.A.: Issues in Databases for Design Applications, in: Proc. of the IFIP Conf. on CAD Data Bases, North-Holland Publ. Co., 1981

Lo83   Lohman, G.: Remotely-sensed Geophysical-Databases: Experience and Implications for Generalized DBMS, IBM Res. Rep., No. RJ3794, 1983

Lü83   Lüke, B.: DANTE – Ein semantisches Datenmodell für Anwendungen aus dem Konstruktionsbereich, Interner Bericht, Universität Karlsruhe, 1983

Lu83   Lum, V.: Advanced Information Management (AIM) Projektüberblick, Vortrag beim "Non-Standard DB Workshop", Heidelberg, 1983

Mi84   Mitschang, B.: Datenbankgestützte Informationssysteme für Non-Standard-Anwendungen – ein Modellierungs- und Entwurfskonzept –, Interner Bericht, Sonderforschungsbereich 124, Universität Kaiserslautern, 1984

Ne83   Neumann, Th.: On representing the design information in a common database, in Proc. of the Engineering Design Applications at the Data Base Week, 1983

NH82   Neumann, T., Hornung, C.: Consistency and Transactions in a CAD Database, in: Proc. of the 8th VLDB-Conf., 1982

PS84   Paul, H.-B., Schek, H.-J., Scholl, M., Weikum, G.: Überlegungen zur Architektur eines "Non-Standard"-Datenbankkernsystems, Arbeitsbericht DVSI1984-A2, TH Darmstadt

Re80   Requicha, A.: Representation of Rigid Solid Objects, in Computer Aided Design Modelling, System Engineering, CAD-Systems, edited by J. Encarnacao, Springer-Verlag, 1980

SL83   Scheck, H.J., Lum, V.: Position Paper and Panel on "Complex Data Objects" at 9th VLDB, Florence, Italy, October, 31 – November 2, 1983

SP82   Schek, H.-J., Pistor, P.: Data Structures for an Integrated Data Base Management and Information Retrieval System, in: Proceedings of the 8th VLDB-Conf., 1982

SW76   Stonebraker, M., Wong, E., Kreps, P., Held, G.: The design and implementation of INGRES, in ACM TODS, Vol. 1 No. 1, March 1976, p. 189

Ta81   Tang, G.Y.: A Management System for an Integrated Database of Pictures and Alphanumerical Data, in: Computer Graphics and Image Processing, Vol. 15, p. 270-286, 1981.

<u>"SOFTWARE-ENTWICKLUNG MIT DER RECHTEN HIRNHÄLFTE"</u>

<u>Untersuchungen an Spitzenprogrammierern</u>

Peter Molzberger
Hochschule der Bundeswehr München
Fachbereich Informatik
Werner-Heisenberg-Weg 39
8014 Neubiberg

<u>Abstract</u>:

Spitzenprogrammierer erreichen eine Leistungsfähigkeit, die um den Faktor 10 bis 30 über dem Durchschnitt liegt, sowohl quantitativ wie qualitativ. Sie arbeiten mit seltsamen Methoden, für die wir zum Teil zur Zeit kaum eine wissenschaftliche Erklärung angeben können. Im Augenblick werden Trainingsmethoden erprobt, die es gut ausgebildeten Software Leuten gestatten, sich in diese exzellente Leistungsklasse weiterzuentwickeln. Der Autor nimmt an, daß diese Spitzenleistungen von heute unser Standard von morgen sein werden.

> The extraordinary of today
> is the normal of tommorrow
> Gerald Weinberg

Einleitung

Gerald Weinberg, der Vater der Human Factors-Bewegung in den U.S.A., sprach auf seinem Festvortrag anläßlich der CHI 83, der ersten Konferenz über 'Human Factors in Computing Systems' in Gaithersburg, über Paradigmen im Bereich des Software Engineering. Weinberg zeigte, zunächst wie er, 10 Jahre zuvor, mit seinem nun legendären Buch "The Psychology of Computer Programming" /1/ ein Paradigma gebrochen hatte. Über die Reaktion seiner Kollegen bei der IBM sagte er:

> "People talked to me as if I was a crazy person".

Seine Ideen konnten sich jedoch durchsetzen und haben zu einer mächtigen Bewegung geführt, die sich auf der CHI'83 mit ca. 1.000 Teilnehmern manifestierte und auch in Europa bereits zahlreiche Tagungen über Software-Psychologie, Software-Ergonomie usw. hervorgebracht hat. Wir sind dabei, in der Informatik den Menschen wiederzuentdecken.
Dann kam Weinberg darauf zu sprechen, daß auch unsere gegenwärtigen Paradigmen nicht die letzten sein können. Er warnte die Teilnehmer der Konferenz davor, daß auch diese aufstrebende Bewegung bald in Routine und Frustration erstarren würde, wenn sie nicht bereit wäre, über die derzeitigen geistigen Grenzen hinauszuschauen und sich mit dem Außerordentlichen zu beschäftigen, mit den Dingen, die heute allgemein als verrückt angesehen werden, so wie seine Ideen vor 10 Jahren. Insbesondere warnte er davor, Phänomene, die unsere Statistiken stören, am liebsten als "Meßfehler" zu unterdrücken und nicht erst zur Kenntnis zu nehmen.
Weinberg schloß seine Rede mit dem Appell:

> "Don't let the average become standard! There must be some strange people somewhere doing strange things. Watch for them!"

Tief beeindruckt von Weinbergs Worten kamen mir Erlebnisse aus meiner zwölfjährigen Industriepraxis als Software-Entwickler und Consultant in den Sinn. Ich hatte unter vielen hundert Programmierern eine Reihe sehr seltsamer Leute kennengelernt und mit ihnen gearbeitet, darunter solchen mit unglaublicher Leistungsfähigkeit. Da gab es Leute, die beim Programmieren um den Faktor 30 über dem Durchschnitt lagen und solche, die in der Lage waren, komplexeste Programme auf Anhieb fehlerfrei niederzuschreiben.

Nach einem Gespräch mit Weinberg fühlte ich mich ermutigt, diesen Phänomenen nachzugehen. Es gelang mir, die Adressen einer Reihe hervorragender Leute herauszubekommen, darunter die der drei besten, die mir je begegnet waren (sie sind mittlerweile alle drei freiberuflich tätig). Die Betreffenden waren zu Interviews bereit, die bis zu fünf Stunden dauerten /2/.

Im September 1983 trafen wir uns mit 24 Teilnehmern zu einem zweitägigen experimentellen Workshop in Neubiberg, der weitere Klarheit über die Arbeitsweise und das Privatleben der Superprogrammierer brachte, sowie über die allgemeine Verbreitung der seltsamen Phänomene, über die sie berichteten.

Was bei der Untersuchung herauskam, hat unser Bild von dem, was exzellente Programmentwicklung wirklich ist, total über den Haufen geworfen. Ich bin heute überzeugt, daß Programmieren (im weiteren Sinn) mit Kreativität, Intuition und Kunst ebensoviel zu tun hat, wie mit rationalem Denken. Und ich bin, ebenso wie Weinberg, überzeugt, daß ein Wechsel unseres geistigen Standpunkts es uns ermöglichen wird, in dem, was Software-Entwicklung sein kann, weit über das hinauszuwachsen, was wir gegenwärtig als Standard ansehen.

Die Erfahrung lehrt mich, daß die gedankliche Verbindung von Kunst und Software-Engineering in vielen meiner Zuhörer erhebliche Widerstände wachzurufen pflegt - nicht ohne Grund, denn wir haben es gerade mühsam geschafft, die Künstler und Primadonnen der Gründerzeit loszuwerden. Und wir sind, mit Recht, stolz darauf, daß die Ideen des Software-Engineering sich durchgesetzt haben und einen beachtlichen Produktivitätszuwachs zur Folge hatten. Auch, wenn ich versichere, daß ich nicht zurück will zum Spaghetti, so wird es vielen nicht leichtfallen, mir zu folgen. Ich möchte daher, bevor ich auf Software-Engineering zurückkomme, auf ein anderes Gebiet zu sprechen kommen, auf dem das Wissen um die Phänomene heute weiter verbreitet und in der Literatur auffindbar ist: die Mathematik.

Die übliche Vorstellung, die auch ich als Ingenieur bis vor wenigen Jahren von der Beschäftigung mit reiner Mathematik hatte, möchte ich als mechanistisch kennzeichnen: Ausgehend von einem Satz von Axiomen leitet der Mathematiker mittels Deduktion ein neues Theorem ab.

Das ist der Weg, wie er in mathematischen Veröffentlichungen beschrieben wird, aber er entspricht nicht der wirklichen Vorgehensweise. Üblicherweise ist für den Mathematiker, nachdem er sich lange mit der Materie vertraut gemacht hat, das Theorem zuerst da, und zwar blitzartig, als Eingebung, zuweilen in geometrischer Gestalt als ästhetisch makelloses Gebilde. Die erste Aufgabe besteht dann darin, dieses ganzheitliche Bild in der Notation der Mathematik zu Papier zu bringen (d.h. die Einheit zu zerbrechen und in einzelnen Symbolen auszudrücken).

Es folgt die mühevolle Arbeit des Beweisens, die Jahre kosten kann. Interessant ist in diesem Zusammenhang eine Vermutung von Hamming /3/, daß mehr als die Hälfte der 200.000 jährlich veröffentlichten Theoreme richtig sind, obwohl ihre Beweise falsch sind!

Eine ausführliche Schilderung des kreativen Prozesses bei Mathematikern findet sich bei Poincaré /4/ der insbesondere auch die ästhetischen Gesichtspunkte sehr deutlich erwähnt. Offensichtlich verfügt also der hervorragende Mathematiker über bis heute rational nicht erklärbare Fähigkeiten, die für seine Arbeit ebenso wichtig sind wie sein bewußtes logisches Denken.

Nichts anderes scheint auch für die Software-Entwicklung zu gelten, (auch wenn ich persönlich die Beziehungen zwischen Mathematik und Informatik nicht so eng sehe wie viele Informatiker mit mathematischer Vergangenheit).

Die mechanistische Komponente ist hier wie dort die nach außen sichtbare, diejenige, der wir bisher im wesentlichen unsere Aufmerksamkeit geschenkt haben.

Eines bitte ich von diesem Beitrag nicht zu erwarten: durch statistische Untersuchungen an einer hinreichend großen Anzahl von Leuten wissenschaftlich gesicherte Erkenntnisse. Auf der Suche nach dem Außergewöhnlichen ist, wie Weinberg klarmachte, das Festhalten an Statistik eine gefährliche Falle. Wenn ich wieder ein Analogon aus der Mathematik verwenden darf: es genügt ein einziger Widerspruch, um ein gedankliches Gebäude ins Wanken zu bringen. Ober, um ein konstruktives Beispiel Weinbergs zu zitieren: es genügte ein einziger Verrückter, der zeigte, daß man Schreibmaschine schreiben kann, ohne auf die Tasten zu schauen.

Merkmale von Spitzenprogrammierern

Um dem Zuhörer Klarheit darüber zu geben, wovon ich spreche, möchte ich zunächst ein Beispiel eines Spitzenprogrammierers aus meiner persönlichen Praxis herausgreifen:

Im Jahre 1977/78 hatte meine Firma, ein Softwarehaus, einen Auftrag zur Entwicklung eines schwierigen Realzeitsystems, das größtenteils in Assembler geschrieben werden mußte. Als die Spezifikations- und Entwurfsarbeiten abgeschlossen waren, lag das Projekt terminlich weit zurück, und es war, da wir einen Festpreis gegenüber dem Kunden vereinbart hatten, eine Katastrophe zu befürchten.

Nun gab es in dem Projekt-Team unter den 5 Assemblerprogrammierern einen, der sich eines Abends ans Terminal setzte, glasige Augen bekam und in einen Zustand geriet, in dem er nicht mehr ansprechbar war.

Am nächsten Morgen hatte er ein schwieriges Programmstück fertig. Die Sache wiederholte sich und binnen 6 Monaten schrieb der Mann 45.000 Assemblerbefehle und 10.000 Makros!
Unter seinen Kollegen nannte man diesen Mann den "Trance-Programmierer". Mir gegenüber äußerte er einmal: "Man könnte eine Kanone neben mir abfeuern, ohne daß mich das stören würde".

Das Coding war zwar ohne eine einzige Zeile Inline-Kommentar geschrieben, aber es hielt sich ansonsten peinlich an die Richtlinien, die man im Team vereinbart hatte: ein vorbildliches, d.h. ausgewogenes, sauber und effizient aufgebautes Produkt. Was aber das erstaunlichste war: das System erwies sich als extrem stabil. Als meine Firma später mit dem Kunden wegen finanzieller Schwierigkeiten in Streit geriet und die Wartungsarbeiten einstellte, machte das auf diesen wenig Eindruck: das bundesweit installierte System mit mehr als 100 Terminals lief in voller Auslastung Monate ohne einen Zusammenbruch weiter.

Wir stehen hier einem Leistungssprung gegenüber, der das, was man normalerweise erwarten kann, quantitativ um eine Zehnerpotenz und mehr übersteigt und qualitativ gar nicht abzuschätzen ist! Wir sind geneigt, das Ganze als skurriles Einzelphänomen abzutun, das man kopfschüttelnd zur Kenntnis nimmt und vergißt, weil es nicht ins Weltbild paßt. Hämmern wir uns nicht permanent ein, daß wir nicht an der Spitzenleistung einzelner Stars interessiert sind, sondern an einem soliden, reproduzierbaren Mittelmaß!
Das aber ist genau das, was Weinberg meinte: Es erscheint uns heute unvorstellbar, daß ein solcher Grad der Leistungsfähigkeit zum Standard von morgen werden könnte.

Immer, wenn ich eine solche Geschichte im Kreis von erfahrenen DV-Fachleuten erzähle, stellt sich heraus, daß fast jeder bereits einmal Berührung mit ähnlichen Leuten gehabt hat. Derartige Spitzenleistungen sind zwar selten, aber durchaus geläufig. Häufig wird im Zusammenhang mit extrem leistungsfähigen Leuten von negativen Persönlichkeitsmerkmalen berichtet, die den Wert ihrer Arbeit wieder relativieren. Auf der anderen Seite besteht durchaus die Auffassung, daß ein großer Teil der Software, die wirklich erfolgreich läuft, von relativ wenigen extrem guten Leuten geschrieben wurde.

Einige verblüffende Merkmale von Spitzenprogrammierern

Im folgenden bringe ich eine Liste von Eigenschaften und Fähigkeiten, über die mehr als ein Programmierer berichtete, die aber nicht von allen untersuchten Spitzenleuten bestätigt wurden:

• Abweichende Bewußtseinszustände:

- stark geänderte subjektive Zeitempfindung: "eine Nacht erscheint mir wie eine Stunde".

- mehrere Programmierer berichteten, daß die Emotionen in Bezug auf die Arbeit völlig weggeschnitten seien. Das Erlebnis, in einem derartigen Zustand zu sein, wird hingegen als beglückend beschrieben und erscheint von Zeit zu Zeit für die physische und psychische Gesundheit notwendig zu sein.

- völliges Vergessen des Körpers: Einige hatten den Eindruck, sich außerhalb ihrer Körpers zu befinden: "Ich schaute mir über die Schulter".

- Zustand höchster Konzentration: "Ich werde zu dem Programm. Alles andere ist ausgeschaltet".
So behauptet Edwin, beim Trockentest eines Programms "gleichzeitig zweimal zu existieren":
a) auf einem Standpunkt außerhalb des Programms, der es gestattet, den Überblick zu behalten.
b) auf einem beweglichen Standpunkt innerhalb des Codings. Über diesen Standpunkt berichtet er:

"Ich bin selber der Rechnerkern. Ich werde zu einem Punkt. So laufe ich durch das Programm: durch Schleifen, Sprünge usw.. Ich führe das Programm, soweit ich es trockengetestet habe, richtig ist. Es kann ja nicht falsch sein, weil es richtig ausgeführt wurde!"

- Nach Aussagen eines erfahrenen Neurophysiologen liegt Alpha-Gehirnwellen-Tätigkeit vor. Messungen sind geplant.

Wir haben herausgefunden, daß diese Phänomene um so weniger sensationell auftraten, je mehr Erfahrung die Personen mit ihnen hatten. Das ist auch an den Zeiten, die die Leute brauchen, um in ihren Arbeitszustand zu gelangen, deutlich ablesbar. So berichteten unsere Gesprächspartner, daß vor einigen Jahren die Arbeit von Stunden zerstört sein konnte, wenn sie im unrechten Augenblick in ihrer Konzentration gestört wurden. Heute sei das nicht mehr wichtig. Beispielsweise sagte der oben zitierte 'Tranceprogrammierer': "Ich kann es mir heute nicht mehr leisten, nicht ansprechbar zu sein. Ich habe eine Firma und wenn das Telefon läutet, muß ich total da sein". Sein "Stack-Mechanismus", wie er ihn nennt, erlaubt es ihm, fast augenblicklich "ohne Datenverluste den Betriebszustand zu wechseln".

- Gezielte Nutzung von Schlaf und Traum
  Viele Programmierer berichteten, daß sie ihre Probleme mit in den Schlaf nehmen. Einige behaupteten, gezielt im Traum daran zu arbeiten, darunter Weinberg selber.
  Viele berichteten, daß ihnen die Lösungen ihrer Probleme in dem Augenblick hochkommen, in dem sie wach werden.

Als Beispiel sei erwähnt, was ein 30-jähriger Diplom-Informatiker über seine Technik berichtet, Fehler in einem großen Software-System zu finden:

> "Wenn ich eine Weile vergeblich nach einem Fehler suche, ergreift die Sache Besitz von mir. Sofern ich den Fehler nicht finde, gibt es einen Punkt, an dem ich weiß, daß ich die Sache abbrechen sollte. Wenn ich anschließend schlafe und aufwache, haben ich den Fehler gefunden. Er ist einfach da!
> Aber das geht nur, wenn ich ohne Wecker aufwache. Das funktioniert sowohl beim Kostruieren eines Programms, als auch beim Implementieren und Testen".

Andere finden die Lösung etwas später, z.B. wenn sie in die Dusche steigen. Es mag sehr witzig klingen, aber wir hörten von einem Mann, der eine wasserfeste Folie verwendet, um seine Ideen unter der Dusche festhalten zu können.

- Präkognitive Fähigkeiten
  Ich habe verblüffende persönliche Erfahrungen mit einem Software-Mann, der zu einem Zeitpunkt, zu dem das kausal noch nicht möglich war, bereits wußte, ob eine Lösung zum Ziel führt oder nicht. Er verläßt sich auf seine Gefühle hundertprozentig, auch im privaten Bereich, und behauptet, damit noch nie fehlgegangen zu sein. Weniger ausgeprägt begegnet man ähnlichen Fähigkeiten bei Spitzenleuten häufig: "man muß es einfach im Urin haben...". Auch über die Fähigkeit, Fehler in unbekannten Programmen ohne logische Analyse zu finden, wurde berichtet.

- Nutzung aesthetischer Fähigkeiten
  Im Gegensatz zu den anderen Punkten scheint dieses eine Fähigkeit zu sein, mit der alle hervorragenden Software-Leute arbeiten.

Die Rolle der Aesthetik

Spitzenprogrammierer empfinden sich bei ihrer Arbeit nicht als Techniker. Gefragt, als was sie sich fühlen, erhielten wir Antworten wie: Architekt, Komponist, Töpfer usw. Hier ein Ausschnitt aus einem Interview:

<u>Frage</u>:   "Wie empfindest Du, was Du beim Programmieren tust?"

<u>Georg</u>:   "Ich bin wie ein Bildhauer oder Töpfer. Ich gestalte etwas! Der Entwurf eines Programms ist für mich keine intellektuelle, sondern eine gefühlsmäßige Leistung. Es ist eine sehr angenehme Tätigkeit.
Meine Schwierigkeit ist es, das, was ich da gestalte, in Worte zu fassen. Es fällt mir schwer, eine verständliche Beschreibung zu liefern".

<u>Frage</u>:   "Siehst Du vielleicht Statements?"

<u>Georg</u>:   "Nein. Es sind keine Statements. Statements stören mich nur. Ich glaube, daß das Denken in Statements falsch ist, da sie das Programm zerhacken".

<u>Frage</u>:   "Wie gliedert sich das Programm?"

<u>Georg</u>:   "Das Programm ist ein Ganzes! Wenn man in Statements denkt, fehlt der Zusammenhang".

Logische Fehler in Programmen werden immer wieder als Bruch der aesthetischen Harmonie erfahren. Logische Korrektheit und funktional elegante Lösungen manifestieren sich in aesthetischer Eleganz:

"Es muß ein aesthetisches Bild ergeben. Wenn mir etwas aesthetisch nicht gefällt, weiß ich, daß das Programm nicht laufen wird".
oder:
"Wenn ich einen Fehler finde, so stimmt da etwas an der Gestalt nicht! Es ist etwas mit der Aesthetik falsch. Ich arbeite sehr wesentlich mit der Aesthetik".

oder, um auf Georg zurückzukommen:

<u>Frage</u>:   "Du hast eben von einem Bildhauer oder Töpfer gesprochen. Kannst Du das etwas erläutern?"

<u>Georg</u>:   "Ich arbeite sehr wesentlich mit Aesthetik.
            Was gut entworfen ist, ist gleichzeitig aesthetisch, d.h. elegant, opti-
            mal und verständlich.

Wenn ich ein solches Programm sehe, weiß ich einfach, daß es 'wasserdicht' ist.
Ich sehe das! Man kann das vergleichen mit der Fähigkeit, in einem deutschen Text
Rechtschreibfehler zu finden, ohne den Text wirklich zu lesen. Fehlerhafte Wörter
sehen komisch aus, fremdartig. Das Gefühl der Vertrautheit gilt nicht nur für die
eigenen Programme, sondern ganz allgemein, wenn ein Programm gut geschrieben ist.
Es gibt Programme, die erzeugen bei mir auf den ersten Blick Bauchweh. Sie erscheinen fremdartig, obwohl sie vielleicht richtig sind. Es ist sehr schwer, derartigen Code nachzuvollziehen".
"Es gibt Programme, die sind praktisch nicht testbar (z.B. Interruptsteuerung in
SPL). Da muß ich einfach draufschauen und wissen, daß sie o.k. sind. Wenn ich das
sehe, dann stimmt das auch".

An dieser Stelle sei ein Hinweis auf ähnliche Gedanken gestattet, die sich seit
Platon durch die abendländische Philosophie ziehen: das Schöne wird zugleich als
das Gute und das Wahre angesehen.
Wir wollen jedoch zu höchst praxisnahen Aspekten zurückkehren. Die Idee, daß frem-
de Programme, wenn sie gut geschrieben sind, einem anderen guten Programmierer
auf Anhieb vertraut vorkommen, wurde des öfteren geäußert. Sie erinnert uns an
ähnliche Phänomene, wie wir sie aus dem Gebiet der Kunst kennen: Trotz aller
wechselnden Modeströmungen und trotz höchst individueller Stile empfinden wir
selbst nach 2000 Jahren ein wirkliches Kunstwerk immer noch als Kunstwerk - und
wir fühlen uns irgendwie mit ihm vertraut.

Heute sind zwischen 60 und 80% der Softwareleute mit Wartungsaufgaben beschäftigt, d.h. eine ihrer Haupttätigkeiten ist es, anderer Leute Programme zu lesen.
Bisher haben wir uns, sicher mit vollem Recht, darum bemüht, ihnen diese Aufgabe
zu erleichtern, indem wir den Programmierstil zu vereinheitlichen suchten, z.B.
durch Einführung der Strukturierten Programmierung. Nunmehr könnte es an der Zeit
sein, neben dem rationalen analytischen Zugang zu Programmen auch den intuitiven
ganzheitlichen zu erschließen, die Fähigkeit nämlich, sich mit einem Programm auf
den ersten Blick vertraut zu fühlen. Die beiden Ansätze brauchen sich keineswegs
zu widersprechen, wenn wir bedenken, daß auch ein wirklicher Künstler sich mit
sehr sparsamen Mitteln auszudrücken vermag.

Die Persönlichkeit der Superprogrammierer

Wer sind die Leute? Was ist der Unterschied zu einem Hacker?
Diese Fragen klärten sich auf dem erwähnten Workshop in Neubiberg, zu dem wir neben unseren 3 "Spitzenstars" und weiteren Softwareleuten eine Reihe von Wissenschaftlern, Managern und Informatik-Studenten eingeladen hatten.
Am ersten Tag ließen sich die Spitzenleute vor dem Kreis über ihre Erfahrungen und ihre Lebensweise befragen. Das wesentliche daran war nicht die Erkenntnis weiterer Details, sondern der Gruppenprozeß der sich unter den Workshop-Teilnehmern vollzog. Nach einem weiteren halben Tag mehr oder weniger chaotischer Diskussion formulierten die beiden Arbeitsgruppen auf völlig unerwartete Weise einhellig einen Satz klarer Ergebnisse, deren Kern in zwei paradoxen Aussagen formuliert wurde:

>   1. "es gibt keine Superprogrammierer"
>   2. "jeder gute Programmierer ist ein Superprogrammierer".

Das erste Statement ergab sich aus dem, was die Spitzenleute über ihr Leben mitteilten. Gefragt danach, was für sie wichtig sei, berichteten alle drei über ihre intakten Familien, wie gern und häufig sie mit ihren Kindern spielen, ihr Interesse an Kultur, z.B. Musik und Theater und wie sie Spaß daran hätten, ihre Arbeit zu managen. Den Teilnehmern wurde immer klarer, daß das keine "Stars" waren, sondern "Menschen, wie Du und ich". Jemand warf das Wort von der "Entzauberung des Superprogrammierers" in die Runde.

Das zweite Statement ergab sich aus den Schilderungen, wie die Spitzenleute an ihre Arbeit herangehen. Je mehr sie berichteten, desto mehr fielen den Zuhörern ähnliche Erlebnisse ein, die sie selber einmal gehabt hatten, vielleicht nicht so ausgeprägt, aber erkennbar. Es wurde in der Runde klar, daß die seltsamen Fähigkeiten, über die in den vorangegangen Abschnitten berichtet wurde, sehr allgemein verbreitet sind, nicht nur unter Softwareleuten, sondern überall dort, wo kreative Arbeit geleistet wird. Jemand aus der Runde prägte spontan das Wort von der "Wiederverzauberung des (normalen) Programmierers".

Es wurde ebenfalls klar, daß unsere Spitzenleute keine Hacker sind, sondern eher deren genaues Gegenteil: sie dürften, in der Terminologie Maslows, der Gruppe der "selfrealizing people" entsprechen: Menschen, die voll in der Wirklichkeit stehen und ihre Kraft aus dem Werden schöpfen, aus dem permanenten Durchbrechen ihrer vermeintlichen Grenzen. Eine ausführliche Beschreibung dieser Menschen, die Maslow in seinen letzten Lebensjahren intensiv untersucht hat, findet sich in /5/ und deckt sich auffällig mit unseren Befunden. Eine ältere, aber bekanntere

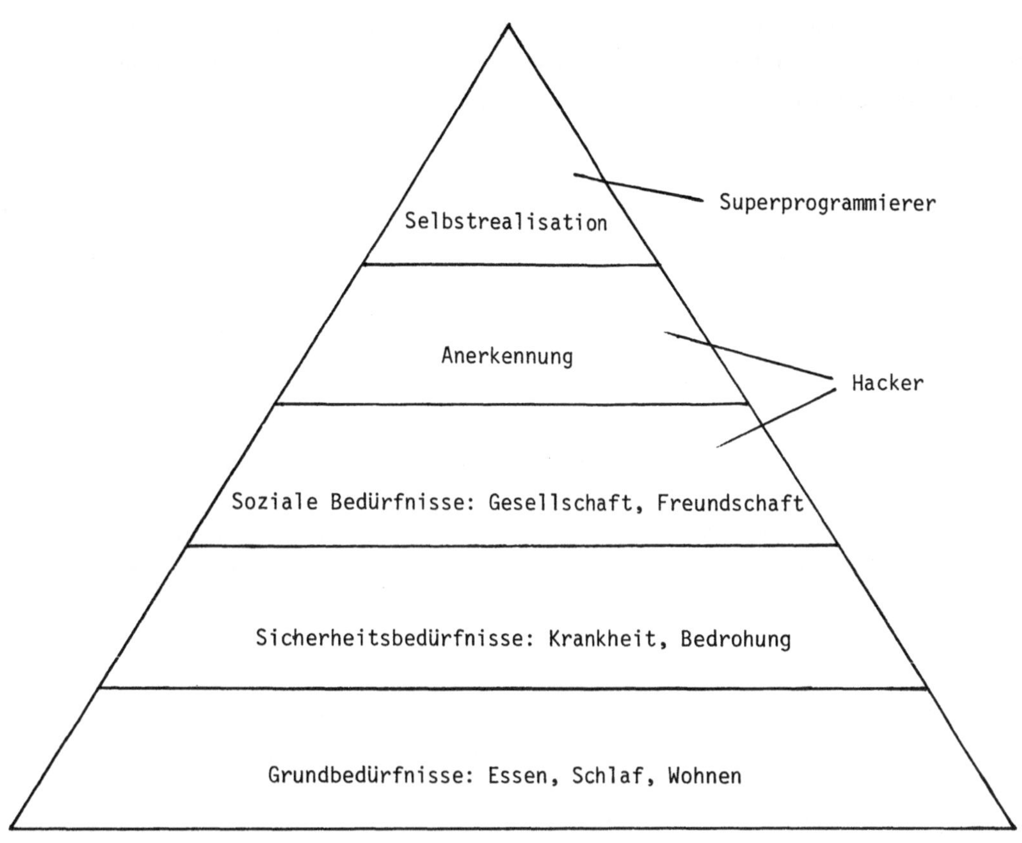

Abb. 1: Maslows Bedürfnis-Pyramide

Arbeit von Maslow ist seine Bedürfnis-Pyramide /6/, Abb. 1. Hier wären die Spitzenprogrammierer im oberen Dreieck anzusiedeln, die Hacker weiter unten.

Der Hacker, so wie ihn Weizenbaum /7/ klassischerweise beschreibt, befriedigt ein Defizitbedürfnis. Er sucht beim Computer die Anerkennung, die ihm im zwischenmenschlichen Bereich versagt bleibt oder zu schwierig zu erringen ist. Er flieht vor der Realität.
Demgegenüber steht der Spitzenprogrammierer voll in der sozialen Realität. Für ihn ist die Arbeit ein Mittel des Lebensunterhalts und des kreativen Selbstausdrucks. Unsere Spitzenleute könnten, nach ihrer eigenen Aussage, genauso gut einer anderen Tätigkeit erfolgreich nachgehen, wenn sie sich dort hineinfinden würden, z.B. als Architekten, Wissenschaftler oder Manager.
'Superprogrammierer' sind auch keineswegs teamfeindlich, obwohl sie ausgeprägte Individualisten sind. Natürlich ist es frustrierend, sowohl für den Mann, wie für

den Rest des Teams, wenn der Spitzenmann dreimal solange braucht, eine Aufgabe zu delegieren und zu kontrollieren, als wenn er sie selber machen würde. Unsere gegenwärtigen Strukturen erscheinen also wenig geeignet. Andererseits vermögen mehrere Superprogrammierer hervorragend zusammenzuarbeiten.

Können wir diese Fähigkeiten lehren?

Um diese Frage zu beantworten, zunächst ein Blick auf die Neurophysiologie /8/. Demnach besitzen wir zwei unterschiedlich ausgebildete Hirnhälften. Da es Ausnahmen gibt und die Zuordnung teilweise umstritten und für uns irrelevant ist, sollten wir hier besser nicht von linker und rechter Hemisphäre, sondern von Links- und Rechts-Modus sprechen, dem wir entsprechende Hirnfunktionen zuordnen.

Zum Links-Modus gehören Sprache, Rationalität und Zielorientierung. In unserer Kultur ist, bei der großen Mehrheit der Menschen, der Links-Modus dominierend. Das Training dieser Funktionen ist das wesentliche Ziel unserer Ausbildung, z.B. in Schule und Hochschule.

Zum Rechts-Modus gehören die Fähigkeiten des ganzheitlichen Erkennens, der Kreativität und der Intuition, sowie die seltsamen Fähigkeiten, über die berichtet wurde. Es gibt wohl keinen Zweifel, daß Programmieren eine höchst rationale und logische Tätigkeit ist, die den linken Modus fördert. Ohne eine angemessene Ausbildung - die bekanntlich viele Jahre dauert - wird ein Mensch kaum in der Lage sein, diese Tätigkeit wahrzunehmen. Damit scheint es nicht möglich zu sein, jemandem, der die Voraussetzungen nicht mitbringt, in einem kurzen Training gutes Programmieren beizubringen.
Auf der anderen Seite haben wir gesehen, daß Spitzenleute offensichtlich intensiven Gebrauch auch des Rechts-Modus machen. Soweit wir wissen, scheint jeder Mensch unbegrenzte kreative Fähigkeiten zu besitzen und es besteht keine Notwendigkeit, die rechte Hirnhälfte überhaupt zu trainieren.

Das heißt: Um ein Spitzenmann zu werden ist es für einen routinierten Programmierer nicht notwendig, irgend etwas zusätzlich zu lernen. Was dazu nötig ist, ist ein verbesserter Zugang zu den vorhandenen, aber blockierten Tätigkeiten im Rechts-Modus, wie er in der frühen Kindheit vorhanden war. Das Ziel ist nicht Dominanz des Rechts-Modus - das entspräche einem ziellos dahinlebenden Künstler - sondern ein synergetisches Zusammenspiel, "WHOLEBRAINEDness".

Herrman /9/, der bei General Electric Meßmethoden für die Hirndominanz entwickelt und auf diese Weise kreative Teams zusammengestellt hat, sagt dazu: "In influencing brain dominance, it's much easier to bring about a move from left to right than from right to left". Die Entwicklung des linken Modus ist nach seinen Erfahrungen "harte Arbeit", während die Verlagerung von links nach rechts als "Befreiung" empfunden wird.

In den letzten Monaten haben wir nicht weniger als fünf verschiedene Verfahren kennengelernt, mit denen dieses 'Befreiung' erreicht werden kann. Wer sich von der prinzipiellen Richtigkeit der Ideen selbst überzeugen möchte, kann das auf einfachste Weise auf einem anderen Gebiet tun: dem Zeichnen von Portraits. Eine Anleitung dazu findet sich bei B. Edwards /10/.
Zwei der Methoden werden gegenwärtig intensiv untersucht. Die erste haben wir "Total-Immersion Technique" genannt. Wer einmal die stark gesteigerte Leistungsfähigkeit in der Endphase eines wichtigen Projekts, wenn rund um die Uhr gearbeitet wird, an sich selber miterlebt hat, besitzt einen Hinweis, in welche Richtung die Methode ansetzt.
Das zweite Verfahren, das "Superprogrammer-Training", ist völlig anders aufgebaut. Es wird von den Teilnehmern als sanft und entspannend empfunden. Mit beiden Trainings, die 3 bzw. 2 1/2 Tage dauern, liegen bis jetzt verblüffende Einzelergebnisse vor. Das Superprogrammer-Training wird bereits auf kommerzieller Basis angeboten. Eine systematische Auswertung von Ergebnissen steht zur Zeit noch aus.

Abschluß:

Die Reaktionen im Kreise der Zuhörer, die die Präsentation dieser und ähnlicher Untersuchungsergebnisse an Spitzenprogrammierern hervorruft, kann man in drei Klassen einteilen:

    - emotionaler Widerstand
    - unkritische Euphorie
    - "na und!"

Sämtliche Reaktionen, sowie die Heftigkeit und Polarisierung, in der sie auftreten, sind, wie wir seit Kuhn /11/ wissen, typisch für einen Paradigmawechsel. Die ersten beiden Reaktionen erscheinen leicht erklärlich: "es scheiden sich die Geister". Die dritte Reaktionen fanden wir besonders bei Leuten, die voll in der Programmierpraxis stehen. Typische Äußerung: "Ich weiß gar nicht, wie man ohne solche Fähigkeiten ein gutes Programm schreiben kann".

Das weist darauf hin, daß es diese Eigenschaften immer gegeben hat und daß sie immer schon sehr verbreitet und wichtig gewesen sind, nur: bisher hat sie niemand so recht wahrgenommen. Das trifft sich mit Kuhns Hypothese, daß die Fakten, die das neue Paradigma stützen, immer schon verfügbar, jedoch für die Menschen im alten Paradigma unsichtbar waren.

Beispiel: schon immer hätte man von einem Schiff aus beobachten können, wie der untere Teil eines Gebirges zuerst verschwindet, folglich die Erde keine ebene Scheibe sein kann.

Mein letztes verblüffendes Erlebnis in diesem Zusammenhang war Shneiderman's Diskussionsbeitrag zu meinem Vortrag auf der CHI'83 in Boston /12/: Er sagte, er kenne sehr bekannte Leute in den U.S.A., die eine Menge über all das wissen und die sagen "there is a capacity not only to do a little bit better but to do much better" Keiner dieser Leute habe es jedoch bisher gewagt, darüber zu veröffentlichen.
Um nochmals auf die eben erwähnte kopernikanische Metapher zurückzukommen: Viele Beobachtungen deuten darauf hin, daß gerade jetzt die Zeit gekommen sein könnte, die es uns möglich macht, den Menschen mit seinen unbegrenzten kreativen Fähigkeiten wieder in das Zentrum unseres (Software Engineering) Universums zu stellen.

Literatur

/ 1/ Weinberg, G.M: The Psychology of Computer Programming.
Van Nostrand Reinhold Company, New York 1971.

/ 2/ Molzberger, P.:   Und Programmieren ist doch eine Kunst. In: H. Schelle und
P. Molzberger (Hrsg.), "Psychologische Aspekte der Software-Entwicklung". Oldenbourg, München-Wien 1983.

/ 3/ Hamming, R.W.:   The Unreasonable Effectiveness of Mathematics.
The American Mathematical Monthly, Vol. 87 (1980).

/ 4/ Poincaré, H.:   Die mathematische Erfindung. Leipzig 1914, abgedruckt in:
Ulmann, G. (Hrsg.): Kreativitätsforschung, Köln 1973.

/ 5/ Maslow, A.A.:   Psychologie des Seins. Kindler Taschenbuch.

/ 6/ Maslow, A.A.:   A Theory of Human Motivation in Management and Motivation
Vroom and Deci (Ed.), Penguin 1970.

/ 7/ Weizenbaum, J.:   Die Macht der Computer und die Ohnmacht der Vernunft.
Suhrkamp Taschenbuch Wissenschaft 274, Frankfurt 1978.
Computer Power and Human Reason. Freeman and Co 1976.

/ 8/ Ornstein, R.:   Die Psychologie des Bewußtseins. Frankfurt 1972.

/ 9/ Herrmann, N.:   The Creative Brain. Training and Development Journal,
Oct. 1981.

/10/ Edwards, B.:   Garantiert zeichnen lernen. Rohwolt, Reinbek bei Hamburg
1982. Drawing on the Right side of the Brain.
J.P. Tarcher, Inc., Los Angeles 1979.

/11/ Kuhn, T.S.:   Die Struktur wissenschaftlicher Revolutionen
Suhrkamp Taschenbuch Wissenschaft 25, 5. Auflage, Frankfurt 1981. The Structure of Scientific Revolutions. Univ.
of Chicago 1962

/12/ Molzberger, P.:   Aesthetics and Programming. CHI'83, Dec. 12-15, Boston.

Entwurfsverifikation

mit

Computer Design Language – Version Munich

F. Mündemann, W. Hahn, K. Fischer

Fachbereich Informatik
Hochschule der Bundeswehr München
Werner-Heisenberg-Weg 39, D-8014 Neubiberg

<u>Zusammenfassung</u>

Der Einsatz einer höheren Programmiersprache als eine von mehreren Beschreibungsebenen in Rechnerentwurfssystemen eröffnet bei der Entwurfsverifikation durch Simulation die Möglichkeit, Kontroll- und Vergleichsfunktionen in Form von Monitor-Prozeduren in die eigentlichen Hardware-Beschreibungen einzufügen, die als konkurrente Prozesse zu deren Simulation ausgeführt werden. Diese Technik wird anhand der Schritte Modulzerlegung und Modulverfeinerung innerhalb des Entwurfsprozesses eines einfachen Rechners demonstriert.

<u>Einleitung</u>

Der Entwurf komplexer digitaler Systeme, wie z.B. der zunehmend verwendeten VLSI-Bausteine, erfordert Rechnerunterstützung des Entwurfsprozesses. Während in den letzten Jahren eine Reihe von Entwurfssystemen[1,2,3] entstanden sind, die eine hinreichende Unterstützung auf Schaltungs- und Layout-Ebene geben, sind in den Bereichen

- Planung und Konzipierung eines Systems,
- Festlegung der Systemarchitektur und
- Entwerfen der Systemorganisation auf funktioneller Ebene

noch erhebliche Anstrengungen notwendig.

Als ein Versuch zur Lösung dieser Aufgabe wurde die Rechnerentwurfssprache CDLM[4,5,6] entwickelt, die es erlaubt, einen Entwurf modular zu strukturieren, für die Moduln jeweils unterschiedliche Sprachebenen zu verwenden (Mehrebenensprache) und als Ganzes zu simulieren (Mixed-Level-Simulation).

Der mit diesem Entwurfswerkzeug ausgeführte Entwurfsprozeß besteht i.a. aus einer Folge von auf jeweils einzelne Module angewandten Transformationsschritten. Die zur Verifikation der einzelnen Schritte eingesetzte Methode muß den u.U. erheblichen Umfängen der Entwürfe und dem Mehrebenenkonzept der Sprache gerecht werden.

Dementsprechend wird, trotz aller Fortschritte im Bereich der formalen Verifikation[7,8,9,10], die Korrektheit eines Transformationsschrittes durch Simulation des transformierten und des nicht-transformierten Entwurfs mit anschließendem Vergleich der Simulationsprotokolle geprüft (vergleichende Simulation[11]). Das bei dieser Verifikationsmethode mit herkömmlichen, programmierten Simulatoren auftretende Problem der großen Rechenzeiten ist in naher Zukunft mit extrem schnellen Simulationsrechnern[12,13,14] weitgehend lösbar. Die Praktikabilität der vergleichenden Simulation wird jedoch durch das zeitintensive, vom Entwerfer durchzuführende Vergleichen der i.a. umfangreichen Simulationsprotokolle eingeschränkt.

In der vorliegenden Arbeit wird daher vorgeschlagen, diesen Vergleich zu automatisieren, indem sogenannte Monitor-Prozeduren in den Entwurf eingebunden werden, die als konkurrent zur Simulation aktive Kontrollprozesse das Verhalten desjenigen Moduls prüfen, der Gegenstand des aktuellen Transformationsschrittes war.

Dazu werden im ersten Abschnitt zunächst die in diesem Zusammenhang wesentlichen Aspekte des Entwurfswerkzeuges CDLM vorgestellt und im zweiten Abschnitt die Prinzipien der Einbindung von Monitor-Prozeduren in CDLM-Entwürfe dargestellt. In den Abschnitten drei und vier wird anhand der ersten Schritte des Entwurfsprozesses eines einfachen Rechners[15] die Verifikation der Zerlegung eines Moduls in Untermodule bzw. die Verifikation des Wechsels der Beschreibungsebene skizziert.

1. Entwurfswerkzeug

Bei der Entwicklung von CDLM wurde weder
- eine etablierte Rechnerbeschreibungssprache um Elemente aus höheren Programmiersprachen noch

- eine etablierte, höhere Programmiersprache um Elemente aus Rechner-
  beschreibungssprachen

angereichert. Neuer Ansatz war stattdessen, um einen möglichst großen
Bereich des Entwurfsprozesses zu unterstützen, die jeweils in ihrem
Einsatzbereich erfolgreichen Sprachen PL/I[16], ISPS[17] und CDL[18] zu
einem Sprachensystem zusammenzufassen:

- PL/I

  als höhere Programmiersprache für die Spezifikation in Hardware zu
  implementierender Algorithmen,

- ISPS

  in u.a. bezüglich der Schnittstellenbeschreibungen umgearbeiteter
  und bezüglich der Beschreibung von Nebenläufigkeiten erweiterter
  Form als prozedurale Sprache für die funktionelle Beschreibung von
  Architektureigenschaften und

- CDL

  in u.a. bezüglich hierarchischer Gliederbarkeit eines Entwurfes
  sowie bezüglich der Beschreibung von Zeitverhalten ergänzter Form
  als nicht-prozedurale Sprache für die Beschreibung struktureller und
  funktioneller Eigenschaften.

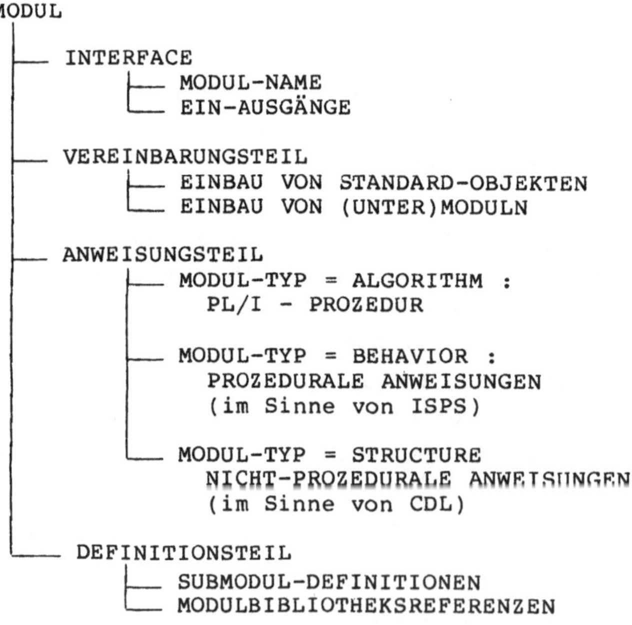

Fig. 1 Hierarchische Struktur eines CDLM-Entwurfs auf der Basis
        von Moduln

Grundlage eines jeden CDLM-Entwurfs ist das Strukturierungselement Modul, dessen Interface-, Vereinbarungs- und Definitionsteil für Submoduln gemäß Fig. 1 einen einheitlichen Rahmen für den Anweisungsteil, unabhängig von der für diesen gewählten Sprachebene, bildet.

Die PL/I-Prozeduren innerhalb von ALGORITHM-Moduln können einerseits abstrakte Beschreibungen von Schaltnetzen sein, wobei Ein- und Ausgabeparameter der Prozedur an im Vereinbarungsteil des Moduls eingebaute bzw. im Interfaceteil referenzierte Objekte gebunden werden, können andererseits aber auch Automaten beschreiben, wenn Variable der Prozedur als Automatenzustände über die Parameterschnittstelle dem Simulator zur Verwaltung übergeben werden.

Darüber hinaus bedeutet die Verfügbarkeit von PL/I in CDLM auch, daß das Dateisystem des Wirtsrechners sowie teilweise dessen periphere Geräte unmittelbar als Teil des Entwurfs angesprochen werden können.

Bei der Simulation wird für eine Folge diskreter, äquidistanter Zeitpunkte jeweils der neue Systemzustand, dargestellt durch die Wertebelegung der speichernden Elemente, durch die Auswertung der als boolesche Funktionen aufgeführten Schaltnetze aus dem vorhergehenden Systemzustand berechnet.

Grundlage für die Verwendung eines solchen Entwurfswerkzeuges ist die Top-Down-Entwurfsmethode[19,20]. Dabei wird hier ausgehend von einer geschlossenen, programmiersprachlichen Beschreibung des in dem digitalen System zu implementierenden Algorithmus[21] durch eine Folge von Transformationsschritten eine modular gegliederte Beschreibung der Struktur des Systems erreicht. Die Transformationsschritte werden jeweils auf einzelne Module des Systems angewandt und bewirken entweder einen Wechsel der Beschreibungsebene oder eine Zerlegung in mehrere Untermodule.

2. Entwurfsverifikation durch Simulation

Die Verfügbarkeit von PL/I innerhalb von CDLM ermöglicht es, Prozeduren so in einen Untermodul eines Entwurfs zu integrieren, daß sie über die Parameterschnittstelle u.a. mit modullokalen CDLM-Objekten kommunizieren können. Dadurch kann einerseits das Verhalten eines Moduls algorithmisch spezifiziert werden, es kann aber auch mittels einer Prozedur das Verhalten des Moduls sowie seiner Umgebung auf die Einhaltung vor-

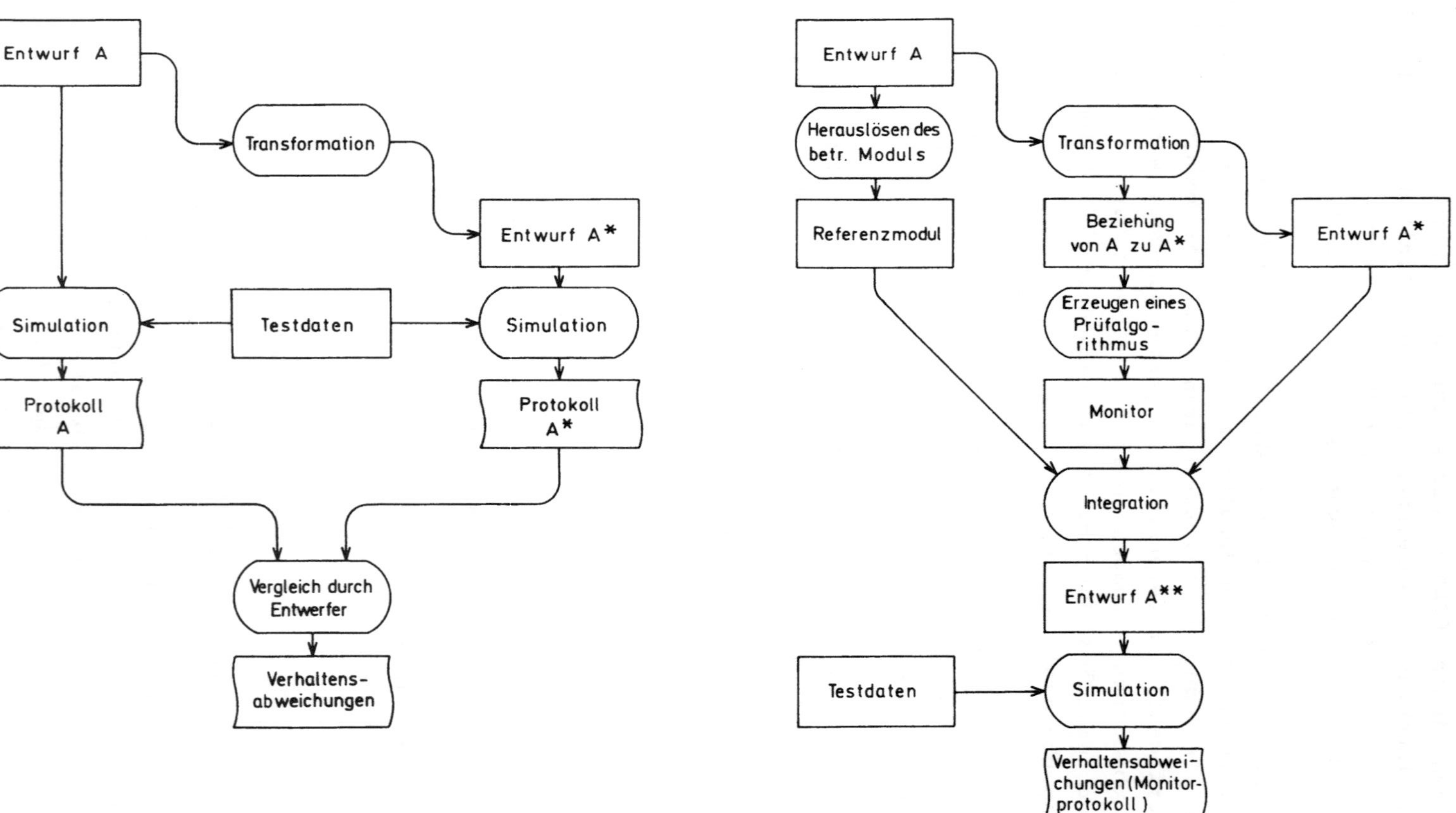

Fig. 2a: Herkömmliche vergleichende Simulation

Fig. 2b: Vergleichende Simulation mit Monitor-Prozedur

gegebener Normen geprüft werden, wenn die für die Verhaltensverifika-
tion wesentlichen CDLM-Objekte über die Parameterschnittstelle verfügbar gemacht werden.

In der letzteren Verwendung werden die PL/I-Prozeduren hier als Monitor-Prozeduren bezeichnet und sind Entwurfsbestandteile, für die in der
Regel keine Hardware-Implementation intendiert ist. Dieser Einsatz
einer höheren Programmiersprache ist in Rechnerbeschreibungssystemen
bisher unbekannt.

Bei der Verwendung von Monitor-Prozeduren wird anstatt der herkömmlichen vergleichenden Simulation gemäß Fig. 2a der Teilentwurf innerhalb A*, der Ergebnis der Entwurfstransformation ist, zusammen mit
seiner ursprünglichen Version in einen derartigen Monitor-Modul eingebettet, der gegenüber dem Rest des Entwurfs die jeweilige Teilentwurfs-
schnittstelle funktional einhält. Gemäß Fig. 2b muß für den resultierenden Entwurf A** nur ein Simulationsprozeß ausgeführt werden, der
nicht das gesamte Verhalten des Entwurfs protokolliert, sondern nur
Abweichungen von dem erwarteten Verhalten. Durch den Einsatz von Monitor-Prozeduren kann somit vergleichende Simulation auf der Basis realer
Stimuli aus den nicht-transformierten Teilen des Entwurfs aufwandsmäßig
auf die aktuell bearbeiteten Teile des Entwurfs beschränkt werden.

Darüber hinaus können

- auf den speziellen Entwurf zugeschnittene Sichtgeräte-E/A-Routinen
  für das interaktive Beobachten bzw. Beeinflussen des Simulationsab-
  laufes sowie

- entwurfsspezifische Protokollierungsroutinen zum z.B. mnemotech-
  nischen Aufbereiten der Datenausgabe

programmiert werden.

3. Verifikation von Zerlegungsschritten

Als erster Schritt im Top-Down-Entwurf eines einfachen Rechners wird
die ungeteilte, programmiersprachliche Definition des Verhaltens durch
eine Entwurfsentscheidung über die Struktur in ein System aus zwei
Moduln - Central-Processing-Unit und Memory - transformiert, die
jeweils vom Typ ALGORITHM sind.

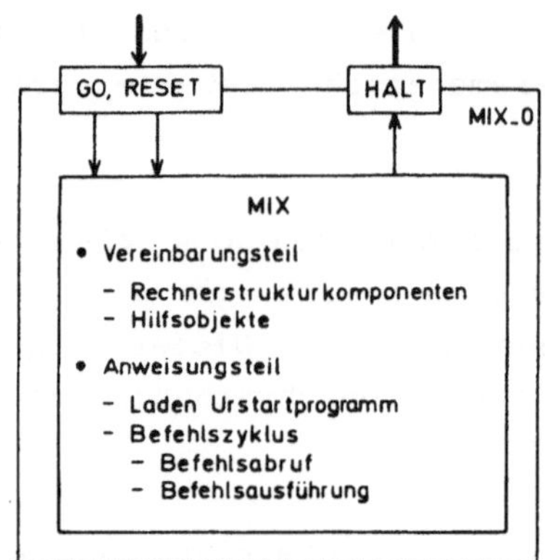

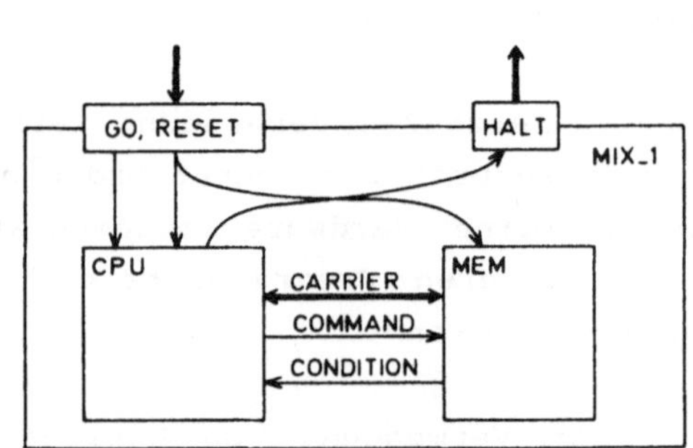

Fig. 3: Möglicher Aufbau einer
ungeteilten Spezifikation
eines einfachen Rechners

Fig. 4: Beispiel für eine gegliederte Spezifikation
eines einfachen Rechners

Um die ungeteilte Version MIX_0 in die gegliederte Version MIX_1 zu
überführen, werden einerseits alle den Speicher betreffenden Struktur-
komponenten, Hilfsobjekte und Anweisungssequenzen in einem Modul MEM
zusammengefaßt, und es wird andererseits eine Kommunikationsstruktur
zwischen MEM und CPU festgelegt. Die beiden Module tauschen über die
Datenwege:

- Command   : unidirektional von CPU nach MEM,
- Condition: unidirektional von MEM nach CPU,
- Carrier   : bidirektional zwischen CPU und MEM (Daten, Adressen)

gemäß einem Kommunikationsprotokoll Nachrichten aus.   Zur Abwicklung
des Protokolls sind Wartezustände in den Beschreibungen von CPU und MEM
erforderlich, die mit Hilfe vom Simulator verwalteter Modul-Zustands-
parameter in der Prozedur-Schnittstelle modelliert werden.

Jetzt liegt neben der ursprünglichen Spezifikation eine aus dieser
durch einen Zerlegungsschritt hervorgegangene Version vor, deren funktionelle Gleichheit mit der Ausgangsversion vom Entwerfer zu verifizieren ist.

Diese Aufgabe wird üblicherweise in zwei Teilaufgaben zerlegt:

- Es wird zunächst allein auf der Basis der transformierten Version getestet, ob das Zusammenspiel der beiden Moduln CPU und MEM untereinander und ggfs. gegenüber der Entwurfsumgebung vorgegebenen Randbedingungen, hier z.B. den Regeln des Protokolls, entspricht.

- Es wird danach die semantische Korrektheit der zwischen den Moduln
  ausgetauschten Nachrichten überprüft, wobei die Ausgangsversion dem
  Entwerfer als Referenzobjekt dient.

In beiden Fällen hat der Entwerfer u.U. umfangreiche Simulationsprotokolle Zeile für Zeile auszuwerten, wobei er bei der ersten Teilaufgabe
das Durchlaufen des Protokolls nachvollzieht, während er bei der zweiten Teilaufgabe im Simulationsprotokoll der Ausgangsversion z.B. den
jeweils äquivalenten Simulationsschritt aufsucht und die Simulationsergebnisse vergleicht. Beide Aktionen des Entwerfers sind klar definiert und können in CDLM einer Monitor-Prozedur übertragen werden, denn
zum einen können auch komplizertere Algorithmen, denen ein Datenaustausch zwischen Moduln zu folgen hat, in PL/I programmiert werden, und
zum anderen ist es möglich, da per PL/I auf Dateien des Wirtsrechners
zugegriffen werden kann, Such- und Vergleichsoperationen bezüglich
bereits vorliegender Simulationsergebnisse zu programmieren.

Die allgemeine Lösung ist es allerdings, entsprechend Fig. 5 die aus
einem Zerlegungsschritt resultierende Entwurfsversion simultan mit der
Ausgangsversion zu simulieren. Damit erhält die Monitor-Prozedur für
beliebige, u.U. überraschend auftretende Testsituationen Referenzdaten
aus dem ursprünglichen Entwurf. Dabei kann es notwendig sein, die Zu-
standsfortschaltung durch ein Synchronisationssignal, wie z.B. WEITER
in Fig. 5, zu steuern.

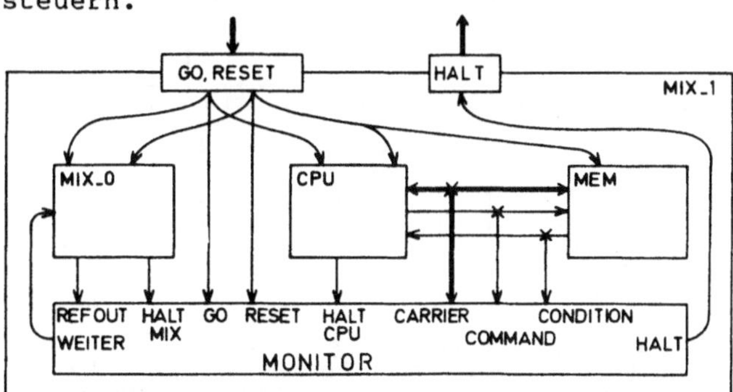

Fig. 5: Simultane Simulation der zu verifizierenden modularen Entwurfsversion und einer Referenzversion

Dieses Konzept bedeutet für den ersten Schritt eine Verdoppelung des
Simulationsaufwandes, während bei weiteren, lokalen Zerlegungsschritten
der zusätzliche Simulationsaufwand klein gegenüber dem Gesamtaufwand
wird. Der damit gewonnene Vorteil ist jedoch, daß, wie bereits erwähnt,
die Verifikation des Zerlegungsschrittes auf der Basis aktueller
Stimuli aus der Umgebung des zerlegten Moduls erfolgt.

4. Verifikation von Verfeinerungsschritten

Eine weitere, zentrale Idee der Top-Down-Entwurfsmethode ist die autonome, schrittweise Verfeinerung jedes einzelnen Moduls. Als Beispiel für diesen Entwurfsschritt sei im folgenden die Verfeinerung des Moduls MEM von der algorithmischen zur funktionellen Beschreibungsebene betrachtet. Im einzelnen bedeutet dies, daß operative Entwurfskomponenten nun hardware-näher beschrieben werden, wozu zunächst für die in PL/I verwendeten Datentypen eine Darstellung als Bitvektoren angegeben werden muß.

Wesentlicher ist, daß zwischen Wartezustände eingebettete PL/I-Programmabschnitte, die aus der Sicht des Simulators innerhalb eines Simulationsschrittes ablaufen, in eine Folge von Operationen, die jeweils einzeln innerhalb eines Simulationsschrittes ablaufen, zu transformieren sind. Analog gilt beim Übergang von der funktionellen zur strukturellen Entwurfsebene, daß komplexere Operationen in ein Schaltnetz aus einfacheren, operativen Komponenten bzw. in ein Schaltwerk, das eine Folge einfacher Operationen ausführt, transformiert werden.

Somit sind nun Entwurfsversionen zu vergleichen, deren Zeitverhalten in definierter Weise voneinander abweicht. In CDLM wird, um beim Beispiel zu bleiben, ein Modul MEM gemäß Fig. 6 gebildet, der nach außen die bisherige MEM-Schnittstelle funktionell einhält.

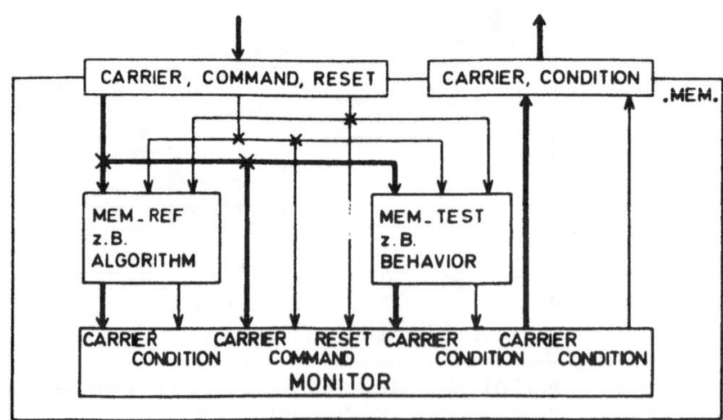

<u>Fig. 6</u>: Monitoreinsatz bei der Verifikation von Verfeinerungsschritten

Intern besteht dieser Modul aus der verfeinerten, zu testenden Modulversion MEM_TEST, der Ausgangsversion MEM_REF und der Monitor-Prozedur, über die alle Datenwege geführt sind. Sie ist so programmiert, daß Referenzreaktionen des Moduls MEM_REF entsprechend dem abweichenden

Zeitverhalten des Moduls MEM TEST verzögert werden, so daß einerseits
die Modulreaktionen auf z.B. die gleiche Folge von Datenmuster überprüft werden können und andererseits das Zeitverhalten des Moduls MEM_
TEST das Zeitverhalten des gesamten Moduls MEM prägen kann.

Voraussetzung für die unmittelbare Anwendbarkeit dieser Verifikations-
methode ist, daß der Entwerfer, wie allgemein üblich, beim Entwurf der
Kommunikation von Moduln keine Voraussetzungen über deren zeitliches
Verhalten macht.

Schlußbemerkung

CDLM bietet durch die Einbindung von PL/I die Möglichkeit, Monitorprozeduren zur Kontrolle der Verifikation durch vergleichende Simulation
von Entwürfen auf unterschiedlichen Beschreibungs- und Detaillierungs-
niveaus einzusetzen.

Ihr Einsatz wurde für die typischen Entwurfsschritte Modulzerlegung und
Modulverfeinerung beschrieben. Monitorprozeduren dienen dabei sowohl
zur (teilweisen) Automatisierung von Tätigkeiten des Entwerfers als
auch durch konkurrente, vergleichende Simulation zur Verifikation verschiedener Versionen eines Moduls innerhalb eines gemeinsamen Restsy-
stems.

Weiterhin ist es denkbar, daß Monitor-Prozeduren während der Simulation
im Fall einer Nichtübereinstimmung der Testdaten mit den Referenzdaten
die Modulausgänge mit den vom Referenzmodul statt mit den vom Testmodul
gelieferten Daten beschalten, um so den lokalen Fehler nicht auf das
Restsystem durchschlagen zu lassen; dieser wird jedoch vom Monitor
geeignet protokolliert.

Literatur

1   Nagel, L.W.: SPICE 2: A Computer Program to Simulate Semiconductor
     Circuits, Electronics Research Laboratory, Univ. of Calif.
     Berkeley, California, Memorandum No. ERL-M 510, Mai 1975

2   Kao, W.H. et.al.: ISIS: An Integrated Simulation System for
     Process-Device-Circuit Design, Proc. IEEE Intern. Conference on
     Computer-Aided Design, Sept. 1983, S. 147-150

3   Daisy Systems Corp.: Logician Reference Manual, Sunnyvale,
     California, 1982

4   Hahn, W.: Computer Design Language - Version Munich (CDLM):
    Eine moderne Rechnerentwurfssprache, Tagungsband der Jahrestagung
    der Gesellschaft für Informatik, Okt. 1982, S. 58-72

5   Hahn, W.: Computer Design Language - Version Munich (CDLM):
    A Modern Multi-Level Language, Proc. 20th Design Automation
    Conference, Juni 1983, S. 4-11

6   Hahn, W.: Computer Design Language - Version Munich (CDLM): Eine
    moderne Rechnerentwurfssprache, Bericht 8002/2 FB Informatik,
    Hochschule der Bundeswehr München, 1983

7   Floyd, R.W.: Assigning Meanings to Programs, Proc. Symp. on
    Applied Mathematics, Math. Soc., Vol. 19, 1967, S. 19-32

8   Hoare, C.A.R.: An Axiomatic Basis for Computer Programming, Comm.
    ACM, 12 (10), 1969, S. 549-557

9   Pitchumani, V.; Stabler, E.P.: A Formal Method for Computer Design
    Verification, Proc. 19th Design Automation Conference,Juni 1982,
    S. 809-814

10 Wojcik, A.S.: Formal Design Verification of Digital Systems,
    Proc. 20th Design Automation Conference, Juni 1983, S. 228-234

11 Hoehne, H.; Piloty, R.: Design Verification at the Register
    Transfer Level, in vanCleemput (Ed.): Tutorial on Computer-Aided
    Design Tools for Digital Systems, IEEE Catalog No. EHD 132-1,
    1979, S. 137-143

12 Abramovici, M. et al.: A Logic Simulation Machine, Proc. 19th
    Design Automation Conference, Juni 1982, S. 65-73

13 Barto, R., Szygenda, S.A.: A Computer Architecture for digital
    Logic Simulation, Electronic Engineering, Sept. 1980, S. 35-66

14 Denneau, M.M.: The Yorktown Simulation Engine: Architecture and
    Hardware Description, Proc. 19th Design Automation Conference,
    Juni 1982, S. 55-59

15 Knuth, D.E.: The Art of Computer Programming, Vol. 1, Addison-
    Wesley Inc., 1969

16 Burroughs Corp. (Ed.): B7000/B6000 Series PL/I Reference Manual,
    No. 5001530, 1977

17 Barbacci, M.R.: Instruction Set Processor Specifications (ISPS),
    The Notation and its Application, IEEE Trans. on Computers, Vol.
    C-30, Jan. 1981, S. 24-40

18 Chu, Y.: An Algol-like Computer Design Language, Comm. ACM, Vol.
    8, Okt. 1965, S. 607-615

19 Pepper, P.; Partsch, H.: On the Feedback between Specifications
    and Implementations: An Example,
    Technische Universität München, TUM-I 8011, September 1980

20 Lipp, H.M.: Logic Design Strategies, Microprocessing and Micropro-
    gramming 10, 1982, S. 153-162

21 Mead, C.A.; Conway, L.: Introduction to VLSI Systems, Addison-
    Wesley, 1980

WARUM EINE INDUSTRIENATION DEN BAU VON COMPUTERN BEHERRSCHEN MUSS

Leo A. Nefiodow

Gesellschaft für Mathematik
und Datenverarbeitung mbH Bonn
Schloß Birlinghoven
Postfach 12 40

5205 St. Augustin 1

Abstract

Die hohe Komplexität, die den modernen Informations- und Kommunikationstechnologien anhaftet, erschwert ihr differenziertes und tieferes
Verstehen. Begriffe wie Informationstechnologie, Mikroelektronik, Computertechnologie, Telekommunikation, Informationssystem oder Chiptech-
nologie werden in der Öffentlichkeit nicht selten synonym verwendet,
obwohl die fachlichen, wirtschaftlichen und strategischen Unterschiede
zwischen diesen Gebieten teilweise beträchtlich sind. Fehlende Einsicht in die technologischen Zusammenhänge kann zu Ängsten, Skepsis
oder Fehlinvestitionen - auch größeren Stils - führen. In dem Referat
wird versucht, die Wechselwirkungen und Abhängigkeiten innerhalb des
Bündels moderner Informations- und Kommunikationstechnologien aufzuzeigen und zu begründen, warum die Computerindustrie eine Leitfunktion
für diesen gesamten Bereich besitzt. Das Thema wurde vom Verfasser in
seinem Buch "Europas Chancen im Computerzeitalter" ausführlich behandelt.

EINLEITUNG

Jede Industriebranche durchläuft einen spezifischen Lebenszyklus, den man in vier Phasen einteilen kann: Entstehung, Wachstum, Reife und Alterung (Abb. 1).

Entstehung	Wachstum	Reife	Alter
● Technologien der Künstlichen Intelligenz	● Mikro- und Personal Computer ● Mikroelektronik ● Robotertechnik	Stahl (Europa) ● ● Luftfahrt	● Schiffbau (Europa) ● Textil (BRD)
● Solartechnik	● Telekommunika-tionsdienste ● Bürosysteme	● Langlebige Gebrauchs-güter	● Bergbau
● Biotechnologie	● Bisherige Datenverarbei-tung (Universal-rechner, Klein-computer, Pro-zeßrechner, Terminals)	● Automobil	

→ Lebensphasen

<u>Abb. 1:</u> Lebenszyklusphasen von Industrien

1. <u>Entstehungsphase</u>

In modernen Industriegesellschaften entstehen neue Industrien im Forschungs- und Entwicklungsbereich. Die Entstehungsphase ist eine Art "Inkubationszeit". Dabei werden anwendungsorientierte Forschungsergebnisse erarbeitet, die ersten Prototypen entwickelt, der Markt mit ihnen getestet und die Vorbereitungen für die Produktion getroffen. Im Vergleich zum erwarteten Gesamtabsatz ist der Umsatz, soweit er überhaupt anfällt, noch relativ gering. In dieser embryonalen Phase befinden sich in der Bundesrepublik gegenwärtig z.B. die Industrien für Biotechnologie, Solartechnik und künstliche Intelligenz (Wissensverarbeitung).

2. Wachstumsphase

Industrielles Wachstum ist durch eine laufende Ausweitung von Produktion und Absatz gekennzeichnet. Forschung und Entwicklung werden in dieser Phase intensiv weitergeführt, um auf neue Marktanforderungen und -chancen reagieren zu können. Die Stahlindustrie in der Europäischen Gemeinschaft beispielsweise durchlief bis zur Mitte der 70er Jahre eine ungewöhnlich lange Phase des Wachstums (Abb. 2). Im 19. und in der ersten Hälfte des 20. Jahrhunderts symbolisierte sie den Rang einer Industrienation. Seit der Mitte dieses Jahrhunders wird das industrielle Wachstum von anderen Branchen bestimmt - vor allem von Datenverarbeitung, Mikroelektronik, Fertigungstechnik, Büro- und Kommunikationstechnik.

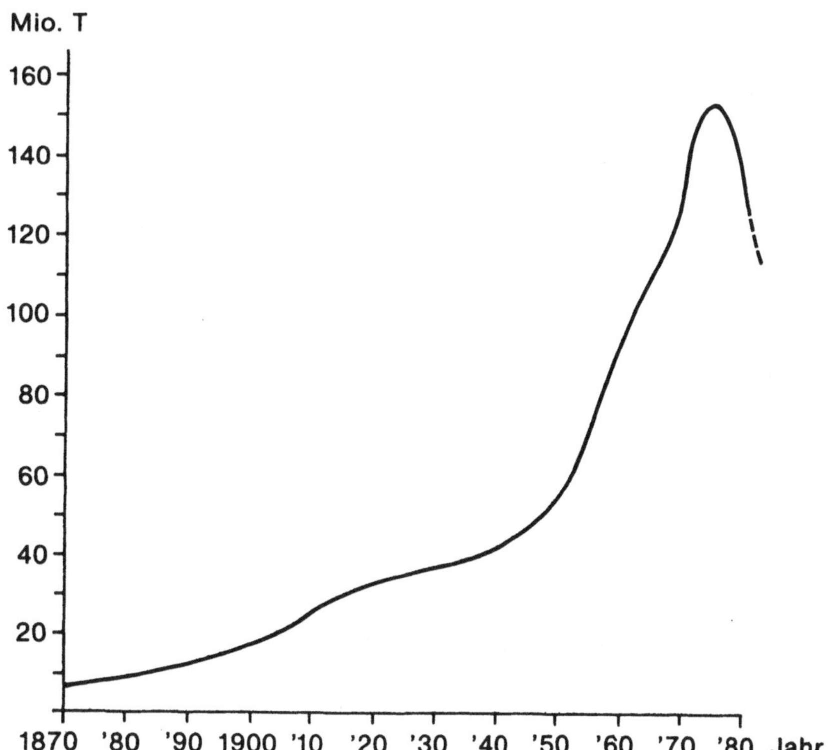

Umsatz der Eisenschaffenden Industrie in der Bundesrepublik Deutschland 1980: 47,5 Mrd. DM

Quelle: Statistisches Jahrbuch der Eisen- und Stahlindustrie 1982

Abb. 2: Entwicklung der Rohstahlerzeugung in der Europäischen Gemeinschaft

3. Reifephase

Diese Phase setzt ein, wenn eine Industriebranche auf dem erreichten
Umsatzniveau in etwa verharrt, teilweise bereits schrumpft, in jedem
Falle aber keine größeren Wachstumsaussichten mehr besitzt. In der
Bundesrepublik befinden sich in dieser Situation z.B. die Branchen für
langlebige Gebrauchsgüter (Abb. 3) und die Luftfahrtindustrie. Die
Stahlindustrie in der EG dürfte sich bereits am Ende, die Automobil-
branche am Anfang dieser Phase befinden (Abb. 1).

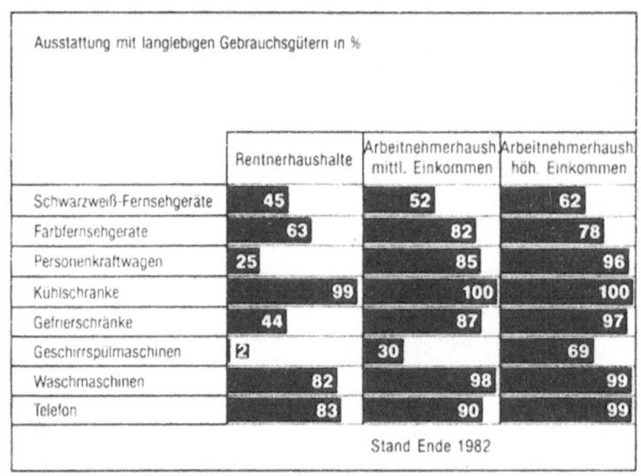

Abb. 3: Gesättigte Märkte

4. Altersphase

In der Altersphase eines Industriezweiges findet ein unabwendbarer Abbau der industriellen Präsenz statt. Die entsprechende Branche
schrumpft, weil sie gegenüber ausländischen Mitbewerbern nicht mehr
konkurrenzfähig ist oder von ganz neuen Industrien substituiert wird.
In der Bundesrepublik befinden sich in dieser Phase z.B. der Schiff-
bau, die Textilindustrie und der Bergbau (Abb. 1).

DIE TECHNOLOGIEKETTE INFORMATION UND KOMMUNIKATION

Für die Begründung des Themas werden zwei unterschiedliche Zeitmaßstä-
be herangezogen:

1. Die Betrachtung der Gegenwart

In der Bundesrepublik besteht eine weit verbreitete Neigung, die Bedeutung des Computers zu verdrängen. Das beginnt damit, daß der Deutsche den Begriff "Computer" nicht gerne verwendet (auch wenn er ihn meint), sondern lieber auf einen weniger "kompromitierenden" Begriff ausweicht, wie z.B. Informationstechnologie. Andere, nicht seltene und wenig schmeichelhafte Bezeichnungen für den Computer sind "dummer Automat", "Jobkiller" und "großer Bruder". "In kaum einem anderen Land der Welt", schrieb der amerikanische Journalist Robert Ball in der Fortune, "ist 'Computer' ein so schmutziges Wort (dirty word) wie in Deutschland" (1).

In der Bundesrepublik war es bis 1983 undenkbar, daß der Computer zur "Maschine des Jahres" ausgerufen werden könnte, wie es das amerikanische Magazin TIME im Januar 1983 tat. Welche angesehene deutsche Zeitschrift wäre zu einem vergleichbaren Schritt bereit gewesen?

In der Bundesrepublik gab es bisher kein "Jahr der Informationstechnologie", wie 1983 im Vereinigten Königreich, und wieviele deutsche Politiker wären bis 1983 bereit gewesen, eine vergleichbare Maßnahme aus Überzeugung öffentlich zu unterstützen?

In der Bundesrepublik gibt es kein Ministerium für Informationstechnologie, wie beispielsweise im Vereinigten Königreich, und es ist auch nicht beabsichtigt, ein solches zu gründen. In der Bundesregierung sind die Zuständigkeiten für Forschungs-, Wissenschafts-, Technologie- und Industriepolitik in der Informationstechnologie auf drei Ministerien verteilt.

Nicht wenige Persönlichkeiten in der Bundesrepublik vertreten die Meinung, daß eine Industrienation auch ohne eine einheimische Computerindustrie einen hohen Lebensstandard erreichen und erhalten kann. Diese Haltung wird beispielsweise am Rückgang der politischen Unterstützung sichtbar, die die Datenverarbeitung von 1976 bis 1983 erlebt hat (Abb. 4).

Fördervolumen (Mio. DM)

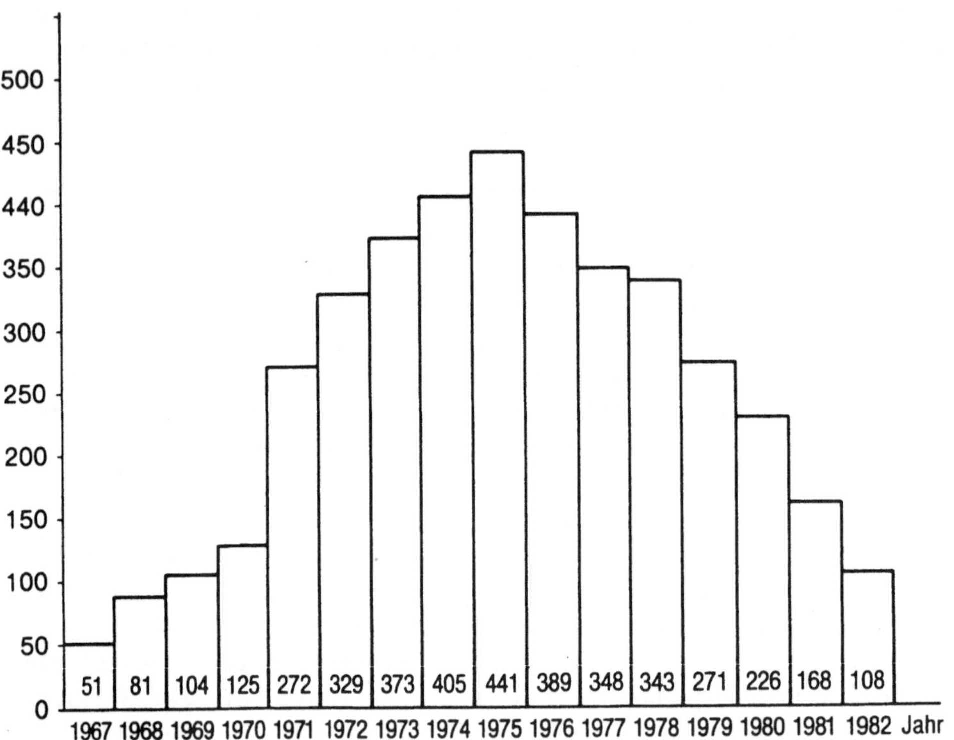

Quelle: Bericht der Bundesregierung zur Förderung von Forschung und Entwicklung auf den Gebieten Datenverarbeitung und Informationstechnik 1982

Abb. 4: Die Förderung der Datenverarbeitung durch den Bundesminister für Forschung und Technologie (BMFT)

In der Bundesrepublik wird bei industriepolitischen Problemen vor allem auf die Selbstheilungskräfte des Marktes gesetzt. Diese Kräfte dürften nicht ganz unschuldig daran sein,

o daß die Bundesrepublik der größte Importeur der Welt für Computer-
   produkte ist (Tab. 1);

Land	Rang	1977 [2] Importe in Mrd.$	Rang	1981 [3] Importe in Mrd.$
Bundesrepublik Deutschland	1	1.380	1	2.680
USA	2	1.360	4	1.640
Frankreich	3	1.330	3	2.070
Großbritannien	4	1.150	2	2.230

<u>Tab. 1:</u> Importe von DV-Produkten nach Ländern

Quellen: [2] UNO Handelsstatistik vom September 1979
         [3] US-Bureau of Industrial Economics, 1983

o   daß die Bundesrepublik wesentlich mehr Computersysteme einführt,
    als sie ausführen kann (Abb. 5);

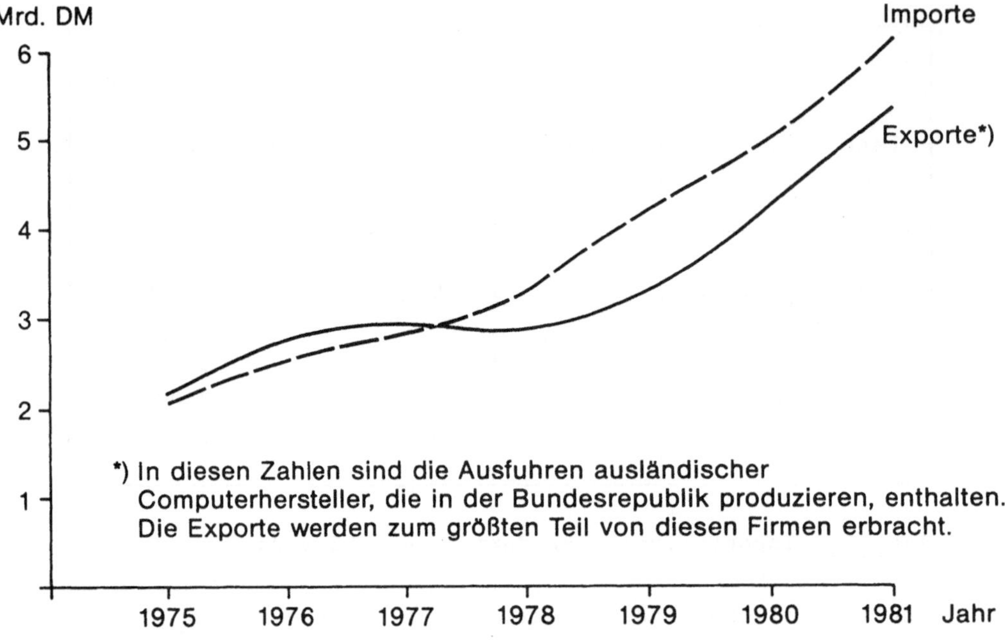

Quelle: Verband Deutscher Maschinen- und Anlagenbau (VDMA)

Abb. 5: Ausfuhr und Einfuhr von DV-Produkten

o daß die deutsche Computerindustrie im eigenen Land nur einen Markt-
   anteil von 25 Prozent besitzt. Unter allen Industrienationen ist
   das der kleinste Anteil, den eine nationale Herstellergruppe im eigenen Land besitzt (Tab. 2).

Industrieland	Heimmarktanteile in %
USA	94
Japan	86
Italien	80
Frankreich	60
Bundesrepublik Deutschland	25

Tab. 2: Heimmarktanteile der nationalen DV-Unternehmen
         in den wichtigsten Industrieländern

Quelle: Arthur D. Little

Die Kräfte des Weltmarktes haben auch dazu geführt, daß die deutsche
Computerhersteller außerhalb der Bundesrepublik nur einen Weltmarktan-
teil unter einem Prozent erringen konnte (Tab. 3) - und diese Zahl hat
seit dem Ende der 70er Jahre abnehmende Tendenz.

Anteil innerhalb der Bundesrepublik	25	%
Anteil außerhalb der Bundesrepublik	0,9	%
Anteil am Weltmarkt	3	%

Tab. 3: Stellung der deutschen Computerindustrie
im Weltmarkt für Datenverarbeitung 1983

Ein großer Teil der Computersysteme, die von deutschen Firmen vermarktet werden, besteht zudem aus importierten Komponenten. Eingeführt werden vor allem Prozessoren, hochintegrierte Speicherbausteine, Massenspeichersysteme, Betriebssysteme, Kommunikationssoftware, Terminals, Drucker, graphische Arbeitsplatzstationen und viele andere periphere Geräte. Bei den meisten deutschen Computerherstellern liegt der importierte Anteil der von ihnen vertriebenen Systeme wertmäßig weit über 50 Prozent. Ihre aus der <u>eigenen Wertschöpfung</u> herrührenden Marktanteile liegen daher erheblich unter den Werten, die in den üblichen Marktstatistiken ausgewiesen werden.

In der Öffentlichkeit ist auch weitgehend nicht bekannt, daß die Datenverarbeitung in diesem Jahrzehnt von allen größeren industriellen Einzelmärkten die größten Wachstumsraten besitzt: für Anfang der 90er Jahre wird ein Weltmarkt von über 1.000 Milliarden Dollar Jahresumsatz prognostiziert (2). Im Jahre 2000 dürfte die Computerbranche rund 40 Prozent der gesamten industriellen Wertschöpfung erzeugen.

Ein Vergleich unseres industriellen Potentials mit dem amerikanischen konkretisiert die wahren Proportionen: 1983 gab es in der Bundesrepublik 7 deutsche Computerhersteller, die einen Jahresumsatz über 100 Millionen DM erreichten (Siemens, Nixdorf, Kienzle/Mannesmann, BASF, Triumph-Adler, AEG/Olympia, CTM). In den USA waren es im gleichen Jahr rund 160. Zum Vergleich: Die Bevölkerung beider Länder steht in einer

Relation von 1 : 4. Das Verhältnis 7 : 160 spricht im Grunde für sich selbst.

Seit 1983 jedoch ist erkennbar, daß die neuen Technologien in Europa wieder stärker ins Zentrum der allgemeinen Aufmerksamkeit gerückt werden.

Dieser Prozeß ist von der wachsenden Einsicht begleitet, daß Europa die anstehenden sozialen, wirtschaftlichen und ökologischen Probleme allein auf der Grundlage der hergebrachten Industrie nicht mehr lösen kann. Damit wächst auch die staatliche und privatwirtschaftliche Bereitschaft, in die neuen Informations- und Kommunikationstechnologien zu investieren. Zwei Problemkreise werden im Eifer des Handlungsbedarfs dabei aber unterschätzt:

1. Die neuen Technologien haben nicht alle die gleiche Bedeutung. Es genügt nicht, pauschal für "Zukunftstechnologien" zu sein. Angesichts des bestehenden Rückstandes ist es jetzt unerläßlich, die verfügbaren Ressourcen mit Hilfe einer intelligenten Strategie schwerpunktmäßig in jene Technologie zu investieren, auf die es in erster Linie ankommt. Das ist keine triviale Aufgabe.

   Bei einigen Schlüsseltechnologien fehlen uns in Europa mittlerweile die internationalen Erfahrungen, die Amerikaner und Japaner bereits sammeln konnten. Dies ist kein unwichtiger Aspekt unseres Rückstandes - um es vorsichtig auszudrücken. Fehlentscheidungen und Fehlinvestitionen, auch größeren Stils, sind in einer derartigen Situation wahrscheinlich. Die Einseitigkeit, mit der in der Bundesrepublik beispielsweise auf Mikroelektronik gesetzt wird, ist ein solcher Irrtum (2).

   Das Fehlen einer tieferen Einsicht in die technologischen Zusammenhänge und eine daraus resultierende falsche Lenkung der ohnehin knappen Ressourcen kann uns aber endgültig aus dem Wettbewerb um die neuen Technologien verbannen.

2. Es kommt darauf an, die Probleme mit angemessenen Ressourcen anzugehen. Auch dies ist keineswegs ein triviales Problem.

   Die internationalen Märkte für Informations- und Kommunikationstechnik haben sich inzwischen zu hochtechnologischen Großmärkten

entwickelt, in denen die Amerikaner und Japaner durch jahrzehnte-
langes _stetiges_ Engagement eine überwältigende industrielle Präsenz
aufgebaut haben. Einige Zahlen mögen dies verdeutlichen: Der Jahresumsatz der Firma IBM in 1984 wird etwa dem Bruttosozialprodukt
Finnlands entsprechen. Der voraussichtliche Umsatz der gleichen
Firma im Jahre 1988 dürfte dem Bruttosozialprodukt der Deutschen
Demokratischen Republik gleichkommen. Der Jahresumsatz der beiden
größten amerikanischen Unternehmen der Informations- und Kommunikationstechnik (AT&T und IBM) war im Jahr 1982 mit rund 100 Milliarden Dollar genauso groß wie der gesamte deutsche Bundeshaushalt -
und dieser gehört nicht zu den kleinen Regierungshaushalten in Europa.

Alle Maßnahmen, die die Europäer seit den 70er Jahren im Bereich
der Informations- und Kommunikationstechnologien ergriffen haben,
zeigen, daß die waren Dimensionen der Probleme bisher unterschätzt
wurden.

2. Eine kurz- bis mittelfristige Betrachtungsweise

Die Computerindustrie ist nach dem Zweiten Weltkrieg entstanden. Obwohl sie erst knapp 40 Jahre besteht, hat sie in dieser kurzen Zeit
bereits beträchtliche industrielle und gesellschaftliche Veränderungen
herbeigeführt.

Unter _Technologie_ versteht man die Anwendung wissenschaftlich fundier-
ter Erkenntnisse für industrielle oder andere praktische Zwecke (3).

Neue Technologien entstehen in der Regel aus Wechselwirkungen zwischen
bereits vorhandenen Technologien. Dabei kommt es meistens auch zur
erstmaligen Verwertung von wissenschaftlichen Erkenntnissen. Die Computertechnologie beispielsweise ist aus den Wechselwirkungen zwischen
Elektromechanik, Elektromagnetik, Elektronik und Mathematik hervorge-
gangen (2).

Um die Leitfunktion erkenntlich zu machen, die die Computerindustrie
im Gesamtmarkt für Informations- und Kommunikationstechnik besitzt,
wird der Begriff "Technologiekette" verwendet.

Eine T e c h n o l o g i e k e t t e   ist ein System, dessen Elemente durch unmittelbare gegenseitige Einwirkung miteinander verbunden

sind. Wird ein Element eines derartigen Systems beeinflußt, dann werden aufgrund der Wechselwirkung die übrigen Elemente in Mitleidenschaft gezogen. In der Kybernetik wird ein derartiges System "Wirkungsgefüge" genannt (4).

Information und Kommunikation bilden ein derartiges System eng gekoppelter und nur gemeinsam ausbaufähiger Einzeltechnologien:

a) In einem Land, das keine bedeutende Computerindustrie besitzt, kann auch keine bedeutende Mikroelektronik-Industrie entstehen (Abb. 6).

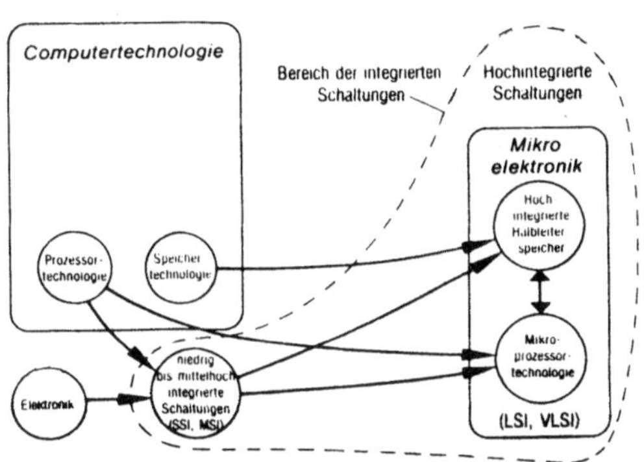

Abb. 6: Die Entstehung der Mikroelektronik

b) In einem Land, das keine bedeutende Industrien für Computertechnologie und Mikroelektronik besitzt, kann keine bedeutende Industrie für Mikrocomputer und Personal Computer entstehen (Abb. 7).

c) In einem Land, das keine bedeutenden Industrien für Computertechnologie, Mikroelektronik und Personal Computer besitzt, kann keine bedeutende Industrie für neue Kommunikationstechniken entstehen.

d) In einem Land, das keine bedeutenden Industrien für Computertechnologie, Mikroelektronik, Personal Computer und Kommunikationstechnik besitzt, kann keine bedeutende Industrie für moderne Bürosysteme entstehen.

e) In einem Land, das keine bedeutenden Industrien für Computertechnologie und Mikroelektronik besitzt, kann keine bedeutende Industrie für moderne Fertigungstechnik entstehen.

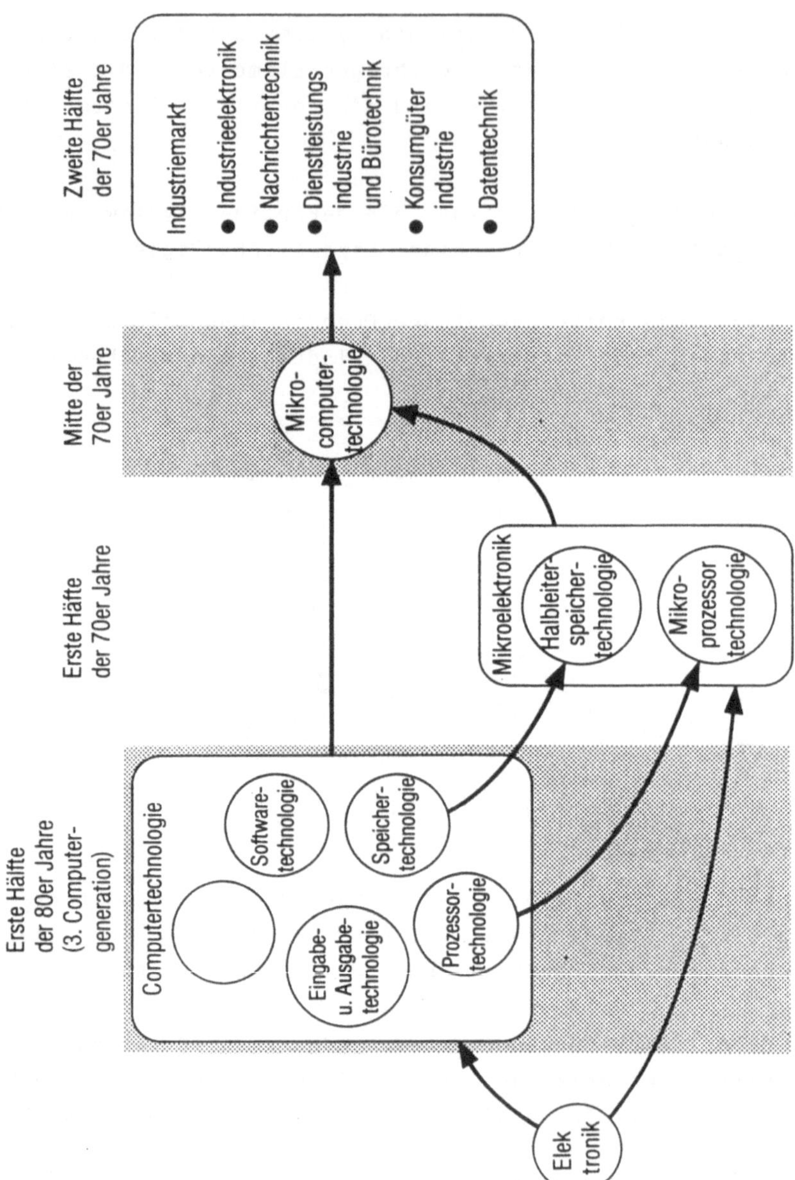

Abb. 7: Die Entstehung und Ausbreitung des Mikrocomputers

f) In einem Land, das keine bedeutenden Industrien für Computertechnologie, Mikroelektronik, Personal Computer und Fertigungstechnik
   besitzt, können keine bedeutenden Industrien für moderne Bildungs-,
   Freizeit- und Unterhaltungselektronik entstehen.

Die volkswirtschaftliche Bedeutung der Computerindustrie läßt sich
nicht etwa an der Zahl der Arbeitsplätze ablesen, die diese Branche
direkt bereitstellt. Die Bedeutung der Computerindustrie resultiert
aus ihrer L e i t f u n k t i o n für die gesamte Informations-
und Kommunikationstechnik und den damit zusammenhängenden innovativen
Querschnittswirkungen in wichtigen Nachbarmärkten. Oder anders formuliert: Ein Land ohne eine bedeutende Computerindustrie wird auf die
Dauer auch keine führenden Industrien in der Mikroelektronik, im Markt
für Personal- und Mikrocomputer, in der Kommunikationstechnik, in der
Büro- und Fertigungsautomatisierung sowie in der Unterhaltungs-, Frei-
zeit- und Bildungselektronik besitzen.

L I T E R A T U R

(1) Fortune vom 23. Januar 1984.

(2) Nefiodow, L.A.: Europas Chancen im Computerzeitalter.
     München 1984

(3) Galbraith, J.K.: Die moderne Industriegesellschaft.
     München 1968

(4) Sachsse, H.: Einführung in die Kybernetik.
     Berlin 1977

<u>Regelmäßige Strukturen für Prozessorbausteine</u>

Gerd Sandweg

Zentralbereich Forschung und Technik
Siemens AG, München

<u>Abstract</u>

Anhand eines experimentellen VLSI-Prozessors, der in den Forschungslaboratorien der Siemens AG gefertigt wurde, wird gezeigt, wie regelmäßige Strukturen den Entwurfsaufwand senken können, ohne dabei Chipfläche oder Leistungsfähigkeit zu verschenken.

Für Operationswerke von hochintegrierten Prozessoren haben sich Slice-
Strukturen bewährt. Slice-Strukturen sind charakterisiert durch aufeinander abgestimmte Funktionsscheiben (function slices), deren Verarbeitungsbreite durch Aneinanderreihen von Bit-Zellen (bit slices) beliebig gewählt werden kann.

Das Steuerwerk ist im allgemeinen der komplizierteste und damit auch
unregelmäßigste Teil eines Prozessors. Wenn jedoch das Befehlsformat
breit und gut strukturiert ist, kann man mit PLA-ähnlichen Strukturen
eine schnelle und platzsparende Befehlsdecodierung realisieren, die
zudem den Vorteil hat, daß sie weitgehend automatisch konstruiert
werden kann.

Die aktive Chipfläche des vorgestellten Peripherie-Prozessors wird
zu 2/3 für Speicherstrukturen (36 kbit RAM, 18 kbit ROM) verwendet.
Große On-Chip-Speicher reduzieren die zeitraubenden Datentransfers
von und zum Prozessorchip. Andererseits belegen die On-Chip-Speicher
viel Fläche und gefährden damit die Ausbeute und die wirtschaftliche
Fertigung des Prozessorchips. Man muß hier von Fall zu Fall einen
günstigen Kompromiß finden.

Diese Arbeit wurde vom BMFT gefördert (NT2588/6).

1. Einleitung

Die rasche Entwicklung der VLSI-Technologie erfordert neue Entwurfsmethoden, um die Komplexität der nun möglichen Schaltungen zu beherrschen. Einen wesentlichen Beitrag zur Reduzierung der Komplexität
bieten regelmäßige Schaltungsstrukturen und darauf abgestimmte Entwurfstechniken. Nachdem in unseren Forschungslaboratorien regelmäßige
Strukturen erfolgreich bei der Realisierung eines 32-bit-Rechenwerk-
Chips /1/ verwendet werden konnten, suchten wir nach einem größeren
Anwendungsbeispiel mit schwierigeren Randbedingungen. Wir fanden ein
geeignetes Objekt in dem Peripherie-Prozessor PP4, der von einer
anderen Entwicklungsabteilung auf der Basis von Standardbausteinen
konzipiert worden war. Unser Ziel war, den Kern dieses Prozessors
auf einen VLSI-Chip zu integrieren. Im Laufe des Projekts stellte
es sich dann heraus, daß ein solcher Chip bei den zu erwartenden
Stückzahlen keine wirtschaftlichen Vorteile gegenüber einer Realisierung mit Standardbausteinen bringen würde. Vorteile ergeben sich
erst, wenn man ein ganzes System VLSI-orientiert aufbaut und Leiterplatten, Netzteil- und Gehäusekosten einsparen kann. Trotz dieser
Problematik blieben wir bei dieser Aufgabenstellung, um an einem
experimentellen Chip Lösungswege für realistische Anforderungen zu
finden. Wir verwendeten den Chip als Versuchsobjekt für fortschritt-
liche Entwurfsmethoden, einige neue Architekturkonzepte /2/ und eine
ausgereizte Technologie /3, 4, 5/.

2. Leistungsmerkmale des Prozessorchips

Aufgabe des Peripherie-Prozessors PP4 ist es, den Datenfluß zwischen
Massenspeichern (z.B. Magnetplatten) und der Zentraleinheit eines
Großrechners zu steuern. Die hier vorkommenden Datenraten von bis
zu 5 Mbyte/s stellen hohe Anforderungen an die Reaktionszeit des
Peripherie-Prozessors. Befehlsausführungszeiten müssen daher im Be-
reich von 200 ns liegen.

Der Befehlssatz des PP4 ist durch seine Aufgabenstellung geprägt.
Er ist zugeschnitten auf eine Programmierung auf Maschinenbefehls-
ebene und eine möglichst parallele Befehlsausführung. Die Befehls-

typen erinnern daher mehr an horizontal codierte Mikrobefehle als an Assemblerbefehle. Unterstützung von höheren Programmiersprachen und komplexe Adressierungstechniken sind hier nicht gefragt.

In dem 32-bit breiten Befehlsformat können mit jeweils 8 bit verschiedene Quell- und Zielregister angesprochen werden. Register sind hierbei 32 universelle interne Register und 192 externe Register sowie einige Spezialregister. Die externen Register sind den Peripheriegeräten zugeordnete Steuerregister im Datenpuffer zwischen den Peripheriegeräten und den Kanalanschlüssen der Zentraleinheit. Die Spezialregister werden u.a. als Akkumulator und für eine indirekte Adressierung mit Autoinkrement gebraucht.

Die meisten Schreibbefehle beziehen sich auf die Verknüpfung von 2 Registern oder einem Register mit einer Konstanten. 1-Adreß-Befehle (z.B. Inkrementieren, Negieren) lassen sich bei der vorgegebenen festen Befehlslänge (32 bit) ohne Verlust auf solche 2-Operanden-Befehle abbilden.

Werden interne Register aus bestimmten Gruppen miteinander verknüpft, kann das Ergebnis auf ein beliebiges anderes Register geschrieben werden (eingeschränkte 3-Adreß-Befehle).

Im Vergleich zu den Befehlssätzen gängiger 8-bit-Mikroprozessoren enthält der Befehlssatz des PP4 beide Subtraktionsfunktionen (A-B, B-A), leistungsfähige Bitoperationen und viele Mehrfach-Schiebeoperationen.

Die zu kontrollierenden Daten sind meist 8 bit breit. Um jedoch auch 16-bit-Adressen schnell manipulieren zu können, müssen die Verarbeitungseinheit, die Register und die Busse auf 16 bit ausgelegt sein. Sämtliche Schreib/Lesebefehle stehen sowohl im Byte- als auch im Wort-Modus zur Verfügung.

Um zeitraubende Datentransfers von und zum Prozessorchip zu reduzieren, wurde gefordert, einen möglichst großen Speicher mit auf den Prozessorchip zu integrieren.

3. Technologische Randbedingungen

Der Prozessorchip wurde in einer fortschrittlichen MOS-Technologie in den Forschungslaboratorien der Siemens AG gefertigt. Die kleinsten geometrischen Strukturabmessungen betragen 2 µm. Anstelle von Polysilizium wird ein etwa 10-fach besser leitendes Polysilizid verwendet. Neu für uns und für diesen Prozeß war die Einführung einer zweiten Metallebene für die Verdrahtung. Doch wegen der gröberen Design-Regeln für diese Ebene konnte von ihr nicht unbeschränkt Gebrauch gemacht werden. Im wesentlichen wurde sie für Versorgungsleitungen und für eine Parallelschaltung bei zeitkritischen Steuerungsleitungen eingesetzt. Weiterhin wurde sie verwendet um für alle interessanten Signale Testflecken zu bilden, die mit dem Rasterelektronenmikroskop im sog. Potentialkontrastverfahren beobachtet werden können /6/. Ein angenehmer Effekt der sparsamen Verwendung der zweiten Metallebene zeigte sich beim Redesign, da es nun leicht möglich war, zusätzliche Leitungen in dieser Ebene zu führen.

Die ersten Flächenabschätzungen ergaben einen Flächenbedarf von rund 100 mm^2. Bei einem so grossen Chip ist die zu erwartende Ausbeute sehr gering. Da wir diesen Chip jedoch nicht als Produkt entwickeln wollen, haben wir keine Abstriche an den Forderungen oder der Architektur gemacht. Für ein Produkt müßte man sich auf einen kleineren On-Chip-Speicher und eine weniger riskante Technologie beschränken.

Die rund 300 000 Tranistoren des Prozessorchips verbrauchen eine Verlustleistung von etwa 3 bis 4 Watt. Die entstehende Wärme kann von der großen Chipfläche relativ gut abgeführt werden.

Für die 152 Anschlüsse des Prozessorchips braucht man ein Gehäuse mit entsprechend vielen Anschlußstiften. Wir haben ein quadratisches Keramikgehäuse mit 224 Anschlußstiften (pin grid) und interner Mehrlagenverdrahtung gewählt. Dieses Gehäuse ist wegen der anspruchsvollen Technik und den geringen Stückzahlen relativ teuer, jedoch für einen experimentellen Chip tolerierbar.

4. Blockstruktur des PP4-Prozessorchips

Ziel beim Entwurf des PP4 war es, eine möglichst regelmäßige und modulare Struktur zu erreichen, z.B. durch Verwendung von ROM-, RAM- und PLA-Strukturen sowie vervielfachbaren Strukturen.

Im wesentlichen gliedert sich der Prozessorchip in die drei Teile Operationswerk, Steuerwerk und Speicher (Bild 1).

Das _Operationswerk_ (data unit) besteht aus einem Daten-Port, einer Verarbeitungseinheit und einem Sequencer. Das Daten-Port bildet die Schnittstelle zu den externen Registern und zum internen und externen Speicher. Die Verarbeitungseinheit enthält die internen Register, die Spezialregister und die Funktionseinheiten für die Manipulation von Daten. Der Sequencer wird üblicherweise dem Steuerwerk zugeordnet. Da seine Aufgabe jedoch die Manipulation von 16-bit-Adressen ist, ist seine Struktur ähnlich wie die der Funktionsmodule der Verarbeitungseinheit. Der Sequencer paßt also sehr gut in den Datenpfad.

Das _Steuerwerk_ (control unit) muß die Steuersignale für alle anderen Einheiten des Prozessors liefern. Das Steuerwerk ist meistens der komplizierteste und unregelmäßigste Teil eines Prozessors. In unserem speziellen Fall konnten wir die gegenteilige Erfahrung machen. Durch eine klare Gliederung des Befehlsformates und eine möglichst eindeutige Zuordnung der Bits zu den verschiedenen Einheiten gelang es, ein sehr regelmäßiges, zweistufiges Decodierungsschema mit PLA-ähnlichen Strukturen zu realisieren.

Der interne _Speicher_ (memory unit) dient zunaechst als Programmspeicher, es können in ihm aber auch Daten gespeichert werden. Die 32-bit-Daten werden über das Daten-Port des Datenpfades in 8- und 16-bit-Worte umgesetzt und umgekehrt. Um die zeitraubenden externen Speicherzugriffe zu reduzieren, wurde versucht, diesen internen Speicher möglichst groß zu machen. Angesichts des Adreßraumes von 64 KWorten bei einer Wortbreite von 32 bit und 4 zusätzlichen Partitätsbits kann jedoch nur ein relativ kleiner Teil (1,5 KWorte) des Speichers mit auf den Prozessorchip integriert werden.

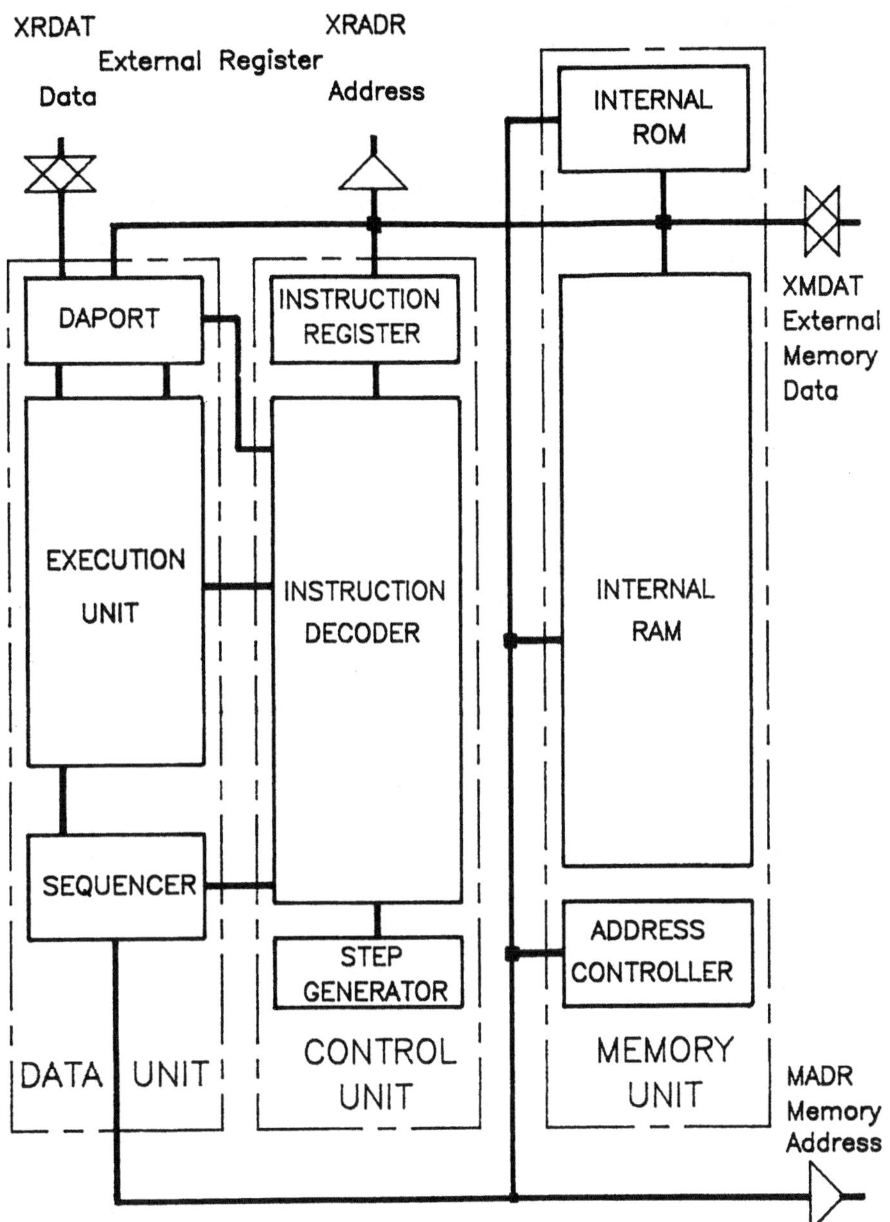

Bild 1. Blockstruktur des Peripherie-Prozessors PP4

5. Operationswerk

Das Operationswerk besitzt eine Matrixstruktur aus Bitscheiben (bit slices) und Funktionsscheiben (function slices). Dieses Konzept hat sich hinsichtlich Verarbeitungsgeschwindigkeit, Flächenbedarf und Entwurfsaufwand als sehr günstig erwiesen. Diese als Datenpfad (data path) bezeichnete Struktur /7/ besteht aus Funktionsscheiben, die so aufeinander abgestimmt sind, daß sie ohne zusätzliche Verdrahtung aneinandergesetzt werden können (Bild 2). Der Datenaustausch zwischen ihnen wird durch ein integriertes Bussystem gewährleistet. Da der Befehlssatz des Peripherie-Prozessors im wesentlichen aus 2-Operanden-Befehlen besteht, ist ein Bussystem mit 2 Datenbussen angemessen.

Die Datenleitungen laufen senkrecht zu den Funktionsscheiben. Sie werden von den Steuerleitungen gekreuzt, die in Richtung der Funktionsscheiben verlaufen. Um Signalverzögerungen auf den relativ langen Bussen des Datenpfades zu vermeiden, müssen diese Busse in der Metallebene geführt werden. Für die Steuerleitungen bietet sich die Polysiliziumebene an, weil dann ohne Ebenenwechsel die Transistoren angesteuert werden können. Bei einer großen Verarbeitungsbreite und damit einem breiten Datenpfad kann zur Reduzierung der Laufzeiten auf der Polysiliziumleitung eine Parallelschaltung in der zweiten Metallebene erforderlich sein.

Die Funktionsscheiben bestehen aus Bitzellen, die entsprechend der erforderlichen Verarbeitungsbreite aneinandergereiht werden können. Für jede Funktionsscheibe muß also nur eine Bitzelle entworfen werden. Dieser Entwurf ist problemlos, wenn die Bitzellen innerhalb einer Funktionsscheibe voneinander entkoppelt sind (z.B. bei den logischen Funktionen). Sind dagegen die Bitzellen untereinander verkoppelt (z.B. durch den Übertrag bei der Addition), können durch die Serienschaltung lange Operationszeiten entstehen. Dann ist eine Optimierung dieses kritischen Pfades angebracht.

Die meisten Funktionen erfordern mehrere Funktionsscheiben, die zu einem Funktionsblock zusammengefaßt sind. Dies gilt z.B. für eine Registerbank, bei der die einzelnen Funktionsscheiben (Register) nicht direkt auf die Datenbusse zugreifen, sondern dies über interne Busse und eine gemeinsame Schreib/Leseverstärkerstufe erfolgt.

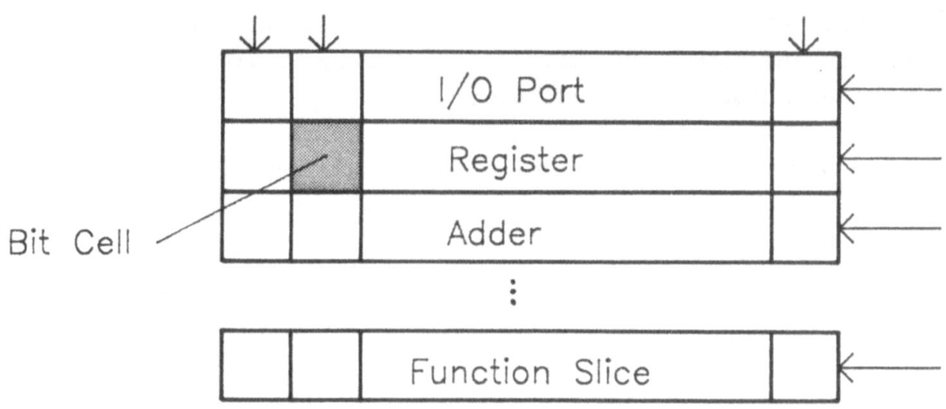

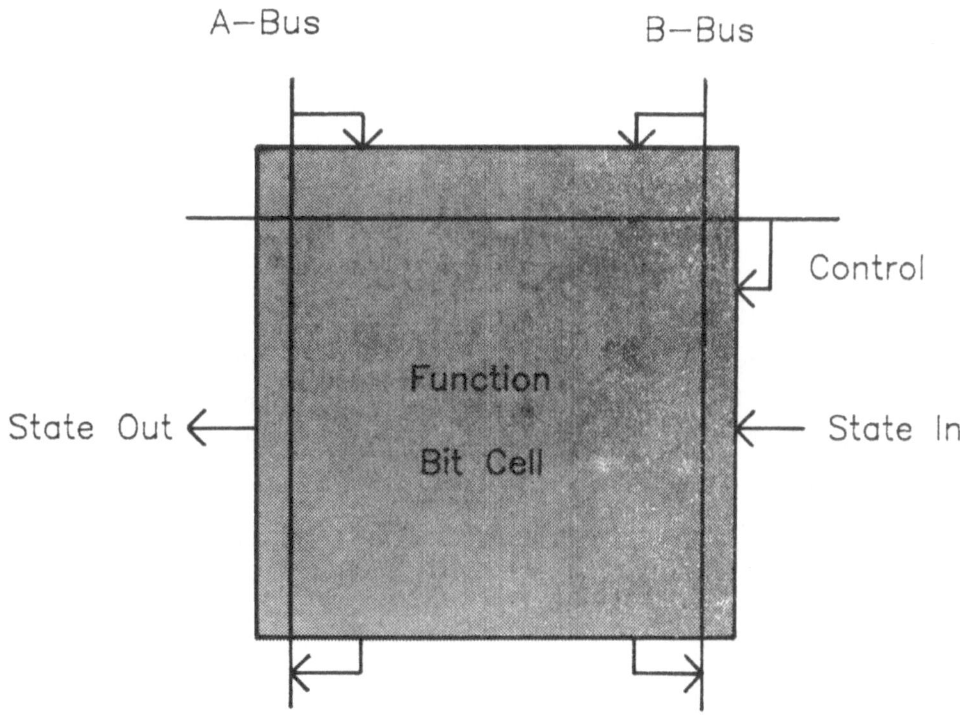

Bild 2. Slice-Strukturen

Die arithmetisch-logische Einheit kann man aus Eingangsregistern, Verknüpfungsstufen, einer Übertragskette (carry chain, carry look-ahead) und einer Ausgangsstufe aufbauen.

Ein Mehrfachbit-Shifter ist ein Satz von Funktionsscheiben, bei der jede Funktionsscheibe das ihr zugeordnete verschobene Eingangswort auf die Ausgangsstufe schalten kann.

Ein weiterer Typ von Funktionsblock ist schließlich eine PLA-Struktur, die durch Übereinanderlegen der UND- und ODER-Ebene an die Bitscheiben-Struktur des Datenpfades angepaßt ist.Mit einem so modifizierten PLA wurde beim PP4-Prozessorchip ein Prioritätsencoder im Datenpfad realisiert.

Nach ähnlichen Prinzipien ließen sich auch Multiplikations- und Divisionseinheiten aufbauen. Beim vorliegenden Peripherie-Prozessor wurden diese Funktionen jedoch nicht gefordert.

Ungewöhnlich beim PP4-Chip ist die Integration des Sequencers in den Datenpfad. Normalerweise ordnet man den Sequencer eher dem Steuerwerk zu. Da jedoch der Sequencer beim vorliegenden Peripherie-Prozessor relativ einfache 16-bit-Adreßmanipulationen (z.B. Inkrementieren des Programmzählers) ausführen muß und eine schnelle Verbindung zwischen Verarbeitungseinheit und Sequencer (z.B. für Sprungadressen) vorhanden sein sollte, bietet es sich an, den Sequencer an ein Ende des Datenpfades zu legen und mit einem der Datenbusse zu verbinden.

Die Struktur des Sequencers paßt exakt zu der Struktur des Datenpfades. Die Bestandteile Inkrementer, Stack (modifizierte Registerbank) /8/ und Ausgangsstufe sind Funktionsscheiben nach dem gleichen Konstruktionsschema.

6. Steuerwerk

Aufgabe des Steuerwerkes ist es, die anderen Einheiten des Prozessors und sich selbst zu steuern. Diese Aufgabe kann so komplex sein, daß man als Struktur für das Steuerwerk wiederum eine Prozessorstruktur wählt. Bei dem vorliegenden Peripherie-Prozessor können die erforderlichen Funktionen direkt in Hardware realisiert werden.

Durch die Auslagerung des Sequencers verbleibt dem Steuerwerk im wesentlichen die Aufgabe der Befehlsdecodierung.

Die Befehlsdecodierung ist normalerweise eine kritische, schwierige und häufig unsystematische Funktion. Wir haben die Freiheit genutzt, die Befehle so zu codieren, daß eine möglichst feste, orthogonale Zuordnung zwischen den Bits des Befehlswortes und den Steuersignalen besteht. Verletzungen der Orthogonalität, d.h. Abhängigkeiten der Bedeutung eines Bits oder einer Bitgruppe von anderen Bits, waren nicht zu vermeiden, konnten aber relativ klein gehalten werden. Dadurch war es möglich, ein Decodierungsschema zu finden, das auf regelmäßige Strukturen abgebildet werden kann und sich sehr gut an die Struktur des Datenpfades anpassen läßt.

Das Decodierungsschema sieht zwei Stufen vor. Die ersten Stufe bildet ein Vordecoder (predecoder). Er liefert alle Signale, die für einen bestimmten Befehl während der Befehlsausführung gebraucht werden. In der zweiten Stufe werden diese Signale mit den Taktsignalen verknüpft, um das genaue Timing sicherzustellen. Da beim PP4-Prozessorchip diese Taktsignale bestimmten Verarbeitungsschritten zugeordnet sind, sprechen wir nicht von einem Timingdecoder sondern von einem Schrittdecoder (stepdecoder).

Die Reihenfolge der Verarbeitungsschritte ist fest, jedoch können bei den meisten Befehlen verschiedene Schritte weggelassen werden (z.B. bei internen statt externen Zugriffen). Dadurch variiert die Befehlslänge von minmal 3 Schritten bis zu maximal 9 Schritten, was einer Befehlsausführungszeit von 120 ns bis 360 ns entspricht.

Für die Realisierung von Steuerwerken haben sich PLA-Strukturen bewährt. PLA-Strukturen haben ein regelmäßiges Grundmuster: die aneinandergesetzten Matrizen für die UND- und ODER-Funktionen. Nachteilig bei normalen PLA ist jedoch, daß der Flächenbedarf überproportional mit der Zahl der Ein- und Ausgänge wächst und damit auch lange Durchlaufzeiten entstehen. Ab einer bestimmten Größe ist es günstiger, mehrere kleinere PLA zu verwenden. Dies erhöht aber wiederum den Verdrahtungsaufwand und stört die Regelmäßigkeit.

Beim PP4-Prozessorchip konnte diese Problematik elegant durch eine spezielle PLA-Struktur gelöst werden /9/. Die ausgeprägte orthogonale Befehlscodierung hat nämlich zur Folge, daß die ODER-Matrix sehr

schwach besetzt ist und auf eine ODER-Linie reduziert werden kann.
Man verzichtet dann natürlich auf eine mehrfache Ausnutzung von Produkttermen, doch ist dies beim PP4 unkritisch, da hier von den rund
500 Produkttermen nur etwa 5 % ein zweites Mal verwendet werden könnten. Die Fläche, die man also in der UND-Matrix verschenkt, ist un-
wesentlich im Vergleich zu dem Flächengewinn durch die reduzierte
ODER-Matrix. Ein weiterer Vorteil der gewählten Struktur sind die
günstigen geometrischen Abmessungen, die sehr gut zu der Struktur
des Datenpfades passen (Bild 3).

Die zweite Decodierungsstufe ist nach dem gleichen Prinzip aufgebaut und kann eng neben die erste Stufe gesetzt werden. Die Verbindung zwischen beiden Blöcken ist durch eine planare Verdrahtung möglich.

Für die Erstellung des Layouts wurde ein bestehender PLA-Generator
modifiziert. Zusammen mit einem Verdrahtungsprogramm konnte somit
der Block für die Befehlsdecodierung und dessen Verbindung mit dem
Operationswerk weitgehend automatisch erzeugt und der Entwurfsaufwand erheblich gesenkt werden.

7. Speicher

Auch bei logikorientierten VLSI-Bausteinen spielen Speicher auf dem
Chip eine wichtige Rolle. Wenn Programm- und Datenspeicher mit auf
den Prozessorchip integriert sind, können kurze Zugriffszeiten und
damit hohe Verarbeitungsgeschwindigkeiten erreicht werden. Da die
Fläche jedoch nur für relativ kleine Speicher ausreicht, muß man
sehr genau abwägen, wie man die Speicher aufteilt und welche Speicher-
typen man dabei verwendet.

Der PP4-Prozessorchip enthält einen 512-Worte großen Festwertspeicher
und einen 1024-Worte großen Schreib/Lesespeicher. Da ein Speicher-
wort aus 32 Datenbits und 4 Paritätsbits besteht, ergeben sich ein
18-kbit ROM und ein 36-kbit RAM.

Der Festwertspeicher kann als Programmspeicher für eine Urladerou-
tine, eine Selbsttestroutine oder häufig gebrauchte Unterprogramme

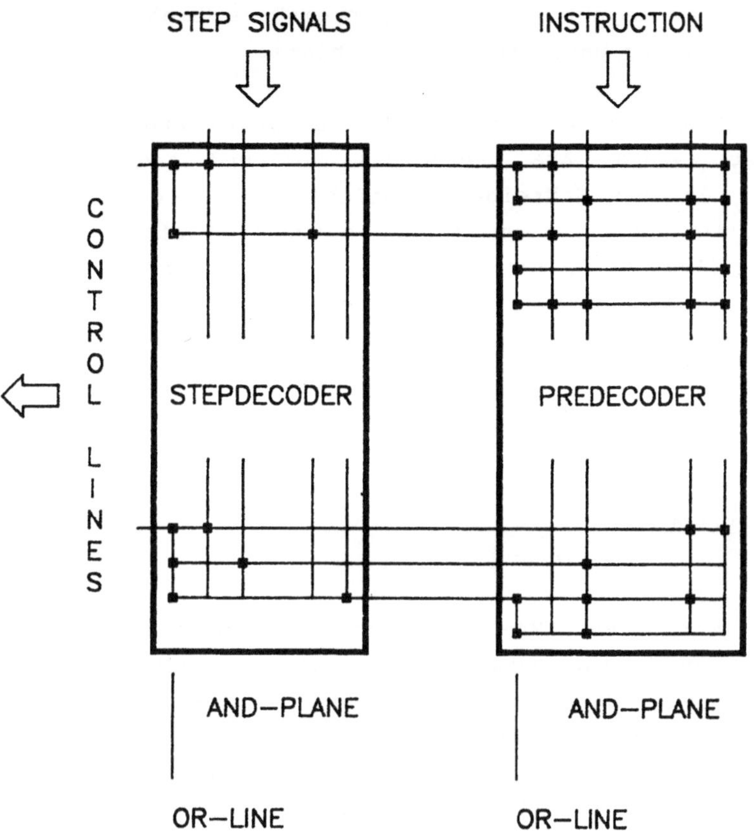

Bild 3. Befehlsdecodierung mit PLA-Strukturen

benutzt werden. Das Layout des Festwertspeichers benötigt einen relativ kleinen Platz und bereitet keine Probleme.

Der Schreib/Lesespeicher kann für häufig benutzte Programmteile und Daten verwendet werden. Aus technologischen und architektonischen Gründen wurde für den Schreib/Lesespeicher nicht eine dynamische 1-Transistor-Zelle sondern eine relativ aufwendige statische 6-Transistor-Zelle gewählt /10/. Die mehr als 200 000 Transistoren beanspruchen fast 2/3 der aktiven Chipfläche. Da wir wegen der großen Chipfläche Ausbeuteprobleme erwarten, haben wir Schaltungsmaßnahmen getroffen, um Speicher und Prozessor elektrisch trennen und getrennt betreiben zu können.

8. Schlußfolgerungen

Von Anfang an wurde der PP4-Prozessorchip unter dem Gesichtspunkt VLSI-gerechter Architektur entworfen. So gibt es nur wenige aktive Teile, die nicht eine RAM-, ROM-, PLA- oder Slice-Struktur besitzen. Wir sind überzeugt, daß ein Prozessorchip sehr effizient mit regelmäßigen Strukturen realisiert werden kann, wenn ein gewisser Spielraum in der Festlegung und Codierung des Befehlssatzes besteht.

Die automatische Generierung von Schaltungsteilen ist empfehlenswert, auch in Fällen, in denen das Schreiben eines entsprechenden Generatorprogramms zunächst aufwendiger ist als die Erstellung des Layouts von Hand. Die durch Generierung erreichbare Flexibilität, Entwurfsgeschwindigkeit und Entwurfssicherheit läßt diesen Weg für zukünftige Entwicklungen sehr aussichtsreich erscheinen.

Der Aufwand für Spezifikation, Architektur, Schaltungsentwurf und Layout des PP4-Chips betrug etwa 10 Mannjahre. Dieser relativ geringe Entwurfsaufwand darf nur tendenziell gewertet werden. Ein direkter Vergleich mit einer Entwicklung für ein Serienprodukt wäre unfair.

Wir bekamen die ersten PP4-Chips im Oktober 1983 (Bild 4). Die Tests zeigten einige Entwurfsfehler, die mit besseren (z.B. hierarchiefähigen) CAD-Werkzeugen vermeidbar gewesen wären, die uns aber nicht zur Verfügung standen. Das Redesign beanspruchte etwa ein halbes Mannjahr. Wir hoffen nun auf einen funktionsfähigen Chip im Herbst 1984.

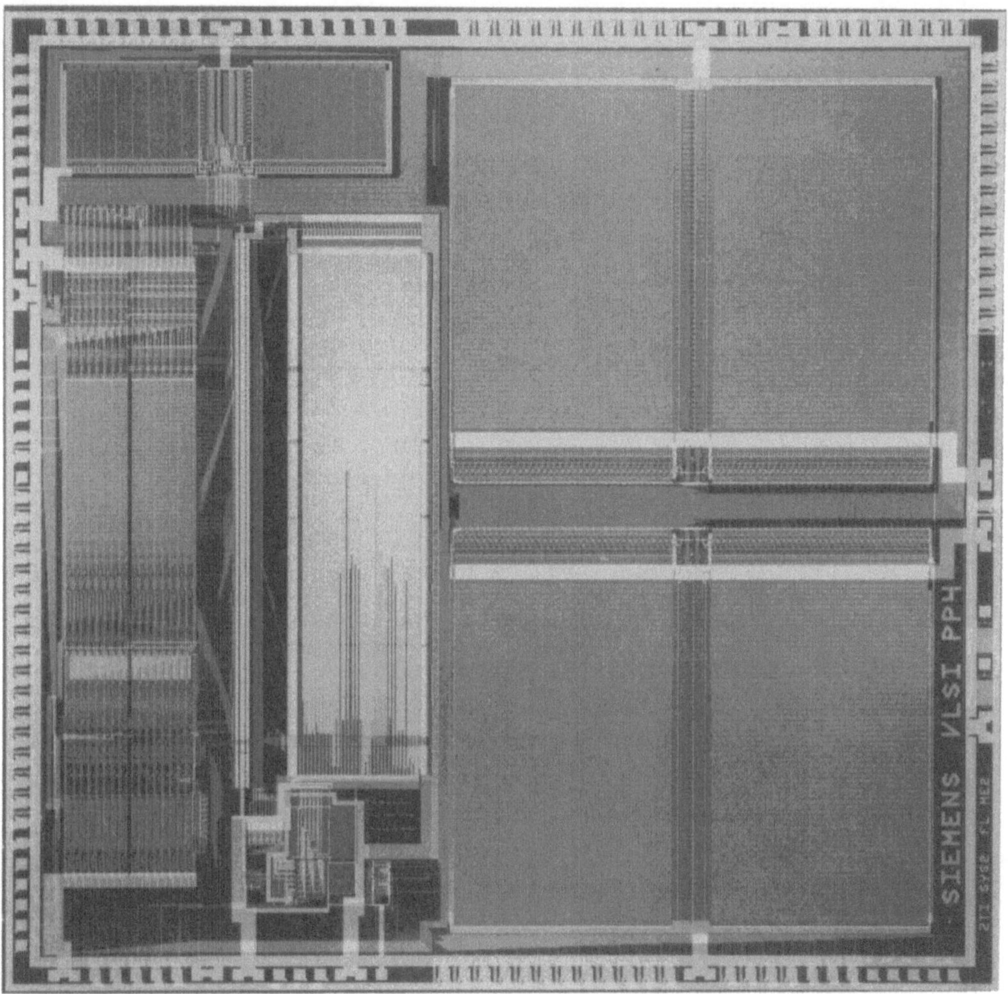

Bild 4. Chipfoto des Periherie-Prozessors PP4

Literatur

/1/   Pomper,M.; Beifuss,W.; Horninger,K.; Kaschke,W.:
      A 32-bit Execution Unit in an Advanced NMOS Technology.
      IEEE Journal of Solid-State Circuits, Vol. SC-17, No. 3, 1982.

/2/   Sandweg,G.:
      Entwurfsfreundliche Architekturkonzepte für Prozessorbausteine.
      In Schwärtzel,H.G. (Hrsg.): CAD für VLSI - Rechnergestützter
      Entwurf höchstintegrierter Schaltungen.
      Springer-Verlag Berlin, Heidelberg, New York, 1982.

/3/   Pomper,M.; Augspurger,U.; Müller,B.; Stockinger,J.; Schwabe,U.:
      A 300 K Transistor NMOS Peripheral Processor.
      EESCIRC 83, S. 73 - 76, Lausanne, Schweiz, 1983.

/4/   Pomper,M.; Stockinger,J.; Augspurger,U.; Müller,B.; Horninger,K.:
      A 300 K Transistor NMOS Peripheral Processor.
      IEEE Journal of Solid-State Circuits, Vol. SC-19, No. 3, 1984.

/5/   Moeller,W.D.; Sandweg,G.:
      The Peripheral Processor PP4 - A Highly Regular VLSI Processor.
      Proceedings of the 11th Anual International Symposium on Com-
      puter Architecture, Ann Arbor, Michigan, 1984.

/6/   Fazekas,P.; Feuerbaum,H.-P.; Wolfgang,E.:
      Scanning Electron Beam Probes VLSI Chips.
      Electronics, 14. Juli 1981, S. 105 - 112.

/7/   Mead,C.; Conway,L.:
      Introduction to VLSI Systems.
      Reading, MA, Addison-Wesley, 1980.

/8/   Schallenberger,B.:
      Stack mit sofortigem Schreib- und Lesezugriff. Patentanmeldung.

/9/   Stockinger,J.; Wallstab,S.:
      A Regular Control Unit for VLSI Microprocessors.
      Proceedings ESSCIRC 83, S. 183 - 186, Lausanne, Schweiz, 1983.

/10/ Soutchek,E.; Horninger,K.:
      Wortweise organisierter 36-Kbit statischer Speicher für VLSI-
      Prozessoren.
      Proceedings NTG-Fachtagung Großintegration, S. 52 - 54, Baden-
      Baden, 1983.

AUTOMATISCHER ENTWURF HOCHINTEGRIERTER SCHALTUNGEN
AUS BESCHREIBUNGEN DER SCHALTUNGSFUNKTION

Detlef Schmid, Raul Camposano, Wolfgang Rosenstiel
Institut für Informatik IV und Forschungszentrum Informatik
Universität Karlsruhe
7500 Karlsruhe 1, Postfach 6380

Es wird ein System beschrieben, das einen Schaltungsentwurf aus einer Beschreibung der gewünschten Schaltungsfunktion erzeugt. Die Schaltungsfunktion ist dazu in einer höheren, auf den Entwurf abgestimmten Sprache DSL zu formulieren. Das System überprüft diese Beschreibung und bildet sie in einen Datenflußgraphen ab, der eine abstrakte und von Zufälligkeiten der Formulierung bereinigte Verkettung der notwendigen Operationen darstellt. Dieser Datenflußgraph wird in eine Schaltungsstruktur mit Hilfe von Methoden umgewandelt, welche auf speziellen Weiterentwicklungen der Petri-Netze basieren. Es ist auf diese Weise möglich, eine funktionsäquivalente Schaltung zu erzeugen, die im Sinne der formulierten Funktion korrekt ist. Das Entwurfsergebnis wird in der Sprache STRUDEL angegeben, welche für Strukturbeschreibungen entwickelt wurde. Es kann in dieser Form leicht als Eingabe für weitere Programme zur Simulation, Testmustererzeugung, Layoutgenerierung usw. dienen.

Die Vorzüge dieses Entwurfssystems bestehen vor allem darin, daß eine automatische Transformation der vorgeschlagenen Funktion in eine Schaltung erfolgt und daß der Entwurfsaufwand reduziert wird. Entwurfsfehler aufgrund einer fehlerhaften Umsetzung in eine Schaltung entfallen damit, da das System die funktionelle Korrektheit des Entwurfs garantiert. Eine Validierung des Entwurfs ist damit nicht mehr notwendig. Dieser Aspekt ist vor allem im Hinblick auf die enormen Fortschritte der Integrationstechnik besonders wichtig, da solche Entwurfswerkzeuge für die schnelle Entwicklung komplexer hochintegrierter Schaltungen unentbehrlich werden.

Das System trägt den Namen CADDY: <u>C</u>arlsruher <u>D</u>igital <u>D</u>esign S<u>y</u>stem.

1. Einleitung

Wichtigstes Kennzeichen der Entwicklung integrierter Schaltungen ist nach wie vor eine steigende Integrationsdichte bei gleichzeitiger Vergrößerung der wirtschaftlich fertigbaren Chipfläche. Diese Entwicklung zeigt, daß auf der technologischen Seite zwar noch sehr große Probleme auftreten, daß man aber auch Verfahren zunehmend besser beherrscht, um diese Probleme zu bewältigen. Dabei sind die bisher erzielten Fortschritte wohl vor allem die Folge einer mit sehr großem Aufwand voran-

Das Vorhaben wird vom Bundesministerium für Forschung und Technologie und von der SIEMENS AG gefördert. Förderungskennzeichen: NT 28093.

getriebenen industriellen Perfektionierung der Herstellung, bei der sicher eine
entscheidende Rolle spielte, daß sich die großen Leistungspotentiale sehr weit
entwickelter anderer Techniken, wie zum Beispiel der Optik und der chemischen
Verfahrenstechnik nutzen ließen und außerdem der Werkstoff Silizium sehr günstige Eigenschaften für die Herstellung mikroelektronischer Schaltungen aufweist.
Dieses recht erfreuliche Bild trifft leider nicht so ausgeprägt für einen anderen Sektor der Mikroelektronik zu, der besonders für den breiten praktischen Einsatz kundenspezifischer hochintegrierter Schaltungen entscheidend wichtig ist,
nämlich den Entwurf. Trotz aller Erfolge in Teilbereichen, insbesondere bei regelmäßigen Strukturen, steht hier eine ingenieurgemäße Bewältigung der Probleme
eigentlich noch am Anfang.

Die Arbeiten über die hier berichtet wird, konzentrieren sich deshalb auf dieses
Gebiet, dessen mangelhafte bisherige Bewältigung nach Meinung vieler Fachleute
in Zukunft die weitere Anwendung integrierter Schaltungen am stärksten behindern
wird /MeCo 80, Rosb 80/.
Der gegenwärtige Zustand stellt sich etwa wie folgt dar:
Entwurfswerkzeuge existieren - wenn auch oft noch nicht in optimaler Form - für
die Umsetzung eines Stromlaufplans, also einer Strukturbeschreibung in ein Layout, z.B. auf der Basis von Standardzellen oder vorgefertigten Schaltungen wie
Gate Arrays /KoNe 84, Siem 84/. Ähnliches gilt für die Plazierung, das Routing
und die Layout-Erzeugung einschließlich der Bestimmung der Daten für die Masken
sowie für eine Reihe anderer wichtiger Teilprobleme /WiWi 82, Knö 83, BuHo 83/.
Es gilt leider nicht in diesem Maße für den Anfang des Entwurfsvorgangs, nämlich
für die Umsetzung einer vorgegebenen Funktion in eine äquivalente Schaltungsstruktur. Beim heutigen Stand der Entwicklung ist diese Umsetzung trotz einiger
Ansätze in /Shir 83, DSST 82 bzw. DPST 81, Wern 83/ noch weitestgehend eine Aufgabe des Entwerfers. Gerade hier treten aber beim Handentwurf komplexer Schaltungen neben einem enormen Entwurfsaufwand auch noch sehr große Fehlermöglichkeiten
auf, die in der Regel dann erst in einem sehr viel späteren Stadium des Entwurfs
erkannt werden können. Eine ideale Lösung dieses Problems wäre eine automatische
Erzeugung einer optimalen Schaltung aus einer vom Entwerfer beschriebenen Funktion der Schaltung. Diese sollte dabei durch den Entwerfer so formulierbar sein,
daß die resultierende Schaltungsstruktur dadurch möglichst nicht vorgeprägt wird,
es sei denn, das läge in der Absicht des Entwerfers. Beispielsweise muß in diesem Zusammenhang bereits eine Formulierung in einer Register-Transfer-Sprache
als eine solche Vorprägung verstanden werden, da sie in Form der Register bereits
maßgebende Strukturelemente festlegt.

Ausgangspunkt der Überlegungen zur Funktionsdarstellung muß deshalb sein, daß
sich hierfür dasjenige Mittel am besten eignet, das sich generell für die Formulierung von Algorithmen bewährt hat, nämlich die Darstellung durch eine Programmiersprache. Sie sollte auf die Belange des Entwurfs zugeschnitten sein, ohne

ihn ungewollt und unzulässig einzuengen oder zu bestimmen. Sie sollte also im
Gegensatz zu den üblichen Hardwarebeschreibungssprachen Funktionen und nicht
Strukturen festlegen.

Diese Lösung bietet zugleich den Vorteil der syntaktischen und semantischen Überprüfbarkeit des Entwurfs und der direkten Ausführbarkeit durch den Rechner; sie
ist also den Anforderungen eines automatischen Entwurfs komplexer Schaltungen
angemessen. Sie gestattet darüber hinaus, bereits existierende Hilfsmittel für
die Compilergenerierung einzusetzen, so daß sich insgesamt auch noch beträchtliche Erleichterungen für die Implementierung ergeben /Kast 79, Kast 80/.
Das Hauptproblem besteht nunmehr darin, einerseits die in der Programmiersprache
formulierte Funktionsbeschreibung in eine funktions-äquivalente Schaltung umzusetzen und andererseits ein Entwurfsergebnis zu erzeugen, das sich als Eingabe
für nachfolgende, bereits existierende Simulations- und Weiterverarbeitungspro-
gramme eignet.

Als formale Sprache für die Beschreibung der Funktion digitaler Schaltungen wurde von uns DSL (Digital System Specification Language) entwickelt /Rose 82,
Rose 84/. Die in DSL formulierte Funktion wird über Methoden, die aus Weiterentwicklungen der Petri-Netze abgeleitet wurden, in eine Schaltungsstruktur umgesetzt /CaRo 80, Camp 82/. Bei dieser Umsetzung werden gleichzeitig verschiedene
Bedingungen geprüft, die für die Korrektheit des Entwrufs von Bedeutung sind. Auf
sie wird später noch eingegangen. Die erzeugte Schaltungsstruktur führt damit die
formulierte Funktion korrekt aus. Es wird also auf diese Weise eine äquivalente
Umsetzung in eine Struktur vorgenommen, die dann noch nach weiteren Kriterien,
wie einer Schaltzeit- oder Aufwandsreduzierung verbessert werden kann.

2. DSL: Digital System Specification Language

DSL ist eine PASCAL-ähnliche, prozedurale Sprache. In ihr werden Komponenten für
den Transport und die Speicherung von Daten sowie Komponenten für die Verarbeitung unterschieden. Datentransportierende und datenspeichernde Komponenten werden
einheitlich als CARRIERS dargestellt. Sie enthalten Daten in Form von Bitketten,
die durch OPERATOR's verknüpft bzw. transformiert werden können. Im Gegensatz zu
üblichen Programmiersprachen gestattet DSL die einfache Darstellung von parallel
ablaufenden, unabhängigen Operationen, indem sie, durch Kommas getrennt, einfach
aufgezählt werden. DSL erlaubt ferner auch die Darstellung von nebenläufigen Ab-
laufteilen.

Eine DSL-Beschreibung besteht aus zumindest einem DSL-Modul. Zur hierarchischen,
modularen Strukturierung können im Definitionsteil von Moduln weitere Moduln vereinbart werden. Moduln sind selbständige Einheiten ohne globale Größen, ohne
Seiteneffekte und mit einer Schnittstelle zur Umgebung, die über INPUT und OUTPUT

eindeutig definiert ist. Dieses Konzept gestattet infolgedessen, Moduln zur Reduzierung der Komplexität getrennt zu synthetisieren und damit auch in anderen Entwürfen zu benutzen. Ein Entwurf kann also Elemente verschiedener Komplexität aus unterschiedlichen Entwurfsebenen enthalten.

Ähnlich wie Moduln, jedoch mit einer etwas anderen Bedeutung für die Synthese der Schaltung können außerdem auch "Makros" definiert werden. Sie werden bei der Synthese jedoch nicht wie Moduln getrennt synthetisiert, sondern textuell an der Aufrufstelle ersetzt. Sie dienen damit im wesentlichen einer vereinfachten Schreibweise.

Nach einem Vereinbarungs- bzw. Definitionsteil, in dem also Module, Konstanten, Carriers, Inputs, Outputs und Makros festgelegt werden, folgt der Ablaufteil einer Beschreibung. In ihm werden die Operationen und deren logische Zusammenhänge in der zu entwerfenden Schaltung angegeben. Die Ausführung der Operationen wird dabei durch entsprechende Steueranweisungen bzw. Kontrollstrukturen, wie sie aus höheren Programmiersprachen hinreichend bekannt sind, geregelt: IF THEN ELSE, WHILE/UNTIL, FOR FROM TO, CASE OF. Die Bedingungen in den Steueranweisungen können dabei als Formeln mit den üblichen arithmetischen und logischen Standardoperatoren angegeben werden. Zur zeitlichen Koordinierung von Abläufen besteht ferner die Möglichkeit, Operationen durch spezielle Kennzeichnungen miteinander zu synchronisieren.

3. Automatische Überprüfungen des Entwurfs

Die in DSL angegebene Beschreibung der Funktion der Schaltung, die entworfen werden soll, kann Fehler enthalten. Durch eine Reihe von Plausibilitätskontrollen kann evtl. ein Teil davon bereits in dieser frühen Phase des Entwurfs gefunden werden. Hierzu wird insgesamt die Einhaltung von verschiedenen Kontextbedingungen überprüft, die sich im wesentlichen auf folgende Punkte beziehen:

- Es wird überprüft, ob Verklemmungen zwischen miteinander synchronisierten Operationen / Operationsfolgen auftreten.

- Es wird geprüft, ob alle INPUTs und OUTPUTs über CARRIERs, welche ja Verbindungsleitungen, Anschlüsse oder Speicherelemente sein können, definiert sind.

- Es wird geprüft, ob die Ergebnisse von Formeln in IF und WHILE-Konstrukten binär sind, da sie nur in dieser Form für die Synthese der Steuerung verwertet werden können.

- Im Hinblick auf die beabsichtigte Schaltungssynthese sind direkte und indirekte Rekursionen von Moduln und Makros nicht zulässig. Wenn ein Modul oder Makro aufgerufen wird, muß dessen Vereinbarung vollständig abgeschlossen sein.

Die Erfüllung dieser Kontextbedingungen ist bindend. Die folgenden weiteren Bedingungen werden zwar überprüft, es bleibt jedoch dem Entwerfer überlassen, ihre

Verletzung teilweise zuzulassen, da durchaus Fälle denkbar sind, in denen das sinnvoll ist.

- Carriers, die als Eingang verwendet werden, müssen zuvor als Ausgang aufgetreten oder als INPUT vereinbart sein, da sie in der Regel nur auf diese Weise zur Funktion beitragen.

- Ausgänge von Operatoren müssen in nachfolgenden Operatoren als Eingang auftreten oder aber OUTPUTs sein, so daß also nur Operationen ausgeführt werden, deren Ergebnisse auch später Verwendung finden.

- Falls Operationen unabhängig voneinander ablaufen, dürfen sie keine gemeinsamen Carriers als Eingänge benutzen, die in einer dieser Operationen Ausgang sind, da sonst Synchronisationsprobleme zwischen schreibenden und lesenden Zugriffen auftreten können.

- In nebenläufigen Operationen dürfen keine gemeinsamen Ausgänge vorkommen, da es sonst möglich ist, daß diese Ausgänge unkontrolliert überschrieben werden.

- Falls Eingänge nicht beliebig oft gelesen werden können, muß die mehrfache Nutzung desselben Carriers daraufhin überprüft werden, ob die Information inzwischen regeneriert wurde.

- Verwenden zwei aufeinanderfolgende Operationen denselben Carrier als Ausgang, muß eine Operation dazwischen liegen, bei der dieser Carrier als Eingang diente. (Diese Bedingung gilt nicht, wenn der Carrier als OUTPUT deklariert ist, da dann der Entwerfer dafür zu sorgen hat, daß die Information an der Ausgangsschnittstelle rechtzeitig weiter verarbeitet wird.)

Die Einhaltung dieser Bedingungen sowie noch einiger weiterer, auf die hier nicht eingegangen werden soll, wird durch das System geprüft, um den Entwerfer frühzeitig Hinweise auf eventuelle Entwurfsfehler zu geben /Rose 84/. Speziell für den VLSI-Entwurf ist dabei die Überprüfung auf einer möglichst hohen Ebene des Entwurfs besonders wichtig, da in den tieferen Ebenen mit der zunehmenden Detaillierung des Entwurfs die Übersicht des Entwerfers schnell verlorengeht. Es steigt damit sehr schnell die Wahrscheinlichkeit, daß als Folge von Fehlerkorrekturen weitere neue Fehler eingebaut werden.

4. Erzeugung der Schaltungsstruktur bzw. Synthese der Schaltung

Ist auf diese Weise eine in sich konsistente Beschreibung des Entwurfs hergestellt, muß der nächste Schritt darin bestehen, daraus eine Schaltungsstruktur abzuleiten. Es wird dabei in der üblichen Weise unterschieden zwischen der Erzeugung eines Operationswerks, im vorliegenden Falle "Datenpfad" genannt, und der Erzeugung einer zugehörigen Steuerung. Für die Konstruktion der Steuerung existieren bereits gute Hilfsmittel, z.B. LOGE /Lipp 82/, auf die auch hier zurückgegriffen

werden kann, da das System diese Steuersignale mit den erforderlichen weiteren
Ablaufangaben in einer als Eingabe für dieses System geeigneten Form ausgibt.
Das System erzeugt als Ergebnis der Compilierung zunächst einen sog. Datenflußgraphen, der von Zufälligkeiten der Spezifikation des Entwurfs, z.B. der zufälli-
gen Wahl von Bezeichnern, bereinigt ist. Er stellt also gewissermaßen eine abstrakte Verkettung der Operationen dar und wird als die eigentliche Intention
des Entwerfers betrachtet. Er ist in einem zweiten Schritt vom System zu analysieren und in geeignete Schaltungen umzusetzen. Ein Problem dieser Umsetzung besteht dabei in der Lösung der sog. "Konflikte", also von Entscheidungssituationen,
wie sie bei Verzweigungen und bei Zusammenführungen nach Operationen auftreten.
Verzweigungen ergeben sog. "Vorwärtskonflikte", Zusammenführungen dagegen "Rück-
wärtskonflikte". Abhängig von den speziellen Gegebenheiten bzw. der speziellen
Umgebung des Konflikts muß das System beim Vorwärtskonflikt in einer Verzweigung
oder sogar in beiden Verzweigungsästen speichernde Elemente einbauen, wenn das
Ergebnis zum Startpunkt zurückgegeben wird, also einen Zyklus durchläuft, ohne
daß ein speicherndes Element dazwischen liegt. Beim Rückwärtskonflikt sind dagegen Multiplexer oder Three-State-Buffer einzufügen, um den gewünschten Datenfluß
zu erzeugen. Bild 1 zeigt die beiden Konfliktformen, die im Datenflußgraphen auftreten können und die Schaltungslösungen hierfür.

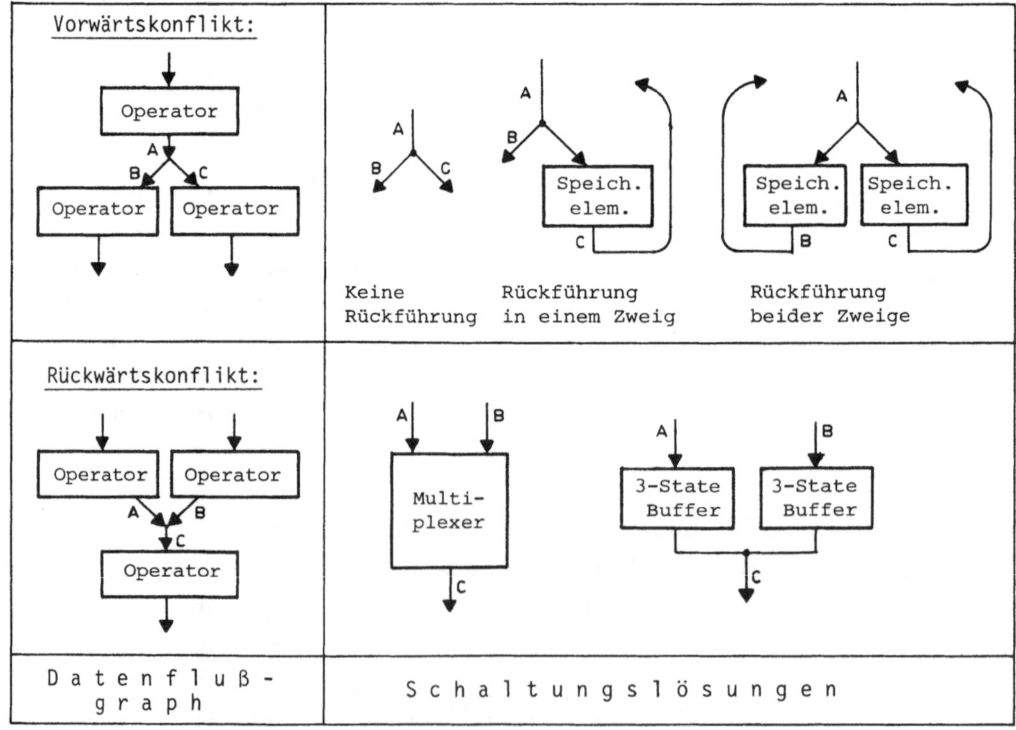

Bild 1: Umsetzung von Vorwärts- und Rückwärtskonflikten
im Datenflußgraphen in Schaltungen.

Die auf diese Weise synthetisierte Schaltungsstruktur des Datenpfades bedarf einer
geeigneten Steuerung, damit die gewünschten Funktionen (und nur diese) ausgeführt
werden. Der Syntheseteil des Systems generiert eine Liste dieser erforderlichen
Steuersignale mit allen weiteren Angaben, die für die Eingabe des Steuerungsent-
wurfs-Programms erforderlich sind /CKR 84/.
Um aus einer DSL-Spezifikation eine digitale Schaltung zweckmäßig synthetisieren
zu können, müssen Basisfunktionen zur Verfügung stehen. Es wird dabei ein Vorrat
an Standardoperatoren angeboten und in Form einer Bibliothek von Schaltungsmoduln
zur Verfügung gestellt. Die Einbindung der Bibliothek kann dabei technologieab-
hängig erfolgen, da bestimmte Realisierungen dann besonders günstig sein können.

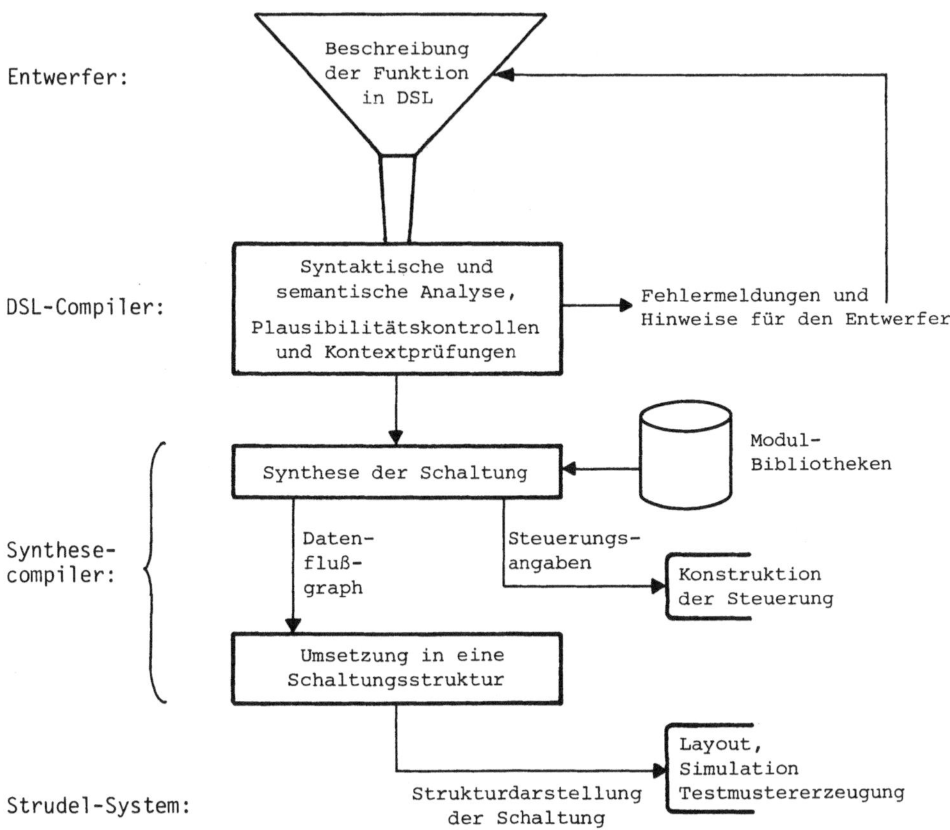

<u>Bild 2:</u> Umsetzung der Funktionsbeschreibung durch das
Synthesesystem in eine Schaltung

5. Veränderungen der erzeugten Schaltungsstruktur

Es ist notwendig, an dieser Stelle noch einmal auf die Erzeugung der Schaltung aus
dem "abstrakten" Datenflußgraphen zurückzukommen, um Überlegungen zur Optimierung
der Funktionszeit und des Schaltungsaufwands anstellen zu können. Der Datenflußgraph hatte die Verkettung der erforderlichen Operationen angegeben. Optimierungs-
möglichkeiten ergeben sich nun beispielsweise dadurch, daß in der Praxis häufig
im Verlaufe einer Funktion gleiche Operationen mit verschiedenen Operanden ausgeführt werden müssen. Eine mehrfache Nutzung derjenigen Schaltungskomponente, welche die betreffende Operation ausführt, verursacht einerseits erhöhten Aufwand
durch zusätzliche Steuerelemente und bringt meistens Verlängerungen der Ausführungszeit, ist aber evtl. insgesamt gesehen sparsamer als die mehrfache Realisierung dieser Komponente.

Dieser Zusammenhang kann durch eine Kostenfunktion, in welche Fläche und Geschwindigkeit eingehen, formuliert werden. In Abhängigkeit vom Ergebnis dieser Kostenfunktion fügt das System entweder die entsprechenden Steuerkomponenten in Form von
Multiplexern ein oder es erfolgt der mehrfache Einbau derselben Komponente in die
Schaltung.
Weitere Maßnahmen bei der Umsetzung in Schaltungen sind außerdem dann erforderlich,
wenn durch Schleifen im Datenflußgraphen unzulässige Rückkopplungen entstehen,
die zu Instabilitäten der Schaltung führen können. Um eine korrekte Funktion der
Schaltung zu erreichen, sind dann spezielle Erweiterungen der Schaltung oder eben-
falls ein mehrfacher Einbau der betreffenden Komponente erforderlich, die das
System dann auotmatisch vornimmt /Rose 84/.

6. Vorzüge dieses Syntheseansatzes

Die Struktur der Schaltung wird im vorliegenden Fall direkt aus der Spezifikation
der gewünschten Funktion in DSL erzeugt. Es stehen der Synthese also im Gegensatz
zu sonst üblichen Verfahren, z.B. /Marw 79, Zimm 80, DSST 82/, die einen vereinfachten Zwischencode erzeugen, dessen Kontrollstrukturen hauptsächlich aus Sprün-
gen und Verzweigungen bestehen, hier noch alle Ablaufinformationen zur Verfügung.
Das kann für den Entwurf ausgenutzt werden, um beispielsweise datenabhängige und
nicht datenabhängige Wiederholungen zu unterscheiden und entsprechende Synthese-
varianten zu erzeugen, aus denen dann aufgrund vorgebbarer Kriterien die geeig-
netste ausgewählt werden kann.

Wie die Beschreibung der Semantik von DSL, so erfolgte auch die Formulierung der
Synthesealgorithmen als attributierte Grammatik in ALADIN /Rose 84/. Die Vorteile
dieser Lösung liegen nicht nur in der damit gleichzeitig verbundenen Dokumentation,

sondern vor allem auch in der Möglichkeit, die Widerspruchsfreiheit der Beschreibung durch den Rechner zu prüfen sowie außerdem zugleich eine Implementierung der Synthesealgorithmen ohne nennenswerte zusätzliche Arbeiten automatisch erzeugen zu können /Kast 80/. Gewisse Abstriche bei der Leistungsfähigkeit bzw. Geschwindigkeit der damit erzeugten Programme können in Anbetracht dieser Vorteile toleriert werden.

Durch diese Hilfsmittel war es möglich, sehr schnell zu einem Compiler und damit zu einem praktischen Einsatz zu kommen. Allerdings ist der Compiler noch zu aufwendig und bedarf einer gezielten Überarbeitung.

Weitere Vorzüge des Synthesesystems liegen in der Reduzierung des Entwurfsaufwandes und damit der Entwurfskosten sowie darin, daß auf eine Validierung des erzeugten Entwurfs verzichtet werden kann.

7. <u>Strukturdarstellungen im System durch STRUDEL</u>

Die durch die Synthesealgorithmen erzeugte Strukturinformation muß die Basis für den Einsatz einer ganzen Reihe weiterer Programme bilden, beispielsweise zur Simulation, zur Testmustergenerierung, zum Layout usw.
Das Karlsruher Synthesesystem CADDY verwendet deshalb in dieser Phase des Entwurfs eine speziell auf die Beschreibung der Struktur abgestimmte Sprache namens STRUDEL (Structure Description Language) /CaTr 84/. Sie dient der Entwurfsdarstellung u.a. mit der Absicht einer möglichst einfachen Umsetzung in die Eingabeformen anderer Programmsysteme, also dem Ziel, auf möglichst einfache Weise Schnittstellen zu anderen Systemen zu schaffen.

STRUDEL ist als interne Zwischensprache auf der Strukturebene konzipiert, die vor allem eine kompakte Darstellung der Schaltungsstruktur ermöglichen soll. Sie gestattet die hierarchische Beschreibung einer Schaltung, indem mehrere Komponenten zu einer neuen Komponente zusammengefaßt oder umgekehrt Komponenten aufgefächert, also detailliert werden können. Durch Indizierung können regelmäßige Strukturen sehr kompakt dargestellt werden. Sie verwendet die zwei möglichen Formen der Darstellung, nämlich eine komponentenorientierte und eine netzorientierte. Die erstgenannte Form geht von den Komponenten der Schaltung aus und beschreibt, wo deren Anschlüsse hinführen. Die zweite Form ist auf die Verbindungen ausgerichtet und gibt an, wie die Anschlüsse der Komponenten miteinander verbunden sind. Beide Formen stellen jeweils für sich vollständige Beschreibungen einer Schaltung dar. Ist nur eine davon gegeben, so kann das System daraus automatisch auch noch die andere erzeugen. Je nachdem, kann dann die besser geeignete Darstellung als Eingabe für verschiedene Werkzeuge auf der Strukturebene, also z.B. für Layout, Test oder Simulation verwendet werden.

Im Hinblick auf die konzise Darstellung besitzt STRUDEL auch einen Preprozessor, der parametrisierbare Strukturen zu definieren erlaubt. Die Parameter können sich

z.B. auf die Bitbreite einer Schaltung beziehen, um so aus einer einzigen para-
metrisierten Strukturbeschreibung,z.B. eines Addierers, nach Bedarf Addierer unterschiedlicher Bitbreite als Komponenten zu erzeugen und in die Schaltung einzu-
bauen. Der Prozessor erlaubt es auch, Strukturgeneratoren zu definieren, die über
die einfache Parametrisierung hinaus auf Schleifen basierend oder rekursiv Schaltungsstrukturen erzeugen.

Das STRUDEL-System besitzt eine Bibliothek, in die alle zulässigen Anschlußtypen,
vordefinierte Komponenten sowie früher einmal beschriebene Strukturen aufgenommen
werden können. Die Bibliothek enthält auch parametrisierte Strukturen, die entweder vordefiniert sind oder vom Benutzer noch definiert werden.

Über relativ einfache Schnittstellenprogramme werden Darstellungen in STRUDEL
dann jeweils in diejenige Form umgesetzt, die für die Eingabe in andere Programmsysteme wie DISIM, VENUS usw. erforderlich ist. Diese Systeme können dabei jeweils
wieder über eigene Bibliotheken mit anwendungsspezifischen Elementen verfügen.
Bild 3 zeigt den Aufbau des STRUDEL-Systems /CaTr 84/:

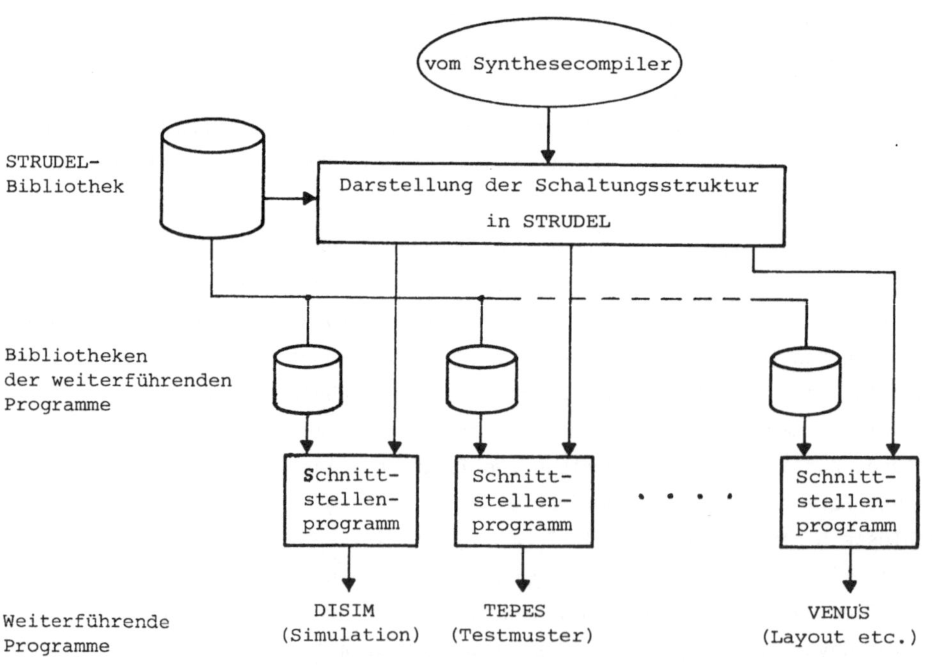

<u>Bild 3</u> : Umwandlungen im System STRUDEL

8. Zusammenfassung

Der Entwurf hochintegrierter Schaltungen ist durch die vielfältigen Probleme geprägt, die sich aus der Komplexität der Schaltungen ergeben. Es muß deshalb das wichtigste Ziel aller Entwurfshilfsmittel sein, den Entwerfer durch eine automatische Schaltungssynthese weitgehend von lästigen Details des Entwurfsprozesses zu entlasten. Hierfür sprechen nicht nur Kostenüberlegungen, wie vor allem bei kundenspezifischen Entwürfen, sondern auch Fehleraspekte. Eingriffe des Entwerfers sollen deshalb nur noch partiell und auf einer hohen Entwurfsebene erfolgen, da die Probleme mit dem Übergang in die logische / strukturelle oder in die physikalische Ebene des Entwurfs schnell zunehmen. Es müssen allerdings dem Entwerfer noch die unteren Entwurfsebenen zugänglich sein, beispielsweise, um durch Simulationen überprüfen zu können, ob der Entwurf auch seiner Anforderung entspricht, z.B. das erforderliche Zeitverhalten zeigt. Ein solches Vorgehen ist jedoch nur möglich, wenn das System die Transformationen von einer Spezifikation auf einer hohen Ebene bis in die physikalische Ebene automatisch und funktionsinvariant vornimmt und deshalb auf eine Validierung des Entwurfs weitgehend verzichtet werden kann.
Das beschriebene Entwurfssystem CADDY leistet diese geforderte Transformation von der Verhaltens- in die Strukturebene, indem es eine Verhaltensbeschreibung in eine entsprechende äquivalente Schaltungsstruktur automatisch umwandelt. Aus dieser können dann beispielsweise über Programmsysteme wie VENUS /Siem 84/ die Layoutdaten erzeugt werden.

Die Umwandlung der Verhaltensbeschreibung erfolgt unter Randbedingungen und aufgrund von Mechanismen, die nicht nur (im Sinne der vorgegebenen Funktion) zu korrekten, sondern auch zu aufwandsarmen Schaltungen führen. Die gegenwärtige Version des Entwurfssystems entwirft zwar im Moment automatisch noch keine Schaltungen, die mit aufwandsoptimierten Schaltungen eines erfahrenen Entwerfers konkurrieren können, jedoch war das auch kein besonderes Ziel dieser Systementwicklung. Schwerer wog vielmehr der Vorzug des automatischen korrekten Entwurfs aus der Verhaltensbeschreibung, da er gerade für die breite Anwendung komplexer kundenspezifischer Schaltungen in Zukunft ausschlaggebend sein wird.

Weitere Arbeiten werden sich deshalb zwar auch mit der Optimierung des Schaltungsaufwands befassen, sich aber bevorzugt der ebenso wichtigen Frage widmen, wie Testmöglichkeiten der Schaltung in den Entwurf einbezogen werden können.

Anhang:

Beispiel zur Schaltungssysnthese:

Die Grundzüge des beschriebenen Verfahrens sollen - so gut wie an einem einfachen
Beispiel möglich - abschließend demonstriert werden. Dargestellt sei der Entwurf
eines Multiplizierers, für dessen Aufbau Komponenten wie Addierer, Schiebematrizen
und Register zur Verfügung stehen.

Zur Formulierung der Funktion:

Die Schaltung soll den üblichen Multiplikationsalgorithmus ausführen, bei dem jeweils die niedrigstwertige Stelle des stellenweise nach rechts verschobenen Multipli-
kanden abgefragt wird. Ist diese 1, so wird der entsprechend nach links verschobene
Multiplikator zum Teilprodukt addiert, das bis dahin vorliegt. Die Länge des Ergeb-
nisses sei mit "breite" wählbar. (Multiplikand und Multiplikator dürfen damit nur
die Hälfte dieser Länge haben, wenn ohne Genauigkeitsverluste gearbeitet werden soll.
Im Interesse einheitlicher Datenformate sei deshalb angenommen, daß beide Operanden
im Format "breite" mit führenden Nullen angegeben werden.)
Die Funktionsbeschreibung wäre dann folgende:

```
MODULE multiplikation.
CONSTANT breite = ???.
CARRIER multiplikand, multiplikator, ergebnis: [1...breite].
INPUT multiplikand, multiplikator.
OUT UT ergebnis.


ergebnis := 0;
FOR iFROM 1 TO breite
DO
  IF multiplikand (1)
     THEN ergebnis := ergebnis + multiplikator
  FI;
  multiplikand := → multiplikand; (*Rechtsschieben um eine Stelle*)
  multiplikator := ← multiplikator (*Linksschieben um eine Stelle*)
OD
```


Syntheseergebnisse:

Das System erzeugt daraus einen Datenflußgraphen (Bild A 1). Er zeigt deutlich den
repetitiven Charakter des Ablaufs. Eine entsprechende Schaltungsrealisierung kann
entweder als Schaltwerk (Bild A 2) oder als Schaltnetz (Bild A 3) erfolgen. In der
Schaltnetzrealisierung erkennt man die Kettenstruktur des Datenflußgraphen wieder.
Diese Lösung ist jedoch nur bei kurzen Operandenlängen oder bei einer geforderten

kurzen Ausführungszeit vorteilhaft. Gibt man eine Entscheidungsfunktion vor, in die beispielsweise die Chipfläche und die Schaltzeit eingehen, so schlägt bei längeren Operanden oder unkritischen Zeitverhältnissen das System eine Schaltwerksrealisierung vor. In ihr entsteht durch die mehrfache Benutzung der Komponenten ein geringerer Aufwand als bei einer entsprechenden Schaltnetzlösung. Der Aufwand für die dann benötigte Steuerung wird bei dieser Entscheidung mit berücksichtigt.

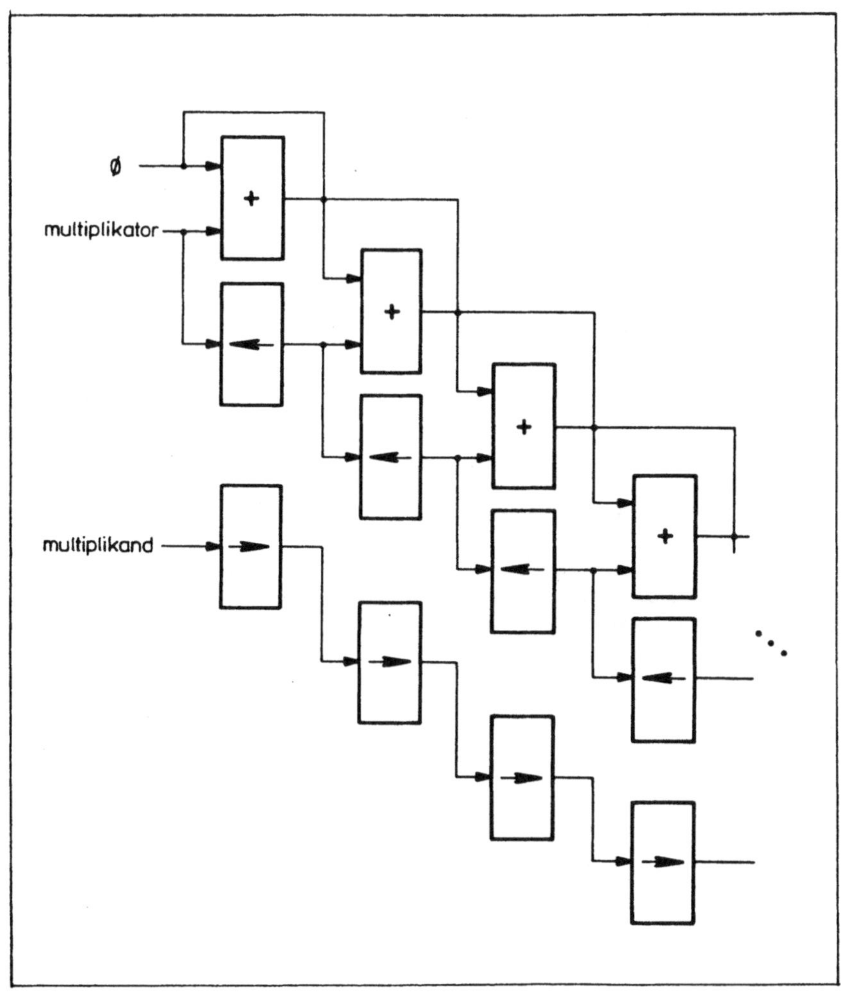

Bild A1: Datenflußgraph

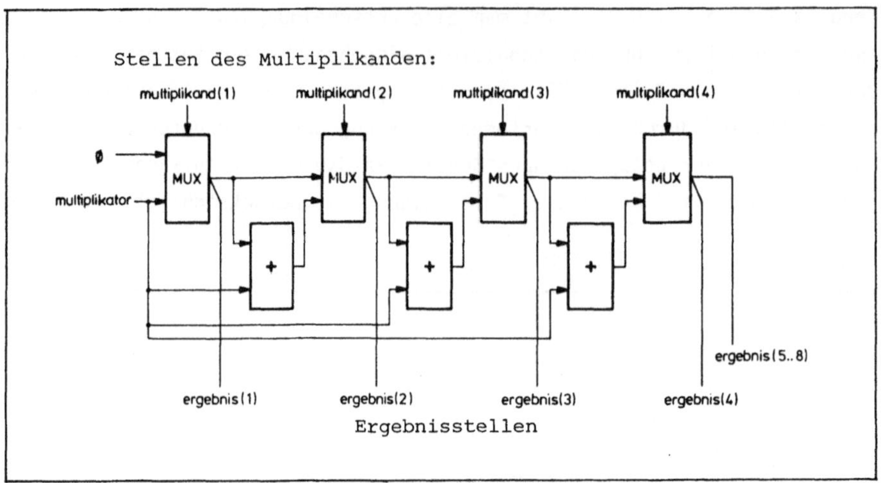

Bild A2: Schaltnetzrealisierung

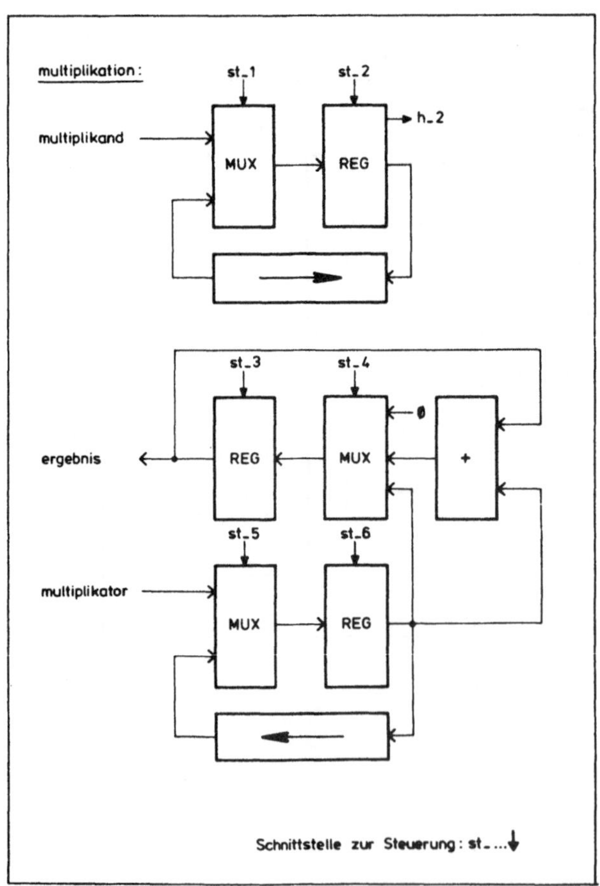

Bild A3: Schaltwerksrealisierung

405

Literatur:

/BuHo 83/	Burstein, M.; Hong, S.J.: Hierarchical VLSI Layout: Simultaneous Placement and Wiring of Gate Arrays. VLSI Conference Proceedings, 1983.
/Camp 82/	Camposano, R.: Realisierungsformen für den hierarchischen modularen Entwurf von digi- talen Systemen mit gesteuerten Netzen. Dissertation an der Universi- tät Karlsruhe, Hochschul-Verlag Freiburg, 1982.
/CKR 84/	Camposano, R.; Kunzmann, A.; Rosenstiel, W.: Automatic Data Path Synthesis from DSL Specifications. Int. Conference on Computer Design ICCD '84, Port Chester, Oct. 1984.
/CaRo 80/	Camposano, R.; Rosenstiel, W.: Algorithmische Synthese deterministischer (Petri-)Netze aus Ablaufbe- schreibungen. Interner Bericht Nr. 22/80, Fakultät für Informatik, Universität Karlsruhe, 1980.
/CaTr 84/	Camposano, R.; Treff, L.: STRUDEL: Eine Sprache zur Spezifikation der Struktur digitaler Schal- tungen. Interner Bericht Nr. 7/84, Fakultät für Informatik, Universität Karlsruhe, 1984.
/DPST 81/	Director, S.W.; Parker, A.C.; Siewiorek, D.P.; Thomas, D.E.: A Design Methodology and Computer Aids for Digital VLSI Systems. IEEE Trans. on Circuits and Systems, Vol. CAS-28, No. 7, 1981.
/DSST 82/	Director, S.W.; Shen, J.P.; Siewiorek, D.P.; Thomas, D.E.: The CMU DA/CAD Projekt. Research Report No. CMUCAD-82-2, SRC-CMU Center for Computer Aided Design, Carnegie-Mellon University, 1982.
/Kast 79/	Kastens, U.: ALADIN - Eine Definitionssprache für attributierte Grammatiken. Interner Bericht Nr. 7/79, Fakultät für Informatik, Universität Karlsruhe 1979.
/Kast 80/	Kastens, U.; Zimmermann, E.: GAG - A Generator Based on Attributed Grammars. Interner Bericht Nr. Nr. 14/80, Fakultät für Informatik, Universität Karlsruhe, 1980.
/KoNe 84/	Koch, B.; Nett, M.: CAD für IC. Data Report 19 (1984), Heft 2, Siemens AG, Berlin und München.
/Knö 83/	Knödler, B.: Entwurf eines Übersetzers für den hierarchischen Entwurf von CMOS- Gate Arrays. Diplomarbeit am Institut für Informatik IV, Universität Karlsruhe, 1983.
/Lipp 82/	Lipp, H.M.; Nolle, M.; Sutter, K.: LOGE - Ein leistungsfähiges CAD-System zum Entwurf digitaler Steue- rungen. Proc. 10th International Conference Microelectronics, 1982.
/Marw 79/	Marwedel, P.: The MIMOLA Design System: Detailed Description of the Software System. 16th Design Automation Conference, 1979.
/MeCo 80/	Mead, C.; Conway, L.: Introduction to VLSI Systems. Addison-Wesley, 1980.
/Rosb 80/	Rosenberg, L.M.: The Evolution of Design Automation to Meet the Challenges of VLSI. 17th Design Automation Conference, June 1980.

/Rose 82/   Rosenstiel, W.:
              DSL - Eine Sprache zur Spezifikation der Funktion digitaler Systeme:
              Konzept und Implementierung. Interner Bericht Nr. 9/82, Fakultät für
              Informatik, Universität Karlsruhe, 1982.

/Rose 84/   Rosenstiel, W.:
              Synthese des Datenflusses digitaler Schaltungen aus formalen Funk-
              tionsbeschreibungen. Dissertation an der Universität Karlsruhe, 1984.

/Shiv 83/   Shiva, S.G.:
              Automatic Hardware Synthesis. Proceedings of the IEEE, Vol. 71, No. 1,
              Jan. 1983.

/Siem 84/   SIEMENS AG:
              VENUS, Version 1.1, Bedienungsanleitungen, SIEMENS ZT ZTI, 1984.

/Wern 83/   Werner, J.:
              Progress Toward the "Ideal" Silicon Compiler. VLSI Design, Sept. 1983.

/WiWi 82/   Wipfler, G.J.; Wiesel, M.; Mlynski, D.A.:
              A Combined Force and Cut Algorithm for Hierarchical VLSI Layout.
              19th Design Automation Conference Proceedings, Las Vegas, 1982.

/Zimm 80/   Zimmermann, G.:
              MDS - The MIMOLA Design Method. Journal of Digital Systems, Vol. 4,
              No. 3, 1980.

Problemanalyse und -spezifikation mit formalen Modellen
am Beispiel eines Betriebsleitsystems
für den öffentlichen Nahverkehr (BON)

von Dr. Walter Sonnenberg
Institut für Informatik III der Universität Karlsruhe
Lehrstuhl für rechnergestützte Automatisierungssysteme

abstract

An einfachen Beispielen zum Verkehrsbetriebsleitsystem BON wird eine
Spezifikationssprache vorgestellt, die auf der Basis des mehrsortigen
Prädikatenkalküls erster Ordnung aufbaut und zur Beschreibung
komplexer Informationsstrukturen mit Konstrukten ähnlich den Daten-
strukturelementen höherer Programmiersprachen angereichert ist.
Dynamische Vorgänge werden mit rekursiven Funktionen über der Zeit
spezifiziert. Praktische Erfahrungen bei der Analyse und Modellierung
rechnergestützter Automatisierungen zeigen, daß dieses Werkzeug bei
angemessenem Aufwand eine vollständige, in der Detailgenauigkeit
unübertroffene, geschlossene Darstellung auch dann noch erlaubt, wenn
verschiedene anwendungsbezogene mathematische und informationstech-
nische Modelltheorien miteinander verknüpft werden müssen.

english abstract

With examples out of the passenger transit control system 'BON' we
introduce a specification language based on many sorted first order
predicate calculus enriched with constructs for the description of
complex data structures as known from high level programming
languages. For modelling of dynamic behaviour we use recursive
functions with time parameter. Experience in the analysis and
modelling of computerized control systems shows us that this tool
gives us specifications of manageable size, which are mathematical
complete and exact. It works even with the combination of application
oriented engineering, information processing, and mathematical
theories.

Im Projekt BON (Betriebsleitsystem für den öffentlichen Personennah-
verkehr) der Hannoverschen Verkehrsbetriebe, USTRA AG /BON80/ &
/BON81/ & /BON84/, hat sich wie in anderen Projekten ähnlicher
Problemstellung eine große Lücke im Verständnis der Anwendungs-
problematik zwischen Anwender und Entwickler aufgetan. Insbesondere
war die Kommunikation über die Problem- und Lösungsmodelle zwischen
den Projektpartnern zu unscharf. In erster Linie waren (natürlich)
die Vertreter der Anwenderseite kaum in exakter Denkweise geschult.
Schlimmer wiegt jedoch die ungenaue Bearbeitung auf der Entwickler-
seite. So fanden sich bei den Integrationsarbeiten bis kurz vor der
probeweisen Inbetriebnahme immer wieder Unterschiede in der Codierung
von Schnittstellenparametern, verfügbare Daten wurden falsch interpretiert usw.

Diese Verständigungslücke läßt sich nur durch Schulung der Bearbeiter
in der mathematisch exakten Denkweise und dem formal logischen
Schließen verkleinern. Durch Einsatz formaler Kalküle (z.B. Prädikatenkalkül /SMI38/&/WAL82/) und darauf aufbauender Deduktions-
Software (z.B. PROLOG /CMP81/) kann eine derart exakte Bearbeitung
gefördert werden. An unserem Lehrstuhl haben wir seit Aug.83 unter
anderem anhand der Problemstellung des BON-Projektes ein formales
System auf der Basis des mehrsortigen Prädikatenkalküls erster
Ordnung entwickelt und exemplarisch erprobt, über das im folgenden
berichtet wird.

Zuvor noch einige grundlegende Betrachtungen: Die Projektphase
"Problemanalyse" beinhaltet in unserer Definition das Suchen nach für
die Automatisierung nutzbaren statischen und dynamischen Strukturen
in der Problemstellung, das Modellieren derselben und das Entwickeln
von Modellalternativen. Die Entscheidungen der Problemanalysephase
betreffen die Genauigkeit der Modellierung bzw. die Genauigkeits-
grenzen, unterhalb der Effekte der Problemstellung als nicht relevant
betrachtet werden. Die Entscheidungen, welche der bei der Analyse
aufgefundenen Strukturen bei der Automatisierung genutzt werden
sollen, bleiben den späteren Projektphasen "Systementwurf", "Grob-
entwurf" etc. vorbehalten. Dagegen wollen wir Experimente oder
Simulationen mithilfe von Prototypen auch der Problemanalysephase
zurechnen, wenn dadurch die Unsicherheit über die Modellstrukturen
geklärt werden soll.

Eine Sprache zur Problemanalyse muß eine vollständige Menge
elementarer Konstruktoren zur Verfügung stellen, die paarweise
voneinander unabhängig sind (Orthogonalitätsprinzip); wenn diese
Bedingung nicht erfüllbar ist, sollen die sich überschneidenden
Konstrukte zumindest unter minimalem Aufwand ineinander überführt
werden können.

Für solche Sprachen hat sich der Begriff "Spezifikationssprache" eingebürgert Die Spezifikation in einer solchen Sprache muß im mathematischen Sinne exakt sein. Aus ihr müssen durch logisches Schliessen alle Fragen über die Problemstellung beantwortet werden können. Im mathematischen Sinne ist eine Spezifikation also ein System von Axiomen und darauf aufbauenden Sätzen, an das die üblichen Forderungen nach Widerspruchsfreiheit und Vollständigkeit zu stellen sind. Die an mathematische Theorien weiterhin gestellte Forderung der Unabhängigkeit widerspricht unserer Zielprojektion "Suchen von Alternativmodellen". Wir suchen im mathematischen Sinne nach einem Axiomensystem und entwerfen dazu verschiedene Ansätze.

Die im folgenden vorgestellte "Spezifikationssprache" ist im Grunde nicht neu. Sie ist der Mathematik entlehnt /HAL28/&/SMI38/. Die Terminologie ist der der Informatik angepaßt worden. Die Modellierung dynamischer Strukturen mittels Funktionen über der Zeit ist in ähnlicher Form z.B. in der Regelungstechnik üblich. Mit ähnlichen Sprachen arbeiten z.B. das Wiener IBM-Labor /LLS68/&/WEG72/, das Projekt "SEGRAS" der GMD /KRA83/&/SKS83/ und andere /KER82/ & /DEU72/ & /WAL82/.

1.   Zur formalen Notation von Objektdefinitionen

Auf der abstrakten Ebene der Problemanalyse werden Objekte der Problemstellung durch Bezeichner vertreten, die wir laxerweise als Objekte bezeichnen. Sie werden nur nach ihrem Informationsinhalt ud der Zuordnung zu anderen Objekten beschrieben. Eine weitere Differenzierung in "Repräsentationen", "Nennungen", "Aufrufe" usw. bleibt einer der Implementierung näheren Darstellungsebene vorbe- halten.

1.1   Datenstrukturen

1.1.1 Einfache Daten

Die Grunddatentypen (=Sorten des Kalküls) sind
   - N die Menge der natürlichen Zahlen in der Peano-Axiomatik
   - durch Aufzählung aller ihrer Konstanten (-Bezeichner) definierte
     (sogenannte skalare) Mengen, z.B.
        Fahrzeitgruppe := { NORMAL, LANGSAM, SCHNELL }

1.1.2 Zusammengesetzte Daten

Neue Datentypen (=Sorten) werden wie folgt definiert:

   - Untersorten U .⊂ O
     U wird definiert als Untersorte einer gegebenen Obersorte O
     oder U := { x ∈ O ‖ P(x) } mit einem Prädikat P, das für alle x
     ∈ O definiert sein soll.
     Insbesondere ist ein Intervall (hier nur für natürliche Zahlen!)
     eine Untersorte:
        [a,b] := { x ∈ N ‖ a ≤ x ∧ x ≤ b }

   - Obersorten O := U1 ∪ U2 ∪ ...
     Die Obersorte O wird durch Vereinigung bekannter (Unter)Sorten
     definiert.

   - Produktsorten P := F1 x F2 x ...
     Die Produktsorte P wird durch das Kreuzprodukt vorgegebener
     (Faktor)Sorten Fi definiert. Die Elemente p ∈ P werden als Tupel
     bezeichnet und wir schreiben p = (p1, p2,...) mit pi ∈ Fi.
     Die **Verbund**definition
     p = (s1 : p1, s2 : p2,...)
     definiert dasgleiche Tupel zusammen mit den Projektions-
     funktionen (kurz Selektoren genannt)
     p.si : P → Fi
     Ein so definiertes Tupel p wird auch als Verbund bezeichnet.

   - Reihungssorten P : I → B
     Die Reihungssorte P wird durch Abbildung einer **Indexsorte** I in
     die **Basissorte** B definiert. Wir benutzen alternativ auch die
     Definitionsschreibweise:
     P = B [i ∈ I]

     p[i] für p ∈ P, i ∈ I ist ein Glied der Reihung p.

- Potenzsorten P = B ↑ n = B x B x... (n-mal)
  Die n-te Potenzsorte P einer Basissorte B wird durch das n-fache
  cartesische Produkt von B mit sich selbst definiert. Die
  Potenzsorte P = B ↑ n ist mit der Reihungssorte P : [1,n] → B
  äquivalent.

- Listensorten L = B↑* =B↑0 ∪ B↑1 ∪ B↑2 ∪ ...
  Die Elemente · l ∈ L nennen wir Listen und schreiben
  l = <l1, l2, ...> mit li ∈ B. Auch für Listenelemente führen
  wir eine Indexschreibweise ein: li = l<i>.

1.1.3 Einfache Anwendungsbeispiele

Die im Nahverkehr zu fahrenden Weglängen werden mit einer Auflösung
von 1 m-Einheiten als natürliche Zahlen angegeben:
    Weglänge ∈ N
    Weglängen := { Weglänge ∈ N }

Um Fahrzeitvorgaben zu verschiedenen Tageszeiten der typischen
Verkehrslage entsprechend anpassen zu können, werden Fahrzeitgruppen
definiert:
    Fahrzeitgruppe := { NORMAL, LANGSAM, SCHNELL }

Die Fahrzeiten selbst werden durch eine Reihungssorte eingeführt:
    Zeiten := N
    Fahrzeiten : Fahrzeitgruppe ⟶ Zeiten
    Fahrzeiten := Zeiten [g ∈ Fahrzeitgruppe]

Haltepunkte im Liniennetz werden mit einer identifizierenden Nummer
(natürliche Zahl) und der Genauigkeit beschrieben, mit der sie
angefahren wird und die für Ortungszwecke genutzt wird.
    HaltepktNr ∈ N
    Haltepunkte := N x Weglängen
    Haltepunkt := (Nr : HaltepktNr, Einfangbereich : Weglänge)

Zur genauen Ortung werden im Liniennetz Ortsmarken aufgestellt, die
wir durch eine Produktsorte mit nur einem Faktor definieren:
    Ortsmarke := (Ortscode :∈ N)
    Ortsmarken := N

Zu Haltepunkten und Ortsmarken wird eine Obersorte "Interaktionen"
eingeführt:
    Interaktionen := Haltepunkte ∪ Ortsmarken

Auf dem Fahrweg eines Fahrzeugs treten Haltepunkte und Ortsmarken in
beliebiger Folge auf, dies wird durch die Definition des Fahrweg-
Elements "Streckenabschnitt" und des Fahrwegs selbst mittels einer
Listensorte wiedergegeben:

```
Streckenabschnitte := Interaktionen ↑ *
Streckenabschnitt := < i ∈ Interaktionen >
Fahrweg := < s ∈ Streckenabschnitte >
```

Diese einfachen Beispiele sind an die vollständige Datenmodell-
definition des BON-Systems angelehnt, dort sind beispielsweise
weitere Interaktionen definiert und die Fahrwege besitzen eine
kompliziertere Struktur.

1.2   Relationen

Für die Definition von Relationen benutzen wir zwei Schreibweisen:

```
R .⊂ S1 × S2 × ...
```
Die Relation wird definiert als Untermenge einer Produktsorte.

```
R(s1, s2, ...) ←→ P(s1, s2, ...) = wahr
```
Die Relation R wird durch Äquivalenz zu einem Prädikat P
definiert. Im Unterschied zu Prädikaten gilt die Konvention, daß
eine Relation nur für solche Argumente aufgeschrieben wird, für
die das definierende Prädikat wahr ist. P wird oft auch als
<u>charakteristisches</u> Prädikat der Relation bezeichnet.
Wir sagen s1, s2, usw. stehen in der Relation R.

einfaches Beispiel:
Das Wegenetz des BON-Modells wird aus sogenannten Streckenabschnitten
zusammengesetzt. Es wird mathematisch als Graph aus den Strecken-
abschnitten als Knoten und durch eine binäre (=zweistellige) Relation
"Nachfolger" zur Definition der Kanten beschrieben:
```
Netz := ( Streckenabschnitte,
          Nachfolger ⊂ Streckenabschnitte × Streckenabschnitte )
```
Da die Inzidenzabbildung bei dieser Definitionsart die identische
Abbildung der Nachfolgerrelation ist, wurde auf eine weitere Angabe
verzichtet.

1.3   Funktionen

Zur Definition einer Funktion sind zwei Teildefinitionen zu geben,
die Definition der Urbildsorte U und der Bildsorte B wird wie folgt
geschrieben:
```
f : U → B
```

Zur Definition der Werte gibt es vielfältige Möglichkeiten. Am
häufigsten werden die Aufzählung der Werte:

```
    f(u1)=b1, f(u2)=b2, usw
```
und die rekursive Definition mit Induktion benutzt:
```
    P1(u0,f(u0)) ∧ P2(u,u',f(u),f(u'))
```
Hier sind P1 und P2 Prädikate, u0 ist ein Startwert, u und u' sind aufeinanderfolgende Werte der Induktionsfolge.

Beispiel:
Für jeden Streckenabschnitt werde eine Fahrzeit eingegeben:
```
    Fahrzeit : Streckenabschnitte × Fahrzeitgruppe → Fahrzeiten
    Fahrzeit(s ∈ Streckenabschnitte, Fahrzeitgruppe) ∈ Fahrzeiten
```

Die Fahrzeit über einen Fahrweg soll sich aus der Summe der Fahrzeiten über seine Streckenabschnitte ergeben:
$$\text{Fahrzeit} : \text{Fahrwege} \times \text{Fahrzeitgruppe} \to N$$
$$\text{Fahrzeit}(f,g) = \sum_{i=1}^{n} \text{Fahrzeit}(s_i,g) \text{ mit } f = \langle\, s_i\, \rangle\ (i=1..n)$$
Die rekursive Definition dazu ergibt sich aus:
```
    Fahrzeit(<>,g) = 0
    Fahrzeit(fv * <s>,g) = Fahrzeit(fv,g) + Fahrzeit(s,g)
```
Dabei sei fv ∈ Fahrwege und s ∈ Streckenabschnitte. * ist ein Operator der Listen konkateniert, dessen Definition wie folgt rekursiv angegeben werden kann:
```
    <e1,...,en> * <> = <e1,...,en>
    <e1,...,en> * <x1,x2,...> = <e1,...,en,x1> * <x2,...>
```


1.4   Konsistenzbedingungen

Das Modell des BON-Systems umfaßt mehrere einander inhaltlich zusammenhängende Teilmodelle, die die gleichen Informationen für verschiedene Zwecke unterschiedlich beschreiben. Diese Informationen müssen inhaltlich konsistent sein. Die zu erfüllenden Konsistenzbedingungen werden mit Ausdrücken des Prädikatenkalküls formuliert: z.B.
```
    Fahrweg = < ..., a1, a2,... > ——→ Nachfolger(a1,a2)
```
in Worten: zwei in einem Fahrweg aufeinanderfolgende Streckenabschnitte a1 und a2 müssen in der Nachfolger-Relation der Netz-Definition zueinander stehen.

Eine andere Konsistenzbedingung soll z.B. definieren, daß das Netz der Fahrwege zyklisch geschlossen ist, so daß jeder Fahrweg selbst ein Zyklus ist, oder daß ein Fahrweg in Gegenrichtung existiert, mit dem zusammen ein Zyklus geschlossen wird:
```
    f1 ∈ Fahrwege ∧ f1 = < a1, ..., an>
    ——→ Nachfolger(an,a1)
      ∨ ( ∃ f2 ∈ Fahrwege :
            f2 = <b1, ..., bm>
```

  $\wedge$ Nachfolger(an,bl)

  $\wedge$ Nachfolger(bm,al))

2. Dynamische Modellelemente

Die in 1. eingeführten Modellelemente beschreiben eigentlich nur ein statisches Modell einer Problemstellung. Die in einem Modell benutzten Variablen sind interpretierbare Symbole, deren Wert-Interpretationen in das Modell konsistent eingesetzt werden müssen. Nur verschiedene Interpretationen des Gesamtmodells erlauben verschiedene Wertinterpretationen seiner variablen Symbole.

Ein dynamisches Verhalten zeichnet sich dadurch aus, daß zu verschiedenen Beobachtungszeitpunkten verschiedene Werte der Variablen sichtbar werden. Für solche dynamisch veränderlichen Modellelemente setzen wir Funktionen mit einem Zeitparameter ein.

Wir können Modelle mit kontinuierlicher Zeit (typisch durch Differentialgleichungssysteme beschrieben) und diskreter Zeit unterscheiden. Hier beschränken wir uns auf Systeme mit diskreter Zeit: Zwei Zeitpunkte t und t+1 folgen aufeinander. Die Differenz t2-t1 zweier Zeitangaben nennen wir "Schrittzahl zwischen t1 und t2".

Die Menge aller zeitabhängigen Modellelemente zusammengenommen nennen wir Zustandsprozeß Z(t) des Modells. Z(t1) für einen bestimmten Zeitpunkt t1 nennen wir "Zustand zum Zeitpunkt t1".

Das dynamische Verhalten eines Modells beschreiben wir in der Regel durch rekursive Definition des Zustandsprozesses Z(t) mit Induktion über die Zeit mithilfe von Prädikaten P1 und P2:

  P1(Z(0)) $\wedge$ P2(t,Z(t),Z(t+1))

Der Zustandsprozess ist nicht notwendig deterministisch. Es kann zu jedem Zustand Z(t1) mehrere (oder auch keine) "Folgezustände" Z(t1+1) geben.

Eine endliche Folge (Z(0),Z(1),Z(2),...,Z(te)), die das definierende Prädikat des Zustandsprozesses erfüllt, nennen wir eine Ausführung des Zustandsprozesses.

Als einfaches Beispiel geben wir den folgenden Standortverfolgungsprozess an: Als Zustandselemente werden

  - eine Wegmessung Δw

```
- eine Ortsangabe, bestehend aus
    Ort := ( s :∈ Streckenabschnitte
          , Position :∈ Weglängen )
- und ein Sollweg := < s ∈ Streckenabschnitte > eingesetzt.
```

Der Zustandsprozess wird damit folgendermaßen definiert:

```
 P1: Z(0).Ort.s = Z(0).Sollweg<1>
   ∧ Z(0).Ort.Position = 0
     Z(0).Sollweg soll durch einen Fahrplan definiert sein.
 P2: ( Z(t).Ort.Position + Z(t).Δw < Länge(Z(t).Ort.s
     ⟶ Z(t+1).Ort.Position = Z(t).Ort.Position + Z(t).Δw )
   ∧ ( Z(t).Ort.Position + Z(t).Δw ⩾ Länge(Z(t).Ort.s
     ⟶ Z(t+1).Ort.Position = Z(t).Ort.Position + Z(t).Δw
                           - Länge(Z(t).Ort.s)
     ∧ Z(t+1).Sollweg = Z(t).Sollweg<2,...>
     ∧ Z(t+1).Ort.s = Z(t+1).Sollweg<1> )
```

Unter der Konvention, daß die trivialen Gleichungen Z(t+1).x = Z(t).x
für Zustandsglieder x, die bei einem Schritt nicht verändert werden,
auch nicht aufgeschrieben werden, ist dies die Spezifikation eines
(stark vereinfachten) Standortverfolgungsprozesses.

3.   Erfahrungen mit formaler Problemspezifikation

Die formalisierte Spezifikation hat sich bei uns für die Detail-
bearbeitung bei der Modellierung komplexer Automatisierungsprobleme
bewährt. Zur Darstellung der Konzeption eines Modells werden
informelle, meist graphische Darstellungen nach wie vor eingesetzt,
weil mit ihnen die Grundelemente schneller vermittelt werden können.
Details müssen jedoch in einer exakten Form notiert werden. Für
diesen Zweck ist der geschilderte Kalkül unbeschränkt einsetzbar.

Andere Darstellungen sind teilweise günstiger, wenn es darum geht,
den Überblick über ein Modell zu gewinnen oder bestimmte Teilaspekte
zu prüfen. So werden von uns endliche Automaten, Petri-Netze,
Entscheidungstabellen und andere Darstellungen ergänzend benutzt. In
allen Fällen ist jedoch die Spezifikation im Prädikatenkalkül die
einzige alle Details umfassende Beschreibung.

Im einzelnen haben sich die Erweiterungen des Kalküls zum Gebrauch
der aus höheren Programmiersprachen bekannten Datenstrukturen bestens
bewährt. Nach der relational orientierten Analyse unbekannter
Problemstrukturen in einem ersten Schritt, hat sich der hierarchische
Aufbau der Informationsstrukturen mit Verbund und Listenstrukturen
schnell eingebürgert. Die Alternativstruktur (Obersorten-Definition)
erweist sich bei Strukturüberlegungen gegenüber den Strukturen der
verwendeten Programmiersprache (PEARL) als echter Fortschritt. Die

abstrakte objektbezogene Modellierung erfordert bei der Programmierung differenzierte Implementierungstechniken. Für die Objekte selbst müssen Speicherstrukturen aufgebaut werden. Die Objektnennungen müssen mit Pointer, Index usw -Strukturen mit teilweise mehrfachen Referenzstufen realisiert werden. Diese Techniken erfordern eine besondere Schulung, die nur Informatiker im Studium erfahren.

Die ausführliche Spezifikation von Konsistenzbedingungen zwischen verschiedenen Modellalternativen und -elementen hat erstmals in der Projektbearbeitung des BON-Projektes die Grundlagen einiger Akzeptanzprobleme aufdecken können, die an der "Sollvorgaben"-Benutzerschnittstelle auftraten. Die Spezifikation wurde kompliziert und detailreich, wo die Modelle für Benutzer unverständlich waren. Ein alternatives, semantisch weniger komplexes Modell wurde inzwischen entwickelt und steht zur Implementierung an.

Die Bearbeitung formaler Spezifikationen mit einem immerhin recht komfortablen Texteditor (mit dem auch dieser Bericht bearbeitet wurde) ist recht mühsam. Eine besser angepaßtes Editierwerkzeug wird dringend benötigt. Die Arbeiten daran wurden im Febr. 84 begonnen.

Der Nachweis der Widerspruchsfreiheit eines Modells ist insgesamt recht aufwendig. Eine Softwareunterstützung, z.B. mithilfe einer PROLOG-Implementierung /CMP81/ wird dringend benötigt. Erste Analysen der Integrationsperspektiven ergaben erhebliche Laufzeiten bei der Interpretation von PROLOG-Programmen bescheidener Größe, so daß auf dem Feld der Deduktionssoftware dringend Laufzeitverbesserungen erforderlich sind, um Spezifikationen von Modellen aus der praktischen Anwendung prüfen zu können. Ein anderer Aspekt der Interpretation einer Spezifikation durch PROLOG o.ä. ist der Einsatz als Prototypprogramm für die Problemlösung /SNU83/. Auch diese praktische Nutzung ist im derzeitigen Implementierungsstand nur eingeschränkt nutzbar.

Es zeichnet sich ab, daß gewisse Elemente in den Spezifikationen immer wieder in ähnlicher Form auftreten. Für diese wären Bibliothekssysteme zweckdienlich. Jedoch muß gleich gesagt werden, daß die Methoden, die zur Organistion von Programmbibliotheken u.ä. bekannt sind, hier nur beschränkt taugen. Die technischen Vorkehrungen der Expertensysteme sind geeigneter. Befriedigende Techniken müssen erst noch entwickelt werden.

4.   Ausblick

Der mehrsortige Prädikatenkalkül erster Ordnung ist als Schlussystem über strukturierte Datendefinitionen und zeitabhängige Funktionen für den praktischen Einsatz in der Automatisierungstechnik auch da geeignet, wo die anwendungsspezifischen Ingenieurtechniken nicht ausreichen. Durch die Kombination(smöglichkeit) der aus der Ingenieurmathematik bekannten Formelsysteme und der informatik-spezifischen Struktursprache im gleichen formalen System ergibt sich ein universelles Werkzeug.

Die Modellierung mithilfe des obigen Kalküls hat sich für die Problemanalyse bewährt. Für die übersichtliche Darstellung der Konzepte sind andere Mittel besser geeignet. Die gleiche Detail-genauigkeit kann durch kein anderes ähnlich universell einsetzbares Werkzeug erreicht werden.

Zum Einsatz einer solchen Spezifikationssprache ist eine Software-unterstützung zum Editieren der Spezifikationen, zum Prüfen der Konsistenz, zur Unterstützung beim Transformieren und Ableiten von Aussagen über das spezifizierte Modell unbedingt notwendig, deren Entwicklung erst am Anfang steht.

Literatur

/BON80/ Sonnenberg, Walter & Witte, Hans W.
         Projekt BON: Systemkonzept
         USTRA, Hannoversche Verkehrsbetriebe AG, 1981

/BON81/ Sonnenberg, Walter:
         Projekt BON: Grobkonzept der zentralen Software
         USTRA, Hannoversche Verkehrsbetriebe AG, 1981

/BON84/ Felz, Herbert und andere
         Das Betriebsleitsystem BON
         6 Aufsätze in Nahverkehr Hefte 1+2 1984

/CMP81/ Clocksin,William F. & Mellish, Christopher S.:
         Programming in PROLOG. Springer Verlag 1981

/DEU73/ Deussen, Peter: Kausale Operatoren
         Univ. Karlsruhe, Inst Informatik I, Int. Bericht 15-1973

/HAL28/ Hilbert & Ackermann: Grundzüge der theoretischen Logik,
        Springer Verlag 1928, 5.Aufl. 1956

/IFP83/ IF-PROLOG
        Interface AG, München 1983

/KRA83/ Krämer, Bernd:
        Stepwise Construction of Non-Sequential Software Systems
        using a Net-Based Specification Language
        GMD Birlinghoven 1983, Arbeitspapier #68

/KER82/ Keramidis, Sawwas : Eine Methode zur Spezifikation
        und korrekten Implementierung von asynchronen Systemen,
        Univ Erlangen IMMD Arbeitsberichte 15-4, 1982

/LLS68/ Lucas, P. & Lauer, P. & Stigleitner, H.
        Method and Notation for the Formal Definition
        of Programming Languages
        IBM Labor Wien 1968, TR 25.087

/PAR72/ Parnas, David L.
        A Technique for Software Module Specification with Examples,
        CACM 15-5, 1972, pp 330-336

/SMI38/ Schmidt, A. :
        Über deduktive Theorien mit mehreren Sorten von Grunddingen,
        Math. Ann. 115, 1938

/SKS83/ Schmidt, Heinz W.& Kreowski, Hans-Jörg
        Some Algebraic Concepts of a Petri-Net-Based Specification
        Language and their Initial Semantics.
        GMD Birlinghoven 1983, Arbeitspapier Nr.83

/SNU83/ Schnupp, Peter:
        PROLOG als Spezifikations- und Modellierungswerkzeug.
        Springer Verlag, IFB 74, 1983 pp 173-182

/WAL82/ Walther, Christoph :
        A Many-Sorted Calculus Based on Resolution and Paramodulation,
        Univ. Karlsruhe, Inst. Informatik I int.Bericht 34, 1982

/WEG72/ Wegner, Peter: The Vienna Definition Language
        ACM Comp Surveys 4-1 (3,72) pp 5-63

<u>Vollsynthese deutscher Sprache</u>

David S. Stall
AEG-TELEFUNKEN Forschungsinstitut
Sedanstr. 10, 7900 Ulm

Zusammenfassung:

Im ersten Teil des Vortrages wird ein kurzer allgemeiner Überblick
über die Vollsynthese von Sprachsignalen und über die Transkriptionsstra-
tegie des bei AEG-TELEFUNKEN entwickelten Vollsynthesesystems SPRAUS-VS
gegeben. Diese Strategie, die sich besonders für eine Sprache eignet,
die wie das Deutsche eine phonologische Rechtschreibung besitzt, beruht
auf einer mikrogrammatikalischer Zerlegung und Analyse der Wörter des
Eingabetextes. Im zweiten Teil des Vortrages werden einige der dafür benutzten Algorithmen näher beschrieben. Sie sind Erweiterungen des in der
Programmiersprache SNOBOL4 benutzten Abtaster-Algorithmus. Mit ihrer Hilfe kann man solche grammatikalischen Strukturen kompakt beschreiben, die
sich in der klassischen Backus-Naur-Form nur sehr umständlich ausdrücken
lassen.

1. <u>Einleitung</u>

Unter Vollsynthese versteht man
im engeren Sinne die Umwandlung eines beliebigen normalen orthographischen Textes in ein möglichst ver-
ständliches und natürliches akusti-
sches Sprachsignal - und zwar ohne
manuelle Eingriffe wie etwa die Angabe von Betonung oder syntaktischer
Gliederung. Ein solches Vollsynthese-
System ist das Sprachausgabesystem
SPRAUS-VS, das bei AEG-TELEFUNKEN
entwickelt wurde.

Bild 1 zeigt den allgemeinen Aufbau eines Vollsynthesesystems. Es
gliedert sich in drei Blöcke. Im ersten Block wird der orthographische
Text in eine Lautschrift umgewandelt.
Diese Lautschrift muß sowohl die Lau-

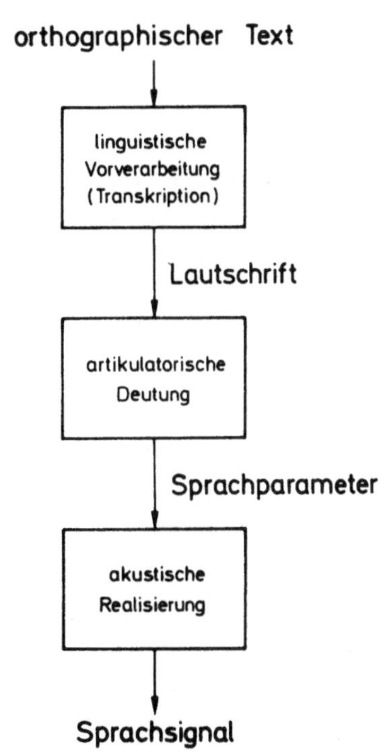

Bild 1: Aufbau eines Vollsynthesesystems

te als auch die Betonung jedes Wortes spezifizieren. Im idealen Fall
gibt sie auch noch die Satzprosodie an.

Im zweiten Block müssen aus den diskreten Laut- und Betonungsangaben
kontinuierliche Sprachparameter erzeugt werden. Dabei werden die prosodischen Parameter, Tonhöhe, Lautstärke und Vokallänge, getrennt von den
Lautspezifikationen gehalten. Letztere können zum Beispiel als Formanten
oder LPC-Koeffizienten angegeben werden. Die Hauptaufgabe dieses Teiles
ist die Gestaltung der Lautübergänge, die wesentlich zur Verständlich-
keit und Natürlichkeit beitragen.

Im letzten Block werden diese Sprachparameter in ein Sprachsignal umgewandelt. Dabei müssen die prosodischen bzw. langzeitigen Parameter mit
den kurzzeitigen Parametern zusammengesetzt werden. Die letzten beiden
Blöcke bilden zusammen einen sog. Phonemsynthetisator, wie zum Beispiel
den SAMT vom FTZ oder den VOTRAX, der im SPRAUS-VS verwendet wird.

2. Transkriptionsverfahren

Die Arbeiten bei AEG-TELEFUNKEN haben sich bisher weitgehend auf den
ersten Block, die linguistische Vorverarbeitung, beschränkt. Nach einen
kurzen Überblick über das in SPRAUS-VS angewandte Transkriptionsverfah-
ren sollen einige der dazu entwickelten Algorithmen näher erörtert werden, die möglicherweise auch in anderen Bereichen Anwendung finden können.

Das jetzige Transkriptionssystem läuft in Echtzeit auf einem Z8002-
Mikroprozessor mit einem 4 MHz Takt und belegt z.Z. ca. 62 KByte Speicher. Es erzeugt neben der Lautangabe und der Wortbetonung auch eine ru-
dimentäre Satzbetonung, die darin besteht, Funktionswörter in einem Satz
nicht zu betonen. Satzzeichen werden, sofern es der VOTRAX zuläßt, ausgewertet und in die Sprachmelodie eingebracht. Darüber hinaus werden
durch Zeilenende getrennte Wörter wieder richtig zusammengefügt unter
Berücksichtigung von Sonderfällen wie die Trennung von "ck". Tritt eine
Buchstabenkombination auf, die nach gängigen Regeln der deutschen Ortho-
graphie nicht aussprechbar ist, schaltet das Transkriptionssystem automatisch in einen Buchstabiermodus um.

Bei der Auswertung eines orthographischen Textes gibt es verschiedene
Informationsebenen. Auf der untersten Ebene stehen Einzelbuchstaben und
Buchstabengruppen, wie zum Beispiel "n", "f" oder "sch". Bei sehr einfachen Wörtern kann man die Aussprache aus solchen Gruppen ermitteln. Läßt
man immer längere Buchstabengruppen zu, so kann man im Prinzip die Aussprache aller Wörter bestimmen. Die Anzahl solcher Gruppen nimmt aber
gigantische Dimensionen an, und weder Wort- noch Satzbetonung können damit bestimmt werden.

Am anderen Ende des Spektrums steht die semantische Auswertung des Textes. So kann man zum Beispiel nur mit semantischer Information bestimmen, ob das Wort "Montage" als Fremdwort oder als Mehrzahl von "Montag" auszusprechen ist. Die Auswertung semantischer Information erfordert unter anderem ein vollständiges Lexikon.

Zwischen diesen beiden Extremen kann man die Wortsyntax und die Satzsyntax auswerten. In unserem System wird vorwiegend die Wortsyntax ausgewertet. Mit wortsyntaktischer Information können nicht nur die Laute, sondern auch die Betonung im Wort bestimmt werden - und dies mit einem relativ kleinen Lexikon. Das SPRAUS-VS-System enthält etwa 1600 lexikalische Einträge. Dieses Verfahren eignet sich besonders für die deutsche Rechtschreibung, die im wesentlichen nicht phonetisch, sondern phonologisch ist.

In Bild 2 sehen wir die beiden Wörter "Bevorzugung" und "Zugunglück" mit ähnlichen Buchstabenfolgen aber ganz verschiedenen Aussprachen. Im ersten Wort wird das "g" stimmhaft gesprochen, und das "ng" wird als ein Laut gesprochen. Im zweiten Wort werden das "g" stimmlos wie ein "k" und das "ng" als zwei getrennte Laute gesprochen. Diese Unterschiede in der Aussprache lassen sich nicht aus der unmittelbaren Umgebung der betreffenden Buchstaben ableiten, wohl aber aus der unterschiedlichen phonologischen Struktur.

In der zweiten Zeile sehen wir die phonologische Zerlegung der beiden Wörter. Bei diesen Wörtern würde man fast intuitiv auf diese Zerlegung kommen. Man sieht bereits, daß obwohl die Buchstabenfolge "zug" in beiden Wörtern dieselbe Struktur besitzt, die Folge "ung" zwei verschiedene Strukturen aufweist, was letztendlich die unterschiedliche Aussprache vom "ng" verursacht. Mit Hilfe dieser phonologischen Struktur kann man sowohl die Aussprache als auch die Betonung der meisten Wörter der deutschen Sprache bestimmen.

Bevorzugung

⟦◂be■vor-zug▸ung⟧	Zerlegung
⟦◂b̌ə■fo⁻r̂-ǘu⁻g̀▸ʔu⁻n̂⁻g̀⟧	Lautfunktionen
⟦◂b̌ə■fo⁻r̂-ǘu⁻g̀▸uˇn̊g̀⟧	
⟦◂b̌ə■fōr̂-ǘūg̀▸ŭn̊g⟧	
⟦◂b̌ə■fōr̂-ǘūg̀▸ŭn̊⟧	
⟦◂b̌ə■fōr̂-ǘūgŭn̊⟧	
b̌ə fōr̂ ǘū ǵŭn̊	Laute

Zugunglück

⟦-zug⟦!un-glück⟧	Zerlegung
⟦-ǘu⁻g̀⟧!ʔŭn̊-ǵlyˇk⟧	Lautfunktionen
⟦-ǘūg̀⟧!ʔŭn̊-ǵĺўk⟧	
⟦-ǘūk̀⟧!ʔŭn̊-ǵĺўk⟧	
ǘūk̀ ʔŭn̊ ǵĺўk	Laute

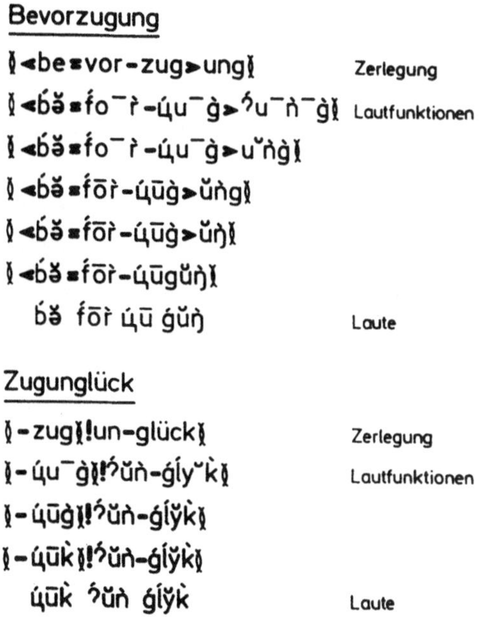

Bild 2: Beispiele des Einflusses der phonologischen Struktur auf die Aussprache

In Bild 3 ist die allgemeine Vorgehensweise dargestellt. Zunächst wird
jedes Wort aus dem Eingabetext nach phonologischen Gesichtspunkten zerlegt.
Diese Art der Zerlegung ist deutlich von
der üblichen semantischen Zerlegung zu
unterscheiden. Semantisch betrachtet
bildet das Wort "Bruder" einen einzigen
Morph, der nicht weiter zerlegt werden
kann. Das Wort "Spieler" dagegen enthält
zwei Morphe, nämlich den Stamm "Spiel"
und die Endung "er". Phonologisch betrachtet kann man aber "Bruder" genauso
in den Stamm "Brud" und die Endung "er"
aufteilen. Daß dieser Stamm "Brud" keine
Bedeutung hat, ist völlig belanglos. Die
Endung "er" verhält sich phonologisch in
beiden Wörtern gleich.

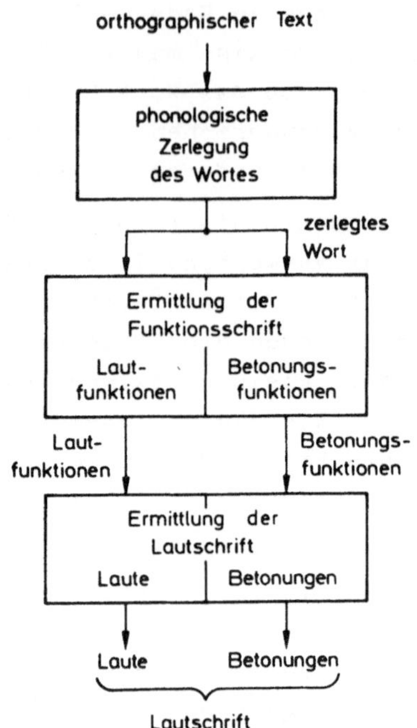

Bild 3: Transkriptions-
verfahren

Im zweiten Schritt wird aus dem zerlegten Wort eine Funktionsschrift ermittelt. Diese ist eine Vorstufe zur Laut-
schrift und besteht aus einer Lautzeile und einer Betonungszeile. In der
Lautzeile werden Lautfunktionen zur späteren Bestimmung der Laute und in
der Betonungszeile zur Bestimmung der Betonungsfunktionen abgelegt.

Im letzten Schritt wird die Funktionsschrift in die Lautschrift mit
Hilfe von mehreren kontextabhängigen Transformationen umgewandelt. Diese
Transformationen haben die allgemeine Form

$$A \ X \ B \longrightarrow A \ Y \ B$$

wobei A, B, X und Y im allgemeinen Klassen von Laut- oder Betonungsfunktionen sind. Anschließend wird die Lautschrift, die aus Lauten und Beto-
nungen besteht, in die phonetische Schrift für den Synthetisator umgewandelt.

Die phonologischen Elemente der Zerlegung in Bild 2 heißen "Gliedketten". Die fett gedruckten Sonderzeichen geben die "Gattung" jeder Gliedkette an. Die Gliedkette "zug" ist z.B. ein Stamm, was durch den Strich
"-" angegeben wird. Das ">" bedeutet Nachsilbe. Im jetzigen System sind
21 verschiedene Gattungen vorgesehen. Aus der Zerlegung in Zeile 2 wird
rein tabellarisch die Funktionsschrift ermittelt. Die Lautfunktionen sehen wir in Zeile 3 des Bildes. Diese Tabelle ist relativ klein, da im
allgemeinen die einzelnen Buchstaben oder kleinere Buchstabengruppen wie
"ck" direkt umgesetzt werden. Die Gattungen gehen zunächst auch in die

Funktionsschrift ein. Weiter gilt, daß Gliedketten mit gleichem Inhalt und Gattung - wie das "-zug" im Bild - die gleichen Lautfunktionen erzeugen, obwohl das "g" in den beiden Beispielen schließlich unterschiedlich gesprochen wird.

In den weiteren Zeilen sind die kontextabhängigen Transformationen in komprimierter Form dargestellt. Das Aus-G "ǧ" in "-zug" wird im Wort "Bevorzugung" zu einem An-G "ǵ", das an die folgende Silbe angehängt wird, weil auf das "ǧ" eine Nachsilbe (Gattung ">") folgt, die mit einem Selbstlaut beginnt. Im Wort "Zugunglück" folgt zwar auf das "g" auch ein Selbstlaut, aber die phonologische Struktur sieht ganz anders aus. Auf das Aus-G "ǧ" in der Funktionsschrift folgt keine Nachsilbe, sondern eine Teilwortgrenze "∮". Unter diesen Umständen wird das Aus-G "ǧ" zu einem Aus-K "ǩ". Da die Folge "ung" unterschiedlich zerlegt wurde, ist es nicht verwunderlich, daß die daraus resultierenden Laute anders sind. Insbesondere gibt es eine Transformation, die bei bestimmten Gattungen das "ňǧ" in "ŋ̇" umwandelt. Das "ň-ǵ" im Wort "Zugunglück" erfüllt diese Voraussetzung nicht.

3. Der Abtaster-Algorithmus

Die Algorithmen zur Wortzerlegung lassen sich als formale "Mikrogrammatik" beschreiben, die man in erster Annäherung in einer erweiterten Backus-Naur-Form (EBNF) darstellen kann. In Bild 4 ist eine extrem vereinfachte Version dieser Mikrogrammatik dargestellt. Demnach besteht ein Wort (W) aus einem oder mehreren Teilwörtern (TW). Ein Teilwort besteht aus einer Stammgruppe 1. Art (SG1), vor der wahlweise eine Stammgruppe 2. Art (SG2) stehen darf. Vor dem Ganzen dürfen ein oder mehrere Stämme 4. Art (S4) wahlweise stehen. Eine Stammgruppe 2. Art ist ein Stamm 2. Art (S2), vor dem wahlweise eine Vorsilbe 2. Art (V2) und nach dem eine Endung (E) stehen kann. Eine Stammgruppe 1. Art ist ein Stamm 1. Art (S1), vor dem wahlweise eine Vorsilbe 1. Art (V1) stehen darf und nach dem wahlweise eine oder mehrere Nachsilben (N) oder Endungen (E) stehen dürfen, oder sie ist ein Fremdstamm (FS), vor dem wahlweise bis zu zwei Präfixe (P) und nach dem wahlweise beliebig viele Suffixe (X) oder Endungen (E) stehen dürfen.

$$W \ \ ::= \ \llbracket TW \rrbracket_{1-\infty}$$

$$TW \ \ ::= \ \llbracket S4 \rrbracket_{0-\infty} \ \llbracket SG2 \rrbracket_{0-1} \ SG1$$

$$SG2 \ \ ::= \ \llbracket V2 \rrbracket_{0-1} \ S2 \ \llbracket E \rrbracket_{0-1}$$

$$SG1 \ \ ::= \ \llbracket V1 \rrbracket_{0-1} \ S1 \ \llbracket N \mid E \rrbracket_{0-\infty}$$
$$\mid \ \llbracket P \rrbracket_{0-2} \ FS \ \llbracket X \mid E \rrbracket_{0-\infty}$$

Bild 4: Mikrogrammatik in Kurzform

Die Gattungen V1, V2, P, S2, S4, N, E und X werden tabellarisch erfaßt. Diese Tabellen enthalten - zusammen mit einer Reihe weiterer Gattungen, die hier nicht gezeigt werden - rund 1600 Einträge. Die beiden Gattungen S1 und FS sind zahlenmäßig zu groß, um tabellarisch erfaßt zu werden. Sie werden deswegen in An-, In- und Ausgruppen weiter zerlegt, was hier nicht gezeigt ist.

In Bild 5 sehen wir eine typische Produktionsregel, auch "Muster" genannt. Sie besteht aus Alternativen und Verkettungen. Die Elemente A bis E seien vorläufig einfache Zeichenketten. Darunter ist die Datenstruktur für dieses Muster dargestellt, wie solche Muster im SPRAUS-VS-System implementiert sind. Jeder Knoten hat zwei Zeiger. Alternativen werden über ihre ODR-Zeiger miteinander verbunden. Die letzte Alternative hat einen leeren ODR-Zeiger. Die UND-Zeiger aller Alternativen verweisen auf das erste Element der nächsten Alternativengruppe. Die UND-Zeiger der letzten Alternativengruppe sind leer.

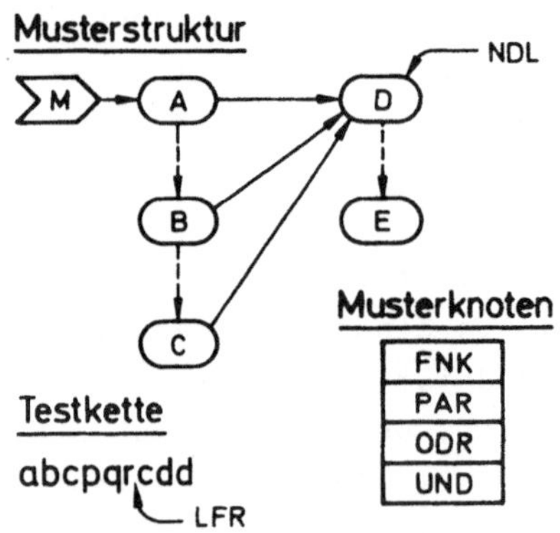

Bild 5: Muster und dazugehörige
Musterstruktur

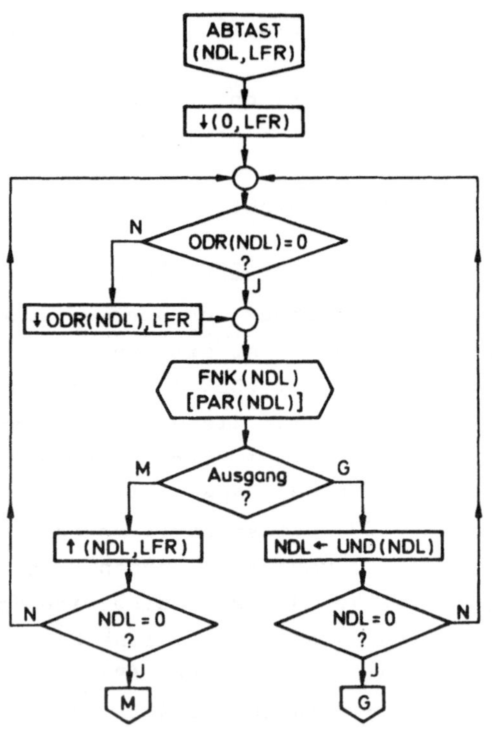

Bild 6: Flußdiagramm des Abtaster-Algorithmus

Der Grundalgorithmus, der feststellt, ob eine Testkette (das zu zerlegende Wort) eine im Muster (d.h. in der Mikrogrammatik) beschriebene Teilkette enthält, benötigt zwei Zeiger: einen Läufer (LFR), der angibt, wo in der Testkette momentan geprüft werden werden soll, und eine Nadel (NDL), die den aktuellen Knoten im Muster angibt. In Bild 6 ist dieser Algorithmus graphisch dargestellt. Der Kern dieses Abtaster-Algorithmus besteht darin, Alternativen, soweit vorhanden, vorher einzukellern, ehe der Kettenvergleich des Knotens stattfindet, und beim Mißlingen des Kettenvergleichs die letzte Alternative auszukellern. Mit diesem Kellermechanismus können auch weiter zurückliegende Alternativen probiert werden, wenn der Abtaster-Algorithmus in eine Sackgasse gerät.

Ein Kellereintrag besteht aus einem Nadel-Läufer-Paare (NDL,LFR). Die
Nadel ist der ODR-Zeiger, der Läufer ist die Position in der Testkette,
wo der Kettenvergleich stattfinden wird. Am Eingang wird ein leerer Nadelwert (NDL = 0) mit dem Läufer eingekellert. Er markiert den Anfang
des Kellers. Wenn dieser Nadelwert wieder ausgekellert wird, gibt es
keine Alternativen mehr. Gelingt der Kettenvergleich (im Bild 6 mit
FNK(NDL)[PAR(NDL)] dargestellt), wird der Läufer um die Länge dieser
Kette erhöht: im anderen Fall nicht. Wie aus dem Bild ersichtlich wird
beim Gelingen (G) die Nadel über den UND-Zeiger auf den nächsten Knoten
gesetzt, beim Mißlingen (M) wird die nächste Alternative ausgekellert.
Dieser Vorgang wird so lange wiederholt, bis entweder kein Folgeknoten
(UND-Zeiger) mehr oder keine Alternative mehr (Keller leer) vorhanden
ist. Im ersteren Fall springt der Abtaster in gelungenem Zustand, im
letzteren Fall in mißlungenem Zustand zurück. Verallgemeinert kann ein
Musterknoten statt eines Kettenvergleichs eine beliebige Testfunktion
(im weiteren Musterfunktion genannt) spezifizieren, was im Musterknoten
mit dem FNK-Verweis auf die Musterfunktion und dem PAR-Verweis auf einen
evtl. Parameter angegeben wird.

Um eine Wortzerlegung zu bewerkstelligen, wird neben dem bisherigen
Musterkeller (MST) für die Alternativen ein Gliedkeller (GLD) eingeführt.
Die Musterfunktion für Kettenvergleich wird dahingehend erweitert, daß
sie beim erfolgreichen Vergleich die Gliedkette mit Gattung in GLD ein-
kellert und eine Pseudoalternative in MST absetzt. Bei einer Sackgasse
wird zuerst diese Pseudoalternative und dann erst die nächste echte Alternative ausgekellert. Diese Pseudoalternative ist ein Musterknoten ohne ODR-Zeiger. Die dazugehörige Musterfunktion kellert die letzte Gliedkette aus GLD heraus und mißlingt. Dadurch wird dann die nächste echte
Alternative ausgekellert und geprüft, als ob vorher nichts geschehen wäre
Dieser Abtaster-Algorithmus sowie das Einkellern von Pseudoalternativen
wurden aus der Programmiersprache SNOBOL4 übernommen. Im folgenden werden einige Erweiterungen zu diesem Grundalgorithmus beschrieben.

Einschränkungen der Form "Muster A, _es sei denn_, Muster B" lassen sich
mit entsprechend gestalteten Musterfunktionen leicht implementieren. Damit läßt sich z.B. der Inhalt des Gliedkellers (GLD) auf unzulässige Kombinationen überprüfen. Solche Formulierungen lassen sich in der klassischen BNF-Struktur nur sehr umständlich und speicheraufwendig ausdrücken.

4. Tabellen

Wegen der tabellarischen Erfassung vieler Gliedketten kommt es häufig
vor, daß längere Listen abgesucht werden müssen. Dabei ist es durchaus
möglich, daß in einem gegebenen Kontext über 200 verschiedene Gliedket-

ten zulässig sind. Je nachdem welche Gliedkette paßt, wird ein anderer
Folgeknoten oder Alternativengruppe geprüft. Das Muster M in Bild 7
schildert diese Situation. In Bild 7a ist die entsprechende Musterstruktur dargestellt. Wie man sieht, muß in dieser Form jede Gliedkette der
Liste als Knoten dargestellt werden. Dies ist erstens sehr speicheraufwendig und zweitens sehr langsam, weil für jede Gliedkette der Abtaster
und die Musterfunktion durchlaufen werden müssen. Für den Fall, daß keine Gliedkette paßt oder daß eine (wie z.B. A im Bild) zwar paßt aber das
richtige Folgeelement (X im Bild) fehlt, werden nach dem bisherigen Abtaster-Algorithmus sämtliche Gliedketten trotzdem geprüft. Dieser Fall
tritt in der Praxis sehr häufig auf.

Sofern die Gliedketten einer Liste nicht Teilketten voneinander sind
- was auch vorkommt -, schließen sie sich gegenseitig aus. Paßt etwa die
Kette A im Bild 7a, aber darauf folgt kein X, so kommen die Ketten B bis
F nur dann als Alternativen in Frage, wenn sie weder Ober- noch Teilketten von A sind. Würde man die Gliedketten alphbetisch ordnen, so bräuch-
te man nur so lange suchen, bis eine Gliedkette der Liste lexikalisch
größer ist als die Testkette. Diesen Sachverhalt zeigt Bild 7b, in dem
die Gliedketten einer Tabelle mit
der Testkette "hinkommen" verglichen werden. Die Tabelle muß nur
bis zum Eintrag "=hint" durchsucht
werden. Dabei werden drei mögliche
Kandidaten festgestellt: "=hin",
"/hin" und "-hink". Wie dieses Beispiel zeigt, kann eine Kette (wie
"hin") mehreren Gattungen angehören.

Eine Lösung dieser Probleme besteht darin, einen neuen Tabellenknoten und eine entsprechende neue
Musterfunktion MTAB einzuführen.
Wie Bild 7c zeigt, wird die Alternativengruppe in Bild 7a zu einem
Knoten mit mehrfachen UND-Zeigern
konsolidiert. Bild 7d zeigt die
Struktur eines solchen Knotens. Der
FNK-Verweis zeigt auf die Musterfunktion MTAB, der PAR-Verweis
zeigt auf eine Tabelle, wie der
Auszug in Bild 7b. Musterfunktionen müssen jetzt nicht nur angeben,

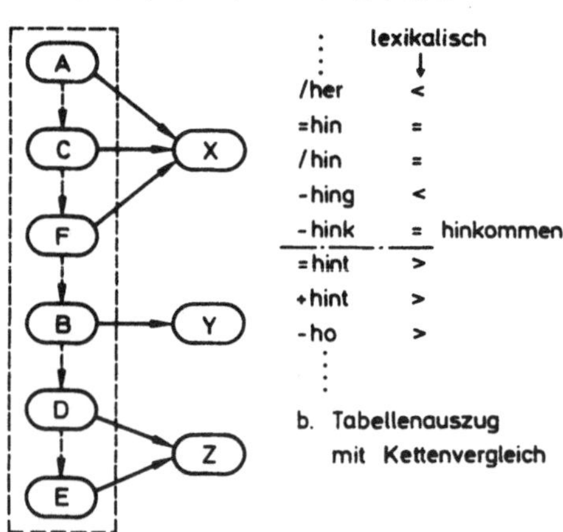

a. Musterstruktur
   für Muster M

b. Tabellenauszug
   mit Kettenvergleich

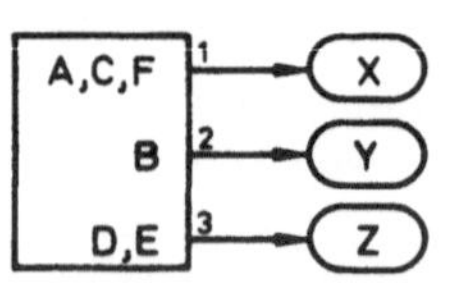

c. Tabellenknoten mit mehrfachen UND-Verweisen

d. Knoten-
   struktur

Bild 7: Tabellenstrukturen

ob die Prüfung gelingt oder mißlingt, sondern sie müssen im Falle des Gelingens auch noch die relative UND-Nummer (1, 2, 3 usw.) an den Abtaster zurückmelden. Dieser kann dann mit Hilfe der Nadelposition den neuen Knoten ermitteln (s. Bild 6 an der Stelle "NDL <-- UND(NDL)"). Für den Normalfall, daß es nur einen UND-Zeiger gibt, wird die UND-Nummer im Abtaster auf 1 voreingestellt, damit sie nicht von jeder Musterfunktion explizit gesetzt werden muß.

Die Musterfunktion MTAB muß nicht nur eine Tabelle durchsuchen und, falls etwas gefunden wird, die entsprechende Gliedkette in GLD einkellern, sie muß auch die internen Alternativen verwalten und dafür sorgen, daß sie zuerst probiert werden, ehe eine evtl. Alternative zum Tabellenknoten untersucht wird. In den Musterkeller MST werden zunächst eine Null und dann die einzelnen Kandidaten bzw. Zeiger darauf eingekellert. Die Null dient als Anfangsmerkmal dieser internen Alternativenliste. Wenn die Suche abgeschlossen ist, wird der letzte Eintrag ausgekellert. Ist er leer, meldet MTAB dem Abtaster "mißlungen" zurück. In diesem Fall bleibt MST beim Rücksprung aus MTAB unverändert. Ist der Eintrag nicht leer, wird er in den Gliedkeller GLD eingekellert. Dann wird eine Pseudoalternative in MST abgelegt - wie bei der Musterfunktion für Kettenvergleich. Diese Pseudoalternative wird zuerst ausgekellert, ehe die interne Alternativenliste erreicht wird. Die Musterfunktion MTABW für diese Pseudoalternative, die ein Eingangspunkt in die Hauptroutine MTAB ist, kellert nun die letzte Gliedkette aus GLD aus und vergißt sie. Dann kellert sie die nächste interne Alternative aus MST aus und verfährt anschließend wie in der Hauptroutine MTAB. Beim gelungenen Verlassen wird die Pseudoalternative in MST wieder eingekellert. Beim mißlungenen Verlassen ist der Musterkeller MST wieder geräumt. So werden alle internen Alternativen zuerst probiert (im Bild 6b sind das "-hink", "/hin" und "=hin" in dieser Reihenfolge), ehe eine evtl. externe Alternative probiert wird.

Um die Tabellensuche zu beschleunigen, kann man einen Index für die Anfangsbuchstaben in der Tabelle anlegen. In Bild 6b beginnt die Testkette mit "h": so braucht die Tabelle erst ab dem Punkt abgesucht zu werden, wo die Gliedketten mit "h" beginnen. Da die Tabellen in der Praxis bezüglich der Anfangsbuchstaben der Gliedketten relativ gleichmäßig verteilt sind, bringt eine solche Indizierung große Rechenzeitersparnisse. Andere, schnellere Suchverfahren wie die Hash-Kodierung können hier nicht angewandt werden, weil mehrere Gliedketten passen können - wie im Bild - und weil die Testkette nach hinten nicht abgegrenzt ist.

5. Der Schiedsrichter-Algorithmus

Der oben beschriebene Abtaster-Algorithmus - auch mit den bereits erwähnten Erweiterungen mit Einschränkungen und Tabellen - ist durch einen
zentralen Punkt gekennzeichnet: Nur ein Alternativenzweig kann auf einmal geprüft werden. Eine weitere Alternative kann erst dann untersucht
werden, wenn die vorhergehende unwiederbringlich vorworfen wird, was
durch Auskellern aus MST und GLD geschieht. Ein solcher Alternativen-
wechsel kann z.B. durch eine Einschränkung hervorgerufen werden. Inhaltlich besagt eine solche Einschränkung: Wenn die folgende Bedingung nicht
erfüllt ist, kann diese Alternative nicht stimmen. Gerade bei natürlichen Sprachen, die sich - im Gegensatz zu künstlichen Sprachen wie FOR-
TRAN - nicht ohne weiteres in einer grammatikalisch eindeutigen Form darstellen lassen, möchte man eine "weiche" Einschränkung formulieren können, etwa in der Form: Wenn die folgende Bedingung nicht erfüllt ist,
ist diese Alternative unwahrscheinlich. Und häufig ist es zweckmäßig,
zwei oder mehrere Alternativen zuerst aufzustellen und aufgrund eines
Bewertungsmaßes miteinander zuvergleichen, ehe man sich für die eine
entscheidet.

Der Schiedsrichter-Algorithmus ermöglicht es, mehrere Alternativen
quasi gleichzeitig zu verfolgen. Er besteht aus mehreren Teilen. Zunächst
wird jeder Gliedkette ein "Wertinkrement" zugeordnet, das ein Unwahrscheinlichkeitsmaß darstellt. Je höher der Wert, desto unwahrscheinli-
cher die Gliedkette. Das Unwahrscheinlichkeitsmaß eines Alternativen-
zweiges ist die Summe der Werte der Gliedketten. Dieser akkumulierte
Zweigwert wird mit jeder Gliedkette in GLD eingekellert. Zwei neue Mu-
sterknotentypen werden eingeführt, Weichenknoten und Schiedsrichterknoten, sowie die entsprechenden Musterfunktionen MWCH (<u>Weiche</u>) und MRCT
(<u>Schiedsrichter</u>). Diese neuen Knotenarten und Musterfunktionen werden
vom Abtaster formal genau so behandelt wie alle anderen Knotenarten und
Musterfunktionen. Als letztes muß die Kellerstruktur erweitert werden.

Die Geschichte eines Zweiges wird in den beiden Kellern MST und GLD
abgelegt. Will man mehrere Zweige verfolgen, so müssen die beiden Keller
ab jeder Weichenstelle aufgespalten werden. In Bild 8a sehen wir eine
Situation, in der vier Alternativenzweige - im folgenden Großalternativen genannt - offen stehen. Das Bild zeigt eine hypothetische gespaltene
Kellerstruktur. Die Weichenstellen werden zur Identifizierung mit Buchstaben versehen. Die mit Nummern versehenen Kreise stellen den Zweigwert
an einer Stelle dar, wo ein Schiedsrichterknoten in der Musterstruktur
durchlaufen wurde. Da das Entscheidungskriterium, die min-Funktion, kom-
mutativ und assoziativ ist, genügt es, nur zwei Zweige auf einmal aktiv
zu verfolgen. Diese Zweige werden Haupt- und Nebenzweig genannt. Demnach

werden 4 Keller benötigt: zwei Musterkeller und zwei Gliedkeller. Dazu
kommt noch ein fünfter Keller, der
Variantenkeller VARKLR, der die Naht-
stellen verwaltet, wo ein Zweig sich
spaltet.

In Bild 8bcd kann man den sequen-
ziellen Werdegang des Abtasters verfolgen, der ein Muster mit einer in
Bild 8a dargestellte Struktur abta-
stet. Wenn der Abtaster einen Schiedsrichterknoten begegnet und die entsprechende Musterfunktion MRCT auf-
ruft, wird eine von vier Aktionen vorgenommen:

1. Die jetzige Großalternative wird
   fortgesetzt.

2. Die aktive Großalternative im anderen Zweig wird fortgesetzt, und
   die jetzige wird deaktiviert.

3. Eine Entscheidung wird getroffen,
   und die gewählte Alternative (mit

   dem kleineren Wert) liegt im selben Zweig wie ihre dazugehörige
   Weiche. Die andere Alternative und
   die Weiche werden gelöscht.

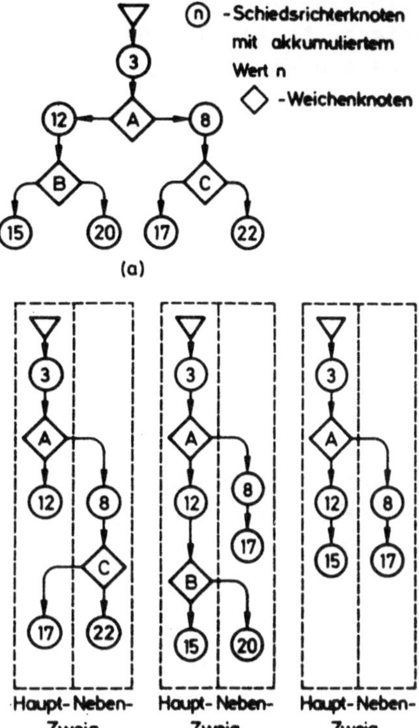

Bild 8: Kellerstruktur für
Schiedsrichter-
Algorithmus

4. Eine Entscheidung wird getroffen, und die gewählte Alternative liegt
   im anderen Zweig als ihre dazugehörige Weiche. Die andere Alternative
   wird gelöscht, die gewählte Alternative wird in den anderen Zweig um
   gespeichert, und die Weiche wird gelöscht.

Bei einer Entscheidung wird die Information im Variantenkeller VARKLR benutzt, um zu entscheiden, ob Aktion 3 oder 4 ausgeführt wird. Wenn eine
neue Großalternative durch eine Weiche eröffnet wird, wird die letzte
Großalternative im selben Zweig "eingemottet". Wird eine Entscheidung
getroffen (Aktion 3 oder 4), wird eine frühere Großalternative freigelegt, und der Schiedsrichter entscheidet von neuem, welche der vier Aktionen auszuführen ist. Dieser Vorgang wird so lange fortgesetzt, bis
Aktion 1 oder 2 gewählt wird. Die Kriterien dafür, welche Aktion der
Schiedsrichter ausführt, können je nach Anwendung ziemlich frei gestaltet werden.

In Bild 8b wurden die Einträge in folgender Reihenfolge in den beiden Zweigen (Kellerpaaren) abgelegt: 3, A, 12, 8, C, 22, 17. Bei den Knoten 3 und 8 wurde Aktion 1 ausgeführt, bei den Knoten 12 und 22 Aktion 2, bei 17 schießlich Aktion 4. Daraufhin wird Zweig 12 freigelegt und Aktion 2 ausgeführt. In Bild 8c wird durch Weiche B ein weiterer Zweig aufgemacht, und beim Schiedsrichterknoten 20 wird Aktion 3 ausgeführt. Das Ergebnis zeigt Bild 8d. Danach wird Aktion 3 wiederholt, womit Weiche A und Zweig 8-17 gelöscht werden. Schießlich wird die Musterfunktion MRCT mit Aktion 1 verlassen.

Im Transkriptionsystem SPRAUS-VS wird Aktion 3 oder 4 im allgemeinen erst dann unternommen, wenn der Läufer in beiden Großalternativen an derselben Stelle im Testwort steht. Wird keine der beiden Großalternativen gewählt, wird die Analyse bei der kürzeren fortgesetzt, d.h. bei der mit dem kleineren Läuferwert. Auch die Bewertung der Großalternativen kann im Prinzip beliebig gestaltet werden. Bei der Mikrogrammatik in SPRAUS-VS stellt es sich heraus, daß im allgemeinen eine Zerlegung um so wahrscheinlicher ist, je weniger Teilwörter sie besitzt und je weniger Gliedketten ein Teilwort besitzt. Dementsprechend werden Teilwortgrenzen "0" mit 500 (Straf-)Punkten, und Stämme mit etwa 100 Punkten belegt. Anhängsel wie Vor- und Nachsilben, die nur im Zusammenhang mit Stämmen vorkommen können, werden belohnt, indem sie mit negativen Werten belegt werden.

Der hier beschriebene Schiedsrichter-Algorithmus hat gewisse Ähnlichkeiten mit dem Viterbi-Algorithmus, unterscheidet sich jedoch in mehreren Punkten deutlich von diesem. Der Viterbi-Algorithmus geht davon aus, daß die Bewertung einer Alternative über mehrere vorher festgelegte Stationen läuft, zwischen denen es jeweils mehrere Wege mit unterschiedlichen Werten gibt. Die Bewertung läuft geradeaus ohne Sackgassen von Station zu Station. Diese Stationen entsprächen am ehesten den Läuferpositionen in der Testkette. Die Wege wären die Musterknoten. Über verschiedene Wege (d.h. Großalternativen) laufen die Läuferpositionen nur gelegentlich zusammen. Außerdem kann eine Entscheidung (Aktion 3 oder 4) getroffen werden, ohne daß die Läuferpositionen der beiden Großalternativen gleich sind. Die Weglänge zweier Großalternativen - gemessen an der Menge der Einträge in die beiden Keller - ist im allgemeinen unterschiedlich. Beim Viterbi-Algorithmus müssen je nach Struktur die Zustände über mehrere Wege gleichzeitig parat gehalten werden, während beim Schiedsrichter-Algorithmus nur jeweils zwei aktive Großalternativen verfügbar sein müssen, was eine wesentliche Vereinfachung der Kellerstrukturen zur Folge hat.

6. Abschluß

Die hier beschriebenen Algorithmen ermöglichen eine formale grammatikalische Analyse, die weit über die üblichen BNF-Beschreibung hinausgeht.
Obwohl diese Prinzipien zunächst für das Gebiet der Wortzerlegung gedacht
waren, lassen sie sich auch auf anderen Gebiete anwenden, wo die vorgegebene grammatikalische Struktur nicht ohne weiteres "sauber" beschrieben
werden kann, wie beispielsweise bei der semantischen Analyse natürlicher
Sprachen.

Literatur

1. Fritz Class, Helmut Mangold, David Stall, Rainer Zelinski
   Erkennen und Verarbeiten von Mustern.
   Drittes Datenverarbeitungsprogramm der Bundesregierung,
   Abschlußbericht DV 5805/5, April 1981

2. Ralph E. Griswold
   The Macro Inplementation of SNOBOL4.
   W. H. Freeman and Co., San Francisco, 1972

3. S. F. Gimpel
   A Theory of Discrete Patterns and Their Implementation in SNOBOL4.
   Comm. ACM 16, pp. 91-100

Personal-Computer für die msr-Technik im industriellen Prüffeld und Labor

K.-D. Strauß, J.U. Varchmin
Institut für Grundlagen der Elektrotechnik und elektrische Meßtechnik
Hans-Sommer-Straße 66
3300 Braunschweig

Abstract

Der vorliegende Beitrag beschäftigt sich mit der Applikation von Personal-Computern (PC's) in Systemen der msr-Technik. Dabei wird zunächst auf den heute typischen Ausrüstungsstand von PC's eingegangen und daraus folgende Entwicklungen in der Anwendung aufgezeigt. Nach der Besprechung von Kriterien für den Einsatz von PC's in der msr-Technik, wird dieser anhand von zwei realisierten Beispielen vorgestellt. Dabei handelt es sich um Systeme, die neben der Meßgrößenerfassung an Prüfobjekten, auch die parametrische Vorgabe von Randbedingungen für den Prüfablauf ermöglichen. Abschließend wird der derzeitige Stand von msr-Systemen mit PC-Unterstützung betrachtet und eine mögliche Entwicklung aufgezeigt.

1 Einleitung

Die uns allen bekannten Personal-Computer - kurz PC's - waren zunächst als persönliches Werkzeug des Sachbearbeiters und des Managers gedacht Dies ist an den zahlreichen Programmen zur Textverarbeitung, zur Informationsdarstellung und zur Buchhaltung zu erkennen und auch an der internen Struktur einiger PC s. Schon sehr früh wurde der PC für wissenschaftlich-technische Anwendungen entdeckt und ist heute aus diesem Bereich nicht mehr wegzudenken. Der Anteil dieses Marktsegments am weltweiten Umsatz der PC's beträgt ziemlich konstant 15% (Bild 1.1).

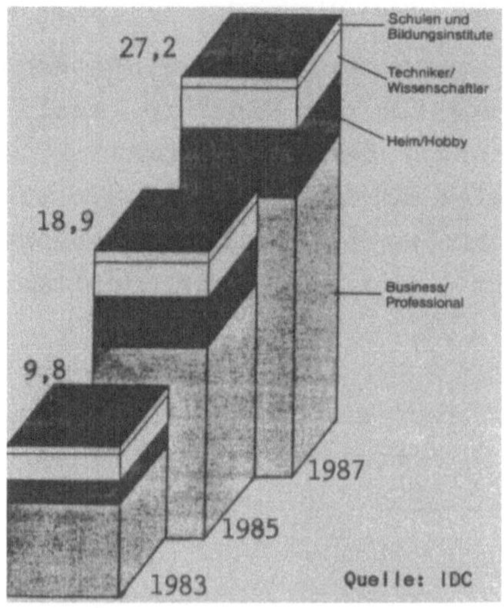

Bild 1.1   Weltweiter PC-Umsatz
In Milliarden US$

Das sich zunehmend verbreiternde Anwenderpotential führte zu einer Evolution bei den PC's in Hinblick auf die Struktur und die Verfügbarkeit von Hard- und Softwareprodukten. Auf der Hardwareseite besitzen PC's zunehmend einen internen Systembus, der auch dem Anwender zur Verfügung steht. Die Auswahl eines Rechnersystems ist damit eng verzahnt mit der Frage nach der erforderlichen und verfügbaren Prozessperipherie. Seitens der Software sind Echtzeitbetriebssysteme lieferbar, und darunter auch solche für Multitasking-Anwendung.

Damit ist in der wissenschaftlich-technischen Anwendung der Weg des PC's vom "personal computer" zum "personal instrument" vorgezeichnet. Dabei übernimmt der PC in der Hand des Technikers oder Ingenieurs die verschiedensten Aufgaben, die durch die Einfügung entsprechender "add-in's" oder "add-on's" festgelegt werden. Die Einführung derartiger "workstations" ist in der Hard- und Softwareentwicklung bereits vollzogen, und wird sich für Aufgaben im msr-Gebiet fortsetzen. Die systematische Realisierung solcher "workstations" zeigt Bild 1.2 am Beispiel der Logikanalyse und -emulation.

Wenn hier im weiteren von PC's zur Lösung von msr-Aufgaben gesprochen wird, so ist anzumerken, daß der Übergang zu anderen digitalen Prozesssystem fließend ist.

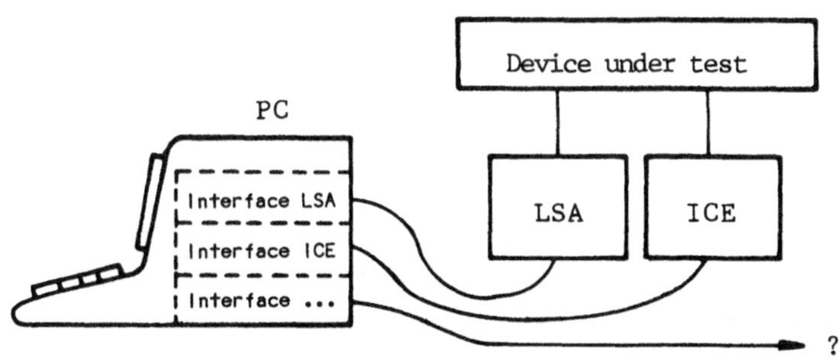

Bild 1.2

"workstation"-Konzept
eines Hard- und Softwareentwicklungs-
platzes

2 Der Personal-Computer in msr-Systemen

Wurden msr-Aufgaben bislang mit zum Teil mehreren autarken Systemen
-eben für die Messung, für die Steuerung und für die Regelung- realisiert, so lassen sich heute für die gleichen Aufgaben zunehmend PC's
einsetzen. Dedizierte Systeme mit digitaler Struktur und rom-resi-
denter Software oder auch analoger Struktur werden weiterhin unverzichtbar bleiben, wo dies die Prozessdynamik oder die Wirtschaftlichkeit fordert.

Die Gründe für den Einsatz von PC's sind in der flexibleren Handhabung
und in der Leistungsfähigkeit zu sehen. Die Kriterien für den Einsatz
eines PC's als zentrales Werkzeug sollen hier in unbedingte und bedingte Kriterien unterteilt werden:

unbedingte Kriterien:
- häufig variierende Aufgabenstellungen,
- interaktiv zu kontrollierende Abläufe,
- große zu verarbeitende und zu speichernde Datenmengen,
- Zugriff auf systemfremde Dateien.

bedingte Kriterien:
- Zugriff mehrere Steuerungen/ Regelkreise auf gemeinsame Meßdaten,
- Ablauf mehrerer unabhängige Steuerungen/ Regelungen in einer Anlage,
- Optimierung extrem langsamer Prüfabläufe,
- Vereinfachung personalintensiver Prüfungen.

Nachdem die Kriterien für den Einsatz von PC's allgemein betrachtet
wurden, bleibt zu klären, wie ein System auszusehen hat, um auf eine
msr-Aufgabe optimal angepaßt zu sein. Eine entscheidende Frage ist die
nach der Prozessdynamik. Seitens der Meßtechnik sind hier folgende
Konfigurationen zu unterscheiden:

- PC mit Digitalmultimeter $(\ldots 10^1$ Messungen/ s$)$,
- PC mit integriertem AD-Umsetzer $(\ldots 10^4$ Messungen/ s$)$,
- PC mit Transientenrecorder $(\ldots 10^7$ Messungen/ s$)$.

Auf der regelungstechnischen Seite sind unter dem gleichen Aspekt
Regelkreise und Steuerungen unter Umständen an geeignetere Einheiten
-z. B. schnelle Signalprozessoren- zu delegieren.

3   Beispiele für msr-Systeme im industriellen Prüffeld und Labor

Im weiteren sollen zwei msr-Systemkonfigurationen für Prozesse mit mittlerer bis langsamer Dynamik besprochen werden. Obgleich ihnen die Verwendung eines PC's als zentrales Element gemeinsam ist, bestehen konzeptionelle Unterschiede in dessen Verwendung. Im ersten Fall realisiert der PC online die komplette Systemsteuerung von der Meßdatenerfassung, über die Steuerung/ Regelung bis zur Datenauswertung und bleibt währenddessen stets mit dem System verbunden.

Im Fall zwei hingegen nimmt der PC nur Offline-Funktionen wahr; nämlich die Konfigurierung einer Meß- und Steuereinheit und die Auswertung der damit erfaßten Meßwerte. Die Prozessverantwortung wird von der intelligenten Meß- und Steuereinheit übernommen. Bei Verzicht auf den Funktionsblock Steuerung/ Regelung ergibt sich der einfache Fall eines konfigurierbaren, portablen Datenerfassungssystems. Unter Verwendung eines geeigneten Schutzgefäßes und bei gezielter Systemauslegung auf geringen Strombedarf kann ein derartiges Datenerfassungssystem auch als Meßsonde in meßfeindlicher Umgebung betrieben werden. Eine Kombination beider Systeme ist dort, wo die Langzeitüberwachung eines Prozesses mit mittlerer Dynamik gleichzeitig mit einer aufwendigen online Interpretation und Darstellung der Meßdaten gefordert ist.

3.1 Anwendungsbeispiel zur Online-Auswertung

Betrachtet werden soll zunächst das System, das den PC zur Online-Datenerfassung und Steuerung enthält; es erhielt von uns die Bezeichnung 'USUS', wobei diese vier Buchstaben für universelles scannen und steuern stehen. Eingesetzt wird dieses System für die Automatisierung im industriellen Prüffeld, wobei folgende Aufgaben bereits realisiert wurden:

- Kennlinienerfassung von Bauelementen und Baugruppen,
  (Messungen im Klimaschrank bei gleichzeitiger
  Steuerung und Regelung des Klimaschrankes.),
- Dauerprüfung elektrischer Maschinen
  (Haushaltsmaschinen, Hebezeuge),
- Dauerprüfung elektromechanischer Schaltwerke
  (Zeitschalt- und Steuerwerke für Industrie
  und Haushaltsmaschinen).

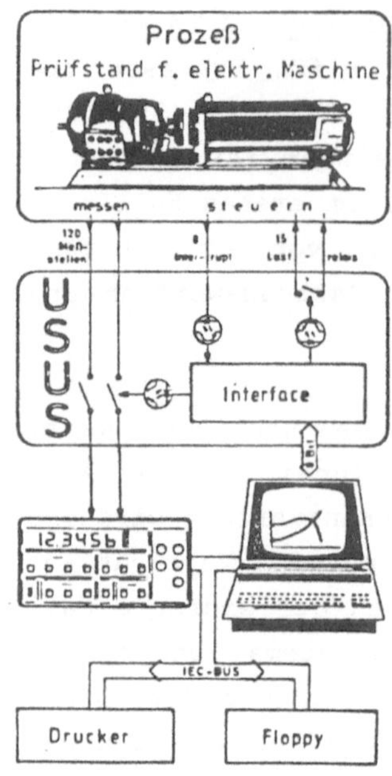

Bild 3.1.1
Anwendungsbeispiel automatisierter Motorenprüfstand mit dem System USUS

Bild 3.1.1 zeigt die Realisierung des Meß- und Steuersystems USUS. Bislang wurden von uns 8-Bit-PC's mit den üblichen Peripheriegeräten (Drucker, Plotter, Floppy, Graphikzusatz) eingesetzt und die Schnittstellen IEC-bus und 8-Bit-Parallelport verwendet. Das Interface zum Prozess ist das USUS-Steuergerät, das über die Parallelschnittstelle mit dem PC kommuniziert.

In der typischen Konfiguration bedient sich USUS zur Meßgrößenumsetzung eines Digitalmultimeters, das über den IEC-Bus fernsteuerbar ist. Diese Entscheidung ist sowohl in Hinblick auf die Meßgrößen, die in unterschiedlichster Form in Erscheinung treten, als auch in Hinblick auf die typische Meßdynamik sinnvoll. Die Auswahl der Meßstellen (max. 120) und die Durchschaltung auf das Digitalmulti- wird programmgesteuert von dem PC vorgegeben und mit dem USUS-Gerät ausgeführt.

Neben der Erfassung von Meßgrößen zählt die Vorgabe von Randbedingungen zu den Aufgabenstellungen im Prüffeld. Diese werden ebenfalls durch den PC vorgegeben und von USUS ausgeführt. Dazu stehen mehrere Einschübe mit Signal- und Leistungsausgängen (max. 15) zur Verfügung. Zusätzlich existieren acht Kanäle zur Gefahrenmeldung, die über Interrupt entsprechende Service-Programme zur Ausführung bringen.

Welche Funktionen der automatische Prüfstand wahrnehmen soll, ist in dem speziellen Versuchsprogramm, das im Dialog mit dem Betriebsprogramm entsteht, festgelegt. Die Hardware des Prüfstandes setzt sich aus standardisierten Einschüben zusammen und kann leicht auf geänderte Anforderungen angepaßt werden.

Die Kosten für einen derartigen, automatisierten Prüfstand, der einschließlich einer Netzentstörung in einem fahrbaren 19"-Laborgestell unterbracht ist, liegen -ohne spezielle Softwareentwicklung- im Bereich von 20...25 TDM.

Besondere Vorteile eines derartigen, automatisierten Prüfstandes sind
in der Flexibilität und der Möglichkeit zur interaktiven Ablaufkon-
trolle zu sehen. Zudem sind Effektivitätssteigerung möglich, wenn vorgesehene Prüfvorgänge nicht nur starr abgefahren, sondern dynamisch
aufgrund der Meßwerte geändert werden.

Der Erfolg von adaptiven Prüfungen tritt deutlich bei Prüfobjekten mit
sehr geringer Dynamik zutage, und ist in Bild 3.1.2 dargestellt.

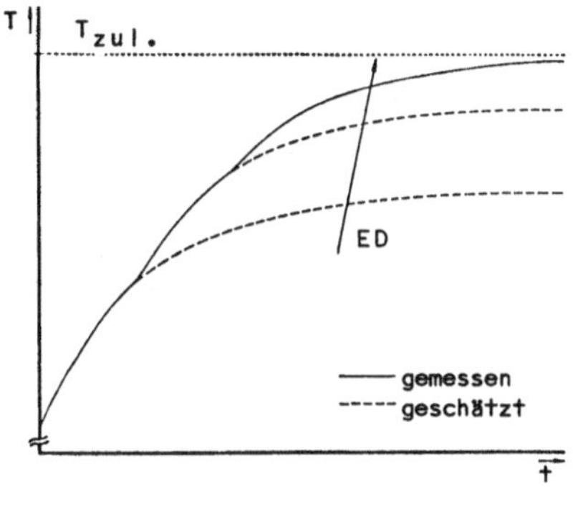

Hier kann nach wenigen Messungen durch Trendanalyse der Endwert einer Meßgröße vorherbestimmt werden, um daraufhin die Prüfparameter dynamisch zu verschärfen oder zu mildern. Damit sind sehr schnell die Parameter zu finden, die für den speziellen Prüfling die Genzwerte darstellen. Die Auswertungsmöglichkeit der Einzelprüfungen zur Fertigungsoptimierung und zur Bestandsaktualisierung sei nur beispielhaft für die Leistungsfähigkeit solcher Systeme genannt.

Bild 3.1.2 Verkürzung der Prüfzeit durch Hochrechnung der Meßgröße

3.2 Anwendungsbeispiel zur Offline-Auswertung

Als weiteres Beispiel soll ein msr-System vorgestellt werden, das sich
zwar eines PC's bedient, aber über eine eigene integrierte Intelligenz
verfügt, um die ihm zugewiesenen Aufgaben auch in Abwesenheit des PC's
auszuführen. Eine derartige Konfiguration wie sie Bild 3.2.1 zeigt ist
in der Lage, Messungen fernab des Rechnerstandortes durchzuführen und
bei Langzeitmessungen den Rechner für andere Anwendungen freizugeben.
Der PC wird dabei zunächst als komfortables Bedienungselement zur Konfigurierung des Systems und später zur Datenauswertung und -darstel-
lung benutzt. Dieses konfigurierbare Meßdatenerfassungssystem soll im
weiteren UNILOGG genannt werden.

Anwendung findet ein derartiges System dort, wo der Einsatz eines
Rechners am Meßort unerwünscht oder unmöglich ist. Die Gründe dafür
können gegeben sein durch:

- beschränkte Räumlichkeit am Meßort,
- beschränkte Energieversorgungsmöglichkeit,
- PC-feindliche Meßumgebung,
- Mobilität des Meßobjekts,
- Fernmessung,
- Langzeitaufzeichnung.

Durch die Auslegung der Hardware mit eigenem Analog-Digital-Umsetzer stößt dieses System vor in den mittleren Dynamikbereich mit Abtastraten bis zu 10.000 Abtastungen/ Sekunde. Durch einen integrierten Zeitgeber können andererseits Langzeitaufzeichnungen mit beliebig geringen Abtastraten erzielt werden. Durch entsprechende Definition des Betriebsprogrammes können einzelne Meßkanäle zu beliebigen Zeiten abgetastet werden. Bei verringerter Meßdynamik ist das System in der Lage zwischen den Abtastungen steuerungs- oder regelungstechnische Aufgaben wahrzunehmen.

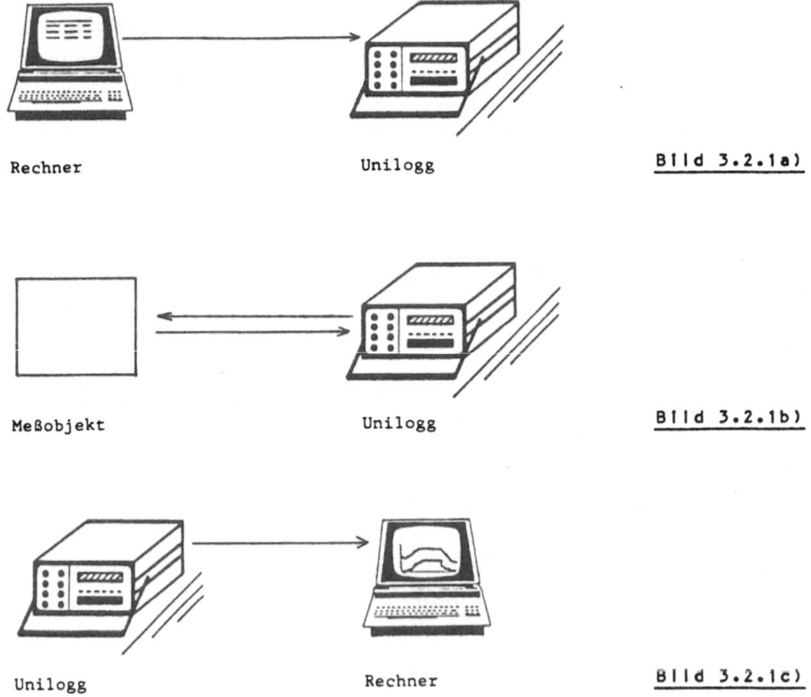

Bild 3.2.1   Realisierung einer msr-Aufgabe mit dem System UNILOGG

    a) Konfigurierung am Rechnerstandort
    b) Erfassung der Meßdaten und Steuerung
       des Prüflings am Meßplatz
    c) Auswertung der Meßdaten am Rechner

Im Gegensatz zu dem System USUS aus dem ersten Beispiel steht hier ein vergleichsweise geringer Speicherplatz für Meßwerte zur Verfügung, sodaß je nach Aufgabenstellung geeignete Datenkompressionsverfahren Anwendung finden. Andererseits können bei ständig verfügbarem PC die während eines Versuchs anfallenden Meßdaten auch online zur Speicherung und Aufbereitung übergeben werden.

Auch das System UNILOGG kann durch Einschübe hardwareseitig an spezielle Meßprobleme angepaßt werden. Solche Einschübe betreffen die Übernahme bereits digitalisierter Meßdaten, die Online-Auswertung und Darstellung von Meßdaten in analoger und digitaler Form, die Ansteuerung von Schrittschaltmotoren, die Datensicherung bei Versorgungsspannungsausfall, u. s. w.. Abhängig von seiner äußeren Gestalt kann das Gerät UNILOGG bis zu 16 solcher Einschübe aufnehmen. Die Kosten liegen dabei für eine mit USUS vergleichbare Ausrüstung in der gleichen Größenordnung.

4   Programmierung von msr-Systemen

Nachdem im Vorangegangenen die Kriterien und die Realisierung der Hardware besprochen wurden, ist nun die Frage nach der Programmierung von msr-Systemen zu stellen. Zu fordern ist selbstverständlich eine optimale Ausnutzung der Hardware, aber auch ein optimaler Bedienungskomfort für den Anwender. Dieser wird üblicherweise durch ein interaktives Dialogprogramm gegeben, wobei sich für umfangreiche Dialoge die Vorgabe von Tabellen bewährt hat. Diese werden nach Abschluß der Erstellung oder Modifizierung automatisch auf Plausibilität überprüft. Außerdem hat sich die Help-Funktion bewährt, die dem Anwender an jeder Stelle des Dialogprogramms Auskunft über die gerade zulässigen Eingaben gibt.

Als Beispiel für die Programmierung eines msr-Systems wird im folgenden das Betriebsprogramm des Systems USUS vorgestellt.

4.1 Realisierung eines msr-Betriebsprogramms am Beispiel USUS

Die Software des Systems USUS besteht aus einem fünfteiligen Programmsystem mit gemeinsamen Dateien.

1. Programm

Dateneingabe zur Beschreibung des Prüflings und Erzeugung der Datei
"PRUEFLNG.nnn".

2. Programm

Dateneingabe zur Festlegung des Meß- und Steuerablaufs und Erzeugung
der Dateien "MESSPROG.nnn" und "STEUERPR.nnn" (Bild 4.1.1).

3. Programm

Durchführung der Test- und Basismessungen.

Testmessung: Jeder Meß- und Steuerkreis kann aktiviert werden. Die
               Ergebnisse werden nur angezeigt.

Basismessung: Die Meßergebnisse werden in der Datei "BASISMES.nnn" ab-
               gelegt und stehen als Bezugsgrößen für spätere Messungen
               zur Verfügung.

4. Programm

Automatische Steuerung des Prüfstandes mit Meßdatenerfassung und Erzeugung der Datei "MESSDATA.nnn".

5. Programm

Auswertung der Meßergebnisse und Ausgabe von Protokollen und Dia-
grammen.

Die ersten vier Programme sind Standardprogramme für jede Problemstellung. Dabei sind die Programme 1...3 in Basic geschrieben, während
Teile von Programm 4 in Assembler geschrieben sind, um den zeitkritischen Anforderungen gerecht zu werden. Lediglich Programm 5 muß für
jede Aufgabenstellung neu erstellt oder angepaßt werden. Alle Programme sind dialoggeführt und über ein Menü anwählbar.

Die beschriebene Programmstruktur läßt sich überall dort erfolgreich
einsetzen, wo
- während der Meßdatenerfassung Grenzwerte zu überwachen und daraufhin Steuerungsentscheidungen zu treffen sind,
- Grenzwertsignalgeber (Temperaturwächter, Endschalter, o. ä.) bestimmte Messungen oder Steuerungen auslösen sollen.

Bei den bisher von uns verwendeten 8-Bit-PC's mußten für Spezialauf-
gaben, wie z. B. für die in Abschnitt 3.1 beschriebene Trendanalyse,
neue Meß- und Steuerprogramme geschrieben werden. Die neue Generation
der 16-Bit-PC's erlaubt hier mit den Multitasking-Betriebssystemen
eine wesentlich vereinfachtere Anpassung, da Spezialprogramme nicht
mehr fester Bestandteil der Betriebsprogramme der msr-Systeme sein
müssen. Lediglich die Einbindung der Spezialprogramme und deren Zugriff auf die notwendigen Dateien muß vorgesehen sein.

Bild 4.1.1a)

```
   (A) = AC-Volt   (D) = DC-Volt   (O) = Ohm   (E) = Ende

   M.-Rel. (119)  (D)M.Zeit( 4)  St.-Rel.(15)  Grenzwert(200.5)  Inta ( )
   ------------------------------------------------------------------------
 0 M.-Rel.?( 10)  (D)M.Zeit( )   St.-Rel.( )   Grenzwert(     )  Inta ( )
 1 M.-Rel.?( 11)  (A)M.Zeit( )   St.-Rel.( )   Grenzwert(     )  Inta ( )
 2 M.-Rel.?( 12)  (O)M.Zeit( )   St.-Rel.( )   Grenzwert(     )  Inta ( )
 3 M.-Rel.?( 13)  (D)M.Zeit( 4)  St.-Rel.( )   Grenzwert(     )  Inta ( )
 4 M.-Rel.?( 14)  (D)M.Zeit( )   St.-Rel.( 5)  Grenzwert(  2.5)  Inta ( )
 5 M.-Rel.?( 15)  (D)M.Zeit( )   St.-Rel.( )   Grenzwert(     )  Inta (1)
 6 M.-Rel.?( 16)  (A)M.Zeit( )   St.-Rel.( 6)  Grenzwert(     )  Inta (2)
 7 M.-Rel.?(E  )  ( )M.Zeit( )   St.-Rel.( )   Grenzwert(     )  Inta ( )
```

<u>Zeile 0:</u> Meßrelais Nr. 10 mißt Gleichspannung (DC)

<u>Zeile 1:</u> Meßrelais Nr. 11 mißt Wechselspannung (AC)

<u>Zeile 2:</u> Meßrelais Nr. 12 mißt Widerstand   (Ohm)

<u>Zeile 3:</u> Meßrelais Nr. 13 mißt DC, wobei das DMM erst 4s
             (0....99 programmierbar) nach Aufschalten der
             Meßgröße getriggert wird.

<u>Zeile 4:</u> Meßrelais Nr. 14 mißt DC und schaltet Steuerrelais Nr. 5 ein,
             wenn der gemessene Wert größer als 2,5 Volt ist.

<u>Zeile 5:</u> Meßrelais Nr. 15 mißt DC nur dann, wenn Interrupt 1
             akzeptiert (INTA) wurde.

<u>Zeile 6:</u> Meßrelais Nr. 16 mißt AC nur dann, wenn Interrupt 2
             akzeptiert wurde und schaltet Steuerrelais 6 ein.

<u>Zeile 7:</u> Ende der Meßprogrammierung.

Bild 4.1.1b)

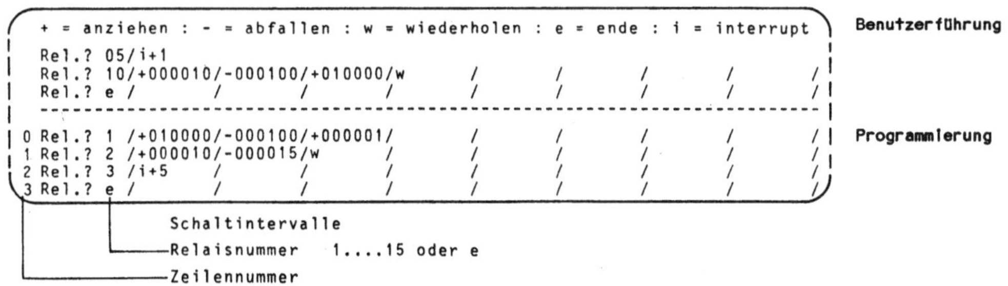

```
   + = anziehen : - = abfallen : w = wiederholen : e = ende : i = interrupt
   Rel.? 05/i+1
   Rel.? 10/+000010/-000100/+010000/w      /        /        /        /       /
   Rel.? e /       /        /        /        /        /        /        /
   --------------------------------------------------------------------------
 0 Rel.? 1 /+010000/-000100/+000001/        /        /        /        /       /
 1 Rel.? 2 /+000010/-000015/w        /        /        /        /        /       /
 2 Rel.? 3 /i+5       /        /        /        /        /        /        /
 3 Rel.? e /        /        /        /        /        /        /        /
```

    └──────────── Schaltintervalle
     └──────────Relaisnummer   1....15 oder e
    └─────────────Zeilennummer

<u>Zeile 1:</u> Einfache Steuerung; Relais Nr. 1 schaltet für eine Stunde ein, schaltet aus für
         eine Minute und wieder ein für eine Sekunde. Danach bleibt Relais ausgeschaltet.

<u>Zeile 2:</u> Relais 2 wird in zyklischer Wiederholung für 10s ein- und für 15s ausgeschaltet.

<u>Zeile 3:</u> Relais 3 wird eingeschaltet, wenn an Interrupt- Eingang 5 ein Signal ansteht.

<u>Zeile 4:</u> Ende der Steuerprogrammierung.

<u>**Bild 4.1.1**</u>   **Programmierung des Meß- Steuerablaufs des Systems USUS**

               a) Programmierung der Meßbedingungen
               b) Programmierung der Steuerungen

5   Entwicklung von msr-Systemen und Tendenzen

Dank vorangeschrittener Standardisierung der Schnittstellen und der gestiegenen Verfügbarkeit von Prozessperipherie ist es heute möglich, viele Aufgaben im industriellen Prüffeld und im Labor hardwareseitig durch die reine Zusammenstellung von geeigneten Komponenten zu realisieren. Die Steuerung derartiger Systeme durch geeignete Betriebsprogramme ist jedoch in den Anforderungen derart differenziert, daß in den meisten Fällen nicht auf standardisierte Software zurückgegriffen werden kann. Für die Zukunft versprechen hier Multitasking-Betriebssysteme, mit deren Hilfe bestehende Betriebssoftware von msr-Systemen relativ einfach erweitert werden kann, eine Verbesserung. Andererseits ist das Marktvolumen, obgleich im Steigen begriffen, noch zu gering, als daß in absehbarer Zeit eine Standardisierung der Betriebsprogramme zu erwarten wäre. Damit bleiben msr-Systeme -zumindest auf der Software- zugeschnittene Lösungen, und somit relativ entwicklungsintensiv und teuer.

Literaturverzeichnis

Böhme, W.   Entwicklungstrends der Automatisierungstechnik
                        Regelungstechnische Praxis, H.10, 1983, S.400

Urbach, W.   Einflüsse der Mikroelektronik auf die Meß- und
                        Automatisierungstechnik
                        Regelungstechnische Praxis, H.10, 1983, S.397

Reichel, H.   Personal Computer im Industrieeinsatz
                        Der Elektroniker, H.9, 1983, S.20

Cordes, H.   Universal-Schaltsysteme mit IEC-BUS-Steuerung
                        Elektronik 1980 (29. Jg), H.14, S.77

Benning, O.   Einsatzmöglichkeiten einer Vielstellenmeßanlage
                        in einer experimentellen Spannungsanalyse
                        messen+prüfen 1981 (17. Jg), H. 4, S.214

Hahnenkamp, W.   Einsatz einer rechnergestützten Steuerungs-
                        und Meßanlage bei Bauteileuntersuchungen
                        im konstruktiven Ingenieurbau
                        INTERKAMA-Kurse 09.10.1980, Sonderdruck Peekel-
                        Instruments, Essen

Emschernann, H.H.   Temperaturmessung in Durchlauföfen mit dem EFH-
Fuhrmann, B.   Meßwertspeicherverfahren
Huhnke, D.   Gas-Wärme International, 28 (1979), H. 6/7, S.411

DEUTSCHES FORSCHUNGSNETZ (DFN) - EINE ANWENDUNGSORIENTIERTE ENTWICKLUNG VON KOMMUNIKATIONSDIENSTEN

K. Ullmann/DFN-Verein

c/o Hahn-Meitner-Institut

Glienicker Str. 100

1000 Berlin 39

ZUSAMMENFASSUNG

Erste Planungen für ein überregionales Datenkommunikationsnetz im Wissenschaftsbereich begannen im Jahre 1982. In mehreren Treffen von ad hoc gebildeten Arbeitskreisen wurde eine Grobplanung für die nunmehr "Deutsches Forschungsnetz" (DFN) benannte Kommunikationsinfrastruktur niedergelegt. Konkrete, vom BMFT geförderte Arbeiten an dem Projekt begannen Mitte 1983.

Im folgenden soll dargestellt werden, welche technischen Definitionen dem Vorhaben zu Grunde liegen. Ferner wird beschrieben, wie die Einbindung von Nutzern erfolgt und wie Betriebsfragen gelöst sind oder gelöst werden sollen. Schließlich wird auf die Einbettung des Deutschen Forschungsnetzes in internationale Aktivitäten eingegangen, und es wird die Organisation des Vorhabens skizziert, bevor abschließend der aktuelle Stand der Arbeiten im DFN referiert wird.

I. ZUR TECHNISCHEN AUSPRÄGUNG DES DFN

DIENSTE UND DEREN REALISIERUNGEN

Das DFN ist gedacht als überregionales Kommunikationsnetz für den Wisseschaftsbereich. Es wird für den Nutzer als eine Menge von Kommunikationsdienstleistungen sichtbar. Es sind im wesentlichen die Dienste

- Dialog (Zugang zu Time-Sharing-Systemen),
- Filetransfer (Transfer von Daten zwischen zwei Filesystemen),

- Jobtransfer (Transfer von Jobs/Output über das Netz),
- Nachrichtentransfer (Rechnergestütztes Mailing),
- Graphische Kommunikationsdienste.

Die Realisierung dieser Dienste erfolgt in Endgeräten. Endgeräte in diesem Sinne sind z.B. Großrechenanlagen, einfache Terminals oder Arbeitsstationen (PC). Der Transfer der Information zum jeweiligen Ziel erfolgt über eine recht variable (Sub-) Infrastruktur. Diese Transferinfrastruktur stellt sich im Bereich von privaten Betreibern u.a. durch Local Area Networks (LAN) - z.B. Ethernet - oder durch private Netze dar - hier spielen die auf der X.25-Empfehlung der Postgesellschaften basierenden Netze eine herausragende Rolle. Im Bereich der von der Post betriebenen Infrastruktur ist das X.25-Netz (in Deutschland DATEX-P) von besonderer Bedeutung für das DFN.

In der folgenden Abbildung ist dieses technische DFN-Szenario skizziert.

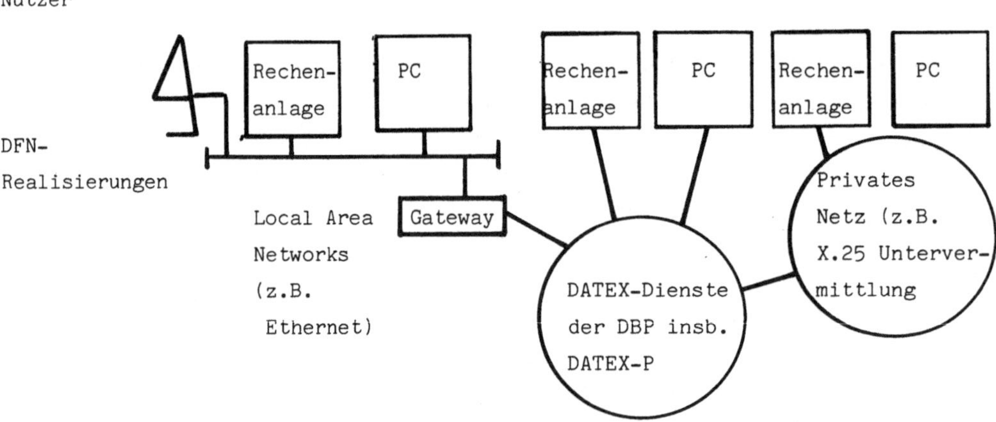

Abb. 1: Technisches DFN-Szenario

Die Realisierungen der Dienstleistungen für die Nutzer und die zu Grunde liegende Infrastruktur werden nach dem Strukturierungskonzept der International Organisation for Standardisation (ISO), dem sog. Sieben-Schichten-Modell, gegliedert. In diesem Modell werden die "Transferinfrastruktur" den Ebenen 1-5 und die Nutzer-Dienste den Ebenen 6,7 zugeordnet.

Die folgende Tabelle 1 enthält die für das DFN festgeschriebenen Spezifikationen
(mit Hinweis auf entsprechende ISO/CCITT Dokumente (wo vorhanden)) der Ebenen 1-7
für die eingangs erwähnten Dienstleistungen (ohne LAN-Ebenen 1,2).

```
-----------------------------------------------------------------------------
Dienst                  Kommunikationsarchitektur           Bemerkungen
                        nach Dok. von
-----------------------------------------------------------------------------
Dialog                  CCITT     (X.3/X.28/X.29)                -
Filetransfer            DFN                                 Zwischenlösung
Jobtransfer             PIX-RJE                              Zwischenlösung
Nachrichtentr.          CCITT     (X.400 ff.)                    -
Graph. Kommunikation    DFN                                 Zwischenlösung
Session-Dienst          ISO       (BAS)                          -
Transportdienst         ISO       (Class 0)                      -
Netzdienst              CCITT     (X.25)                         -
-----------------------------------------------------------------------------
```

<u>Tabelle 1</u>: DFN-Protokollarchitektur (1. Generation)

Diese Festlegungen (sog. Protokolldefinitionen) gelten für die 1. Generation der
DFN-Anschlüsse. Sie sind für <u>alle</u> Entwicklungen verbindlich und in einem Protokollhandbuch festgeschrieben. Es ist erklärtes Ziel des DFN, diese Definitionen in weiteren Generationen dem Stand der internationalen Normung anzupassen (s.a. Abschnitt über Standardisierung).

Die gemäß Tabelle 1 definierten Dienstleistungen werden auf einer Reihe von Endge-
rätetypen realisiert. Die Kompatibilität der Entwicklungen mit den technischen Protokollspezifikationen wird über wohldefinierte Abnahmeprozeduren (Certification)
sichergestellt. Alle Einzelrealisierungen sind in einem Entwicklungsplan technisch, finanziell und zeitlich beschrieben. Zu den an das DFN angeschlossenen Anla-
gentypen gehören neben den Rechnerfamilien der "klassischen" Rechenzentrumsumgebun-
gen (Siemens, IBM, DEC, CDC etc.) künftig auch mehr PC-orientierte Systeme wie zum
Beispiel UNIX-Anlagen. Ferner werden im DFN auch Pilotrealisierungen von DFN-Diensten (im Sinne der Tabelle 1) in LAN-Umgebungen (z.B. File-Server) durchgeführt.
Die Motivation dafür ist die wachsende Tendenz zur Dezentralisierung bei der Bereitstellung von Datenverarbeitungsleistung in wissenschaftlichen Einrichtungen.
Vom DFN her liegt der Schwerpunkt der Arbeiten in der Bereitstellung von DFN-Kom-
munikationsdiensten beim Endnutzer.

BEDEUTUNG DER STANDARDISIERUNG FÜR DAS DFN

Für DFN-Entwicklungen gibt es eine zentrale Richtlinie, die für die "ingenieurs-
mäßige" Durchführung von wesentlicher Bedeutung ist:
Es sollen immer dort, wo es möglich ist, Herstellerprodukte verwendet werden, und
es sollen so viele Produkte wie möglich gemeinsam mit Herstellern (Softwarehäuser
oder Anlagenhersteller) entwickelt werden.
Diese Richtlinie ist von der DFN-Seite aus Gründen einer vernünftig organisierten
Pflege und Wartung der DFN-Teilsysteme festgelegt werden (s.a. Abschnitt über DFN-
Betrieb). Durch den rasch fortschreitenden Prozeß der Standardisierung von Kommunikationssystemen wird diese Richtlinie bei Herstellern auch insoweit zunehmend um-
setzbar (im Sinne der Entwicklung von Herstellerprodukten und keinen DFN-Sonderpro-
dukten), als der Markt für ISO/CCITT-empfohlene Kommunikationsstrukturen diese ver-
langen wird. Durch diese Zusammenhänge wird klar, daß die konstruktive Auseinander-
setzung mit Normungsprozessen für das DFN von vitalem Interesse ist. Von zentraler
Bedeutung sind dabei die von der ISO oder der CCITT gegebenen Standards und Empfehlungen. Ebenso wichtig sind von Firmengruppen wie z.B. den zwölf im ESPRIT-Projekt
organisierten europäischen Herstellern initiierte Aktionen zur Harmonisierung der
Parameter von ISO-Normen (z.B. Ausfüllung von Optionen innerhalb von ISO-Normen).
Hierbei kommt es auf eine vernünftige Synthese des eigenen (Nutzer-) Standpunktes
und der Überlegungen der Hersteller an. Die Zusammenführung von Harmonisierungsbe-
strebungen der Nutzungsprojekte (Europäische Harmonisierungsaktion - EHA) mit den
Bestrebungen der 12 ESPRIT-Firmen steht derzeit im Vordergrund. Ein positives
Ergebnis ist vermutlich in nächster Zeit zu erwarten.

II. ZUR NUTZUNG DES DFN

NUTZERGRUPPEN

Seit Beginn der Planungen des DFN war das Prinzip der Einbindung von Nutzern des
öffentlich geförderten und des industriellen Wissenschaftsbereiches von zentraler
Bedeutung. Offenbar hat die Namensgebung "Deutsches Forschungsnetz" in diesem
Punkt verschiedentlich ein unklares Bild des Projektes hervorgerufen. Deshalb soll
das angeführte Prinzip besonders betont werden: Das Deutsche Forschungsnetz soll
in erster Linie ein Hilfsmittel _für_ die Forschung sein und nicht Gegenstand einer

informationstechnischen Forschung. Insofern liegt der Schwerpunkt des Projektes
auf einer pragmatisch orientierten Entwicklungsarbeit. Naturgemäß bleibt in diesem
Rahmen - insbesondere im Hinblick auf die sich rasch entwickelnde Kommunikationstechnik - die Notwendigkeit, neue Konzepte zur Anwendungsreife zu entwickeln. Innerhalb der DFN-Arbeiten ist hierfür als Beispiel die Bereitstellung von kommunika-
tionsorientierten graphischen Dienstleistungen zu nennen.

Im Hinblick auf das eingangs erwähnte Prinzip (Einbindung von Nutzern) wird nun im
folgenden auf dessen konzeptionelle und organisatorische Umsetzung in die DFN-Ar-
beit eingegangen.

Die Struktur der Datenverarbeitung im Wissenschaftsbereich war in der Vergangenheit stark geprägt von den (bezogen auf die Organisationsform zentralen) Rechenzentren. Das DFN setzt bei einem großen Teil der Entwicklungen voraus, daß sich die
wissenschaftlichen Rechenzentren künftig neben den klassischen Aufgaben mit der Bereitstellung von Kommunikationsdiensten für ihre Nutzer auseinandersetzen müssen.
In zahlreichen Rechenzentren werden bereits sog. In-House-Netze installiert und betrieben. Da das DFN daran interessiert sein muß, die DFN-Dienste auch über eine so
geartete Rechenzentrumsinfrastruktur den Nutzern bereitzustellen, sind die Rechenzentren natürliche Partner für DFN-Entwicklungen. Über etablierte Organisationen
(z.B. ALWR) ist diese "Nutzergruppe" des DFN für die Einführung von DFN-Systemen
erreichbar.

Neben diesen "traditionellen" Nutzern sind an der Einführung von DFN-Diensten verstärkt Nutzergruppen beteiligt, die an die klassische Rechenzentrumsstruktur nicht
angebunden sind. Es sind dies thematisch kooperierende, örtlich dezentral organisierte Gruppen von Wissenschaftlern, die für ihre Kooperation dringend die Kommunikationsdienste des DFN als Hilfsmittel benötigen. Beispiele hierfür sind z.B.

  - die international organisierten Hochenergiephysiker,
  - Schaltkreisentwurfsingenieure, die in Verbundprojekten
    gemeinsame Problemstellungen bearbeiten,
  - verschiedene Informatikgruppen, die in speziellen Gebieten
    thematisch zusammenarbeiten (KI...).

Derartige Gruppen wurden (und werden auch künftig) für das DFN gewonnen, um beispielhaft den Einsatz von Kommunikationsdiensten in derartigen Formen der wissenschaftlichen Zusammenarbeit zu erproben. Dabei ist es Absicht, die Nutzer bereits
frühzeitig in Entwicklungsentscheidungen einzubinden. Auch deshalb sollen sich

diese Nutzer in sog. Nutzergruppen selbständig organisieren.

Es wird davon ausgegangen, daß diese Nutzungsform mindestens mittelfristig für große Teile des Wissenschaftsbereiches entscheidende Bedeutung gewinnt.

ÜBERLEGUNGEN ZUM DFN-BETRIEB

Neben einer ingenieursmäßig durchgeführten Entwicklung der DFN-Dienste ist eine gute Strukturierung des Betriebes für die Akzeptanz der DFN-Produkte durch Nutzer von wesentlicher Bedeutung. Die Problemanalyse ist noch nicht abgeschlossen; im folgenden sollen die bereits erkennbaren wichtigen drei Problemkreise dargestellt werden.

1. Pflege und Wartung der DFN-Systeme:

Eine zentral (z.B. durch eine Institution) organisierte Pflege ist lediglich für die Fortschreibung der Protokollspezifikationen möglich. Die Softwarepflege muß dezentral in sogenannten Referenzinstallationen durchgeführt werden, da wegen der im Abschnitt I beschriebenen Grundsatzentscheidung bzgl. der Verwendung von Herstellerprodukten die DFN-Systeme stark von den Betriebssystemumgebungen abhängen, in die sie eingebettet sind. Vorzugsweise sollen derartige Referenzinstallationen bei Herstellern installiert werden.

2. Betriebskostenverrechnung:

Die Betriebskosten kann man in folgende Kategorien aufteilen:
a) Übertragungskosten,
b) Kosten für die Nutzung externer Ressourcen (z.B. Rechenleistung, Speicherplatz),
c) Kosten für die Pflege der DFN-Systeme.

Unterstellt wird, daß die Kostenumlage im allgemeinen nach dem Verursacherprinzip vorzunehmen ist. Für die Kategorien a) und b) der Betriebskosten läßt sich feststellen, daß die juristischen Vertragsbeziehungen in der Mehrzahl der Fälle der in Abschnitt I beschriebenen Dienste "bilaterale" Beziehungen zwischen dem Nutzer und einem "Dienstanbieter" sind. So muß z.B. der Nutzer mit der DBP einen Vertrag über

einen DATEX-P-Anschluß abschließen (Beispiel zur Kategorie a)) - er ist dann für
alle entstehenden Kosten aus diesem Rechtsverhältnis verantwortlich. Der Nutzer
muß bei der Verwendung von Rechenzentrumsressourcen die Entgeltordnung und die Be-
nutzungsordnung des Rechenzentrums anerkennen (Beispiel zur Kategorie b)). Bei den
DFN-Entwicklungen muß für Accounting-Moduln/Schnittstellen zur Erfassung dieser
Kosten gesorgt werden.

Wichtig ist bei diesen Einzelbeispielen, daß diese "dezentrale Komponente" bei der
Umlage von Betriebskosten die Verantwortung bei den Nutzern beläßt und eine
DFN-Betriebsorganisation nicht direkt berührt. Dies gilt nicht in gleichem Maße
für den Dienst Nachrichtentransfer; die dabei auftretenden speziellen Probleme sollen im folgenden nicht weiter betrachtet werden.

Ebenso nicht im Detail erörtert werden kann derzeit das Problem der Kostenumlage
für Kosten der Kategorie c). Finanzierungsmodelle lassen sich für diese Kostenart
nicht ohne weiteres nach dem Verursacherprinzip finden, da sonst Nutzer von wenig
verbreiteten Endgeräten gegenüber anderen Nutzern von vornherein benachteiligt würden. Zu diesem Problem müssen noch Regelungen gefunden werden.

3. Juristische Aspekte des DFN-Betriebes:

Durch die Bereitstellung von Kommunikationsdiensten wird die technische Möglichkeit zur Nutzung fremder Ressourcen geschaffen. Diese Nutzungsart kollidiert in
verschiedener Hinsicht mit Kompetenzen der Bundesländer. Es bedarf noch einiger
Anstrengungen, um dieses Problem präzise zu definieren und zu lösen.

III. INTERNATIONALE EINBETTUNG

ALLGEMEINES

Wie bereits im Abschnitt I ausgeführt wurde, sind die Standardisierungsprozesse
für Kommunikationsprotokolle für DFN-Entwicklungen von herausragender Bedeutung.
Derartige Bestrebungen haben naturgemäß insbesondere im internationalen Zusammenhang eine Sinn. Wegen des raschen Fortschritts der Standardisierungsbemühungen muß
das DFN die Ergebnisse dieser Prozesse beobachten und in den DFN-Entwicklungsplan
geeignet einführen. Im Gegensatz zu früheren Projekten ist es nicht das Hauptziel
des DFN, den Standardisierungsprozeß maßgeblich mit zu beeinflussen.

Wegen der Bedeutung von Herstellerprodukten für den DFN-Betrieb sind die Bestrebungen europäischer Hersteller bei der Protokoll-Harmonisierung und -Realisierung wichtig. Dies gilt sowohl für das EIES-Projekt von fünf Herstellern (EIES: ESPRIT-Information-Exchange-System), das zunächst UNIX-Kommunikationsdienste bereitstellt, als auch für die bereits erwähnten Bestrebungen der zwölf ESPRIT-Firmen. Zu beiden Projekten gibt es gute Kooperationsbeziehungen, die aus den ursprünglich von europäischen Nutzungsprojekten gemeinsam ad hoc organisierten Harmonisierungsbemühungen entstanden sind.

EUROPÄISCHE NETZPROJEKTE

Natürliche Kooperationspartner für das DFN sind die in anderen europäischen Ländern bereits begonnenen oder in Planung befindlichen Netzprojekte. Hier sind in erster Linie die Netze in Großbritannien (JANET/ALVEY-NET), in Italien (OSIRIDE), in Frankreich (FABIUS-Netz) sowie einige skandinavische Netze zu nennen. Das gemeinsame Nutzungsinteresse wird durch international organisierte Nutzergruppen geprägt (z.B. Hochenergiephysiker). Diese gemeinsame Basis hat u.a. zu der recht erfolgreichen ad hoc-Aktion Europäische Harmonisierung (EHA) geführt. Künftig kommt es darauf an, diese Kontakte zu den Herstellern auszubauen und zu pflegen, um die technische Kompatibilität der Netze sicherzustellen.

VERBINDUNGEN ZU AMERIKANISCHEN NETZEN UND PROZESSEN

Zu den US-Netzen müssen - abhängig vom Nutzungsbedarf - über Gateways Verbindungen hergestellt werden. Konkrete Absichten bestehen derzeit in der Realisierung eines Gateways zum amerikanischen Computer Science Network (CSNET); einem Netz, das ursprünglich von der National Science Foundation NSF finanziert und nunmehr von den Nutzern betrieben wird. Im kanadischen Forschungsbereich sind an verschiedenen Stellen Entwicklungen vorangebracht worden, die für das DFN bedeutend sind. Zu nennen sind besonders Arbeiten auf den Gebieten der Protokollcertifikation und im Bereich der Mailsysteme. Hier ist ein Know-How-Transfer für das DFN außerordentlich nützlich.

IV. ORGANISATION

Um dem Anliegen des Wissenschaftsbereiches zum Aufbau einer gemeinsam betriebenen Kommunikationsinfrastruktur Rechnung zu tragen, wurde Anfang 1984 der "Verein zur Förderung eines Deutschen Forschungsnetzes " (DFN-Verein) gegründet. Derzeit sind knapp 50 Institutionen (Firmen, Universitäten sowie außeruniversitäre Forschungseinrichtungen und Organisationen) Mitglied im DFN-Verein. Die Mitgliederversammlung wählt einen Verwaltungsrat, der für die wissenschaftlich-technische Programmatik verantwortlich ist. Der Vorsitzende und die beiden Stellvertretenden Vorsitzenden bilden den Vereinsvorstand im Sinne des Gesetzes. Der Verein hat ferner eine Geschäftsführung, der eine Zentrale Projektleitung zugeordnet ist, die für die Durchführung der Entwicklungen verantwortlich ist. Der BMFT fördert den DFN-Verein beim Aufbau des DFN; der DFN-Verein vergibt Entwicklungsaufträge an Softwarehäuser, Hersteller sowie Forschungseinrichtungen. Der DFN-Verein ist in diesem Sinne eine autonome Selbsthilfeorganisation der Wissenschaft.

V. STAND DES PROJEKTES - AUSBLICK

Die bereits erwähnte Konzeptionsphase wird im Herbst 1984 abgeschlossen sein. Diese Projektphase hatte zum Ziel, die vorgesehenen Kommunikationssysteme bis zur Implementierungsreife zu spezifizieren bzw. grobe Realisierungskonzepte zu erarbeiten. Die aus dieser Phase gewonnenen Erkenntnisse sind in Pflichtenheften bzw. Konzeptionspapieren niedergelegt und können bei dem DFN-Verein angefordert werden.

Nächstes Ziel ist es, durch Implementierungen die technischen Voraussetzungen für die flächendeckende Einführung insbesondere von DFN-Basis-Diensten (Dialog, Filetransfer und Jobtransfer) sowie eines Maildienstes zu schaffen. Gleichzeitig muß die Betriebsproblematik in wesentlichen Punkten gelöst werden. Eine Einführung von DFN-Diensten der ersten Protokollgeneration ist derzeit für das zweite Halbjahr 1985 vorgesehen. Eine Vorversion der DFN-Protokollarchitektur ist bereits auf einer eingeschränkten Anzahl von Rechnern realisiert. Informationen dazu sind bei dem DFN-Verein erhältlich.

Band 45: R. Marty, PISA – A Programming System for Interactive Production of Application Software. VII, 297 Seiten. 1981.

Band 46: F. Wolf, Organisation und Betrieb von Rechenzentren. Fachgespräch der GI, Erlangen, März 1981. VII, 244 Seiten. 1981.

Band 47: GWAI – 81 German Workshop on Artificial Intelligence. Bad Honnef, January 1981. Herausgegeben von J. H. Siekmann. XII, 317 Seiten. 1981.

Band 48: W. Wahlster, Natürlichsprachliche Argumentation in Dialogsystemen. KI-Verfahren zur Rekonstruktion und Erklärung approximativer Inferenzprozesse. XI, 194 Seiten. 1981.

Band 49: Modelle und Strukturen. DAGM 11 Symposium, Hamburg, Oktober 1981. Herausgegeben von B. Radig. XII, 404 Seiten. 1981.

Band 50: GI – 11. Jahrestagung. Herausgegeben von W. Brauer. XIV, 617 Seiten. 1981.

Band 51: G. Pfeiffer, Erzeugung interaktiver Bildverarbeitungssysteme im Dialog. X, 154 Seiten. 1982.

Band 52: Application and Theory of Petri Nets. Proceedings, Strasbourg 1980, Bad Honnef 1981. Edited by C. Girault and W. Reisig. X, 337 pages. 1982.

Band 53: Programmiersprachen und Programmentwicklung. Fachtagung der GI, München, März 1982. Herausgegeben von H. Wössner. VIII, 237 Seiten. 1982.

Band 54: Fehlertolerierende Rechnersysteme. GI-Fachtagung, München, März 1982. Herausgegeben von E. Nett und H. Schwärtzel. VII, 322 Seiten. 1982.

Band 55: W. Kowalk, Verkehrsanalyse in endlichen Zeiträumen. VI, 181 Seiten. 1982.

Band 56: Simulationstechnik. Proceedings, 1982. Herausgegeben von M. Goller. VIII, 544 Seiten. 1982.

Band 57: GI – 12. Jahrestagung. Proceedings, 1982. Herausgegeben von J. Nehmer. IX, 732 Seiten. 1982.

Band 58: GWAI-82. 6th German Workshop on Artificial Intelligence. Bad Honnef, September 1982. Edited by W. Wahlster. VI, 246 pages. 1982.

Band 59: Künstliche Intelligenz. Frühjahrsschule Teisendorf, März 1982. Herausgegeben von W. Bibel und J. H. Siekmann. XIII, 383 Seiten. 1982.

Band 60: Kommunikation in Verteilten Systemen. Anwendungen und Betrieb. Proceedings, 1983. Herausgegeben von Sigram Schindler und Otto Spaniol. IX, 738 Seiten. 1983.

Band 61: Messung, Modellierung und Bewertung von Rechensystemen. 2. GI/NTG-Fachtagung, Stuttgart, Februar 1983. Herausgegeben von P. J. Kühn und K. M. Schulz. VII, 421 Seiten. 1983.

Band 62: Ein inhaltsadressierbares Speichersystem zur Unterstützung zeitkritischer Prozesse der Informationswiedergewinnung in Datenbanksystemen. Michael Malms. XII, 228 Seiten. 1983.

Band 63: H. Bender, Korrekte Zugriffe zu Verteilten Daten. VIII, 203 Seiten. 1983.

Band 64: F. Hoßfeld, Parallele Algorithmen. VIII, 232 Seiten. 1983.

Band 65: Geometrisches Modellieren. Proceedings, 1982. Herausgegeben von H. Nowacki und R. Gnatz. VII, 399 Seiten. 1983.

Band 66: Applications and Theory of Petri Nets. Proceedings, 1982. Edited by G. Rozenberg. VI, 315 pages. 1983.

Band 67: Data Networks with Satellites. GI/NTG Working Conference, Cologne, September 1982. Edited by J. Majus and O. Spaniol. VI, 251 pages. 1983.

Band 68: B. Kutzler, F. Lichtenberger, Bibliography on Abstract Data Types. V, 194 Seiten. 1983.

Band 69: Betrieb von DN-Systemen in der Zukunft. GI-Fachgespräch, Tübingen, März 1983. Herausgegeben von M. A. Graef. VIII, 343 Seiten. 1983.

Band 70: W. E. Fischer, Datenbanksystem für CAD-Arbeitsplätze. VII, 222 Seiten. 1983.

Band 71: First European Simulation Congress ESC 83. Proceedings, 1983. Edited by W. Ameling. XII, 653 pages. 1983.

Band 72: Sprachen für Datenbanken. GI-Jahrestagung, Hamburg, Oktober 1983. Herausgegeben von J. W. Schmidt. VII, 237 Seiten. 1983.

Band 73: GI - 13. Jahrestagung. Hamburg, Oktober 1983. Proceedings. Herausgegeben von J. Kupka. VIII, 502 Seiten. 1983.

Band 74: Requirements Engineering. Arbeitstagung der GI, 1983. Herausgegeben von G. Hommel und D. Krönig. VIII, 247 Seiten. 1983.

Band 75: K. R. Dittrich, Ein universelles Konzept zum flexiblen Informationsschutz in und mit Rechensystemen. VIII, 246 pages. 1983.

Band 76: GWAI-83. German Workshop on Artificial Intelligence. September 1983. Herausgegeben von B. Neumann. VI, 240 Seiten. 1983.

Band 77: Programmiersprachen und Programmentwicklung. 8. Fachtagung der GI, Zürich, März 1984. Herausgegeben von U. Ammann. VIII, 239 Seiten. 1984.

Band 78: Architektur und Betrieb von Rechensystemen. 8. GI-NTG-Fachtagung, Karlsruhe, März 1984. Herausgegeben von H. Wettstein. IX, 391 Seiten. 1984.

Band 79: Programmierumgebungen: Entwicklungswerkzeuge und Programmiersprachen. Herausgegeben von W. Sammer und W. Remmele. VIII, 236 Seiten. 1984.

Band 80: Neue Informationstechnologien und Verwaltung. Proceedings 1983. Herausgegeben von R. Traunmüller, H. Fiedler, K. Grimmer und H. Reinermann. XI, 402 Seiten. 1984.

Band 81: Koordination von Informationen. Proceedings, 1983. Herausgegeben von R. Kuhlen. VI, 366 Seiten. 1984.

Band 82: A. Bode, Mikroarchitekturen und Mikroprogrammierung: Formale Beschreibung und Optimierung. 6,1-227 Seiten. 1984.

Band 83: Software-Fehlertoleranz und -Zuverlässigkeit. Herausgegeben von F. Belli, S. Pfleger, M. Seifert. VII, 297 Seiten. 1984.

Band 84: Fehlertolerierende Rechensysteme. 2. GI-NTG-GMR-Fachtagung, Bonn 1984. Herausgegeben von K.-E. Großpietsch und M. Dal Cin. VIII, 433 Seiten. 1984.

Band 85: Simulationstechnik. Symposium, 1984. Herausgegeben von F. Breitenecker und W. Kleinert. XII, 676 Seiten. 1984.

Band 86: Fachtagung Prozeßrechner 1984. Herausgegeben von H. Trauboth und A. Jaeschke. XII, 710 Seiten. 1984.

Band 87: Mustererkennung 1984. Proceedings, 1984. Herausgegeben von W. Kropatsch. IX, 351 Seiten. 1984.

Band 88: GI - 14. Jahrestagung. Braunschweig, Oktober 1984. Proceedings. Herausgegeben von H.-D. Ehrich. IX, 451 Seiten. 1984.